高等学校应用型本科“十三五”规划教材

EDA技术应用基础

伍宗富　编著

西安电子科技大学出版社

内 容 简 介

全书共 9 章，分为五部分。第一部分概括地阐述了 EDA 技术和 FPGA 应用的有关问题，包括 EDA 的物质基础——Lattice、Altera 和 Xilinx 公司主流大规模可编程逻辑器件 FPGA/CPLD 的品种规格、性能参数、组成结构及原理(第 1 章、第 2 章)；第二部分比较全面地介绍了 Matlab、Protel 等 EDA 的设计开发软件(第 3 章、第 4 章)；第三部分为针对硬件描述语言 VHDL 和 Verilog HDL 的 EDA 应用设计基础实例(第 5 章、第 6 章、第 7 章)，包括计数器、分频器、选择器、译码器、编码器、寄存器、存储器、键盘扫描和接口、显示电路、A/D 转换控制器等实例；第四部分是 EDA 技术的提高部分，对 Quartus 中 IP 核的使用以及 DSP Builder、Nios 等的应用方法进行了介绍(第 8 章)，包括智能信息处理中经常用到的 FIR 滤波器、DDS 算法的应用等实例；第五部分是 EDA 技术实验，从 CPLD/FPGA 工程实际应用的角度出发进行实验引导(第 9 章)，包括数字频率计、数字秒表的设计方法等。

本书可供高等院校电子工程、通信工程、自动化、计算机应用、仪器仪表等信息工程类及相近专业的本科生或研究生使用，也可作为相关人员的自学参考用书。

本书配有电子课件，有需要者可登录出版社网站进行下载。

图书在版编目(CIP)数据

EDA 技术应用基础/伍宗富编著. —西安：西安电子科技大学出版社，2016.11

高等学校应用型本科“十三五”规划教材

ISBN 978-7-5606-4295-6

Ⅰ. ① E… Ⅱ. ① 伍… Ⅲ. ① 电子电路—电路设计—计算机辅助设计—高等学校—教材

Ⅳ. ① TN702

中国版本图书馆 CIP 数据核字(2016)第 253106 号

策　　划　杨丕勇

责任编辑　杨丕勇　祝婷婷

出版发行　西安电子科技大学出版社(西安市太白南路 2 号)

电　　话　(029)88242885　88201467　　邮　　编　710071

网　　址　www.xduph.com　　电子邮箱　xdupfxb001@163.com

经　　销　新华书店

印刷单位　陕西天意印务有限责任公司

版　　次　2016 年 11 月第 1 版　　2016 年 11 月第 1 次印刷

开　　本　787 毫米×1092 毫米　1/16　印　张　24.5

字　　数　583 千字

印　　数　1～3000 册

定　　价　43.00 元

ISBN 978-7-5606-4295-6/TN

XDUP 4587001-1

如有印装问题可调换

前　言

随着微电子技术和计算机技术的发展，可编程逻辑器件、嵌入式系统、SOPC、IP 核等新概念和新技术层出不穷，使得 EDA 技术的应用迅速渗透到电子、通信、信息、家用电器、机器人等领域。使用 CPLD/FPGA 完成数字系统的 ASIC 实现和工程设计，对现代科学与技术的发展起到了巨大的推动和促进作用。

EDA 技术是一门涉及多学科的综合性技术，内容广泛、观点各异，目前尚无明确的定义。狭义的 EDA 技术，就是以大规模可编程逻辑器件为设计载体，以硬件描述语言为系统逻辑描述的主要表达方式，以计算机、大规模可编程逻辑器件的开发软件及实验开发系统为设计工具，通过有关的开发软件，自动完成用软件方式设计的电子系统到硬件系统的逻辑编译、逻辑化简、逻辑分割、逻辑综合及优化、逻辑布局布线、逻辑仿真，直至对于特定目标芯片的适配编译、逻辑映射、编程下载等工作，最终形成集成电子系统或专用集成芯片的一门新技术。

现在理工科类大学生的培养正在向应用型人才转型，如何使学生学以致用是摆在我们教育工作者面前的问题。利用 EDA 技术进行数字系统的 ASIC 实现和工程设计，具有以下特点：用软件的方式设计硬件；用软件方式设计的系统到硬件系统的转化是由有关的开发软件自动完成的；设计过程中可用有关软件进行各种仿真；系统可现场编程，在线升级；整个系统可集成在一个芯片上，体积小、功耗低、可靠性高。因此，EDA 技术也是现代电子设计的发展趋势。

随着 EDA 技术的快速发展，近年来，有关院校纷纷加大了对 EDA 技术的研究和对 EDA 实验室的建设，并已逐步在本科生甚至拟在专科生中增开此类课程。但是，目前有关 EDA 技术的书籍比较少，并且大部分都是从某些侧面进行阐述的，作者认为有必要将这些相关课程的内容进行整合与优化，以使 CPLD/FPGA 技术能广泛地在我国相关的专业技术人员中得到应用。使用 EDA 技术进行工程设计，就像现在我们在工作中使用计算机一样。我们虽然不能开办集成电路制造厂，但是却能制造(设计)自己的专用集成电路或集成电子系统。

从教学和实用的角度出发，结合近年从事 EDA 技术的研究、EDA 实验室的建设及 EDA 技术的有关教学实践，本书作者认为，学习 EDA 技术主要应掌握大规模可编程逻辑器件的选择、基于硬件描述语言的系统设计、软件开发工具、开发仿真与工程应用实验这四个方面的内容。其中，CPLD/FPGA 是利用 EDA 技术进行电子系统设计的载体；硬件描述语言是利用 EDA 技术进行电子系统设计的主要表达手段；软件开发工具是利用 EDA 技术进行电子系统设计的智能化的自动化设计工具；实验开发系统则是利用 EDA 技术进行电子系统设计的下载工具及仿真与工程应用工具。

本书是作者自2003年从事EDA技术教学研究以来的知识储存。全书由湖南文理学院的伍宗富编著，共9章。在编写过程中得到了湖南工业大学谭会生教授、湖南科技大学吴新开教授、湖南大学徐成教授的支持，并得到了湖南文理学院齐恒教授、李晓峰教授、李建英老师及电气与信息工程学院的有关领导和教师的鼎力相助，作者在此对他们表示衷心的感谢。

由于作者水平有限，书中难免出现疏漏、不妥之处，敬请读者批评指正。

作　者

2016年7月

目　录

第1章　EDA技术概述 1
1.1　EDA技术及其发展 1
1.2　EDA技术的涵义 2
1.3　EDA技术的主要内容 3
1.3.1　大规模可编程逻辑器件 3
1.3.2　硬件描述语言 4
1.3.3　软件开发工具 5
1.3.4　实验开发系统 7
1.4　EDA的工程设计流程 7
1.4.1　FPGA/CPLD的工程设计流程 7
1.4.2　ASIC工程设计流程 10
1.5　EDA技术的应用形式 12
1.6　EDA技术的应用展望 13
思考题 14

第2章　大规模可编程逻辑器件 15
2.1　可编程逻辑器件概述 15
2.1.1　PLD的发展进程 15
2.1.2　PLD的种类及分类方法 17
2.1.3　常用CPLD/FPGA简介 18
2.1.4　常用CPLD/FPGA标识的含义 23
2.2　CPLD和FPGA的基本结构 25
2.2.1　CPLD的基本结构 25
2.2.2　FPGA的基本结构 33
2.3　FPGA/CPLD 的测试技术 38
2.3.1　内部逻辑测试 38
2.3.2　JTAG边界测试技术 39
2.4　CPLD和FPGA的编程与配置 40
2.4.1　CPLD和FPGA 的下载接口 41
2.4.2　CPLD器件的下载接口及其连接 41
2.4.3　FPGA器件的配置模式 42
2.4.4　使用配置器件配置(重配置)FPGA器件 43
2.5　FPGA和CPLD的开发应用选择 43
2.5.1　开发应用选择方法 43
2.5.2　三大厂家的选择 44
思考题 47

第3章　常用电子仿真软件的使用 48
3.1　Matlab 7.0应用基础与仿真方法 48
3.1.1　Matlab初步了解 48
3.1.2　Matlab应用基础 50
3.1.3　Matlab的程序设计应用与仿真 53
3.1.4　Matlab的Simulink应用与仿真 71
3.2　Workbench应用基础与仿真方法 77
3.2.1　Workbench应用基础 77
3.2.2　Workbench应用仿真 86
3.3　Pspice应用基础与仿真方法 90
3.3.1　Pspice应用基础 90
3.3.2　Pspice电路设计与仿真 94
3.4　Agilent ADS通信系统设计仿真软件应用基础 97
3.4.1　Agilent ADS通信系统设计仿真软件概述 97
3.4.2　Agilent ADS应用基础 103
3.4.3　Analog/RF应用系统设计与仿真 113
3.4.4　Digital Signal Processing应用系统设计与仿真 121
思考题 126

第4章　印刷电路板的设计 127
4.1　Protel 99SE软件简介 127
4.1.1　Protel 99/99SE新增功能 128
4.1.2　Protel DXP简介 129
4.1.3　Protel 99/99SE的安装与启动 129
4.1.4　系统参数设置 136
4.2　原理图(SCH)和印刷电路板(PCB)的设计 138
4.2.1　电路原理图的设计步骤 138
4.2.2　电路原理图设计工具栏 138

4.2.3 图纸的放大与缩小 139
4.2.4 图纸类型、尺寸、底色、标题栏等的选择 140
4.2.5 设置 SCH 的工作环境 141
4.2.6 电路原理图设计 143
4.2.7 制作元件与创建元件库 157
4.2.8 PCB 印刷电路板的制作 162
4.3 印刷电路板设计工艺规则 172
4.3.1 印刷电路板的制作工艺流程 172
4.3.2 元件布局及布线要求 173
4.3.3 布线规律 175
4.4 印刷电路板制作技术简介 175
4.4.1 印刷板用基材 175
4.4.2 过孔 177
4.4.3 导线尺寸 177
4.4.4 焊盘尺寸(外层) 177
4.4.5 金属镀(涂)覆层 178
4.4.6 印制接触片 179
4.4.7 非金属涂覆层与暂时性保护涂覆层和暂时性阻焊剂 179
4.4.8 永久性保护涂覆层 180
4.4.9 敷形涂层 180
4.4.10 印刷电路板基板的选择 182
4.5 PCB 设计的一般方法 183
4.5.1 设计流程 183
4.5.2 PCB 布局 186
4.5.3 热处理设计 188
4.5.4 焊盘设计 190
4.5.5 布线 192
4.5.6 PCB 生产工艺对设计的要求 195
思考题 198

第5章 VHDL 编程基础 199
5.1 VHDL 概述 199
5.1.1 VHDL 简介 199
5.1.2 VHDL 的优点 199
5.1.3 VHDL 程序设计约定 200
5.2 VHDL 程序基本结构 200
5.2.1 VHDL 程序的基本结构 200
5.2.2 VHDL 程序设计举例 200
5.2.3 实体(ENTITY) 203
5.2.4 结构体(ARCHITECTURE) 204
5.3 VHDL 语言要素 205
5.3.1 VHDL 文字规则 206
5.3.2 VHDL 数据对象 207
5.3.3 VHDL 数据类型 209
5.3.4 VHDL 操作符 219
5.4 VHDL 顺序语句 222
5.4.1 赋值语句 223
5.4.2 转向控制语句 225
5.4.3 WAIT 语句 229
5.4.4 子程序调用语句 230
5.4.5 返回语句(RETURN) 232
5.4.6 空操作语句(NULL) 233
5.4.7 其他语句和说明 233
5.5 VHDL 并行语句 239
5.5.1 进程语句 240
5.5.2 块语句 243
5.5.3 并行信号赋值语句 245
5.5.4 并行过程调用语句 247
5.5.5 元件例化语句 248
5.5.6 生成语句 250
5.6 子程序 251
5.6.1 函数(FUNCTION) 252
5.6.2 重载函数(OVERLOADED FUNCTION) 253
5.6.3 过程(PROCEDURE) 254
5.6.4 重载过程(OVERLOADED PROCEDURE) 255
5.7 库和程序包 256
5.7.1 库(LIBRARY) 256
5.7.2 程序包(PACKAGE) 257
5.8 VHDL 描述风格 259
5.8.1 行为描述方式 259
5.8.2 数据流描述方式 260
5.8.3 结构描述方式 260
思考题 261

第 6 章　基本单元电路的 VHDL 设计...265
6.1　计数器的设计...265
6.1.1　同步计数器的设计...265
6.1.2　异步计数器的设计...269
6.2　分频器的设计...270
6.3　选择器的设计...271
6.4　译码器的设计...274
6.5　编码器的设计...276
6.5.1　一般编码器的设计...276
6.5.2　优先级编码器的设计...277
6.6　寄存器的设计...279
6.6.1　数码寄存器的设计...279
6.6.2　移位寄存器的设计...279
6.6.3　并行加载移位寄存器的设计...280
6.7　存储器的设计...282
6.7.1　只读存储器 ROM 的设计...282
6.7.2　读写存储器 SRAM 的设计...284
6.7.3　FIFO 的 VHDL 设计...285
6.8　输入电路的设计...288
6.8.1　键盘扫描电路的设计...288
6.8.2　键盘接口电路的设计...290
6.9　显示电路的设计...292
6.9.1　数码管静态显示电路的设计...292
6.9.2　数码管动态显示电路的设计...294
6.9.3　液晶显示控制电路的设计...296
6.10　VHDL 设计应用实例...297
6.10.1　状态机的 VHDL 设计...297
6.10.2　A/D 转换控制器设计...298
6.10.3　占空比可设置的脉宽发生器 VHDL 设计...306
思考题...309

第 7 章　Verilog HDL 编程基础...310
7.1　Verilog HDL 基础...310
7.1.1　Verilog HDL 模块的结构...310
7.1.2　格式及常量、变量...310
7.1.3　运算符...312
7.1.4　语句...313
7.2　基本单元电路的 Verilog HDL 设计...314
7.2.1　组合逻辑电路设计...314
7.2.2　时序逻辑电路设计...316
7.3　直接数字频率合成器 DDS 的设计...319
7.3.1　DDS 的基本原理...319
7.3.2　参数确定及误差分析...320
7.3.3　实现器件的选择...321
7.3.4　DDS 的 FPGA 实现设计...321
思考题...328

第 8 章　可编程片上系统技术基础...329
8.1　Quartus Ⅱ IP 软核应用基础...329
8.1.1　源文件编辑输入基础...329
8.1.2　Quartus Ⅱ宏功能模块的应用...330
8.2　基于 FPGA 的 DSP 开发基础...333
8.2.1　Matlab/DSP Builder 的 DSP 模块设计方法...333
8.2.2　基于 Quartus Ⅱ的 DSP 模块调试...335
8.2.3　DSP Builder 的层次设计...338
8.2.4　数字频率合成器(DDS)设计...339
8.2.5　FIR 滤波器设计...342
8.3　Nios Ⅱ嵌入式系统设计基础...348
8.3.1　Nios Ⅱ系统的硬件设计流程...348
8.3.2　Nios Ⅱ系统的软件设计流程...351
8.3.3　Nios Ⅱ系统中 IP 核的添加...355
思考题...356

第 9 章　EDA 技术实验...357
实验一：4 位二进制全加法器的设计...357
实验二：译码器的设计...359
实验三：十进制计数器的设计...360
实验四：数字频率计的设计...362
实验五：8 位二进制全加法器的设计...369
实验六：数字秒表的设计...375
实验报告范例...381
实验 X (实验课题)...381

参考文献...383

第 1 章　EDA 技术概述

1.1　EDA 技术及其发展

EDA 技术伴随着计算机、集成电路、电子系统设计的发展，经历了计算机辅助设计(Computer Assist Design，CAD)、计算机辅助工程设计(Computer Assist Engineering design，CAE)和电子设计自动化(Electronic Design Automation，EDA)三个发展阶段。

1. 20 世纪 70 年代的计算机辅助设计阶段

早期的电子系统硬件设计采用的是分立元件。随着集成电路的出现和应用，硬件设计进入到发展的初级阶段。初级阶段的硬件设计大量选用中小规模标准集成电路，人们将这些器件焊接在电路板上，做成初级电子系统。对电子系统的调试是在组装好的印刷电路板(Printed Circuit Board，PCB)上进行的。

由于设计师对图形符号的使用数量有限，传统的手工布图方法无法满足产品复杂性的要求，更不能满足工作效率的要求，因此人们开始将产品设计过程中高度重复性的繁杂劳动，如布图布线工作，用运用二维图形编辑与分析的 CAD 工具来替代，最具代表性的产品就是美国 ACCEL 公司开发的 Tango 布线软件。20 世纪 70 年代是 EDA 技术发展初期，由于 PCB 布图布线工具受到计算机工作平台的制约，因此其支持的设计工作有限且性能比较差。

2. 20 世纪 80 年代的计算机辅助工程设计阶段

初级阶段的硬件设计是用大量不同型号的标准芯片实现电子系统设计。随着微电子工艺的发展，相继出现了集成上万只晶体管的微处理器、集成几十万至上百万储存单元的随机存储器和只读存储器。此外，支持定制单元电路设计的掩膜编程的门阵列，如标准单元的半定制设计方法以及可编程逻辑器件(PAL 和 GAL)等一系列微结构和微电子学的研究成果，都为电子系统的设计提供了新天地。因此，可以用少数几种通用的标准芯片实现电子系统的设计。

伴随着计算机和集成电路的发展，EDA 技术进入到计算机辅助工程设计阶段。20 世纪 80 年代初推出的 EDA 工具以逻辑模拟、定时分析、故障仿真、自动布局和布线为核心，重点解决电路设计没有完成之前的功能检测等问题。利用这些工具，设计师能在产品制作之前预知产品的功能与性能，能生成产品制造文件，使得在设计阶段对产品性能的分析前进了一大步。

如果说 20 世纪 70 年代的自动布局布线的 CAD 工具代替了设计工作中绘图的重复劳

动，那么到了20世纪80年代出现的具有自动综合能力的CAE工具则代替了设计师的部分工作，对保证电子系统的设计、制造出最佳的电子产品起着关键的作用。到了20世纪80年代后期，EDA工具已经可以进行设计描述、综合与优化、设计结果验证。CAE阶段的EDA工具不仅为成功开发电子产品创造了有利条件，而且为高级设计人员的创造性劳动提供了方便。但是，大部分从原理图出发的EDA工具仍然不能适应复杂电子系统的设计要求，而具体化的元件图形制约着优化设计。

3. 20世纪90年代电子设计自动化阶段

为了满足千差万别的系统用户提出的设计要求，最好的办法是由用户自己设计芯片，让他们把想设计的电路直接设计在自己的专用芯片上。微电子技术的发展，特别是可编程逻辑器件的发展，使得微电子厂家可以为用户提供各种规模的可编程逻辑器件，使用户可以通过设计芯片实现电子系统功能。EDA工具的发展又为设计师提供了全线EDA工具。这个阶段发展起来的EDA工具其目的是在设计前期将设计师从事的许多高层次设计由工具来完成，如可以将用户要求转换为设计技术规范，有效地处理可用的设计资源与理想的设计目标之间的矛盾，按具体的硬件、软件和算法分解设计等。由于电子技术和EDA工具的发展，设计师可以在不太长的时间内使用EDA工具，通过一些简单标准化的设计过程，利用微电子厂家提供的设计库来完成数万门ASIC与集成系统的设计和验证。

20世纪90年代，设计师逐步从使用硬件转向设计硬件；从单个电子产品开发转向系统级电子产品开发(即片上系统，System On Chip)。因此，EDA工具是以系统级设计为核心，包括系统行为级描述与结构综合、系统仿真与测试验证、系统划分与指标分配、系统决策与文件生成等一整套的电子系统设计自动化工具。这时的EDA工具不仅具有电子系统设计的能力，而且能提供独立于工艺和厂家的系统级设计能力，具有高级抽象的设计构思手段。例如，提供方框图、状态图和流程图的编辑能力，具有适合层次描述和混合信号描述的硬件描述语言(如VHDL、AHDL或Verilog HDL)，同时含有各种工艺的标准元件库。只有具备上述功能的EDA工具，才可能使电子系统工程师在不熟悉各种半导体工艺的情况下完成电子系统的设计。

未来的EDA技术将向广度和深度两个方向发展，EDA将会超越电子设计的范畴进入其他领域。随着基于EDA的SOC(片上系统)设计技术的发展、软硬核功能库的建立以及基于VHDL的自顶向下设计理念的确立，未来的电子系统的设计与规划将不再是电子工程师们的专利。有专家认为，21世纪将是EDA技术快速发展的时期，并且EDA技术将是对21世纪产生重大影响的十大技术之一。

1.2 EDA技术的涵义

什么叫EDA技术？由于它是一门迅速发展的新技术，涉及面广，内容丰富，加上人们理解各异，因此目前尚无统一的看法。作者认为EDA技术有狭义的EDA技术和广义的EDA技术之分。狭义的EDA技术，就是指以大规模可编程逻辑器件为设计载体，以硬件描述语言为系统逻辑描述的主要表达方式，以计算机、大规模可编程逻辑器件的开发软件及实验开发系统为设计工具，通过有关的开发软件，自动完成用软件方式设计的电子系统到硬件系统的逻辑编译、逻辑化简、逻辑分割、逻辑综合及优化、逻辑布局布线、逻辑仿真，直至对于特定目标芯片的适配编译、逻辑映射、编程下载等工作，最终形成集成电子系统或专用集成芯片的一门新技术，也称为IES/ASIC自动设计技术。广义的EDA技术，除了狭义的EDA技术外，还包括计算机辅助分析(CAA)技术(如Pspice、EWB、Matlab等)、印刷电路板计算机辅助设计(PCB-CAD)技术(如Protel、OrCAD等)。在广义的EDA技术中，CAA技术和PCB-CAD技术不具备逻辑综合和逻辑适配的功能，因此它并不能称为真正意义上的EDA技术，故本书作者认为将广义的EDA技术称为现代电子设计技术更为合适。

利用EDA技术(特指IES/ASIC自动设计技术)进行电子系统的设计具有以下几个特点：

(1) 用软件的方式设计硬件；

(2) 用软件方式设计的系统到硬件系统的转换，是由有关的开发软件自动完成的；

(3) 设计过程中可用有关软件进行各种仿真；

(4) 系统可现场编程，在线升级；

(5) 整个系统可集成在一个芯片上，体积小，功耗低，可靠性高；

(6) 从以前的“组合设计”转向真正的“自由设计”；

(7) 设计的移植性好，效率高；

(8) 非常适合分工设计，团体协作。

因此，EDA技术是现代电子设计的发展趋势。

1.3　EDA技术的主要内容

EDA技术涉及面广，内容丰富，从教学和实用的角度看，主要应掌握以下内容：① 大规模可编程逻辑器件；② 硬件描述语言；③ 软件开发工具；④ 实验开发系统。其中，大规模可编程逻辑器件是利用EDA技术进行电子系统设计的载体；硬件描述语言是利用EDA技术进行电子系统设计的主要表达手段；软件开发工具是利用EDA技术进行电子系统设计的智能化的自动化设计工具；实验开发系统则是利用EDA技术进行电子系统设计的下载工具及硬件验证工具。为了使读者对EDA技术有一个总体印象，下面对EDA技术的主要内容进行概要的介绍。

1.3.1　大规模可编程逻辑器件

可编程逻辑器件(PLD)是一种由用户编程以实现某种逻辑功能的新型逻辑器件。FPGA和CPLD分别是现场可编程门阵列和复杂可编程逻辑器件的简称。现在，FPGA和CPLD器件的应用已十分广泛，它们将随着EDA技术的发展而成为电子设计领域的重要角色。国际上生产FPGA/CPLD的主流公司，且在国内占有较大市场份额的主要是Xilinx、Altera、Lattice三家公司。Xilinx公司的FPGA器件有XC2000、XC3000、XC4000、XC4000E、XC4000XLA、XC5200系列等，可用门数为1200～18 000；Altera公司的CPLD器件有FLEX6000、FLEX8000、FLEX10K、FLEX10KE系列等，提供门数为5000～25 000；Lattice公司的ISP－PLD器件有ispLSI1000、ispLSI2000、ispLSI3000、ispLSI6000系列等，集成

度可多达 25 000 个 PLD 等效门。近年来，随着集成电路制造技术的飞速发展，这些公司不断推出集成度更高、性能更好的产品系列和品种。现在的一块 CPLD 芯片已达到几十万个逻辑门，而一块 FPGA 芯片则达到了几百万个逻辑门。

FPGA 在结构上主要分为三个部分，即可编程逻辑单元、可编程输入/输出单元和可编程连线三个部分。CPLD 在结构上主要包括三个部分，即可编程逻辑宏单元、可编程输入/输出单元和可编程内部连线。

高集成度、高速度和高可靠性是 FPGA/CPLD 最明显的特点，其时钟延迟可小至纳米(ns)级。结合它的并行工作方式，使其在超高速应用领域和实时测控方面有着非常广阔的应用前景。在高可靠应用领域，如果设计得当，将不会存在类似于 MCU 的复位不可靠和 PC 可能跑飞等问题。FPGA/CPLD 的高可靠性还表现在几乎可将整个系统下载于同一芯片中，实现所谓的片上系统，从而大大缩小了体积，易于管理和屏蔽。

由于 FPGA/CPLD 的集成规模非常大，因此可利用先进的 EDA 工具进行电子系统设计和产品开发。由于开发工具的通用性、设计语言的标准化以及设计过程几乎与所用器件的硬件结构无关，因此设计开发成功的各类逻辑功能块软件有很好的兼容性和可移植性。它几乎可用于任何型号和规模的 FPGA/CPLD 中，从而使产品设计的效率大幅度提高，使得可以在很短的时间内完成十分复杂的系统设计，这正是产品快速进入市场最宝贵的特征。美国 IT 公司认为，一个 ASIC 80%的功能可用于 IP 核等现成逻辑合成。而未来大系统的 FPGA/CPLD 设计仅仅是各类再应用逻辑与 IP 核(Core)的拼装，其设计周期将更短。

与 ASIC 设计相比，FPGA/CPLD 显著的优势是开发周期短、投资风险小、产品上市速度快、市场适应能力强和硬件升级回旋余地大，而且当产品定型和产量扩大后，可将在生产中达到充分检验的 VHDL 设计迅速实现 ASIC 投产。

对于一个开发项目，究竟是选择 FPGA 还是选择 CPLD 呢？主要看开发项目本身的需要。对于普通规模，且产量不是很大的产品项目，通常使用 CPLD 比较好。对于大规模的逻辑设计、ASIC 设计或单片系统设计，则多采用 FPGA。另外，FPGA 掉电后将丢失原有的逻辑信息，所以在实用中需要为 FPGA 芯片配置一个专用 ROM。

1.3.2　硬件描述语言

常用的硬件描述语言有 VHDL、Verilog HDL 和 ABEL 语言。VHDL 起源于美国国防部的 VHSIC，Verilog HDL 起源于集成电路的设计，ABEL 则来源于可编程逻辑器件的设计。下面从使用方面将三者进行对比。

(1) 逻辑描述层次。一般的硬件描述语言可以在三个层次上进行电路描述，其层次由高到低依次可分为行为级、RTL 级和门电路级。VHDL 语言是一种高级描述语言，适用于行为级和 RTL 级的描述，最适于描述电路的行为；Verilog HDL 语言和 ABEL 语言是一种较低级的描述语言，适用于 RTL 级和门电路级的描述，最适于描述门级电路。

(2) 设计要求。VHDL 进行电子系统设计时可以不了解电路的结构细节，设计者所做的工作较少；Verilog HDL 和 ABEL 语言进行电子系统设计时需了解电路的结构细节，设计者需做大量的工作。

(3) 综合过程。任何一种语言源程序，最终都要转换成门电路级才能被布线器或适配器所接受。因此，VHDL 语言源程序的综合通常要经过行为级→RTL 级→门电路级的转化，

VHDL 几乎不能直接控制门电路的生成，而 Verilog HDL 语言和 ABEL 语言源程序的综合过程稍简单，即经过 RTL 级→门电路级的转化，易于控制电路资源。

(4) 对综合器的要求。VHDL 描述语言层次较高，不易控制底层电路，因而对综合器的性能要求较高；Verilog HDL 和 ABEL 对综合器的性能要求较低。

(5) 支持的 EDA 工具。支持 VHDL 和 Verilog HDL 的 EDA 工具很多，但支持 ABEL 的综合器仅有 Data I/O 一家。

(6) 国际化程度。VHDL 和 Verilog HDL 已成为 IEEE 标准，而 ABEL 正在朝着国际化标准努力。有专家认为，在新世纪中，VHDL 与 Verilog HDL 语言将承担几乎全部的数字系统设计任务。

1.3.3 软件开发工具

1. 主流厂家的 EDA 软件工具

目前比较流行的、主流厂家的 EDA 软件工具有：Altera 公司的 Max+Plus Ⅱ、Quartus Ⅱ，Lattice 公司的 ispDesignEXPERT 以及 Xilinx 公司的 Foundation Series、ISE/ISE- WebPACK Series。这些软件的基本功能相同，主要差别在于：① 面向的目标器件不一样；② 性能各有优劣。

(1) Max+Plus Ⅱ：这是 Altera 公司推出的一个使用非常广泛的 EDA 软件工具，它支持原理图、VHDL 和 Verilog HDL 语言文本文件，以波形与 EDIF 等格式的文件作为设计输入，并支持这些文件的任意混合设计。它具有门级仿真器，可以进行功能仿真和时序仿真，能够产生精确的仿真结果。在适配之后，MAX+Plus Ⅱ生成供时序仿真用的 EDIF、VHDL 和 Verilog HDL 这三种不同格式的网表文件。其界面友好、使用便捷，被誉为业界最易学易用的 EDA 软件，并支持主流的第三方 EDA 工具，支持除 APEX20K 系列之外的所有 Altera 公司的 FPGA/CPLD 大规模逻辑器件。

(2) Quartus Ⅱ：这是 Altera 公司新近推出的 EDA 软件工具，其设计工具完全支持 VHDL、Verilog HDL 的设计流程，内部嵌有 VHDL、Verilog HDL 逻辑综合器。第三方的综合工具，如 Leonardo Spectrum、Synplify Pro、FPGA Compiler Ⅱ有着更好的综合效果，因此通常建议使用这些工具来完成 VHDL/Verilog HDL 源程序的综合，而 Quartus Ⅱ可以直接调用这些第三方工具。同样，Quartus Ⅱ具备仿真功能，但也支持第三方的仿真工具，如 Modelsim。此外，Quartus Ⅱ为 Altera 公司的 DSP 开发包进行系统模型设计提供了集成综合环境，它与 Matlab 和 DSP Builder 结合可以进行基于 FPGA 的 DSP 系统开发，是 DSP 硬件系统实现的关键 EDA 工具。Quartus Ⅱ还可与 SOPC Builder 结合，实现 SOPC 系统开发。

(3) ispDesignEXPERT：这是 Lattice Semiconductor 的主要集成环境。通过它可以进行 VHDL、Verilog HDL 及 ABEL 语言的设计输入、综合、适配、仿真和在系统下载。ispDesignEXPERT 是目前流行的 EDA 软件中最容易掌握的设计工具之一，其界面友好、操作方便、功能强大，并与第三方 EDA 工具兼容良好。

(4) Foundation Series：这是 Xilinx 公司集成开发的 EDA 工具，其采用自动化的、完整的集成设计环境。Foundation 项目管理器集成了 Xilinx 的实现工具，并包含了强大的 Synopsys FPGA Express 综合系统，是业界最强大的 EDA 设计工具之一。

(5) ISE/ISE-WebPACK Series：这是 Xilinx 公司新近推出的全球性能最高的 EDA 集成软件开发环境(Integrated Software Environment，ISE)。Xilinx 公司的 ISE 6.1i 操作简易方便，其提供的各种最新改良功能可以解决以往各种设计上的瓶颈，加快了设计与检验的流程。如 Project Navigator(先进的设计流程导向专业管理程式)能让顾客在同一设计工程中使用 Synplicity 与 Xilinx 的合成工具，混合使用 VHDL 及 Verilog HDL 源程序，让设计人员能使用固有的 IP 与 HDL 设计资源达至最佳的结果。使用者亦可链接与启动 Xilinx Embedded Design Kit (EDK) XPS 专用管理器，以及使用新增的 Automatic Web Update 功能来监视软件的更新状况；也可让使用者进行下载更新档案，以令其 ISE 的设定维持最佳状态。ISE 6.1i 版提供各种独特的高速设计功能，如新增的时序限制设定。先进的管脚锁定与空间配置编辑器(Pinout and Area Constraints Editor，PACE)提供操作简易的图形化界面针脚配置与管理功能。经过大幅改良后，ISE 6.1i 更加入了 CPLD 的支援能力。Xilinx 公司被业界公认在半导体元件与软件范畴上拥有领导优势，加速了业界从 ASIC 转移至 FPGA 技术。新版套装软件配合 Xilinx 公司的主打产品 Virtex-Ⅱ Pro FPGA 后，能为业界提供成本最低的设计解决方案，其表现效能较其他领导竞争产品高出 31%，而逻辑资源使用率则高出 15%，让 Xilinx 公司的顾客享有比其他高密度 FPGA 多出 60% 的价格优势。ISE 6.1i 支援所有 Xilinx 公司的尖端产品系列，其中包括 Virtex-Ⅱ Pro 系列 FPGA、Spartan-3 系列 FPGA 和 CoolRunner-Ⅱ CPLD。各版本的 ISE 软件皆支持 Windows 2000、Windows XP 操作系统。

2．第三方 EDA 工具

在基于 EDA 技术的实际开发设计中，由于所选用的 EDA 工具软件的某些性能受局限或不够好，因此为了使自己的设计整体性能最佳，往往需要使用第三方工具。业界最流行的第三方 EDA 工具有：逻辑综合性能最好的 Synplify，仿真功能最强大的 ModelSim。

(1) Synplify：这是 Synplicity 公司(该公司现在是 Cadence 的子公司)的著名产品，是一个逻辑综合性能最好的 FPGA 和 CPLD 的逻辑综合工具。它支持工业标准的 Verilog 和 VHDL 硬件描述语言，能以很高的效率将它们的文本文件转换为高性能的面向流行器件的设计网表；它在综合后还可以生成 VHDL 和 Verilog 仿真网表，以便对原设计进行功能仿真；它具有符号化的 FSM 编译器，以实现高级的状态机转化，并有一个内置的语言敏感的编辑器；它的编辑窗口可以在 HDL 源文件高亮显示综合后的错误，以便能够迅速定位和纠正所出现的问题；它具有图形调试功能，在编译和综合后可以以图形方式(RTL 图、Technology 图)观察结果；它具有将 VHDL 文件转换成 RTL 图形的功能，这十分有利于 VHDL 的速成学习；它能够生成针对以下公司器件的网表：ACTEL、Altera、Lattice、Lucent、Philips、Quicklogic、Vantis(AMD)和 Xilinx；它支持 VHDL 1076-1993 标准和 Verilog 1364-1995 标准。

(2) ModelSim：这是 Model Technology 公司(该公司现在是 Mentor Graphics 的子公司)的著名产品，支持 VHDL 和 Verilog 的混合仿真。使用它可以进行三个层次的仿真，即 RTL(寄存器传输层次)、Functional(功能)和 Gate-Level(门级)。RTL 级仿真仅验证设计的功能，没有时序信息；功能级是经过综合器逻辑综合后，针对特定目标器件生成的 VHDL 网表进行仿真；而门级仿真是经过布线器、适配器后，对生成的门级 VHDL 网表进行的仿真，此时

在 VHDL 网表中含有精确的时序延迟信息，因而可以得到与硬件相对应的时序仿真结果。ModelSim VHDL 支持 IEEE 1076-1987 和 IEEE 1076-1993 标准。ModelSim Verilog 基于 IEEE 1364-1995 标准，在此基础上针对 Open Verilog 标准进行了扩展。此外，ModelSim 支持 SDF1.0、2.0 和 2.1，以及 VITAL 2.2b 和 VITAL95。

1.3.4　实验开发系统

实验开发系统提供芯片下载电路及 EDA 实验/开发的外围资源(类似于用于单片机开发的仿真器)，以供硬件验证使用。一般包括：

① 实验或开发所需的各类基本信号发生模块，包括时钟、脉冲、高低电平等；

② FPGA/CPLD 输出信息显示模块，包括数码显示、发光管显示、声响指示等；

③ 监控程序模块，提供电路重构软配置；

④ 目标芯片适配座以及②中所述的 FPGA/CPLD 目标芯片和编程下载电路。

目前从事 EDA 实验开发系统研制的有多所大专院校和多家高科技公司，包括杭州电子科技大学、清华大学、华中科技大学、西安电子科技大学、东南大学、北京理工大学、武汉众友科技公司、湖南三知电子有限公司等。

1.4　EDA 的工程设计流程

1.4.1　FPGA/CPLD 的工程设计流程

假设需要建造一栋楼房，首先需要进行“建筑设计”——用各种设计图纸把建筑设想表示出来；其次要进行“建筑预算”——根据投资规模、拟建楼房的结构及有关建房的经验数据等计算需要多少基本的建筑材料(如砖、水泥、预制块、门、窗户等)；第三，根据建筑设计和建筑预算进行“施工设计”——这些砖、水泥、预制块、门、窗户等具体砌在房子的什么部位，相互之间怎样连接；第四，根据施工图进行“建筑施工”——将这些砖、水泥、预制块、门、窗户等按照规定施工建成一栋楼房；最后施工完毕后，还要进行“建筑验收”——检验所建楼房是否符合设计要求。同时，在整个建设过程中，可能还需要做出某些“建筑模型”或进行某些“建筑实验”。

那么，对于目标器件为 FPGA 和 CPLD 的 VHDL 设计，其工程设计步骤如何呢？EDA 的工程设计流程与上面所描述的基建流程类似：首先，需要进行“源程序的编辑和编译”——用一定的逻辑表达手段将设计表达出来；其次，要进行“逻辑综合”——将用一定逻辑表达手段表达出来的设计，经过一系列的操作，分解成一系列的基本逻辑电路及对应关系(电路分解)；第三，要进行“目标器件的布线/适配”——在选定的目标器件中建立这些基本逻辑电路及对应关系(逻辑实现)；第四，要进行“目标器件的编程/下载”——将前面的软件设计经过编程变成具体的设计系统(物理实现)；最后，要进行“硬件仿真/硬件测试”——验证所设计的系统是否符合设计要求。同时，在设计过程中要进行有关“仿真”——模拟有关设计结果与设计构想是否相符。综上所述，EDA 的工程设计的基本流程如图 1-1 所示，现具体阐述如下。

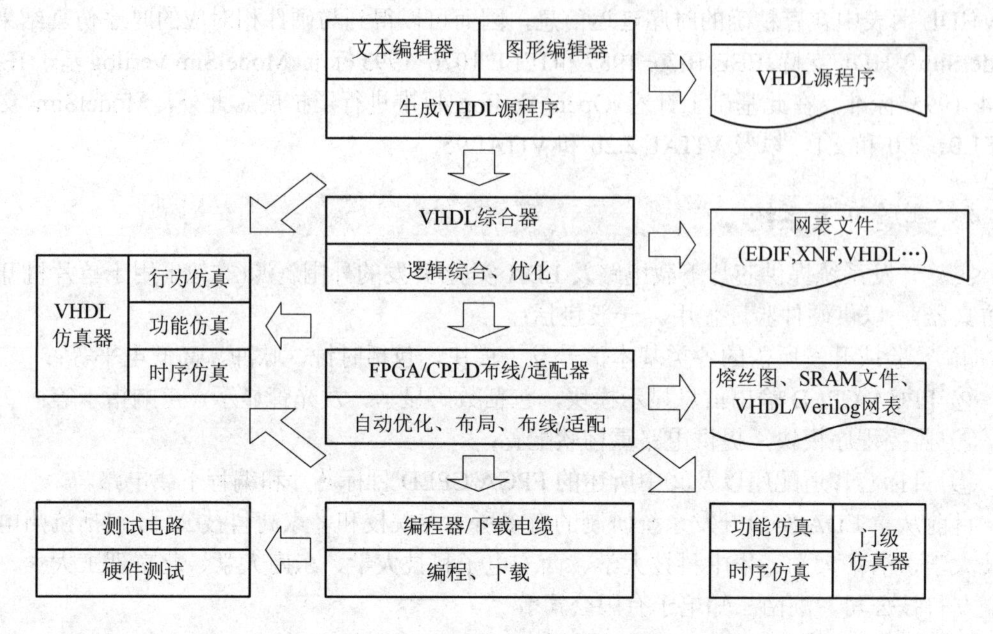

图 1-1　EDA 工程设计流程图

1. 源程序的编辑和编译

利用 EDA 技术进行一项工程设计，首先需利用 EDA 工具的文本编辑器或图形编辑器，将工程设计用文本方式或图形方式表达出来，进行排错编译，变成 VHDL 文件格式，为进一步的逻辑综合做准备。

常用的源程序输入方式有以下三种：

(1) 原理图输入方式。这种方式利用 EDA 工具提供的图形编辑器以原理图的方式进行输入。原理图输入方式比较容易掌握，直观且方便，所画的电路原理图(请注意，这种原理图与利用 Protel 画的原理图有本质的区别)与传统的器件连接方式完全一样，很容易被人接受，而且编辑器中有许多现成的单元件可以利用，自己也可以根据需要设计元件。然而，原理图输入法的优点同时也是它的缺点：① 随着设计规模增大，设计的易读性迅速下降，对于图中密密麻麻的电路连线，极难搞清电路的实际功能；② 一旦完成，电路结构的改变将十分困难，因而几乎没有可再利用的设计模块；③ 移植困难、入档困难、交流困难、设计交付困难，现有的 EDA 工具没有一个标准化的原理图编辑器。

(2) 状态图输入方式。这种方式以图形的方式表示状态图进行输入。当填好时钟信号名、状态转换条件、状态机类型等要素后，就可以自动生成 VHDL 程序。这种设计方式简化了状态机的设计，比较流行。

(3) VHDL 软件程序的文本方式。这种方式是最一般化、最具普遍性的输入方法，任何支持 VHDL 的 EDA 工具都支持文本方式的编辑和编译。

2. 逻辑综合和优化

欲把 VHDL 的软件设计与硬件的可实现性挂钩，需要利用 EDA 软件系统的综合器进行逻辑综合。

所谓逻辑综合，就是将电路的高级语言描述(如 HDL、原理图或状态图形的描述)转换成低级的，可与 FPGA/CPLD 或构成 ASIC 门阵列的基本结构相映射的网表文件。逻辑映射的过程，就是将电路的高级描述，针对给定硬件结构组件，进行编译、优化、转换和综合，最终获得门级电路甚至更底层的电路描述文件。而网表文件就是按照某种规定描述电路的基本组成及如何相互连接的文件。

由于 VHDL 仿真器的行为仿真功能是面向高层次的系统仿真，只能对 VHDL 的系统描述作可行性的评估测试，不针对任何硬件系统，因此基于这一仿真层次的许多 VHDL 语句不能被综合器所接受。也就是说，这类语句的描述无法在硬件系统中实现(至少是现阶段)，因此，综合器不支持的语句将在综合过程中被忽略掉。综合器对源 VHDL 文件的综合是针对某一 PLD 供应商的产品系列的，因此，综合后的结果是可以为硬件系统所接受的，具有硬件可实现性。

3. 目标器件的布线/适配

所谓逻辑适配，就是将由综合器产生的网表文件针对某一具体的目标器进行逻辑映射操作，其中包括底层器件配置、逻辑分割、逻辑优化、布线与操作等，配置于指定的目标器件中，产生最终的下载文件。如 JEDEC 格式的文件。

适配所选定的目标器件(FPGA/CPLD 芯片)必须属于原综合器指定的目标器件系列。对于一般的可编程模拟器件所对应的 EDA 软件来说，一般仅需包含一个适配器就可以了，如 Lattice 公司的 PAC－DESIGNER。通常，EDA 软件中的综合器可由专业的第三方 EDA 公司提供，而适配器则需由 FPGA/CPLD 供应商自己提供，这是因为适配器的适配对象直接与器件结构相对应。

4. 目标器件的编程/下载

如果编译、综合、布线/适配和行为仿真、功能仿真、时序仿真等过程都没有发现问题，即满足原设计的要求，则可以将由 FPGA/CPLD 布线/适配器产生的配置/下载文件，通过编程器或下载电缆载入目标芯片 FPGA 或 CPLD 中。

5. 设计过程中的有关仿真

设计过程中的仿真有三种，分别是行为仿真、功能仿真和时序仿真。

(1) 行为仿真。所谓行为仿真，就是将 VHDL 设计源程序直接送到 VHDL 仿真器中所进行的仿真。该仿真只是根据 VHDL 的语义进行的，与具体的电路没有关系。在此时的仿真中，可以充分发挥 VHDL 中的适用于仿真控制的语句及有关的预定义函数和库文件。

(2) 功能仿真。所谓功能仿真，就是将综合后的 VHDL 网表文件再送到 VHDL 仿真器中所进行的仿真。这时的仿真仅对 VHDL 描述的逻辑功能进行测试模拟，以了解其实现的功能是否满足原设计的要求，仿真过程不涉及具体器件的硬件特性，如延时特性。该仿真的结果与门级仿真器所做的功能仿真结果基本一致。综合之后的 VHDL 网表文件采用 VHDL 语法，首先描述了最基本的门电路，然后将这些门电路用例化语句连接起来。描述的电路与生成的 EDIF/XNF 等网表文件一致。

(3) 时序仿真。所谓时序仿真，就是将布线器/适配器所产生的 VHDL 网表文件送到 VHDL 仿真器中所进行的仿真。该仿真已将器件特性考虑进去了，因此可以得到精确的时序仿真结果。布线/适配处理后生成的 VHDL 网表文件中包含了较为精确的延时信息，网表文件中描述的电路结构与布线/适配后的结果是一致的。

需要注意的是，图 1-1 中有两个仿真器，一个是 VHDL 仿真器，另一个是门级仿真器。它们都能进行功能仿真和时序仿真，所不同的是仿真用的文件格式不同，即网表文件不同。这里所谓的网表(Netlist)，是特指电路网络，网表文件描述了一个电路网络。目前流行多种网表文件格式，其中最通用的是 EDIF 格式的网表文件，Xilinx 公司的 XNF 网表文件格式也很流行，不过一般只在使用 Xilinx 公司的 FPGA/CPLD 时才会用到 XNF 格式。VHDL 文件格式也可以用来描述电路网络，即采用 VHDL 语法描述各级电路互连，称之为 VHDL 网表。

6. 硬件仿真/硬件测试

所谓硬件仿真，就是在 ASIC 设计中，常利用 FPGA 对系统的设计进行功能检测，通过后再将其 VHDL 设计以 ASIC 形式实现。这一过程即被称为硬件仿真。

所谓硬件测试，就是针对 FPGA 或 CPLD 直接用于应用系统的设计中，将下载文件下载到 FPGA 后，对系统的设计进行的功能检测。

硬件仿真和硬件测试的目的，是为了在更真实的环境中检验 VHDL 设计的运行情况，特别是对于 VHDL 程序设计上不是十分规范、语义上含有一定歧义的程序。一般的仿真器包括 VHDL 行为仿真器和 VHDL 功能仿真器，对于同一 VHDL 设计的“理解”(即仿真模型的产生)与 VHDL 综合器的“理解”(即综合模型的产生)，常常是不一致的。此外，由于目标器件功能的可行性约束，综合器对于设计的“理解”常在一个有限范围内选择；但 VHDL 仿真器的“理解”是纯软件行为，其“理解”的选择范围要宽得多，而这种“理解”的偏差势必导致仿真结果与综合后实现的硬件电路在功能上的不一致。当然，还有许多其他的因素也会产生这种不一致。由此可见，VHDL 设计的硬件仿真和硬件测试是十分必要的。

1.4.2　ASIC 工程设计流程

专用集成电路(Application Specific Integrated Circuits，ASIC)是相对于通用集成电路而言的，ASIC 主要指用于某一专门用途的集成电路。ASIC 分类大致可分为数字 ASIC、模拟 ASIC 和数模混合 ASIC。

对于数字 ASIC，其设计方法有多种。按版图结构及制造方法分，有半定制(Semi-Custom)和全定制(Full-Custom)两种方法。

1. 全定制方法

全定制方法是一种基于晶体管级的，手工设计版图的制造方法。设计者需要使用全定制版图设计工具来完成，且必须考虑晶体管版图的尺寸、位置、互连线等技术细节，并据此确定整个电路的布局布线，以使设计的芯片的性能、面积、功耗、成本达到最优。但全定制设计中，人工参与的工作量大、设计周期长，而且容易出错。全定制方法在通用中小规模集成电路设计、模拟集成电路(包括射频级集成器件)设计以及有特殊性能要求和功耗要求的电路或处理器中的特殊功能模块电路的设计中被广泛采用。

2. 半定制方法

半定制方法是一种约束设计方式，约束的目的是简化设计、缩短设计周期、降低设计成本、提高设计正确率。半定制法按逻辑实现的方式不同，可再分为门阵列法、标准单元法和可编程逻辑器件法。

1) 门阵列法

门阵列(Gate Array)法是较早使用的一种 ASIC 设计方法，又称为母片(Master Slice)法。它预先设计和制造好各种规模的母片，其内部成行成列，并等间距地排列着基本单元的阵列。除金属连线及引线孔以外的各层版图图形均固定不变，只剩下一层或两层金属铝连线及孔的掩膜需要根据用户电路的不同而定制。每个基本单元是以三对或五对晶体管组成，基本单元的高度，宽度都是相等的，并按行排列。设计人员只需要设计到电路一级，将电路的网表文件交给 IC 厂家即可。IC 厂家先根据网表文件描述的电路连接关系，完成母片上电路单元的布局及单元间的连线，然后对这部分金属线及引线孔的图形进行制版、流片。这种设计方式涉及的工艺少、模式规范、设计自动化程度高、设计周期短、造价低，且适合于小批量的 ASIC 设计。门阵列法的缺点是芯片面积利用率低，灵活性差，对设计限制得过多。

2) 标准单元法

标准单元(Standard Cell)法必须预建完善的版图单元库，库中包括以物理版图级表达的各种电路元件和电路模块“标准单元”，可供用户调用以设计不同的芯片。这些单元的逻辑功能、电性能及几何设计规则等都已经经过分析和验证。与门阵列单元不同的是，标准单元物理版图将定制的各层版图设计都包括在内。在设计布图时，从单元库中调出标准单元按行排列，行与行之间留有布线通道，同行或相邻行的单元相连可通过单元行的上、下通道完成。隔行单元之间的垂直方向互连则必须借用事先预留在“标准单元”内部的走线道(Feed-Through)或单元间设置的“走线道单元”(Feed-Through Cell)或“空单元”(Empty Cell)来完成连接。

标准单元设计 ASIC 的优点是：

(1) 比门阵列法具有更加灵活的布图方法；

(2) “标准单元”预先存在单元库中，可以极大地提高设计效率；

(3) 可以从根本上解决不通率问题，能够极大地提高设计效率；

(4) 可以使设计者更多地从设计项目的高层次关注电路的优化和性能问题；

(5) 标准单元设计模式自动化程度高、设计周期短、设计效率高，十分适合利用功能强大的 EDA 工具进行 ASIC 设计。

因此，标准单元法成为目前 ASIC 设计中应用最广泛的设计方法之一。但标准单元法存在的问题是，当工艺更新之后，标准单元库要随之更新，这是一项十分繁重的工作。

门阵列法或标准单元法设计 ASIC 共存的缺点是无法避免冗杂繁复 IC 制造后向流程，而且与 IC 设计工艺紧密相关，最终的设计也需要集成电路制造厂家来完成，一旦设计有误，将导致巨大的损失。另外还有设计周期长、基础投入大、更新换代难等方面的缺陷。

3) 可编程逻辑器件法

可编程逻辑器件法是用可编程逻辑器件设计用户定制的数字电路系统。可编程逻辑器件芯片实质上是门阵列及标准单元设计的延伸和发展。可编程逻辑器件是一种半定制的逻辑芯片，但与门阵列法、标准单元法不同的是，其芯片内的硬件资源和连线资源是由厂家预先制定好的，可以方便地通过编程下载获得重新配置。这样，用户就可以借助 EDA 软件和编程器在实验室或车间中自行进行设计、编程或电路更新，而且如果发现错误，则可以

随时更改，完全不必关心器件实现的具体工艺。用可编程逻辑器件法设计 ASIC(或称可编程 ASIC)，设计效率大为提高，上市的时间大为缩短。当然，这种用可编程逻辑器件直接实现的所谓 ASIC 的性能、速度和单位成本，对于全定制或标准单元法设计的 ASIC 都不具备竞争性。此外，也不可能用可编程 ASIC 去取代通用产品，如 CPU、单片机、存储器等的应用。

目前，为了降低单位成本，可以在用可编程逻辑器件实现设计后，用特殊的方法转成 ASIC 电路。如 Altera 公司的部分 FPGA 器件在设计成功后，可以通过 HardCopy 技术转成对应的门阵列 ASIC 产品。

一般的 ASIC 从设计到制造，其工程设计流程如下：

(1) 系统规格说明(System Specification)。分析并确定整个系统的功能、要求达到的性能、物理尺寸，确定采用何种制造工艺、设计周期和设计费用；建立系统的行为模型，进行可行性验证。

(2) 系统划分(Sysetem Division)。将系统分割成各个功能子模块，给出子模块之间的信号连接关系。验证各个功能块的模型，确定系统的关键时序。

(3) 逻辑设计与综合(Logic Design and Synthesis)。将划分的各个子模块用文本(网表或硬件描述语言)、原理图等进行具体逻辑描述。对于硬件描述语言描述的设计模块，需要用综合器进行综合获得具体的电路网表文件；对于原理图等描述方式描述的设计模块，经简单编译后得到逻辑网表文件。

(4) 综合后仿真(Simulate after Synthesis)。根据逻辑综合后得到网表文件，进行仿真验证。

(5) 版图设计(Layout Design)。版图设计是将逻辑设计中每一个逻辑元件、电阻、电容等以及它们之间的连线转换成集成电路制造所需要的版图信息。可手工或自动进行版图规划(Floorplanning)、布局(Placement)、布线(Routing)。这一步由于涉及逻辑设计到物理实现的映射，故又称物理设计(Physical Design)。

(6) 版图验证(Layout Verification)。版图验证主要包括版图原理图比对(LVS)、设计规则检查(DRC)、电气规则检查(ERC)。在手工版图设计中，这是非常重要的一步。

(7) 参数提取与后仿真。版图验证完毕后，需进行版图的电路网表提取(NE)、参数提取(PE)，把提取出的参数反注(Back-Annotate)至网表文件，进行最后一步的仿真验证工作。

(8) 制版、流片。送 IC 生产线进行制版、光罩和流片，进行实验性生产。

(9) 芯片测试。测试芯片是否符合设计要求，并评估成品率。

1.5 EDA 技术的应用形式

随着 EDA 技术的深入发展和 EDA 技术软硬件性能价格比的不断提高， EDA 技术的应用将向广度和深度两个方面发展。根据利用 EDA 技术所开发的产品的最终主要硬件构成来分，本书编著者认为，EDA 技术的应用发展将表现为如下几种形式：

(1) CPLD/FPGA 系统。该系统使用 EDA 技术开发 CPLD/FPGA，使自行开发的 CPLD/FPGA 作为电子系统、控制系统、信息处理系统的主体。

(2) “CPLD/FPGA+MCU”系统。该系统使用 EDA 技术与单片机相结合，使自行开发的 CPLD/FPGA+MCU 作为电子系统、控制系统、信息处理系统的主体。

(3) “CPLD/FPGA+专用 DSP 处理器”系统。该系统将 EDA 技术与 DSP 专用处理器配合使用，使自行开发的“CPLD/FPGA+专用 DSP 处理器”构成一个数字信号处理系统的整体。

(4) 基于 FPGA 实现的现代 DSP 系统。该系统是基于 SOPC(System On Programmable Chip)技术、EDA 技术与 FPGA 技术实现方式的现代 DSP 系统。

(5) 基于 FPGA 实现的 SOC 片上系统。该系统是使用超大规模的 FPGA 实现的，内含 1 个或数个嵌入式 CPU 或 DSP，能够实现复杂系统功能的单一芯片系统。

(6) 基于 FPGA 实现的嵌入式系统。该系统是使用 CPLD/FPGA 实现的，内含嵌入式处理器，能满足对象系统要求实现特定功能的，能够嵌入到宿主系统的专用计算机应用系统。

1.6　EDA 技术的应用展望

1. EDA 技术将广泛应用于高校电类专业的实践教学工作中

各种数字集成电路芯片用 VHDL 语言可以进行方便的描述，经过生成元件后可作为一个标准元件进行调用。同时，借助于 VHDL 开发设计平台，可以进行系统的功能仿真和时序仿真；借助于实验开发系统可以进行硬件功能验证等。因而可大大地简化数字电子技术的实验，并可根据学生的设计不受限制地开展各种实验。

对于电子技术课程设计，特别是数字系统性的课题，在 EDA 实验室不需添加任何新的东西，即可设计出各种比较复杂的数字系统；并且借助于实验开发系统可以方便地进行硬件验证，如设计频率计、交通控制灯、秒表等。

自 1997 年全国第三届电子技术设计竞赛采用 FPGA/CPLD 器件以来，FPGA/CPLD 已得到了越来越多选手的利用，并且给定的课题如果不借助于 FPGA/CPLD 器件，则可能根本无法实现。因此，EDA 技术将成为各种电子技术设计竞赛选手必须掌握的基本技能与制胜的法宝。

现代电子产品的设计离不开 EDA 技术。作为信息工程类专业的毕业生，借助于 EDA 技术在毕业设计中可以快速、经济地设计各种高性能的电子系统，并且很容易进行实现、修改及完善。

在整个大学学习期间，可以分阶段、分层次地对信息工程类专业的学生进行 EDA 技术的学习和应用，使他们迅速掌握并有效利用这一新技术，同时还可大大地提高学生的实践动手能力、创新能力和计算机应用能力。

2. EDA 技术将广泛应用于科研工作和新产品的开发中

随着可编程逻辑器件性价比的不断提高，开发软件功能的不断完善；加之 EDA 技术设计电子系统具有用软件的方式设计硬件，设计过程中可用有关软件进行各种仿真，系统可现场编程、在线升级，整个系统可集成在一个芯片上等特点；使其广泛地应用于科研工作和新产品的开发工作中。

3. EDA 技术将广泛应用于专用集成电路的开发

可编程器件制造厂家可按照一定的规格以通用器件大量生产，用户可按通用器件从市场上选购，然后按自己的要求通过编程实现专用集成电路的功能。因此，对于集成电路制造技术与世界先进的集成电路制造技术尚有一定差距的中国，开发具有自主知识产权的专用集成电路，已成为相关专业人员的重要任务。

4. EDA 技术将广泛应用于传统机电设备的升级换代和技术改造

如果利用 EDA 技术进行传统机电设备的电气控制系统的重新设计或技术改造，不但设计周期短、设计成本低，而且将提高产品或设备的性能，缩小产品体积，提高产品的技术含量，提高产品的附加值。

思 考 题

1.1　EDA 的英文全称是什么？EDA 的中文含义是什么？

1.2　什么叫 EDA 技术？

1.3　利用 EDA 技术进行电子系统的设计有什么特点？

1.4　从使用的角度来讲，EDA 技术主要包括几个方面的内容？这几个方面在整个电子系统的设计中分别起什么作用？

1.5　什么叫可编程逻辑器件(PLD)？FPGA 和 CPLD 的中文含义分别是什么？国际上生产 FPGA/CPLD 的主流公司，并且在国内占有较大市场份额的公司主要有哪几家？其产品系列有哪些？其可用逻辑门数/等效门大约在什么范围？

1.6　FPGA 和 CPLD 各包括几个基本组成部分？

1.7　FPGA/CPLD 有什么特点？二者在存储逻辑信息方面有什么区别？实际使用中，在什么情况下选用 CPLD？在什么情况下选用 FPGA？

1.8　常用的硬件描述语言有哪几种？这些硬件描述语言在逻辑描述方面有什么区别？

1.9　目前比较流行的、主流厂家的 EDA 的软件工具有哪些？这些开发软件的主要区别是什么？

1.10　对于目标器件为 FPGA/CPLD 的 VHDL 设计，其工程设计包括哪几个主要步骤？每一步的作用是什么？每一步的结果是什么？

1.11　名词解释：逻辑综合，逻辑适配，行为仿真，功能仿真，时序仿真。

1.12　根据利用 EDA 技术所开发的产品的最终主要硬件构成来分，EDA 技术的应用发展将表现为哪几种形式？

1.13　谈谈你对 EDA 技术的应用展望。

第 2 章　大规模可编程逻辑器件

2.1　可编程逻辑器件概述

2.1.1　PLD 的发展进程

PLD 是可编程逻辑器件(Programmable Logic Devices)的英文缩写，是 EDA 得以实现的硬件基础，可通过编程灵活方便地构建和修改数字电子系统。

可编程逻辑器件是集成电路技术发展的产物。很早以前，电子工程师们就曾设想设计一种逻辑可再编程的器件，但由于集成电路规模的限制而难以实现。20 世纪 70 年代，集成电路技术迅猛发展。随着集成电路规模的增大，MSI(Medium Scale Integrated Circuit)、LSI(Large Scale Integrated Circuit)的出现，可编程逻辑器件才得以诞生和迅速发展。

随着大规模集成电路、超大规模集成电路技术的发展，可编程逻辑器件发展迅速。从 20 世纪 70 年代至今，大致经过了以下几个阶段。

1. 第一阶段：PLD 诞生及简单 PLD 发展阶段

20 世纪 70 年代，熔丝编程的 PROM(Programmable Read Only Memory)和 PLA(Programmable Logic Array)的出现，标志着 PLD 的诞生。可编程逻辑器件最早是根据数字电子系统组成基本单元——门电路可编程来实现的，任何组合电路都可用与门和或门组成，时序电路可用组合电路加上存储单元来实现。早期的 PLD 就是用可编程的与阵列和(或)可编程的或阵列组成的。

PROM 是采用固定的与阵列和可编程的或阵列组成的 PLD，由于输入变量的增加会引起存储容量的急剧上升，因此其只能用于简单组合电路的编程。PLA 是由可编程的与阵列和可编程的或阵列组成的，克服了 PROM 随着输入变量的增加规模迅速增加的问题，利用率高；但由于与阵列和或阵列都可编程，软件算法复杂，编程后器件运行速度慢，因此其只能在小规模逻辑电路上应用。现在这两种器件在 EDA 上已不再采用；但 PROM 作为存储器，PLA 作为全定制 ASIC 设计技术，还在应用。

20 世纪 70 年代末，AMD 公司对 PLA 进行了改进，推出了 PAL(Programmable Array Logic)器件。PAL 与 PLA 相似，也由与阵列和或阵列组成；但在编程接点上与 PAL 不同，而与 PROM 相似。或阵列是固定的，只有与阵列可编程。或阵列固定与阵列可编程结构，简化了编程算法，运行速度也提高了，适用于中小规模可编程电路。但 PAL 为适应不同应用的需要，输出 I/O 结构也要跟着变化。输出 I/O 结构很多，并且一种输出 I/O 结构方式就要有一种 PAL 器件，无疑会给生产、使用带来不便；而且 PAL 器件一般采用熔丝工艺生产，为一次可编程，若要修改电路则需要更换整个 PAL 器件，成本太高。因此现在，PAL 已被

GAL 所取代。

以上可编程器件，都是乘积项可编程结构，都只解决了组合逻辑电路的可编程问题。而对于时序电路，需要另外加上锁存器、触发器来构成。如 PAL 加上输出寄存器，就可实现时序电路可编程。

2. 第二阶段：乘积项可编程结构 PLD 发展与成熟阶段

20 世纪 80 年代初，Lattice 公司开始研究一种新的乘积项可编程结构 PLD。1985 年，推出了一种在 PAL 基础上改进的 GAL(Generic Array Logic)器件。GAL 器件首次在 PLD 上采用 EEPROM 工艺，能够电擦除重复编程，使得修改电路不需更换硬件，可以灵活方便地应用乃至更新换代。

在编程结构上，GAL 沿用了 PAL 或阵列固定与阵列可编程结构，而对 PAL 的输出 I/O 结构进行了改进，增加了输出逻辑宏单元 OLMC(Output Logic Macro Cell)。OLMC 设有多种组态，使得每个 I/O 引脚可配置专用组合输出、组合输出双向口、寄存器输出、寄存器输出双向口、专用输入等多种功能，为电路设计提供了极大的灵活性。同时，也解决了 PAL 器件一种输出 I/O 结构方式就要有一种器件的问题，具有通用性。而且 GAL 器件是在 PAL 器件基础上设计的，与许多 PAL 器件是兼容的。一种 GAL 器件可以替换多种 PAL 器件，因此 GAL 器件得到了广泛的应用。目前，GAL 器件主要应用在中小规模可编程电路上，而且 GAL 器件也加上了 ISP 功能，称为 ispGAL 器件。

20 世纪 80 年代中期，Altera 公司推出了 EPLD(Erasable PLD)器件。EPLD 器件比 GAL 器件有更高的集成度，采用 EPROM 工艺或 EEPROM 工艺，可用紫外线或电擦除，适用于较大规模的可编程电路，也获得了广泛的应用。

3. 第三阶段：复杂可编程器件发展与成熟阶段

20 世纪 80 年代中期，Xilinx 公司提出了现场可编程(Field Programmability)的概念，并生产出世界上第一片 FPGA 器件。FPGA 是现场可编程门阵列(Field Programmable Gate Array)的英文缩写，现在已经成了大规模可编程逻辑器件中一大类器件的总称。FPGA 器件一般采用 SRAM 工艺，编程结构为可编程的查找表(Look-Up Table，LUT)结构。FPGA 器件的特点是电路规模大、配置灵活，但 SRAM 需掉电保护或开机后重新配置。

20 世纪 80 年代末，Lattice 公司提出了在系统可编程(In-System Programmability，ISP)的概念，并推出了一系列具有 ISP 功能的 CPLD 器件，将 PLD 的发展推向了一个新的发展时期。CPLD 是复杂可编程逻辑器件(Complex Programmable Logic Device)的英文缩写，Lattice 公司推出 CPLD 器件开创了 PLD 发展的新纪元，也是复杂可编程逻辑器件的快速推广与应用。CPLD 器件采用 EEPROM 工艺，编程结构在 GAL 器件的基础上进行了扩展和改进，使得 PLD 更加灵活、应用更加广泛。

复杂可编程逻辑器件现在有 FPGA 和 CPLD 两种主要结构。进入 20 世纪 90 年代后，这两种结构都得到了飞速发展，尤其是 FPGA 器件因其规模大，现在已超过 CPLD，走入成熟期，拓展了 PLD 的应用领域。目前，器件的可编程逻辑门数已达上千万门以上，可以内嵌许多种复杂的功能模块(如 CPU 核、DSP 核、PLL(锁相环)等)，可以实现单片可编程系统(System On Programmable Chip，SOPC)。

拓展了的在系统可编程性(ispXP)，是 Lattice 公司集中了 EEPROM 和 SRAM 工艺的最佳特性而推出的一种新的可编程技术。ispXP 兼收并蓄了 EEPROM 的非易失单元和 SRAM 的工艺技术，从而在单个芯片上同时实现了瞬时上电和无限可重构性。ispXP 器件上分布的 EEPROM 阵列储存着器件的组态信息。在器件上电时，这些信息以并行的方式被传递到用于控制器件工作的 SRAM 位。新的 ispXFPGA™ FPGA 系列与 ispXPLD™ CPLD 系列均采用了 ispXP 技术。

现在，除了数字可编程器件外，模拟可编程器件也受到了大家的重视。Lattice 公司提供有 ispPAC 系列产品供选用。

2.1.2　PLD 的种类及分类方法

PLD 的种类繁多，各生产厂家命名不一，一般可按以下几种方法进行分类。

1. 按集成度来区分

按集成度来区分，PLD 可分为简单 PLD 和复杂 PLD 两大类。

(1) 简单 PLD。它的逻辑门数 500 门以下，包括 PROM、PLA、PAL、GAL 等器件。

(2) 复杂 PLD。它的芯片集成度高，逻辑门数 500 门以上，或以 GAL22V10 作参照，集成度大于 GAL22V10，包括 EPLD、CPLD、FPGA 等器件。

2. 按编程结构来区分

按编程结构来区分，PLD 可分为乘积项结构 PLD 和查找表结构 PLD 两大类。

(1) 乘积项结构 PLD。它包括 PROM、PLA、PAL、GAL、EPLD、CPLD 等器件。

(2) 查找表结构 PLD。FPGA 属此类器件。

3. 按互连结构来区分

按互连结构来区分，PLD 可分为确定型 PLD 和统计型 PLD 两大类。

(1) 确定型 PLD。确定型 PLD 提供的互连结构，每次用相同的互连线布线，其时间特性是可以确定预知(如由数据手册查出)，是固定的。如 CPLD。

(2) 统计型 PLD。统计型结构是指设计系统时，其时间特性是不可以预知的，每次执行相同的功能时，却有不同的布线模式，因而无法预知线路的延时。如 Xilinx 公司的 FPGA 器件。

4. 按编程工艺来区分

按编程工艺来区分，PLD 可分为熔丝型 PLD、反熔丝型 PLD、EPROM 型 PLD、EEPROM 型 PLD 和 SRAM 型 PLD 五大类。

(1) 熔丝型 PLD。熔丝型 PLD 如早期的 PROM 器件。编程过程就是根据设计的熔丝图文件来烧断对应的熔丝，获得所需的电路。

(2) 反熔丝型 PLD。反熔丝型 PLD 如 OTP 型 FPGA 器件。其编程过程与熔丝型 PLD 相类似，但结果相反，即在编程处击穿漏层使两点之间导通，而不是断开。

OTP 是一次可编程(One Time Programming)的英文缩写，以上两类都是 OTP 器件。

(3) EPROM 型 PLD。EPROM 是可擦可编程只读存储器(Erasable PROM)的英文缩写。EPROM 型 PLD 采用紫外线擦除，可编程，但编程电压一般较高。每次编程前要用紫外线擦除上次的编程内容。

在制造 EPROM 型 PLD 时，如果不留用于紫外线擦除的石英窗口，也就成了 OTP

器件。

(4) EEPROM 型 PLD。EEPROM 是电可擦可编程只读存储器(Electrically Erasable PROM)的英文缩写。与 EPROM 型 PLD 相比，其不用紫外线擦除，可直接用电擦除，使用更方便。GAL 器件和大部分 EPLD、CPLD 器件都是 EEPROM 型 PLD。

(5) SRAM 型 PLD。SRAM 是静态随机存取存储器(Static Radom Access Memory)的英文缩写，可方便快速的编程(也叫配置)，但掉电后其内容即丢失，再次上电需要重新配置，或加掉电保护装置以防掉电。大部分 FPGA 器件都是 SRAM 型 PLD。

2.1.3 常用 CPLD/FPGA 简介

CPLD/FPGA 的生产厂家较多，其名称又不规范一致，因此在使用前必须加以详细了解。本节主要介绍几个主要厂家的几个典型产品，包括系列、品种、性能指标。这些公司的详细产品介绍可登录其公司网站查看，如 Lattice 公司的中文网站“http://www.latticesemi.com.cn/”。

1. Lattice 公司的 CPLD 器件系列

Lattice 公司始建于 1983 年，是最早推出 PLD 的公司之一，GAL 器件是其成功推出并得到广泛应用的 PLD 产品。20 世纪 80 年代末，Lattice 公司提出了在系统可编程的概念，并首次推出了 CPLD 器件；其后，将 ISP 与其拥有的先进的 EECMOS 技术相结合，推出了一系列具有 ISP 功能的 CPLD 器件，使 CPLD 器件的应用领域又有了巨大的扩展。所谓 ISP 技术，就是不用从系统上取下 PLD 芯片，就可进行编程的技术。ISP 技术大大缩短了新产品的研制周期，降低了开发的风险和成本。因此，在推出后得到了广泛的应用，几乎成了 CPLD 的标准。

Lattice 公司的 CPLD 器件主要有 ispLSI 系列、ispMACH 系列，分别适用于不同的场合。

ispLSI 系列是 Lattice 公司于 20 世纪 90 年代以来推出的，其集成度 1000 门至 60000 门，引脚到引脚之间(Pin TO Pin)延时最小 3 ns，工作速度可达 300 MHz，支持 ISP 和 JTAG 边界扫描测试功能，适用于通信设备、计算机、DSP 系统和仪器仪表中。ispLSI/MACH 速度更快，可达 400 MHz。下面将主要介绍常用的 ispLSI/MACH 系列。

1) ispLSI 1000 系列

ispLSI 1000 系列又包括 ispLSI 1000/1000E/EA 等品种，属于通用器件，集成度 2000 门至 8000 门，引脚到引脚之间的延时不大于 7.5 ns。它的集成度较低、速度较慢，但价格便宜(如 ispLSI 1032E 是目前市面上最便宜的 CPLD 器件之一)，因而在一般的数字系统中使用较多。如网卡、高速编程器、游戏机、测试仪器仪表中均有应用。ispLSI 1000 是基本型，而 ispLSI 1000E 是 ispLSI 1000 的增强型(Enhanced)。

2) ispLSI 2000 系列

ispLSI 2000 系列又包括 ispLSI 2000/2000A/2000E/2000V/2000VL/2000VE 等品种，属于高速型器件，集成度与 ispLSI 1000 系列大体相当，引脚到引脚之间延时最小 3 ns，适用于速度要求高、需要较多 I/O 引脚的电路。如移动通信、高速路由器等。

3) ispLSI 3000 系列

ispLSI 3000 系列是第一个上万门的 ispLSI 系列产品，采用双 GLB，集成度可达 2 万门，

可单片集成系统逻辑、DSP 功能及编码压缩电路，适用于集成度要求较高的场合。

以上系列的工作电压为 5 V，引脚输入/输出电压为 5 V。

4) ispLSI 5000 系列

ispLSI 5000 系列又包括 ispLSI 5000V/5000VA 等品种，其整体结构与 ispLSI 3000 系列相类似，但 GLB 和宏单元结构有了大的差异，属于多 I/O 口宽乘积项型器件，集成度 10 000 门至 25 000 门，引脚到引脚之间的延时大约 5 ns。它的集成度较高，工作速度可达 200 MHz，适用于宽总线(32 位或 64 位)的数字系统，如快速计数器、状态机和地址译码器等。ispLSI 5000V 系列的工作电压为 3.3 V，但其引脚能够兼容 5 V、3.3 V、2.5 V 等多种电压标准。

5) ispLSI 6000 系列

ispLSI 6000 系列的 GLB 与 ispLSI 3000 系列相同，但整体结构中包含了 FIFO 或 RAM 功能，是 FIFO 或 RAM 存储模块与可编程逻辑相结合的产物，集成度可达 25 000 门。

6) ispLSI 8000 系列

ispLSI 8000 系列又包括 ispLSI 8000/8000V 等品种，是在 ispLSI 5000V 系列的基础上更新整体结构而来的，属于高密度型器件，集成度可达 60000 门，引脚到引脚之间的延时大约 5 ns。它的集成度最高，工作速度可达 200 MHz，适用于较复杂的数字系统，如外围控制器、运算协处理器等。

7) ispMACH 4000 系列

ispMACH 4000 系列的外观如图 2-1 所示，又包括 ispMACH 4000/4000B/ 4000C/ 4000V/4000Z 等品种。它们之间的区别主要是供电电压不同，ispMACH 4000V、ispMACH 4000B 和 ispMACH4000C 器件系列供电电压分别为 3.3 V、2.5 V 和 1.8 V。Lattice 公司还基于 ispMACH 4000 的器件结构开发出了业界最低静态功耗的 CPLD 系列——ispMACH 4000Z。

ispMACH 4000 系列产品提供 SuperFAST(400 MHz，超快)的 CPLD 解决方案。ispMACH 4000V 和 ispMACH 4000Z 均支持车用温度范围：−40～130℃(Tj)。ispMACH 4000 系列支持介于 3.3 V 和 1.8 V 之间的 I/O 标准，既有业界领先的速度性能，又能提供最低的动态功耗。

图 2-1　ispMACH 4000 系列外观图

ispMACH 4000V/B/C 系列器件的宏单元个数从 32 到 512 不等，ispMACH 4000Z 的宏单元数为 32～256。ispMACH 系列提供 44 到 256 引脚/球、具有多种密度 I/O 组合的 TQFP、fpBGA 和 caBGA 封装。

8) ispLSI 5000VE/ispMACH 5000 系列

ispLSI 5000VE 是后来设计的新产品，Lattice 公司推荐其用于替代 ispLSI 3000/5000V/5000VA。

ispLSI 5000VE 系列的外观如图 2-2 所示。

图 2-2　ispLSI 5000VE 系列外观图

ispLSI 5000VE 整体结构与 ispLSI 3000 系列相类似，但 GLB 和宏单元结构有了大的差异。ispLSI 5000VE 属于多 I/O 口宽乘积项型器件，引脚到引脚之间延时大

约 5 ns，集成度最大为 1024 个宏单元，工作速度可达 180 MHz，适用于宽总线(32 位或 64 位)的数字系统。如快速计数器、状态机和地址译码器等。ispMACH 5000B 系列速度更快，可达 275 MHz，集成度最大为 512 个宏单元。

ispLSI/ispMACH 5000 系列器件的可编程结构为各种复杂的逻辑应用系统提供了业界领先的系统性能。器件的每个逻辑块拥有 68 个输入，可以在单级逻辑上轻松实现包括 64 位应用系统的复杂逻辑功能，而用传统的 CPLD 器件却需要两层或更多的逻辑层才能实现相同的功能，因为它们的逻辑块输入只相当于 ispLSI/ispMACH 5000 器件的一半。所以，对于需要 36 个以上的输入的“宽”逻辑功能，ispLSI/ispMACH 5000 的性能表现比传统的 CPLD 器件结构高出 60%。

9) ispXPLD™ 5000MX 系列

ispXPLD 5000MX 系列的外观如图 2-3 所示，又包括 ispXPLD™ 5000MB/5000MC/ 5000MV 等品种。

图 2-3 ispXPLD 5000MX 系列外观图

ispXPLD™ 5000MX 系列代表了莱迪思半导体公司全新的 XPLD(eXpanded Programmable Logic Devices)器件系列。这类器件采用了新的构建模块——多功能块(Multi-Function Block，MFB)。这些 MFB 可以根据用户的应用需要，被分别配置成 SuperWIDETM 超宽(136 个输入)逻辑、单口或双口存储器、先入先出堆栈或 CAM。

ispXPLD 5000MX 器件将 PLD 出色的灵活性与 sysIOTM 接口结合了起来，能够支持 LVDS、HSTL 和 SSTL 等最先进的接口标准，以及比较熟悉的 LVCMOS 标准。sysCLOCK™ PLL 电路简化了时钟管理。ispXPLD 5000MX 器件采用拓展了的在系统编程技术，也就是 ispXP 技术，因而具有非易失性和无限可重构性。编程可以通过 IEEE 1532 业界标准接口进行，配置可以通过 Lattice 公司的 sysCONFIGTM 微处理器接口进行。该系列器件有 3.3 V、2.5 V 和 1.8 V 供电电压的产品可供选择(对应 MV、MB 和 MC 系列)，最大规模为 1024 个宏单元，最快速度可达 300 MHz。

ispLSI/MACH 器件都采用 EECMOS 和 EEPROM 工艺结构，能够重复编程万次以上，内部带有升压电路，可在 5 V、3.3 V 逻辑电平下编程，编程电压和逻辑电压可保持一致，给使用带来了很大的方便。其具有的保密功能，可防止非法拷贝；具有的短路保护功能，能够防止内部电路自锁和 SCR 自锁。该器件在推出后，受到了极大的欢迎，曾经代表了 CPLD 的最高水平。但现在 Lattice 公司推出了新一代的扩展在系统可编程技术(ispX)，在新设计中推荐采用 ispMACH 系列产品和 ispLSI 5000VE，全力打造 ispXPLD 器件，并推出采用扩展在系统可编程技术的 ispXPGA 系列 FPGA 器件，改变了只生产 CPLD 的状况。

2. Xilinx 公司的 CPLD 器件系列

Xilinx 公司以其提出现场可编程的概念和 1985 年生产出世界上首片 FPGA 而著名，但其 CPLD 产品也很不错。

Xilinx 公司的 CPLD 器件系列主要有 XC7200 系列、XC7300 系列、XC9500 系列。下面主要介绍常用的 XC9500 系列。

XC9500 系列有 XC9500/9500XV/9500XL 等品种，各品种的主要区别是芯核电压不同，分别为 5 V/2.5 V/3.3 V。

XC9500 系列采用快闪(FASTFlash)存储技术，能够重复编程万次以上，比 ultraMOS 工艺速度更快、功耗更低，引脚到引脚之间的延时最小 4 ns，宏单元数可达 288 个(6400 门)，系统时钟 200 MHz，支持 PCI 总线规范、ISP 和 JTAG 边界扫描测试功能。

XC9500 系列器件的最大特点是引脚作为输入可以接受 3.3 V/2.5 V/1.8 V/1.5 V 等多种电压标准，作为输出可配置成 3.3 V/2.5 V/1.8 V 等多种电压标准。其工作电压低、适应范围广、功耗低，编程内容可保持 20 年。

3. Altera 公司的 CPLD 器件系列

Altera 公司是著名的 PLD 生产厂家。它既不是 FPGA 的首创者，也不是 CPLD 的开拓者，但在这两个领域都有非常强的实力，多年来一直占据行业领先地位。其 CPLD 器件系列主要有 FLASHlogic 系列、Classic 系列和 MAX(Multiple Array Matrix)及 MAXⅡ系列。下面主要介绍常用的 MAX 系列。

MAX 系列包括 MAX3000/5000/7000/9000 等品种，集成度在几百门至数万门之间，采用 EPROM 和 EEPROM 工艺。所有 MAX7000/9000 系列器件都支持 ISP 和 JTAG 边界扫描测试功能。

MAX7000 宏单元数可达 256 个(12 000 门)，其价格便宜，使用方便。E、S 系列工作电压为 5 V，A、AE 系列工作电压为 3.3 V 混合电压，B 系列为 2.5 V 混合电压。

MAX9000 系列是 MAX7000 的有效宏单元和 FLEX8000 的高性能、可预测快速通道互连相结合的产物，具有 6000～12 000 个可用门(12 000～24 000 个有效门)。

MAX 系列的最大特点是采用 EEPROM 工艺，编程电压与逻辑电压一致，编程界面与 FPGA 统一，简单方便，在低端应用领域有优势。

4. Xilinx 公司的 FPGA 器件系列

Xilinx 公司是最早推出 FPGA 器件的公司。1985 年首次推出 FPGA 器件，现有 XC2000/3000/3100/4000/5000/6200/8100、Virtex、Spartan、Virtex Ⅱ Pro 等系列 FPGA 产品。下面主要介绍常用的 Virtex 系列和 Spartan Ⅱ系列。

1) Virtex 器件系列 FPGA

Virtex 器件系列 FPGA 是高速、高密度的 FPGA，采用 0.22 μm、5 层金属布线的 CMOS 工艺制造，最高时钟频率为 200 MHz，集成度在 5～100 万门之间，工作电压为 2.5 V。

2) Virtex E 和 Virtex Ⅱ Pro 器件系列 FPGA

Virtex E 器件系列 FPGA 是在 Virtex 器件基础上改进的，采用 0.18 μm、6 层金属布线的 CMOS 工艺制造，时钟频率高于 200 MHz，集成度在 5.8～400 万门之间，工作电压为 1.8 V。

该系列的主要特点是：内部结构灵活，内置时钟管理电路，支持 3 级存储结构；采用 Select I/O 技术，支持 20 种接口标准和多种接口电压，支持 ISC()和 JTAG 边界扫描测试功能；采用 Select RAM 存储体系，内嵌 1 Mb 的分成式 RAM 和最高 832 kb 的块状 RAM，存储器带宽 1.66 Tb/s。

2001 年，Xilinx 公司推出了集成度更高(可达 1000 万系统门级)、时钟管理更先进的 Virtex Ⅱ Pro 等系列 FPGA 产品。可以说，Virtex 系列产品代表了 Xilinx 公司在 FPGA 领

域的最高水平。

3) Spartan Ⅱ器件系列 FPGA

SpartanⅡ器件系列 FPGA 是在 Virtex 器件结构的基础上发展起来的，采用 0.22 μm/0.18 μm、6 层金属布线的 CMOS 工艺制造，最高时钟频率为 200 MHz，集成度可达 15 万门，工作电压为 2.5 V。

5. Altera 公司的 FPGA 器件系列

Altera 公司的 FPGA 器件系列产品按推出的先后顺序有 FLEX(Flexible Logic Element Matrix)系列、APEX(Advanced Logic Element Matrix)系列、ACEX(Advanced Communication Logic Element Matrix)系列和 Stratix 系列。

1) FLEX 器件系列 FPGA

FLEX 器件系列 FPGA 是 Altera 公司为 DSP 应用设计最早推出的 FPGA 器件系列，包括 FLEX 10K/10A/10KE/8000/6000 等品种，采用连续式互连和 SRAM 工艺制造，集成度可达 25 万门，内部结构灵活，内嵌存储块，能够实现较复杂的逻辑功能；但其速度不快。它是目前在较低端领域的一种不错的选择。

2) APEX 和 APEX Ⅱ器件系列 FPGA

APEX 器件系列 FPGA 采用多核结构，是为系统级设计而推出的 FPGA 器件系列，包括 APEX20K/20KE 等品种，采用先进的 SRAM 工艺制造，集成度在数万门到数百万门之间。

2001 年，Altera 公司推出了在 APEX 器件基础上改进的 APEX Ⅱ器件系列 FPGA，采用更先进的 0.15 μm 全铜工艺制造(以前采用的是铝互连工艺)，且 I/O 结构进行了很大改进，是高速数据通信的不错选择。

3) ACEX 器件系列 FPGA

ACEX 器件系列 FPGA 是 Altera 公司专门为通信、音频信号处理而设计的，采用先进的 0.18 μm、6 层金属连线的 SRAM 工艺制造，集成度在数万门到数十万门之间，内嵌 Nios 处理器，有数字信号处理能力。其存储容量、速度适中，价格低，是性价比较高的产品。工作电压为 2.5 V，兼容 5 V。

4) Stratix 器件系列 FPGA

Stratix 器件系列 FPGA 包括 Stratix、Stratix GX 和 StratixⅡ等品种，是 Altera 公司 2002 年推出的新一代 FPGA，采用先进的 0.13 μm 全铜工艺制造，集成度可达数百万门以上，工作电压为 1.5 V。

该系列的特点是：内部结构灵活，增强的时钟管理和锁相环(PLL)，支持 3 级存储结构；内嵌三级存储单元，可配置为移位寄存器的 512 b RAM、4 kb 的标准 RAM 和 512 kb 带奇偶校验位的大容量 RAM；内嵌乘加结构的 DSP 块；增加片内终端匹配电阻，简化 PCB 布线；增加配置错误纠正电路；增强远程升级能力；采用全新的布线结构。其中，StratixⅡ是 Altera 公司所提供的产品中密度最高、性能最好的产品。其内嵌 Nios 处理器，有最好的 DSP 处理模块，大容量存储器，高速 I/O、存储器接口，1 Gb/s DPA(Dynamic Phase Aligment)以及带同步信号源。

Stratix 器件系列 FPGA 是 Altera 公司可与 Xilinx 公司推出的 Virtex Ⅱ Pro 系列相媲美的 FPGA 产品。

除了以上三家公司的 FPGA/CPLD 产品外，还有 ACTEL 公司、ATMEL 公司、AMD 公司、AT&T 公司、TI 公司、INTEL 公司、Motorola 公司、Cypress 公司、Quicklogic 公司等都提供有各自带有不同特点的产品供选用。它们有的价格低，有的与主流厂家产品兼容，读者可上网查阅或查阅这些公司的数据手册(Data Book)，在此不再介绍。

2.1.4 常用 CPLD/FPGA 标识的含义

CPLD/FPGA 的生产厂家多，系列、品种更多，且各生产厂家对其的命名、分类不一，这给 CPLD/FPGA 的应用带来了一定的困难，但其标识还是有一定的规律的。

下面对常用的 CPLD/FPGA 标识进行说明。

1. CPLD/FPGA 标识概说

CPLD/FPGA 产品上的标识大概可分为以下几类：

(1) 用于说明生产厂家的。如：Altera、Lattice、Xilinx 是其公司名称。

(2) 注册商标。如：MAX 是 Altera 公司为其 CPLD 产品 MAX 系列注册的商标。

(3) 产品型号。如：EPM7128SLC84-15，是 Altera 公司的一种 CPLD(EPLD)的型号，是需要重点掌握的。

(4) 产品序列号。产品序列号是产品生产过程中的编号，是产品身份的标志，相当于人的身份证。

(5) 产地与其他说明。由于跨国公司跨国经营，使产品日益全球化，因此有些产品还有产地说明。如：made in China(中国制造)。

2. CPLD/FPGA 产品型号标识组成

CPLD/FPGA 产品型号标识通常由以下几部分组成：

(1) 产品系列代码。如 Altera 公司的 FLEX 器件系列代码为 EPF。

(2) 品种代码。如 Altera 公司的 FLEX10K，“10K”即是其品种代码。

(3) 特征代码。特征代码也即集成度。CPLD 产品一般以逻辑宏单元数描述，而 FPGA 一般以有效逻辑门来描述。如 Altera 公司的 EPF10K10 中后一个“10”，代表典型产品集成度是 10K 有效门。要注意有效门与可用门不同。

(4) 封装代码。如 Altera 公司的 EPM7128SLC84 中的“LC”，表示采用 PLCC 封装(Plastic Leaded Chip Carrier，塑料方形扁平封装)。PLD 封装除 PLCC 外，还有 BGA(Ball Grid Array，球形网状阵列)、C/JLCC(Ceramic/J-leaded Chip Carrier,)、C/M/P/TQFP(Ceramic/Metal/Plastic/Thin Quad Flat Package)、PDIP/DIP(Plastic Double In line Package)、PGA(Ceramic Pin Grid Array)等多以其缩写来描述，但要注意各公司稍有差别。如 PLCC、Altera 公司用 LC 描述，Xilinx 公司用 PC 描述，Lattice 公司用 J 来描述。

(5) 参数说明。如 Altera 公司的 EPM7128SLC84-15 中的“LC84-15”，84 代表有 84 个引脚，15 代表速度等级为 15 ns。但有的产品直接用系统频率来表示速度，如 ispLSI 1016-60 中的“60”代表最大频率为 60 MHz。

(6) 改进型描述。一般产品设计都在后续进行改进设计，改进设计型号一般在原型号

后用字母表示。如 A、B、C 等按先后顺序编号，有些不从 A、B、C 按先后顺序编号，则有特定的含义。如 D 表示低成本型(Down)、E 表示增强型(Ehanced)、L 表示低功耗型(Low)、H 表示高引脚型(High)、X 表示扩展型(eXtended)等。

(7) 适用的环境等级描述。适用的环境等级一般在型号最后以字母描述，C(Commercial)表示商用级(0～85℃)，I(Industrial)表示工业级(−40～100℃)，M(Material)表示军工级(−55～125℃)。

3. 几种典型产品型号

1) Altera 公司的 CPLD 产品 和 FPGA 产品

Altera 公司的产品一般以 EP 开头，代表可重复编程。

(1) Altera 公司的 MAX 系列 CPLD 产品的系列代码为 EPM，典型产品的型号含义说明如下。

EPM7128SLC84-15：MAX7000S 系列 CPLD，逻辑宏单元数 128，采用 PLCC 封装，84 个引脚，引脚间延时为 15 ns。

(2) Altera 公司的 FPGA 产品系列代码为 EP 或 EPF，典型产品的型号含义说明如下。

① EPF10K10：FLEX10K 系列 FPGA，典型逻辑规模是 10K 有效逻辑门。

② EPF10K30E：FLEX10KE 系列 FPGA，逻辑规模是 EPF10K10 的 3 倍。

③ EPF20K200E：APEX20KE 系列 FPGA，逻辑规模是 EPF10K10 的 20 倍。

④ EP1K30：ACEX1K 系列 FPGA，逻辑规模是 EPF10K10 的 3 倍。

⑤ EP1S30：STRATIX 系列 FPGA，逻辑规模是 EPF10K10 的 3 倍。

(3) Altera 公司的 FPGA 配置器件系列代码为 EPC，典型产品的型号含义说明如下。

EPC1：为 1 型 FPGA 配置器件。

2) Xilinx 公司的 CPLD 和 FPGA 器件系列

Xilinx 公司的产品一般以 XC 开头，代表其是 Xilinx 公司的产品。典型产品的型号含义说明如下。

① XC95108-7 PQ 160C：XC9500 系列 CPLD，逻辑宏单元数 108，引脚间延时为 7 ns，采用 PQFP 封装，160 个引脚，商用。

② XC2064：XC2000 系列 FPGA，可配置逻辑块(Configurable Logic Block，CLB)为 64 个(只此型号以 CLB 为特征)。

③ XC2018：XC2000 系列 FPGA，典型逻辑规模是有效门 1800。

④ XC3020：XC2000 系列 FPGA，典型逻辑规模是有效门 2000。

⑤ XC4002A：XC4000A 系列 FPGA，典型逻辑规模是 2K 有效门。

⑥ XCS10：Spartan 系列 FPGA，典型逻辑规模是 10K 有效门。

⑦ XCS30：Spartan 系列 FPGA，典型逻辑规模是 XCS10 的 3 倍。

3) Lattice 公司 CPLD 产品

Lattice 公司的 CPLD、FPGA 产品以其发明的 isp 开头，系列代号有 ispLSI、ispMACH、ispPAC 及新开发的 ispXPGA、ispXPLD，其中 ispPAC 为模拟可编程器件。下面以 ispLSI、ispXPGA 系列产品型号为例说明含义如下。

① ispLSI1016-60：ispLSI1000 系列 CPLD，通用逻辑块 GLB 数(只 1000 系列以此为特

征)为 16 个，工作频率最大为 60 MHz。

② ispLSI1032E-125 LJ：ispLSI1000E 系列 CPLD，通用逻辑块 GLB 数为 32 个(相当逻辑宏单元数 128)，工作频率最大为 125 MHz，PLCC84 封装，低电压型商用产品。

③ ispLSI2032：ispLSI2000 系列 CPLD，逻辑宏单元数 32。

④ ispLSI3256：ispLSI3000 系列 CPLD，逻辑宏单元数 256。

⑤ ispLSI6192：ispLSI6000 系列 CPLD，逻辑宏单元数 192。

⑥ ispLSI8840：ispLSI8000 系列 CPLD，逻辑宏单元数 840。

⑦ ispXPGA1200：ispXPGA1200 系列 FPGA，典型逻辑规模是 1200k 系统门。

2.2　CPLD 和 FPGA 的基本结构

简单 PLD 除 GAL 还应用在中小规模可编程领域外，现在已全部淘汰。目前，PLD 的主流产品全部是以超大规模集成电路工艺制造的 CPLD 器件和 FPGA 器件。下面将对这两种器件的基本结构和工作原理分别进行讨论。在介绍之前，先对描述 PLD 内部结构的专用电路符号做一个简单的说明。

接入 PLD 内部的与或阵列输入缓冲器电路一般采用互补结构，电路符号如图 2-4 所示，等效于如图 2-5 所示的输入。

PLD 内部的与阵列用如图 2-6 所示的简化电路符号来描述，或阵列用如图 2-7 所示的简化电路符号来描述，阵列线连接关系用如图 2-8 所示的简化电路符号来描述。

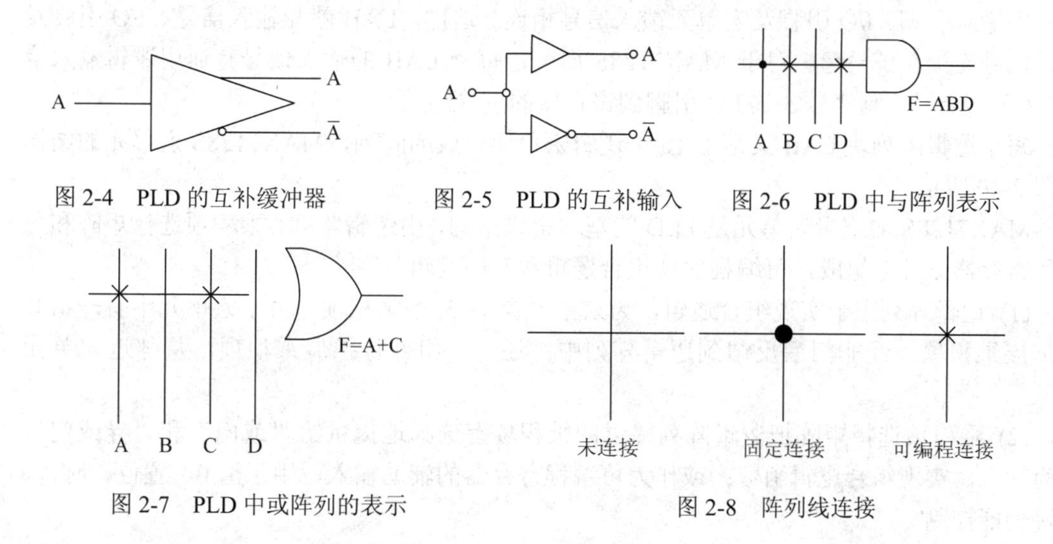

图 2-4　PLD 的互补缓冲器　　图 2-5　PLD 的互补输入　　图 2-6　PLD 中与阵列表示

图 2-7　PLD 中或阵列的表示　　图 2-8　阵列线连接

2.2.1　CPLD 的基本结构

CPLD 是采用乘积项结构的大规模可编程器件的统称，在结构上有许多的相似之处，但也有一定的差别。下面介绍几种典型产品的基本结构和工作原理。

1. Altera 公司的 MAX 系列 CPLD 的基本结构

Altera 公司的 MAX 系列 CPLD 与 Lattice 公司的 ispLSI 系列 CPLD 的结构类似，逻辑

结构主要由四部分组成：逻辑阵列块(Logic Array Block，LAB)、扩展乘积项(eXtended Product Term，XPT)、可编程连线阵列(Programmable Interconnect Array，PIA)和 I/O 控制块。MAX7128S 的内部结构如图 2-9 所示。

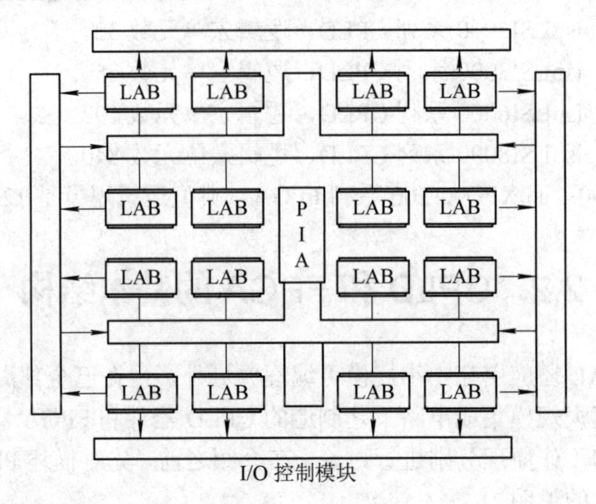

图 2-9　MAX7128S 的内部结构图

1) 逻辑阵列块 LAB

MAX 系列 CPLD 的内部结构主要是由若干个通过 PIA 互连的逻辑阵列块 LAB 组成的。LAB 不仅通过 PIA 互连，而且还通过 PIA 和全局总线连接起来，全局总线又和 PLD 的所有专用输入引脚、I/O 引脚及宏单元馈入信号相连。这样，LAB 就和输入信号、I/O 引脚及反馈信号连接在了一起。对于 MAX7128S 而言，每个 LAB 的输入信号有通用逻辑输入信号 32 个、全局控制信号、从 I/O 引脚到寄存器的直接输入。

每个逻辑阵列块 LAB 又是由 16 个逻辑宏单元组成的阵列，MAX7128S 宏单元的结构如图 2-10 所示。

MAX7128S 的逻辑宏单元是 PLD 的基本组成结构，由逻辑阵列、乘积项选择矩阵和可编程寄存器三部分组成，可编程实现组合逻辑和时序逻辑。

(1) 逻辑阵列用于实现组合逻辑，为宏单元提供 5 个乘积项。每个宏单元中有一组共享扩展乘积项，经非门后反馈到逻辑阵列中；还有一组并行扩展乘积项，从邻近宏单元输入。

(2) 乘积项选择矩阵把逻辑阵列提供的乘积项有选择地提供给“或门”和“异或门”作为输入，实现组合逻辑函数；或作为可编程寄存器的辅助输入，用于清 0、置位、时钟、时钟使能控制。

(3) 可编程寄存器用于实现时序逻辑，可配置为带可编程时钟的 D、T、JK、SR 触发器，实现组合逻辑。触发器有以下三种时钟输入模式：

① 全局时钟模式。该模式全局时钟的输入直接和寄存器的 CLK 端相连，实现最快的输出。

② 全局时钟带高电平有效时钟使能信号模式。该模式使用全局时钟，但由乘积项提供的高电平有效的时钟使能信号控制，输出速度较快。

③ 乘积项时钟模式。该模式的时钟来自 I/O 引脚或隐埋的宏单元，输出速度较慢。

寄存器支持异步清 0 和异步置位，由乘积项驱动的异步清 0 和异步置位信号高电平有效。

寄存器的复位端由低电平有效的全局复位专用引脚 GCLRn 信号来驱动。

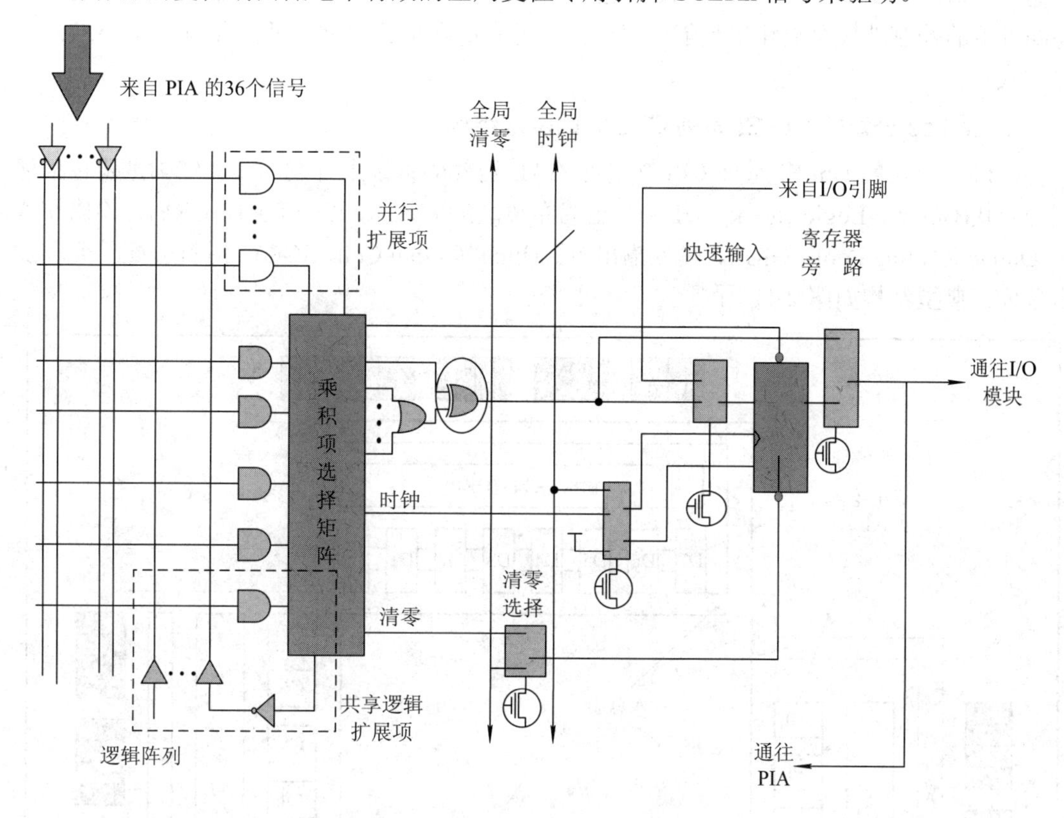

图 2-10　MAX7128S 宏单元结构图

2) 扩展乘积项 XPT

MAX7128S 中，有共享扩展乘积项和并行扩展乘积项，用于复杂逻辑函数的构造。

每个 LAB 有 16 个共享扩展乘积项，共享扩展项由每个宏单元提供一个单独的乘积项，经非门后反馈到逻辑阵列中，LAB 的宏单元都能共享这些乘积项。但采用共享扩展乘积项后有附加延时。

并行扩展乘积项是宏单元中一些没有使用的乘积项被分配到邻近的宏单元。使用并行扩展乘积项后，允许最多 20 个乘积项送宏单元的“或门”。

3) 可编程连线阵列 PIA

PIA 是实现布线的；LAB 通过 PIA 相互连接，实现所需的逻辑功能。通过全局总线，器件中的任何信号可达器件中的任意一个地方。

4) I/O 控制块

I/O 控制块把每个引脚单独配置成所需的工作方式，包括输入、输出和双向三种工作方式。

所有 I/O 引脚的 I/O 控制都是由一个三态缓冲器来实现的，三态缓冲器的控制信号来

自一个多路选择器，可以用全局输出使能信号(如 MAX7128S 的 OE1、OE2 等)来控制或接 GND 和 VCC 二者之一。

三态缓冲器的控制端接 GND 时，其输出为高阻态，I/O 引脚可作为专用输入引脚使用；三态缓冲器的控制端接 VCC 时，表示是输出使能，I/O 引脚可作为专用输出引脚使用；三态缓冲器的控制端接全局输出使能信号时，通过高低电平的控制，可实现输入/输出双向工作方式。

2. Lattice 公司的 ispLSI 系列 CPLD 的基本结构

Lattice 公司的 ispLSI 系列 CPLD 是在 GAL 器件的基础上开发的，其结构主要包括通用逻辑块(Generic Logic Block，GLB)、全局布线区(Global Routing Pool，GRP)、输出布线区(Output Routing Pool，ORP)、输入输出单元(Input/Output Cell，IOC)、时钟分配单元和加密单元，典型结构如图 2-11 所示。

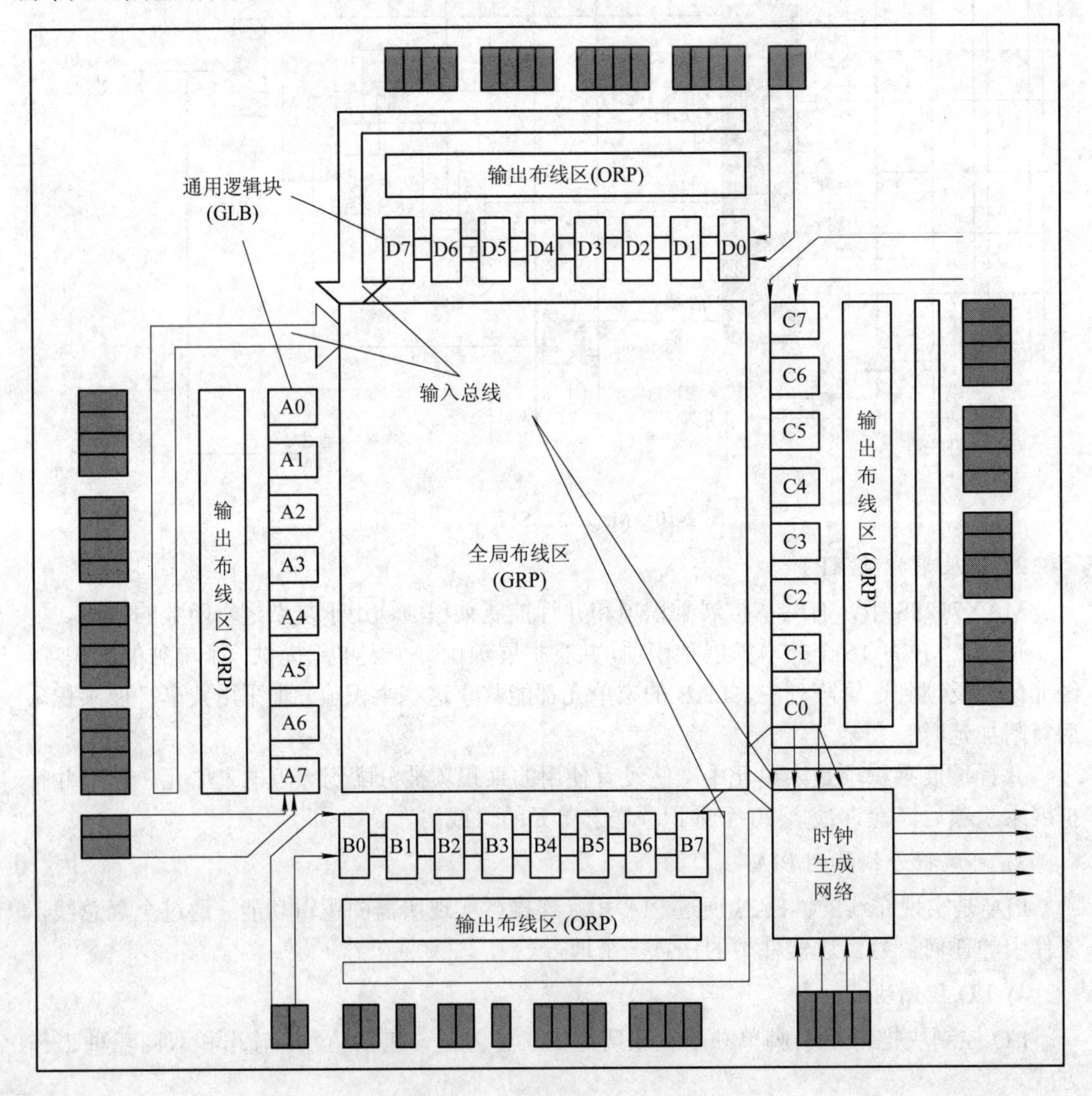

图 2-11　ispLSI 1032E 结构图

1) 通用逻辑块 GLB

通用逻辑块 GLB 是 ispLSI 器件结构的基本单元和关键部分。ispLSI 1032E 共有 32 个这样的GLB；ispLSI 1000/2000系列的GLB有18个输入，用来驱动20个乘积项(Product Term，PT)的阵列，这些乘积项提供四个输出，可输出至GRP或I/O单元；ispLSI 3000/6000 系列使用双 GLB(Twin GLB)，可以提供更宽的逻辑功能(24 个输入，用来驱动两组各 20 个乘积项的阵列，这些乘积项提供两组共 8 个输出)；ispLSI 5000V 系列采用的 GLB 与前几个系列有较大的差异，GLB 包含 32 个宏单元；ispLSI 8000 系列的 GLB 与 ispLSI 5000V 系列相类似，但由 20 个宏单元组成。ispLSI 5000V/8000 的 GLB 与 Altera 公司的 LAB 结构差不多。下面主要介绍 ispLSI 1000/2000/3000 系列的 GLB，典型结构如图 2-12 所示。

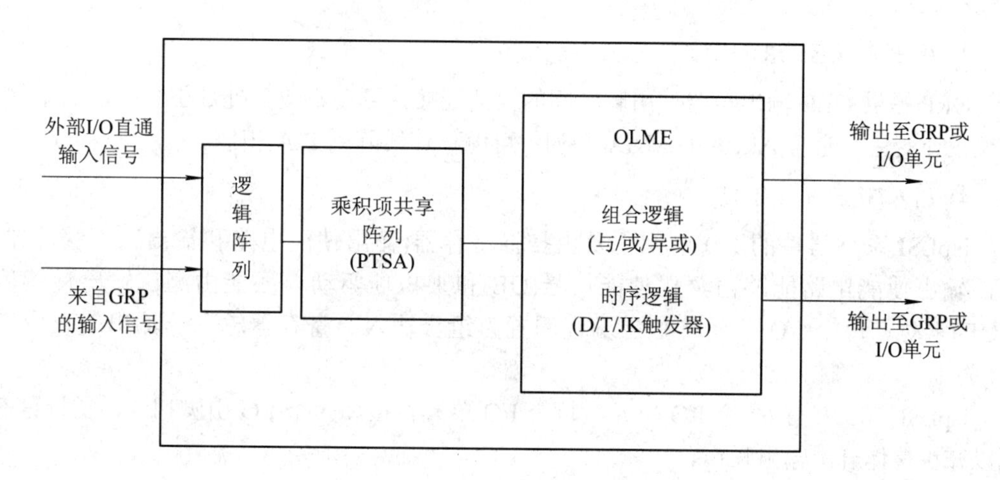

图 2-12　ispLSI 1032E GLB 结构图

GLB 的内部逻辑由与阵列、乘积项共享阵列、可配置寄存器(OLMC)和控制部分组成。

(1) GLB 的与阵列(And Array)接收来自全局布线区 GRP 的输入信号，这些信号可以来自反馈信号，也可以来自外部 I/O 输入。GLB 的与阵列用于组合逻辑中产生乘积项，其与 Altera 的 MAX 系列中的逻辑阵列相同。

(2) 乘积项共享阵列(Product Term Sharing Array，PTSA)，允许来自与阵列的任意乘积项被任意的 GLB 输出共享，可消除相同乘积项组。PTSA 与 Altera 的 MAX 系列中的乘积项选择矩阵相通。

(3) 输出逻辑宏单元(Output Logic Macro Cell，OLMC)接收来自 PTSA 的全部输出，OLMC 包含一个带有异或门输入的 D 型触发器，允许每个 GLB 输出配置成组合型(与或、异或)或寄存器型(D、T、JK 触发器)。OLMC 也就是 Altera 的 MAX 系列中的可配置寄存器。

(4) 全局同步时钟信号或内部产生的异步乘积项时钟信号用于 GLB，使得 GLB 更加灵活。

在 ispLSI 1000 系列器件中，8 个 GLB、16 个 I/O 单元、2 个专用输入和 1 个 ORP 连

接在一起，构成一个巨块。8 个 GLB 的输出通过 ORP 和 16 个一组的通用 I/O 单元连接在一起。ispLSI 1032E 有 4 个这样的巨块。

在 ispLSI 3000 系列器件中，4 个双 GLB 构成一个巨块，任一巨块设有专用输入。对于单 I/O 系列器件，设有一个输出布线区 ORP，总共 32 个输出只有 16 个馈送到 I/O 单元，16 个作为反馈输入；对于双 I/O 系列器件，设有两个输出布线区 ORP，总共 32 个输出馈送到 I/O 单元，每个 GLB 输出有一个 I/O 单元。

2) 全局布线区 GRP

全局布线区 GRP 位于结构的中央，通过它连接所有的内部逻辑。GRP 具有可预测的固定的延迟，提供完全的互连特性。与 Altera 的 MAX 系列中可编程连线阵列 PIA 的全局总线相似。

3) 输出布线区 ORP

ORP 提供 GLB 输出与器件引脚之间的灵活连接，可在不改变外部引脚输出的条件下，实现设计变化。它与 Altera 的 MAX 系列中可编程连线阵列 PIA 相似。

4) 输入/输出单元 IOC

ispLSI 系列器件的 I/O 单元主要由扫描寄存器(输出使能电路和输出三态缓冲器)组成，输出使能电路能够由全局使能信号(OE)和乘积项驱动，还能由测试输出使能信号(TOE)驱动。每个 I/O 单元可独立编程配置为组合输入、寄存器输入、输出或双向三态 I/O 控制。

ispLSI 1032E 有 64 个 I/O 单元，每个 I/O 单元直接和一个 I/O 引脚相连，支持摆率控制以减少整体开关输出噪声。

每个 I/O 单元都只有一个边界扫描寄存器。

5) 时钟结构

CPLD 时钟由全局时钟 GCLK、专用时钟(如 I/O 寄存器专用时钟)和乘积项时钟组成。1000E 系列中还设有 GLB 全局时钟生成网络。

6) 加密单元

加密单元用于防止阵列单元的非法拷贝，该单元编程后禁止读出片内功能数据，但重新编程可擦除它。

7) 死锁保护

ispLSI 器件片内电荷驱动能力能够防止输入负脉冲引起的内部电路阻塞，输出设计成 N 沟道上拉，消除了 SCR 引起的锁定。因此，具有良好的死锁保护功能。

3. Xilinx 公司 XC9500 系列 CPLD 的基本结构

Xilinx 公司 XC9500 系列 CPLD 与前面两家公司的产品在结构上稍有不同，主要由功能块(Function Block，FB)、速连开关矩阵(FastCONNECT Switch Matrix)和 I/O 块(IOB)组成。典型结构如图 2-13 所示。

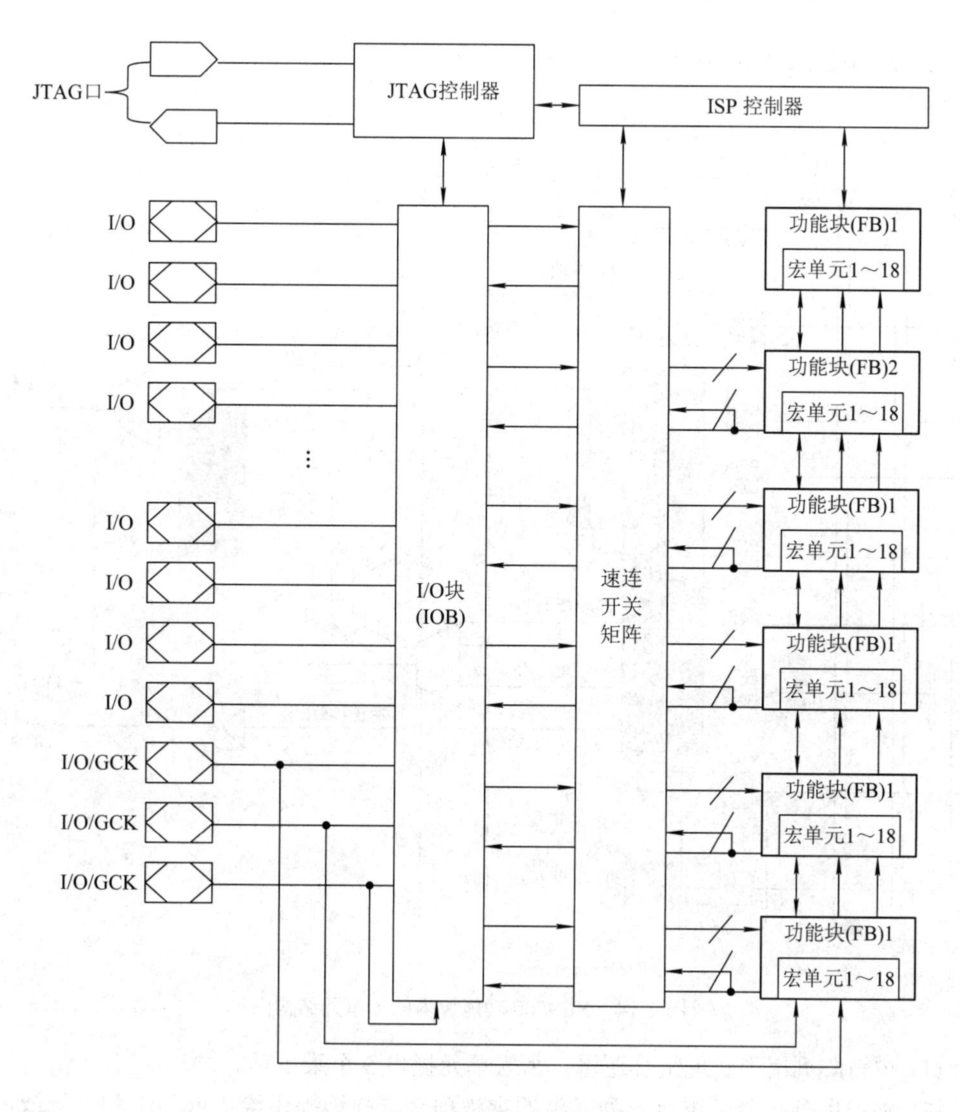

图 2-13 XC9500 结构图

1) 功能块 FB

功能块 FB 是 XC9500 系列 CPLD 的主要逻辑部件，由 18 个独立的宏单元(Macrocell)组成，有 36 个输入和 18 个输出(直接驱动 IOB)。

可编程的与阵列接受来自速连开关矩阵的 36 个输入信号，产生 90 个乘积项，通过乘积项分配器分配给 18 个宏单元共享。每个 FB(XC9536 除外)的输出允许通过速连开关矩阵自反馈，用于实现非常快的计数器和状态机。

XC9500 的宏单元与 MAX 系列 CPLD 的宏单元结构基本相同，由可编程的与阵列(Programmable AND-Array)、乘积项分配器(Product Term Alloters)和可编程寄存器三部分组成，可编程实现组合逻辑和时序逻辑。其结构如图 2-14 所示。

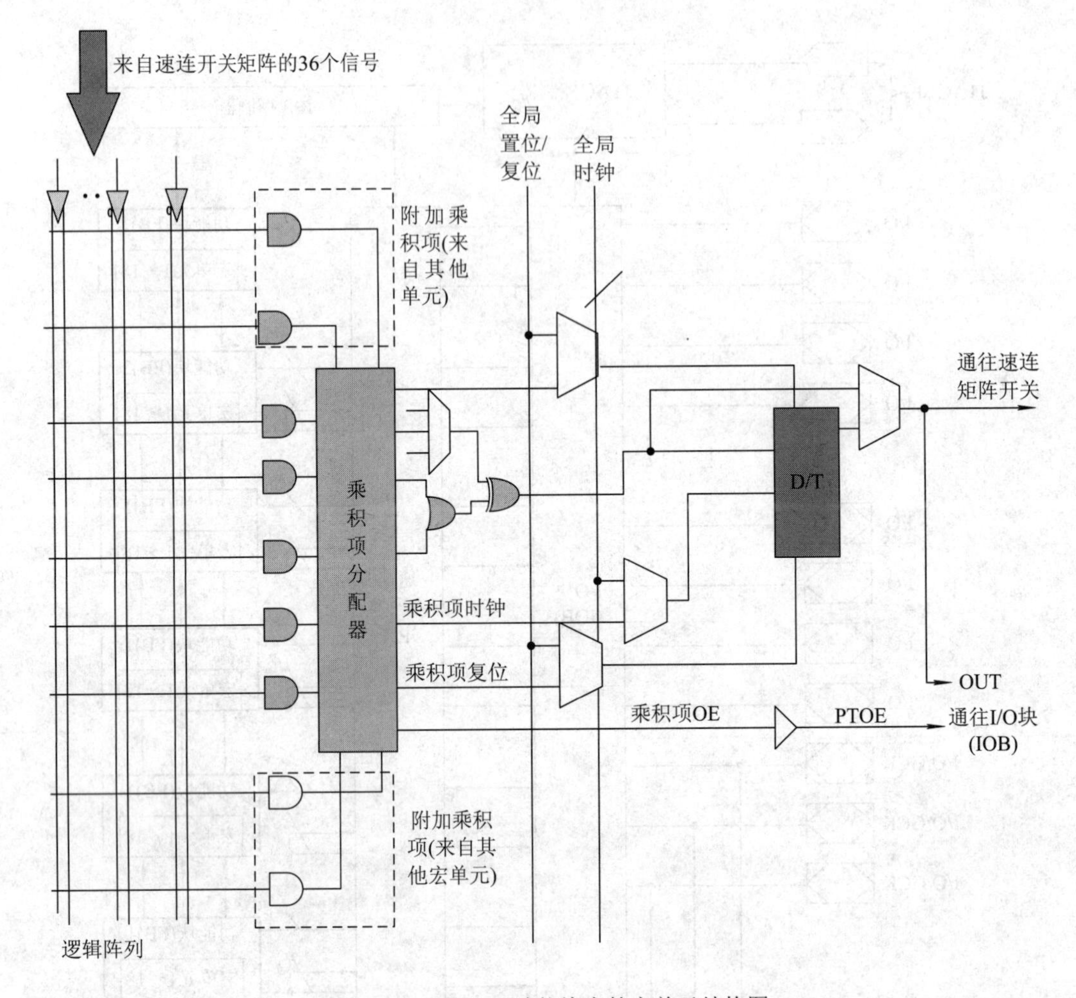

图 2-14　XC9500 功能块内的宏单元结构图

(1) 逻辑阵列用于实现组合逻辑，为宏单元提供 5 个乘积项。

(2) 乘积项分配器把逻辑阵列提供的乘积项有选择地提供给“或门”和“异或门”作为输入，实现组合逻辑函数；或作为可编程寄存器的辅助输入，用于时钟、复位、置位、输出使能控制。

(3) 可编程寄存器用于实现时序逻辑，可配置为带可编程时钟的 D、T 触发器，或被旁路掉实现组合逻辑。触发器支持异步复位、置位，上电复位后，用户寄存器都初始化为用户定义的预载状态(Preload State)，若未定义则都为 0。

全局控制信号包括时钟、复位、置位、输出使能控制信号通达每个宏单元，寄存器接受全局时钟和乘积项时钟使能信号，全局复位信号和乘积项复位信号，全局置位信号和乘积项置位信号。

乘积项分配器可把 FB 内其他宏单元未用的五个乘积项作为附加乘积项分配给宏单元，从而使单个宏单元在增加一个很小的延迟(tPTA)后拥有 15 个乘积项。乘积项分配器还可把 FB 内其他宏单元部分乘积项分配给宏单元，从而使单个宏单元在增加一个很小的延迟(2 ×

tPTA)后拥有 18 个乘积项。

单个宏单元在增加一个 8 × tPTA 的延迟后，可以拥有全部 90 个乘积项。

2) 速连开关矩阵

速连开关矩阵把信号送给 FB 作为输入，FB 的输出和所有 IOB 的输出(输入)都可驱动速连开关矩阵。通过用户编程，所有这些信号经过一定延迟后都可驱动每个 FB。

在驱动目标 FB 之前，速连开关能够把多个内部连接组合成一根与线。这样，在不增加时延的情况下，增加了附加的逻辑能力及目标 FB 的有效逻辑扇入。

3) I/O 块

IOB 是内部逻辑和器件用户 I/O 引脚间的接口。每个 IOB 包括一个输入缓冲器、输出驱动器、输出使能选择开关和用户可编程控制地。

输入缓冲器能够接受标准 5 V CMOS、5 V TTL 和 3.3 V 信号电平。输入缓冲器使用 5 V 内部电源(VCCINT)，保证输入不随 VCCIO 电压的变化而变化。

输出驱动器能够提供 24 mA 的驱动电流，在 VCCINT 和 VCCIO 都为 5 V 时，输出为 5 V TTL 电平；在 VCCIO 降为 3.3 V 时，输出为 3.3 V 电平。

输出使能信号可以是来自宏单元的乘积项信号，或全局使能信号，或恒定值“1”，或恒定值“0”。

用户可编程控制地，允许将器件的 I/O 引脚配置为附加的地线引脚，可减少系统由于大量同时的开关输出而引起的噪声。

4) 加密单元

XC9500 具有高级数据安全机制。加密单元有读保护位，可防止阵列单元的非法拷贝(读)；写保护位可防止非法擦写(写保护)。读保护位编程后，禁止读出片内功能数据，也不允许重新编程，只有全部擦除才可清除它；写保护位设置后，不能重新编程，也不能擦除。因此，XC9500 有四种数据安全机制。

2.2.2 FPGA 的基本结构

FPGA 是采用查找表(LUT)结构的可编程逻辑器件的统称，大部分 FPGA 采用基于 SRAM 的查找表逻辑结构形式，但不同公司的产品结构也有差异。下面首先介绍 SRAM 的查找表的原理，然后介绍几种典型产品的基本结构和工作原理。

1. SRAM 查找表

SRAM 查找表是通过存储方式把输入与输出关系保存起来，通过输入查找到对应的输出的。一个有 N 个输入的查找表要实现 N 个输入的逻辑功能，需要 2N 位存储单元。如果 N 很大，则存储容量将像 PROM 器件一样增大。因此，当 N 很大时，需要采用几个查找表分开实现。

2. Altera 公司 FPGA 的基本结构

Altera 公司的 FPGA 都采用基于 SRAM 的查找表逻辑结构形式，主要由嵌入式阵列块(Embedded Array Logic，EAB)、逻辑阵列块(LAB)、快通道互连(Fast Track，FT)和 I/O 单元(Input/Output Cell，IOC)四部分组成，典型结构如图 2-15 所示。

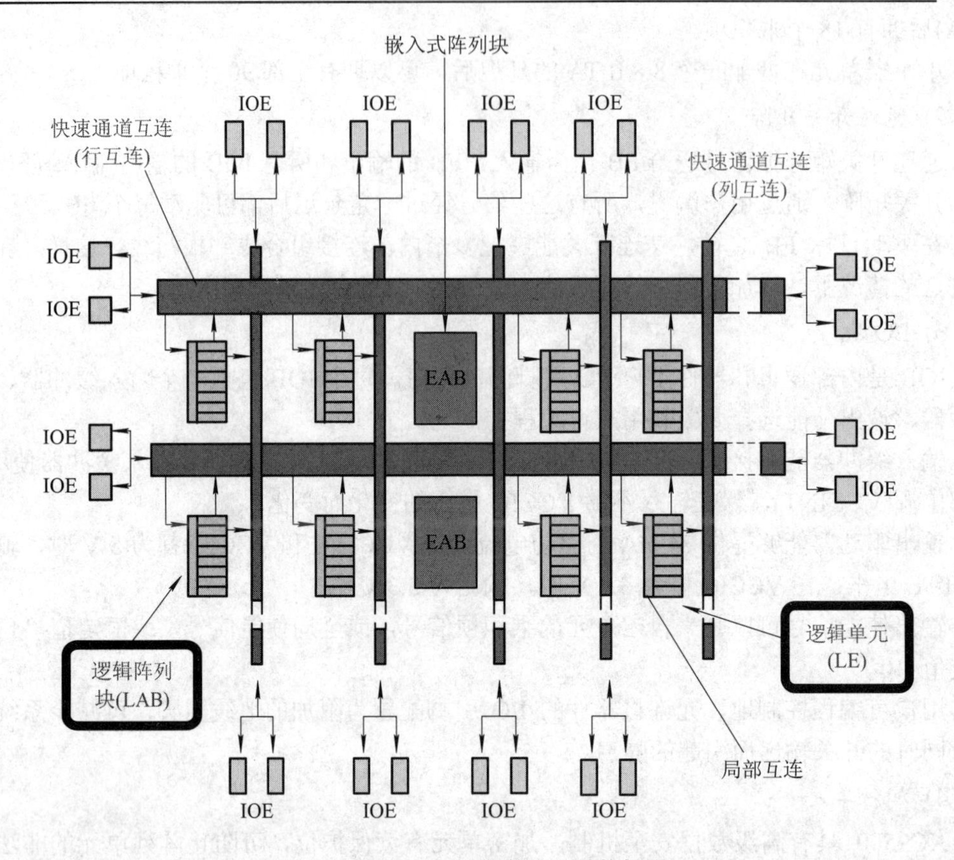

图 2-15　ACEX 1K 器件内部结构框图

1) 嵌入式阵列块 EAB

嵌入式阵列块 EAB 是在输入输出口上的 RAM 块，在实现存储功能时，每个 EAB 提供 2048 个位，可以单独使用，或组合起来使用。EAB 可以非常方便地构造成一些小规模的 RAM、双口 RAM、FIFO RAM 和 ROM。也可以在实现计数器、地址译码器等较复杂的逻辑时，作为 100～600 个等效门来用。

2) 逻辑阵列块 LAB

与 MAX 系列 CPLD 相似，逻辑阵列块 LAB 是 FPGA 内部的主要组成部分，LAB 通过快通道互连 FT 相互连接，典型结构如图 2-16 所示。

图 2-16 中应注意以下两点：

(1) EP1K10、EP1K30 和 EP1K50 器件从行互连到局部互连有 22 个信号，EP1K100 器件则增加到 26 个。

(2) EP1K10、EP1K30 和 EP1K50 器件有 30 个局部互连通道，EP1K100 器件则增加到 34 个。

LAB 是由若干个逻辑单元(Logic Element，LE)再加上相连的进位链和级联链输入/输出以及 LAB 控制信号、LAB 局部互连等构成的。如 FLEX10K 的 LAB 有 8 个 LE，加上相连的进位链和级联链输入/输出以及 LAB 控制信号、LAB 局部互连等构成了 LAB。

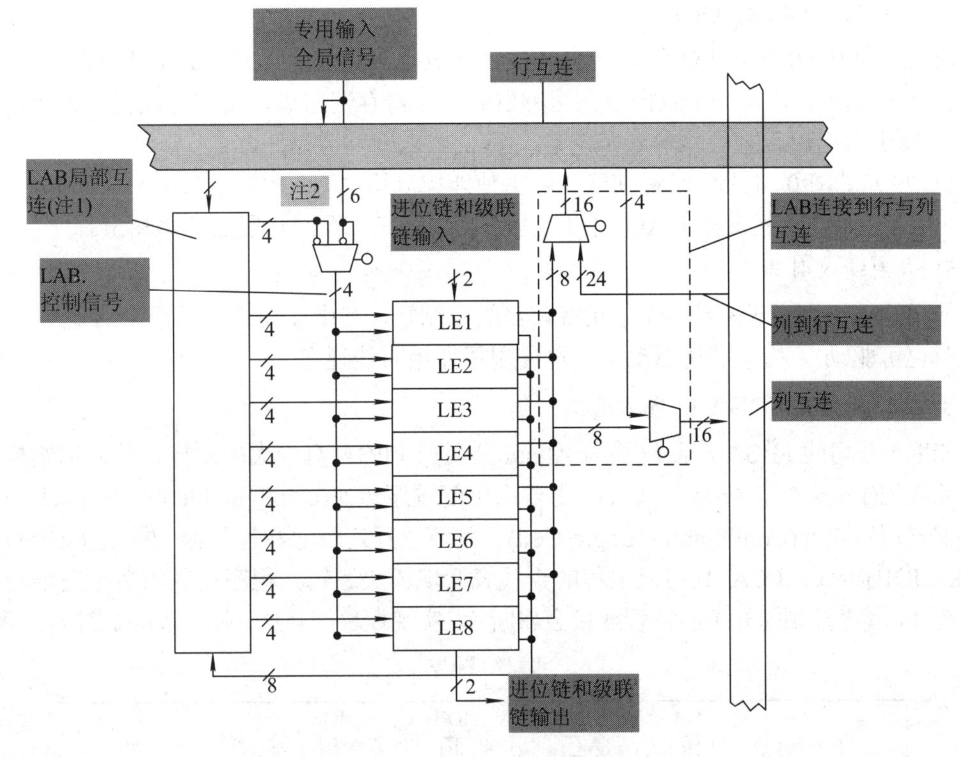

图 2-16　ACEX 1K LAB 结构图

逻辑单元 LE 是 FPGA 的基本结构单元，主要由图 2-16 中的 1 个“4”输入 LUT、1 个进位链(Carry-In)、1 个级联链(Cascade-In)和 1 个带同步使能的触发器组成，可编程实现各种逻辑功能。每个 LE 有 2 个输出，分别驱动局部互连和快通道互连。

逻辑单元 LE 中的 LUT 用于组合逻辑，实现逻辑函数。

逻辑单元 LE 中的可编程触发器用于时序逻辑，可通过编程配置为带可编程时钟的 D、T、JK、SR 触发器或被旁路实现组合逻辑。寄存器的时钟、清 0、置位可由全局信号、通用 I/O 引脚或任何内部逻辑驱动。

进位链和级联链是专用高速数据通道，用于不通过局部互连通路连接相邻的 LE。进位链用于支持高速计数器和加法器，提供 LE 之间快速向前进位的功能，可使 FPGA 适用于高速计数器、加法器或宽位比较器；级联链实现多输入逻辑函数。

LE 的两个输出分别驱动局部互连和快通道互连。这两个输出可以独立控制。如 LUT 驱动一个，寄存器驱动另外一个。

LE 可以有多种工作方式，如正常模式、运算模式、加减法计数模式、可清 0 计数模式等。

LAB 局部互连实现 LAB 的 LE 与行互连之间的连接及 LE 输出的反馈等。

3) *快通道互连 FT*

快通道互连 FT 用于 LE 和器件 I/O 引脚间的连接。快通道互连与 CPLD 的 PIA 相似，是一系列水平(行互连)和垂直(列互连)走向的连续式布线通道。行互连可以驱动 I/O 引脚，或馈送到其他的 LAB；列互连连接各行，也能驱动 I/O 引脚。

4) I/O 单元 IOE(或 IOC)

FPGA 的 I/O 引脚由 I/O 单元驱动，I/O 单元位于快通道的行或列的末端，相当于 CPLD 中的 I/O 控制单元，由一个双向三态缓冲器和一个寄存器组成，可编程配置成输入、输出或输入/输出双向口。

I/O 单元的清 0、时钟、时钟使能和输出使能控制均由 I/O 控制信号网络采用高速驱动。

FPGA 的 I/O 单元支持 JTAG 编程、摆率控制、三态缓冲和漏级开路输出。

5) 专用输入引脚

专用输入引脚用于驱动 I/O 单元寄存器的控制端，其中 4 个还可用于驱动全局信号(内部逻辑也可驱动)。为了高速驱动，这里使用了专用布线通道。

3. Xilinx 公司 FPGA 的基本结构

Xilinx 公司的 FPGA 产品结构与 Altera 公司的 FPGA 有较大的差异。其内部结构为逻辑单元阵列(Logic Cell Array，LCA)，主要由可配置逻辑块(Configurable Logic Block，CLB)或可配置逻辑单元(Configurable Logic Cell)、各模块互连资源和输入输出模块(Input/Output Block，IOB)组成。LCA 利用已编程的查找表实现模块逻辑，程序控制的多路复用器实现功能选择，程序控制的开关晶体管连接金属断片，实现模块间互连，典型结构如图 2-17 所示。

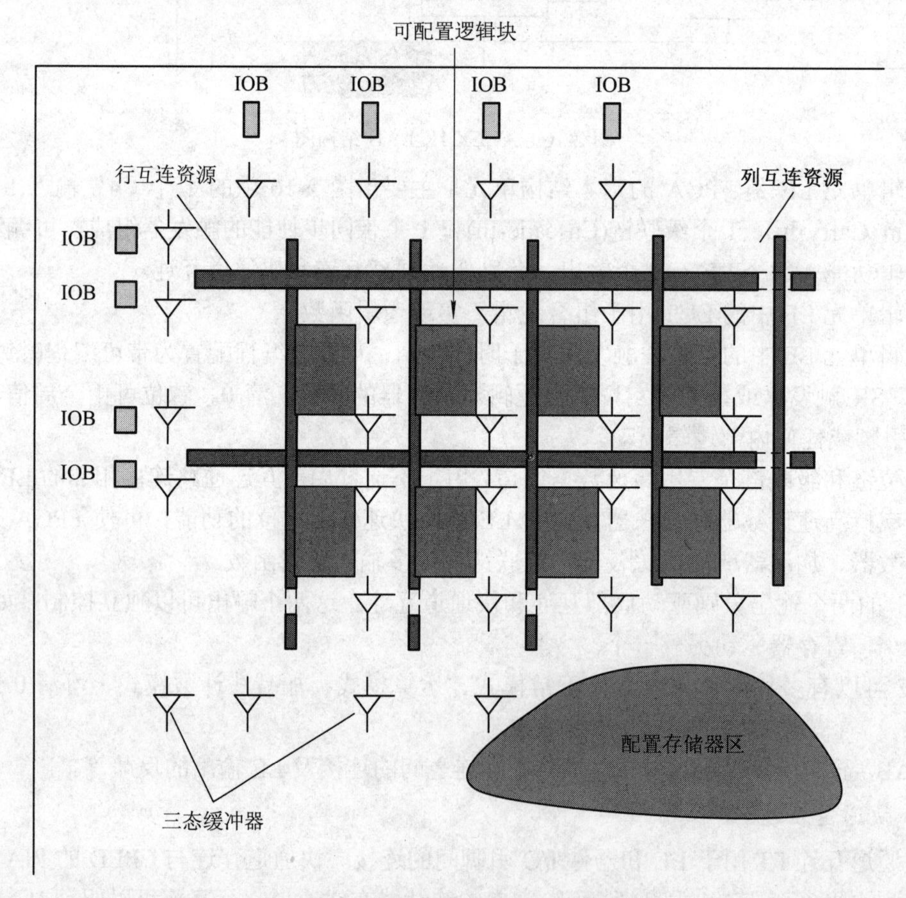

图 2-17　XC3000 系列 FPGA 内部结构图

1) 可配置逻辑块 CLB

可配置逻辑块 CLB 是 Xilinx 公司 FPGA 内部结构的主要组成部分，各系列的结构有一定差异。XC2000 是 1985 年推出的第一代 FPGA 产品，结构简单、输入端较少；XC3000 结构较典型，如图 2-18 所示。

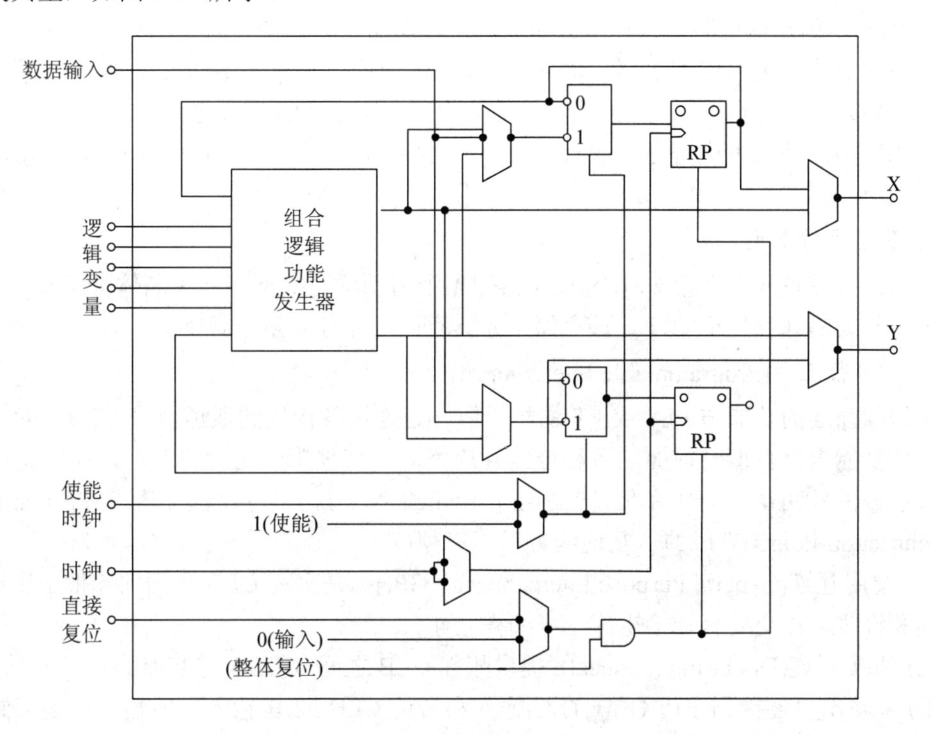

图 2-18　XC3000 CLB

CLB 主要由组合逻辑功能发生器、D 触发器(2 个)和内控部分组成。

组合逻辑功能发生器有 5 个逻辑变量输入端 A、B、C、D、E 和 QX、QY 2 个反馈输入端，可作为查找表的输入，2 个输出端 F、G。因此，组合逻辑功能发生器可配置成一个 32 × 1 的查找表，或 16 × 2 的查找表。工作模式有：

(1) F 模式，为 32 × 1 的查找表，生成一个 5 变量函数，5 个变量为 A、D、E 以及 B、C、QX 和 QY 中的任意两个的组合，2 个输出端 F、G 的输出是相同的。

(2) FG 模式，为 16 × 2 的查找表，生成两个 4 变量的独立函数，A 为共同输入，B、C、QX、QY 任选 2 个，D、E 任选 1 个，其输出 F 和 G 是相互独立的。

(3) FGM 模式，是 2 个独立函数的分时工作模式，为 16 × 2 的查找表，生成允许变量 E 来选择的两个 4 变量函数之一，A、D 为共同输入，其余在 B、C、QX、QY 中任选 2 个，E=0 为 G 端输出，E=1 为 F 端输出。FGM 模式利用了所有的 7 个输入。

每个 CLB 有 2 个 D 触发器，共享一个触发时钟 K(可设置为上升沿触发或下降沿触发)，每个触发器的数据输入端可从直接数据输入端及组合逻辑输出端共 3 个信号中选择，输出端可驱动 CLB 输出(X、Y)，也可反馈给组合逻辑作为输入(QX、QY)。D 触发器的复位由全局复位信号或 RD 输入信号驱动。

2) 输入/输出模块 IOB

输入/输出模块 IOB 为外部封装引脚与内部逻辑之间提供一个可编程的接口。与前述的 I/O 控制块、IOE 或 IOC 相类似。

IOB 主要由 2 个触发器、三态输出缓冲器以及一组程序控制的存储单元组成。

每个 IOB 包含寄存器输入和直接输入通路，在输入电路中带有输入钳位二极管，及防止输入电流引起自锁的保护电路。输入缓冲器(IBUF)带有阈值检测功能，可将引脚上的外部信号转换为内部逻辑电平，且阈值可编程设置为 TTL 或 CMOS 电平。

三态输出缓冲器可由寄存器或直接输出信号驱动，编程配置为反向输出、可转换速率和高阻上拉。

3) 配置存储单元

基本的存储单元由 2 个 CMOS 反相器和 1 个用于读写数据的开关晶体管组成。正常工作模式，开关晶体管处于 OFF。该存储单元具有高可靠性和抗干扰能力。

4) 可编程互连(Programmable Interconnect)

可编程互连的功能与 PIA 或 FT 的相类似，是连接各模块的通道，将 CLB、IOB 连接起来形成功能电路。但与前面的各种连续互连不同，其采用的是分段互连，布线是通过两层金属线段网和可编程开关单元(转接矩阵 Switch Matrix 和可编程互连点 Programmable Interconnection Points)完成的。互连线有以下三种：

(1) 通用互连(General Purpose Interconnect，GPI)：是夹在 CLB 之间的 5 根金属连线，有横线和纵线，相交处有转接矩阵，可编程互连。

(2) 直接互连(Direct Interconnect)：提供相邻 CLB 之间或 CLB 与 IOB 之间的直接连接。CLB 的 X 输出可连接到左边 CLB 的 C 输入和右边 CLB 的 B 输入；Y 输出可连接到上一 CLB 的 D 输入和下一 CLB 的 A 输入。当 CLB 与 IOB 相邻时，CLB 与 IOB 之间也有直接互接。

(3) 长线(Longlines)：是夹在 CLB 之间不通过转接矩阵的连续金属连线，与 IOB 相邻时还有附加的长线。水平长线带有上拉电阻，每根长线输入端带有隔离缓冲器，在需要连接时自动使能。长线可由逻辑块或 IOB 的输出按列驱动。芯片左上角有一全局缓冲器，与一专用长线相连，可用于 CLB 或 IOB 的时钟输入，芯片右下角有一辅助缓冲器，可驱动水平长线，转接后也可驱动垂直长线，驱动所有 CLB。

分段互连使逻辑布线简单方便、芯片利用率高，但通过转接矩阵连接，延时增长且难以预测。

2.3 FPGA/CPLD 的测试技术

在 FPGA/CPLD 的应用技术中，FPGA/CPLD 的测试是很重要的一个方面。测试包括逻辑设计的正确性验证、引脚的连接、I/O 功能的测试等。

2.3.1 内部逻辑测试

FPGA/CPLD 的内部逻辑测试是为了保证设计的正确性和可靠性。由于在设计时总有可能考虑不周，因此在设计完成后必须要经过测试。而为了对复杂逻辑进行测试，在设计时就必须考虑用于测试的逻辑电路，称为可测性设计(Design For Test，DFT)。

可测性设计可以通过硬件电路来实现。如 ASIC 设计中的扫描寄存器，测试时可把 ASIC 中的关键逻辑部分用测试扫描寄存器来代替，从而对其逻辑的正确性进行分析。而 FPGA/CPLD 中采用这种方式有其特殊性，也即如何在可编程逻辑中设置这些扫描寄存器。

有的 FPGA/CPLD 产品采取软硬结合的方法，在 FPGA/CPLD 器件内部嵌入某种逻辑，再与 EDA 软件相配合，可变成嵌入式逻辑分析仪，帮助设计人员完成测试。

当然，设计人员也可自己利用 FPGA/CPLD 设计测试逻辑，即用软件方式来完成测试逻辑的设计，但这需要有经验，也很费时。

在内部逻辑测试时，应注意测试的覆盖率，覆盖率越高越好。当不能保证必要的覆盖率时，就需要采取别的办法。

2.3.2 JTAG 边界测试技术

JTAG 边界测试技术是 20 世纪 80 年代由联合行动测试组(Joint Test Action Group，JTAG)开发的 IEEE 1149.1-1990 规范中定义的测试技术，是一种边界扫描测试(Board Scan Test，BST)方法。该方法提供了一个串行扫描路径，能够捕获器件中核心逻辑的内容，也可测试器件引脚之间的连接情况。

该规范推出后，简化了测试程序，受到用户的热烈欢迎。自规范推出后，主流的 FPGA/CPLD 产品都支持它。

IEEE 1149.1-1990 规范中定义了 5 个引脚用于 JTAG 边界测试，引脚的定义如下。

(1) TCK(Test Clock Input)：测试时钟输入引脚，作为 BST 信号的时钟信号。

(2) TDI(Test Data Input)：测试信号输入引脚，测试指令和测试数据在 TCK 上升沿到来时输入 BST。

(3) TDO(Test Data Output)：测试信号输出引脚，测试指令和测试数据在 TCK 下降沿到来时从 BST 输出。

(4) TMS(Test Mode Select)：测试模式选择引脚，控制信号由此输入，负责 TAP 控制器的转换。

(5) TRST(Test Reset Input)：测试复位输入引脚，为可选时，则在低电平时有效。

为了实现边界扫描测试，芯片内还必须有 BST 电路，JTAG BST 电路由 TAP 控制器和寄存器组组成，内部结构如图 2-19 所示。

TAP 控制器是一个 16 位的状态机，它的作用是接收 TCK、TMS、TRST 输入的信号，产生 UPDATEIR、CLOCKIR、SHIFTIR、UPDATEDR、CLOCKDR、SHIFTDR 等控制信号，控制内部寄存器组完成指定的操作。

内部寄存器组包括以下寄存器：

(1) 指令寄存器(Instruction Register)。指令寄存器用于控制数据寄存器的访问以及测试操作。指令寄存器接收 TAP 控制器产生的 UPDATEIR、CLOCKIR、SHIFTIR 信号，产生控制指令经译码器输出给数据寄存器组。

(2) 旁路寄存器(Bypass Register)。旁路寄存器是一个 1 位的寄存器，用于 TDI 引脚 I 和 TDO 引脚之间的旁路通道。

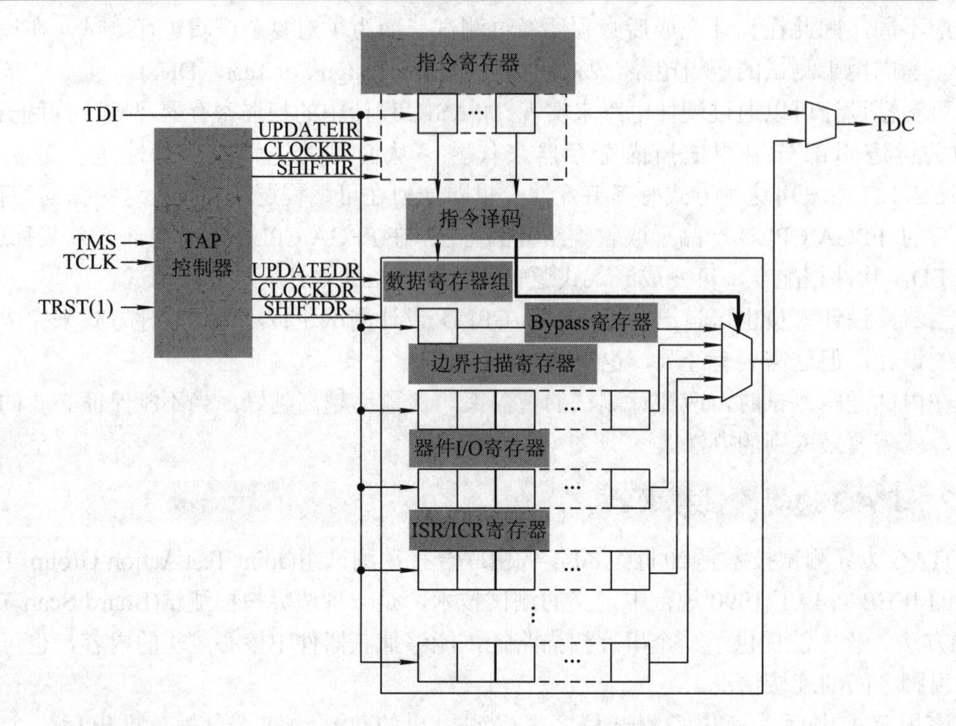

图 2-19　JTAG BST 电路内部结构图

(3) 边界扫描寄存器(Board Scan Register)。边界扫描寄存器是一个串行移位寄存器，由所有边界扫描单元构成，利用 TDI 引脚作输入、TDO 引脚作输出。

设计者可以用它来测试外部引脚的连接，也可以在器件运行时利用它捕获内部数据。

(4) 器件 ID 寄存器。

(5) ISP/ICR 寄存器。

(6) 其他寄存器。

上电后，TAP 控制器处于复位状态，指令寄存器初始化，BST 电路无效，器件正常工作。利用 TMS 引脚输入控制信号，TAP 控制器可完成状态转换，当 TAP 控制器前进到 SHIFT-IR 状态时，由 TDI 输入相应指令，进入 TAP 控制器的相应命令模式，并以 SAMPLE/PRELOAD、EXTEST、BYPASS 三种模式之一进行测试数据的串行移位。TAP 控制器这三种命令模式的含义介绍如下。

(1) BYPASS 模式。BYPASS 模式是 TAP 控制器缺省的测试数据的串行移位模式。数据信号在 TCK 上升沿进入，通过 Bypass 寄存器，在 TCK 下降沿输出。

(2) EXTEST 模式。EXTEST 模式用于器件外部引脚的测试。

(3) SAMPLE/PRELOAD 模式。SAMPLE/PRELOAD 模式用于在不中断器件正常工作状态的情况下捕获器件内部数据。

2.4　CPLD 和 FPGA 的编程与配置

可编程逻辑器件在利用开发工具设计好应用电路后，要将该应用电路写入 PLD 芯片，将应用电路写入 PLD 芯片的过程就称为编程。而对 FPGA 器件来讲，由于其内容在断电后即丢失，因此称为配置，但把应用电路写入 FPGA 的专用配置 ROM 仍称为配置。由于编程或配置一般是把数据由计算机写入 PLD 芯片，因此也叫下载。要把数据由计算机写入 PLD 芯片，首先要把计算机的通信接口和 PLD 的编程或配置引脚连接起来。一般是通过下载线和下载接口来实现的，也有专用的编程器。

CPLD 的编程主要要考虑编程下载接口及其连接，而 FPGA 的配置除了考虑编程下载接口及其连接外，还要考虑配置器件问题。

2.4.1　CPLD 和 FPGA 的下载接口

目前可用的下载接口有专用接口和通用接口、串行接口和并行接口之分。专用接口如 Lattice 公司早期的 ISP 接口(ispLSI 1000 系列)、Altera 公司的 PS 接口等，通用接口如 JTAG 接口。串行接口和并行接口不仅针对 PC 而言，对 PLD 也是这样。显然，JTAG 接口是串行接口。但在 PLD 内部，数据都是串行写入的，使用并行接口在 PLD 内部数据有一个并行格式转串行格式的过程，故串行接口和并行接口速度基本相同。

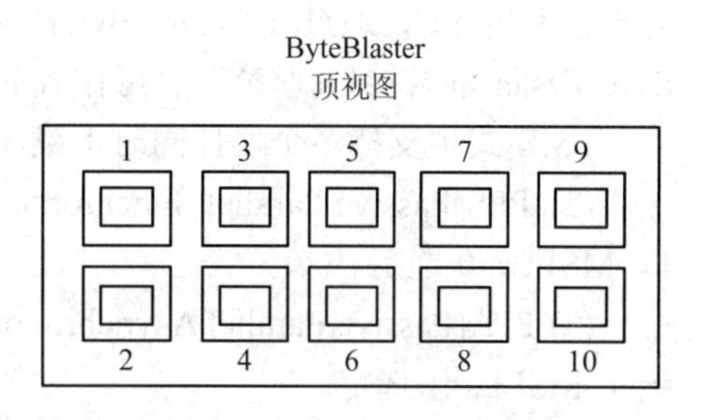

图 2-20　ByteBlaster 接口信号排列图

Altera 公司的 ByteBlaster 接口是一个 10 芯的混合接口，有 PS 和 JTAG 两种模式，都是串行接口。接口信号排列如图 2-20 所示，名称如表 2-1 所示。

表 2-1　ByteBlaster 接口信号名称表

引脚号 模式	1	2	3	4	5	6	7	8	9	10
PS 模式	DCK	GND	CONF DONE	VCC	CONFIG	NA	nSTATUS	NA	DATA0	GND
JTAG 模式	TCK	GND	TDO	VCC	TMS	NA	NA	NA	TDI	GND

PLD 芯片，尤其是 FPGA 芯片，其下载模式都有几种，分别对应于不同格式的数据文件。不同的配置模式又要有不同的接口，如 Xilinx 公司的 FPGA 器件有 8 种配置模式；Altera 公司的 FPGA 器件有 6 种配置模式。配置模式的选择是通过 FPGA 器件上的模式选择引脚来实现的，Xilinx 公司的 FPGA 器件有 M_0、M_1、M_2 三只配置引脚，Altera 公司的 FPGA 器件有 $MSEL_0$、$MSEL_1$ 两只配置引脚。但各系列也有差别，设计时要查阅相关数据手册。

2.4.2　CPLD 器件的下载接口及其连接

现在的 CPLD 器件基本上都采用 ISP 编程，大都可以利用 JTAG 接口下载。JTAG 接口原是为 BST 设计的，后用于编程接口，形成了 IEEE 1532 对 JTAG 编程进行了标准化。JTAG 编程接口减少了系统引出线，便于编程接口的统一。

JTAG 编程接口使用 JTAG 引脚中的 TCK、TMS、TDI、TDO 来实现。

采用 JTAG 编程接口还可使用 JTAG 链接一次对多个 CPLD 器件进行编程。所谓 JTAG

链接，实际上是把一个器件的 TDO 接在后一个器件的 TDI 上，实现同时编程。

Lattice 公司早期的 ISP 接口(ispLSI 1000 系列)也支持多器件下载。

以上具体连接电路请查阅相关公司的数据手册。

2.4.3　FPGA 器件的配置模式

FPGA 器件的下载接口有串口和并口之分，有多种下载模式可选。

1. Altera 公司的 FPGA 器件配置

Altera 公司的 FPGA 器件有 6 种配置模式：

(1) PS(Passive Serial)模式。PS 模式即被动串行模式，用 $MSEL_1=0$，$MSEL_0=0$ 选定，可直接利用 PC，通过 10 芯的 ByteBlaster 下载电缆对 FPGA 进行配置。该模式使用的是 ByteBlaster 混合接口(理论上也可作成 PS 专用接口)。

PS 模式也支持多个器件同时下载。

(2) PPS(Passive Parallel Synchronous)模式。PPS 模式即被动并行同步模式，用 $MSEL_1=1$，$MSEL_0=0$ 选定。

(3) PPA(Passive Parallel Asynchronous)模式。PPA 模式即被动并行异步模式，用 $MSEL_1=1$，$MSEL_0=1$ 选定。

(4) PSA(Passive Serial Asynchronous)模式。PSA 模式即被动串行异步模式，用 $MSEL_1=0$，$MSEL_0=1$ 选定。

(5) JTAG 模式。JTAG 模式其实也是被动串行模式的一种，也用 $MSEL_1=0$，$MSEL_0=0$ 选定。与 PS 模式一样，也可直接利用 PC，通过 10 芯的 ByteBlaster 下载电缆对 FPGA 进行配置。JTAG 模式与 PS 模式的区别在于使用的引脚与信号不同。

(6) 配置器件配置。使用配置器件配置实际上是一种上电自动重配置，不是计算机下载配置。

使用二位模式选择位，实际上只有 4 种模式，其他都是通过其他方式加以区分的。

2. Xilinx 公司的 FPGA 器件配置

Xilinx 公司的 FPGA 器件有 M_0、M_1、M_2 三只配置引脚，可分为 8 种模式：

(1) 主串(Master Serial)模式。主串模式输出 CCLK 信号，并以串行方式从配置器件如 EPROM 中接收配置数据。该模式一般用 $M_0=M_1=M_2=0$ 来选择。

(2) 主并升(Master Parallel Up)模式。与主串模式不同点在于从配置器件是并行读入数据，然后在内部变成串行的数据格式，主并升模式 0000H 开始由低到高读数据。该模式一般用 $M_0=M_1=0$ 和 $M_2=1$ 来选择。

(3) 主并降(Master Parallel Down)模式。主并降模式与主并升模式的不同点在于：从高地址开始由高到低读入数据。该模式一般用 $M_0=0$ 和 $M_1=M_2=1$ 来选择。

(4) 从串(Slave Serial)模式。该模式在 CCLK 输入的上升沿接收串行数据，再在 CCLK 的下降沿输出，同时配置的多个从属器件用并行的 DIN 输入连接，可同时配置多个器件。该模式一般用 $M_0=M_1=M_2=1$ 来选择。

以上几种模式都不是计算机下载配置。

(5) 外设同步(Peripheral Synchronous)模式。外设模式把 FPGA 器件当成是 PC 的外设

来加载，同步模式由外部输入时钟 CCLK 来使并行数据串行化。该模式一般用 $M_0=M_1=1$ 和 $M_2=0$ 来选择。

(6) 外设异步(Peripheral Asynchronous)模式。外设异步模式与外设同步模式的不同点在于：FPGA 器件输出 CCLK 信号使并行数据串行化。该模式一般用 $M_0=M_2=1$ 和 $M_1=0$ 来选择。

以上两种模式都是计算机下载配置模式。

(7) 菊花链(Daisy Chained)模式。菊花链模式不用进行设置，是任何模式都支持的一种多器件同时加载的方法。

(8) 现在的 FPGA 都支持 JTAG 配置。

2.4.4　使用配置器件配置(重配置)FPGA 器件

使用 PC 可方便地对 PLD 实行配置，但每次上电都要重新配置很费时，且有时是不可能的。这时，需要使用配置器件配置(重配置)FPGA 器件。配置器件可以是 PROM 等存储器件(大都为串行接口)。如 PROM、EPROM、EEPROM 等，或 Altera 公司的 EPC 系列器件。也可用单片机等对 FPGA 器件进行配置。下面对其常见的五种方法进行比较：

(1) 用 OTP 配置器件配置，只适用于工业化大生产。

(2) 使用具备 ISP 功能的专用芯片配置，编程次数有限，成本较高，只适用于科研等场合。

(3) 使用 AS 模式可多次编程的专用芯片可无限次编程，但品种有限。

(4) 使用单片机配置，可用配置模式多，配置灵活，同时可解决设计的保密与可升级问题，但容量有限，可靠性不高。适用于科研等可靠性要求不高的场合。

(5) 使用 ASIC 芯片配置，是目前较好的一种选择。

以上配置电路可参见有关专著和数据手册。

2.5　FPGA 和 CPLD 的开发应用选择

通过前面几节的介绍，对 FPGA 和 CPLD 的结构、性能等已有了比较全面的了解。但 FPGA 和 CPLD 生产厂家多，系列品种更是数不胜数，在 FPGA 和 CPLD 的开发应用中怎样来选择合适的型号产品呢？

下面就选择方法和三大厂家的选择做一简单的介绍，具体需要在工作中积累经验。

2.5.1　开发应用选择方法

在 FPGA 和 CPLD 的开发应用中选型，必须从以下几个方面来考虑：

1. 应用需要的逻辑规模

应用需要的逻辑规模，首先可以用于选择 CPLD 器件还是 FPGA 器件。CPLD 器件的规模在 10 万门级以下，而 FPGA 器件的规模已达 1000 万门级，两者差异巨大。10 万门级以上，不用考虑，只有选择 FPGA 器件；在万门以下，CPLD 器件是首选，因为它不需配置器件，应用方便，成本低，结构简单，可靠性高；在上万门级，CPLD 器件和 FPGA 器件逻辑规模都可用的情况下，需要考虑其他因素，在 CPLD 器件和 FPGA 器件之间作出权

衡，如速度、加密、芯片利用率、价格等。

其次，可用于器件系列和品种的选择。从前面2.1.3节常用CPLD/FPGA简介中已知，典型厂家的系列和品种规模各有不同，而应用的逻辑规模一定，对应的器件系列和品种也就大致有了范围，再结合其他参数和性能要求，就可筛选确定器件系列和品种。

2．应用的速度要求

速度是PLD的一个很重要的性能指标，各机种都有一个典型的速度指标，每个型号都有一个最高工作速度，在选用前都必须了解清楚。设计要求的速度要低于其最高工作速度。尤其是Xilinx公司的FPGA器件，由于其采用统计型互连结构，时延不确定，因此其设计要求的速度要低于其最高工作速度的2/3。

3．功耗

功耗通常由电压也可反映出来，功耗越低，电压也越低。一般来说，要选用低功耗、低电压的产品。

4．可靠性

可靠性是产品最关键的特性之一，结构简单，质量水平高，可靠性就高。CPLD器件构造的系统，不用配置器件，具有较高的可靠性；质量等级高的产品，具有较高的可靠性；环境等级高的型号产品，如军用(M级)产品具有较高的可靠性。

5．价格

要尽量选用价格低廉，易于购得的产品。

6．开发环境和开发人员熟悉程度

应选择开发软件成熟，界面良好，开发人员熟悉的产品。

2.5.2　三大厂家的选择

本章介绍的三大厂家的系列产品，是PLD行业最具代表性的，也是目前市面上销售量最大、最易购买到的产品。三家产品各有自己的特点，同时又互相学习，取长补短，总体来说，有以下差异：

1．各有所长

Lattice公司长于CPLD，不论是在逻辑规模还是在速度等指标上都处于领先位置。

Xilinx公司长于FPGA，Xilinx公司的FPGA产品，不论是在逻辑规模还是在速度等指标上都是最好的，且器件性能稳定，功耗小，用户I/O利用率高，适用于设计时序多、相位差小的产品。

Altera公司长于能提供CPLD/FPGA全系列的优秀产品供用户选用，同时提供了先进、实用、方便的开发工具。

Lattice公司的产品和Altera公司的产品具有连续互连的结构特征，适用于多输入、等延迟的场合。同时，都具有加密功能可防止非法拷贝。

Xilinx公司的产品和Altera公司的产品设计灵活，器件利用率高，品种和封装形式丰富。

2．各有所短

Lattice 公司新开发的 ispXPGA 系列 FPGA 产品还有待市场验证，CPLD 适用范围有限，且器件中的三态门和触发器数量少。

Xilinx 公司的产品采用分段式互连的结构，时延长又无法预知，不适合等时延场合。

Altera 公司的产品没有特别突出的特性，没有 CPLD、FPGA 器件中性能最好的产品，但这一点对学校教学和科研的影响不大。

总之，三家各有短长，在长期的发展过程中又不断改进、互相学习，推出的系列产品，大都覆盖了 PLD 的各个应用领域，可以相互替代。应用时，主要要注意充分利用各种器件的优势，取长补短，设计出器件利用率高、价格适中、综合性能高的产品。下面给出三家公司典型产品的参数(见表 2-2 和表 2-3)。Lattice 公司推荐替代成熟产品表(见表 2-4)，供选用时参考。

表 2-2　典型 CPLD 产品

生产厂家	系列	典型产品	可用门/K	宏单元数目	FF 逻辑单元数	Fmax /MHz	最大 I/O 数	备注
Lattice 公司	ispLSI 1000	1032E	6	128	192	125	72	
		1048E	8	192	288	200	108	
	ispLSI 2000	2192E	8	192	192	166	110	
	ispLSI 3000	3448	20	320	672	80	224	
	ispLSI 5000	5512V	24	512	384	100	384	
	ispLSI 6000	6192	25	192	416	70	159	
	ispLSI 8000	8840	45	840	1152	110	432	
	ispMACH 4000	4512	150	512		322	208(+4)	
	ispMACH 5000	51024VG	300	1024		178	384	
	ispXPLD 5000	51024MV	300	1024		235	381	
Altera 公司	Classic	EP1810		48		50	48	
	MAX5000	EPM5192		192		100	64	
	MAX7000	EPM7128		128		100	100	
		EPM7256		256		100	160	
	MAX9000	EPM9560		560		80	212	
Xilinx 公司	XC7200	XC7272A	2	72	126	70	72	
	XC7300	XC73144	3.8	144	234	125	156	
	XC9500	XC95108	2.4	108	108	125		
		XC95288	6.4	288	288	111.1	180	

表 2-3　典型 FPGA 产品

生产厂家	系列	典型产品	有效门/K	触发器/CLB	FF 逻辑单元数	速度等级/ns	最大 I/O 数	备注
Altera 公司	FLEX10K	EPF10K10	10	720	576	4	150	
		EPF10K100	100	5392	4992	4	406	
	FLEX8000	EPF8282	5	282	208	4	78	
		EPF81500	32	1500	1296	4	208	
	APEX20K	EP20K1000E	1000		42240	4	780	
		EP20K1500E	1500	3456	51840	4	808	
	ACEX1K	EP1K30	30		1728	1	171	200 MHz
		EP1K100	100		4992	1	333	200 MHz
	STRATIX1S	EP1S30	30			1		
	APEXⅡ	EP2A70	3000		67200	4	1060	
Xilinx 公司	XC2000	XC2018L	1.8	100	174	10	174	
	XC3000	XC3090	9	320	928	6	144	
	XC3100	XC3195	9.5	484	1320	8	176	
	XC4000	XC4063EX	63	2304	5376	12	384	
	XC5200	XC5215	15	484	1936	8	244	
	XC6200	XC6264	64	16384	16384	8	512	
	XC8100	XC8109	9	2688	1344	24	208	
	Spartan	XCS30	30		1368			
Lattice 公司	系列	典型产品	FPGA 系统门/K	850MBPS SERPES 对	LUT-4	FF 逻辑单元数/K	块 RAM(K)	备注
	ispXPGA	125	139	4	1936	3.8	92	
		200	210	8	2704	5.4	111	
		476	476	12	7056	14.1	184	
		1200	1250	20	15376	30.8	414	

表 2-4 Lattice 公司成熟产品及推荐替代新产品表

成熟产品	推荐替代新产品	成熟产品	推荐替代新产品
ispLSI 1000	ispMACH 4A5 或 ispMACH 4000V(兼容 5 V)	ispLSI 5000V	ispMACH 5000VE 或 ispXPLD5000MV
ispLSI 1000E		ispLSI 5000VA	
ispLSI 1000EA		ispLSI 8000	ispMACH 5000VG 或 ispXPLD5000MV
ispLSI 2000		ispLSI 8000V	
ispLSI 2000A		MACH 1××	ispMACH 4A5(3)或 ispMACH 4000V(兼容 5 V)
ispLSI 2000E	ispMACH 4000 V(兼容 5 V)	MACH 2××	
ispLSI 2000V		MACH 4	
ispLSI 2000VE		MACH 4LV	
ispLSI 2000VL	ispMACH 4000B	MACH 5	
ispLSI 3000	ispMACH 5000VE 或 ispXPLD5000MV	MACH 5LV	

思 考 题

2.1 简述 CPLD 和 FPGA 的工作原理，并说明它们各有什么优缺点，各适用在什么场合。

2.2 Altera 公司的 FPGA 中一般都设置有 EAB，它有何作用？

2.3 Xilinx 公司的 FPGA 采用的是什么互连方式，与 Altera 公司的 FPGA 有什么不同的特点？

2.4 简述边界扫描测试的原理，并说明它有何优点。

2.5 Altera 公司、Xilinx 公司、Lattice 公司有哪些器件系列？各有些什么性能指标？并阐述主要性能指标的含义。

2.6 选用 PLD 时应考虑哪些方面的问题？

第 3 章　常用电子仿真软件的使用

3.1　Matlab 7.0 应用基础与仿真方法

在计算机技术日益发展的今天，计算机的应用正逐步将科技人员从繁重的计算工作中解脱出来。在科学研究和工程应用中，往往需要进行大量的数学计算，为了满足用户对数学计算的要求，一些著名的软件公司都分别推出了一批数学类计算应用软件，例如 Matlab、MATHE MATICA、MAPLE 和 MATHCAD。其中 Mathworks 公司推出的 Matlab，由于其强大的功能和广泛的应用性，受到越来越多的科技工作者的欢迎。在美国、欧洲等发达国家的大学中，它已成为一种必须掌握的编程语言。

在这一节里，我们将简要介绍 Matlab 系统仿真软件的功能、特点及其应用，希望通过这些内容能够使读者对 Matlab 的功能有一定程度的感性认识。

3.1.1　Matlab 初步了解

Matlab 由主包和功能各异的工具箱组成，其最基本的数据结构是矩阵，也就是说它的操作对象是以矩阵为单位的。正如 Matlab (Matrix Laboratory，矩阵实验室)这个名字一样，Matlab 起初主要用来进行矩阵运算。而随着 Matlab 不断地发展，和各种工具箱的不断开发，它已经成为一种功能强大的综合性实时工程计算软件，广泛应用于各种领域。

1．Matlab 系统

Matlab 系统由 Matlab 语言、Matlab 工作环境、Matlab 数学函数库、Matlab 图形处理系统、Matlab 应用程序接口等 5 个主要部分构成。

1) Matlab 语言

Matlab 语言是一种面向对象的高级语言，以矩阵作为最基本的数据结构。Matlab 语言有自己独特的数据结构、输入/输出功能、流程控制语句和函数。Matlab 在工程计算方面具有其他高级语言无法比拟的优越性。它集计算、数据可视化、程序设计于一体，并能将数学问题和解决方案以用户熟悉的数学符号表示出来，因而被称为“科学便笺式”的科学工程计算语言。

2) Matlab 工作环境

Matlab 工作环境是一个集成化的工作空间。它给用户提供了管理变量和输入/输出数据的功能，并提供了用于管理调试 M 文件的工具。它主要包括命令窗口、M 文件编辑调试器、Matlab 工作空间、在线帮助文档等部分。

3) Matlab 数学函数库

Matlab 数学函数库中包括了大量的数学函数，既有诸如求和、取正弦、指数运算等简单函数，也包含了矩阵转置、傅立叶变换、矩阵分解、求解线性方程组等复杂函数。Matlab 数学函数有两种方式，第一种是比较简单的内部函数，它们直接内置于 Matlab 的核心中，因此运行的效率很高；第二种是以 M 文件提供的外部函数，它们极大地扩展了 Matlab 的功能，并使 Matlab 具有了很高的可扩充性，使 Matlab 能够应用于越来越多的科学领域。

4) Matlab 图形处理系统

Matlab 具有强大的图形处理功能，用于使科学计算的结果可视化。Matlab 图形处理系统的功能主要包括二维图形的绘制和处理、三维图形的绘制和处理、图形用户界面的定制等。

5) Matlab 应用程序接口

Matlab 应用程序接口(API)是一个让 Matlab 语言同 C、FORTRAN 等其他高级语言进行交互的函数库，该函数库的函数通过动态链接来读写 Matlab 文件。

2. Matlab 主要功能

经过多年的完善和发展，Matlab 除了原有的数值计算功能之外，还具备越来越多的其他功能：

1) 数值计算功能

Matlab 具有出色的数值计算能力。它的计算速度快、精度高、收敛性好、函数功能强大，这是使它优于其他数值计算软件的决定因素之一。

2) 符号计算功能

在解决数学问题的过程中，用户往往要进行大量的符号计算和推导。为了增强 Matlab 的符号计算功能，1993 年 Mathworks 公司向加拿大滑铁卢大学购买了具有强大符号计算能力的数学软件 MAPLE 的使用权，并以 MAPLE 的内核作为符号计算的引擎。

3) 数据分析和可视化功能

在科学计算中，科学技术人员经常会面对大量的原始数据而无从下手。但如果能将这些数据以图形的形式显示出来，则往往能揭示其本质的内在关系。正是基于这种考虑，Matlab 实现了强大的数据分析和可视化功能。

4) Simulink 动态仿真功能

Simulink 是 Matlab 为模拟动态系统而提供的一个面向用户的交互式程序。它采用鼠标驱动方式，允许用户在屏幕上绘制框图，模拟系统并能动态地控制该系统。它还提供了两个应用程序扩展集，分别是 Simulink EXTENSIONS 和 BLOCKSETS。

Simulink EXTENSIONS 是支持在 Simulink 环境中进行系统开发的一些可选择的工具类应用程序，包括 Stateflow、Simulink Accelerator、Real-Time Workshop 等工具。

BLOCKSETS 是为特殊应用领域而设计的 Simulink 程序集。它包括 DSP(数字信号处理)、Nonlinear Control Design(非线性控制设计)、Communications(通信)等领域。

3. Matlab 工具箱

Matlab 是扩展有专门功能的函数，用来为不同专业的技术人员服务。主要表现在为控

制系统提供线性矩阵不等式控制工具箱、为信号处理领域提供信号处理工具箱、为神经网络领域提供神经网络工具箱、为模糊逻辑领域提供模糊逻辑工具箱等。

经过实践的检验，Mathworks 公司推出的各种工具现已在各学科研究领域发挥着巨大的作用，不同领域的用户在使用相应的工具箱时能大大减小编程的复杂度，提高工作效率。毫无疑问，Matlab 能在数学应用软件中成为主流，是离不开各种功能强大的工具箱的。

3.1.2　Matlab 应用基础

Matlab 在工程方面有很多的应用。它功能强大，但操作却十分简单，初学者很容易就可以掌握它的基本使用方法。

1. Matlab 初步使用

在一台 PC 上安装了 Matlab 后，用户可以通过双击桌面图标或者单击 Windows 开始菜单；然后依次指向“程序”、“Matlab”；单击 Matlab，将进入 Matlab 的主窗口，其界面被分割成命令窗口(Command Window)、工作区(Workspace)、命令历史记录(Command History)三部分，如图 3-1 所示。用户通过该命令窗口输入命令以控制 Matlab 的执行。

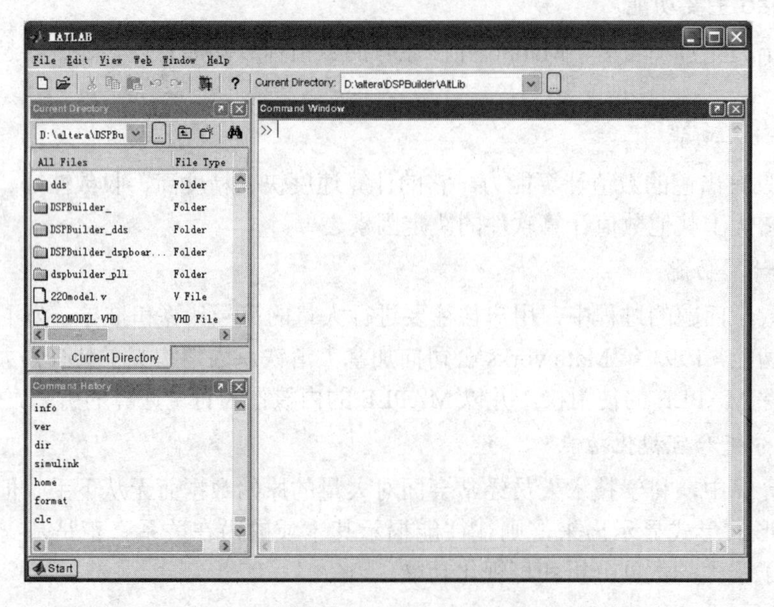

图 3-1　Matlab 主窗口

下面通过简单的示例来了解一下 Matlab 的基本功能及使用方法，从而对其获得一些感性的认识。

1) 利用 Matlab 解线性方程组

前面已经提及 Matlab 的基本数据结构是矩阵，也就是说，Matlab 是以矩阵为运算单位的。因此，在 Matlab 中解线性方程组十分简单。例如，对方程组 AX=b，它的解可直接表示为 X=A/b。下面是一个用 Matlab 求解简单线性方程组的例子，矩阵的输入是以行为优先，用分号“；”来分隔行，用逗号“，”来分隔行中的各个元素，也可以用空格分隔。我们直接在 Matlab 命令窗口中输入：

A=[1,3, 2, 4.5；2,3.2,4,7；3,4.5,8,9；1,1,2,1]

回车后，会看到 Matlab 自动将 A 用矩阵的形式显示出来：

A= 1.0000　3.0000　2.0000　4.5000
　2.0000　3.2000　4.0000　7.0000
　3.0000　4.5000　8.0000　9.0000
　1.0000　1.0000　2.0000　1.0000

然后继续输入：

b＝[1 2 3 4]'

同样，回车后会看到了 b 的矩阵显示：

b= 1
　2
　3
　4

最后输入：

X=A/b

回车后，Matlab 给出了方程 AX＝b 的解，是一个列向量：

X = 6.2759
　1.0345
　−0.9310
　−1.4483

在这里我们定义了一个四阶矩阵 A 和一个列向量 b(注意 b 的定义式，事实上我们是写了一个行向量，加上一个“'”表示转置，所以 b 是一个列向量)，然后只用一条命令就求出了线性方程组 AX＝b 的解，整个过程不超过一分钟。学过线性代数的读者可能对解线性方程有一定的体会，繁杂的 Gauss 消元法既费时，又容易错。对比一下，可以看到 Matlab 为科学工作者带来了巨大的方便。

2) 利用 Matlab 绘制三维曲面

Matlab 带有绘图程序 Figure，我们可以直接调用它来将工程数据表示成图形的形式。Figure 的功能十分强大，效果也相当不错，便于我们直观地对计算数据进行研究。下面举一个绘制三维双曲抛物面的例子，在这个例子中只用到三条命令。命令[x, y] = meshgrid(−1.5:0.5:1.5)；用以定义所画曲面的 x 坐标和 y 坐标范围，即让 x 坐标和 y 坐标都在 −10 到 10 之间变化，步长为 0.5；命令 z＝x.^2/9−y.^2/16 将 z 定义为关于 x、y 的函数，即 $z=x^2/9-y^2/16$，这个函数表示的三维图形在数学中叫做双曲抛物面；最后调用 surf 命令画出该双曲抛物面。

在 Matlab 命令窗口中键入下列命令：

[x,y]=meshgrid(−1.5:0.5:1.5);

然后定义基于上面产生的(x，y)点阵的三维图形。因为 Matlab 绘图时也使用描点法，所以只要给出坐标 z 和(x，y)的关系，就能得到一个三维点阵，然后再将该三维点阵转化为三维图形。直接输入：

z=x.^2/9−y.^2/16;

最后用 surf 命令将三维点阵绘成三维图形，直接输入：

```
surf(x,y,z)
```

输出的抛物双曲面如图 3-2 所示。

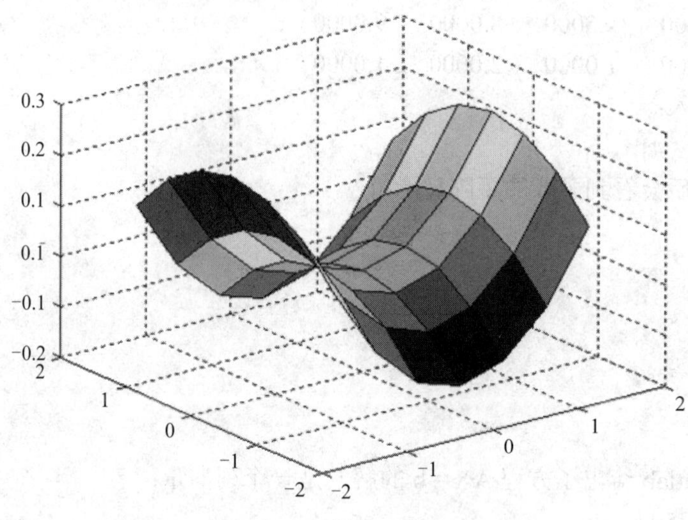

图 3-2　抛物双曲面

2. Matlab 主窗口菜单

1) File 菜单

(1) New 命令。选择“M—File”选项可新建一个 M 文件，该命令将打开 Matlab 的 M 文件编辑调试器。选择“Figure”选项可新建一个图形窗口，选择“Model”选项可新建一个 Simulink 模型。

(2) Open 命令。该命令用于打开“Open”对话框，用户可以搜寻要打开的 Matlab 文件所在的目录，然后选中该文件，单击“打开”按钮将其打开。如 M 文件(M 语言程序)、fig 文件(图形文件)、mdl 文件(模板文件)。

(3) Set Path 命令。该命令将打开 Matlab 路径浏览器。在 Matlab 中，所有的 M 文件被组织在用户文件系统的目录中，而搜索路径列表显示了 Matlab 已经打开的工作目录。就像 DOS 中的 path 命令一样，只有打开的工作目录下的 M 文件能够在 Matlab 命令窗口中运行。路径浏览器中左半窗口列出了现有的 Matlab 工作目录，用户可以添加或删除路径。当用户选中某一路径时，浏览器右半窗口将显示选中目录下的所有 Matlab 文件。

(4) Preferences 命令。该命令将打开参数设置对话框。通过参数设置对话框用户可以设置 Matlab 工作环境和操作的相关属性。如 General(通用属性)、Command Window (命令窗口属性)、Simulink 等。

(5) Page setup 命令、Print 命令和 Print Selection 命令用于页面、打印和打印属性的设置。

2) 其他菜单

(1) Edit 菜单。“Edit”菜单即编辑菜单，主要是用来方便命令的编辑的。使用“Undo”命令可以撤消上次的操作；选中一片文档后，可以使用“Cut”命令将它粘贴到剪贴板上；使用“Copy”命令可以复制文档到剪贴板上；使用“Paste”命令可以将剪贴板上的内容复制到命令窗口的指定位置；使用“Select All”命令可以选中命令窗口中的所有内容；使用“Clear Command Window”命令，将清除命令窗口中的所有内容。

(2) View 菜单。View 菜单即查看菜单，用来控制是否显示相关的窗口。如工具栏选中“Command Window”项时，将显示命令窗口，否则命令窗口将隐藏。

(3) Window 菜单。Window 菜单即窗口菜单，用来方便用户在不同的 Matlab 窗口中来回切换。

(4) Help 菜单。Help 菜单即帮助菜单，可以为用户提供便捷的在线帮助功能。在 Help 菜单中可以得到 Matlab 的帮助提示、HTML 的帮助桌面以及直接在帮助菜单中运行 Matlab 的例子和演示。此外，用户还可以通过帮助菜单，查看 Matlab 的版本信息及许可。

3．Matlab 应用注意

(1) 如需在 Matlab 中运行的程序是.m 格式的文件，则应在 Matlab 主窗口中利用 New 菜单新建 M-File，将程序写进去后保存，再利用 Debug 中的 Run 命令运行。

(2) Matlab 数学函数有两种方式，第一种是比较简单的内部函数，它们直接内置于 Matlab 的核心中，因此运行的效率很高；第二种是以 M 文件格式提供的外部函数，外部 M 文件名应该与程序中所调用的函数相同。如调用 fftseq 函数，则 M 文件名应为 fftseq.m。示例如下：

```
function [M,m,df]=fftseq(m,ts,df)
% [M,m,df]=fftseq(m,ts,df)
% [M,m,df]=fftseq(m,ts)
%FFTSEQ 生成 M, 它是时间序列 m 的 FFT
% 对序列填充零，以满足所要求的频率分辨率 df
% ts 是采样间隔，输出 df 是最终的频率分辨率
fs=1/ts;
if nargin == 2
n1=0;
else
n1=fs/df;
end
n2=length(m);
n=2^(max(nextpow2(n1),nextpow2(n2)));
M=fft(m,n);
m=[m,zeros(1,n-n2)];
df=fs/n;
```

(3) 调试程序时应注意要将程序及将外部提供的 M 文件放置在相同的目录下。如置于 Matlab 的 Work 目录下，程序才能正常运行。

3.1.3　Matlab 的程序设计应用与仿真

1．数字基带信号的 Matlab 仿真

在此以单极性非归零码、单极性归零码、双极性非归零码、双极性归零码、曼彻斯特

码和密勒码的 Matlab 仿真来进行 Matlab 的应用理解。为了考虑仿真的方便，在此以二元信息序列 11001101 为例来进行应用仿真。

1) 单极性非归零码

单极性非归零码在输入二元信息为 1 时，给出的码元为 1；输入二元信息为 0 时，给出的码元为 0。其 Matlab 实现(函数文件 dnrz.m)如下：

```
function y = dnrz(x)
    %本函数实现将输入的一段二进制代码编为相应的单极性非归零码输出
    %输入 x 为二进制码，输出 y 为编好的码
grid = 300;
t = 0:1/grid:length(x);                    %给出相应的列间序列
for i = 1:length(x),                       %进行码型变换
    if(x(i)== 1),                          %若输入信息为 1
      for j = 1:grid,
        y((i–1)*grid + j) = 1;
    end
else
    for j = 1:grid ,                       %反之，输入信息为 0
        y((i–1)*grid + j) = 0;             %定义所有时间值为 0
    end;end;end
 y = [y,x(i)];
M = max(y);   m = min(y);
subplot(2,1,1);   plot(t,y);
axis([0,i,m – 0.1,M + 0.1]);
title('1        1        0        0        1        1        0        1');
```

在命令窗口中键入如下指令即会出现如图 3-3 所示的仿真波形。

```
t=[1 1 0 0 1 1 0 1];
dnrz(t);
```

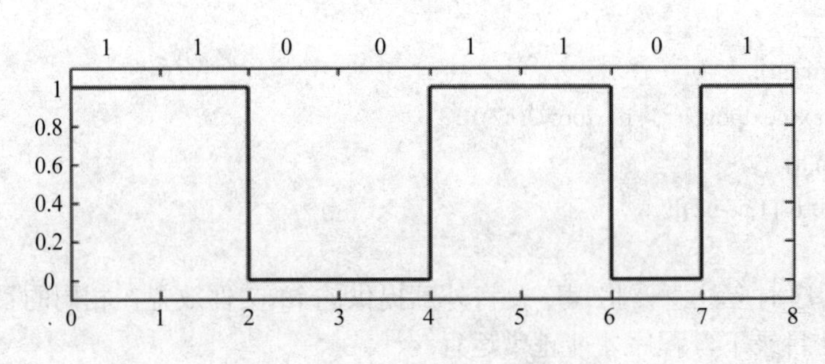

图 3-3　单极性非归零码仿真波形

2) 单极性归零码

单极性归零码与单极性非归零码的不同之处在于输入二元信息为 1 时，给出的码元前半时间为 1，后半时间为 0；而输入 0 时，则完全相同。其 Matlab 实现(函数文件 drz.m)

如下：

```
function y = drz(x)
%本函数实现将输入的一段二进制代码编为相应的单极性归零码输出
%输入 x 为二进制码，输出 y 为编好的码
grid = 300;
t = 0:1/grid:length(x);                       %给出相应的列间序列
for i=1:length(x)                             %进行码型变换
    if (x(i)== 1)                             %若输入信息为 1
        for j=1:grid/2
        y(grid/2*(2*i-2)+j) = 1;              %定义前半时间值为 1
        y(grid/2*(2*i-1)+j) = 0;              %定义后半时间值为 0
    end
else
    for j = 1;grid/2                          %反之，输入信息为 0
        y(grid*(i-1)+j) = 0;                  %定义所有时间值为 0
    end;end;end
 y=[y,x(i)];
M=max(y);   m=min(y);
plot(t,y); axis([0,i,m-0.1,M+0.1]);
title('1        1        0        0        1        1        0        1');
```

在命令窗口中键入如下指令即会出现如图 3-4 所示的仿真波形。

```
t=[1 1 0 0 1 1 0 1];
    drz(t);
```

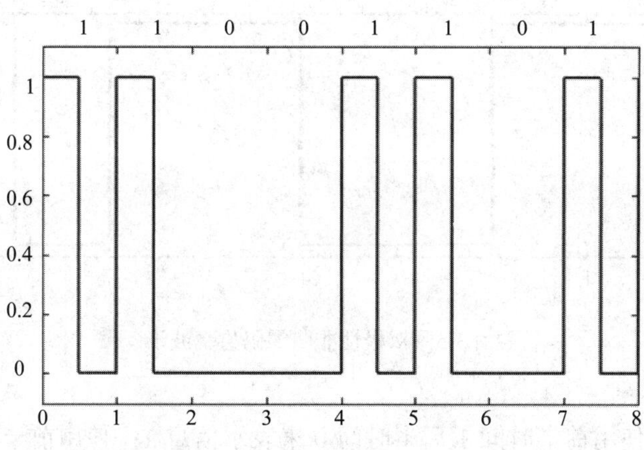

图 3-4　单极性归零码仿真波形

3) 双极性非归零码

双极性非归零码与单极性非归零码类似，区别仅在于双极性使用电平−1 来表示信息 0。双极性非归零码的实现同单极性一样，只需将 dnrz.m 中的判断得到 0 信息后的语句 y((i−1)*grid+j)=0;中的 0 改成−1 就可以了。其 Matlab 实现(函数文件 snrz.m)如下：

```
function y = snrz(x)
    %本函数实现将输入的一段二进制代码编为相应的双极性非归零码输出
    %输入 x 为二进制码，输出 y 为编好的码
grid = 300;
t = 0:1/grid:length(x);                    %给出相应的列间序列
for i = 1:length(x),                       %进行码型变换
    if(x(i)== 1),                          %若输入信息为 1
        for j = 1:grid,
            y((i-1)*grid + j) = 1;
    end
else
    for j = 1:grid ,                       %反之，输入信息为 0
        y((i−1)*grid + j) =−1;             %定义所有时间值为 0
    end;end;end
 y = [y,x(i)];
M = max(y);   m = min(y);
subplot(2,1,1);   plot(t,y);
axis([0,i,m − 0.1,M + 0.1]);
title('1        1        0        0        1        1        0        1');
```

在命令窗口中键入如下指令即会出现如图 3-5 所示的仿真波形。

```
t=[1 1 0 0 1 1 0 1];
snrz(t);
```

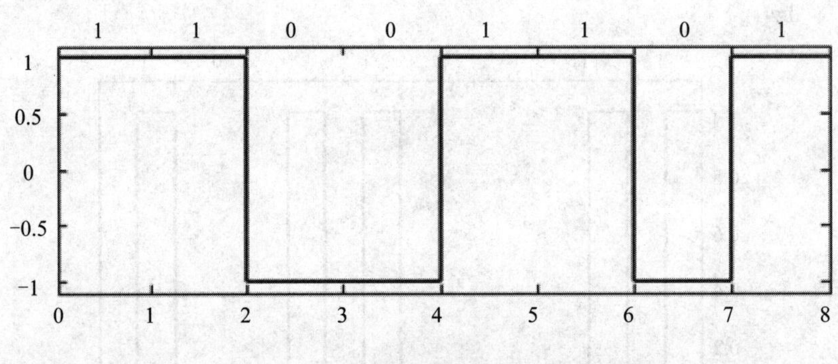

图 3-5　双极性非归零码仿真波形

4) 双极性归零码

双极性归零码使用前半时间 1 后半时间 0 来表示信息 1；使用前半时间−1 后半时间 0 来表示信息 0。其 Matlab 实现(函数文件 srz.m)如下：

```
function y=srz(x)
    %本函数实现将输入的一段二进制代码编为相应的双极性归零码输出
    %输入 x 为二进制码，输出 y 为编好的码
grid=300;
```

```
t=0: 1/grid: length(x);                    %定义对于时间序列
for i=1: length(x),                        %进行编码
     if(x(i)==1),                          %若输入信息为 1
          for j=1: grid/2,
         y(grid/2*(2*i−2)+j)=1;            %定义前半时间值为 1
         y(grid/2*( 2*i−1)+j)=0;           %定义后半时间值为 0
    end
else
     for j=1: grid/2,                      %反之，输入信息为 0
         y(grid/2*(2*i−2)+j)=−1;           %定义所有时间值为 −1
         y(grid/2*(2*i−1)+j)=0;            %定义所有时间值为 0
    end; end; end
 y=[y, x(i)];                              %添加上最后一位
M=max(y); m=min(y);
plot(t,y);
axis([0,i,m−0.1,M+0.1]);
title('1        1        0        0        1        1        0        1');
```

在命令窗口中键入如下指令即会出现如图 3-6 所示的仿真波形。

```
t=[1 1 0 0 1 1 0 1];
srz(t);
```

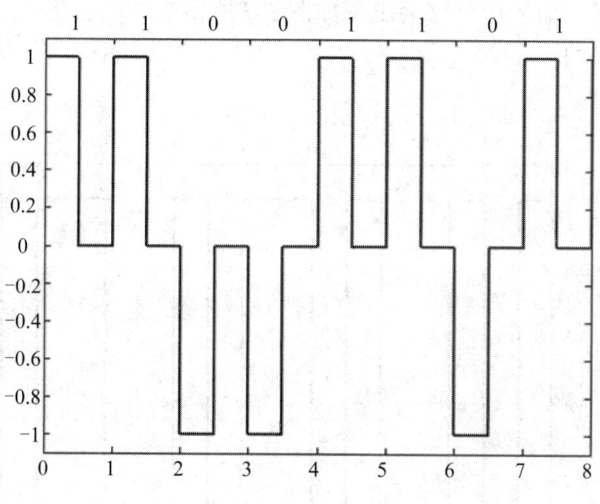

图 3-6　双极性归零码仿真波形

5) 曼彻斯特码

曼彻斯特码的 Matlab 实现同双极性归零码的实现类似，使用前半时间 1 后半时间 0 来表示信息 1；使用前半时间 0 后半时间 1 来表示信息 0。其 Matlab 实现(函数文件 manchester.m)如下：

```
function y=manchester(x)
```

```
    %本函数实现将输入的一段二进制代码编为相应的曼彻斯特码输出
    %输入 x 为二进制码，输出 y 为编好的码
grid=300;
t=0: 1/grid: length(x);                  %定义对于时间序列
for i=1: length(x),                      %进行编码
    if(x(i)==1),                         %若输入信息为 1
        for j=1: grid/2,
          y(grid/2*(2*i-2)+j)=1;         %定义前半时间值为 1
          y(grid/2*( 2*i-1)+j)=0;        %定义后半时间值为 0
    end
else
for j=1: grid/2,                         %反之，输入信息为 0
          y(grid/2*(2*i-2)+j)=0;         %定义前半时间值为 0
          y(grid/2*( 2*i-1)+j)=1;        %定义后半时间值为 1
    end; end; end
 y=[y, x(i)];                            %添加上最后一位
M=max(y); m=min(y);
plot(t,y);
axis([0,i,m-0.1,M+0.1]);
title('1      1      0      0      1      1      0      1');
```

在命令窗口中键入如下指令即会出现如图 3-7 所示的仿真波形。

```
t=[1 1 0 0 1 1 0 1];
manchester (t);
```

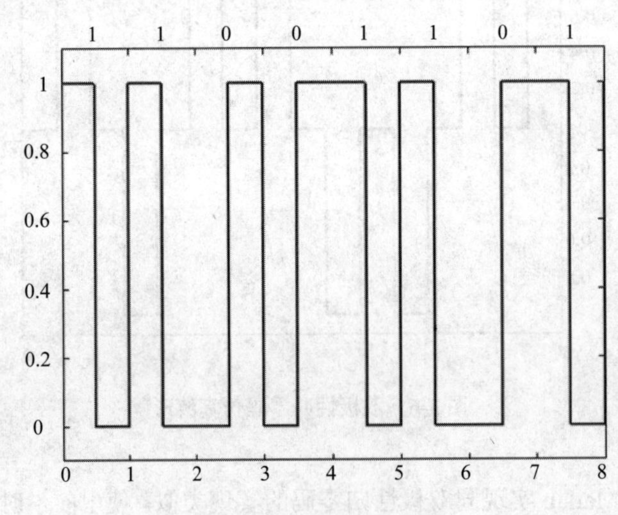

图 3-7　曼彻斯特码仿真波形

6) 密勒码

密勒码是曼彻斯特码的变形。其编码规则：1 码用码元持续时间中心点出现跃变来表

示，即用“10”或“01”表示。0 码分两种情况处理，对于单个 0 时，在码元持续时间内不出现电平跃变，且与相邻码元的边界处也不跃变；而对于连 0 时，在两个 0 码的边界处出现电平跃变，即“00”与“11”交替。其 Matlab 实现(函数文件 miller.m)如下：

```
function y = miller(x)
%本函数实现将输入的一段二进制代码编为相应的密勒码输出
%输入 x 为二进制码，输出 y 为编好的码
grid =300;
t = 0:1/grid:length(x);                    %定义时间序列
i=1;
if (x(i)== 1)
    for j=1:grid/2
        y(grid/2*(2*i-2)+j) = 0;           %定义前半时间值为 0
        y(grid/2*(2*i-1)+j) = 1;           %定义后半时间值为 1
    end
else
    for j = 1:grid                         %反之，输入信息为 0
        y(grid*(i-1)+j) = 0;               %定义时间值为 0
   end
end
for i=2:length(x)
    if(x(i)==1)
        for j=1:grid/2
            y(grid/2*(2*i-2)+j)=y(grid/2*(2*i-3)+grid/4);
            y(grid/2*(2*i-1)+j)=1-y(grid/2*(2*i-2)+j);
        end
    else
        if(x(i-1)==1)
            for j=1:grid
                y(grid*(i-1)+j)=y(grid/2*(2*i-3)+grid/4);
        end
    else
        for j=1:grid
            y(grid*(i-1)+j)=1-y(grid/2*(2*i-3)+grid/4);
end;end;end;end
y=[y,y(i*grid)];
M=max(y); m=min(y);
plot(t,y); axis([0,i,m-0.1,M+0.1]);
title('1        1        0        0        1        1        0        1');
```

在命令窗口中键入如下指令即会出现如图 3-8 所示的仿真波形。

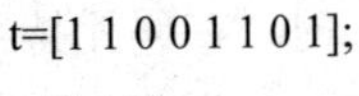

```
t=[1 1 0 0 1 1 0 1];
miller(t);
```

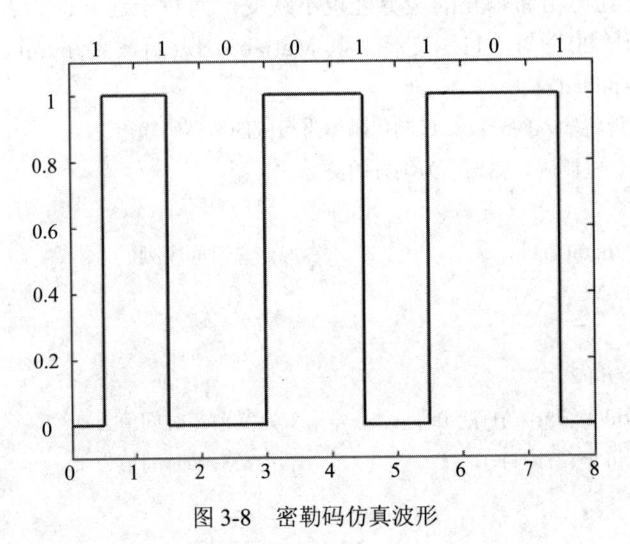

图 3-8　密勒码仿真波形

7) AMI 码

AMI 码的全称是传号交替反转码，其编码方法是代码 0 用 0 表示，而代码 1 交替地用 +1 与−1 表示。其 Matlab 实现(函数文件 ami.m)如下：

```
function y =ami(x)
grid =300;
t = 0:1/grid:length(x);                    %给出相应的列间序列
last_one=-1;
for i = 1:length(x),                       %进行码型变换
    if(x(i)== 1),                          %若输入信息为 1
        y(i) =-last_one;
        last_one=y(i);
        for j = 1:grid,
          y((i-1)*grid + j) = y(i)
    end
else
    for j = 1:grid ,                       %反之，输入信息为 0
        y((i-1)*grid + j) =0;              %定义所有时间值为 0
    end
end;end
    y = [y,x(i)];
M = max(y);    m = min(y);
subplot(2,1,1);    plot(t,y);
axis([0,i,m - 0.1,M + 0.1]);
title('1         1         0         0         1         1         0         1');
```

在命令窗口中键入如下指令即会出现如图3-9所示的仿真波形。

```
t=[1 1 0 0 1 1 0 1];
ami(t);
```

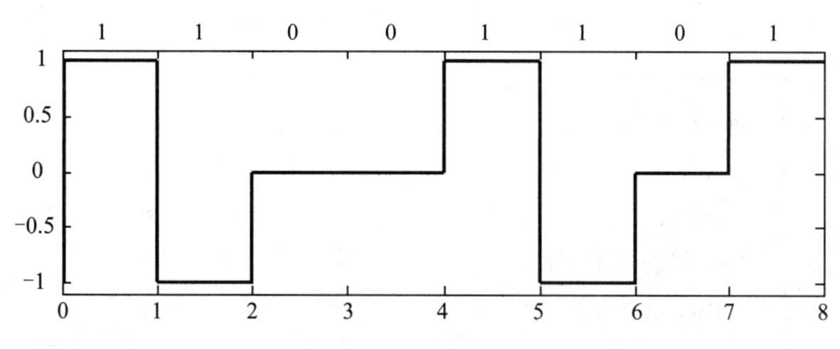

图 3-9　AMI 码仿真波形

8) HDB_3 码

HDB_3 码是三阶高密度双极性码，其在4个或4个以上连0串时，进行插“V”和插“B”码，在此以代码“1000001100001”来进行仿真。其Matlab实现(函数文件hdb3.m)如下：

```
function y =hdb3(x)
    %本函数实现将输入的一段二进制代码编为相应的HDB3码输出
    %输入x前默认为全0，在此输入为有效二进制码，输出y为编好的码
grid =300;
t = 0:1/grid:length(x);                %给出相应的列间序列
last_one=-1;
count=0;                               %连0计数器
count1=0;                              %双V码间1的奇偶判决
for i = 1:length(x),
if(x(i)== 1),
    y(i) =-last_one;
    last_one=y(i);
    count=0;
    count1=~count1;
    for j = 1:grid,
      y((i-1)*grid + j) = y(i)
    end
else
    count=count+1;
    if count==4
       count=0;
      if count1==1
       count1=0;
       y(i)=last_one;
```

```
            for j = 1:grid,
            y((i-1)*grid + j) = y(i)
            end
          else
            y(i-3)=-last_one;
            y(i)=-last_one;
            last_one=y(i);
            for j = 1:grid,
            y((i-4)*grid + j) = y(i-3)
            y((i-1)*grid + j) = y(i)
            end
          end
        else
          for j = 1:grid ,
                y((i-1)*grid + j) =0;
          end
        end
    end
    end
    y = [y,x(i)];
    M = max(y);    m = min(y);
    subplot(2,1,1);    plot(t,y);
    axis([0,i,m - 0.1,M + 0.1]);
    title('1    0    0    0    0    0    1    1    0    0    0    0    1');
```

在命令窗口中键入如下指令即会出现如图 3-10 所示的仿真波形。

```
t=[1 0 0 0 0 0 1 1 0 0 0 0 1];
hdb3(t);
```

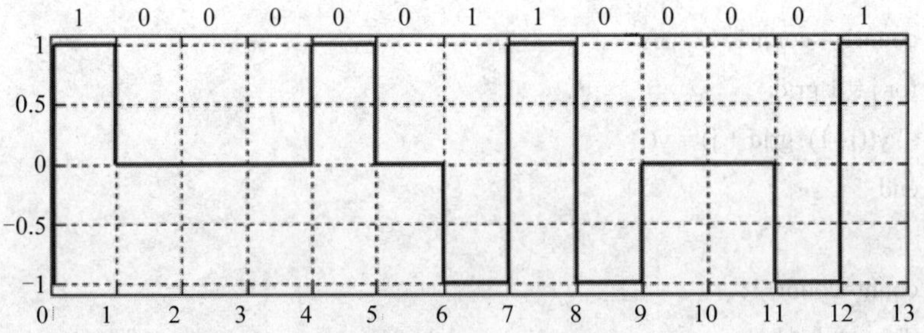

图 3-10　HDB_3 码仿真波形

2. 数字频带信号的 Matlab 仿真

为了使数字信号在通带信道中传播，必须用数字信号对载波进行调制。下面以数字信号幅度键控、频移键控和相移键控的 Matlab 仿真来进行 Matlab 的应用理解。为了考虑仿真的方便，在此以二元信息序列 11001101 为例来进行应用仿真。

1) 幅度键控(2ASK)

在幅度键控中载波幅度是随着调制信号而变化的，最简单的形式是载波在二进制调制信号 1 或 0 的控制下通或断，此种调制方式称为通-断键控(OOK)。其 Matlab 实现(函数文件 ASK.m)如下：

```
% ASK.m
t=0:0.01:8;
y=sin(2*2*pi*t);                              % 2*2*pi*t 在一个符号的时间里载波刚好 2 周期
x=[ones(1,100),ones(1,100),zeros(1,100),zeros(1,100),
   ones(1,100),ones(1,100),zeros(1,100),ones(1,101)];     %定义一个与二元序列对应的时间序列
z=x.*y;                                       %幅频键控
plot(t,z)
title('1    1    0    0    1    1    0    1');
```

运行后会出现如图 3-11 所示的仿真波形。

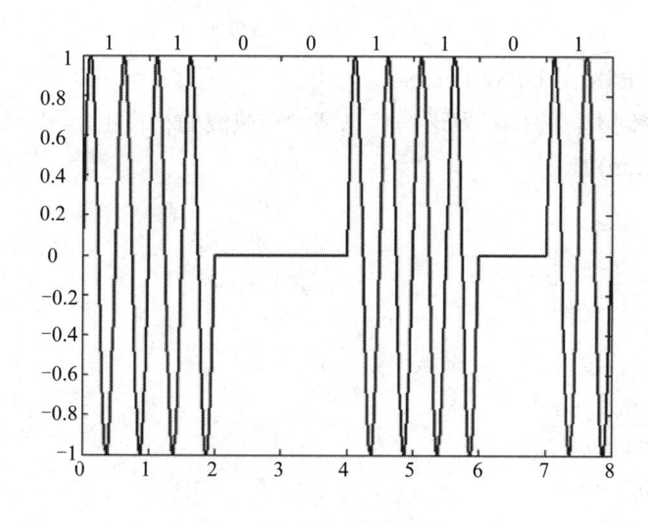

图 3-11 2ASK 仿真波形

2) 频移键控(2FSK)

在频移键控中载波频率是随着调制信号而变化的。其 Matlab 实现(函数文件 FSK.m)如下：

```
% FSK.m
x=0:0.01:8;
t=[ones(1,100),ones(1,100),zeros(1,100),zeros(1,100),
  ones(1,100),ones(1,100),zeros(1,100),
  ones(1,101)];                   %定义一个与二元序列对应的时间序列
y=sin(x.*(2*pi+6*t*pi));
plot(x,y)
title('1    1    0    0    1    1    0    1');
```

运行后会出现如图 3-12 所示的仿真波形。

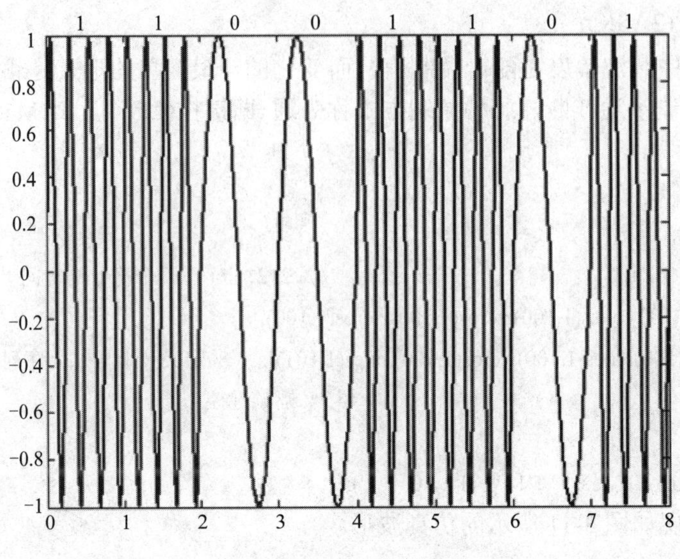

图 3-12　2FSK 仿真波形

3) 相移键控(2PSK、2DPSK)

在载波相位调制中，将信道发送的信息调制在载波的相位上。其 Matlab 实现(函数文件 PSK.m 与 DPSK.m)如下：

```
% PSK.m
echo on
fc=1;
t=0:0.01:8;
u0=sin(2*pi*fc*t);
u1=sin(2*pi*fc*t+pi);
x=[1 1 0 0 1 1 0 1]
b=ones(1,801)
for i=1:length(x),
if i<=length(x)-1,
    if(x(i)==1),
    z=ones(1,100);
    else
    z=zeros(1,100);
    end
b(((i-1)*100+1):i*100)=z
else
   if(x(i)==1),
    z=ones(1,101);
    else
    z=zeros(1,101);
```

```
    end
b(((i-1)*100+1):(i*100+1))=z
end
end
c=b
y0=~c.*u0
y1=c.*u1
y=y0+y1
plot(t,y);
title('1    1    0    0    1    1    0    1');
```

运行后会出现如图 3-13 所示的仿真波形。

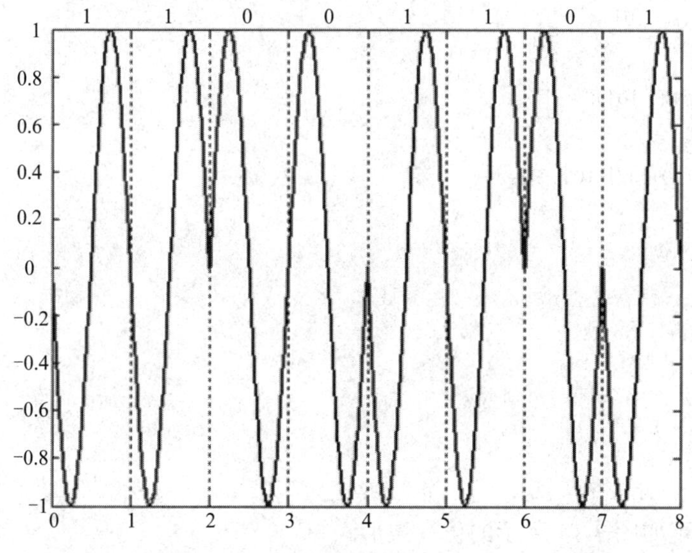

图 3-13　2PSK 仿真波形

```
%DPSK.m，在 PSK 实现的基础上加绝相变换
echo on
fc=1;
t=0:0.01:8;
u0=sin(2*pi*fc*t);
u1=sin(2*pi*fc*t+pi);
%下面将 a 的值实现绝相变换
a=[1 1 0 0 1 1 0 1]
d=[0 0 0 0 0 0 0 0 0]
for i=1:length(a),
x(i)=((~a(i))&d(i))|(a(i)&(~d(i)))
d(i+1)=x(i)
end
%下面实现 PSK
```

```
b=ones(1,801)
for i=1:length(x),
if i<=length(x)-1,
      if(x(i)==1),
      z=ones(1,100);
      else
      z=zeros(1,100);
      end
b(((i-1)*100+1):i*100)=z
else
    if(x(i)==1),
      z=ones(1,101);
      else
      z=zeros(1,101);
    end
b(((i-1)*100+1):(i*100+1))=z
end
end
c=b
y0=~c.*u0
y1=c.*u1
y=y0+y1
plot(t,y);
title('1    1    0    0    1    1    0    1');
```

运行后会出现如图 3-14 所示的仿真波形。

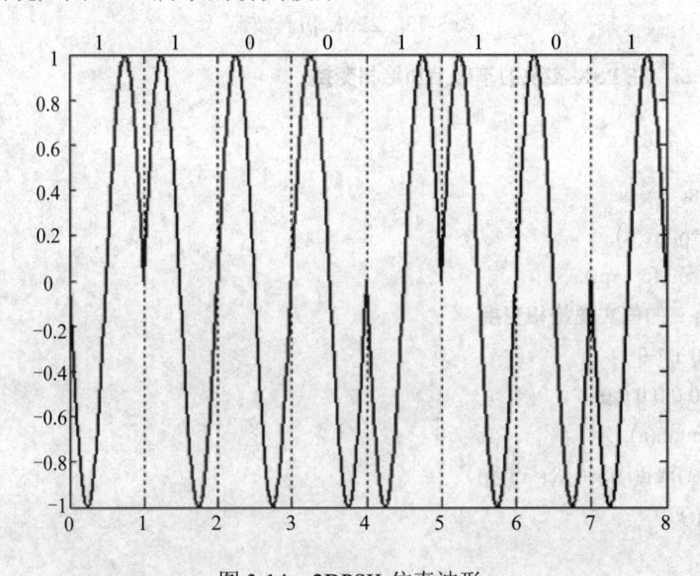

图 3-14　2DPSK 仿真波形

3．PCM 编码的 Matlab 仿真

1) 对数量化

国际标准的 A 律 PCM 编码的对数压缩特性如下：

$$f(x)=\begin{cases}\dfrac{A_x}{1+\ln A}, & 0<x\le\dfrac{1}{A}\\[2mm] \dfrac{1+\ln A_x}{1+\ln A}, & \dfrac{1}{A}\le x\le 1\end{cases}$$

其 Matlab 实现(函数文件 Apcm.m)如下：

```
function y=Apcm(x,A)           %本函数实现将输入的序列 x 进行参数为 A 的对数 A 律量化
                               %将得到的结果存放在序列 y 中
                               %x 为一个序列，值在 0 到 1 之间，A 为一个正实数，大于 1
t=1/A;
for i=1:length(x)
  if(x(i)>=0)                          %判断该输入序列值是否大于 0
  if(x(i)<=t)
  y(i)=(A*x(i))/(1+log(A));            %若值小于 1/A，则采用此计算法
  else
  y(i)=(1+log(A*x(i)))/(1+log(A));     %若值大于 1/A，则采用另一计算法
end
else
if(x(i)>=-t)                           %若值小于 0，则算法有所不同
 y(i)=-(A*-x(i))/(1+log(A));
 else
 y(i)=-(1+log(A*-x(i)))/(1+log(A));
 end                                   %内层条件判断的结束
end                                    %外层条件判断结束
end                                    %循环结束
```

运行如下语句后(函数文件 Apcm1.m)，可得到如图 3-15 的对数量化特性曲线。

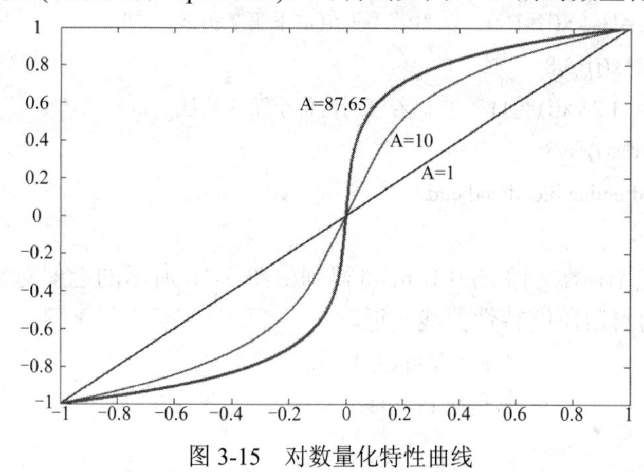

图 3-15　对数量化特性曲线

```
x=[-1:0.001:1];          %定义幅度序列
y2=Apcm(x,10);           %参数为 10 的 A 律曲线
y1=Apcm(x,1);            %参数为 1 的 A 律曲线
y3=Apcm(x,87.65);        %参数为 87.65 的 A 律曲线
plot(x,y1,x,y2,x,y3);
```

由于实现上的困难，国际上使用近似 A 律 PCM 的 13 折线法。其方法是将输入信号幅度归一化，范围为(-1，1)，将其分为不均匀的 16 段区间，正负方向相同。在此仅对正数范围(0，1)进行介绍，划分方法是：取 0～1/128 为第一区间，取 l/128～1/64 为第二区间，取 1/64～1/32 为第三区间，一直到取 1/2～1 为第八区间。输出信号则均匀的划分为 8 个区间：1/8～2/8 为第一区间，……，7/8～1 为第八区间；将点(1/128，1/8)与(0，0)相连，点(1/64，2/8)与(1/128，1/8)相连，……，这样得到由 8 段直线连成的一条折线(事实上由于第一区间与第二区间的直线斜率相等，只有 7 条直线)。其 Matlab 实现(函数文件 zhe13.m)如下：

```
function y=zhe13(x)                 %本函数实现国际通用的 PCM 量化 A 律 13 折线特性近似
                                    %x 为输入的序列变换后的值赋给序列 y
x=x/max(x);                         %求出序列的最大值，并同时归一化
z=sign(x);                          %求得每一序列值的符号
x=abs(x);                           %取序列的绝对值
for i=1:length(x);                  %直接将序列的绝对值量化
  if((x(i)>=0)&(x(i)<1/64))         %若序列值位于第 1 和第 2 折线
     y(i)=16*x(i);
  else if(x(i)>=1/64&x(i)<1/32)     %若序列值位于第 3 折线
     y(i)=8*x(i)+1/8;
  else if(x(i)>=1/32&x(i)<1/16)     %若序列值位于第 4 折线
     y(i)=4*x(i)+2/8;
  else if(x(i)>=1/16&x(i)<1/8)      %若序列值位于第 5 折线
     y(i)=2*x(i)+3/8;
 else if(x(i)>=1/8&x(i)<1/4)        %若序列值位于第 6 折线
     y(i)=x(i)+4/8;
  else if(x(i)>=1/4&x(i)<1/2)       %若序列值位于第 7 折线
     y(i)=1/2*x(i)+5/8;
  else if(x(i)>=1/2&x(i)<=1)        %若序列值位于第 8 折线
     y(i)=1/4*x(i)+6/8;
  end;end;end;end;end;end;end;end
y=z.*y;
```

运行如下语句后(函数文件 zhe13s.m)可得到如图 3-16 所示的近似对数量化特性曲线，此折线与 A=87.6 的对数压缩特性曲线相近。

```
x=-1:0.001:1;            %定义幅度序列
y=zhe13(x);              %进行 13 折线变换
plot(x,y)
```

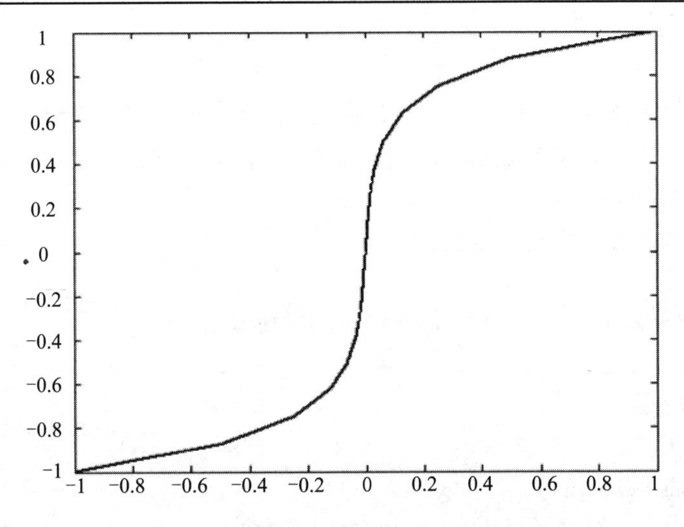

图 3-16　A 律 13 折线近似对数量化特性曲线

2) 量化值的编码

在量化以后得到的是可以进行线性量化的值，A 律 PCM 的编码 Matlab 实现(函数文件 pcmcode.m)如下：

```
function f=pcmcode(y)
 %本函数实现将输入的值(已量化好)编码
 %输入 y 为量化后的序列，其值应该在 0 到 1 之间
f=zeros(length(y),8)     %定义一个二维数组，每一行的 8 位代表了对应的输入值的编码
  z=sign(y);             %得到输入序列的符号，确定编码的首位
y=y*128;                 %将序列值扩展到 0 与 128 之间，便于编码
y=fix(y);                %将计算值取整
 y=abs(y);               %只计算绝对值的编码
for i=1:length(y)
  if(y(i)==128)          %如果输入为 1，得到 128，避免出现编码位为 2 的错误
    y(i)=127.999;        %将其值近似为 127.999
end;end
    for i=1:length(y)         %下面的一段循环是将十进制转化为二进制数
       for j=6:-1:0           %分别计算序列值除以从 64 到 1 的数的商
          f(i,8-j)=fix(y(i)/(2^j));
          y(i)=mod(y(i),(2^j));
    end;end
    for i=1:length(y)
       if(z(i)==-1)           %输入值是负数
           f(i,1)=0;          %首位取 0
       else
            f(i,1)=1;         %输入是正数，首位取 1
```

```
        end;end
    f                                %显示编码结果
```

在此给出一个实际问题进行示例：若输入 A 律 PCM 编码器的正弦信号为 $x(t)=\sin(1600\pi t)$；采样序列为 $x(n)=\sin(0.2\pi n)$，n=0，1，2，…，10；将其进行 PCM 编码，给出编码器的输出码组序列 f(n)。

方法一：对数压缩特性得到编码。

```
x=0:1:10;
y=sin(0.2*pi*x)          %求sin(0)到sin(10)的量化值
z=apcm(y,87.65);
f=pcmcode(z);
```

运行后结果为

```
y =Columns 1 through 7
        0    0.5878    0.9511    0.9511    0.5878    0.0000    -0.5878
  Columns 8 through 11
     -0.9511    -0.9511    -0.5878    -0.0000
f =
     1    0    0    0    0    0    0    0
     1    1    1    1    0    0    1    1
     1    1    1    1    1    1    1    0
     1    1    1    1    1    1    1    0
     1    1    1    1    0    0    1    1
     1    0    0    0    0    0    0    0
     0    1    1    1    0    0    1    1
     0    1    1    1    1    1    1    0
     0    1    1    1    1    1    1    0
     0    1    1    1    0    0    1    1
     0    0    0    0    0    0    0    0
```

方法二：13 折线法得到编码。

```
x=0:1:10;
y=sin(0.2*pi*x)       %求sin(0)到sin(10)的量化值
z=zhe13(y);
f=pcmcode(z);
```

运行后结果为

```
y = Columns 1 through 7
       0    0.5878    0.9511    0.9511    0.5878    0.0000    -0.5878
  Columns 8 through 11
     -0.9511      -0.9511      -0.5878      -0.0000
f =
     1    0    0    0    0    0    0    0
```

1　1　1　1　0　0　1　1
1　1　1　1　1　1　1　1
1　1　1　1　1　1　1　1
1　1　1　1　0　0　1　1
1　0　0　0　0　0　0　0
0　1　1　1　0　0　1　1
0　1　1　1　1　1　1　1
0　1　1　1　1　1　1　1
0　1　1　1　0　0　1　1
0　0　0　0　0　0　0　0

3.1.4　Matlab 的 Simulink 应用与仿真

把 Matlab 当前目录切换到新建的设计目录后，可以在 Matlab 命令窗口键入“Simulink”命令，以开启 Matlab 的图形化建模仿真环境 Simulink，出现如图 3-17 所示的 Simulink 库浏览器(Library Browser)。下面以正弦波发生模型的设计进行 Simulink 应用与仿真的理解。

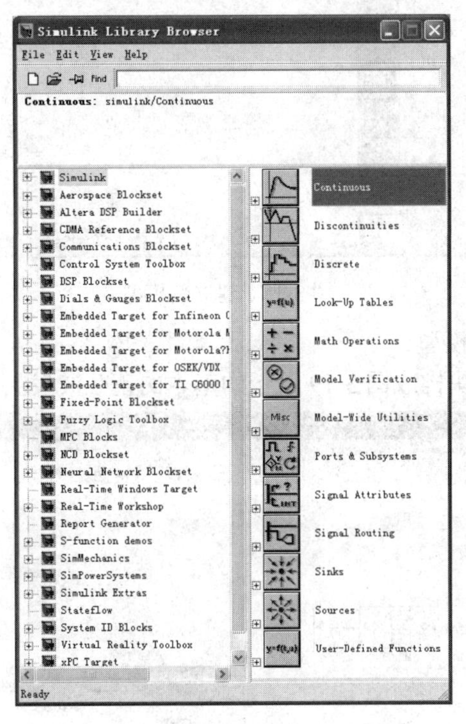

图 3-17　Simulink 库浏览器

1. Simulink 应用模型的建立

在此我们利用 Simulink 中的 DSP Builder 基本模块搭建一个正弦波发生模型，步骤如下：

(1) 打开 Matlab，建立工作文件夹，设置好当前的工作目录。

(2) 新建 Simulink 模型文件。

在打开 Simulink 库浏览器后，需要新建一个 Simulink 的模型文件(后缀为 mdl)。在 Simulink 的库浏览器中选择 File 菜单，在出现的菜单项中选择 New 选项，在弹出的子菜单项中选择新建模型“Model”；然后在 File 菜单中选择 Save 选项，将 Matlab 的设计模型文件存在自己的工程目录中。图 3-18 右下角显示的就是新模型编辑窗口。

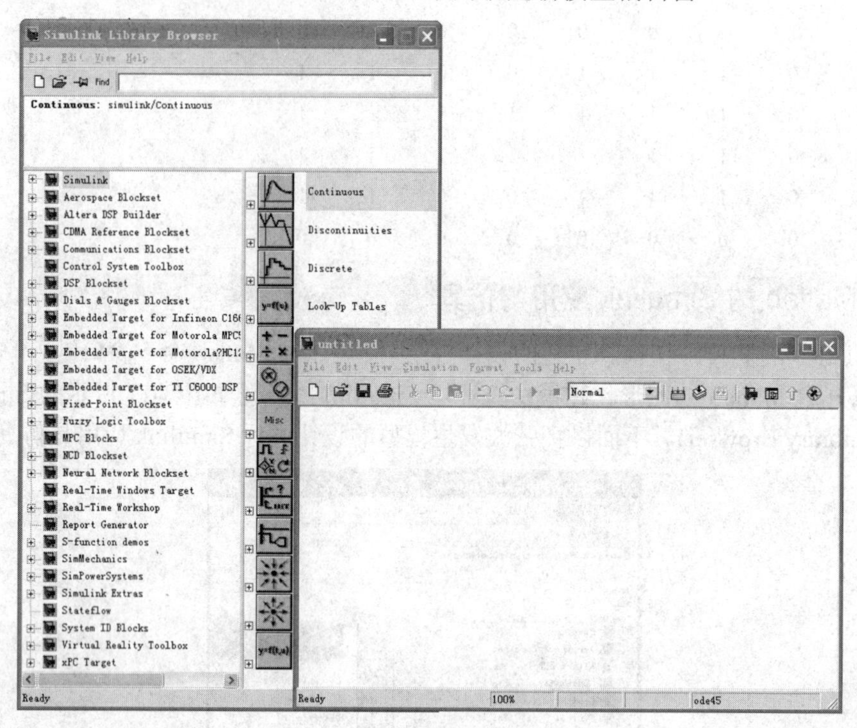

图 3-18　建立新模型

(3) 构建正弦波发生模型。

调用 DSP Builder 模块构成图 3-19 所示的基本的正弦波发生系统 SinOut。

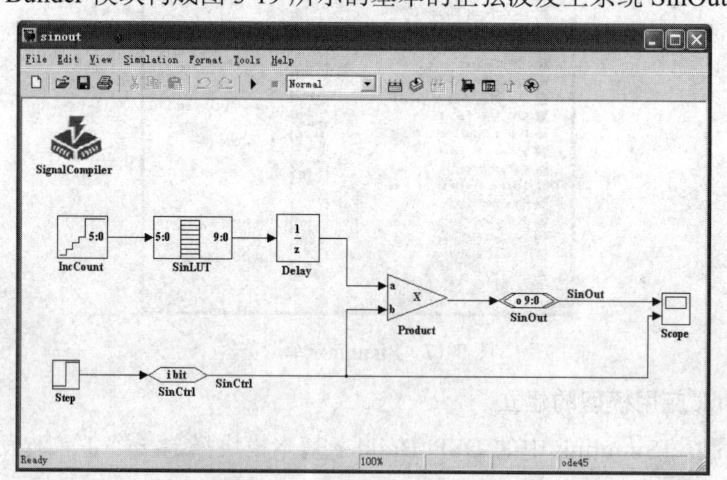

图 3-19　正弦波发生系统 SinOut

① IncCount 模块。

Increment Decrement 模块是 DSP Builder 库中的 Arithmetic(算术)模块。将 Increment

Decrement 模块放置到新模型中。选中 Altera DSP Builder 库中的 Arithmetic 条，则在库浏览器的右侧可以看到 Increment Decrement 模块，把 Increment Decrement 模块拖到新建模型窗口中。

用鼠标点击在新建模型窗口中的 Increment Decrement 模块下面的文字“Increment Decrement”，就可以修改文字内容，也就是可以修改模块名字。在这里不妨将其修改为“IncCount”。

把 IncCount 模块做成一个线性递增(顺序加1)的地址发生器，双击新建模型中的 IncCount 模块，打开 IncCount 的模块参数设置对话框“Block Parameters：IncCount”，在这里选择“Unsigned Integer”，即无符号整数。对于输出位宽，由于在后面接着的正弦查找表(Sin LUT)的地址为 6 位，所以输出位宽设为 6。IncCount 是一个按时钟增 1 的计数器，Direction 设为 Increment(增量方式)。对于其他设置，仍采用 Increment Decrement 模块的默认设置。设置完的对话框如图 3-20 所示。

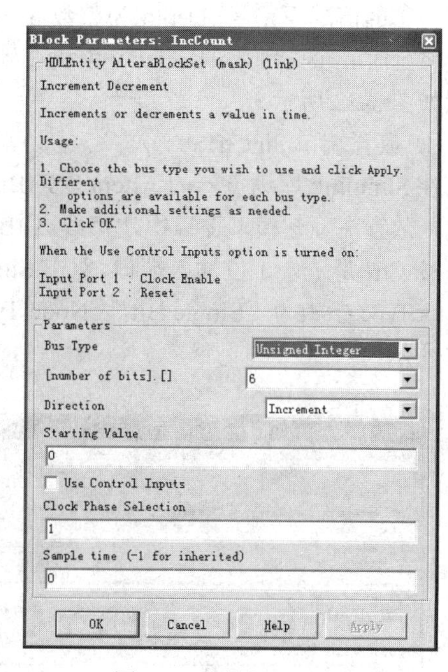

图 3-20　设置 IncCount

注意：若对 DSP Builder 库中的模块设置参数值不了解，可以在相应模块的参数设置对话框中点击 Help 按钮(或按 F1 键)，调出 DSP Builder 的相应帮助，以便了解详细的模块参数说明。

② 放置正弦查找表(SinLUT)。

在 Altera DSP Builder 库的 Gate 库中找到查找表模块 LUT。把 LUT 拖到新建模型窗口，按照 IncCount 的做法把新调入的 LUT 模块的名字修改为“SinLUT”。

双击 SinLUT 模块，打开模块参数设置对话框“Block Parameters SinLUT”，把输出位宽(Output [number of bits])改为 10，查找表地址线位宽(LUT Address Width)设为 6。

在“Matlab Array”编辑框中输入计算查找表内容的计算式。在此可以直接使用 sin(正弦)函数。此处 sin 函数的调用格式为

sin([起始值：步进值：结束值])

SinLUT 是一个输入地址为 6 位、输出值位宽为 10 的正弦查找表模块，且输入地址总线为无符号数，可以设置起始值为 0、结束值为 2π、步进值为 $2\pi/2^6$。计算式可写成：

511*sin([0:2*pi/(2^6):2*pi])+512

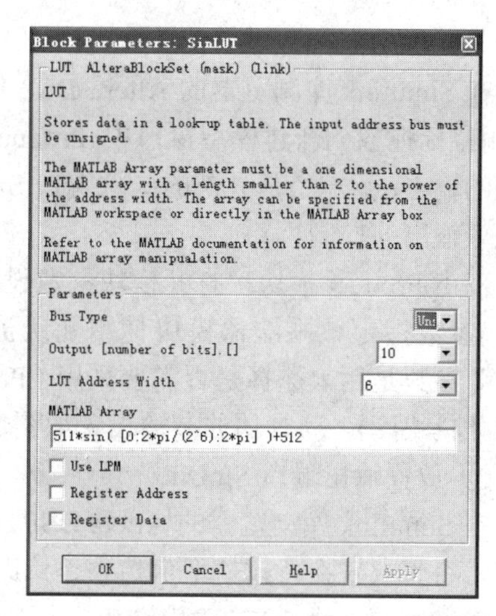

图 3-21　设置 SinLUT

其中，pi 即为常数 π。设置好的 SinLUT 参数如

图 3-21 所示。

③ 放置 Delay 模块。

在 Simulink 库浏览器的 Altera DSP Builder 库中，选中 Storage 库下的 Delay 模块，放置到新建模型窗口。Delay 模块是一个延时环节，在这里可以不修改其默认参数设置。在 Delay 模块的参数设置对话框中，参数 Depth 是描述信号延时深度的参数。当 Depth 为 1 时，信号传输函数为 1/z，表现为通过 Delay 模块的信号延时 1 个时钟周期(Clock Phase Selection 参数为 1 的情况下)；当 Depth 为整数 n 时，其传输函数为 $1/z^n$，表现为通过 Delay 模块的信号将延时 n 个时钟周期。Delay 模块在硬件上可以采用寄存器来实现，其具体的默认参数设置如图 3-22 所示。

④ 放置端口 SinCtrl。

在 Simulink 库浏览器的 Altera DSP Builder 库中，选中 Bus Manipulation 库，找到 AltBus 模块，放置在新建模型窗口中，修改 AltBus 模块的名字为 SinCtrl。

SinCtrl 是一个 1 位输入端口。双击 SinCtrl 模块，打开模块参数设置对话框，设置 SinCtrl 的 Bus Type 参数为“Single Bit”，Node Type 参数为“Input Port”，其具体的参数设置如图 3-23 所示。

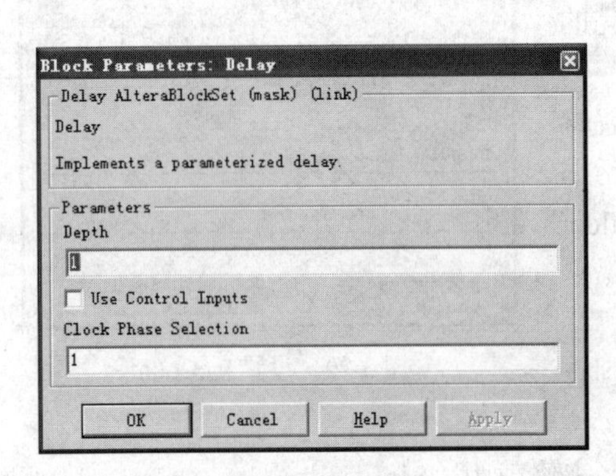

图 3-22　设置 Delay

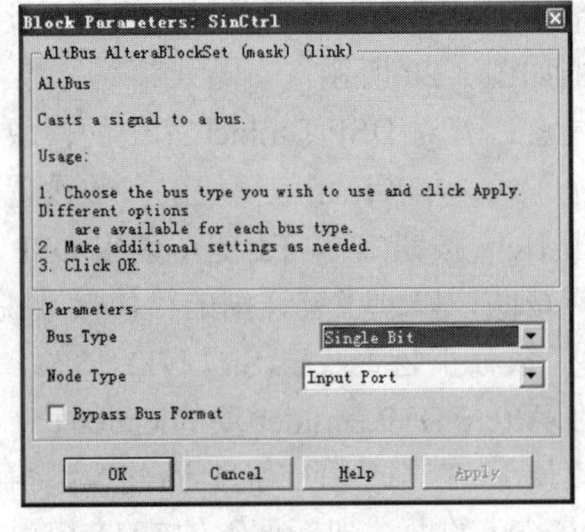

图 3-23　设置 SinCtrl

⑤ 放置 Product(乘法)模块。

在 Simulink 库浏览器的 Altera DSP Builder 库中，选中 Arithmetic 库，找到 Product 模块，用鼠标拖放到新建模型窗口中。Product 的两个输入中，一个是经过一个 Delay 的 SinLUT 查表的输出，另一个是外部的一位端口 SinCtrl。按算法逻辑来看，实现了 SinCtrl 对 SinLUT 查找表输出的控制。

双击 Product 模块，打开模块参数设置对话框，设置 Product 的参数。其中 Pipeline(流水线)参数指定该乘法器模块使用几级流水线，即乘积延时几个时钟周期后出现。“Use LPM”参数是用来选择是否需要采用 LPM 元件的(LPM：Library of Parameterized Modules，参数化模块库)。其具体的参数设置如图 3-24 所示。

⑥ 放置输出端口 SinOut。

在 Simulink 库浏览器的 Altera DSP Builder 库中，选中 Bus Manipulation 库，找到 AltBus 模块，将其放置在新建模型窗口中，修改 AltBus 模块的名字为 SinOut。

SinOut 是一个 10 位输出端口，与外面的 10 位高速 D/A 转换器相接，通过 D/A 把 10

位数据转换成 1 路模拟信号。双击 SinOut 模块，打开模块参数设置对话框，设置 SinOut 的 Bus Type 参数为“Unsigned Integer”，Node Type 参数为“Output Port”；然后点击“Apply”按钮，修改“number of bits”参数为 10。其具体的参数设置如图 3-25 所示。

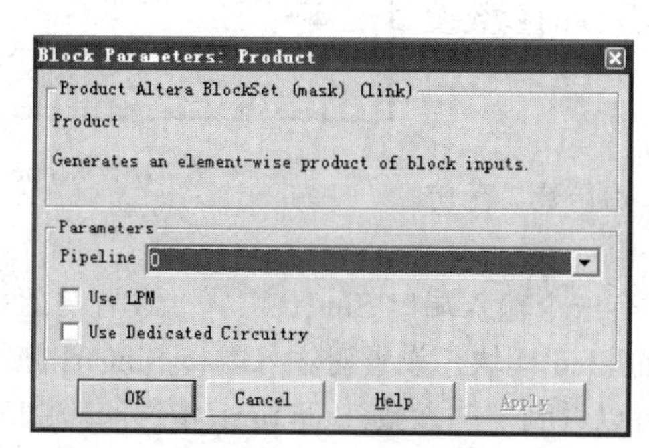

图 3-24　设置 Product

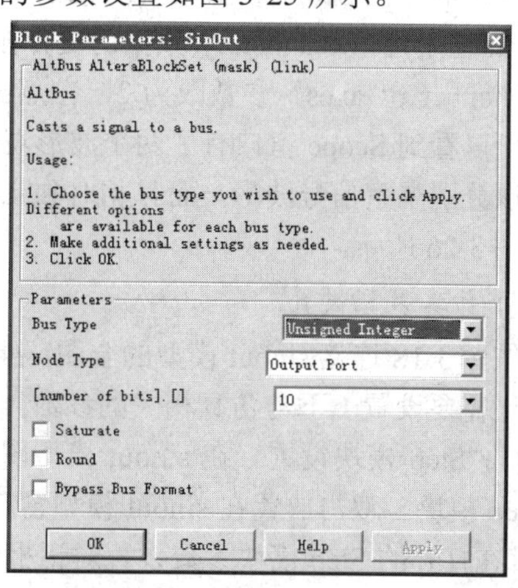

图 3-25　设置 SinOut

(4) 设计文件存盘。

放置完 SinOut 模块后，按照图 3-18 把新建模型窗口中的 DSP Builder 模块连接起来，再放置 SignalCompiler，这样就完成了一个正弦波发生器的 DSP Builder 模型设计。

在进行仿真验证和 SignalCompiler 编译之前，先对设计进行存盘操作：点击新建模型窗口的 File 菜单，在下拉菜单中选择 Save 选项，取名并保存。在这个例子中，对新建模型取名为 sinout，模型文件为 sinout.mdl。在保存完毕后，新建模型窗口的标题栏就会显示模型名称。注意：对模型文件取名时，尽量用英文字母打头，不使用空格，不用中文，文件名不要过长。

在对模型取名后，可以使用 SignalCompiler 进行编译，把 mdl 文件转换为 VHDL 文件。不过此时模型的正确性还是未知的，需要进行仿真验证。

2. Simulink 模型仿真

Matlab 的 Simulink 环境具有强大的图形化仿真验证功能。用 DSP Builder 模块设计好一个新的模型后，可以直接在 Simulink 中进行算法级、系统级仿真验证。对一个模型进行仿真，需要施加合适的激励、一定的仿真步进和仿真周期，并添加合适的观察点和观察方式。

1) 加入仿真步进 Step 模块

首先加入一个 Step 模块，以模拟 SinCtrl 的按键使能操作。在 Simulink 库浏览器中，展开 Simulink 库，选中其中的 Sources 库，把 Sources 库中的 Step 模块拖放到 sinout 模型窗口中与 SinCtrl 输入端口相接。

2) 添加波形观察 Scope 模块

在 Simulink 的库浏览器中，展开 Simulink 库，选中其中的 Sinks 库，把 Scope(示波器)模块拖放到 sinout 模型窗口中。双击该 Scope 模块，打开 Scope(示波器)窗口，出现只有一个信号的波形观察窗口，而若希望可以多观察几路信号，自然可以通过调用多个 Scope 模块的方法来实现。这里仅介绍一种方法，通过修改 Scope 模块参数来在同一个 Scope 模块

中增加观察窗。用鼠标点击 Scope 模块窗口上侧工具栏的第二个工具按钮“Parameters”参数设置按钮，打开 Scope 参数设置对话框。在 Scope 参数设置对话框中共有两个选项页：General(通用)和 Data history(数据历史)。在 General 选项页中将“Number of axes”参数改为 2，在点击“OK”按钮确认后，可以看到 Scope 窗口有了两个波形观察窗。每个观察窗都可以分别观察信号波形，而且相对独立。其具体的参数设置如图 3-26 所示。

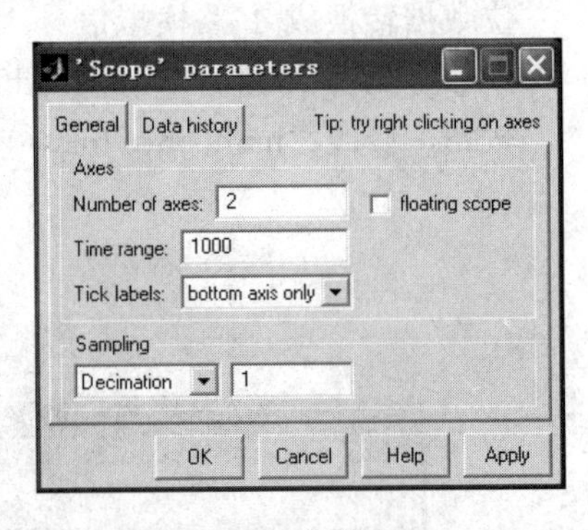

图 3-26　设置 Scope

3) *仿真激励设置*

按图 3-18 连接 sinout 模型的全图，准备开始仿真。在仿真前还需要设置一下与仿真相关的参数。

(1) Step 模块设置。在 sinout 模型图中只有一个输入端口 SinCtrl，需要设置与此相连的 Step 模块。双击放置在 sinout 模型窗口中的 Step 模块，设置对输入端口 SinCtrl 施加的激励。在打开的 Step 模块参数设置对话框中，可以看到一些参数：Step time(步进间隔)、Initial value(初始值)、Final value(终值)、Sample time(采样时间)。在此设置 Step time 为 500；Initial value 为 0，即初始时不输出正弦波；Final value 为 1；Sample time 为 1。把最后两项选择：“Interpret vector parameters as 1-D”和“Enable zero crossing dectection”都设为打钩。其具体的参数设置如图 3-27 所示。

(2) Simulation Parameters 设置。在 sinout 模型窗口中点击 Simulation 菜单，在下拉菜单中选择 Simulation Parameters 菜单项，将弹出 sinout 模型的仿真参数设置对话框设为“Simulation Parameters : sinout”。将 Solver 选项页中完成仿真时基本的时间设置、步进间隔和方式设置及输出选项进行设置。在 sinout 模型中，可设置 Start time 为 0.0，Stop time 为 1000，其他设置取默认值。选项页的设置也取默认设置。然后，点击“OK”按钮确认。其具体的参数设置如图 3-28 所示。

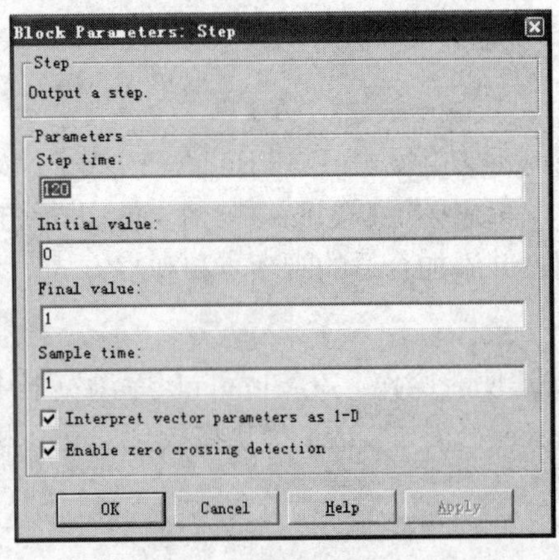

图 3-27　设置 Step

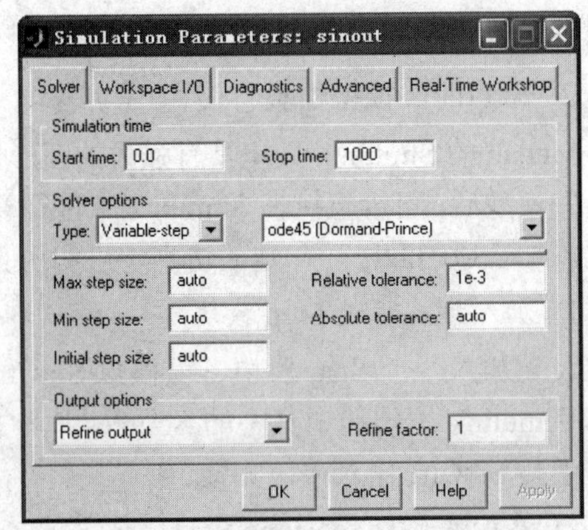

图 3-28　设置 Simulation Parameters

4) *启动仿真*

在 sinout 模型窗口中选择 Simulation 菜单，再选择 Start 选项开始仿真。待仿真结束，双击 Scope 模块，打开 Scope 观察窗。图 3-29 显示了仿真结果，SinOut 信号是 sinout 模型的输出(Scope 观察窗中模拟了 D/A 的输出波形)，SinCtrl 信号是 sinout 模型的输入。可以看出 SinOut 受到了 SinCtrl 的控制，当 SinCtrl 为 1 时，SinOut 波形是正弦波；当 SinCtrl 为 0 时，SinOut 输出为 0。

在 Scope 观察窗中，可以使用工具栏中的按钮来放大/缩小波形，也可以在波形上单击右键使用“Autoscale”，使波形自动适配波形观察窗。用鼠标左键可以放大波形。

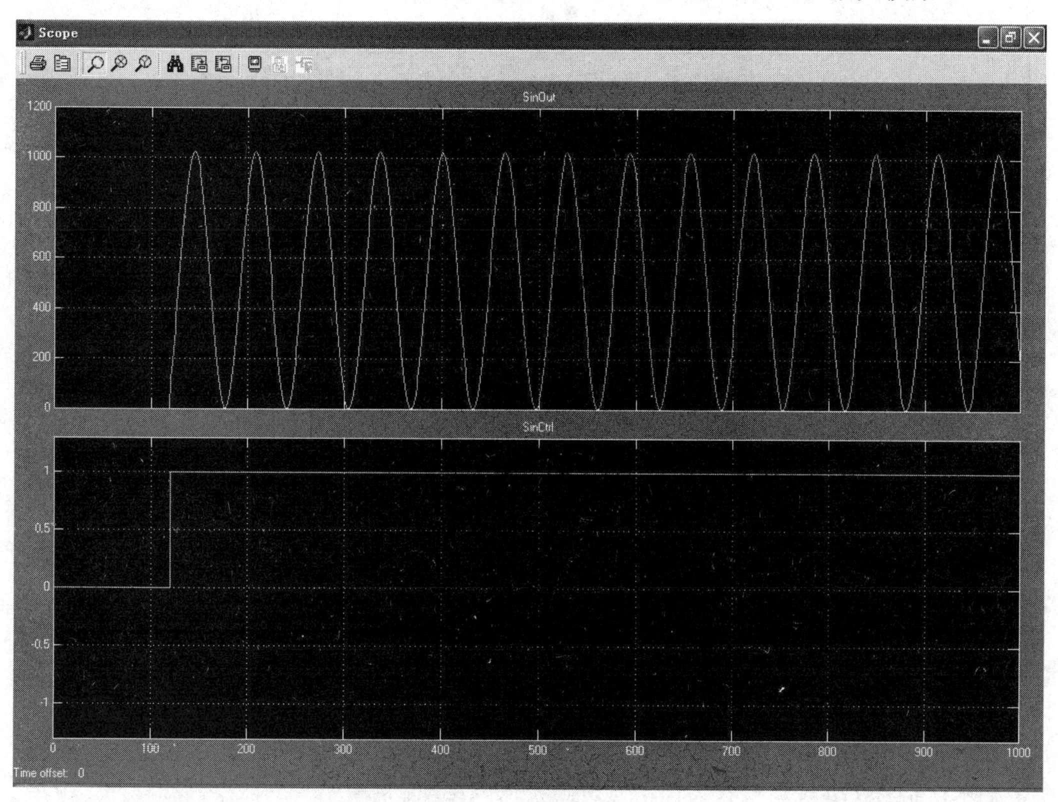

图 3-29　仿真后波形

3.2　Workbench 应用基础与仿真方法

3.2.1　Workbench 应用基础

1. Electronic Workbench 的基本操作

1) Electronic Workbench 使用初步

启动 Electronic Workbench 程序。屏幕出现 Electronic Workbench 主窗口，如图 3-30 所示。

Electronic Workbench 软件模拟了一个实际的电子实验平台。主窗口中最大的区域是电路工作区，用于电路的连接和测试。工作区的上面是菜单栏、工具栏和元件库栏，分别用于选择电路仿真所需的各种命令、常用的操作按钮和各种元件，以及测试仪表、仪器。主窗口右上角的“暂停/恢复”和“启动/停止”按钮用于控制仿真实验的操作进程。

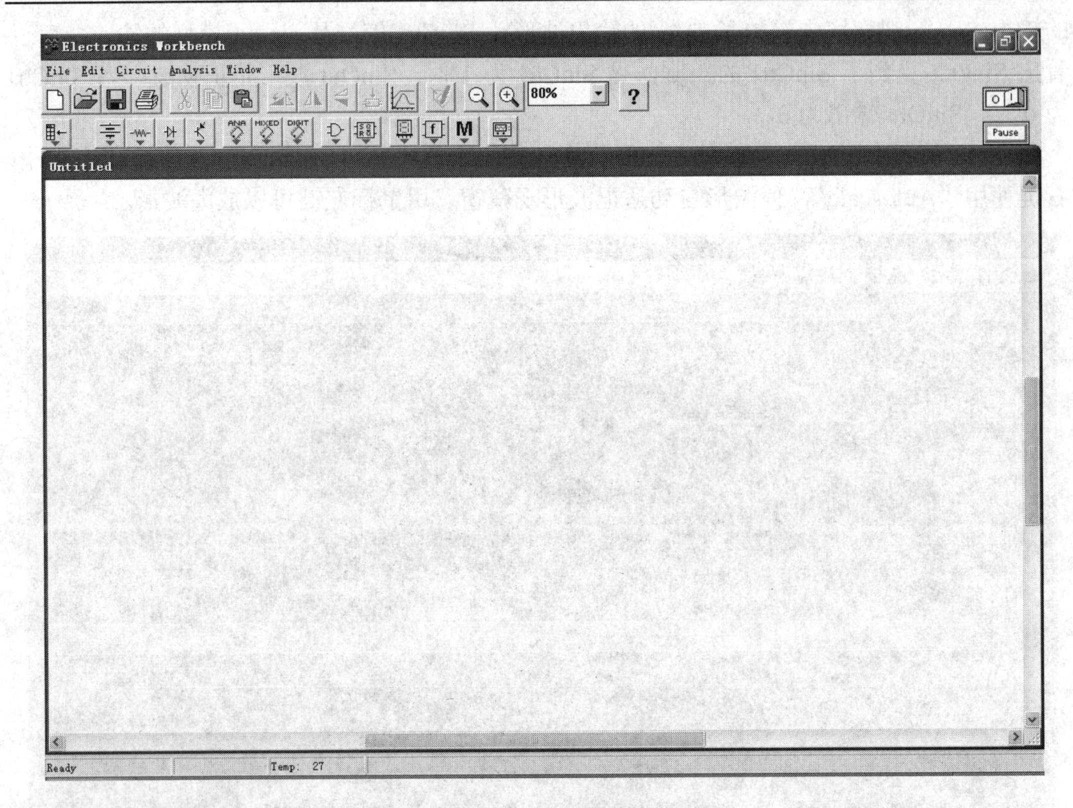

图3-30　Electronic Workbench主窗口

(1) 菜单介绍。

① File文件菜单。

恢复：将刚才存储的电路恢复到电路工作区。

输入：输入PSPICE网表文件，并将它转换成电路图。

输出：输出一个网表文件。

② Edit编辑菜单。

局部复制：复制电路工作区窗口内的局部内容至剪贴板。方法是选定该选项后，将鼠标放在电路工作区内的窗口中，单击鼠标并拖曳形成一个矩形，包围所要复制的内容后释放鼠标按钮。

查看剪贴板：查看剪贴板的内容。

③ Circuit电路菜单。

元件特性：可设置元件的标签、编号、数值、模型参数等。

创建子电路：创建子电路并存盘。

放大：放大显示工作区电路的尺寸。

缩小：缩小显示工作区电路的尺寸。

④ Analysis分析菜单。

激活：该命令相当于接通电路工作区右上角的电源开关，实际上是计算机对测试点进行求值运算。

暂停：暂停电路仿真运行。

分析：选择电路的分析方法。

DC Operating：直流分析。

AC Frequency Transient：交流频率分析。

Transient：暂态分析。

Fourier：傅立叶分析。

Monte Carlo：蒙特卡罗分析。

Display Graph：显示图。

⑤ Windows 窗口菜单。

排列：使操作界面内的工作区、分类元件排列有序，不产生图形重叠。

电路：将电路工作区内的电路显示到前台。

⑥ Help 菜单。

帮助主题词索引：屏幕显示“帮助”内容的主题索引；当选定工作区中的某个元件或仪器，再执行 Help 命令，屏幕将显示该元件或仪器的相关帮助信息。

版本说明：说明相关注意问题。

About Electronic Workbench：说明程序版本、序列号、许可证等相关信息。

(2) Electronic Workbench 工具栏。Electronic Workbench 工具栏如图 3-31 所示。

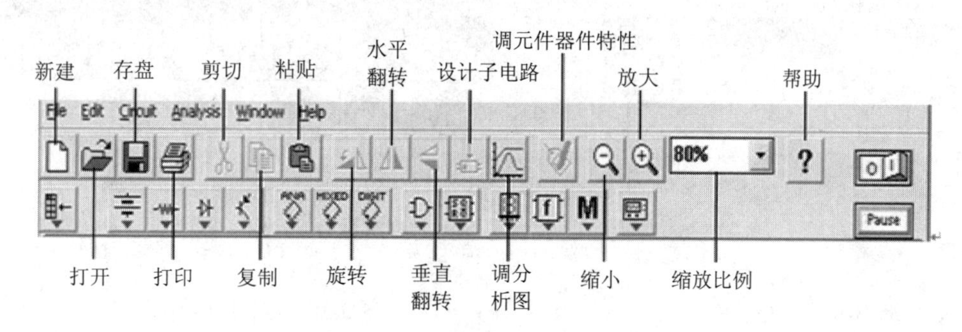

图 3-31　Electronic Workbench 工具栏

(3) Electronic Workbench 元件库栏。

Electronic Workbench 提供了丰富的元件类型，包括数千种电路元件和数字万用表、函数信号发生器、示波器、扫频仪、字信号发生器、逻辑分仪、逻辑转换器等七种常用仪器，为仿真实验带来了很大的方便。元件库栏如图 3-32 所示，元件库中所示的各元件库的调用如图 3-33～图 3-45 所示。

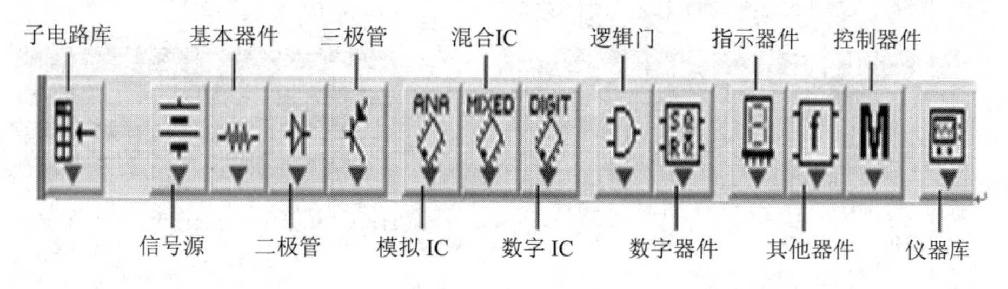

图 3-32　元件库栏

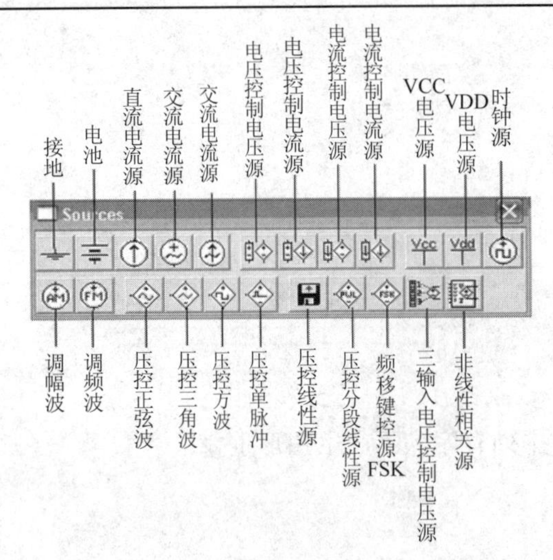

图 3-33 信号源库

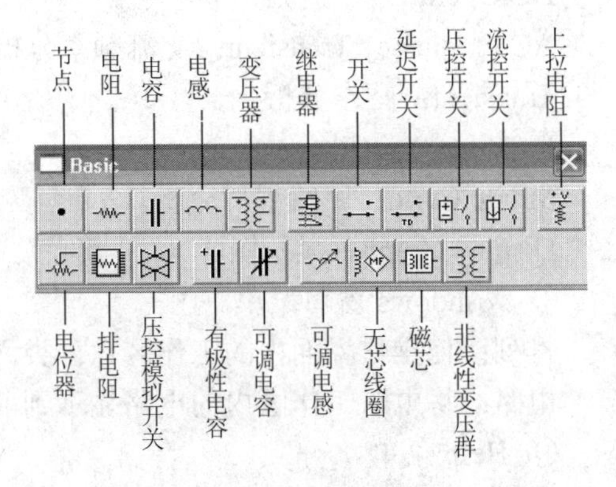

图 3-34 基本器件库

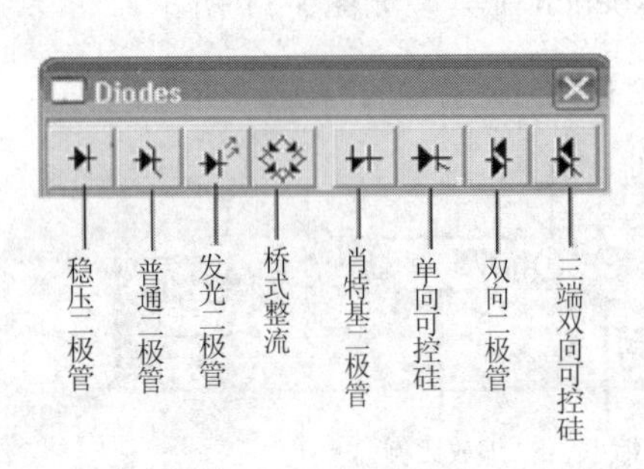

图 3-35 二极管库

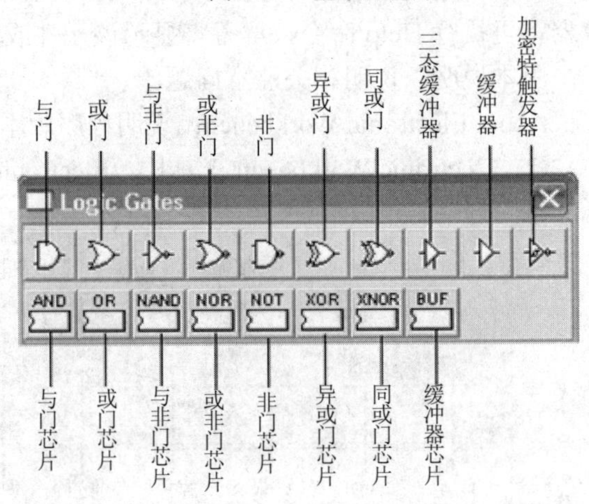

图 3-36 逻辑门电路库

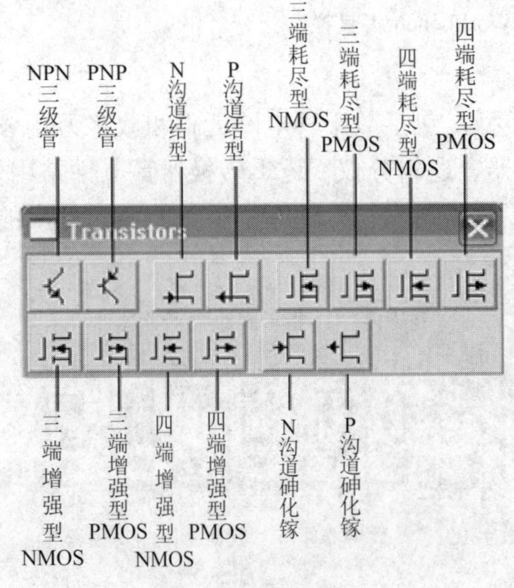

图 3-37 晶体管库

图 3-38 数字集成电路库

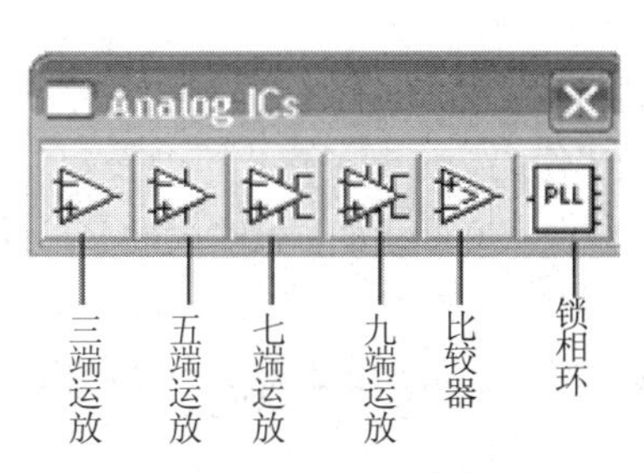

图 3-39　模拟集成电路库

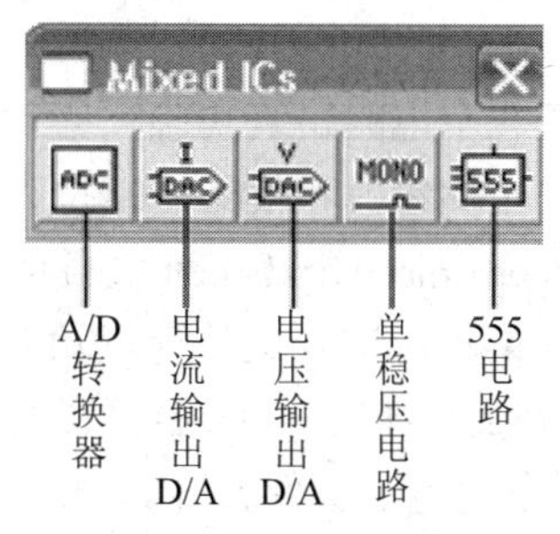

图 3-40　混合集成电路库

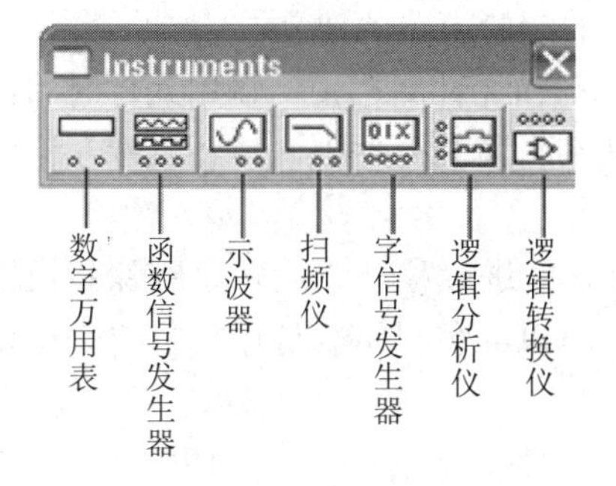

图 3-41　仪器库

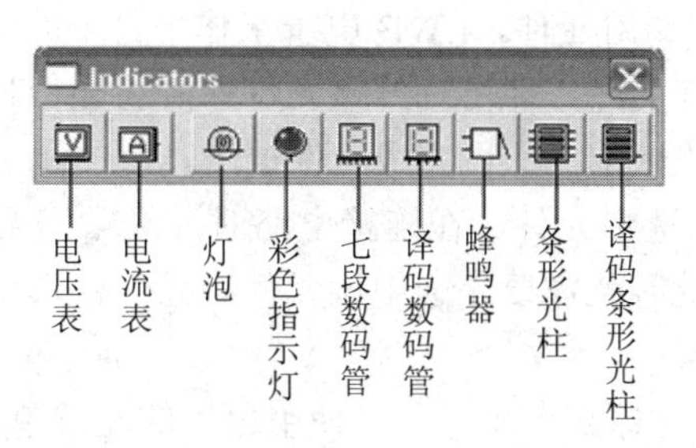

图 3-42　指示器件库

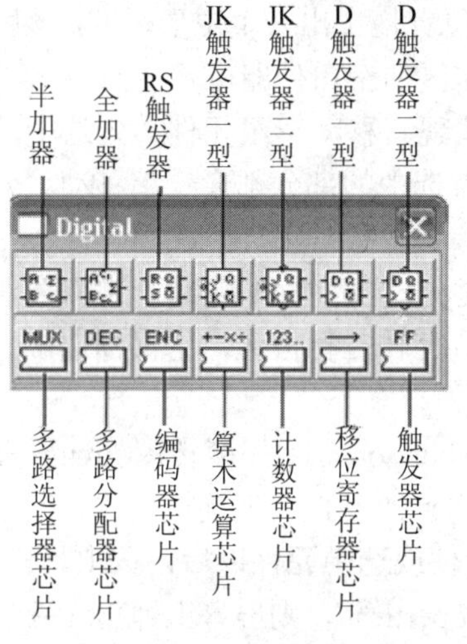

图 3-43　数字器件

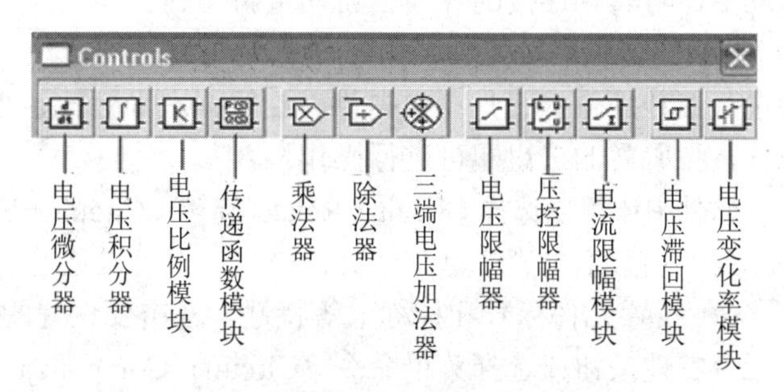

图 3-44　控制器件库

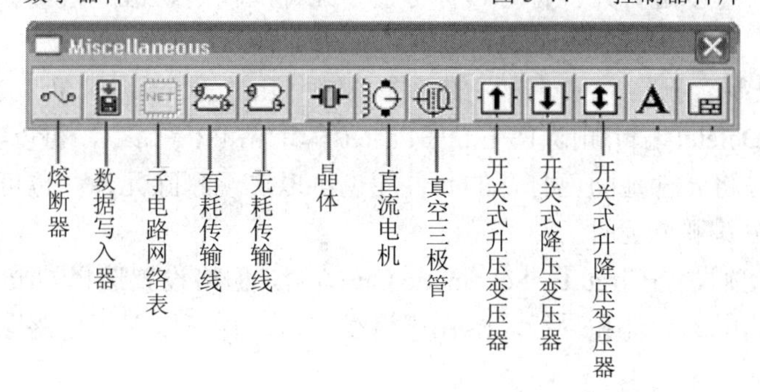

图 3-45　其他器件库

2) Electronic Workbench 基本操作

要进行一个电路仿真实验，必须先搭接好电路然后才可以进行。整个线路搭接正确无误后，设置元件参数和仪器的挡位，以供电路测试使用。

(1) Electronic Workbench 文件的打开与建立。在 Electronic Workbench 主窗口中，用鼠标单击 File 菜单，进入文件管理功能。

① 打开文件(File—Open)。要调用一个以前已经建立的电路文件，可以用 File 菜单中的 Open 命令把电路文件打开。

② 新建文件(File—New)。建立一个新的实验电路，可以用鼠标选择 File 菜单下的 New 选项，屏幕出现一个新的工作台，就可以进行新的实验电路的建立。

(2) 调用元件。EWB 电子工作平台中的元件都在元件库栏中。调用元件时用鼠标单击元件所在的库，即可打开该元件库。将光标移动到所需的元件上，按住鼠标左键将元件拖曳到工作区中，即可完成元件调用。

(3) 选中元件。在连接电路时，经常需要对元件进行移动、旋转、删除和设置参数等操作，此时就需要先选中该元件。元件被选中后将以红色显示。选中元件可采用以下的方法来实现。

① 选择某个元件，可使用鼠标的左键单击该元件。

② 选中多个元件，可在按住 Ctrl 键的同时，依次单击要选中的元件。

③ 选中某一区域的元件，可以在电路工作区的适当位置拖曳出一个矩形区域，该区域内的元件同时被选中。要取消元件的选中状态，单击工作区的空白处即可。

(4) 移动元件。移动一个元件，通过拖曳该元件来实现。移动一组元件，先选中这些元件，然后用鼠标左键拖曳其中的任意一个元件，则所有选中的部分都会一起移动。元件移动后，与其相连接的导线会自动重新排列。

(5) 旋转和翻转元件。为了使电路布局排列合理，避免迂回绕行的连线，常需要对元件进行旋转操作。工具栏中提供有旋转、水平翻转、垂直翻转三种按钮，用鼠标选中一个元件，按所需的按钮即可进行操作。

软件中还可以选择 Circuit—Rotate(旋转)、Circuit—Flip horizontal(水平翻转)、Circuit—Flip vertical (垂直翻转)等菜单命令进行操作，也可以通过宏指令 Ctrl+R 实现旋转操作。

(6) 设置元件标号和标称值等特性。双击要设置的元件或选中元件以后，按工具栏上的元件特性按钮或选择菜单命令“Circuit—Component Properties”，则屏幕上弹出元件特性设置对话框。此时可以进行元件标号、标称值、元件的模型、故障模拟、显示方式和分析设置等的设置。

(7) 元件的复制、删除。对于选中的元件，使用 Edit—Cut(编辑/剪切)、Edit—Copy(编辑/复制)、Edit—Delete(编辑/删除)、Edit—Paste(编辑/粘贴)等命令，可以实现元件的复制、删除等操作。通过将元件拖回已打开的元件库也可以实现删除元件；也可在选中元件后，按键盘上的 Delete 键删除元件。

(8) 电路图选项设置(Circuit—Schematic Options)。栅格设置选择 Grid 项，如果选择使用栅格，则电路图中的元件和导线均落在栅格线上，这样可以保证电路图横平竖直，整齐美观。

显示状态设置显示/隐藏(Show Hide)。选择 Show/Hide 项可以设置当前的标号、标称值、编号、模型、节点号的显示状态，适用于整个电路图。

2. Electronic Workbench 仪器、仪表的使用

Electronic Workbench 提供有仪器和仪表，分别是数字万用表、函数信号发生器、示波器、波特图仪、字信号发生器、逻辑分析仪、逻辑转换仪以及电压表和电流表。

1) 数字万用表的使用

数字万用表自动调整量程，可测量交、直流电压与电流和电阻等，可设置电压挡、电流挡的内阻，还可设置电阻挡的电流值以及分贝挡的标准电压值。如图 3-46 所示为数字万用表的图标和面板图。单击面板上的参数设置(Settings)，屏幕弹出如图 3-47 所示的对话框，可以根据实际要求设置万用表的内部参数。

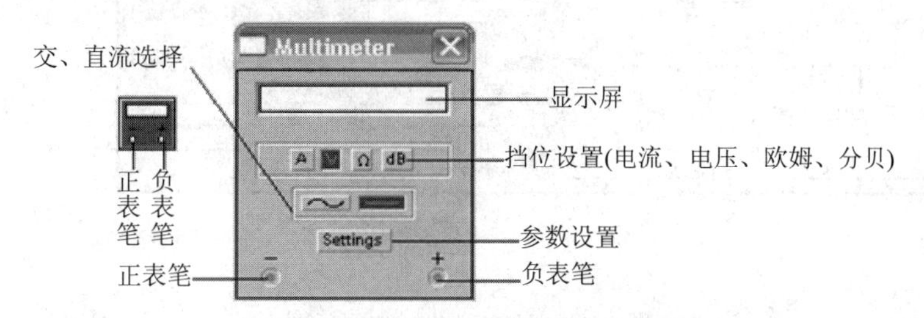

图 3-46　数字万用表图标和面板图

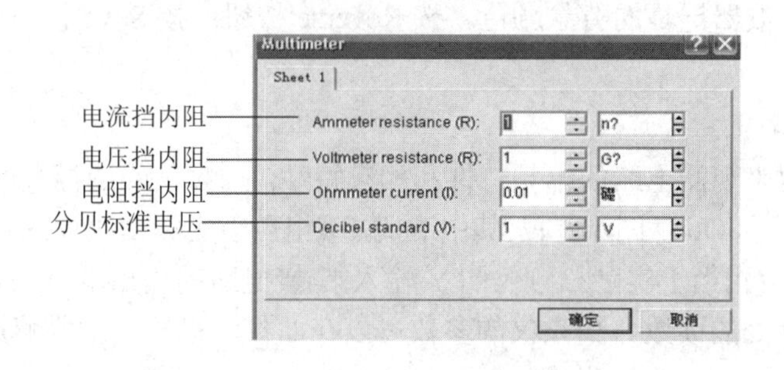

图 3-47　数字万用表内部参数设置

2) 函数信号发生器的使用

函数信号发生器可以用来产生正弦波、三角波和方波，其频率、占空比、幅度和偏置电压可以调节，修改时可直接在面板上输入。其中占空比参数主要用于三角波和方波波形的调整，幅度参数是指信号波形的峰值。如图 3-48 所示为函数信号发生器的图标和面板图。

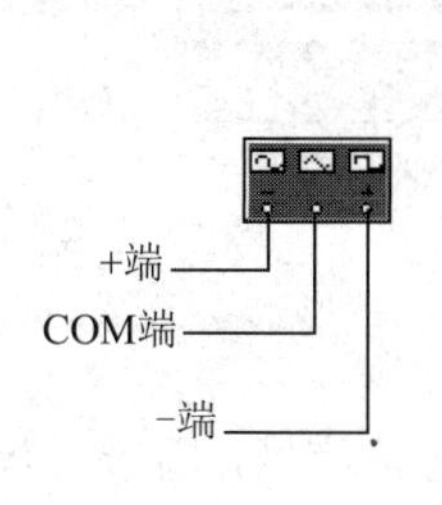

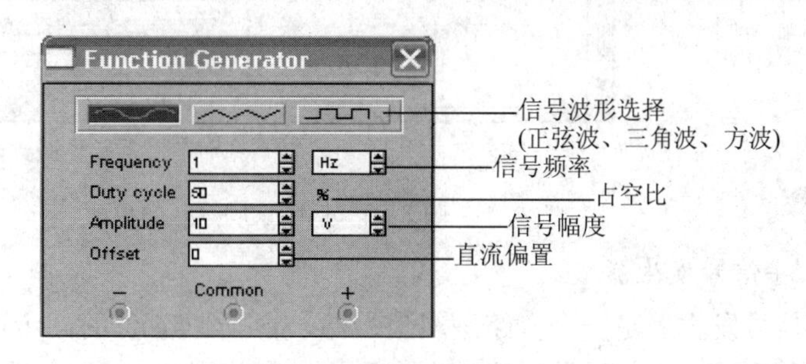

图 3-48　函数信号发生器图标和面板图

3) 示波器的使用

示波器可以直观地观测信号波形，示波器的图标和面板图如图 3-49 所示。按下面板上的 Expend 按钮，可进一步展开示波器的面板图；按下 Reduce 按钮则可恢复原态。注意示波器图标中接线柱的说明。

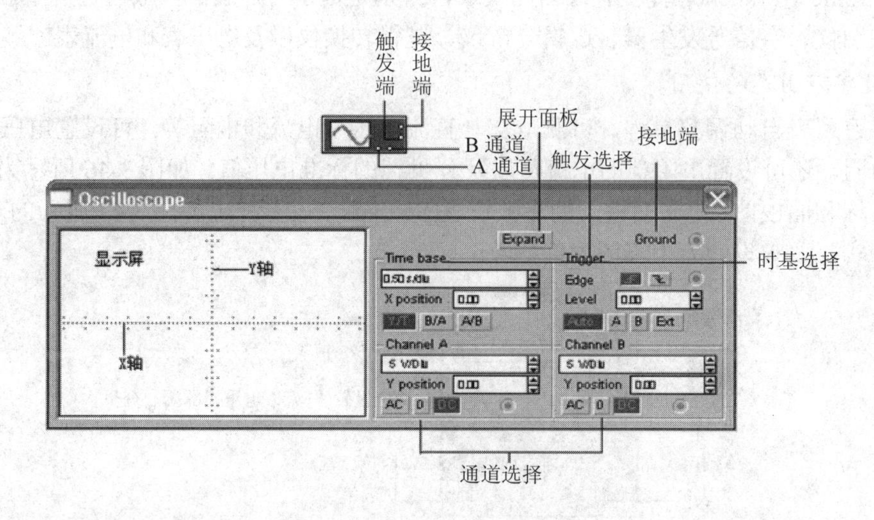

图 3-49　示波器图标和面板图

如果要改变示波器屏幕的背景颜色，按 Reverse 按钮；按 Save 按钮可以实现用码格式存储波形读数。

4) 扫频仪的使用

扫频仪可以用来观测电路的幅频特性和相频特性，扫频仪的图标和面板图如图 3-50 所示。波特图仪有 In 和 Out 两个端口，其中 In 端口(相当于实际扫频仪的扫频输出端)接电路的输入端，Out 端口(相当于实际扫频仪的 Y 输入端)接电路的输出端。读数时拖动读数指针，读数栏内显示指针处的读数。扫频仪的参数可以在面板上设置，通常修改参数设置后应重新启动电路。

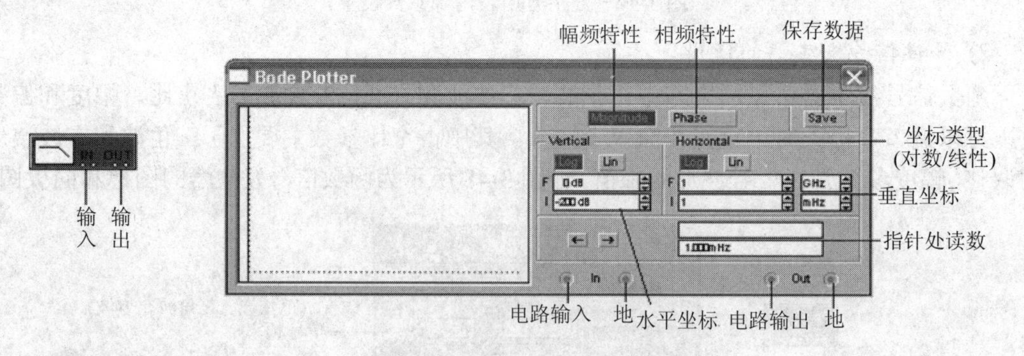

图 3-50　扫频仪图标和面板图

5) 字信号发生器

字信号发生器是一个多路逻辑信号源，能产生 16 位的同步逻辑信号，用于对数字逻辑电路进行测试。字信号发生器的图表和面板图如图 3-51 所示。

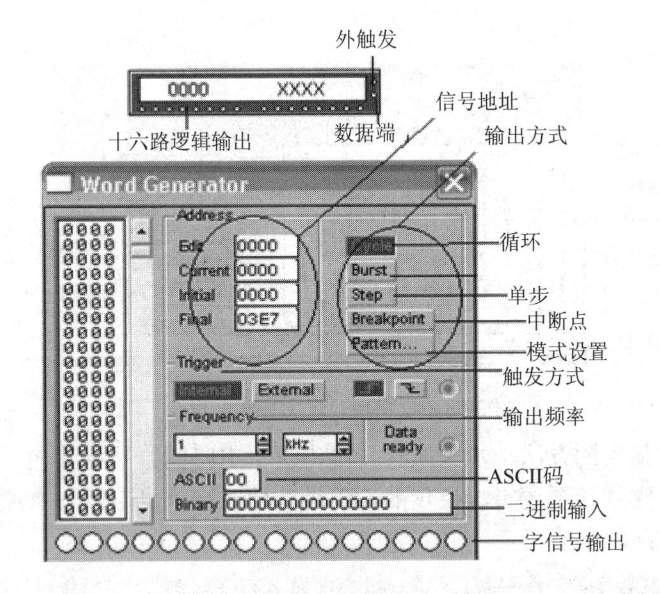

图 3-51　字信号发生器图标和面板图

6) 逻辑分析仪

逻辑分析仪可以同步记录和显示 16 路逻辑信号，可用于对数字逻辑信号的高速采集和时序分析，是分析与设计复杂数字系统的有力工具。逻辑分析仪的图标和面板图如图 3-52 所示。

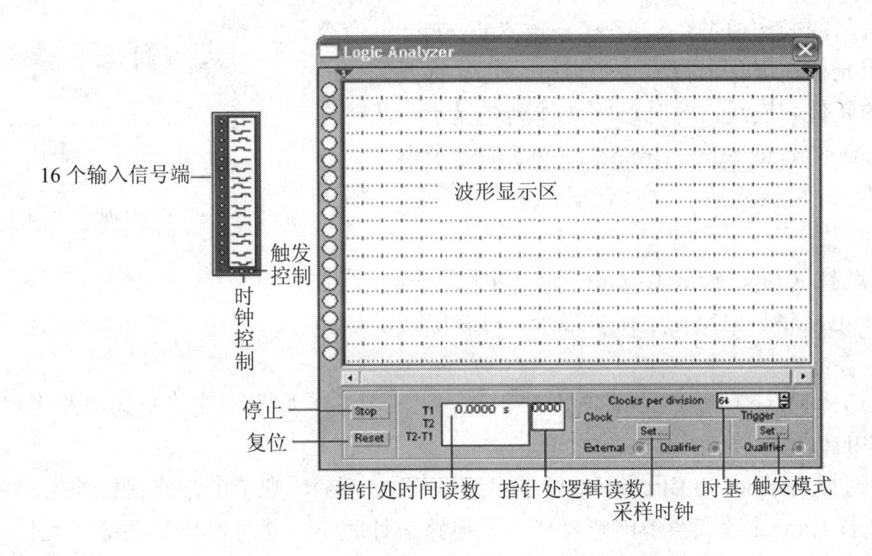

图 3-52　逻辑分析仪图标和面板图

7) 逻辑转换仪

逻辑转换仪为 Electronic Workbench 所特有的，实际工作中不存在与之对应的设备。该仪器能够完成真值表、逻辑表达式和逻辑电路三者之间的相互转换。逻辑转换仪图标和面板图如图 3-53 所示。

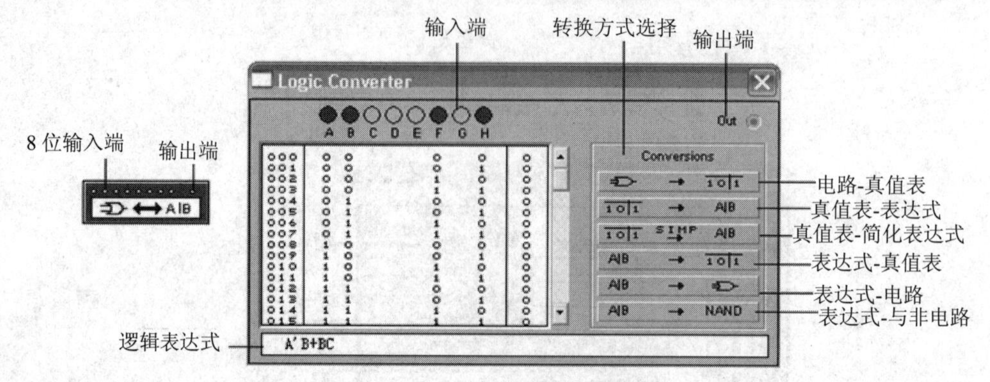

图 3-53　逻辑转换仪图标和面板图

由电路导出真值表的方法与步骤：首先画出逻辑电路图，并将其输入连接至逻辑转换仪的输入端，输出端连接至逻辑转换仪的输出端。此时按下“电路→真值表”按钮，在真值表区即出现该电路的真值表。

3.2.2　Workbench 应用仿真

1. 子电路的设计

为了使电路连接简洁明了，可以将一部分常用电路定义为子电路。子电路通常是由几个元件与它们之间的连线组成。它与一个元件相似，类似于用户自己定义的一个组件。

1) 定义子电路

子电路的操作通过 Circuit→Create Sub→circuit 命令实现。用光标在屏幕上拉出一个方框，包含将要制作成子电路的元件和连线，这时这些元件高亮显示。此时选择 Circuit→Create Sub→circuit 命令，输入子电路名如“AMP”，菜单被激活，此时有三种类型供选择，如图 3-54 所示。

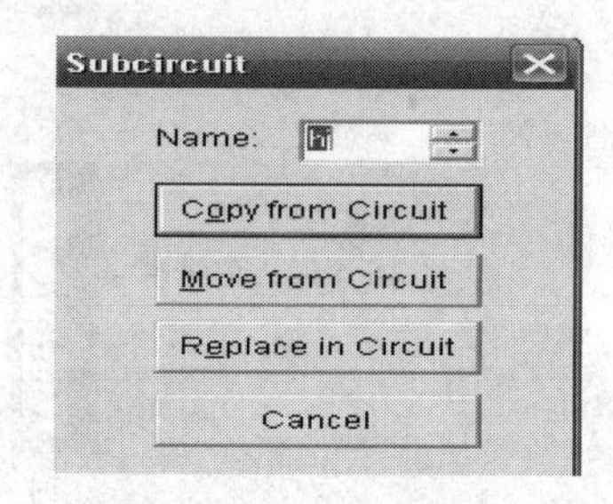

图 3-54　定义子电路内容

(1) 选择 Copy form Circuit 项(从电路中拷贝子电路)，则子电路将从原电路中拷贝出来，对原电路没有影响。

(2) 选择 Move from Circuit 项(从电路中移出子电路)，则子电路将从原电路中移动出来，原电路中的该部分将消失。

(3) 选择 Replace in Circuit 项(用子电路取代原电路)，则子电路将代替原电路中的相应部分。选择 Cancel 项取消子电路操作。子电路设计完毕，就可以代替某部分元件。它的电路形式与一般电路相同，用以调节其中的元件参数，与一般电路不同的是子电路的各端口都有一个接线头。

2) 子电路的保存与调用

一般情况下，生成的子电路只在当前电路图中有效，不能公用，关闭电路后子电路将消失。如果要应用到其他电路中，可以使用剪贴板进行拷贝与粘贴操作，也可以将它粘贴或直接编辑在 Default.ewb 电路文件中，并放在子电路库中供以后使用。子电路的相关操

作如下：

(1) 设计子电路图。

(2) 选中该部分电路，选择 Circuit→Create Subcircuit 命令设置成子电路。

(3) 在提示框中输入子电路名后回车，子电路设置完毕。

(4) 单击子电路库，将子电路库中的元件图标 SUB 拖到工作区，选择所需的子电路后单击 Accept 按钮，屏幕出现该子电路的图标。

(5) 单击工作区中的子电路图标。

(6) 选择 Edit→Copy 命令拷贝子电路。

(7) 选择 File→Open 命令打开 EWB 目录下的文件 Default.ewb。

(8) 选择 Edit→Paste 命令将子电路拷贝到该图中。

(9) 选择 File→Save 命令保存该电路图，子电路保存完毕。

2. 仿真元件的设计

Electronic Workbench 虽然提供了电子电路常用的元件，但对一些特殊元件、或者不常用的元件，并没有包括在元件库内。用户可以自己设计，自建元件库和相应的元件。

创建新元件的方法有两种：一种是将多个库中的基本元件组合成一个“模块”，需要使用时，可将它作为一个“电路模块”从子电路库中直接调用。对于这种方法，可以采用创建“子电路”的方法来实现。另一种方法是采用元件库中的基本元件模式，通过修改元件的参数来创建新的元件，下面将以此方法来进行讲述。

1) 元件设计的基本步骤

元件模型建立在 SPICE 模型的基础上，模型的参数可从产品性能手册中查阅到，或者经测试得到，用户可以用这些数据来创建新的元件。

(1) 创建新元件库。

从元件库中将理想元件拖放到桌面上，双击该元件，屏幕显示该元件特性的对话框，如图 3-55 所示。

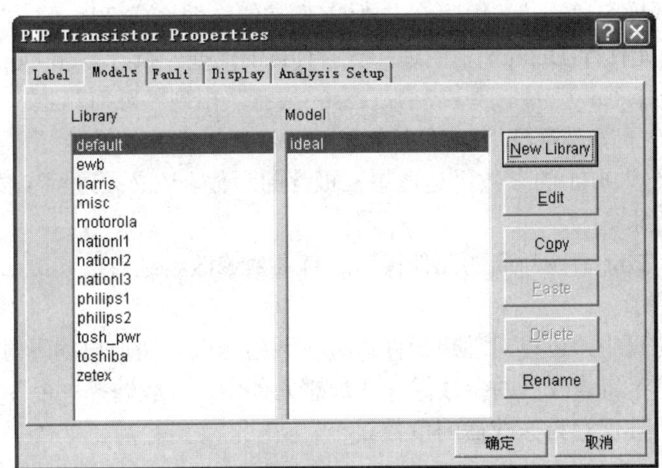

图 3-55　元件特性对话框

用鼠标单击 New Library(建立新库)按钮，屏幕弹出一个对话框。

在新库各对话框内填入要创建的新库名，然后单击“OK”按钮，即完成库名的创建工

作，库名最多为 8 个字符(包括字母、数字和下标等)。例如在对话框中输入“my”，则在当前的元件库栏中创建新库“my”。

创建元件库应注意：元件库是按类型建立的，如果要建立三极管的新库，只有将理想的三极管放在桌面上，然后才可以进行编辑建库。

(2) 创建新元件。

从元件库中将理想元件拖放到桌面上，双击该元件，屏幕显示该元件特性的对话框。

选择默认元件库(Default)中的理想元件(Ideal)模型，或者选用其他已在库中的元件模型，然后执行复制(Copy)命令。

用鼠标选择已有的元件库或自建的元件库，以便存放新的元件。

执行粘贴(Paste)命令，屏幕出现一个对话框，此时可以输入新元件名，然后回车，元件模型区中将显示该元件名。

由于新元件的参数还是原来模型的内容，所以需对新元件进行编辑(Edit)，屏幕上弹出元件参数对话框，此时可以对复制来的元件模型参数进行修改，修改完毕后按“OK”按钮，即完成了创建新元件的工作。

(3) 元件和库的删除。

元件的删除。对于在工作区内的元件，可以按键盘上的(Delete)键将它删除。

对于在元件库中的元件，首先双击需删除的元件，屏幕弹出元件特性对话框，单击(Delete)键，即可将该元件删除。

元件库的删除。要删除元件库，需打开 Windows 的资源管理器，在 EWB\Models 目录下找到要删除的元件库名，并将它删除。

2) 元件设计实例

设计 NPN 型三极管，型号为 9011，保存的元件库为自建的“my”库。操作步骤如下：

(1) 从晶体管库选定 NPN 三极管，双击这个元件，屏幕弹出元件特性对话框。

(2) 用鼠标单击 New Library(建立新库)按钮，屏幕弹出一个对话框，在新库名对话框内填入要创建的新库名“my”，然后单击“OK”按钮，即完成新库“my”的创建工作。

(3) 选择默认元件库(Default)中的理想元件(Ideal)模型，执行复制(Copy)命令。

(4) 用鼠标选择“my”库，单击粘贴(Paste)按钮，出现粘贴对话框；在对话框中，输入新元件名称“9011”，然后选“OK”按钮。这时在“my”库中建立了一个名称为“9011”的三极管，但三极管 9011 的参数仍是理想三极管的参数，还必须进行参数编辑，才能使新建的三极管符合要求。

(5) 单击编辑(Edit)命令对新的元件模型进行参数修改。经参数修改后的元件，就可以在电路仿真中使用了。

另外在电路仿真中，可以对理想元件进行参数值修改。在退出编辑时，应用程序会弹出对话框，询问是否将修改后的参数保存在理想元件中，一般选择“否”；如果选择“是”，理想元件的参数就被保存为修改后的参数。

3. 电路设计与仿真

在此以高通滤波器为例来进行电路设计与仿真的使用。设计一个如图 3-56 所示的一阶高通滤波器的测试电路图。

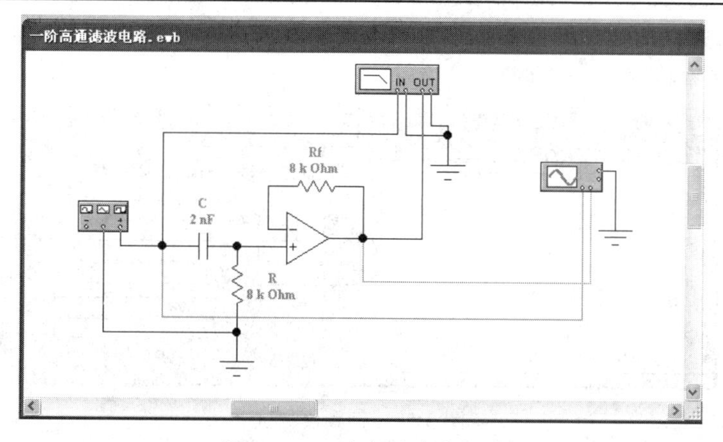

图 3-56　一阶高通滤波电路

其具体操作如下：

1) 元件放置与线路连接

元件放置时，先选择元件所在的库，然后将元件拖到工作区中，设置好元件参数并连接元件和仪器。对于仪器输入和输出端的导线一般设置为不同的颜色，这样便于区别波形。

2) 电路文件存盘与打开

电路设计结束后，选择路径并输入文件名，保存(File—Save As)电路文件(一阶高通滤波电路 .ewb)。电路文件打开(File—Open)，选择路径及文件名，单击“打开”按钮即完成。

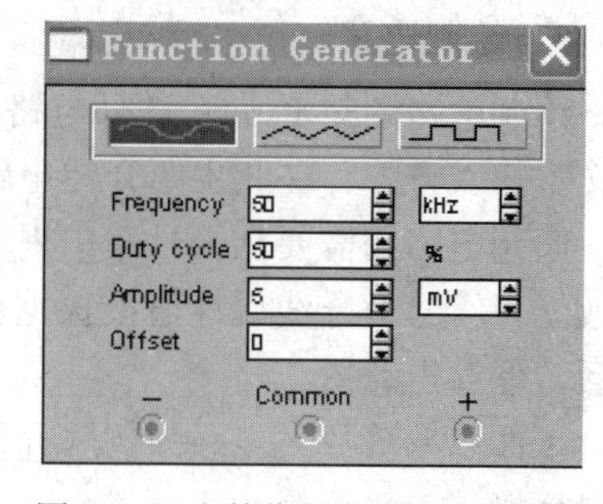

图 3-57　函数信号发生器参数设置

3) 仿真操作

(1) 设置函数信号发生器的输出频率为 50 kHz、占空比为 50%、输出信号幅度为 5 mV，如图 3-57 所示。

(2) 单击电源开关，开始仿真实验。单击 Pause(暂停)按钮，可以暂停实验。

(3) 双击示波器图标，屏幕显示出示波器面板，单击示波器面板上的 Expand 按钮可以放大显示面板，便于读数，如图 3-58 所示。

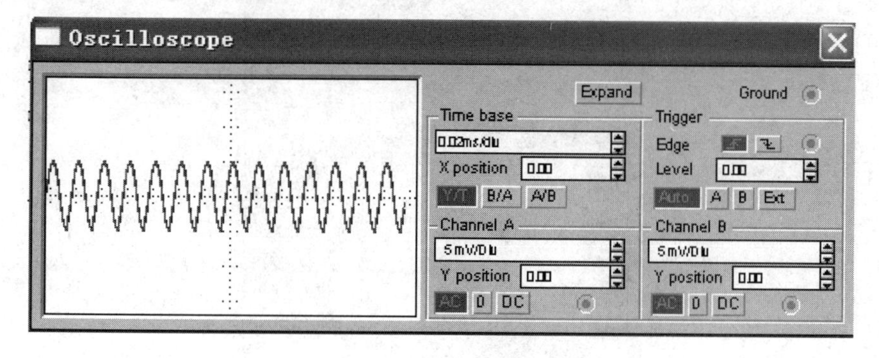

图 3-58　示波器测试

(4) 双击扫频仪图标，屏幕显示扫频仪的面板及波形，如图3-59所示，此时可以从图中读出电路的频率特性。

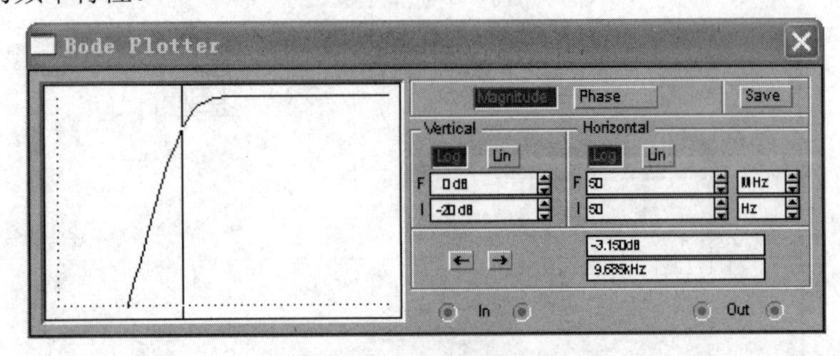

图3-59　扫频仪测试

3.3　Pspice应用基础与仿真方法

Pspice全名叫电路通用分析程序，是EDA中的重要组成部分，其主要任务是对电子电路进行模拟仿真。在此主要介绍Pspice的应用基础与相关的仿真方法，以便实际应用理解。

3.3.1　Pspice应用基础

1．绘制电路

绘制电路图是Pspice进行电路分析的基础。Pspice有两种输入方式：原理图输入方式和文本输入方式。在此主要介绍电路图的原理图输入方式。

绘制电路图需要从符号库中提取元件符号或I/O端口符号；摆放符号；连线；定义或修改元件符号及导线属性值；根据电路分析需要，在图中加入特殊用途符号和注释文字；最后，保存电路图。

下面以单管放大电路为例来介绍电路图的基本绘制方法。启动SCHEMATICS，进入其编辑环境。

1) 取元件

单击工具栏中的图标，则出现选取元件的对话框，如图3-60所示。

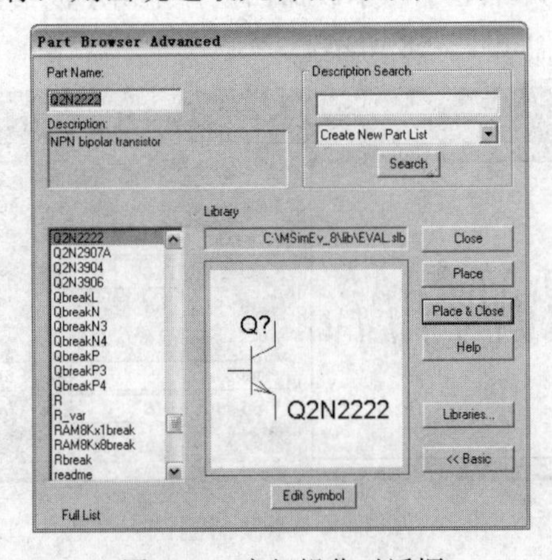

图3-60　高级操作对话框

2) 摆放符号

(1) 单击已提取的符号，则符号颜色会变换为红色，这时可以任意摆放符号的位置。若要转换符号的方向，则选中后按 Ctrl+R 键即可。

(2) 单击鼠标右键或双击左键结束摆放。

(3) 选择对象后，按 Delete 键可以删除元件，选择 Edit/Cut 可以剪切目标，选择 Copy 可以复制目标，选择 Paste 可以粘贴目标。

(4) 单击符号的某一属性值并拖动，可以改变该属性值的位置。

3) 连线

Pspice 有两种连线方式：水平和垂直折线连接、斜线连接。一般采用水平、垂直折线连接比较美观。

(1) 单击常用工具栏中的按钮，鼠标变成铅笔形状。

(2) 单击连接的起点，直接拉到所要连接的终点，然后单击完成连接。若中途要有转折，则在转折点单击一下即可。

(3) 单击鼠标左键或双击右键，可以结束连线操作。

4) 定义或修改符号属性值

在电路各元件之间连完线后，电路图就已基本成形，修改元件符号的属性值为参数，如图 3-61 所示的电路图。

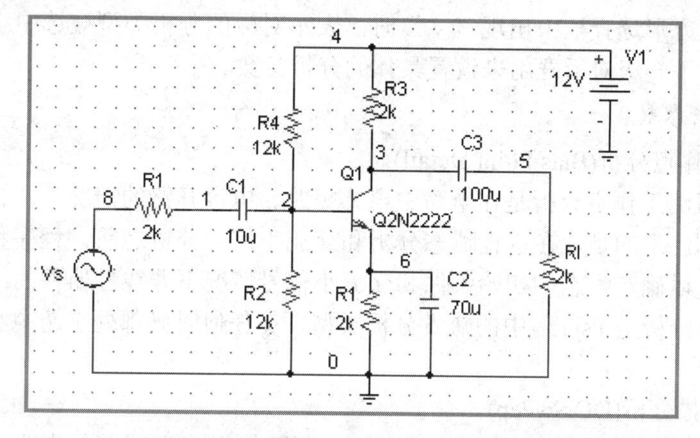

图 3-61 单管放大电路

2. 电路仿真分析功能

电路特性仿真，就是采用不同算法计算、分析电路特性。要对一个电路的性能进行分析和测试，必须先指定分析类型，并定义相关的分析参数。这样，在启动分析程序后，才能对电路进行分析，并从分析结果判断电路的性能。

1) 电路分析类型

Pspice 可以对电路进行以下几种类型的分析和求解。

① 直流工作点分析：Bias Point Detall。

② 直流扫描分析：DC Sweep。

③ 直流灵敏度分析：Sensitivity。

④ 直流小信号传输函数：Transfer Function。

⑤ 交流扫描分析：AC Sweep。

⑥ 瞬态分析(包括傅立叶分析)：Transient。

⑦ 参数扫描分析：Parametric。

⑧ 温度特性分析：Temperature。

⑨ 蒙特卡罗/最坏情况分析：Monte Carlo/worst Case。

这些分析类型都放在同一个对话框里。在 Schematics 环境中，打开分析类型对话框，如图 3-62 所示。

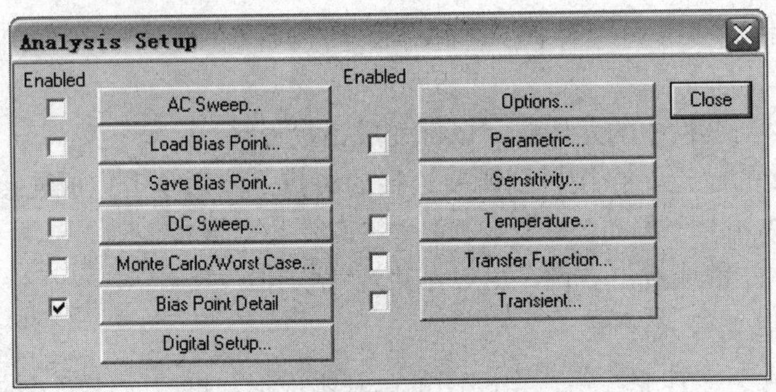

图 3-62　分析类型对话框

在图中当正方形选择框中出现“√”时，表示对应的分析类型被选中；单击可以打开下一级对话框，下一级对话框用来设置具体的分析参数。

2) 电路分析参数

(1) 直流工作点分析(Bias Point Detail)。

Pspice 的直流工作点分析是在电路中电感短路、电容开路的情况下，计算电路的静态工作点。要特别注意的是，在进行瞬态分析和交流小信号分析之前，程序将自动先进行直流工作点分析，以确定瞬态的初始条件和交流小信号情况下非线性器件的线性化模型。因此，直流工作点分析是 Pspice 中的缺省分析类型，在任何时候都处于选中状态，而且不需要设置分析参数。

(2) 直流扫描分析(DC Sweep)。

直流扫描分析是在指定的范围内，某一个(或两个)独立源或其他电路元件参数步进变化时，计算电路直流输出变量的相应变化曲线。

扫描变量可以是直流电压源(Voltage Source)、温度(Temperature)、直流电流源(Current Source)、模型参数(Model Parameter)和全局参数(Global Parameter)。

扫描方式分为线性扫描(Linear)、八分贝扫描(Octave)、十分贝扫描(Decade)和列表扫描(Value List)。

(3) 直流灵敏度分析。

直流灵敏度分析是计算电路的输出变量对电路中元件参数的敏感程度，它是一种小信号微分灵敏度。对于用户指定的输出变量，计算其对所有元件参数变化的灵敏度值，包括元件灵敏度和归一化灵敏度。

(4) 直流小信号传输函数。

直流小信号传输函数计算是在直流工作点分析的基础上，在直流偏置附近将电路线性化，计算出电路的直流小信号输入激励源的直流增益，用户指定的输出与输入比值，以及电路的输出电阻和输入电阻。直流小信号传输函数的分析结果，连同电路的直流输入电阻和直流输出电阻一起，保存在电路的输出文件(*.out)中。选择 Analysis/Examine Output，可以观察电路输出文件的内容。

(5) 交流扫描分析(AC Sweep)。

交流扫描分析是一种线性频率分析。程序首先计算电路的直流工作点，以确定电路中非线性器件的线性化模型参数，然后在用户指定的频率范围内，对此线性化电路进行频率扫描分析。交流扫描分析能够计算出电路的幅频和相频响应，以及电路的输入阻抗和输出阻抗。

(6) 瞬态分析(Transient)。

瞬态分析包括时域特性分析和傅立叶分析。电路的瞬态分析是求电路的时域响应。它可以是在给定激励信号情况下，求电路输出的时间响应、延迟特性；也可以是在没有任何激励信号的情况下，求振荡电路的振荡波形、振荡周期。瞬态分析的对象是动态电路。

傅立叶分析是以瞬态分析为基础的一种谐波分析方法。它对瞬态分析结果的最后一个周期波形数据进行抽样，把时域变化信号作离散傅立叶变换，求出频域变化规律，得到直流、基波分量和第 2～9 次谐波的分量，并求出失真度值。打开傅立叶分析开关，即选中 Enable Fourier，才能对电路输出变量进行频谱分析。

(7) 参数扫描分析(Parametric)。

参数扫描分析可以较快地获得某个元件参数在一定范围内变化时对电路的影响。相当于该元件每次取不同的值，进行多次仿真。

参数扫描分析的参数表与直流扫描分析的参数表基本类似，各参数的含义也相同。不同之处在于，参数扫描分析用于电路中的所有分析类型，而直流扫描分析仅用于直流分析。

(8) 温度特性分析(Temperature)。

温度特性分析的作用在于模拟指定温度的电路特性。在实际电路调试时，某些温度条件也许是破坏性质的恶劣工作条件。利用温度分析功能，可以安全地并且准确地实现各种温度条件下的电路性能测试与分析。

(9) 蒙特卡罗/最坏情况分析(Monte Carlo/Worst Case)。

蒙特卡罗分析是一种统计模拟方法，它是在给定电路元件参数容差的统计分布规律的情况下，用一组组伪随机数求得元件参数的随机抽样序列，对这些随机抽样的电路进行直流、交流扫描分析和瞬态分析，并通过多次分析结果估算出电路性能的统计分布规律。

蒙特卡罗分析可以分析电路各参数同时发生随机变化时电路的性能。为了反映各多数同时发生最大偏差时电路的最坏性能，则需要借助最坏情况分析。两种分析的共同特点是都与元件参数的容差有关。最坏情况是指电路中元件参数在其容差域边界点上取某种组合时，所引起电路性能的最大偏差。最坏情况分析就是在给定电路元件参数容差的情况下，计算出电路性能相对标称值时的最大偏差。分析结果通过整理函数的处理，可以得出反映电路特性某一方面特征的统计数据。

3．Pspice 电路分析步骤

在 Schematics 中画好电路图后就可以开始准备进行电路分析，分析步骤如下：

(1) 检查电路，编辑修改元件的标号和参数，点击 Edit|Attributes 或双击该元件。

(2) 点击 Analysis|Setup 或▣，设定分析形式。

(3) 执行仿真，点击 Analysis|Simulate 或▣。

(4) 系统将检查纠正语法(有错误会在输出表中显示出)。

(5) 将仿真结果分析和输出。运行 probe，形成*.dat 文件。

3.3.2　Pspice 电路设计与仿真

1. JFET 放大电路

用 N 沟道 JFET2N3819 设计一个共源放大电路。Vcc = 12 V，RG = RL = 1 MΩ，CG = CD = 0.005 μF，CS = 10 μF。

1) 电路设计

利用 DC Sweep 作 J2N3819 的输出特性曲线，取静态工作点 Q，VGSQ ≈ –1.8 V，IDQ = 1.8 mA，VD = 7.5 V，则

$$RS=\frac{VSQ}{IDQ}=\frac{-VGSQ}{IDQ}=1\ \text{k}\Omega \qquad RD=\frac{12-7.5}{1.8}=2.5\ \text{k}\Omega$$

设计电路如图 3-63 所示。

2) 电路仿真分析

(1) 静态仿真。

根据所接电路，作静态分析，检验源极和漏极的静态电位是否与设计值基本符合。其分析结果如图 3-64 所示，与设计值基本符合。

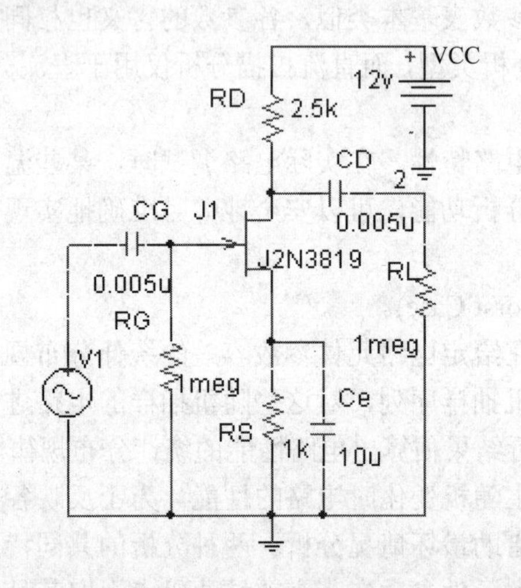

图 3-63　JFET 放大电路

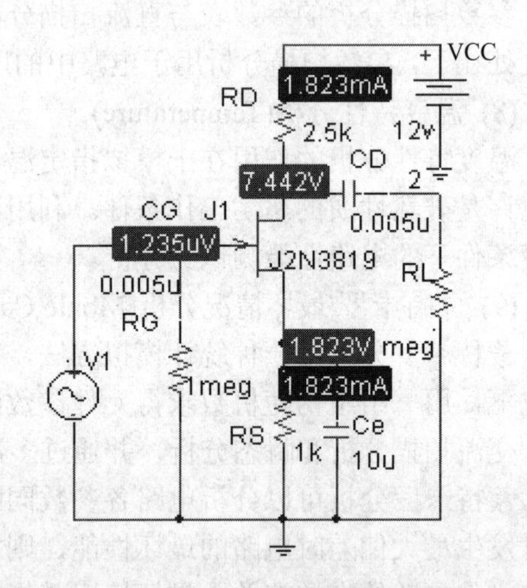

图 3-64　静态工作点

(2) 动态仿真。

在信号频率为 1 kHz 的条件下，调节输入信号使输出信号逐渐增大。如果输出波形底部或者顶部出现明显失真，说明电路的静态工作点没有设置在合适的位置，需重新调整工作点使输出波形无明显失真；如果底部和顶部同时出现失真，说明静态工作点合适。

拆掉源极旁路电容 Ce，在输出电压幅度相同的条件下，比较没有旁路电容与有旁路电

容的电路仿真的非线形失真情况。无 Ce 输入 750 mV，有 Ce 输入 180 mV，输出的电压幅度相同。其动态结果如图 3-65 所示。

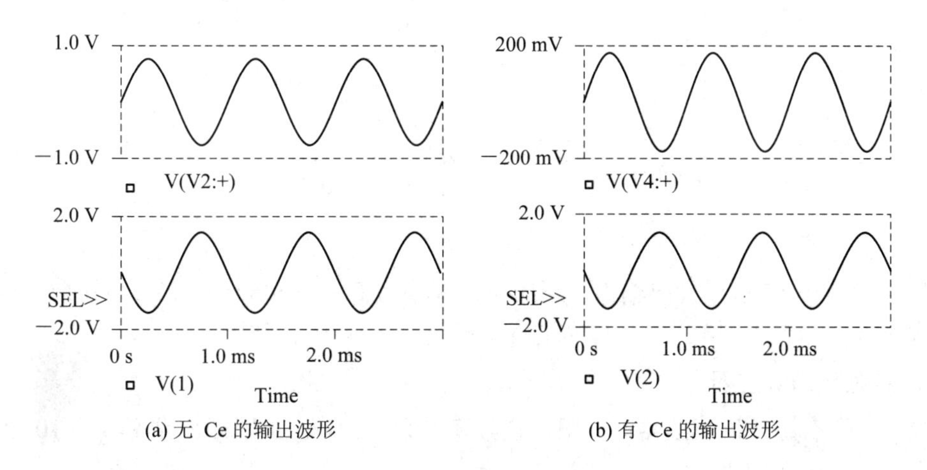

(a) 无 Ce 的输出波形　(b) 有 Ce 的输出波形

图 3-65　动态仿真波形

2. 正弦波振荡电路

1) 电路设计

查阅资料，设计电路如图 3-66 所示。

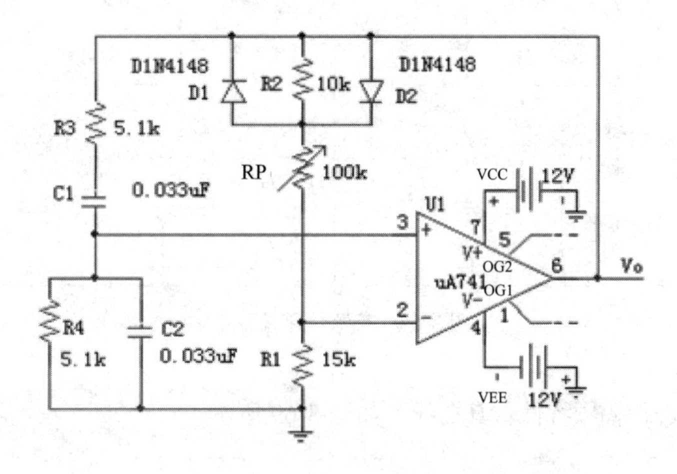

图 3-66　正弦波振荡电路

2) 瞬态仿真

用 Pspice 作瞬态分析，观察输出由小到大的起振和稳定在某一幅度的全过程。

在作瞬态分析时，RP 的选取很关键，选得稍大，负反馈过强，电路不起振或振幅较小；选得稍小，负反馈过弱，出现非线性失真。这里选择 RP 的 SET=0.27。瞬态分析的观察时间也应稍长，此电路的起振约需 20 ms，终止时间应大于此值，这里取 40 ms。另外值得注意的是，作瞬态分析时应限制最大计算步长，以使迭代运算收敛，对于此电路设置小于 30 μs。分析类型和参数设置完毕后，选择 Analysis/Simulate 进行模拟分析，得到如图 3-67 所示的波形，从中可看到电路起振的过程。

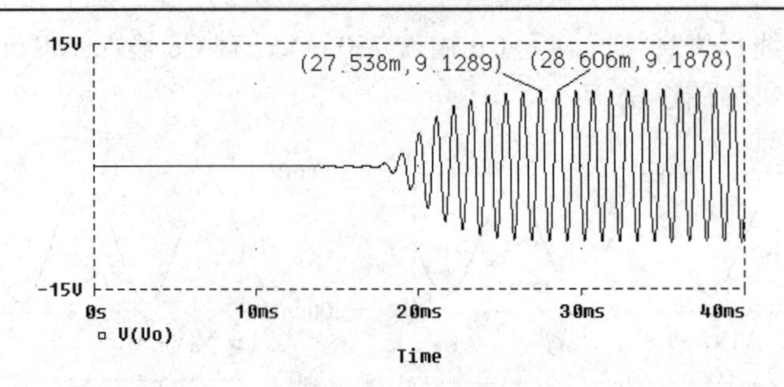

图 3-67　输出波形

另外，由图 3-67 可以看出输出波形的振荡周期为 T = 28.606 ms − 27.538 ms = 1.068 ms，振荡频率为 f = 1/T = 936.3 Hz。与理论值相符。

3. 有源带通滤波器

设计一个有源带通滤波器，下限截止频率约为 5 kHz，上限截止频率约为 10 kHz，系统的增益不少于 20 dB。

1) 电路设计

查阅资料，设计电路如图 3-68 所示。

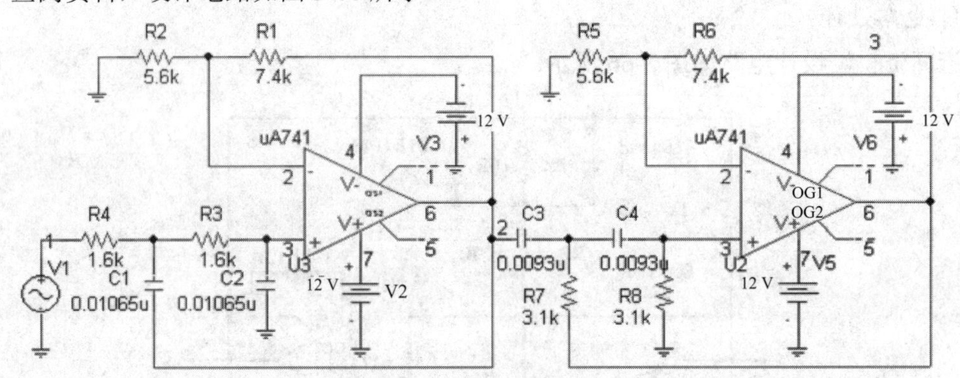

图 3-68　有源带通滤波器

2) 幅频仿真

利用 Pspice 进行幅频特性仿真曲线，如图 3-69 所示。

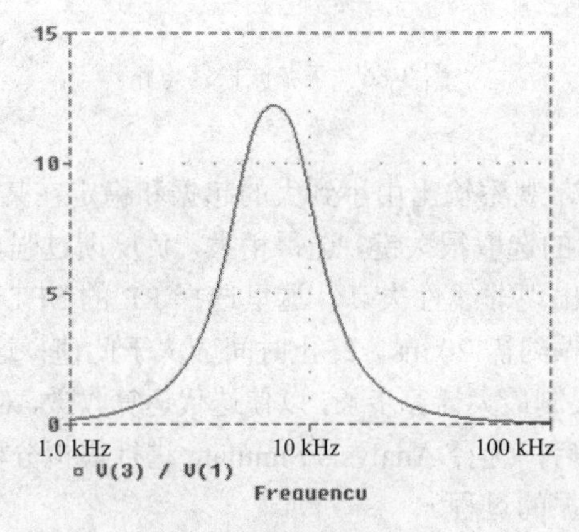

图 3-69　幅频特性曲线

下面来研究品质因数对滤波器频率特性的影响。通过改变 $R_f(R_1、R_6)$和 $R(R_2、R_5)$的值，从而改变电路的品质因数 Q。做频率特性分析，如图 3-70 所示。

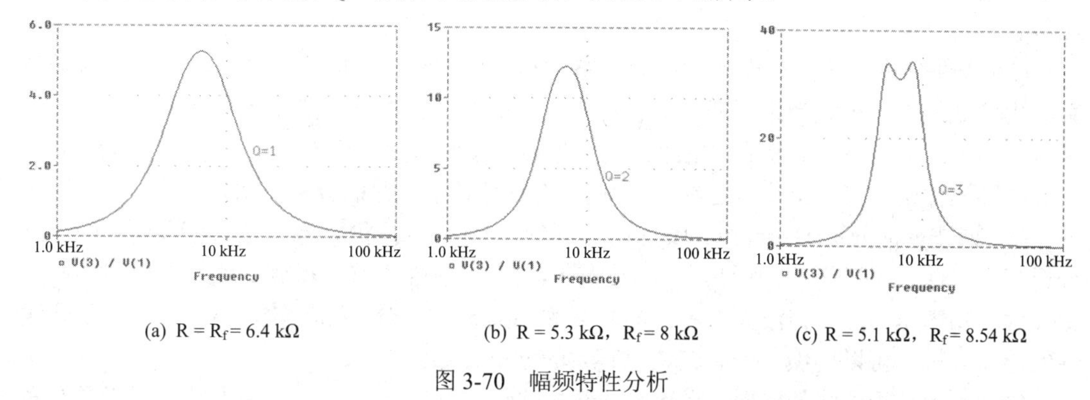

(a) $R = R_f = 6.4\ k\Omega$　(b) $R = 5.3\ k\Omega$，$R_f = 8\ k\Omega$　(c) $R = 5.1\ k\Omega$，$R_f = 8.54\ k\Omega$

图 3-70　幅频特性分析

3.4　Agilent ADS 通信系统设计仿真软件应用基础

3.4.1　Agilent ADS 通信系统设计仿真软件概述

ADS(Advanced Design System)通信系统设计仿真软件是美国安捷伦(Agilent)公司所生产拥有的电子设计自动化软件，是当今国内各大学和研究所使用最多的微波/射频电路和通信系统仿真软件。

1. ADS 设计仿真软件功能

ADS 仿真软件功能十分强大，包含时域电路仿真(Spice-like Simulation)、频域电路仿真 (Harmonic Balance、Linear Analysis)、三维电磁仿真(EM Simulation)、通信系统仿真(Communication System Simulation)和数字信号处理仿真设计(DSP)。它支持射频和系统设计工程师开发所有类型的 RF 设计，从简单到复杂、从离散的射频/微波模块到用于通信和航天/国防的集成 MMIC。

下面将对 ADS 的仿真设计方法、ADS 的辅助设计功能，以及 ADS 与其他 EDA 设计软件和测量硬件的连接进行详细的介绍。

1) ADS 的设计仿真方法

ADS 软件可以用于进行模拟、射频与微波等电路和通信的系统设计。其提供的仿真分析方法大致可以分为：时域仿真、频域仿真、系统仿真和电磁仿真。ADS 仿真分析方法具体介绍如下：

(1) 高频 Spice 分析和卷积分析(Convolution)。

① 高频 Spice 分析方法提供如 Spice 仿真器般的瞬态分析，可分析线性与非线性电路的瞬态效应。在 Spice 仿真器中，无法直接使用的频域分析模型，如微带线、带状线等，可在高频 Spice 仿真器中直接使用，因为在仿真时高频 Spice 仿真器会将频域分析模型进行拉式变换后进行瞬态分析，而不需要使用者将该模型转化为等效 RLC 电路。因此高频 Spice 除了可以做低频电路的瞬态分析，也可以分析高频电路的瞬态响应。此外高频 Spice 也提供瞬态噪声分析的功能，可以用来仿真电路的瞬态噪声，如振荡器或锁相环的分析。

② 卷积分析方法为架构在 Spice 高频仿真器上的高级时域分析方法。卷积分析可以更加准确地用时域方法分析与频率相关的元件，如以 S 参数定义的元件、传输线、微带线等。

(2) 线性分析。线性分析为频域的电路仿真分析方法，可以将线性或非线性的射频与微波电路做线性分析。当进行线性分析时，软件会先针对电路中每个元件计算所需的线性参数，如 S、Z、Y 和 H 参数，电路阻抗，噪声，反射系数，稳定系数，增益或损耗等(若为非线性元件则计算其工作点之线性参数)，再进行整个电路的分析、仿真。

(3) 谐波平衡分析(Harmonic Balance)。谐波平衡分析提供频域、稳态、大信号的电路分析仿真方法，可以用来分析具有多频输入信号的非线性电路，得到非线性的电路响应。如噪声、功率压缩点、谐波失真等。与时域的 Spice 仿真分析相比较，谐波平衡对于非线性的电路分析，可以提供一个比较快速有效的分析方法。

谐波平衡分析方法的出现，填补了 Spice 的瞬态响应分析与线性 S 参数分析对具有多频输入信号的非线性电路仿真上的不足。尤其在现今的高频通信系统中，大多包含了混频电路结构，使得谐波平衡分析方法的使用更加频繁，也越趋重要。

另外针对高度非线性电路，如锁相环中的分频器，ADS 也提供了瞬态辅助谐波平衡(Transient Assistant HB)的仿真方法，在电路分析时先执行瞬态分析，并将此瞬态分析的结果作为谐波平衡分析时的初始条件进行电路仿真。通过此种方法可以有效地解决在高度非线性的电路分析时会发生的不收敛情况。

(4) 电路包络分析(Circuit Envelope)。电路包络分析包含了时域与频域的分析方法，可以使用于包含调频信号的电路或通信系统中。电路包络分析借鉴了 Spice 与谐波平衡两种仿真方法的优点，将较低频的调频信号用时域 Spice 仿真方法来分析，而较高频的载波信号则以频域的谐波平衡仿真方法进行分析。

(5) 射频系统分析。射频系统分析方法为使用者提供模拟评估系统特性，其中系统的电路模型除可以使用行为级模型外，也可以使用元件电路模型进行射频响应验证。射频系统仿真分析包含了上述的线性分析、谐波平衡分析和电路包络分析，分别用来验证射频系统的无源元件与线性化系统模型特性、非线性系统模型特性、具有数字调频信号的系统特性。

(6) 托勒密分析(Ptolemy)。托勒密分析方法具有可以仿真同时具有数字信号与模拟、高频信号的混合模式系统能力。ADS 中分别提供了数字元件模型(如 FIR 滤波器、IIR 滤波器，AND 逻辑门、OR 逻辑门等)、通信系统元件模型(如 QAM 调频解调器、Raised Cosine 滤波器等)及模拟高频元件模型(如 IQ 编码器、切比雪夫滤波器、混频器等)可供使用。

(7) 电磁仿真分析(Momentum)。ADS 软件提供了一个 3D 的平面电磁仿真分析功能，可以用来仿真微带线、带状线、共面波导等的电磁特性，天线的辐射特性以及电路板上的寄生、耦合效应。所分析的 S 参数结果可直接使用于谐波平衡和电路包络等电路分析中，进行电路设计与验证。在 Momentum 电磁分析中提供两种分析模式：Momentum 微波模式(Momentum)和 Momentum 射频模式(Momentum RF)，使用者可以根据电路的工作频段和尺寸来判断选择使用。

2) ADS的设计辅助功能

ADS软件除了上述的仿真分析功能外，还包含其他设计辅助功能以增加使用者使用上的方便性与提高电路设计效率。ADS所提供的辅助设计功能介绍如下：

(1) 设计指南(Design Guide)。设计指南是由范例与指令的说明示范电路设计的设计流程。使用者可以经由这些范例与指令，学习如何利用ADS软件高效地进行电路设计。

目前ADS所提供的设计指南包括：WLAN设计指南、Bluetooth设计指南、CDMA2000设计指南、RF System设计指南、Mixer设计指南、Oscillator设计指南、Passive Circuits设计指南、Phased Locked Loop设计指南、Amplifier设计指南、Filter设计指南等。除了使用ADS软件自带的设计指南外，使用者也可以通过软件中的DesignGuide Developer Studio建立自己的设计指南。

(2) 仿真向导(Simulation Wizard)。仿真向导提供step-by-step的设定界面供设计人员进行电路分析与设计，使用者可以借由图形化界面设定所需验证的电路响应。

ADS提供的仿真向导包括：元件特性(Device Characterization)、放大器(Amplifier)、混频器(Mixer)和线性电路(Linear Circuit)。

(3) 仿真与结果显示模板(Simulation & Data Display Template)。为了增加仿真分析的方便性，ADS软件提供了仿真模板功能，让使用者可以将经常重复使用的仿真设定(如仿真控制器、电压电流源、变量参数设定等)制定成一个模板，直接使用，避免了重复设定所需的时间和步骤。结果显示模板也具有相同的功能，使用者可以将经常使用的绘图或列表格式制作成模板以减少重复设定所需的时间。除了使用者自行建立外，ADS软件也提供了标准的仿真与结果显示模板可供使用。

(4) 电子笔记本(Electronic Notebook)。电子笔记本可以让使用者将所设计的电路与仿真结果加入文字叙述，制成一份网页式的报告。由电子笔记本所制成的报告，不需执行ADS软件即可以在浏览器上浏览。

3) ADS与其他EDA软件和测试设备间的连接

由于现今复杂庞大的电路设计，每个电子设计自动化软件在整个系统设计中均扮演着螺丝钉的角色，因此软件与软件之间、软件与硬件之间、软件与元件厂商之间的沟通与连接也成为设计中不容忽视的一环。ADS软件与其他设计验证软件、硬件的连接介绍如下：

(1) Spice电路转换器(Spice Netlist Translator)。Spice电路转换器可以将由Cadence、Spectre、Pspice、HSpice及Berkeley Spice所产生的电路图转换成ADS使用的格式进行仿真分析。另外也可以将由ADS产生的电路转出成Spice格式的电路，做布局与电路结构检查(LVSC，Layout Versus Schematic Checking)与布局寄生抽取(Layout Parasitic Extraction)等验证。

(2) 电路与布局文件格式转换器(IFF Schematic and Layout Translator)。电路与布局格式转换器提供使用者与其他EDA软件连接沟通的桥梁。借由此转换器可以将不同EDA软件所产生的文件，转换成ADS可以使用的文件格式。

(3) 布局转换器(Artwork Translator)。布局式转换器为使用者提供由其他CAD或EDA软件所产生的布局文件，导入ADS软件编辑使用。它可以转换的格式包括IDES、GDSII、DXF与Gerber等。

(4) Spice 模型产生器(Spice Model Generator)。Spice 模型产生器可以将由频域分析得到的或是由测量仪器得到的 S 参数转换为 Spice 可以使用的格式，以弥补 Spice 仿真软件无法使用测量或仿真所得到的 S 参数资料的不足。

(5) 设计工具箱(Design Kit)。对于 IC 设计来说，EDA 软件除了需要提供准确快速的仿真方法外，与半导体厂商的元件模型间的连接更是不可缺的，设计工具箱便是扮演了 ADS 软件与厂商元件模型间沟通的重要角色。ADS 软件可以通过设计工具箱将半导体厂商的元件模型读入，供使用者进行电路的设计、仿真与分析。

(6) 仪器伺服器。仪器伺服器提供了 ADS 软件与测量仪器连接的功能，使用者可以通过仪器伺服器将网络分析仪测量得到的资料或 SnP 格式的文件导入 ADS 软件中进行仿真分析；也可以将软件仿真所得的结果输出到仪器(如信号发生器)，作为待测元件的测试信号。

2. ADS 设计仿真软件的优点

1) 集成的自顶向下的系统设计

传统的设计仿真软件往往缺乏全面的技术来开发完整的通信系统。这是由于当今的通信系统中包括了 DSP、模拟和射频、空间传输信道等部分。设计软件必须能够集成混合信号仿真技术，进行不同部分的混合仿真。ADS 软件的系统仿真提供了通信系统的自顶向下设计和自底向上的验证能力，可以在 ADS 软件中进行 DSP、模拟、射频的单独仿真或进行不同部分的协同仿真，帮助设计师提早完成系统设计。ADS 软件独有的专利仿真技术包括：用于 DSP 仿真的同步数据流仿真技术，用于复杂模拟和射频信号仿真的电路包络仿真技术和谐波平衡仿真技术。加上大量的经过验证的 DSP、模拟、射频行为级模型，使得设计流程十分顺畅。自顶向下的设计流程如图 3-71 所示。

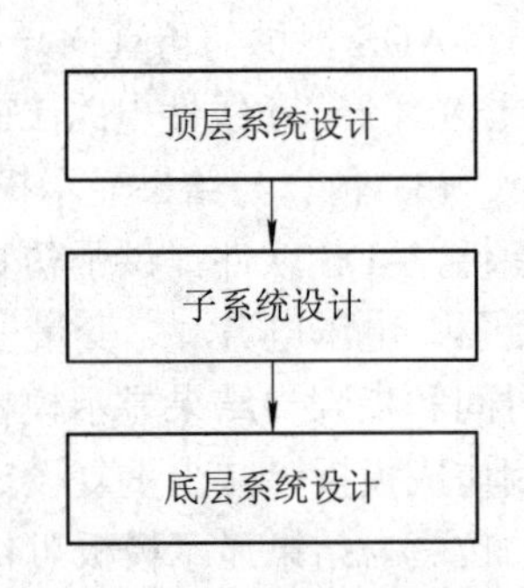

图 3-71　自顶向下的设计流程

2) 灵活的设计环境

ADS 软件的设计环境负责管理仿真和建模的工作。通过 ADS 软件设计环境可以使设计人员的精力集中在自己的设计工作上而并非设计工具上。例如：一个通信系统顶层原理图包括 DSP、模拟、射频、天线、空间信道，可以在设计环境中轻松地搭建起来。ADS 软件会自动地选择不同的仿真技术对系统中不同的部分进行最准确高效的仿真。这种灵活的设计环境是 ADS 软件所有仿真功能共用的平台。无论是进行系统，还是电路、电磁场设计，工程师都是在同样的设计环境中完成他们的工作，这样使得不同设计任务的工程师可以将他们的设计集成在一起进行设计验证，减少设计的反复。

3) 优化系统架构

高效率的系统级设计必须包含多种多样的系统模型来描述真实系统中不同的部分。例如：无线通信系统中需要射频和 DSP 技术来建立在不同传播环境中的可靠的无线连接。为了能够建立最优化的通信系统顶层架构，设计者必须对系统中每一组成部分对整体系统性能的影响进行评估。

然而，不对通信系统物理层进行精准的建模，我们很难得到准确的评估。这种建模包括信道传输模型、射频发射机模型和 DSP 算法模型。在 ADS 软件中，不同的通信系统设计库为设计者带来了符合标准通信协议的 DSP 算法，射频系统模型库提供了 1500 多种行为级模拟射频模型。ADS 可以在真实的含有损伤、相位噪声和干扰的模拟射频通道中验证设计者自己的算法。

当系统架构已经确定以后，下一步要进行系统性能的优化。这需要一个强大的自动优化技术，这种技术应该包含多种统计方法进而获得设计参数和最优的设计。ADS 软件提供的优化功能帮助设计者调节多种多样的模型参数，以使系统的性能满足设计者规定的设计目标。

4) 灵活快速地建立 DSP 算法

不同的通信系统拥有特定的信源编码、信道编码、基带调制等数字信号处理算法。ADS 软件允许设计者利用 ADS 软件提供的多种定制和通用算法模型或 C 语言、Matlab 语言灵活地编写算法，并利用 ADS Ptolemy 仿真器进行算法仿真。在 DSP 算法库中，ADS 软件已经提供了针对于 GSM、CDMA、WCDMA、CDMA2000、TD-SCDMA、WLAN 的设计库和信道模型。设计人员可以直接调用这些设计库中的算法模型或对其进行修改，从而快速地搭建自己完整的信号处理链路。

5) 快速准确地建立射频模型

为了完成一个成功的系统设计，设计者必须考虑系统中射频部分的干扰。不同于传统的射频系统分析，ADS 软件不再是简单地用表格的方式计算出射频系统的增益和功率预算，而是对射频子系统进行深入的仿真分析从而尽早地发现问题的所在。工程师现在利用 ADS 软件可以精确地分析射频系统中阻抗适配、隔离、谐波、互调、噪声等对系统的影响，并且可以进行并行信号通路或反馈信号通路工作条件下的系统仿真。

6) 通过优化得到最佳的系统性能

为了帮助设计者获得最佳的系统设计，ADS 提供了一系列功能强大的优化器。这些优化技术帮助设计者调节不同模型的参数设定，使得系统性能满足所要求的指标。例如，优化 BER、EVM、ACPR 等。优化可以通过连续或者离散取值的方法进行，利用随机、梯度、蒙特卡罗等多种优化算法最终得到优化结果，获到理想的性能。为帮助 BER 仿真，有一种快速估算算法叫做“Improved importance sampling”。利用这种先进的算法，在对高性能低误码率的系统进行误码率分析时比传统的 Monte Carlo 算法快 100 到 1000 倍。

7) 利用已有的用户自定义模型

很多时候，设计者依靠专有的行为级模型作为系统中的一部分。对于很多公司，开发特有的 IP 花去了大笔的资金和大量的时间，这些 IP 是非常有市场竞争力的产品。ADS 软件提供的模型开发工具可以非常方便地将 C 或者 C++源代码转入到 ADS 软件中，利用 ADS 软件的仿真器对其进行仿真分析。同样，在 ADS 软件中，有双向的数据仿真界面和集成 DSP 的工具。

8) ADS 软件与测量仪表连接加快从设计到现实的转变

使用软件工具进行仿真设计毕竟是产品开发过程中的第一步，软件中设计的电路系统最终还是要在硬件上实现并使用测试仪表进行测试。这样，软件仿真与硬件测量之间的联系就显得格外重要。只有软件与测试仪表之间流畅的数据传递和通信，才能加快从软件中虚拟电路到真实硬件电路的转换。安捷伦公司的 ADS 软件与仪表构成的软硬件半实物仿真

系统完成了这个工作。

(1) 根据硬件测试建立仿真模型。在仿真中进行设计判定和折中，如图 3-72 所示。目的在于评估现成的元件在新设计中的应用性能；评估原有硬件设计在新设计中的性能；了解设计返工情况，以帮助减少重复设计的次数。

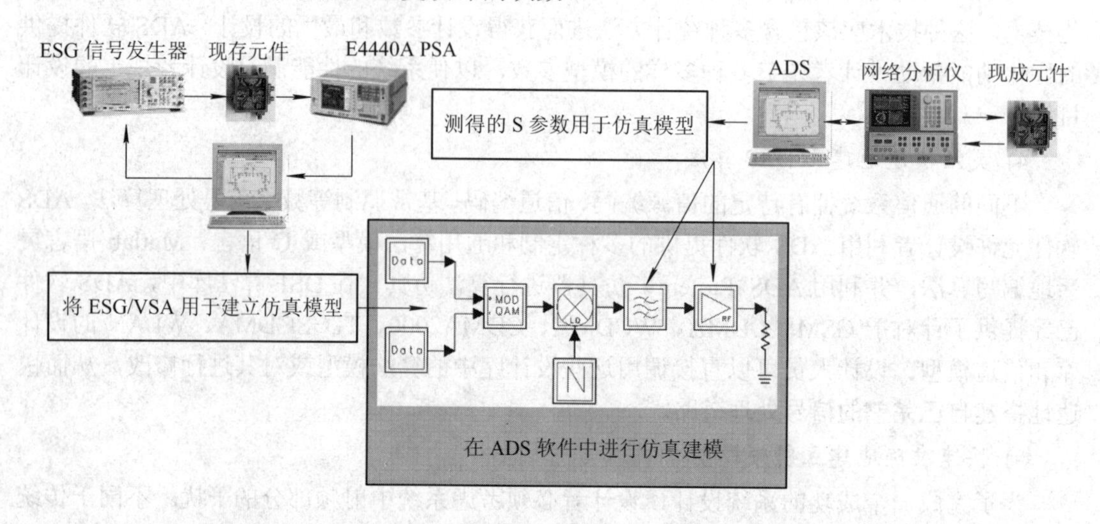

图 3-72　根据硬件测试建立仿真模型

(2) 尽早进行验证实验，降低系统集成风险。为了有更好的设计预示能力，仿真与测量之间应有一致的测量算法，将产生意外的可能性减到最小，利用硬件和仿真模型进行早期验证，如图 3-73 所示。

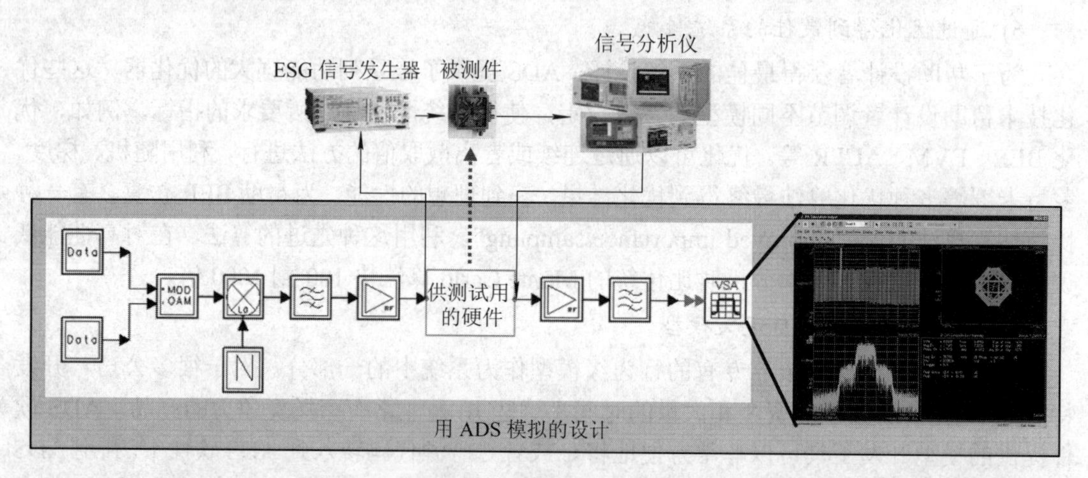

图 3-73　尽早进行验证实验，降低系统集成风险

(3) 创建新的测试能力。当缺乏测试方案时，使用 ADS 软件来建立专用射频测试信号和完成特定的测试，如图 3-74 所示。

借助 ADS 软件将测试仪表的功能扩展到一些新领域。如 BER 测试，如图 3-75 所示。

(4) 通信信道与干扰测试。利用 ADS 软件建立通信信道空间与噪声空间模型，进行仿真分析，加快设计从设计到现实的转变，如图 3-76 所示。

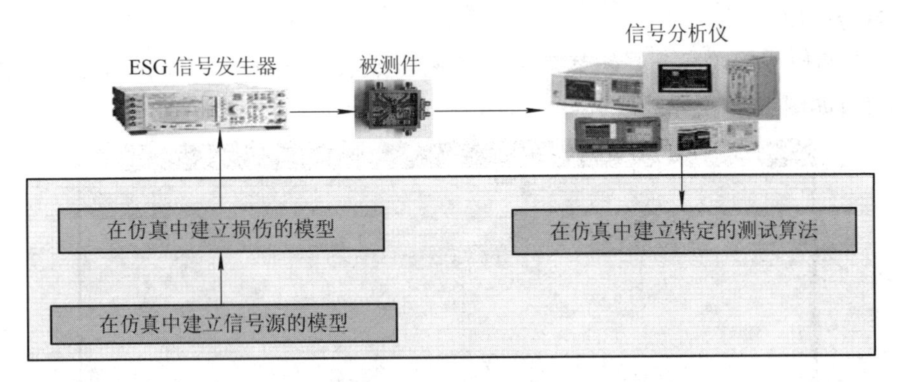

图 3-74　在 ADS 软件中建立特定的专用信号调制模型

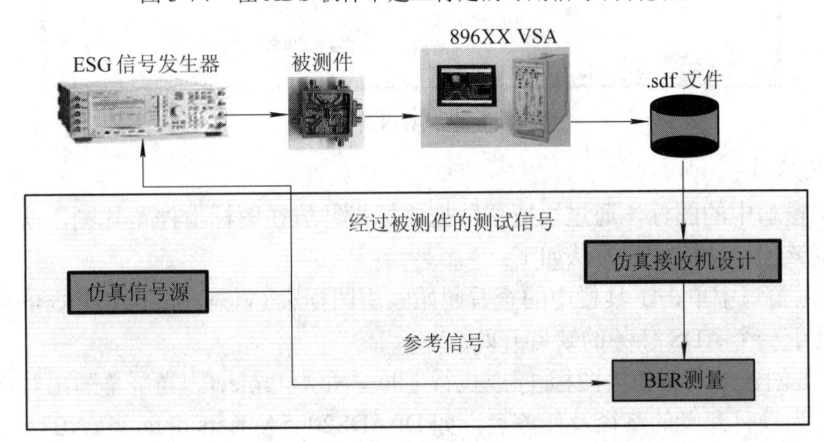

图 3-75　使用 ADS 软件的连接方案完成 BER 测试

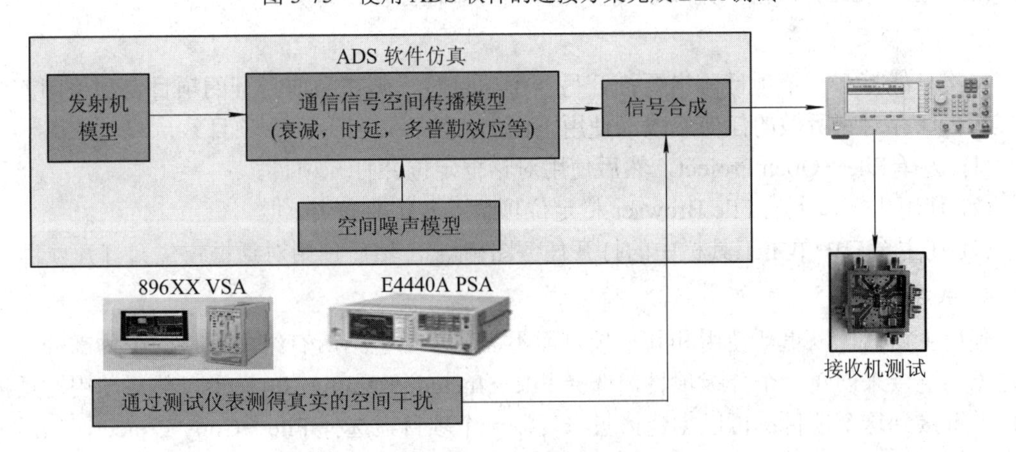

图 3-76　通信信道与干扰测试

3.4.2　Agilent ADS 应用基础

1. Agilent ADS 设计初步

Agilent ADS 的一个项目包括电路原理图、布局图、仿真、分析和创建设计的输出信息，这些信息可通过一些链接加到其他的设计或项目中。当生成、仿真及分析设计可以达到设计目标时，ADS 可使用项目自动组织和存储数据。

1) 运行ADS

通过桌面快捷方式或者开始菜单→程序→Advanced Design System 运行 ADS，出现ADS主窗口如图3-77所示。

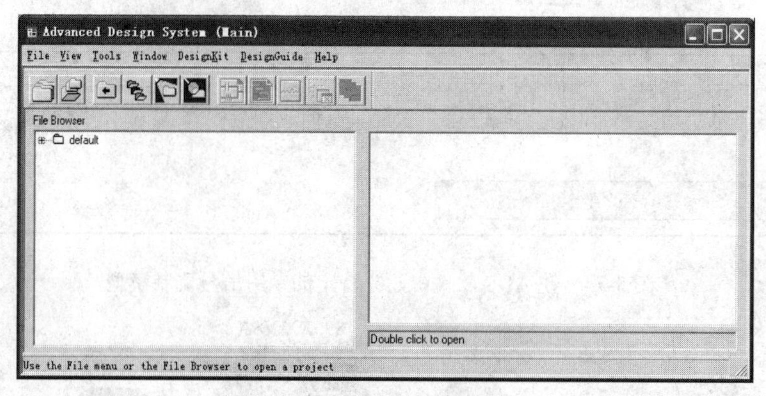

图3-77 ADS主窗口

2) 创建项目

使用主窗口中的图标，通过快捷帮助把鼠标指针放在图标上停留片刻，就会显示一个文本框提示该图标功能。其方法如下：

(1) 在主窗口中单击工具栏中的查看起始索引图标(View Startup Directory)，屏幕会显示用户处于一个ADS任务的缺省开始。

(2) 单击创建一个新任务图标或执行File→New Project。当屏幕弹出对话框后，将工作路径设为项目开发的路径及任务名，如D:\ADS2005A\users\default\LAB1。

(3) 点击“OK”按钮，完成新建任务，同时原理图窗口打开。

3) 打开项目

一次只能打开一个项目。当要打开另一个项目时，则在当前打开的项目自动关闭前会被提示去保存对它所做的任何修改。使用下面的方法可以打开一个项目。

(1) 选择File→Open Project，然后使用对话框定位并打开项目。

(2) 使用主窗口上的File Browser栏定位项目并双击来打开。

(3) 在主窗口中单击工具栏中的打开任务图标，然后使用对话框定位并打开项目。

4) 共享项目

使用主窗口可以重新使用和共享项目而不需要手动包括所有组成项目的个体部分。如通过添加链接来创建一个分级项目，选择File→Include/Remove Projects，然后使用对话框定位并链接到这个项目；可以创建拷贝来复制一个项目，选择File→Copy Project，然后使用对话框定位并拷贝这个项目；使用存档/不存档来转移一个简洁的项目存档文件，选择File→Archive Project，然后利用对话框定位并存档项目。

2. Agilent ADS电路设计仿真基础

一个设计可以由单个的原理图或布局图组成，或者可以由许多作为单个设计包含的内部子网络的原理图和布局图组成。项目中的所有设计都可以直接从主窗口或从一个设计窗口内显示和打开。在一个设计窗口中可以创建和修改电路图和布局图、添加变量和方程、

放置和修改元件、封装及仿真控制器、指定层及显示参数、使用文本和说明插入注释、由原理图生成布局图(及从布局图到原理图)。下面以在 D:\ADS2005A\users\default\LAB1 任务中创建一个 LPF 的设计来进行基本操作讲解。

1) 创建设计

(1) 在主窗口中点击图标或选择下拉菜单 Window→New Schematic，将弹出对话框；在 Type of Network 中有 Analog/RF Network 与 Digital Signal Processing Network 单选项，在此选择 Analog/RF Network 确认后将弹出图 3-78 所示的原理图设计窗口。如果创建一个初始化原理图进行了偏好设定，就会出现两个原理图窗口，关掉其中一个。

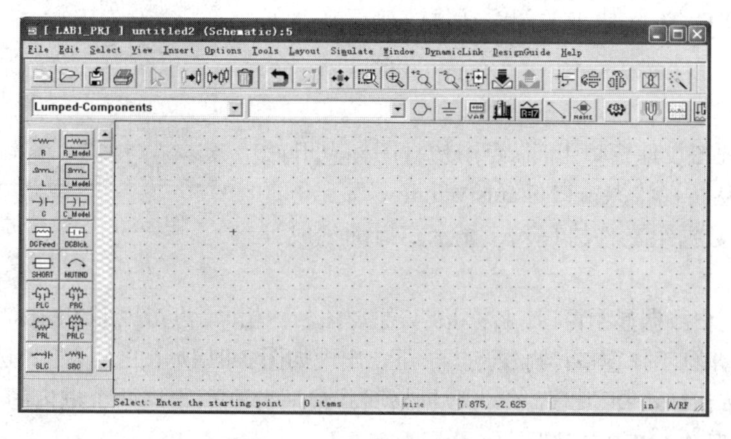

图 3-78　原理图设计窗口

(2) 保存原理图。注意到原理图窗口顶部的边栏上显示原理图的名称为未命名，点击 Save 图标，就会出现 Save as(保存为)对话框。输入名称 LPF，点击 Save 图标，原理图就会保存在任务 LAB1 的 networks 目录里。

在对原理图命名以后，再点击 Save 图标时就不会再出现 Save as 对话框，而是在原有路径下保存该设计。如果要对设计另外命名，使用命令 File→Save Design As。

(3) 使用元件面板列表上的面板选择项(如 Lumped Component、Simulation→S_param)面板，插入电容 Capacitor、电感 Inductor、地 Ground、终端端口 Term 及 S 参数仿真控制器，把元件连接起来，双击各元件并进行相关参数设置，在原理图窗口设计出如图 3-79 所示的 LPF 滤波器电路图。

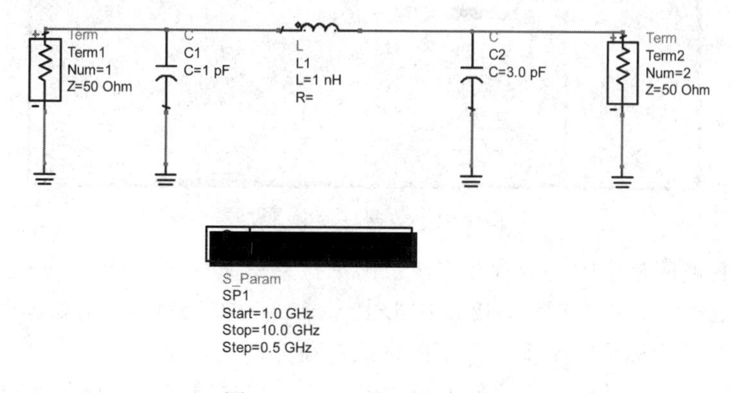

图 3-79　LPF 滤波器电路图

2) 设置 S 参数

(1) 在原理图中双击 S 参数仿真控制器，出现如图 3-80 所示的参数设置对话框。

(2) 进行如图 3-80 所示的参数设置，如改变 Step-size 为 0.5 GHz，点击 Apply 按钮，查看其值是否在屏幕上更新。可用 Display 标签来验证其他想在原理图中显示的参数。点击 Display 标签，就可以看见开始、停止、间隔值，已经缺省检验。

(3) 点击“OK”按钮来关闭对话框，接下来就可进行仿真了。

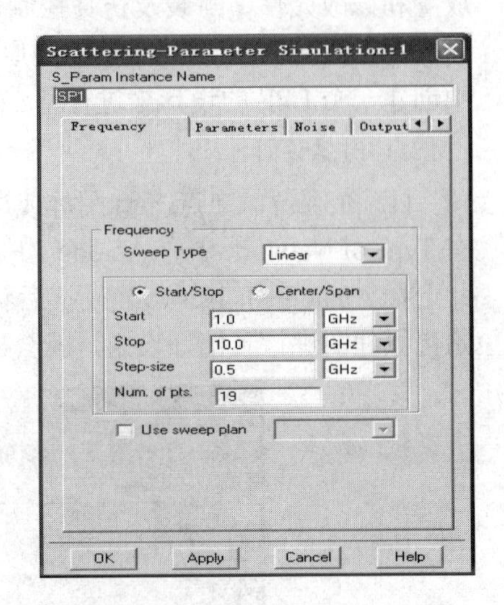

图 3-80　S 参数仿真设置对话框

3) 运行仿真

(1) 在原理图设计窗口上部，点击仿真图标开始仿真过程。可从仿真状态窗口 Status Window 看到仿真结果的说明、数据组文件的写入、显示窗口的生成等仿真信息。

(2) 出现空白数据显示窗口，名称 lpf 与原理图名称相同。点击矩形图图标，移动鼠标(图标轮廓随之移动)到工作窗口；再次点击一下，出现如图 3-81 所示的对话框，选择“S(2，1)”，并点击 Add 按钮，选择“dB”作为数据格式；最后分别点击这两个框内的“OK”按钮，会显示一个合理的 LPF 响应图。

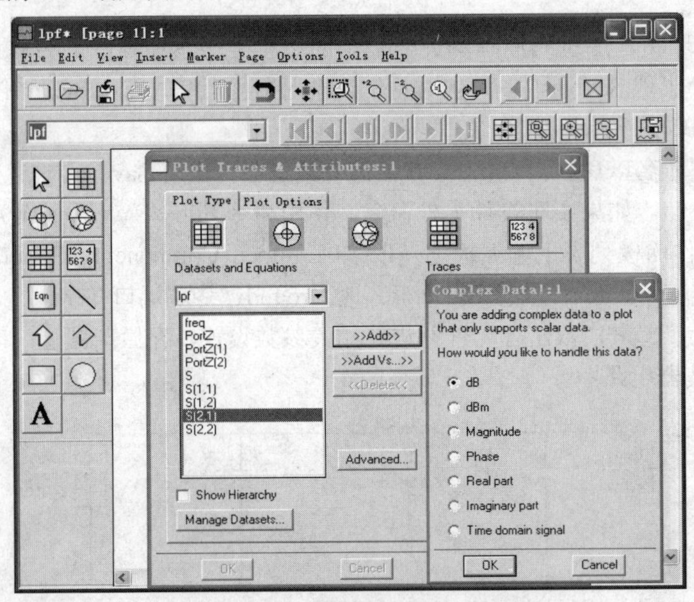

图 3-81　数据显示窗口设置

(3) 在 LPF 响应显示图上放置标记，点击下拉菜单命令 Marker→New，就可在图形上进行标记(Marker)。方法是在图 3-82 的图形上选择一点(如 m1)，并用鼠标点击一下即可。试着选择一个标记或标记文本框，并用鼠标或键盘方向键移动标记。当然，移动标记文本框也可以通过选择它，并移动到希望的位置的方法。可试着删除该标记或再另行标记。

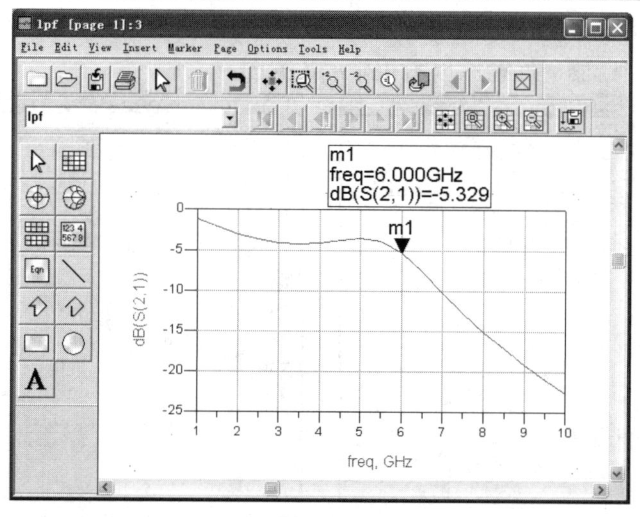

图 3-82　LPF 响应图

4) *保存数据显示窗口*

(1) 使用 File→Save As 命令，并在下一对话框中以缺省名 lpf 保存，就可保存数据显示窗口。这意味着在该数据显示文件以后缀为.dds(data display sever)的文件格式存在于任务目录中，并可存取所有在数据目录中的数据(.ds 文件或数据组)。

(2) 关闭数据显示窗口后，可从原理图或主窗口中点击 Data Display 图标重新打开已保存的数据显示窗口。该窗口打开后，点击“打开文件夹”图标，选择对话框中的 lpf.dds 文件，并点击 Open(打开)按钮，S 仿真曲线会再次出现。

5) *滤波器电路调谐*

ADS 允许对元件的参数值进行改变实现调谐，并在数据显示文件中得到仿真结果。

(1) 将数据显示和原理图窗口放在合适位置以方便在屏幕上操作。有必要的话，可重新调整窗口尺寸并使用✥(全景)图标。

(2) 在 lpf 原理图中，用 Shift 或 Ctrl 键来同时选中元件 C1 和 L1，点击命令 Simulate→Tuning 或 (Tune Parameters 调谐参数)图标，打开仿真状况数据显示窗口与调谐器控制对话框，如图 3-83 所示。

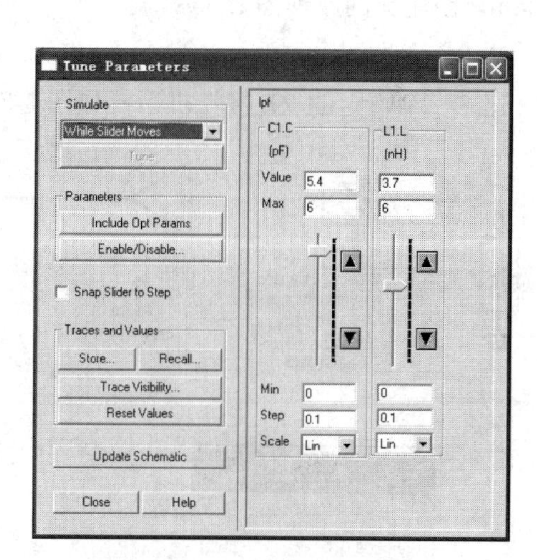

图 3-83　LPF 调谐器控制对话框

(3) 改变调谐范围。在调谐控制对话框中，输入一个更大的调谐范围(如 6)，然后再次对滤波器调谐，将会得到一个范围更大的响应。移动滚动块或按箭头调节调谐值，注意每次调节后观察 S-数据曲线的变化，每次调谐产生新的曲线可按 store 使其在数据显示窗口保留，如图 3-84(a)所示。观察数据显示窗口中的不断修改更新的曲线，标记会自动移到最新的仿真(调谐)曲线，该曲线就是每次调谐(仿真)的 S-data 数据组。继续调谐直到 LPF 上限频率 1.5 GHz 得到满意的结果(如 C1 = 5.4 pF，

L1 = 3.7 nH)，其响应曲线如图 3-84(b)所示。点击 Update Schematic 按钮更改原理图中 C1 和 L1 的值。退出调谐器，保存原理图和显示数据图。

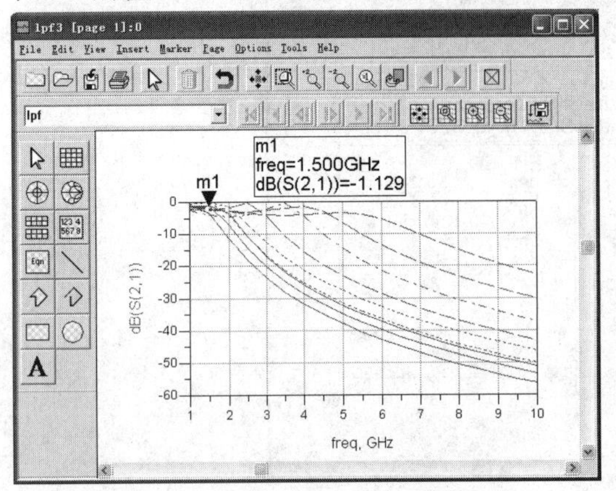

(a) 按 store 保留每次调谐产生新的曲线

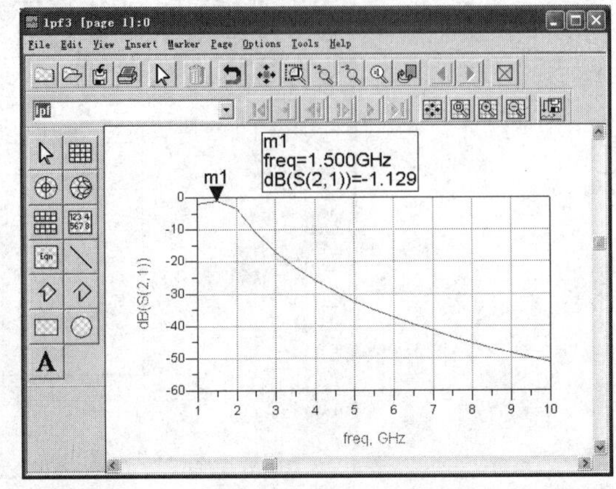

(b) C1 = 5.4 pF，L1 = 3.7 nH 调谐产生新的曲线

图 3-84　改变调谐值的 LPF 响应图

3. Agilent ADS 系统设计仿真基础

利用特性模型建立一个系统，通过仿真使系统的特性模型接近所希望的样子。在系统元件中设置所希望的特性，可以用独立电路代替这些元件，并与特性模型的结果比较达到系统设计的目的。下面以设计一个用于 1900 MHz 的 RF 接收机系统的例子来进行学习理解。

1) 新建任务和原理图

新建一个系统任务和原理图。运用 File→New Project 命令建立一个新任务并命名为 system，创建新的原理图 rf_sys。

2) RF 接收机系统设计

建立一个特定的 RF 接收机系统如图 3-85 所示。

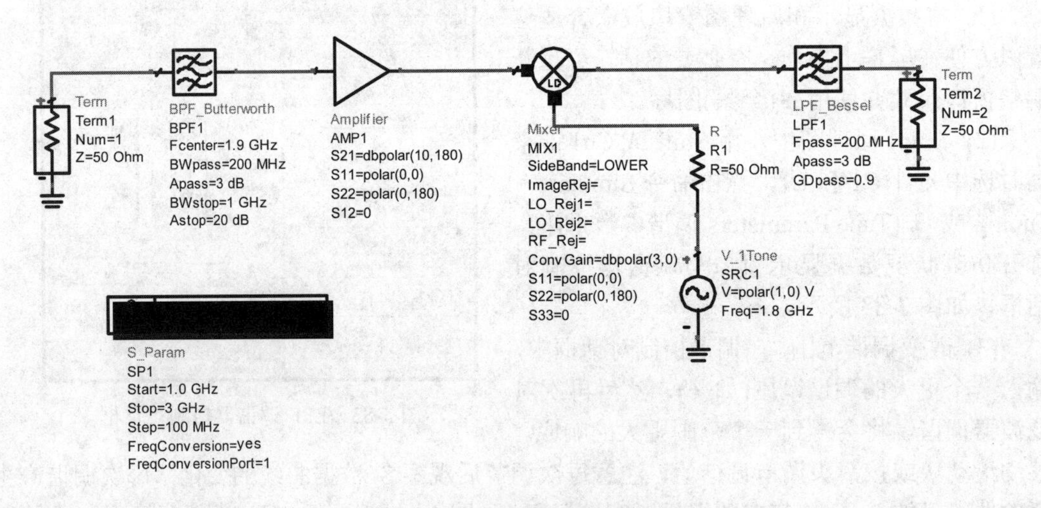

图 3-85　RF 接收机系统电路图

设计步骤如下：

(1) 带通巴特沃斯(BPF_Butterworth)滤波器：在面板上拖动滚动条至 Filters-

Bandpass(带通)，插入巴特沃斯滤波器，设置频率 1.9 GHz 作为载频，带宽 200 MHz，截止频率 1 GHz。巴特沃斯特性响应是理想的，因此通带中没有纹波。当滤波器和放大器用电路模型替代表示时，就会产生纹波。对于系统滤波器作为纹波的建模时，采用椭圆滤波器。

(2) 放大器(Amplifier)：在 System-Amps & Mixers 面板中插入 Amplifier，设置 S21 = dbpolar(10，180)。

(3) 端口(Term)：端口在 Simulation-S_Param 面板中插入 Term。

(4) 特性混频器(Mixer)：在 System-Amps&Mixers 面板中插入特性混频器，Mixer 置于放大器输出端。插入 Mixer，而不是 Mixer2(Mixer2 用于非线性分析)。Mixer 工作在变频仿真环境中。设置混频器的 ConvGain=dbpolar(3,0)，同时设置 Sideband=LOWER，其他设置仍旧保持默认值。

(5) 本振：插入一个 50 Ω 电阻与基频电压源串联。基频电压源可在 Sources-Freq Domain 面板中找到 V_1Tone。设置频率为 1.8 GHz，这样在输出端会产生一个 100 MHz 的中频。注意要连接地线。

(6) 低通贝塞尔滤波器(LPF_Bessel)：在 Mixer 输出端添加一个低通贝塞尔滤波器。Bessel 可从 Filters-Lowpass 面板中得到。设置带宽 Fpass=200 MHz。

3) S 参数仿真

(1) 插入 S 参数仿真控制器：在 Simulation-S_Param 面板中找到 S 参数仿真控制器插入到电路原理图中，并设置仿真范围从 1 GHz 到 3 GHz，以 100 MHz 为步长。

(2) 编辑仿真控制器：在原理图中双击 S 参数仿真控制器，在 Parameters 标签栏中，选中 Enable AC Ferquency conversion；进入 Display 标签栏，选中 Ferq conversion 和 Ferq conversion port 两项。

(3) Simulate：点击 Simulate→Simulate setup，出现对话框后，把缺省名变为 rf_sys_10dB，表示增益为 10B 放大器的系统的仿真数据。点击 Apply 和 Simulate，开始仿真。在数据窗口中插入 S(2，1)的矩形图。在曲线的 1900 MHz 处进行标记，如图 3-86 所示。

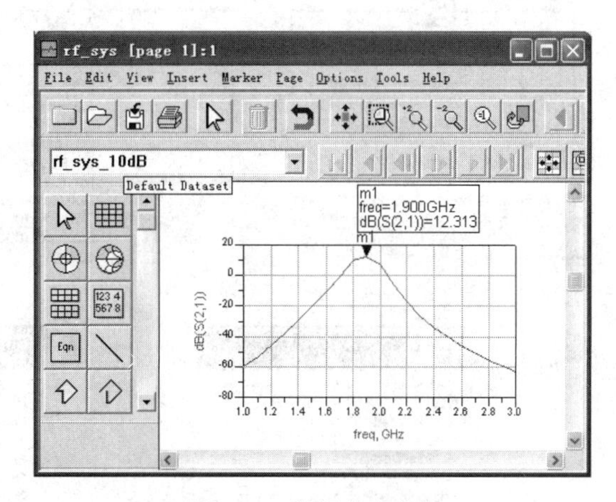

图 3-86　数据仿真曲线

(4) 提高增益，仿真，绘制第二条曲线。

回到原理图，把放大器的 S21 增益 10dB 改为 20 dB，使 S21=dbpolar(20,180)；在 Simulate→Simulate setup 中，把数据组名变为 rf_sys_20 dB，点击 Apply 和 Simulate。仿真完成后，对话框提问改变默认数据组时，选择“NO”。

双击 10 dB 增益曲线框，弹出数据显示窗口设置对话框出现后点击箭头，找到有效的数据组和方程，再选择 rf_sys_20dB 数据组，选择 S(2，1)数据，以 dB 方式添加，如图 3-87(a)所示。点击“OK”按钮，这样在数据显示窗口中出现两条曲线。

在新曲线上做一个新标记。按 Shift 键选择两个标记注释框，点击命令 Marker→Delta Mode 看看两个相差 10 dB 仿真的差异。保存数据显示文件，如图 3-87(b)所示。

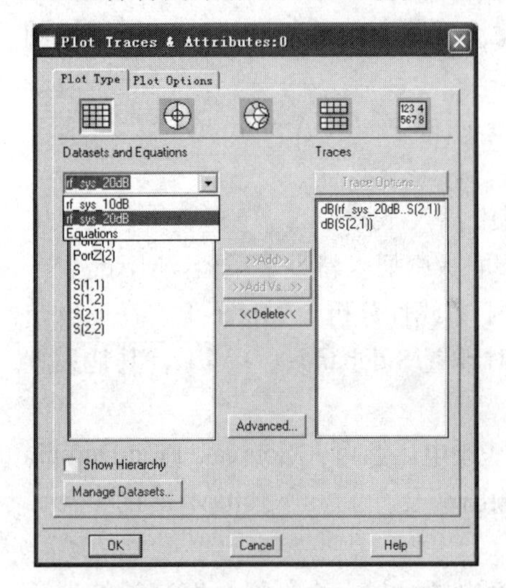

(a) 数据显示窗口设置对话框

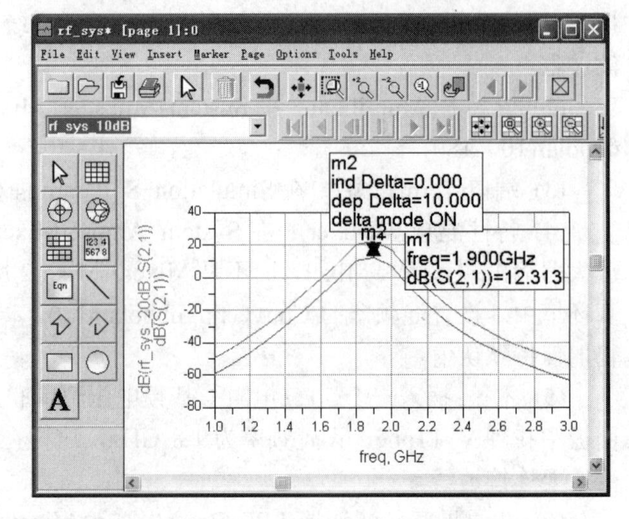

(b) 计算两曲线同频点的增益相差 10 dB

图 3-87　绘制第二条曲线

4) 谐波平衡仿真

在前面 rf_sys 设计的基础上，点击 File→save Design As，以 rf_sys_phnoise 保存当前原理图。在保存的原理图中，删除元件 S_pararm simulation controller、V_1Tone 本振源、50 Ω 电阻和地线。按下面步骤修改电路，如图 3-88 所示。

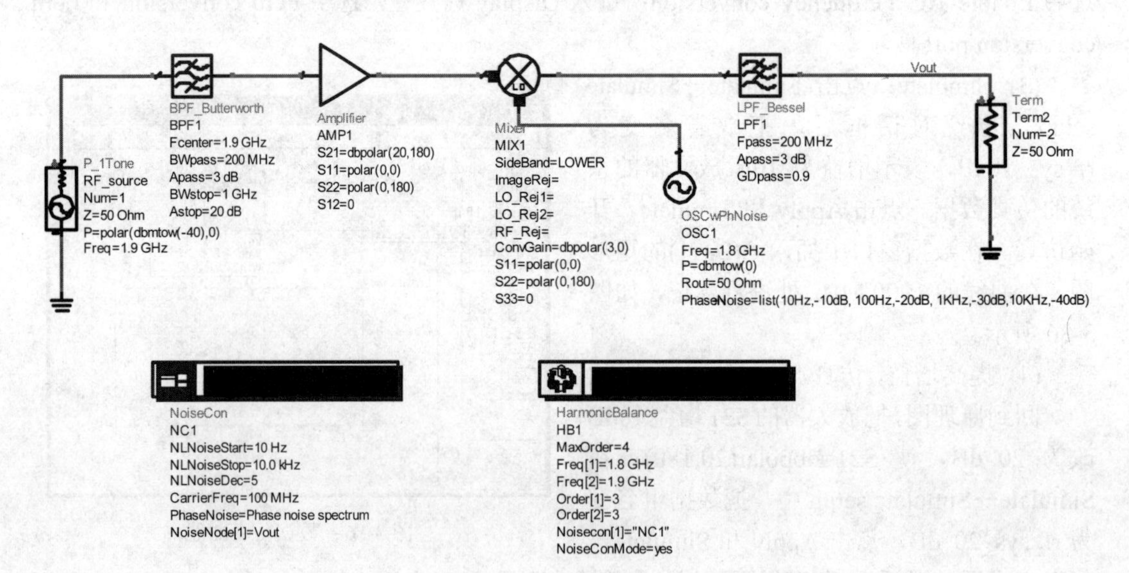

图 3-88　有相位噪声的仿真原理图

(1) 改变相关元件。

设置 RF 信号源，以 P-1Tone 源(在 Sources-Freq Domain 面板中)代替端口 1，并设置

Freq = 1.9 GHz、P = Polar(dbmtow(−40),0)、Num=1，重命名为 RF-source。使用图标插入引线符号 Vout(节点)。

设置带相位噪声的本振，在 Source-Freq Domain 面板中，把滚动条拖至底部，选择 OSCwPHNoise 并插入，与 mixer 连接。令 Freq = 1.8 GHz，并按图 3-86 所示改变 PhaseNoise List。

(2) 插入 HB 噪声控制器。

进入 Simulation-HB 面板，在原理图中插入 NoiseCon(噪声控制器)。NoiseCon 组件用于 HB 仿真，它允许在仿真控制器中对各噪声独立的测量。也可以设置使用多噪声控制器，只使用其中一个 HB 控制器对不同噪声进行测量。

Freq 标签：编辑 NoiseCon，在 Freq 标签设置 Sweep Type(扫描类型)为 log，Star 为 10 Hz，Stop 为 10 kHz，每 10 倍频程 Pts./decade 设置为 5 个点。

Node(节点)标签：点击 Pos Node 箭头，选择 Vout 节点，点击 Add 按钮。噪声控制器就可像 ADS 的其他组件一样，在原理图中识别节点名。

PhaseNoise 标签：选择 Phase Noise Type 为 Phase noise spectrum(相位噪声谱)，并设置载频为 100 MHz (见图 3-89)，这就是含有来自本振相位噪声的中频。

Display 标签：在 Display 标签查看设置，按图 3-88 中的 HB 噪声控制器所显示的进行设置，可在原理图中再进行调整。

(3) 插入 HB 仿真控制器。

在 Simulation-HB 面板中找到 HB 仿真控制器放到原理图中。双击 HB 控制器进行编辑，把 Freq 标签中所设置的默认频率改为 1.8 GHz，并按 Apply 按钮；再通过 Add 添加 RF 频率为 1.9 GHz，并按 Apply 按钮，如图 3-90 所示。HB Freq 设置只需要在控制器中对本振频率或 RF 频率进行规定，而不需要规定其他频率。因为默认的谐波次数和最高次数(混频产生)会计算电路中其他的频率(tones)，包括 100 MHz IF。

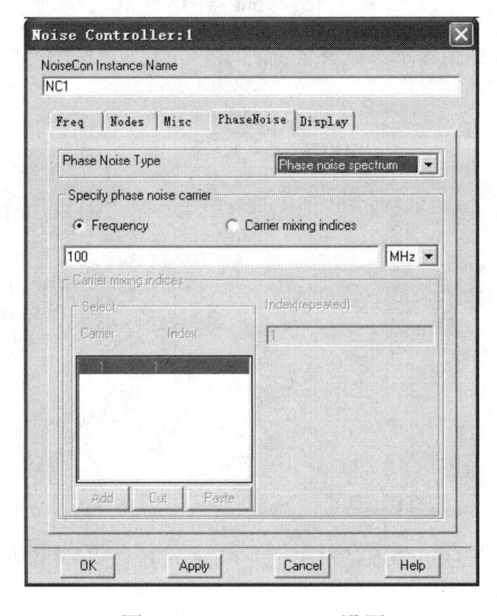

图 3-89　phase Noise 设置

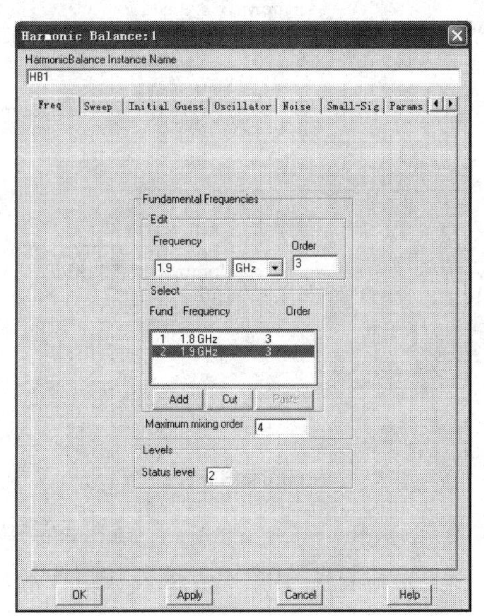

图 3-90　Freq 设置

在 Noise 标签中勾选 NoiseCons 框，在 Edit 中选 NC1，作为设置的 NoiseCons 例子的名称，点击 Add 和 Apply 按钮。

在 Display 标签中，为 Maxorder 打钩，并按图 3-88 中 HB 仿真控制器所显示的进行设置后，点击 Apply 按钮，可在原理图中再进行调整设置。

(4) Simulate 仿真。

运行 Simulate 仿真，在数据显示窗口插入图 3-91(a)的带 pnmx 的矩形图，将 Plot Options 标签中的 X Axis 的 Scale 设为 Log，即将 X 轴设为 Log 刻度，插入一个标记观察频偏，如图 3-92(a)所示。此外，在数据显示窗口插入图 3-91(b)dBm 方式的 Vout 矩形图，并在 100 MHz 处标记，如图 3-92(b)所示；可见在输出端获得 17 dBm 的功率，即在输入端为 −40 dBm，加上放大器的 20 dB 和转换增益的 3 dB。

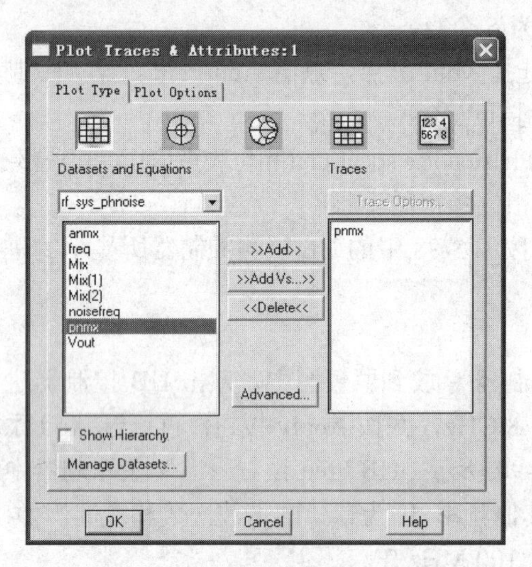

(a) pnmx 绘图

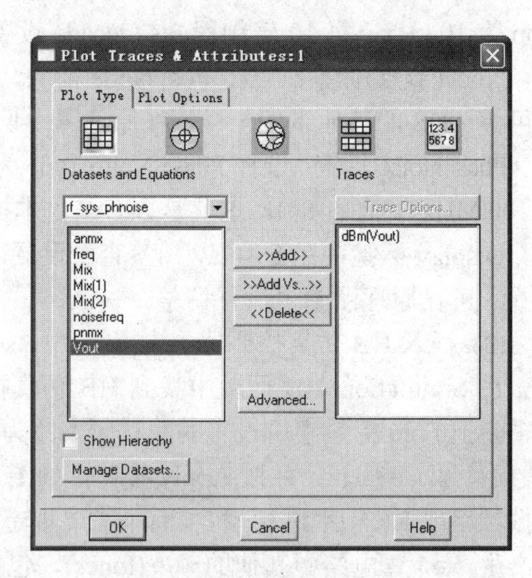

(b) Vout 绘图

图 3-91　Simulate 仿真数据显示窗口设置

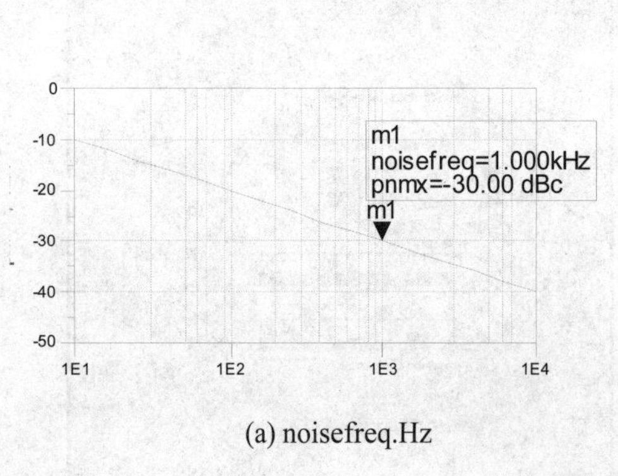

(a) noisefreq.Hz

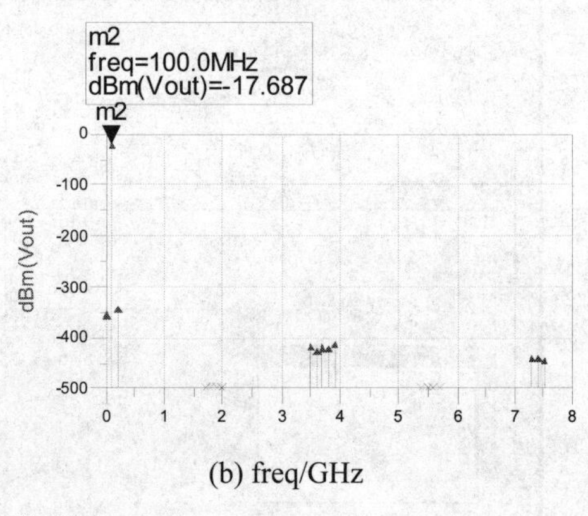

(b) freq/GHz

图 3-92　Simulate 仿真图

至此，将有关 RF 接收机设计工作的任务保存。实际应用中还可建立替代系统模型元件的电路进行相关的仿真。

3.4.3 Analog/RF 应用系统设计与仿真

将前面设计的 1900 MHz 的 RF 接收系统系统模型元件，用建立的 1900 MHz 的功放、200 MHz 由集总参数元件构成的低通滤波器、1900 MHz 由微带线构成的带通滤波器、把 1900 MHz 变到 200 MHz 的混频器及其他小部件来替代，并对系统传输增益和噪声系数进行仿真分析。

1．放大器子电路的建立与仿真

创建新任务 AMP_1900_prj，进行 BJT_PKG.dsn 及 AMP_1900.dsn 放大器的电路设计，并将其转移到 System_prj 中去。

1) 三极管子电路设计

用 ADS 设计如图 3-93 所示的三极管子电路，命名为 BJT_PKG.dsn，L、C 元件为寄生参量。

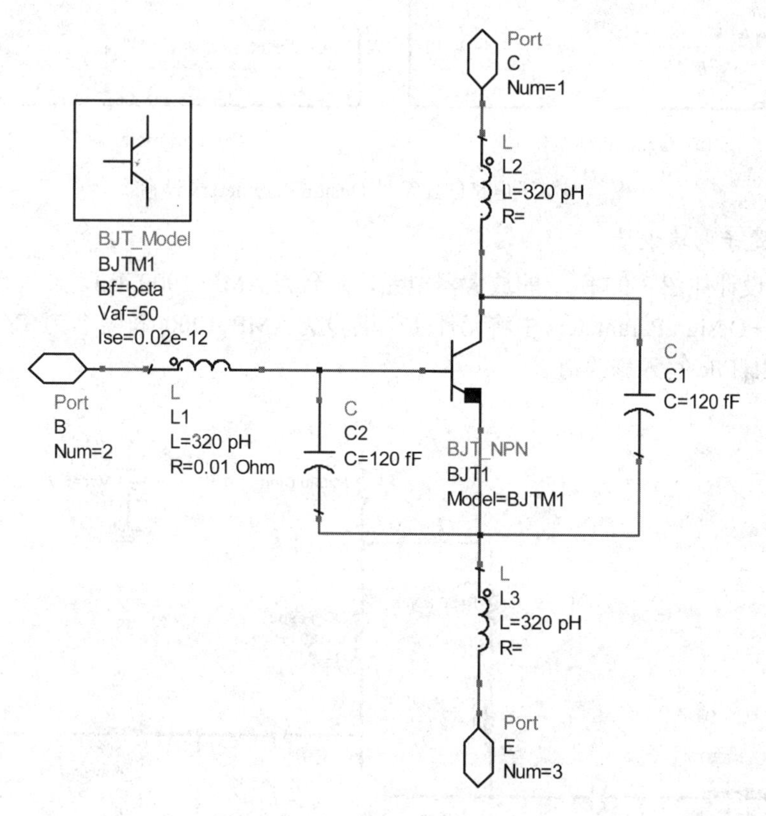

图 3-93　BJT_PKG 三极管子电路

在此使用 ADS 内建符号为子电路创建符号。使用 View 菜单中的 Create/Edit Schematic Symbol，当对话框出现后，点击“OK”按钮出现默认符号；用命令 Select→Select All，按 Del 键删除默认符号；点击 View 菜单中的 Create/Edit Schematic Symbol 回到 BJT_PKG.dsn 原理图，保存设计。使用菜单 File→Design Parameters，在出现对话框的 General 标签中按图 3-94(a)进行参数设置后点击 Save AEL File 写入修改值；Parameter 标签中按图 3-94(b)进

行参数设置后点击 Save AEL File 写入修改值；最后点击“OK”按钮退出。保存设计，这样在电路设计中就可通过点击元件库图标 (Display Component Library List)，将 BJT_PKG 子电路符号放入原理图。在任务中设计的每一个电路，均可成为子电路有效的电路在任务中使用。

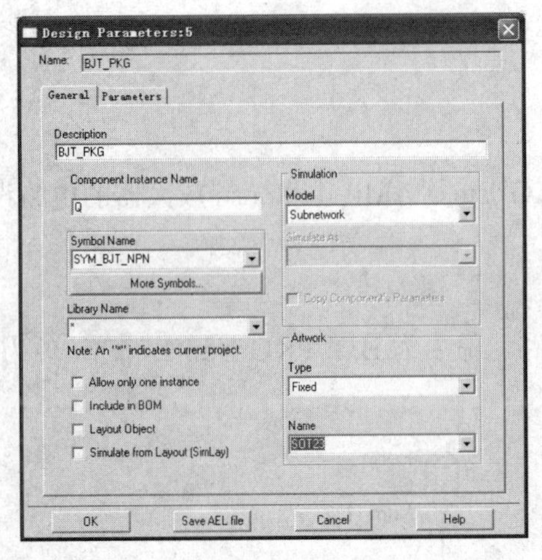

(a) General 标签

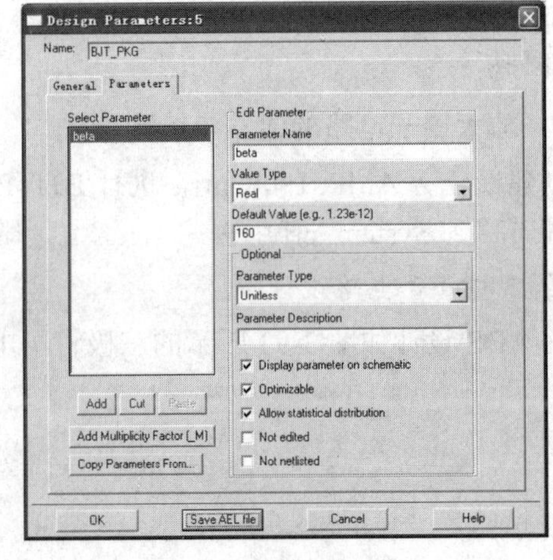

(b) Parameter 标签

图 3-94　子电路创建符号 Design Parameters 设置

2) 放大器子电路设计

用 ADS 设计如图 3-95 所示的放大器电路，命名为 AMP_1900.dsn，且进行子电路属性设置。在 File→Design Parameters 中将元件实例名设为 AMP_1900，符号名为 SYM_Amplifer，点击 Save AEL File 写入修改值。

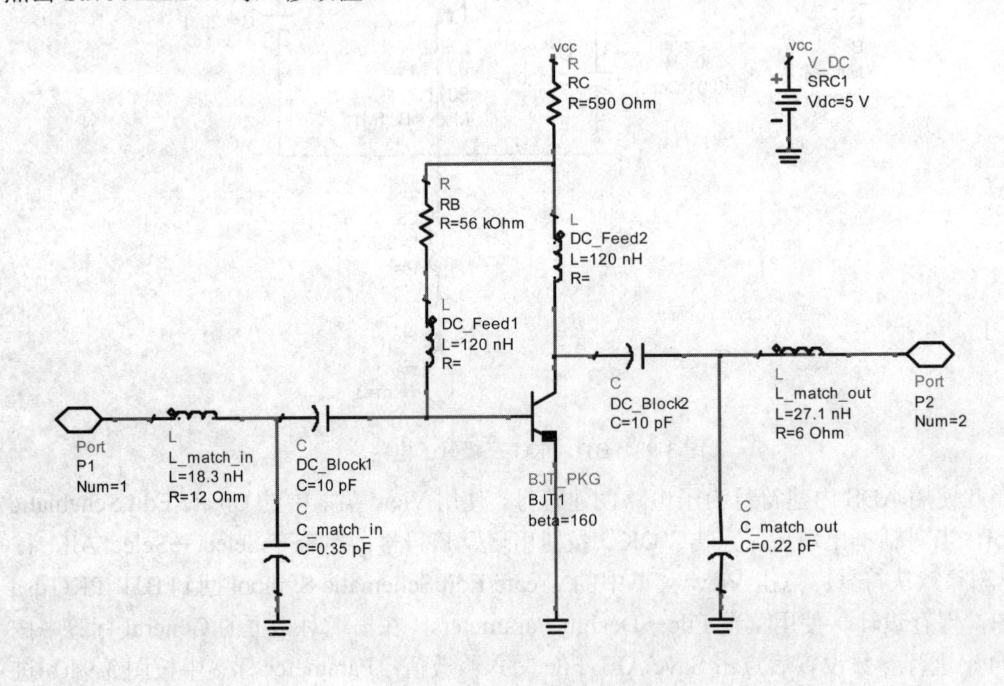

图 3-95　AMP_1900 放大器电路

3) AMP_1900 子电路转移

进入ADS主窗口将AMP_1900子电路从任务AMP_1900_prj转移到System_prj任务中。打开System_prj任务，在System_prj中打开一个新的原理图，然后点击File→copy design。在From Design栏中点击Browse按钮，在amp_1900 project\networks目录下选择AMP_1900。在TO Path栏中点击Working Directory，并点击“OK”按钮，这样AMP_1900文件和它下属的文档都将复制到System_prj系统任务中。

4) AMP_1900 仿真

使用Smart Simulation“魔术棒”(Wizard)对AMP_1900进行仿真。

(1) 在任务System_prj中，打开一个新的原理图并点击 Smart Simulation Wizard 图标。随后出现有5个步骤的对话框：选择Amplifier并点击Next按钮→选择Use an existing ADS design as the Amplifier subcircuit (用一个已经存在的ADS设计作为放大器的子电路)并点击Next按钮→选择AMP_1900并点击Next按钮→检验端口是否正确，若是，点击Next按钮→点击Finish按钮，出现如图3-96所示的带仿真设置的AMP_1900原理图。

(2) 在如图3-96所示的原理图上双击仿真设置图，将出现对话框。在仿真选择(Simulation Selection)一栏中，选择Nonlinear 1-Tone文件夹中的Spectrum、Gain、Harmainc、Disturtion VS Freg项，并点击箭头把它加在右边框中。在仿真设置(Simulation Settings)栏中，设置RF频率Frequency为1.9 GHz，扫描频率从Start为1 GHz到Stop为3 GHz，步长Step为0.1 GHz。同时，点击Power按钮，设置功率(RF Input Power)为−40 dBm；点击Bias Sources按钮，设置偏置电压(bias1，bias2)为0。

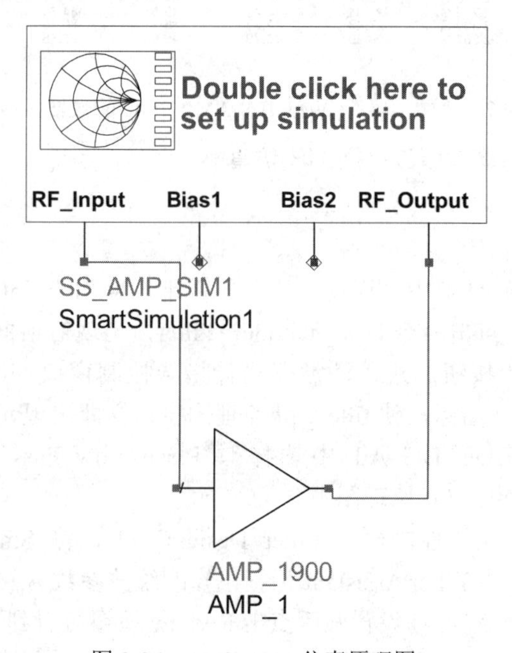

图3-96　AMP_1900仿真原理图

(3) 点击Simulate按钮，仿真完成后，点击Display Results(结果显示)按钮，数据显示将打开且结果将自动绘出，如图3-97所示。可在所观察的频率处设置Marker。

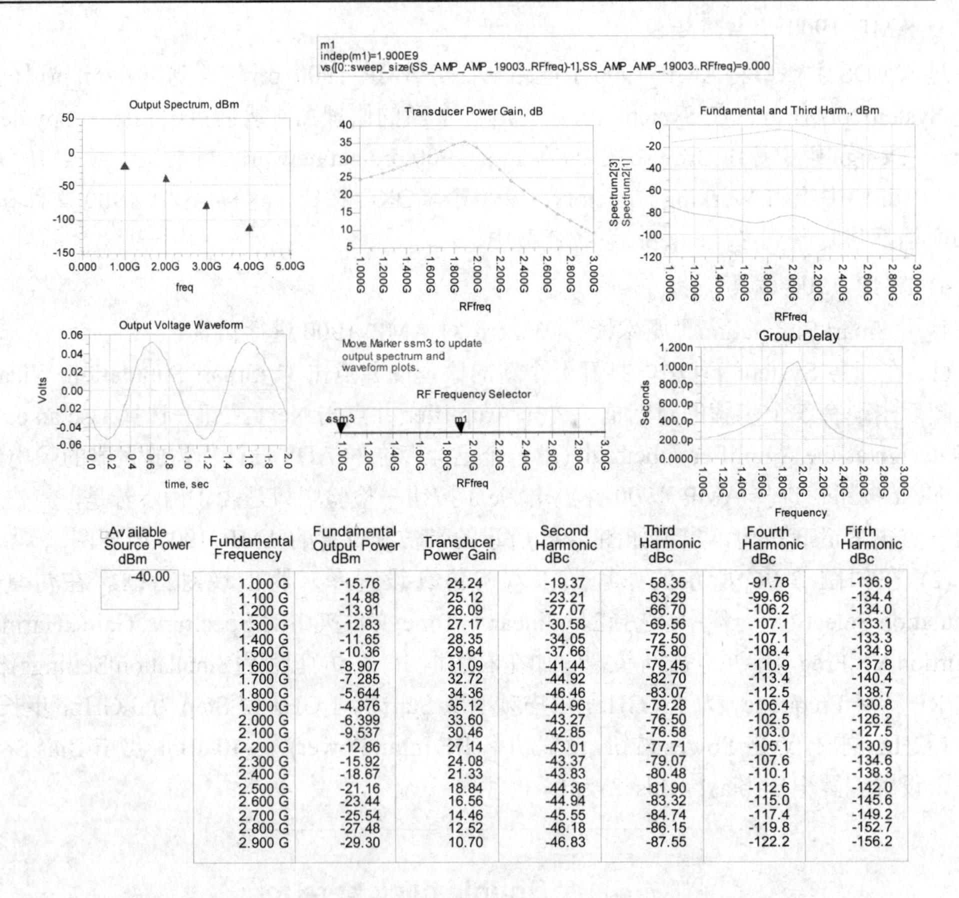

Available Source Power dBm	Fundamental Frequency	Fundamental Output Power dBm	Transducer Power Gain	Second Harmonic dBc	Third Harmonic dBc	Fourth Harmonic dBc	Fifth Harmonic dBc
-40.00	1.000 G	-15.76	24.24	-19.37	-58.35	-91.78	-136.9
	1.100 G	-14.88	25.12	-23.21	-63.29	-99.66	-134.4
	1.200 G	-13.91	26.09	-27.07	-66.70	-106.2	-134.0
	1.300 G	-12.83	27.17	-30.58	-69.56	-107.1	-133.1
	1.400 G	-11.65	28.35	-34.05	-72.50	-107.1	-133.3
	1.500 G	-10.36	29.64	-37.66	-75.80	-108.4	-134.9
	1.600 G	-8.907	31.09	-41.44	-79.45	-110.9	-137.8
	1.700 G	-7.285	32.72	-44.92	-82.70	-113.4	-140.4
	1.800 G	-5.644	34.36	-46.46	-83.07	-112.5	-138.7
	1.900 G	-4.876	35.12	-44.96	-79.28	-106.4	-130.8
	2.000 G	-6.399	33.60	-43.27	-76.50	-102.5	-126.2
	2.100 G	-9.537	30.46	-42.85	-76.58	-103.0	-127.5
	2.200 G	-12.86	27.14	-43.01	-77.71	-105.1	-130.9
	2.300 G	-15.92	24.08	-43.37	-79.07	-107.6	-134.6
	2.400 G	-18.67	21.33	-43.83	-80.48	-110.1	-138.3
	2.500 G	-21.16	18.84	-44.36	-81.90	-112.6	-142.0
	2.600 G	-23.44	16.56	-44.94	-83.32	-115.0	-145.6
	2.700 G	-25.54	14.46	-45.55	-84.74	-117.4	-149.2
	2.800 G	-27.48	12.52	-46.18	-86.15	-119.8	-152.7
	2.900 G	-29.30	10.70	-46.83	-87.55	-122.2	-156.2

图 3-97　“魔术棒”(Wizard)对 AMP_1900 的数据显示仿真

2. 接收机原理图创建与谐波平衡(HB)仿真

1) 滤波器设计

(1) 低通滤波器设计。

在前面的 System_prj 任务中，通过设计向导新建名为 filter_lpf 的低通滤波器。

① 设计向导进入。点击命令 DesignGuide→Filter，出现对话框后，选择 Fliter Control Window 并点击“OK“按钮。进入滤波器设计指导控制窗口 Filter DesignGuide，点击 Component Palette-All 图标，使 filter_lpf 原理图窗口立即出现元件面板 Filter DG-All。

② 在元件面板 Filter DG-All 中选择 Place Low-Pass Lumped Element Filter SmartComponent 放入 filter_lpf 原理图中。

③ 激活滤波器设计指导控制窗口 Filter DesignGuide，将 SmartComponent 栏选择为 DA_LCLowpassDT1；点击 Filter Assistant 标签栏修改纹波参数 A_p(dB) = 0.1、通带参数 F_p = 0.2 GHz、阻带参数 F_s = 1.2 GHz，设置好后点击 Redraw 按钮可看到一个巴特沃斯响应曲线，它将为系统的中频输出提供一个集总参数滤波器。点击 Design 按钮，这样在原理图上就可得到如图 3-98 所示的 DT 元件，且具有了所要求的低通滤波器的特性。双击 DT 元件还可修改相关的参数。

检验设计的滤波器电路。在原理图选中 DT 元件，可通过点击(Push Into Hierarchy)

按钮进入 DT 元件检验电路，其电路图如图 3-99 所示。然后，可通过点击(Pop out)按钮跳回到上层电路。

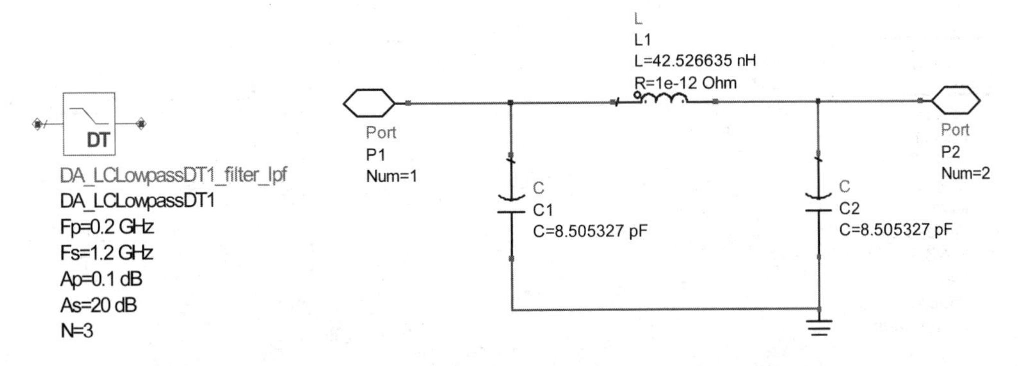

图 3-98　DT 元件图　　　　图 3-99　DT 检验电路图

进行 Simulation 分析，设置扫描从 0 Hz～1.3 GHz，步长为 10 MHz。从运行的 S 参数仿真结果图 3-100 可知，带宽为 200 MHz，−20 dB 阻带在 800 MHz 处，已能满足系统的要求。

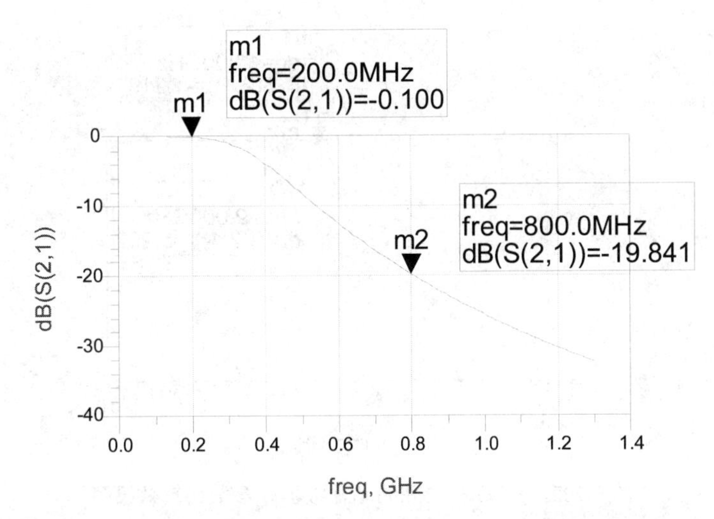

图 3-100　低通滤波器 S 参数仿真效果图

(2) 带通滤波器设计。

在前面的 System_prj 任务中，运用 ADS 电路仿真器新建名为 filter_1900 的 1.9 GHz 微带带通滤波器。

① 在 filter_1900 原理图上从 TLines-Microstrip 面板中选取(MCFIL)元件进行放置。因为两端元件是对称的(CLin1 和 CLin2)，可通过第一个耦合节修改 W、S 和 L 参数后拷贝；再插入一个中间耦合节(CLin3)并修改 W、S 和 L 参数。在两终端插入 Port 端口并将各端口连接成图 3-101 所示的电路图。

② 从微带面板 TLines-Microstrip 中选取(MSUB)放置来进行基片参数定义，在此使用默认的基片参数。保存设计。

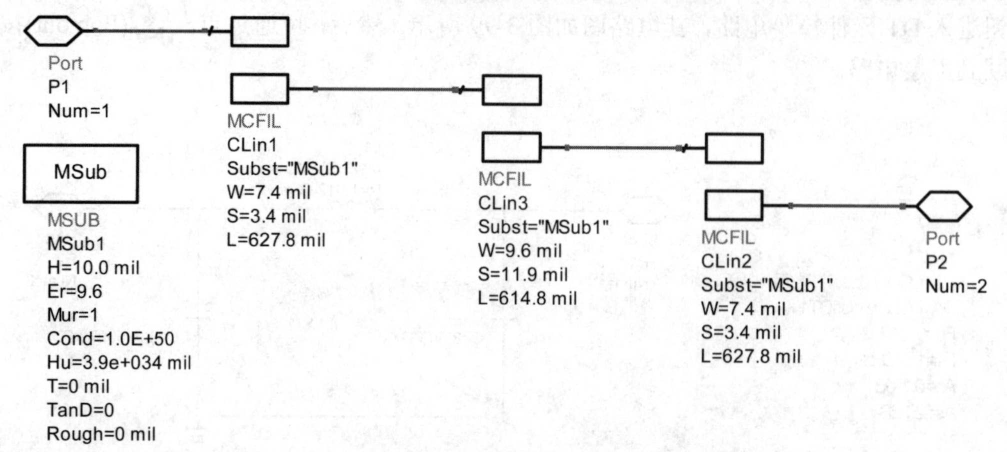

图 3-101　微带带通滤波器电路图

③ 在原理图中，点击菜单 File→Design Parameters。当对话框出现后，将元件实体名设为 filter_1900，内建带通滤波器符号名为 SYM_BPF，点击 Save AEL File 写入修改值并点击“OK”按钮退出对话框。其 S(2，1)参数仿真图如图 3-102 所示，满足设计的需求。

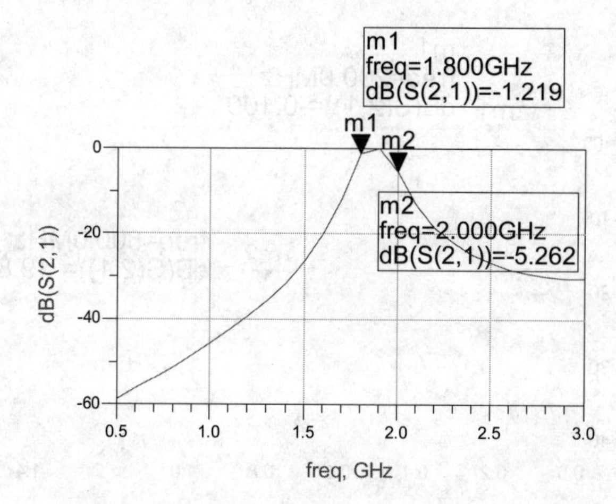

图 3-102　1.9 GHz 微带带通滤波器 S 参数仿真效果图

2) 扫描 LO 的系统原理图设计与 HB 仿真

(1) 扫描 LO 的系统原理图设计。

从现有的 System_prj 任务中打开 rf_sys.dsn 设计文件，用一个新名称 HB_LO_RF_SYS.dsn 保存。在 HB_LO_RF_SYS.dsn 中通过用前面设计的滤波器和放大器替代原 rf_sys.dsn 中的滤波器和放大器来修改设计并进行相关设置，使电路原理图如图 3-103 所示。其方法如下：

① 从库中用 filter_1900 取代特性带通滤波器；用向导设计滤波器 DA_LCLowpass 代替低通滤波器 LPF；从库中用 AMP_1900 取代系统放大器。可通过点击(Push Into Hierarchy)按钮进入各元件检验电路。

② 对前端 RF 和 LO 从 Sources-Freq Domain 面板中找到的 P_1Tone 源，按图 3-103 放置与设置；为 RF 和 LO 的变量按图 3-103 设置 VAR，并进行 Vin 与 Vout 标注。

③ 在混频器中由于电抗效应混频二极管没有响应，故设置 PminLO = −5；转换增益为 3 dB，且 S11、S22、S33 都为 0。

④ 写一个 IF 输出功率的测量方程 MeasEqn。因含有混频，故使用 mix 函数来检验频率，方程为 dbm_out=dBm(mix(Vout,{−1,1}))。这样 dmb_out 就是 IF 信号在 Vout 的功率。

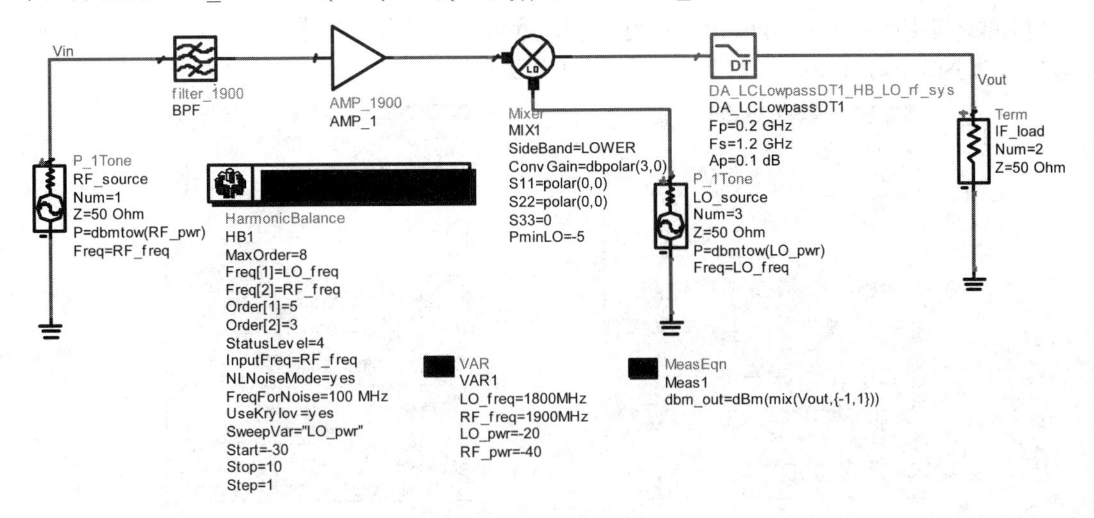

图 3-103　扫描 LO 的系统原理图

(2) 谐波平衡(HB)仿真。

① 谐波平衡(HB)仿真设置。

插入并设置一个谐波平衡控制器 HARMONIC BALANCE，可以通过 Display 打开显示设置，然后在原理图屏幕上通过输入值或者通过控制器设置选项的每一栏来完成设置。

Freq：设置 Freq[1]=LO_Freq，它的 Order[1]=5 次谐波；而设置 Freq[2]=RF_freq，Order[2]=3 次谐波，是因为它的功率比起本振低；设置 Maximum mixing Order(混频产物)为 8；设置 Status level 为 4，这将使在状态窗口中显示更多信息，包括 NF(噪声系数)和转换增益，如图 3-104 所示。

Sweep：设置LO_pwr为线形扫描，Start = −30、Stop = 10、Step-size = 1，如图3-105所示。

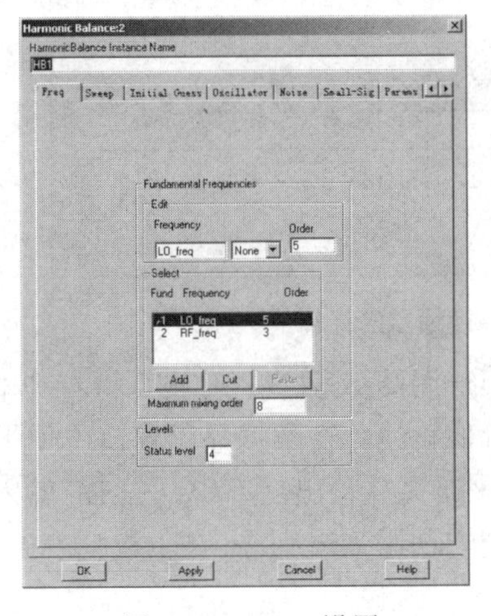

图 3-104　Freq 设置

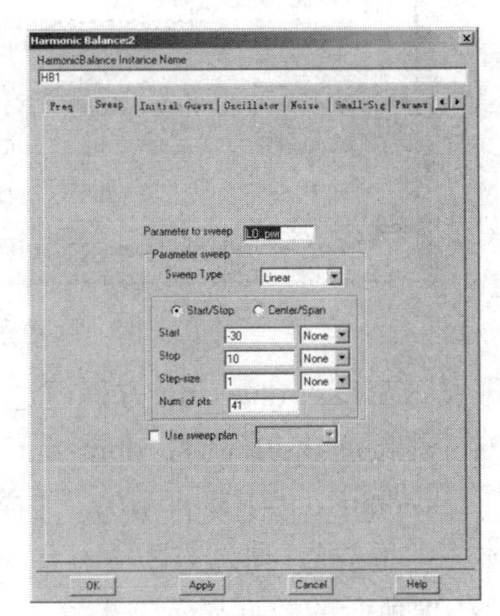

图 3-105　Sweep 设置

Solver：选择 krylov 并点击“OK”按钮。一般说来，对于大的电路(几十上百个晶体管)才需要 krylov，在此可以使用。

Output：通过 Add 选择 RF_PWR 变量，将在数据显示中用来写入方程。

Noise：开启 Nonlinear noise(非线性噪声)并设置 Noise(1)的 Sweep Type 为 Single point、Frequency 为 100 MHz、Input frequency 为 RF_freq，这些均针对端口 1 和 2，如图 3-106(a)所示；在 Noise(2)用 Edit 列表框，加入 Vout 为噪声节点，如图 3-106(b)所示。

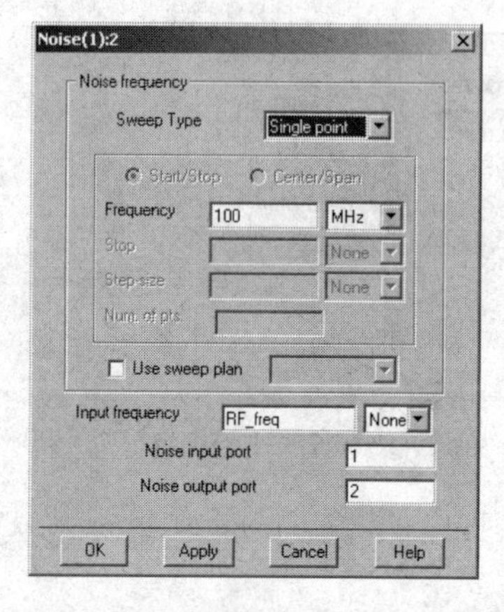

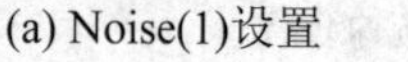
(a) Noise(1)设置

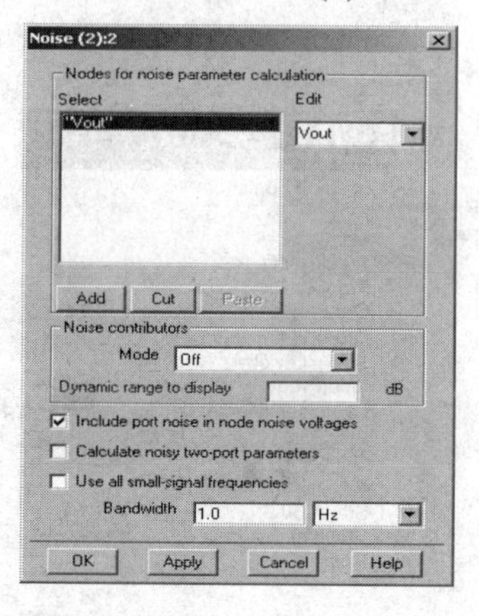

(b) Noise(2)设置

图 3-106　Noise 设置

② HB仿真并作图。

在此主要针对混频器传输增益和噪声系数进行分析，并对本振与dbm_out的关系进行理解。

执行Simulate进行仿真，仿真完成后下拉状态窗口查看噪声系统NF、转换增益Conv Gain的计算值，如图3-107所示。

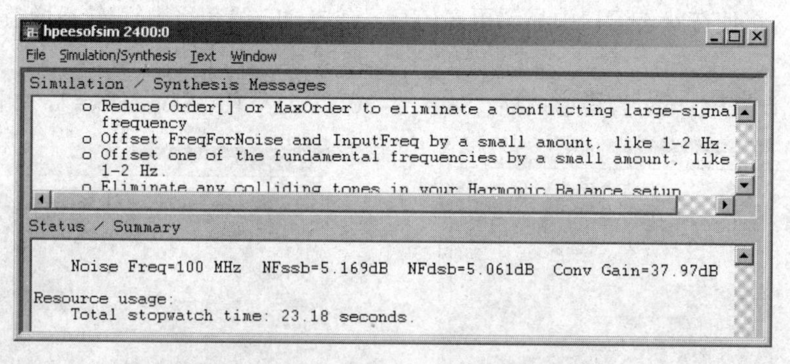

图 3-107　噪声系统、转换增益的计算值

在数据显示窗口对 dbm_out 方程通过点击矩形图图标▦进行作图，将看到本振扫描后产生的影响，在接近 0 dBm 时，dbm_out 开始近似直线。在数据显示窗口中使用 Eqn 写一个方程 IF_gain=dbm_out−RF_pwr[0]，这样是用来研究从输出功率中减去 RF 输入功率而得到被扫描本振的增益值。通过点击 List 图标把方程用列表列出，在下拉列表中查看结果。保存如图 3-108 所示的数据显示结果。

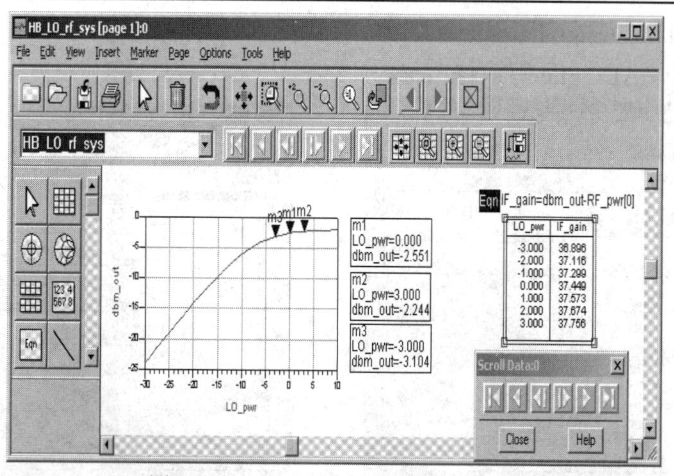

图 3-108　dbm_out 与 IF_gain 仿真图

3.4.4　Digital Signal Processing 应用系统设计与仿真

在此以一个基于高斯 MSK(最小频移键控)调制解调器的 GSM 调制解调系统的电路设计与仿真进行理解，为深入设计 Digital Signal Processing 系统组件设计打下基础。

执行 File→New Project，当屏幕弹出对话框后，将工作路径设为项目开发的路径，任务名为 gsm_prj。

1. RF Transmit 子电路的设计

在任务 gsm_prj 主窗口中点击 New Schematic Window 图标，或选择下拉菜单 Window→New Schematic，将弹出对话框。在 Type of Network 中选择 Digital Signal Processing Network 单选项，命名为 GSM_TX.dsn，并根据下面的方法进行如图 3-109 所示的电路图设计。

在 GSM_TX 原理图上使用元件面板在 Timed Sources 中选取 N_Tones、在 Timed Nonlinear 中选取 MixerRF 与 GainRF、在 Timed Filters 中选取 BPF_ButterworthTimed 放入，并进行端口放置与连线。各器件的连接及参数设置如图 3-109 所示。

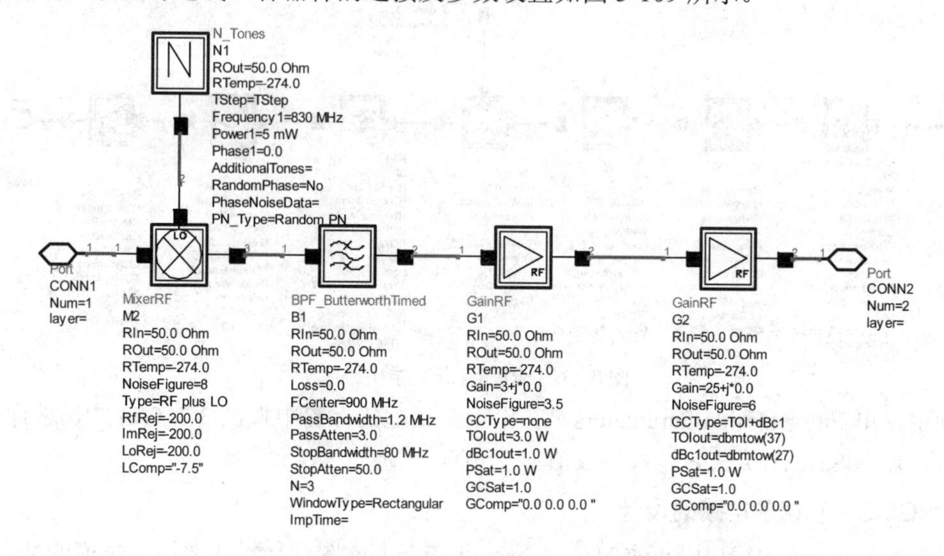

图 3-109　RF Transmit 子电路

使用菜单 File→Design Parameters，在出现对话框的标签中按图 3-110(a)、(b)进行参数设置后，点击 Save AEL File 写入修改值。

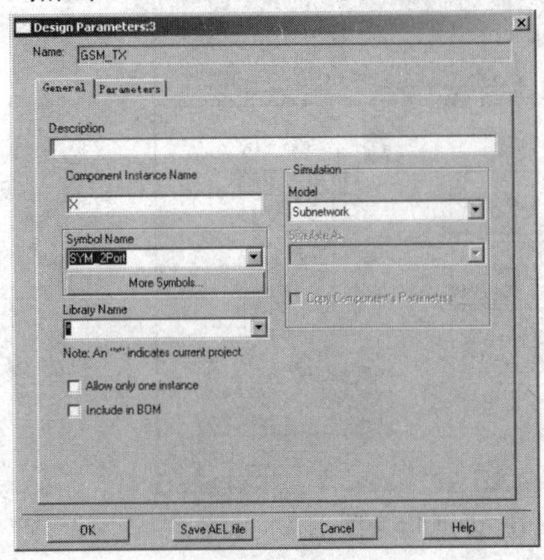

(a) General 标签

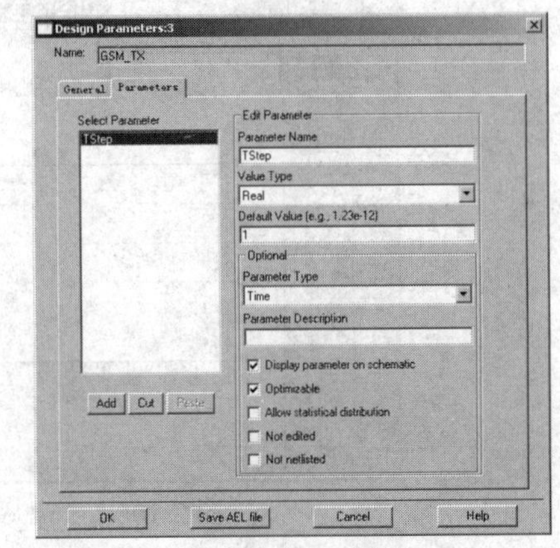

(b) Parameter 标签

图 3-110　GSM_TX 与 GSM_RX 的 Design Parameters 设置

2. RF Receive 子电路的设计

在任务 gsm_prj 主窗口中点击 New Schematic Window 图标，或选择下拉菜单 Window→New Schematic，将弹出对话框。在 Type of Network 中选择 Digital Signal Processing Network 单选项，命名为 GSM_RX.dsn，并根据下面的方法进行如图 3-111 所示的电路图设计。

在 GSM_RX 原理图上使用元件面板在 Timed Sources 中选取 N_Tones、在 Timed Nonlinear 中选取 MixerRF 与 GainRF、在 Timed Filters 中选取 BPF_ButterworthTimed 放入，并进行端口放置与连线。各器件的连接及参数设置如图 3-111 所示。

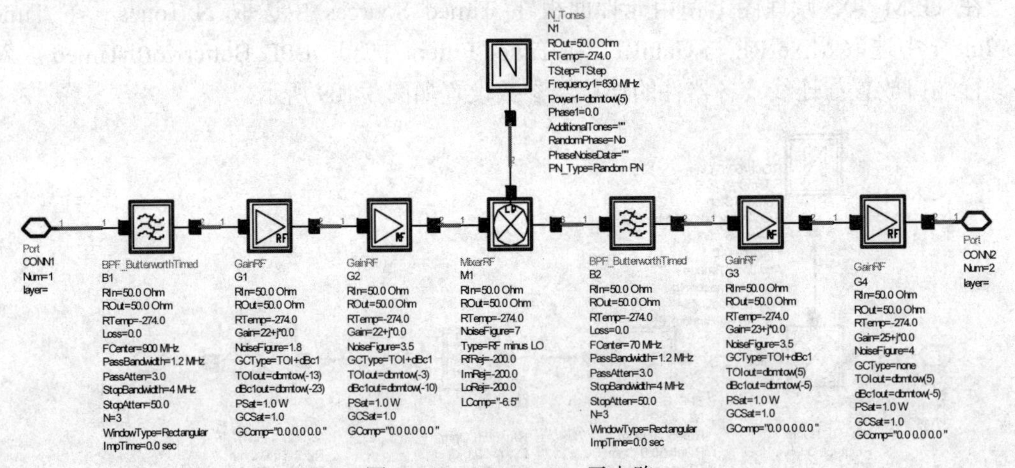

图 3-111　RF Receive 子电路

使用菜单 File→Design Parameters，在出现对话框的标签中按图 3-110(a)、(b)进行参数设置后，点击 Save AEL File 写入修改值。

3. GMSK 解调子电路的设计

在任务 gsm_prj 主窗口中点击 New Schematic Window 图标，或选择下拉菜单 Window

→New Schematic，将弹出对话框。在 Type of Network 中选择 Digital Signal Processing Network 单选项，命名为 DEMODGMSK.dsn，并根据下面的方法进行如图 3-112 所示的电路图设计。

在 DEMODGMSK 原理图上使用元件面板在 Timed Filters 中选取 BPF_RaisedCosineTimed、在 Timed Linear 中选取 SplitterRF、在 Timed Modem 中选取 GMSK_Recovery 与 GMSK_Demod 放入，并进行端口放置与连线。各器件的连接及参数设置如图 3-112 所示。

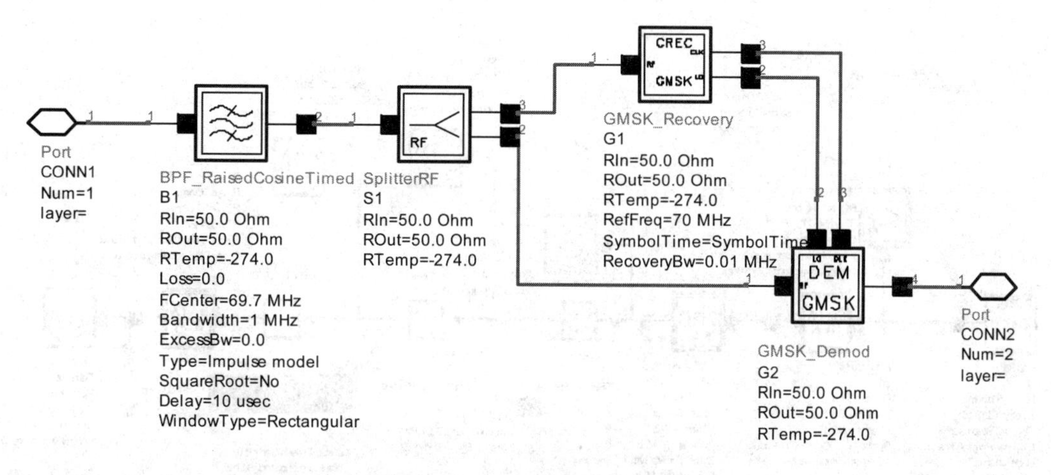

图 3-112　GMSK 解调子电路

使用菜单 File→Design Parameters，在出现对话框的标签中按图 3-113(a)、(b)进行参数设置后，点击 Save AEL File 写入修改值。

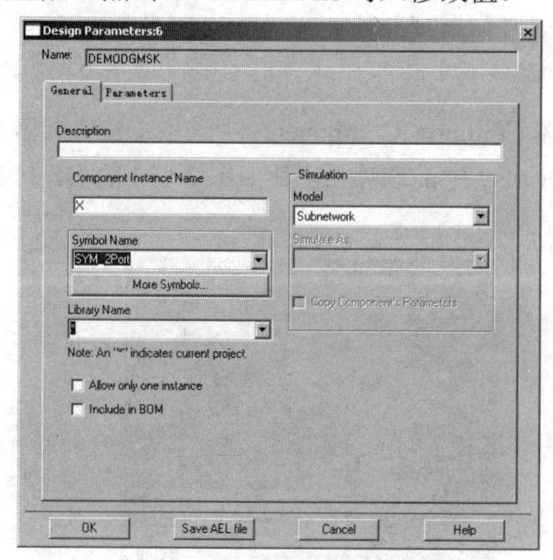

(a) General 标签

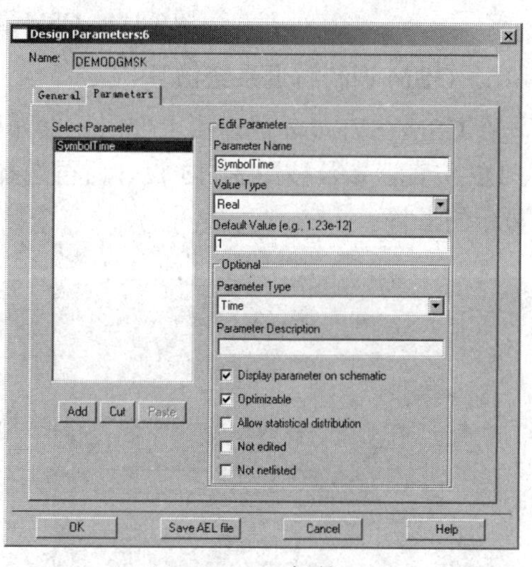

(b) Parameter 标签

图 3-113　DEMODGMSK 的 Design Parameters 设置

4．GSM 调制解调系统仿真电路设计

在任务 gsm_prj 主窗口中点击 New Schematic Window 图标，或选择下拉菜单 Window →New Schematic，将弹出对话框。在 Type of Network 中选择 Digital Signal Processing Network 单选项，命名为 GSM_SYS.dsn，并根据下面的方法进行如图 3-114 所示的电路图设计。

在 GSM_SYS.dsn 原理图上使用元件面板在 Timed Sources 中选取 Data、在 Timed Data Processing 中选取 BinaryCoder、在 Timed Linear 中选取 DelayRF、在 Sinks 中选取 TimedSink、在 Timed Modem 中选取 GMSK_Mod 放入。

通过点击元件库图标 (Display Component Library List)选择 GSM_TX、GSM_RX、DEMODGMSK 子电路符号放入原理图，并进行端口放置与连线。各器件的连接、VAR 及参数的设置如图 3-114 所示。

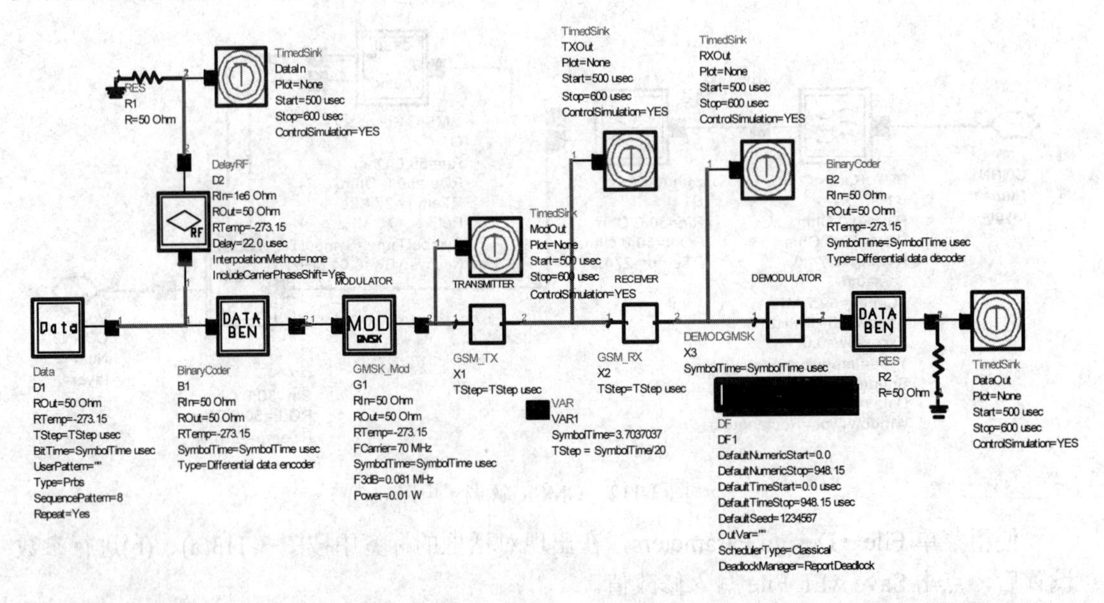

图 3-114 GSM 调制解调系统仿真电路

5．GSM 调制解调系统仿真

在 GSM_SYS.dsn 原理图上使用元件面板在 Common Components 中选取 DF 仿真器放入。DF 仿真器参数按图 3-115 设置后再选择 Display 中的选项，使其如图 3-114 的 DF 仿真器显示的一样。

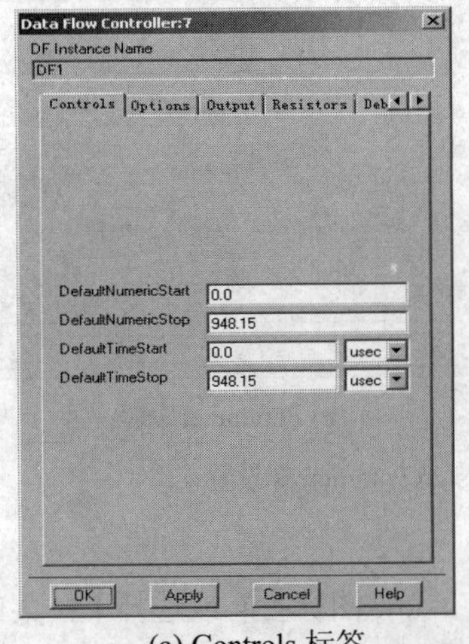

(a) Controls 标签

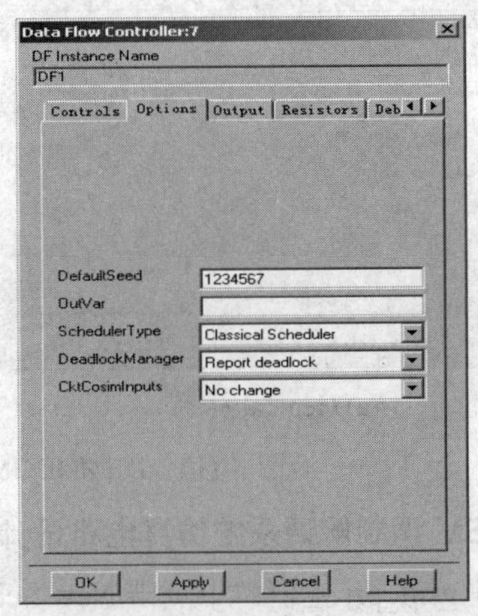

(b) Options 标签

图 3-115 DF 仿真器设置

执行 Simulate 进行仿真，仿真完成后在数据显示窗口对 DataIn 与 DataOut 通过点击图标▦进行作图，将看到数据从输入端经 GMSK 调制解调后传输到输出端后还原准确。为了便于测试观察，在 DataIn 测试时加入了 DelayRF，解决 DataIn 与 DataOut 有系统时延差的问题，这样就可从图 3-116 看见其两者的码元位置相对。

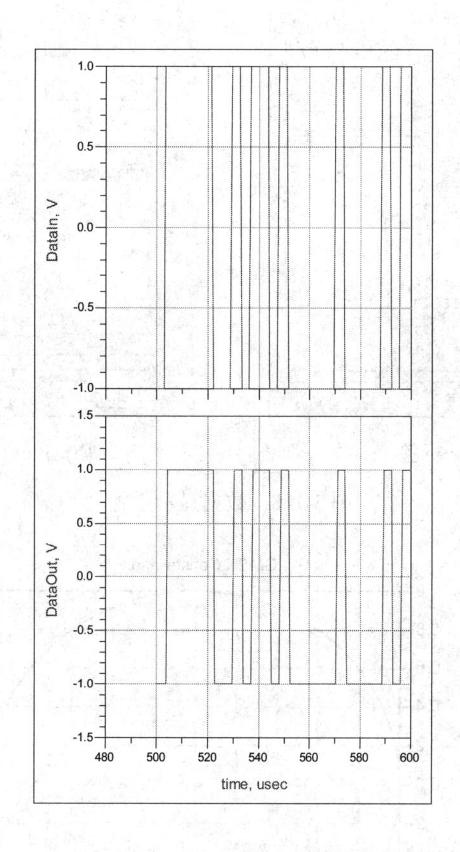

图 3-116 DataIn 与 DataOut 波形测试

在数据显示窗口对 ModOut、TXOut、RXOut 通过点击图标▦进行作图，观察 ModOut、TXOut、RXOut 的 Real part 波形并标记，可看出调制输出、发射与接收增益值的变化。其波形如图 3-117 所示。

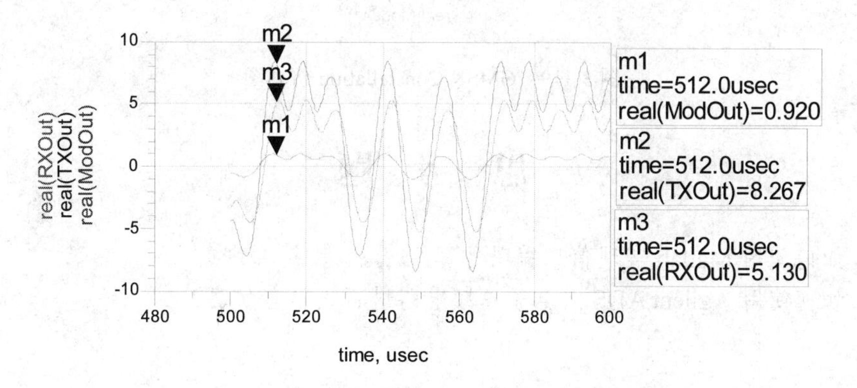

图 3-117 ModOut、TXOut、RXOut 的 Real part 波形

在数据显示窗口对 ModOut 通过点击图标进行 vs(imag(ModOut)，real(ModOut))作图，并加入标题 GMSK Constellation，其数据显示设置如图 3-118 所示，可得到图 3-119 所示的 GMSK Constellation 仿真图。

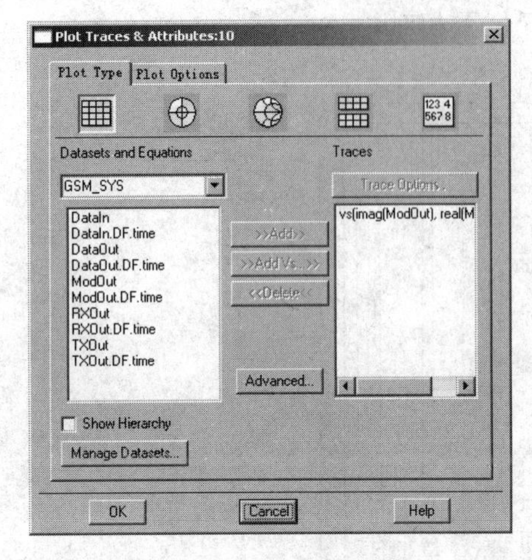

(a) Plot Type 标签

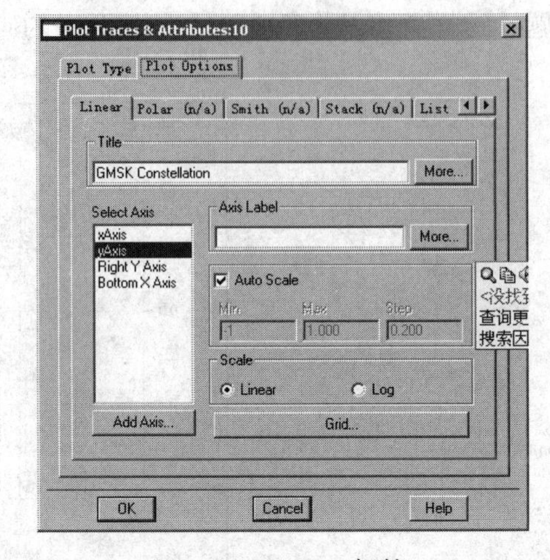

(b) Plot Options 标签

图 3-118　数据显示设置

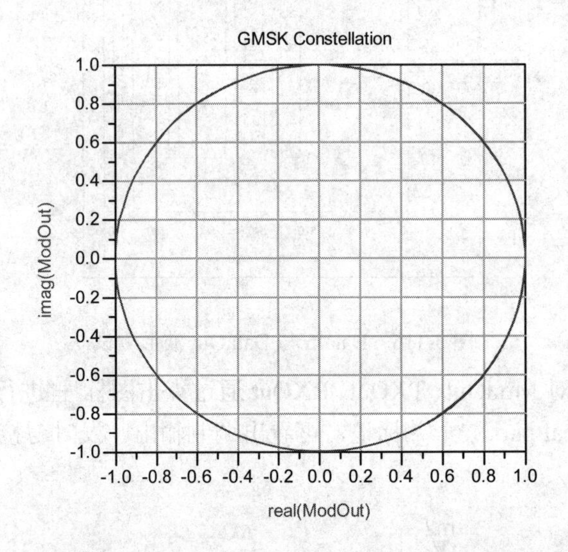

图 3-119　GMSK Constellation 仿真图

思　考　题

3.1　如何使用 Matlab 实现信息编码仿真?

3.2　如何使用 Agilent ADS 对电子高频电路进行设计与仿真?

第 4 章　印刷电路板的设计

4.1　Protel 99SE 软件简介

美国 ACCEL Technologies 公司于 1988 年推出了在当时非常受欢迎的电路 CAD 软件包——TANGO。它具有操作方便、易学、实用、高效的特点，但随着集成电路技术的不断进步，集成度越来越高，引脚数目越来越多，封装形式也趋于多样化，并以 QFP、PGA、BGA 等封装形式为主，使电子线路越来越复杂，TANGO 软件的局限性也越来越明显。为此，澳大利亚 Protel Technology 公司推出了 Protel CAD 软件，以作为 TANGO 的升级版本和继承者。Protel 上市后迅速取代了 TANGO，成为当时影响最大、用户最多的电子线路 CAD 软件之一。

但早期的 Protel 属于 DOS 应用程序，只能通过键盘命令完成相应的操作，使用起来并不方便。随着 Windows 95/98 的普及，Protel Technology 公司先后推出了 Protel for Windows 1.0、Protel for Windows 1.5、Protel for Windows 2.0、Protel for Windows 3.0 等多个版本。1998 年推出了全 32 位的 Protel 98，1999 年推出了 Protel 99、Protel 99 Service Pack1、Protel 99SE 等版本，2002 年发布了在 Windows 2000、Windows XP 操作系统下运行的 Protel DXP 版本。Protel 98/99/99SE 功能很强，将电路原理图编辑、电路性能仿真测试、PLD 设计及印刷电路板编辑等功能融合在一起，从而实现了电子设计自动化(EDA)。Protel 98/99/99SE 具有 Windows 应用程序的一切特性，在 Protel 98/99/99SE 中引入操作“对象”属性的概念，使所有“对象”(如连接、元件、I/O 端口、网络标号、焊盘、过孔等)具有相同或相似的操作方式，实现了电子线路 CAD 软件所期望的“简单、方便、易学、实用、高效”的操作要求。本书将详细介绍 Protel 99SE 的功能及使用方法。

Protel 99/99SE 具有如下特点：

(1) 将原理图编辑(Schematic Edit)、印刷电路板(PCB)编辑、可编程逻辑器件(PLD)设计、自动布线(Route)、电路模拟仿真(Sim)、信号完整性分析等功能有机结合在一起，是真正意义上的 EDA 软件，智能化、自动化程度较高。

(2) 支持由上到下或由下到上的层次电路设计，使 Protel 99/99SE 能够完成大型、复杂的电路系统设计。

(3) 当原理图中的元件来自仿真用元件电气图形符号库时，可以直接对电原理图中的电路进行仿真测试。

(4) 提供 ERC(电气规则检查)和 DRC(设计规则检查)，能最大限度地减少设计错误。

(5) 库元件的管理、编辑功能完善，操作非常方便。通过基本的作图工具，可完成原理图用元件电气图形符号以及 PCB 元件封装图形的编辑、创建。

(6) 全面兼容了 TANGO 及 Protel for DOS，即在 Protel 99/99SE 中可以使用、编辑 TANGO 或低版本 Protel 建立的文件，并提供了转换成 OrCAD 格式文件的功能。

(7) Schematic 和 PCB 之间具有动态连接功能，保证了原理图与印刷板的一致性，以便相互检查、校验。

(8) 具有连续操作功能，可以快速地放置同类型元件、连线等。

4.1.1　Protel 99/99SE 新增功能

Protel 公司推出 Protel 98 后，于 1999 年 3 月推出了 Protel 99 正式版，不久又推出了 Protel 99SE(即 Protel 99 第二版)，两者的运行环境、操作方式(如原理图编辑、自动布局与布线操作、印刷板编辑等的操作方式)基本相同。与 Protel 99 相比，Protel 99SE 主要做了如下改进。

1．设计文件类型

在创建新设计项目时，允许选择设计文件类型，可以选择.ddb(设计数据库)文件，也可以选择 Windows 系统文件。

2．模拟仿真部分

(1) 改进了“Browse Simdata”(浏览仿真数据)窗口的操作界面，在直流工作点分析外的仿真方式中，增加了观察对象创建(New)和删除(Delete)按钮；强化了仿真曲线的测量方式，不仅可以获得 A、B 两被测点的差——B−A，还可以获得最小值、最大值、平均值、均方值等参数。

(2) 尽管保留了数学函数仿真元件库，但作用不大。在 Protel 99SE 中，可以通过“浏览仿真数据”窗口内的“New”按钮，借助基本的数学函数构造新的观测对象的数学表示式，这样便可观测各节点电压、支路电流、器件功率外的其他物理量及其仿真曲线，避免了因在原理图内加入数学函数仿真元件和连接而对原理图造成的破坏。

(3) 强化了 AC 小信号分析波形观察方式，可以直接观察“群延迟”参数，且允许在 AC 小信号分析窗口内同时以两种方式观察被测对象。

(4) 扩充了仿真元件库，增加了新的仿真元件。

(5) 增加了观察信号类型。在 Protel 99SE 中，可以观察任一元件中的电流量。

3．原理图编辑部分

(1) 改进了“Browse Sch”(浏览原理图)窗口的操作界面，当以“Library”(元件电气图形库)作为浏览对象时，增加了元件电气图形符号浏览按钮“Browse”和元件电气图形符号浏览窗。在元件电气图形符号浏览窗内，除了显示元件电气图形符号外，还提供了同一封装内的套数、套号信息，使操作者能够方便、迅速地找出目标元件的电气图形符号，直观性强。

(2) 改进了元件属性窗口的界面。

(3) 修改了部分对话窗界面。

4．PCB 编辑器部分

强化了原理图与 PCB 编辑器的同步更新方式。在原理图窗口内执行“Design”(设计)菜单下的“Update PCB…”命令，即可将原理图内元件封装形式、电气连接关系装入同一

设计数据库文件包内的 PCB 文件(如果存在多个 PCB 文件，则系统会询问用户装入哪一个 PCB 文件；如果没有 PCB 文件，将自动产生 PCB 文件)，无需先生成网络表后才能装入的操作过程。

5．Signal Integrity(信号完整性分析)

(1) 强化了信号完整性分析功能，给每一个分析参数设置了缺省值，即使不对信号完整性分析参数进行任何设置，也能运行。

(2) 调整了部分设置项的位置、内容，忽略了对分析结果影响不大的设置项，简化了分析参数的设置过程。

4.1.2　Protel DXP 简介

Protel 公司在 2002 年推出了 Protel DXP。Protel DXP 是基于 Windows 98/2000/XP/NT 环境的新一代电路图辅助设计与绘制软件。其功能模块包括原理图设计、印刷电路板设计、电路信号仿真、可编程逻辑元件设计、现场可编程门阵列(FPGA)电路设计以及硬件描述语言(VHDL)设计编译模块等，是集成的、一体化的电路设计与开发环境。

Protel DXP 的运行环境要求比 Protel 99/99SE 的高，具体配置如表 4-1 所示。

表 4-1　Protel DXP 的推荐配置与最小配置

推 荐 配 置	最 小 要 求
Windows XP	Windows 2000 Professional
Pentium 1.2 GHz 或更高	Pentium 500 MHz
内存 512 MB	内存不小于 128 MB
硬盘空间不小于 620 MB	硬盘空间不小于 620 MB
32 MB 显存，分辨率 1024 × 768	8 MB 显存，分辨率 1024 × 768

尽管 DXP 版新增了一些功能，但一般很少会被用户用到，且其对显示器尺寸要求太高(当显示器尺寸小于 19 英寸时，界面上的文字、按钮偏小，使眼睛很容易疲劳)。

4.1.3　Protel 99/99SE 的安装与启动

1. Protel 99/99SE 的安装

1) Protel 99/99SE 的运行环境

Protel 99/99SE 对计算机的要求不高。最低配置为：Pentium Ⅱ或 Celeron 266 以上 CPU，内存容量不小于 32 MB(最好是 64 MB 或 128 MB)，硬盘容量大于 1GB(最好使用 8 GB 以上硬盘)，显示器尺寸不小于 15 英寸，分辨率不能低于 1024 × 768。分辨率低于 1024 × 768 时，将不能完整地显示出 Protel 99/99SE 窗口的下侧及右侧部分。软件环境是 Windows 98/NT4.0/2000 或以上版本。

2) Protel 99/99SE 的安装

将 Protel 99/99SE 的光盘插入 CD-ROM 驱动器内。如果 CD-ROM 自动播放功能未被禁止，则 Protel 99/99SE 安装向导将自动启动，并引导用户完成 Protel 99/99SE 的安装。

也可以直接运行 Protel 99/99SE 的安装文件 setup，启动安装过程。

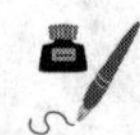

3) 安装补丁程序

完成 Protel 99/99SE 的安装后，可执行安装光盘中的 Protel 99se servicepack6.exe，安装补丁程序。

4) 安装中文菜单

在复制中文菜单前，完成 Protel 99SE 的安装后，先启动一次 Protel 99SE，退出后将 Windows 根目录下的 Client99se.rcs 英文菜单保存起来，然后将安装光盘中的 Client99se.rcs 复制到 Windows 根目录下。再启动 Protel 99SE 时，即可发现所有菜单命令后均带有中文注释。

2. Protel 99/99SE 的启动

在 Windows 98/2000 桌面上和“开始”菜单中建立了“Protel 99SE”的快捷方式图标，同时在“开始\程序”快捷菜单中也建立了“Protel 99SE”的快捷方式菜单。若要启动 Protel 99SE，则可以采用下列三种方式之一：双击桌面上的“Protel 99SE”快捷图标；单击“开始”菜单中的“Protel 99SE”快捷菜单；“开始\程序”快捷菜单中的“Protel 99SE”下的“Protel 99SE”。

启动 Protel 99SE 后出现如图 4-1 所示的操作界面。

Design Explorer
File
View
Help
文件管理器工具
Explorer
Design Desktop
Active Design Stations
文件管理器窗口

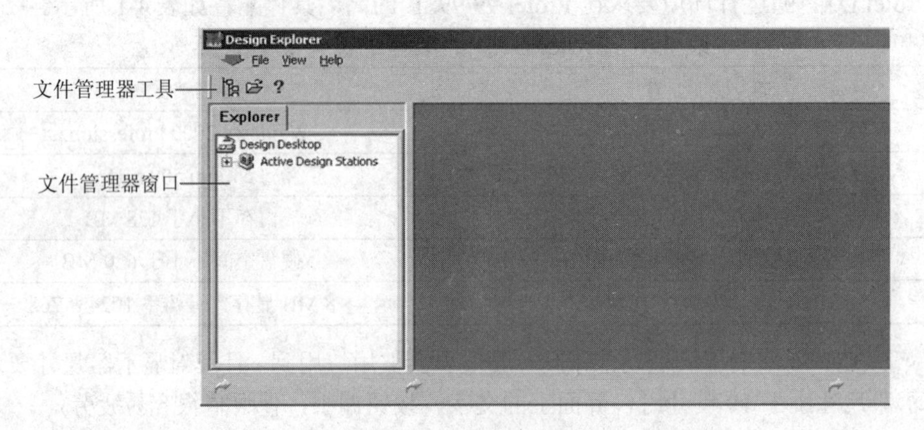

图 4-1　Protel 99SE 界面

文件管理主要通过“File”(文件)菜单中的各命令来实现，如图 4-2 所示。

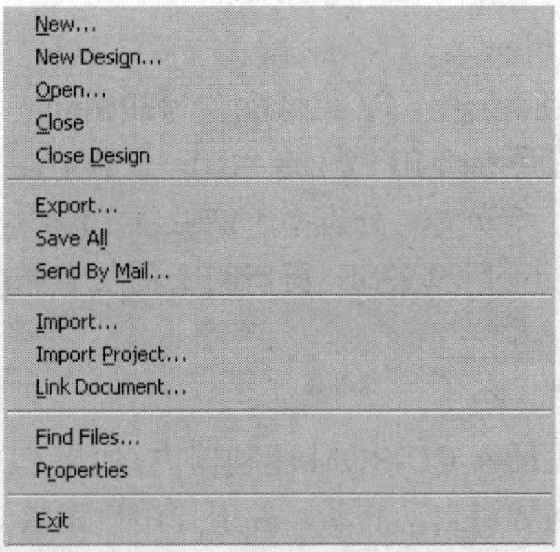

New...
New Design...
Open...
Close
Close Design
Export...
Save All
Send By Mail...
Import...
Import Project...
Link Document...
Find Files...
Properties
Exit

图 4-2　File 菜单

“File”(文件)菜单的各项命令功能介绍如下。

(1) New：新建一个空白文件，文件的类型可以是原理图 Sch 文件、印制电路板 PCB 文件、原理图元件库编辑文件 Schlib、印制电路元件库编辑文件 PCBlib、文本文件及其他文件等。

(2) New Design：新建一个设计库，所有的设计文件将在这个设计库中统一管理。该命令与用户还没有创建数据库前的 New 命令执行过程一致。

(3) Open：打开已存在的设计数据库。

(4) Close：关闭当前已经打开的设计文件。

(5) Close Design：关闭当前已经打开的设计数据库。

(6) Export：将当前设计数据库中的一个文件输出到其他路径，对于在原理图和 PCB 环境下，该命令功能存在一些区别。

(7) Save All：保存当前所有已打开的文件。

(8) Send by Mail：选择该命令后，用户可以将当前设计数据库通过 E-mail 传送到其他计算机。

(9) Import：将其他文件导入当前设计数据库，成为当前设计数据库中的一个文件。

(10) Import Project：执行该命令后，可以导入一个已存在的设计数据库到当前设计平台中。

(11) Link Document：连接其他类型的文件到当前的设计数据库中。

(12) Find Files：选择该命令后，系统将弹出如图 4-3 所示的查找文件对话框，用户可以用多种方式查找设计数据库中或硬盘驱动器上的其他文件。

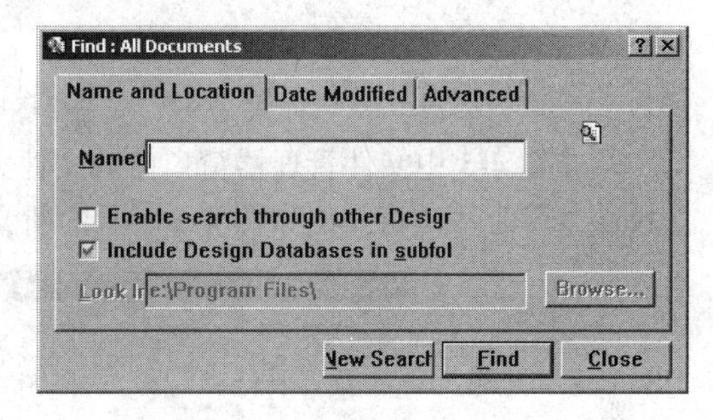

图 4-3　“查找文件”对话框

(13) Properties：管理当前设计数据库的属性。

(14) Exit：退出 Protel 99SE 系统。

单击图 4-1 中“File”(文件)菜单下的“New”(新项目)命令，即可创建一个新的设计数据库文件(.ddb)，如图 4-4 所示。

单击图 4-4 中的“Location”标签，即可选择设计文件类型，缺省时用设计数据库文件包，扩展名为.ddb，即项目内所有文件存放在一个设计数据库文件包内；也可以选择 Windows 系统文件结构，这时项目内不同文件单独存放在一个文件夹内；还可以指定新设计文件(.ddb)的存放路径(缺省时存放在 Design Explorer 99SE 目录下的 Examples 子目录内)，文件名(MyDesign.ddb)。建议通过“Browse...”(浏览)按钮选择其他的目录路径，并在“Database File Name”文本框内输入新设计的

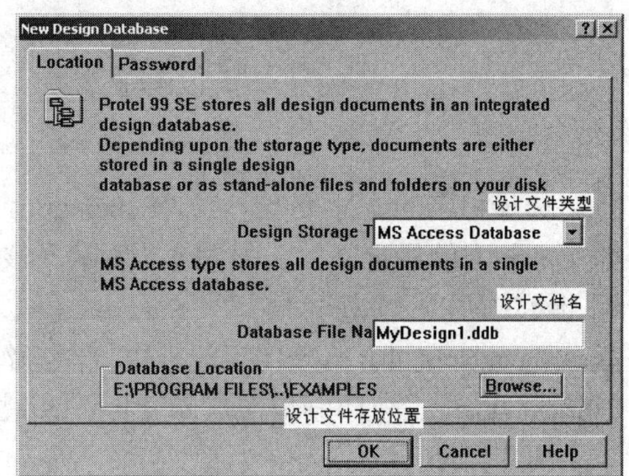

图 4-4　设计文件库

数据库的文件名。

必要时单击图 4-4 中的“Password”标签，输入访问该设计数据库文件包的密码。

选择“设计数据库文件”存放路径并输入文件名后，单击“OK”按钮，即可进入 Protel 99SE 的设计状态，如图 4-5 所示。

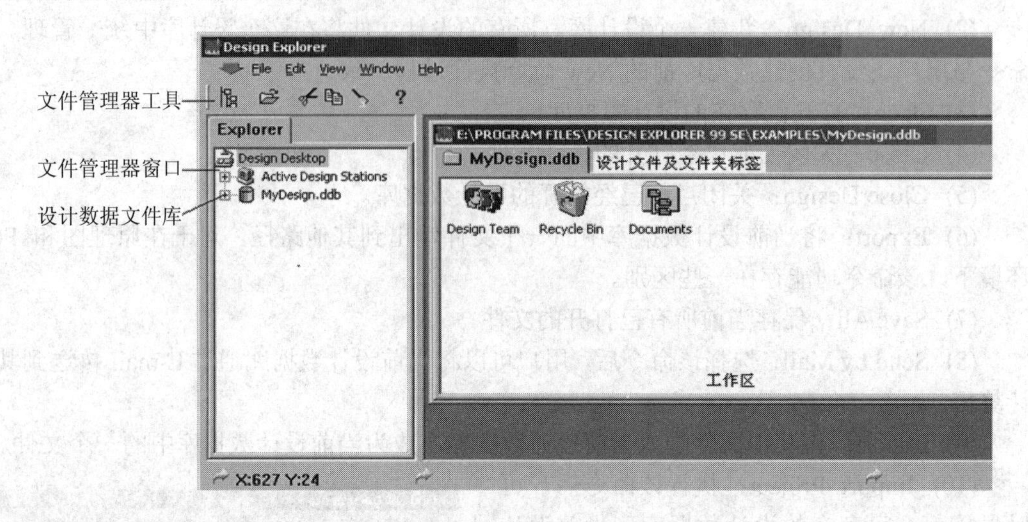

图 4-5 创建设计文件库后的界面

单击图 4-5 中文件管理器窗口内的文件夹，如“Documents”，或执行“File”菜单下的“New…”命令，将弹出如图 4-6 所示的新文档(New Document)选择窗口。

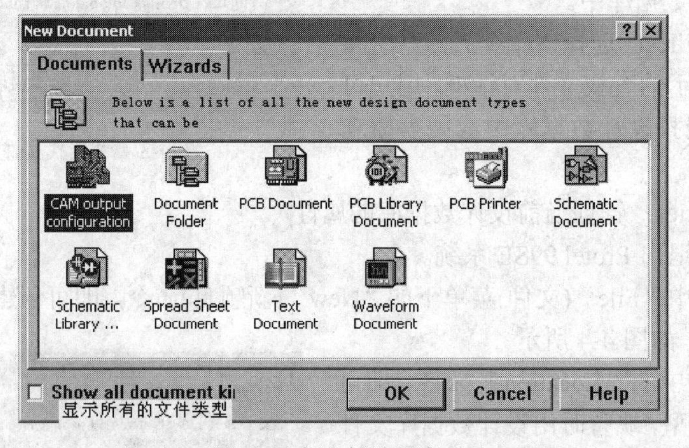

图 4-6 新文档选择窗口

选择相应的文件类型，如“Schematic Document”(原理图文件)，单击“OK”按钮，即生成相应的设计文件，如图 4-7 所示。该文档选择窗口内列出了 Protel 99SE 可以管理、编辑的文件类型，包括 Schematic Document(原理图文件)、Schematic Library Document(SchLib，原理图用元件电气图形符号库文件)、PCB Document(印制板文件)、PCB Library Document(印制板图形库文件)、Spread Sheet Document(Protel 表格文件，类似于电子表格)、Text Document(文本文件)、Waveform Document(波形文件)和 Document Folder(文件夹)等。

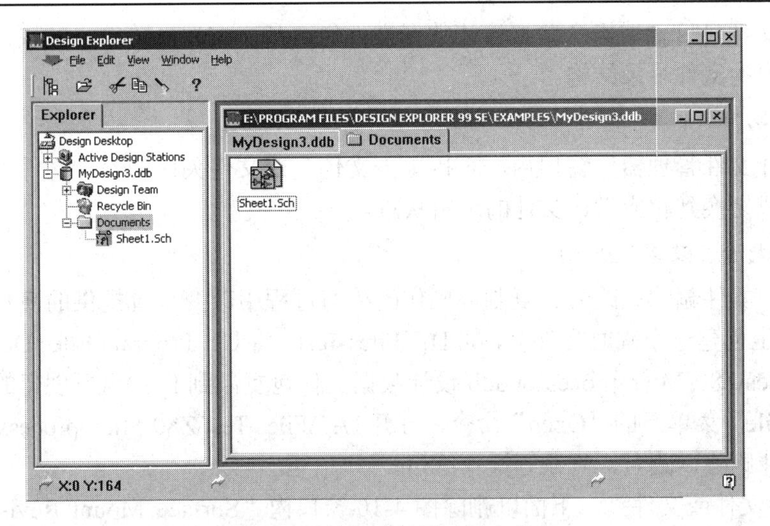

图 4-7　系统创建的原理图文件名

3. Protel 99/99SE 中文件的管理

在 Protel 99/99SE 中，通过“设计文件管理器”即可方便、快捷地管理整个设计项目内数目庞大的不同类型的设计文件。“设计文件管理器”的使用方法与“Windows”中“资源管理器”的使用方法完全相同。

1) 打开设计文件

执行“File”菜单下的“Open...”命令(或直接单击工具栏内的“打开”按钮)，在如图 4-8 所示的“Open Design Database”窗口内，在“文件类型”下拉列表窗口内选择相应设计的文件类型(如.ddb)，在文件列表窗口内找出待打开的设计文件名(如 Design Explorer 99SE\Examples 文件夹下的演示文件库 Z80 Microprocessor)后，再单击“OK”按钮或直接双击文件列表窗口内的设计文件，即可打开一个已存在的设计文件库，如图 4-9 所示。

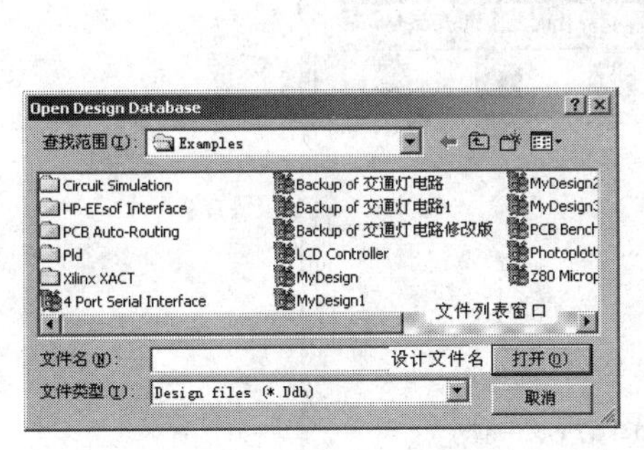

图 4-8　打开设计文件选择窗口

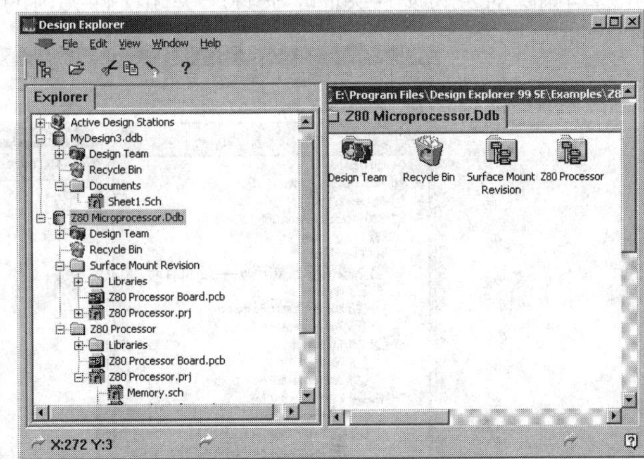

图 4-9　设计文件库 Z80 Microprocessor.ddb 的结构

2) 列出或隐藏设计文件或文件夹内的目录结构

在“设计文件管理器”窗口内，单击设计数据库文件包前的小方块，即可显示或隐藏

设计数据库文件包目录结构；单击设计数据文件包内某一文件夹前的小方块，即可显示或隐藏文件夹内的文件目录结构。

3) 文件切换

在“设计文件管理器”窗口内，直接单击文件夹或文件夹内的设计文件时，可迅速打开文件夹，或切换到相应设计文件的编辑状态。

4) 文件删除、改名及复制

为防止在文件删除、改名、复制等操作的练习过程中改变系统提供的演示文件，不妨先在 D(E)盘上创建一个临时文件夹，如 D：\Files Test。将 C：\Program Files\Design Explorer 99SE\Examples\Z80 Microprocessor.ddb 设计数据文件包复制到 D(E)盘下创建的临时文件夹内，执行“File”菜单下的“Open”命令，打开 D：\Files Test\Z80 Microprocessor.ddb 文件，然后进行文件删除、改名、复制等操作练习。

(1) 删除文件或文件夹。下面以删除图 4-10 窗口内“Surface Mount Revision”文件夹内的“Memory.sch”文件为例，说明文件删除的操作过程。

① 在“设计文件管理器”窗口内，单击“Surface Mount Revision”文件夹下的“Memory.sch”文件。

② 执行“File”菜单下的“Close”命令，关闭文件(或将鼠标移到文件名上，单击右键弹出快捷菜单，指向并单击其中的“Close”命令以关闭文件)。

③ 单击“Surface Mount Revision”文件夹，返回图 4-10。

④ 在如图 4-10 所示的文件列表窗口内，单击 Memory.sch 图标。

⑤ 执行“File”菜单下的“Delete”命令，确认后即可将 Memory.sch 文件移到“Recycle Bin”(回收站)内。

当文件处于关闭状态时，将鼠标移到需要删除的设计文件上，按住鼠标左键不放，直接将文件移到“Recycle Bin”(回收站)文件夹内也可迅速删除。

当删除对象为文件夹时，先逐一关闭文件夹内的文件，然后即可删除文件夹本身。

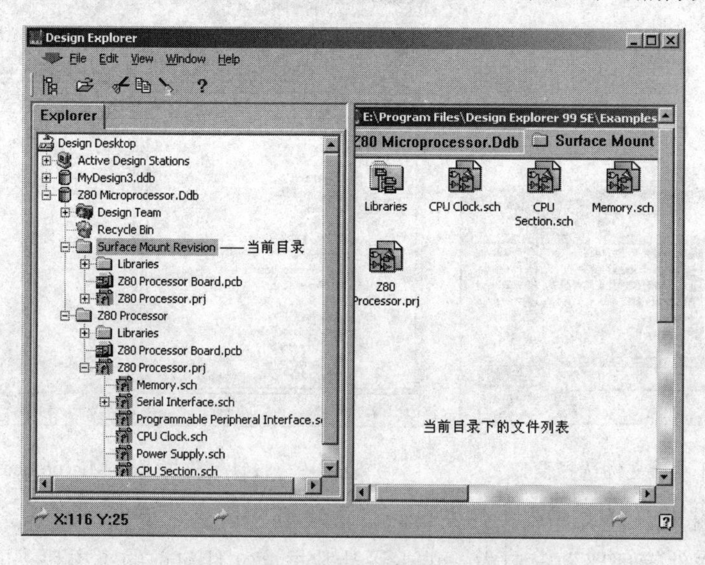

图 4-10　设计文件库(.ddb)内文件夹结构和文件复制

(2) 永久删除与恢复。当需要彻底删除或从回收站内恢复某一文件时，在“设计文件管理器”窗口中，双击“Recycle Bin”(回收站)文件夹，在回收站窗口内，指向并单击目标文件后(见图 4-11)，在执行“File”菜单下的“Delete”命令可将目标文件永久删除；执行“File”菜单下的“Restore”命令可恢复目标文件；执行“File”菜单下的“Empty Recycle Bin”(清空回收站)命令将永久删除回收站内的所有文件。

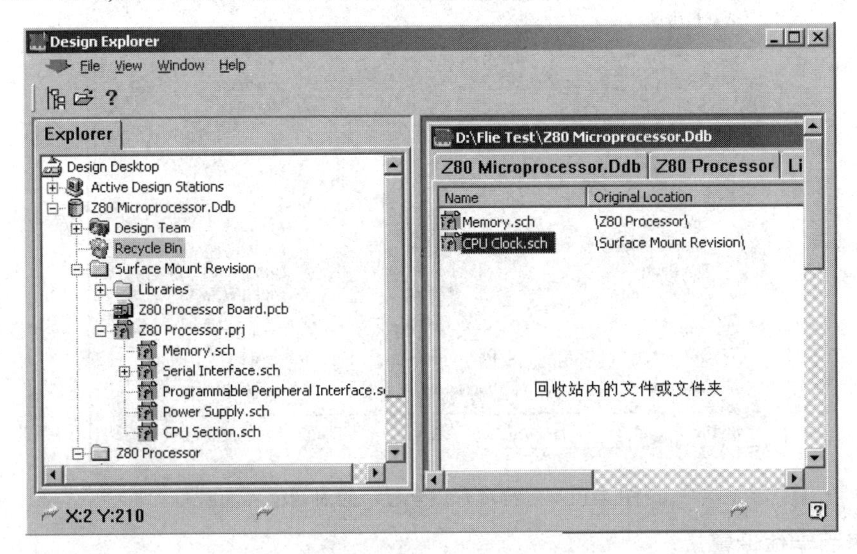

图 4-11　回收站与文件夹改名

(3) 文件或文件夹改名。当文件或文件夹处于关闭状态时，可对设计文件或文件夹进行改名。例如在图 4-11 所示的窗口内，将鼠标移到“Z80 Processor”文件夹上，单击鼠标右键，指向并执行“Close”(关闭)命令；再将鼠标移到“Z80 Processor”文件夹上，单击鼠标右键，指向并执行“Rename”命令，即可对“Z80 Processor”文件夹进行改名。

值得注意的是：在 Protel 99/99SE 状态下，单击设计文件窗口右上角的“关闭”按钮时，将关闭设计数据库文件(即关闭了整个设计数据库内的所有文件)，即窗口右上角的“关闭”按钮的功能与“File”菜单下的“Close Design”命令相同。如果只需要关闭设计文件库(.ddb)中的指定设计文件，则只能通过当前编辑器窗口内“File”菜单下的“Close”(关闭)命令关闭当前正在编辑的文件。

(4) 文件复制与搬移。复制文件的操作过程如下：

① 在“设计文件管理器”窗口内，单击源文件所在的文件夹。

② 在如图 4-10 所示的文件列表窗口内，找出并单击待复制的源文件；执行“File”菜单下的“Copy”命令(或将鼠标移到“文件列表”窗口内待复制的源文件图标上，单击鼠标右键，指向并单击快捷菜单内的“Copy”命令)。

如果执行“File”菜单下的“Cut”(剪切)命令(或将鼠标移到文件列表窗口内待复制的源文件图标上，单击鼠标右键，指向并单击快捷菜单内的“Cut”命令)，则执行粘贴操作后，相当于进行了文件搬移。

③ 单击目标文件夹，然后执行“File”菜单下的“Paste”(粘贴)命令，即可将指定文件或文件夹复制到目标文件夹内。

4.1.4　系统参数设置

系统参数设置可以使用户清楚地了解操作界面和对话框的内容，因为有时候，如果界面字体设置不合适，则界面上的字符可能没法完全显示出来，如图 4-12 所示。

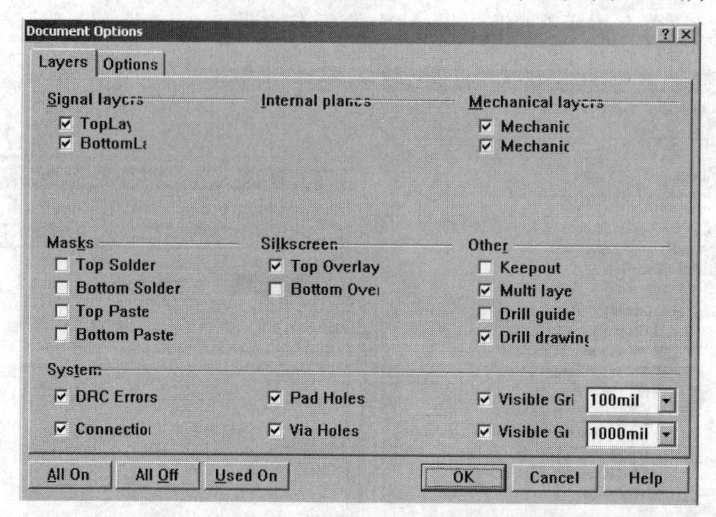

图 4-12　字符没有完全显示的对话框界面

1. 界面字体设置

用户可以执行系统的“Preferences”命令进行字体设置。该命令从 Protel 99SE 主界面左上角的下拉命令菜单中进行选择后，系统将弹出如图 4-13 所示的菜单。此时从该菜单选择执行“Preferences”命令，系统将弹出如图 4-14 所示的参数设置对话框。

图 4-13　Design Explorer 菜单

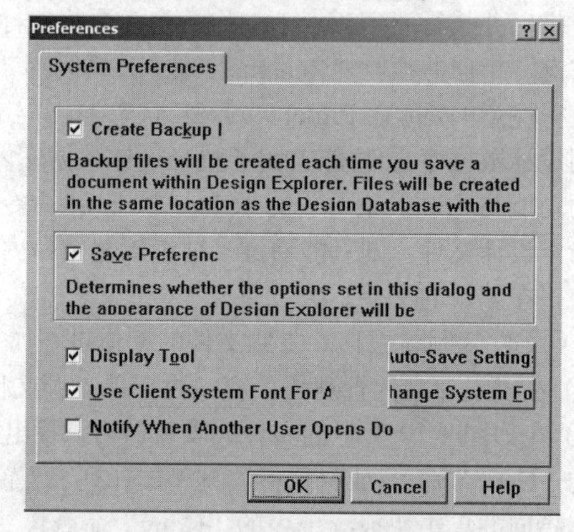

图 4-14　系统参数设置对话框

在该对话框中，取消“Use Client System Font All Dialogs”选项，然后单击“OK”按钮，则系统界面字体就会变小，并且在屏幕上全部显示出来。

如果用户选择如图 4-14 所示对话框的“Change System Font”按钮，还可以设置系统的字号，设置界面如图 4-15 所示。

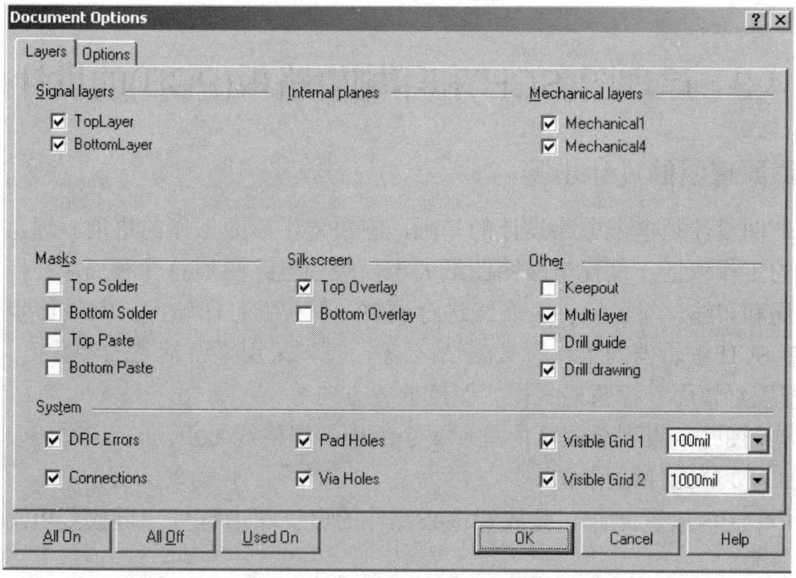

图 4-15　设置系统界面字体后的对话框

2. 设置自动创建备份文件

如果用户在设计过程中，需要系统自动创建备份文件，则需选中图 4-14 对话框中的“Create Back Up Files”复选框，系统将会备份保存修改前的图形文件。

3. 自动保存文件

如果用户希望在设计工作过程中系统定时自动保存文件，则可以单击图 4-14 对话框中的“Auto-Save Settings”按钮，系统将会弹出如图 4-16 所示的对话框。通过该对话框，用户可以设置自动保存参数。

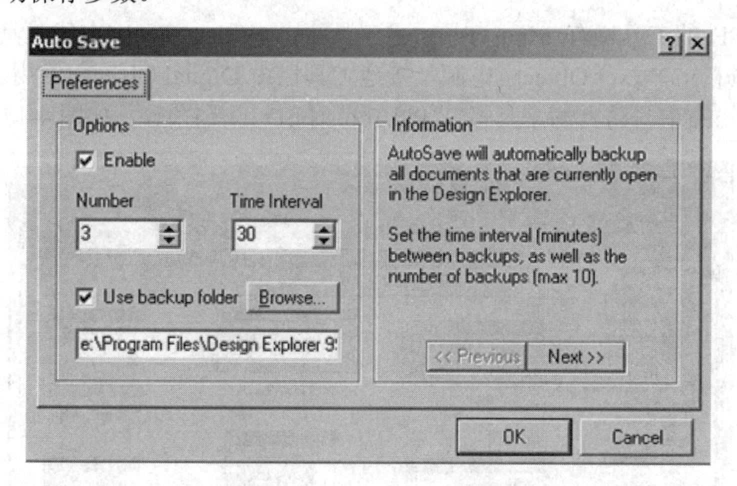

图 4-16　自动保存设置对话框

4. 系统参数设置保存

如果用户需要将设置的参数保存起来，则可以选中图 4-14 系统参数设置对话框中的“Save Preferences”选项。

4.2　原理图(SCH)和印刷电路板(PCB)的设计

4.2.1　电路原理图的设计步骤

电路原理图设计是整个电路设计的基础，它决定了后面工作的进展。通常，设计一个电路原理图的工作包括：设置电路图图纸大小，规划电路图的总体布局，在图纸上放置元件，进行布局和布线，对各元件及布线进行调整，保存并打印输出。其设计步骤如下：

(1) 设置 SCH 编辑器的工作参数(不是必需，可以采用系统缺省的参数)。

(2) 选择图纸幅面、标题栏式样、图纸放置方向等。

(3) 放大绘图区，直到绘图区内呈现大小适中的栅格线为止。

(4) 添加需要的元件数据库。

(5) 在工作区内放置元件。先放置核心元件的电气图形符号，再放置电路中剩余元件的电气图形符号。

(6) 调整元件位置。

(7) 修改、调整元件的标号、型号及其字体大小、位置等。

(8) 连线，放置电气节点、网络标号以及 I/O 端口。

(9) 放置电源及地线符号。

(10) 运行电气设计规则检查(ERC)，找出原理图中可能存在的缺陷。

(11) 加注释信息。

(12) 生成网络表文件(或直接执行 PCB 更新命令，自动产生一个同名 PCB 文件)。

4.2.2　电路原理图设计工具栏

Protel 99SE 的工具栏有 Main Tools(主工具栏)、Wiring Tools(布线工具栏)、Drawing Tools(绘图工具栏)、Power Objects(电源及接地工具栏)、Digital Objects(常用器件工具栏)、Simulation Sources(信号仿真源工具栏)、Pld Tools(PLD 工具栏)等，如图 4-17 所示。

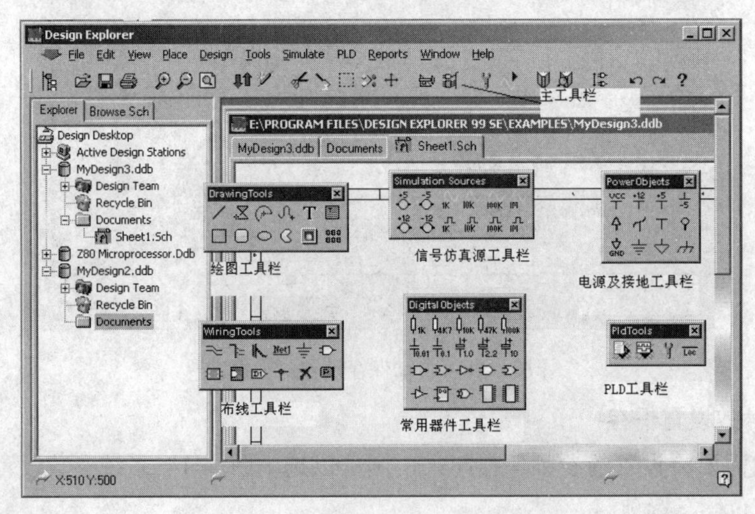

图 4-17　电路原理图绘制工具栏说明

1. 主工具栏

要打开或关闭主工具栏，可执行菜单 View(视图)命令下的 Toolbars→Main Tools，如图 4-18 所示。

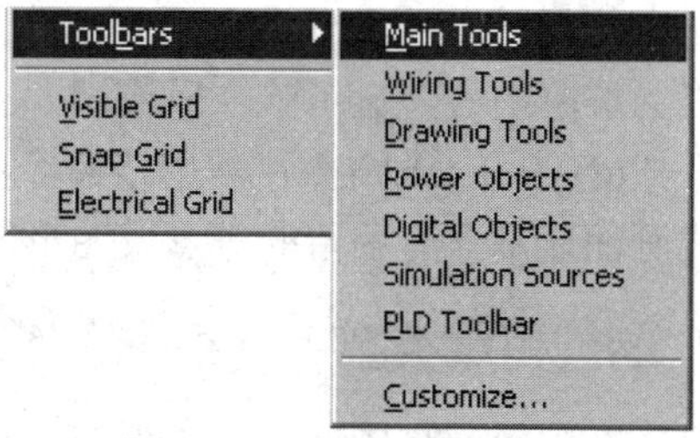

2. 布线工具栏

要打开或关闭布线工具栏，可执行菜单命令 View(视图)命令下的 Toolbars→Wiring Tools。该工具栏打开后，结果如图 4-17 所示。

图 4-18　装载工具栏菜单

3. 绘图工具栏

要打开或关闭绘图工具栏，可执行菜单命令 View(视图)命令下的 Toolbars→Drawing Tools。该工具栏打开后，结果如图 4-17 所示。

4. 电源及接地工具栏

要打开或关闭电源及接地工具栏，可执行菜单命令 View(视图)命令下的 Toolbars→Power Objects。该工具栏打开后，结果如图 4-17 所示。

5. 常用器件工具栏

要打开或关闭常用器件工具栏，可执行菜单命令 View(视图)命令下的 Toolbars→Digital Objects。该工具栏打开后，结果如图 4-17 所示。

4.2.3　图纸的放大与缩小

电路设计人员在绘图的过程中，经常要查看整张原理图或看某一个局部，因此需要改变显示状态，使绘图区放大或缩小，实现的方法有以下两种。

1. 使用键盘实现图纸的放大与缩小

(1) 放大：按“PageUP”键，可以放大绘图区域。

(2) 缩小：按“PageDown”键，可以缩小绘图区域。

(3) 居中：按“Home”键，可以从原来光标下的图纸位置，移到工作区的中心位置显示。

(4) 更新：按“End”键，对绘图区的图形进行更新，恢复正确的显示状态。

(5) 移动当前位置：按“↑”键可上移当前查看的图纸位置，按“↓”键可下移当前查看的图纸位置，按“←”键可左移当前查看的图纸位置，按“→”键可右移当前查看的图纸位置。

2. 使用菜单命令实现图纸的放大与缩小

(1) Fit Document 命令：该命令显示整个文件，可以查看整张图纸。

(2) Fit All Objects 命令：该命令使绘图区中的图形填满工作区。

(3) Area 命令：该命令放大显示用户设定的区域。

(4) Around Point 命令：该命令放大显示用户设定的区域。

(5) 用不同的比例显示：View 菜单命令下提供了 50%、100%、200%、400% 四种显示方式。

(6) Zoom In 和 Zoom Out 命令：放大或缩小显示区域。

(7) Pan 命令：使用该命令移动显示位置。在设计电路时，经常要查看各处的电路，所

以有时要移动显示位置，这时可执行此命令。在执行本命令之前，要将光标移动到目标点，然后执行“Pan”命令，则目标点位置就会移动到工作区的中心位置显示。也就是以该目标点为屏幕中心，显示整个屏幕。

(8) Refresh 命令：使用该命令更新画面。在滚动画面、移动元件等操作时，有时会造成画面显示含有残留的斑点或图形变形问题，这时可以通过执行此菜单命令来更新画面。

4.2.4　图纸类型、尺寸、底色、标题栏等的选择

在编辑原理图前，可先根据原理图的复杂程度以及打印机或绘图机的最大打印幅面，选择图纸的类型、尺寸以及标题栏式样等。操作过程为：单击“Design”菜单下的“Options…”(选择)命令，在弹出的对话框内，单击“Sheet Options”(纸张选项)标签，在如图4-19所示的“Document Options”的文档设置窗内选择图纸类型、尺寸、底色等有关选项。

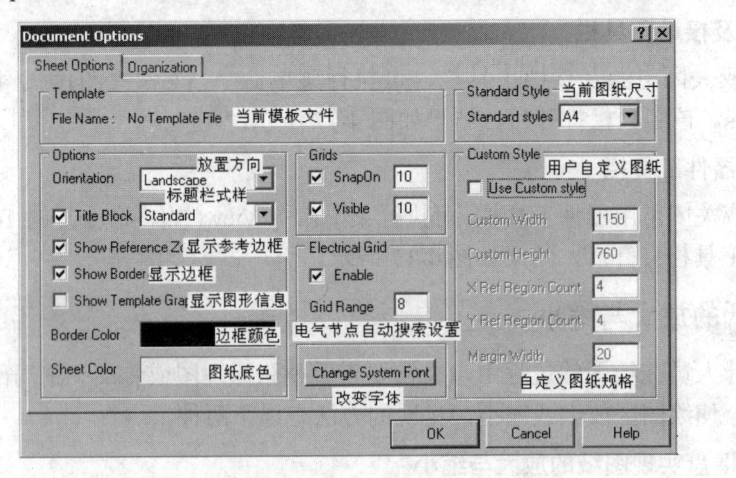

图4-19　Document Options(文档选择)设置窗口

1. 选择图纸大小

在“Standard Style”(标准图纸规格)设置框内的“Standard Styles”下拉列表窗口内显示了当前正在使用的图纸规格，缺省时使用英制图纸尺寸中的“B”号纸。单击“Standard Styles”列表窗右侧的下拉按钮，在标准图纸类型列表窗口内，找出并单击所需要的图纸类型，如A4等，即可完成图纸规格的选取。

如果标准图纸尺寸不能满足要求，则用户可采用自定义图纸尺寸。单击“Use Custom Styles”选项的复选框，使其处于选中状态，图纸规格便由“Custom Style”选项内的有关参数确定。其中各参数的含义介绍如下：

Custom Width——自定义宽度。

Custom Height——自定义高度。

X Ref Region Cout——水平边框等分为x段。

Y Ref Region Cout——垂直边框等分为y段。

Margin Width——图纸边框宽度。

在原理图编辑过程中更改图纸尺寸时，最好先全部选中编辑区内的图件。这样更改图纸规格后，当发现原理图一部分在图纸边框外时，可通过移动操作将原理图移到图纸的边

框内。

2. 选择图纸方向、标题栏格式

图 4-19 中的“Options”设置框用于选择图纸方向、标题栏式样、关闭或打开图纸边框等选项，其中各参数的含义介绍如下：

Orientation——用于选择图纸方向。可选择 Landscape(风景画方式，即水平)方式或 Portrait(肖像方式，即垂直)方式。

Title Block——用于选择图纸标题栏式样。

在编辑原理图的过程中，更换图纸尺寸、方向时，如果发现原理图中部分元件超出图纸边框，则不宜存盘退出，否则再也无法打开该文件。因此，在存盘退出前必须按如下步骤先调整好图纸尺寸：

(1) 执行“Design”菜单下的“Options…”命令，选择原来或更大的图纸尺寸。

(2) 如果电路图尺寸并不大，只是位置太偏，才超出新选定图纸的边框，则先选定后调整电路图位置，然后重新设置图纸尺寸。反复调整几次，使电路图不会超出新图纸的边框。

4.2.5　设置 SCH 的工作环境

启动 SCH 编辑器后，可采用缺省的 SCH 环境参数编辑原理图。不过，在编辑、绘制原理图前，先了解有关 SCH 编辑器工作环境、参数的设置方法，则操作起来也许会更方便、自然，工作效率会更高。

1. 光标形状、大小的选择

单击“Tools”菜单下的“Preferences”(优化)命令，在弹出的对话框内单击“Graphical Editing”标签，即可显示出如图 4-20 所示的设置窗口。在“Cursor/Grid Options”设置框内，单击“Cursor Type”即可重新选择光标的形状和大小。具体参数介绍如下。

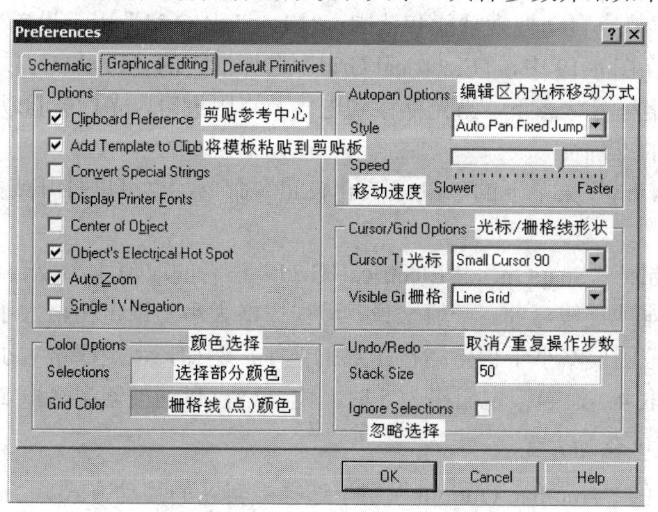

图 4-20　设置 SCH 编辑器工作环境

Small Cursor 90：小 90°，即小“十”字光标。在放置总线分支时，选用 90° 光标可避免斜 45° 光标与总线分支重叠，以便准确定位。

Large Cursor 90°：大 90°，即大“十”字光标。采用大 90°光标时，光标的水平与垂直线变长(充满整个编辑区)。在元件移动、对齐操作过程中，常采用大 90°光标，以便准确定位。

Small Cursor 45°：小 45°倾斜光标。在连线、放置元件等操作过程中，选择 45°光标更容易看清楚当前光标的位置，以便准确定位。

2. 可视栅格形状、颜色及大小的选择

可视栅格设置仅影响屏幕的视觉效果，打印时不打印栅格线。

(1) 栅格形状的设置：在图 4-20 中，单击“Cursor/Grid Options”设置框内的“Visible Grid”项，即可选择可视栅格的形状，有 Dot Grid(点画线)、Line Grid(直线条)两种。

(2) 栅格颜色的设置：在图 4-20 中，单击“Color Options”(颜色)选项框内的“Grid Color”(栅格)项，即可重新选择栅格的颜色(缺省颜色为灰色，对应的颜色值为 213)。

(3) 选中对象颜色的设置：在图 4-20 中，单击“Selection”即可重新选择“选中对象”在屏幕上的颜色(缺省颜色为黄色，对应的颜色值为 230)。

(4) 栅格大小设置：在图 4-19 中，单击“Grids”选项框内的“Visible”项即可重新设置栅格的大小，缺省值为 10(没有单位)。

取消图 4-19 中“Visible”复选框内的“√”，意味着不显示可视栅格(不显示可视栅格时，不利于元件放置、移动、连线等操作过程中的定位)

(5) 选择光标移动方式：在图 4-19 中，单击“Grids”选项框内的“SnapOn”项用于锁定栅格。如果选择“锁定栅格”方式，则光标移动时只能按设定的距离移动。例如，当可视栅格大小为 10，而“SnapOn”也是 10 时，则光标移动最小距离是 10 个单位。选择“锁定栅格”方式能快速、准确定位，连线时容易对准元件的引脚，避免出现连线与连线之间、引脚与连线之间因定位不准确而造成的不相连的情形。

或者单击“View”菜单下的“Snap Grid”命令，也可以允许或锁定栅格。

(6) 设置电气格点自动搜索功能和范围：“Electrical Grid”用于设置电气格点自动搜索的功能和范围。在图 4-19 中，“Electrical Grid”选择框内的“Enable”项处于选中状态时，在连线、放置网络标号状态下，当光标移到电气节点附近时，光标会自动弹到电气格点上，从而保证了连线的准确性。

或者单击“View”菜单下的“Electrical Grid”命令，也可以打开或关闭“电气格点自动搜索”功能。

不过，“Visible”“SnapOn”、“Electrical Grid”三者的取值大小要合理，否则连线时反而会造成定位困难或连线弯曲。一般来说，可视栅格大小与锁定栅格大小相同；“电气格点自动搜索”半径范围要略小于锁定栅格距离的一半。例如，锁定栅格大小为 10 时，电气格点自动搜索半径取 4；而当锁定栅格为 5 时，电气格点自动搜索半径取 2。

3. 设置编辑区移动方式

在图 4-20 中的“Autopan Options”用于选择编辑区的移动方式。

Auto Pan Off：关闭编辑区自动移动方式。

Auto Pan Fixed Jump：按 Step Size 和 Shift Step 两项设定的步长移动(建议采用这种方式)。

Auto Pan ReCenter：以光标当前位置为中心，重新调整编辑区的显示位置。

4. 打开/关闭“自动放置电气节点”功能

在连线操作过程中，当两条连线交叉或连线经过元件引脚端点时，SCH 编辑器会自动在连线的交叉点上放置一个电气节点，使两条连线在电气上相连；同样，当连线经过元件引脚端点时，也会自动放置一个电气节点，使元件引脚与连线在电气上相连。采用自动放置电气节点方式的目的是为了提高绘图速度，但有时会出现误连，因此最好禁止这一功能，而通过手工方式在需要连接的连线或连线与元件引脚交叉点上放置电气节点。

单击“Tools”菜单下的“Preferences...”命令，在弹出的对话框内单击“Schematic”标签，如图 4-21 所示。单击设置框内的“Auto Junction”复选框，去掉其中的“√”，即可关闭自动节点放置功能。

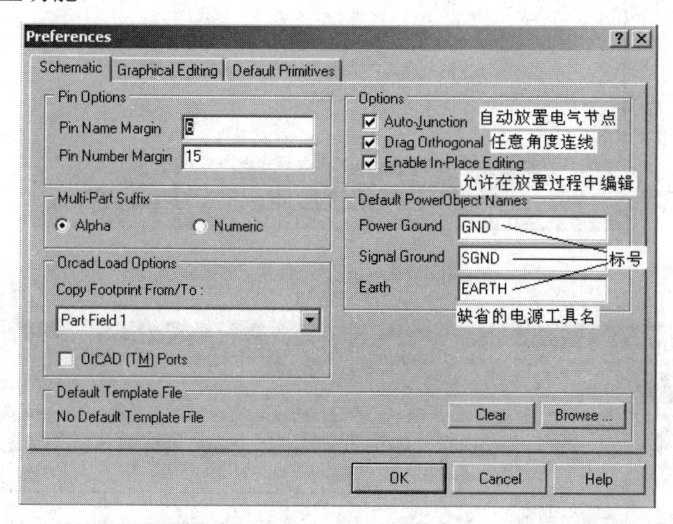

图 4-21　设置 SCH 编辑器工作环境的“Schematic”标签

4.2.6　电路原理图设计

1. 装载元件库

(1) 在电路图中放置元件之前，必须先将该元件所在的元件库载入内存。如果一次载入过多的元件库，会占用较多的系统资源，同时也会降低应用程序的执行效率。所以，最好的做法是只载入必要而常用的元件库，其他特殊的元件库在需要时再载入。载入元件库的步骤如下：

① 在图 4-17 中，单击“Browse Sch”选项卡，然后单击“Add/Remove”按钮，屏幕上将出现如图 4-22 所示的“Chang Library File List”(改变库文件列表)对话框。用户也可以选取菜单 Design→Add/Remove Library 命令来打开此对话框。

② 在 Design Explorer 99SE\Library \Sch 文件夹下选取元件库文件，然后双击鼠标或单击 Add 按钮，此元件库就会出现在 Selected Files 列表框中，如图 4-22 所示。元件库文件类型为.ddb 文件。

③ 点击“OK”按钮，完成该元件库的添加。将所需要的元件库添加到当前的编辑环境下后，元件库的详细列表将显示在设计管理器中，如图 4-23 所示。

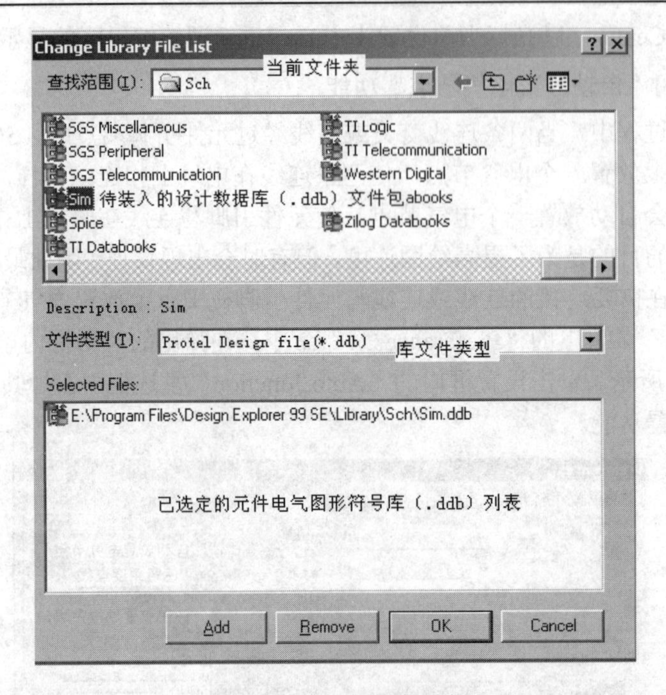

图 4-22　更改元件库列表

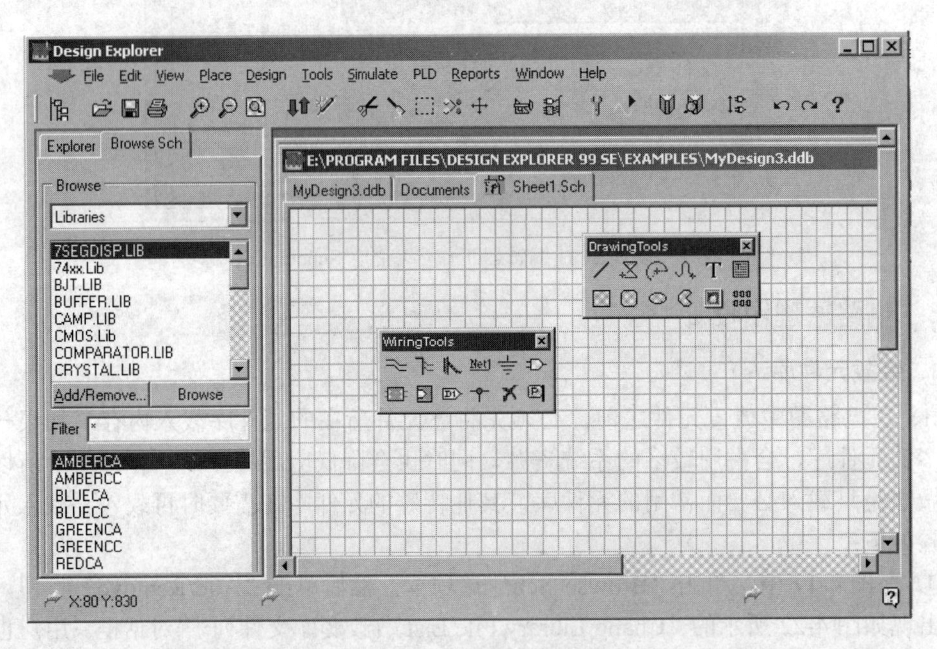

图 4-23　装入 Sim.ddb 元件电气图形符号库文件包后

(2) 当操作者无法确定待放置的元件的电气图形符号位于哪一元件电气图形库文件时，可单击图 4-23 中菜单“Tools”下的“Find Component”，弹出如图 4-24 的对话框。在图 4-24 所示的“Find Schematic Component”(查找原理图用元件电气图形符号)窗口内的“Find Component”文本框内输入待查找的元件名(可以是元件的全名或其中的一部分)，然后设置查找范围，单击“Find Now”按钮，启动查找元件操作。

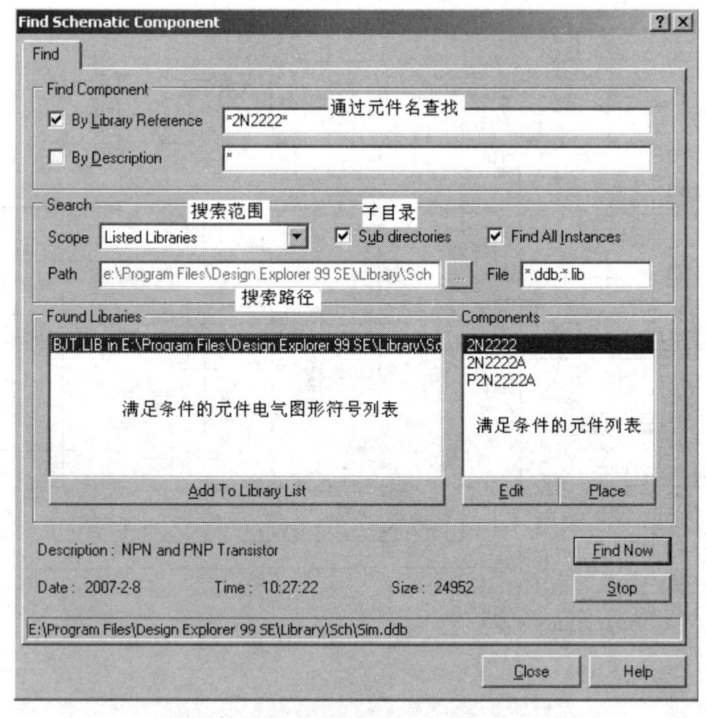

图 4-24　查找原理图用元件电气图形符号

① 在“By Library Reference”文本框内输入待查找的元件名，如 74LS04，8031 等。输入的元件名中可以使用“*”(代替任意长度的字符串)或“？”(替代任一字符)等通配符，以扩大查找范围，避免遗漏。如果只知道元件名的一部分，则可使用通配符扩大查找范围。例如，当元件名设为“*80？31*”时，将找出所有厂家生产的 8031 系列芯片，如 8031、80C31 等。

② 必要时，在“By Description”文本框内输入元件属性描述信息，也可以找到元件所在的元件电气图形库文件。

③ 在“Search”(查找)对话框的“Scope”(搜索范围)中设定查找范围。

All Drives：在所有驱动器中查找。

Specified Path：在由“Path”文本框指定的目录中查找。

Listed Libraries：在元件库列表中查找。建议采用这种查找方式。

④ 在 Path 文本框输入查找的路径，只有当查找范围设为“Specified Path”时，才需要在 Path 文本框中输入查找目录路径。

⑤ 当选择“Sub Directories”选项时，将搜索驱动器或特定目录下的子目录。

⑥ 找到元件后，单击图 4-24 中满足条件元件列表窗口内的特定元件后，再单击“Place”按钮，即可将指定的元件放到原理图编辑区内。或单击“Found Libraries” 窗口下的“Add To Library List”按钮，将元件所在的库文件加入到库元件文件列表中。

2. 放置元件

1) 放置元件的操作过程

下面以如图 4-25 所示的交通灯控制电路为例，介绍元件放置的操作过程。

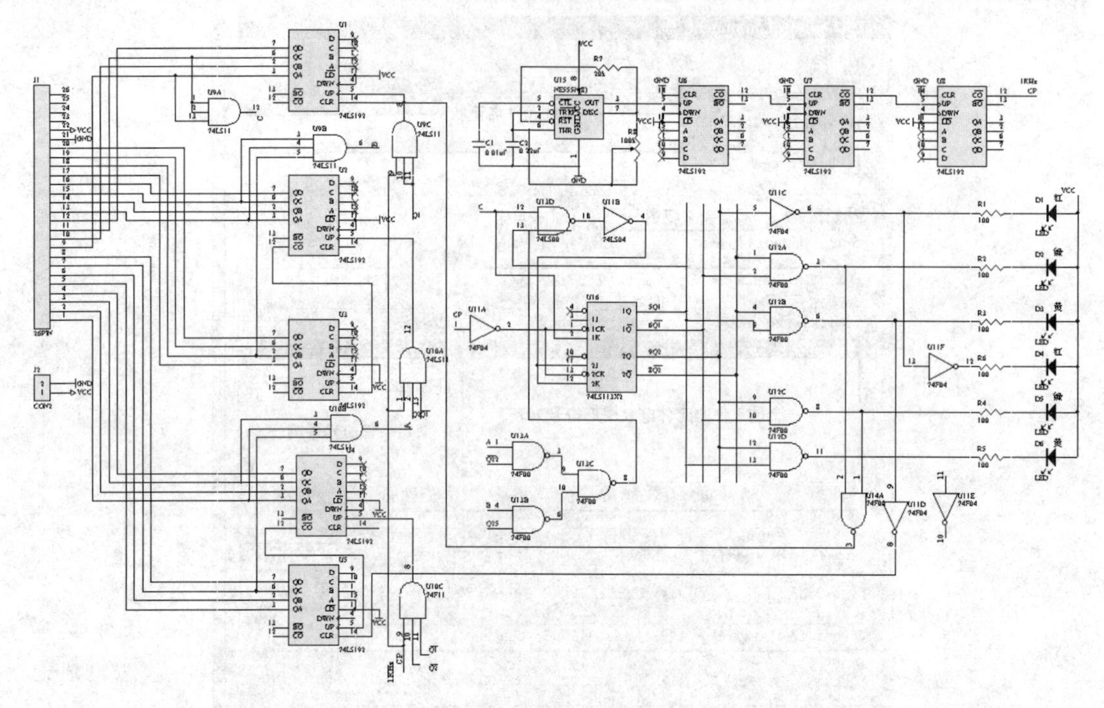

图 4-25　交通灯控制电路

(1) 选择待放置元件所在的电气图形库作为当前元件电气图形库文件。

图 4-25 中，包括电阻、电容、二极管等分立元件，计数器 74LS192、555 时基电路等集成电路。而分立元件电气图形符号存放在 E:\Program File\Design Explorer 99 SE\Sch\Miscellaneous Devices.ddb 数据库文件包内的 Miscellaneous Devices.Lib 库文件中；74LS192 等元件存放在 E:\ Program File\Design Explorer 99 SE\Sch\Sim.ddb 数据库文件包内的 74XX. Lib 库文件中。因此，应首先单击“Add/Remove”按钮，将 Miscellaneous Devices.ddb 和 Sim.ddb 元件库文件装入库文件列表中。

(2) 在元件列表内找出并单击所需的元件放到原理图编辑区。

在放置元件操作过程中，一般优先安排原理图中核心元件的位置。在图 4-25 所示的电路中，八片 74LS192、74LS113×2、NE555N 就是核心元件。将 Sim.ddb 元件库文件作为当前元件电气图形库文件，通过滚动元件列表窗口内的上、下按钮，在元件列表窗口内找出并双击“74LS192”元件(或选中元件单击“Place”按钮)，将元件电气符号放入原理图编辑区中，如图 4-26 所示。

执行“Place”(放置)菜单下的“Part…”命令，同样可以实现放置元件操作，但远不如通过“Place”按钮操作方便。

由于 Protel99 SE SCH 编辑器具有连续操作功能，因此在执行某一操作后，需要单击右键或按 Esc 键结束当前的操作，返回空闲状态。

放置电阻(电容、二极管等分立元件)：点击“Miscellaneous Devices.lib”，滚动元件列表窗内的上下滚动按钮，在元件列表窗口内找出并单击“RES2”元件；然后单击“Place”按钮，将电阻的电气图形符号粘贴到编辑区内，如图 4-27 所示。

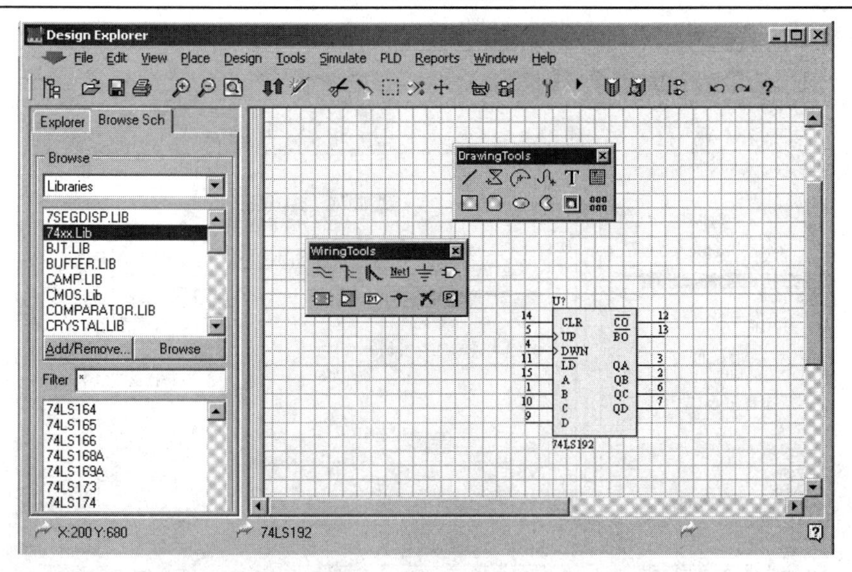

图 4-26　在原理图编辑区内放置了 74LS192 电气图形符号

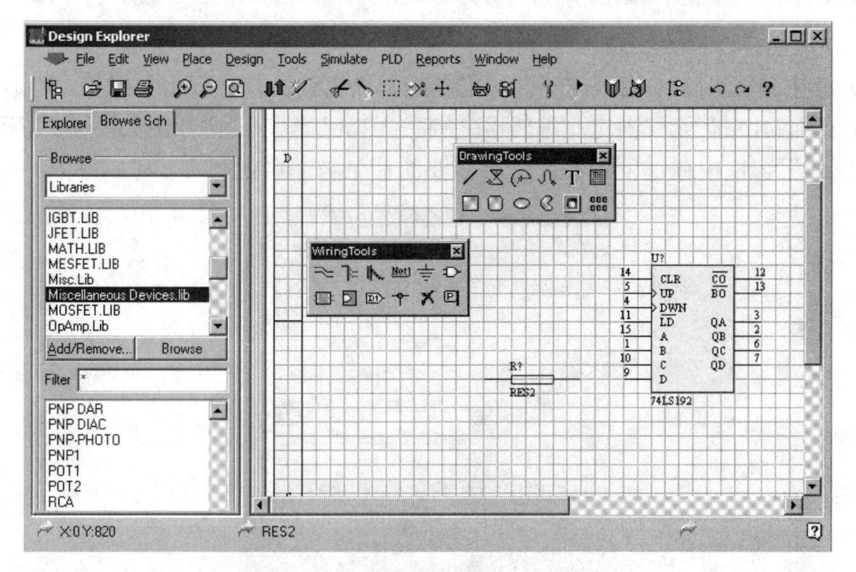

图 4-27　粘贴到编辑区内的电阻元件

在元件未固定前，可以通过下列按键调整元件的方向。

① 空格键：每按一次空格键，元件沿逆时针方向旋转 90°。

② X 键：左右对称(文字输入状态处于英文状态才有效)。

③ Y 键：上下对称(文字输入状态处于英文状态才有效)。

通过上述按键调整电阻方向，移到合适位置后，单击鼠标左键固定。

由于 Protel 99SE 具有连续放置功能，固定第一个电阻后，可不断重复“移动鼠标→单击鼠标左键固定”的操作方式放置剩余电阻，待放置了所有同类元件后，再单击鼠标右键(或按 Esc 键)退出，这样操作效率较高。

放置集成电路芯片：例如放置 74LS00。点击“74XX.Lib”，滚动元件列表窗内的上下滚动按钮，在元件列表窗口内找出并单击“74LS00”元件；然后单击“Place”按钮，将四

个二输入与非门的电气图形符号粘贴到编辑区内，如图 4-28 所示。

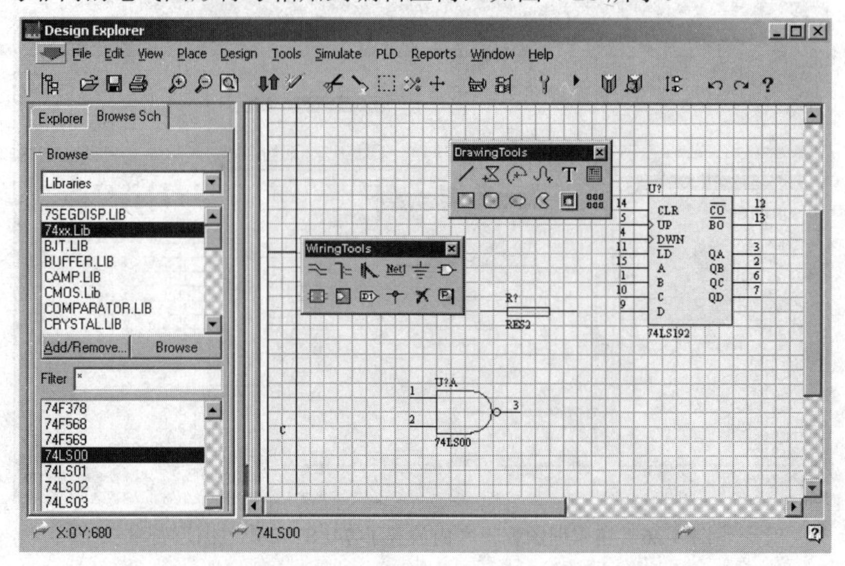

图 4-28　在原理图编辑区放置了 74LS00 元件电气图形符号

74LS00 中包含四个二输入与非门，需要选择 74LS00 中的第几个与非门可通过以下步骤来完成。将 74LS00 元件固定到编辑区之前按“Tab”键，则会弹出如图 4-29 所示的对话框，在“Part”窗口中通过下拉键选择所需要的那个与非门。

Part
Attributes | Graphical Attrs | Part Fields | Read-Only Fields
Lib Ref　74LS00
Footprint　DIP-14
Designator　U?
Part Type　74LS00
Sheet Path　*
Part　1
Selection　1 2 3 4
Hidden Pins
Hidden Fields
Field Names
OK　Help
Cancel　Global >>

图 4-29　集成芯片属性对话框

图 4-25 电路中，74LS11、74LS04 的属性编辑和 74LS00 的属性编辑一样。按同样的方法，将发光二极管、电位器、电容等元件电气图形符号粘贴、固定到编辑区内。

2) 调整元件位置和方向

如果感到原理图中元件的位置、方向不尽合理，可以通过如下方式调整：

方法一：将鼠标移到待调整的元件上，单击鼠标左键选定目标元件，则被选定的目标元件的四周将出现一个虚线框，如图 4-30 所示。

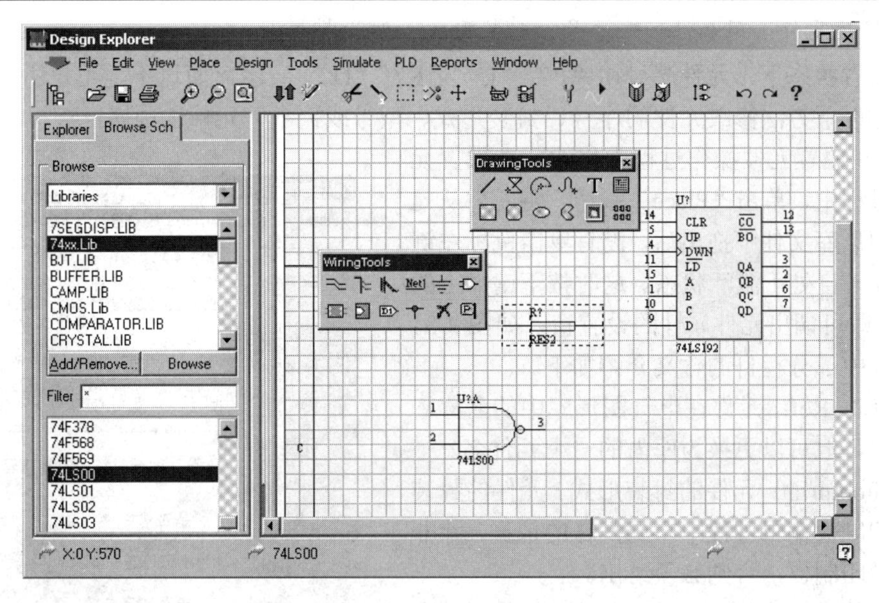

图 4-30　选定对象周围出现虚线框

再单击鼠标左键，被选定的元件即处于激活状态，然后即可进行如下操作：

(1) 移动鼠标调整位置。

(2) 按空格键，使选定对象沿逆时针方向旋转 90°。

(3) 按 X 键，使左右对称(文字输入状态处于英文状态才有效)。

(4) 按 Y 键，使上下对称(文字输入状态处于英文状态才有效)。

(5) 当元件调整到位后，单击鼠标左键固定即可。

方法二：将鼠标移到目标元件上，按下鼠标左键不放移动鼠标(或通过空格、X、Y 键也能迅速移动元件位置或调整元件方向)，当元件调整到位后，松开左键即可。

注意：为了确保元件之间正确连接，在放置、移动元件操作时，必须保证彼此相连的元件引脚端点间距大于或等于 0，即两元件引脚端点可以相连或相离(靠导线连接)，但不允许重叠。

3) 删除多余的元件

当需要删除原理图中一个或多个元件时，可通过如下方式实现。

方法一：将鼠标移到需要删除的元件上，单击鼠标左键，选定需要删除的目标元件，然后按“Del”键将其删除。

方法二：执行“Edit”菜单下的“Delete”命令，然后将光标移到待删除的元件上，单击鼠标左键即可迅速删除光标下的元件，再单击鼠标右键退出删除状态。

方法三：当需要删除某一矩形区域内的多个元件时，最好单击“主工具”栏内的“标记”工具。将光标移到待删除区的左上角，单击鼠标左键，再移动光标到删除区右下角，单击鼠标左键，标记待删除的元件；然后，执行“Edit”菜单下的“Clear”命令。

方法四：当需要删除的多个元件无法用矩形区域标记时，可执行“Edit”菜单下的“Toggle Selection”命令；然后不断重复“移动光标到待删除上，单击鼠标左键”的过程，直到选中了所有待删除的元件再执行“Edit”菜单下的“Clear”命令。

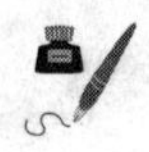

4) 修改元件选项属性——序号、封装形式、型号或大小

在缺省状态下，元件序号用“R?”“C?”“U?”“D?”表示，而这不是用户所希望的。可以通过以下方法修改元件的序号、封装形式、型号或大小等元件选项属性。

(1) 在放置元件操作过程中修改。在放置元件操作过程中，单击“Place”按钮，将元件从元件电气图形库文件中拖出后，没有单击鼠标左键前，元件一直处于激活状态。这时按下键盘上的 Tab 键，即可调出元件属性的设置窗，如图 4-31 所示。其中部分栏目的含义介绍如下。

图 4-31　元件属性设置窗

① Lib Ref：元件在电气图形库中的名称，不能修改，但可以更换为库内的一个元件名。

② Footprint：元件的封装形式。元件的封装形式是印制板编辑过程中布局操作的依据，除非不打算做印制板，否则必须给出。

对于集成电路芯片来说，常见的封装形式有 DIP(双列直插式)、SIP(单列直插式，主要用于电阻排列以及一些数字/模拟混合集成电路芯片的封装)、SOP(小尺寸封装，主要用于数字集成电路芯片)、PQFP(塑料四边引脚扁平封装)、PLCC(塑料有引线芯片载体封装)、LCCC(陶瓷无引线芯片载体封装)、PGA(插针网格阵列)和 BGA(球形网格阵列)等。

对于具体型号的集成电路芯片来说，封装形式是确定的。如 74 系列集成电路芯片，一般采用 DIP 的封装形式。只有个别芯片生产厂家提供两种或两种以上的封装形式。

对于分立元件，如电阻、电容、电感来说，元件的封装尺寸与元件大小、耗散功率、安装方式等因素有关。电阻常用的封装形式是 AXIAL0.3～AXIAL1.0。对于常用的(1/8)W 小功率电阻来说，可采用 AXIAL0.3 或 AXIAL0.4(即两引线孔间距为 0.762～1.016 cm)；对于(1/4)W 电阻来说，可采用 AXIAL0.5(即两引线孔间距为 1.27 cm)，但当为竖直安装时，可采用 AXIAL0.3。

小容量电解电容的封装形式一般采用 RB.2/.4(两引线孔间距为 0.2 英寸，而外径为 0.4 英寸)到 RB.5/1.0(两引线孔间距为 0.5 英寸，而外径为 1.0 英寸)。对于大容量电容，其封装尺寸应根据实际尺寸决定。无极性电容的封装一般采用 RAD0.1～RAD0.4。

普通二极管的封装形式为 DIODE0.4～DIODE0.7。

三极管的封装形式由三极管型号决定，常见的有 TO-39、TO-42、TO-54、TO-92A、TO-92B、TO-220 等。

如果 Protel 操作者同时又是电路设计者，则最好先到元件市场购买所需的元件后，再进行电路原理图的编辑和印制板设计。这时元件的型号完全确定，可以从元件手册查到元件的封装形式和尺寸，或测绘后用 PCBLib 编辑器创建元件的封装图。元件选项属性窗内各参数的含义介绍如下。

① Designator：元件序号(有时也称为元件标号)。缺省时 Protel 99SE 用“R?”“C?”“U?”

“D?”等表示。

② Part：元件选项属性窗内的第一个“Part”参数的含义是型号或大小。缺省时 Protel 99SE 将元件名称作为型号。对于电阻、电容、电感等元件来说，可在该文本盒内输入元件的大小，如 10 kΩ、1 kΩ 或 10 μF 等；对于二极管、三极管、集成电路芯片来说，可以在该文本盒内输入元件的型号，如 1N4148、9013、74LS00 等。

第二个“Part”参数的含义是同一封装中的第几套电路。许多集成电路芯片，同一封装内含有多套电路。例如，74LS00 芯片内就有四套 2 输入与非门电路，这时就要指定选用其中的哪一套电路。

③ Select：当选择该项时，固定后的元件自动处于选中状态。

④ Hidden Pin：当选择该项时，将显示隐含的元件引脚，如集成电路芯片中的电源引脚 VCC 和地线 GND。

在元件属性窗口内，当“Hidden Pins”处于非选中状态时，不显示定义为隐藏属性的元件引脚名称及编号。大多数分立元件，如电阻、电容、二极管、三极管等的引脚编号定义为隐含属性；集成电路芯片的电源 VCC 和地线 GND 引脚一般也定义为隐含属性。

⑤ Hidden Field：显示元件仿真参数 Part Field1～Part Field16 的数值。

⑥ Field Name：显示元件仿真参数 Part Field1～Part Field16 的名称。

(2) 激活后修改。将鼠标移到元件上，直接双击也可以调出图 4-31 所示的元件选项属性设置窗。

3. 连线操作

完成元件放置及位置调整操作后，就开始连线，放置电气节点、电源及地线符号等操作。

在 Protel 99SE 原理图编辑器中，原理图绘制工具，如导线、总线、总线分支、电气节点、网络标号等均集中存放在“Wiring Tools”(画线)工具中，如图 4-32 所示，不必通过“Place”菜单下的相应命令绘制导线等。当屏幕上没有画线工具时，可执行“View”菜单下的“Toolbars\ Wiring Tools”命令打开画线工具窗，然后直接单击画线工具中的工具，执行相应的操作，以提高原理图的绘制速度。

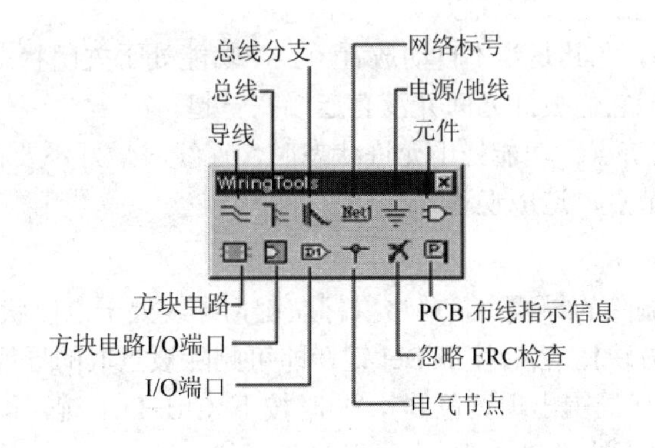

图 4-32　画线工具

1) 连线

单击画线工具中的 (导线)工具(注意：在连线时一定要使用“Wiring Tools”工具栏

中的 ≈ (导线)，而不是“Drawing Tools”工具中的 ╱ (绘制直线))，SCH 编辑器即处于连线状态，将光标移到元件引脚的端点、导线的端点以及电气节点附近时，光标下将出现一个黑圆圈(表示电气节点所在位置)。

连线过程如下：

(1) 单击导线工具。

(2) 必要时按下空格键切换连线方式。Protel 99SE 提供了 Any angle(任意角度)、45 Degree Start(45°开始)、45 Degree End(45°结束)、90 Degree Start(90°开始)、90 Degree End(90°结束)和 Auto Wire(自动)六种连线方式，一般可以选择“任意角度”外的任一连线方式。

(3) 当需要修改导线选项属性(宽度、颜色)时，按下 Tab 键调出导线选项属性设置对话框。

导线属性选项包括导线宽度、导线颜色等，具体介绍如下：

① Wire：导线宽度，缺省时为 Small。SCH 提供了 Smallest、Small、Medium、Large 四种导线宽度。当需要改变导线宽度时，单击导线宽度列表框下拉按钮，指向并单击相应规格的导线宽度即可。一般情况下，选择 Small，以便与总线相区别。

② Color：导线颜色，缺省时为蓝色。

(4) 将光标移到连线起点并单击鼠标左键固定；移动光标，即可观察到一条活动的连线，当光标移到导线拐弯处时，单击鼠标左键，固定导线的转折点；当光标移到连线终点时，单击鼠标左键，固定导线的终点，再单击鼠标右键结束本次连线(但此时仍处于连线状态，如果需要退出连线状态，则必须再单击鼠标右键或按下 Esc 键)。

在连线操作过程中，必须注意：

① 只有画线工具栏内的导线工具具有电气连接功能，而画图工具栏内的直线、曲线等工具均不具有电气特性，不能用于表示元件引脚之间的电气连接关系。同样也不能用画线工具栏内的总线工具连接两个元件的引脚。

② 从元件引脚(或导线)的端点开始连线，不要从元件引脚、导线的中部连线。

③ 元件引脚之间最好用一条完整的导线连接，尽量不使用多段来完成元件引脚之间的连接，否则可能出现无法连接的现象。

④ 连线不能重叠，尤其是当“自动放置节点”功能处于关闭状态时，重叠的导线在原理图上不易被发现，但它们彼此之间并没有连接在一起。

⑤ 在“自动放置节点”功能处于允许状态时，连线时最好不要在元件引脚端点走线，否则会自动加入电气节点，造成误连。

2) 删除连线

将鼠标移到需要删除的导线上，单击鼠标左键，导线处于点取状态(导线两端、转弯处将出现一个灰色的小方块)，然后按下 Del 键，即可删除被点取的导线。也可以选取需要删除的导线(选取后的导线周围出现黄色框)，同时按下 Ctrl+Del 键，即可删除导线。或选取导线后，点击“Edit”下的“Clear”，也可以删除导线。

3) 调整导线长短和位置

当发现导线长短不合适时，可将鼠标移到导线上，单击左键，使导线处于点取状态；

然后将鼠标移到小方块上，单击左键，鼠标箭头立即变为光标形状；移动光标到另一位置，即可调节线段端点、转折点的位置，使导线被拉伸或压缩；再单击左键固定。

将鼠标移到导线上，按下左键不放移动鼠标，也可以移动导线的位置。

4. 放置电气节点

单击画线工具中的“放置电气节点”工具，将光标移到“导线与导线”或“导线与元件引脚”的“T”形或“十”字交叉点上，单击鼠标左键，即可放置表示导线与导线(包括元件引脚)相连的电气节点，如图 4-33 所示。

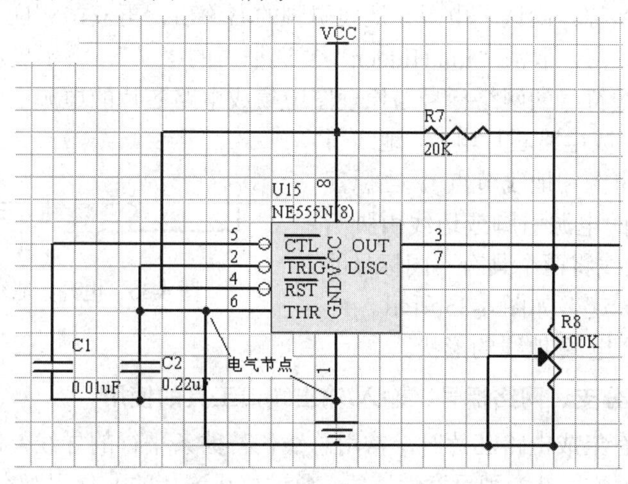

图 4-33　放置电气节点

删除电气节点的方法：将鼠标移到某一电气节点上，单击鼠标左键，选中需要删除的电气节点，再按 Del 键即可。

5. 放置电源和地线

单击画线工具中的电源/地线工具，然后按下 Tab 键，调出电源/地线选项属性设置窗，如图 4-34 所示。

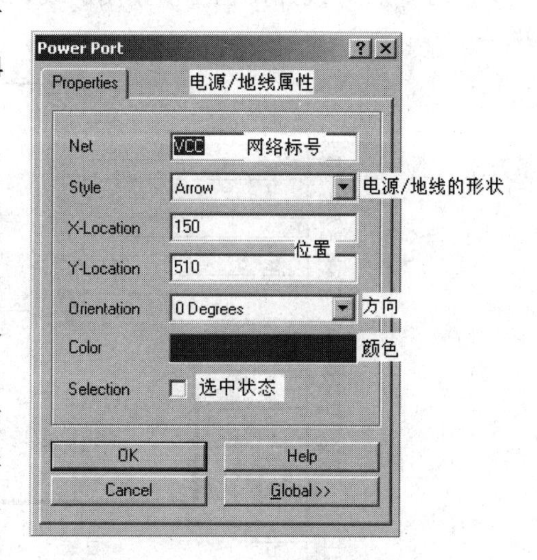

图 4-34　电源/地线选项属性设置窗

图 4-34 中部分选项的含义介绍如下。

(1) Net：网络标号，缺省时为 VCC 或 GND。在 Protel 99SE 中，将电源、地线视为一个元件，通过电源或地线的网络标号区分。也就是说，即使电源、地线符号形状不同，但只要它们的网络标号相同，也认为是彼此相连的电气节点。因此，在放置电源、地线符号时要特别小心，否则电源和地线网络会通过相同网络标号的电源和地线符号连接在一起，造成短路；或通过相同网络标号的电源符号将不同电位的电源网络连接在一起，造成短路。

一般情况下，电源的网络标号定义为“VCC”，地线的网络标号定义为“GND”。这是

因为多数集成电路芯片的电源引脚名称为“VCC”，地线引脚名为“GND”。但也有例外情况，有些集成电路芯片，如多数 CMOS 集成电路芯片的电源引脚名称为“VDD”，地线引脚名为“VSS”；还有一些集成电路芯片的电源引脚名称为“VS”，甚至为“VSS”，而地线引脚名称为“GND”。又如集成运算放大器电路芯片的电源引脚为“V+”(正电源引脚)、“V-”(负电源引脚)。

直接双击原理图编辑区内相应的集成电路芯片，进入元件选项属性设置窗，然后单击“Pin Hidden”复选框，显示芯片隐藏的引脚，单击“OK”按钮退出，可以了解相应芯片的电源、地线引脚名称。确认了电源、地线引脚的名称后，再双击相应的芯片，在对应的元件选项属性设置窗内，取消“Pin Hidden”复选框内的“√”，将不显示芯片隐藏引脚。

如果电源、地线符号的网络标号与原理图中集成电路芯片的电源引脚与地线引脚名称不一致，则会造成集成电路芯片电源、地线引脚不能正确连接到电源和地线节点上。当原理图中集成电路芯片的电源引脚或地线引脚名称不一致时，通过导线将两个具有不同标号的电源或地线连接在一起，如图 4-35 所示。

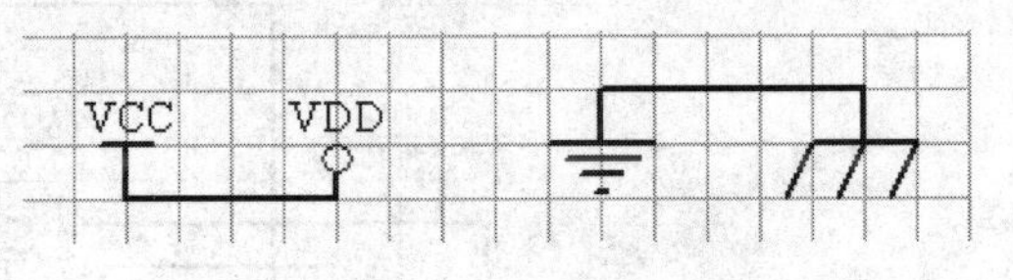

图 4-35　电源、地线处理方法

(2) Style：选择电源/地线的形状。

6. 总线、总线分支、网络标号、输入/输出端口工具的使用

当原理图中含有集成电路芯片时，常用总线代替数条平行的导线，以减少连线占用的图纸面积。但总线毕竟只是一种示意性连线，通过总线连接的元件引脚在电气上并不相连，还需要使用总线分支和标号作进一步的说明。

1) 放置总线(Place Bus)

在图 4-36 所示的电路中，当需要将 IC1 的 P20～P26 引脚分别与 IC3 的 A8～A14 连接时，除了平行导线外，也可以使用总线、总线分支以及标号来描述它们彼此间的电气连接关系。

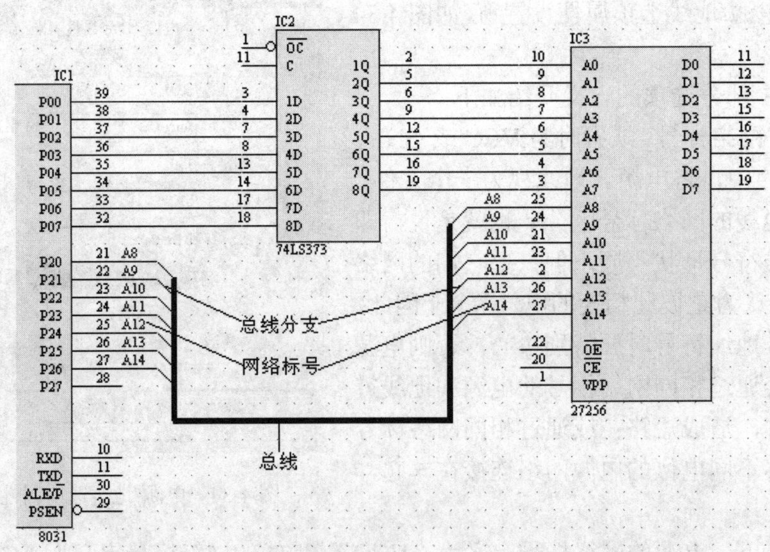

图 4-36　用总线和总线分支实现元件引脚间的连接

画总线与画导线的操作过程完全相同，即单击画线工具栏的放置总线(Place Bus)工具，将光标移到总线的起点并单击鼠标左键，移动光标到转弯处单击鼠标左键(固定转折点)，移动光标到总线终点并单击鼠标左键(固定终点)，然后单击鼠标右键结束该总线的绘制。

2) 放置总线分支(Place Bus Entry)

使用总线来描述元件连接关系时，一般还需要总线分支连接元件引脚或导线。

单击画线工具栏的放置总线分支(Place Bus Entry)工具，通过空格、X 或 Y 键调整总线分支方向后，移动光标到需要放置总线分支的元件引脚或导线的端点，再单击鼠标左键固定(见图 4-36)。当需要的总线分支放置完毕后，再单击鼠标右键，退出总线分支放置状态。

3) 放置网络标号(Place Net Label)

总线、总线分支毕竟只是一种示意性的连线，而元件引脚之间的电气连接关系并没有建立，还需要通过网络标号来描述两条线段或线段与元件引脚(即两个电气节点之间)的连接关系。在导线或引脚端点放置两个相同的网络标号后，导线与导线(或元件引脚)之间就建立了电气连接关系。原理图中具有相同网络标号的电气节点均认为在电气上相连，而不管原理图上是否连接在一起。这样，就可以使用网络标号代替实际的连线。

当需要在网络标号上放置上划线，以表示该点低电平有效时，可在网络标号名称字符间插入“\”，如“W\R\”“R\D\”等。

注意：在放置网络标号时，网络标号电气节点一定要对准元件引脚的端点或导线，否则不能建立电气连接关系。

通常在以下场合使用网络标号：

(1) 简化电路图。在连接线路比较远或线路过于复杂而走线困难时，利用网络标号代替实际走线可使电路图简化。

(2) 连接时表示各导线间的连接关系。通过总线连接的各个导线只有标上相应的网络标号，才能达到电气连接的目的。

(3) 层次式电路或多重式电路。在这些电路中表示各个模块电路之间的连接。

4) 放置输入/输出端口

在设计电路图时，一个网络与另一个网络的连接，可以通过实际导线连接，也可以通过放置网络标号使两者间具有相互连接的电气意义。放置输入/输出点，同样实现两个网络的连接，相同名称的输入/输出端口，可以认为在电气意义上是连接的。输入/输出端口也是层次图设计不可缺少的组件。

单击画线工具栏的放置 I/O 端口(Place Port)工具，执行输入/输出端口命令后，光标变成十字状，并且在其上面出现一个输入/输出端口的图标，如图 4-37 所示。在合适的位置，光标上会出现一个圆点，表示此处有电气连接点。单击鼠标即可定位输入/输出端口的一端，移动鼠标使输入/输出端口的大小合适；再单击鼠标，即可完成一个输入/输出端口的放置。单击鼠标右键，即可结束放置输入/输出端口状态。

在放置输入/输出端口状态下，按 Tab 键，进入输入/输出端口选项属性设置窗，如图 4-38 所示。设置 I/O 端口名、输入/输出特性，然后单击“OK”按钮，关闭 I/O 端口选项属性设置窗口。

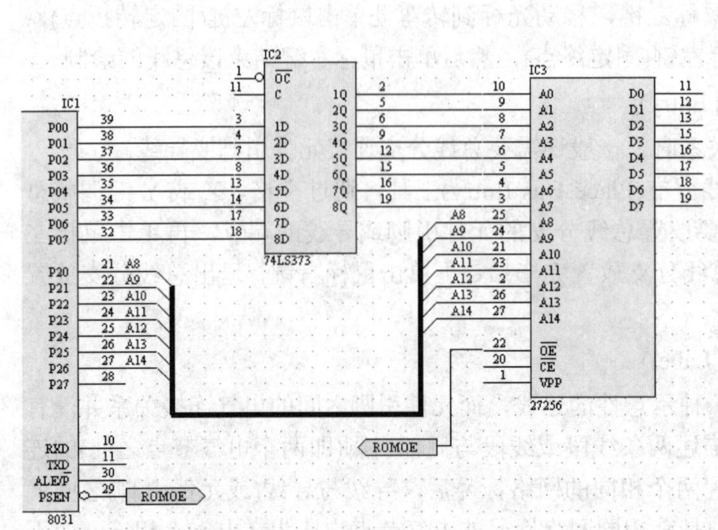

图 4-37　绘制输入/输出端口

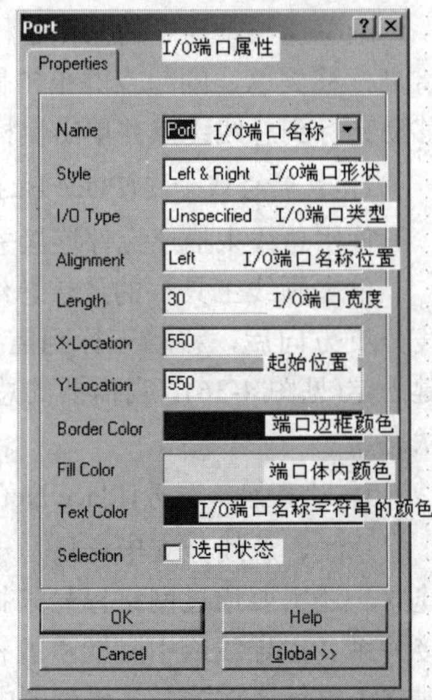

图 4-38　I/O 端口选项属性设置窗

该对话框中共有 11 个设置项，下面介绍主要选项的含义。

(1) Name：I/O 端口名称，缺省时为“Port”。在电路图中，具有相同 I/O 端口名称的 I/O 端口在电气上相连。

当需要在 I/O 端口名称上放置上划线，表示该 I/O 信号低电平有效时，可在 I/O 端口名称字符间插入“\”，如“W\R\”“R\D\”等。

(2) Style：I/O 端口形状，共有四种。选择“None”时，I/O 端口外观为长方形；选择“Left”时，I/O 端口向左；选择“Right”时，I/O 端口向右；选择“Left & Right”时，I/O 端口外形为双向箭头。

(3) I/O Type：I/O 端口电气特性，其中的参数含义介绍如下。

① Unspecified：I/O 端口电气特性没有定义。

② Output：输出口。

③ Input：输入口。

④ Bidirectional：双向端口。

(4) Alignment：指定“端口名称”字符串在 I/O 端口中的位置，其中有 Left(靠左)、Right(靠右)、Center(中间)。

根据需要还可以重新定义 I/O 端口边框、体内以及 I/O 端口名称字符串的颜色等其他选项，然后单击“OK”按钮退出即可。

7. 添加图形和文字

在电路图中加上一些说明性的文字或是图形，除了可以让整个电路图页显得生动活泼，还可以增强电路图的说服力及数据的完整性。Schematic 提供了很好的绘图功能，足以满足绘制说明性图形的基本要求。由于图形对象并不具备电气特性，所以在做电气规则检查(ERC)和转换成网络表时，它们并不产生任何影响，也不会附加在网络表数据中。

在 Schematic 中，利用一般绘图工具栏上的各个按钮进行绘图是十分方便的(绘图工具

栏如图 4-39 所示)，可以通过 View→ToolBars→Drawing Tools 菜单命令来显示。

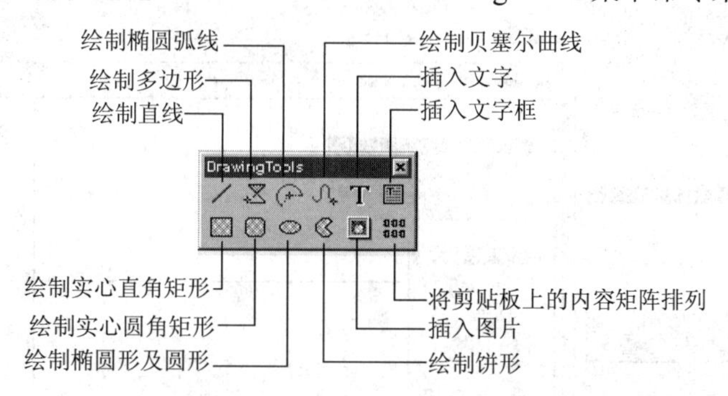

图 4-39　绘图工具及功能

4.2.7　制作元件与创建元件库

尽管 Protel 99SE 内置元件库相当完整，但有时还是不能满足用户的要求，在这种情况下，就需要自行建立新的元件及元件库。

制作元件和建立元件库是通过使用 Protel 99 SE 的元件库编辑器来进行的。在进行元件制作之前，先熟悉一下元件库编辑器是必要的。

1. 元件库编辑器的启动方法

(1) 在当前设计管理器环境下，执行 File→New 菜单命令，系统将显示新建文件对话框，如图 4-40 所示。

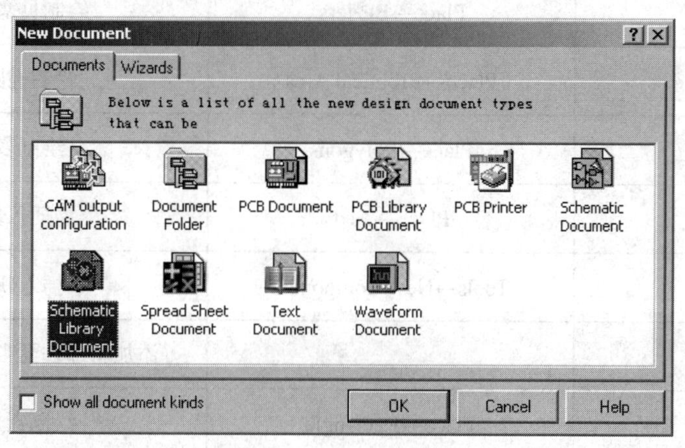

图 4-40　新建文件对话框

(2) 从对话框中选择原理图元件编辑器图标，如图 4-40 所示。

(3) 双击图标或者单击“OK”按钮，系统便在当前设计管理器中创建了一个新元件库文档，此时用户可以修改文档名。

(4) 双击设计管理器中的电路原理图元件库文档图标，就可以进入原理图元件库编辑工作界面，如图 4-41 所示。

绘图工具栏的打开或关闭可以通过选取主工具栏里的图标或执行菜单命令 View→Toolbars→Drawing Toolbar 来实现。绘图工具栏上的命令对应 Place 菜单上的各命令，也可以从 Place 菜单上直接选取命令。绘图工具栏按钮的功能如表 4-1 所示。

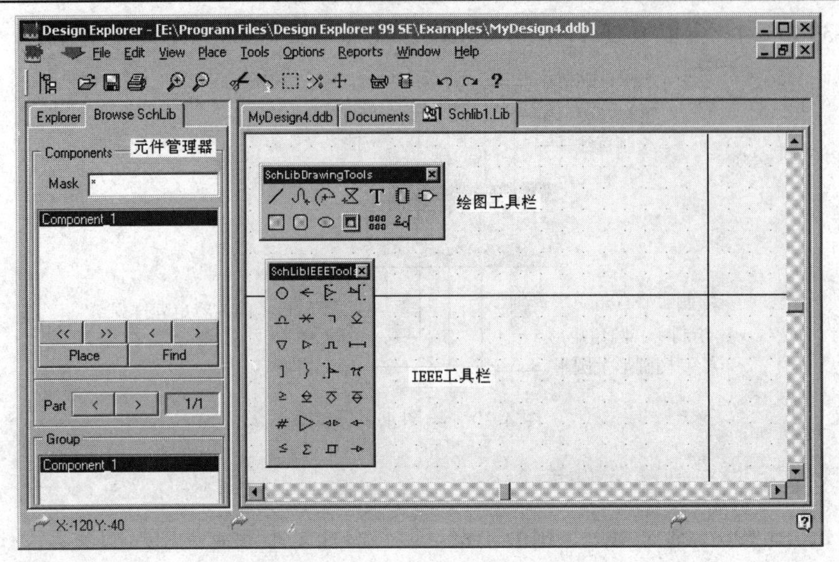

图 4-41　元件库编辑器界面

表 4-1　绘图工具栏按钮功能

按　钮	对应菜单命令	功　能
	Place→Line	绘制直线
	Place→Beziers	绘制贝塞尔曲线
	Place→Elliptical Arcs	绘制椭圆弧线
	Place→Polygons	绘制多边形
	Place→Text	插入文字
	Tools→New Component	插入新部件
		添加新部件至当前显示的元件
	Place→Rectangle	绘制直角矩形
	Place→Round Rectangle	绘制圆角矩形
	Place→Ellipses	绘制椭圆形及圆形
	Place→Graphic	插入图片
	Edit→Paste Array	将剪贴板的内容阵列粘贴
	Place→Pins	绘制引脚

IEEE 符号工具栏的打开与关闭可以通过选取主工具栏里的图标，或执行菜单命令 View→Toolbars→IEEE Toolbar 来实现。

IEEE 符号工具栏上的命令对应 Place 菜单上 IEEE Symbols 子菜单上的命令，也可以从 Place 菜单上直接选取命令。IEEE 工具栏上各按钮的功能如表 4-2 所示。

表 4-2　放置 IEEE 符号工具栏各项功能

图　标	功　能	图　标	功　能
	放置低态触发符号		放置低态触发输出符号
	放置左向信号		放置 π 符号
	放置上升沿触发时钟脉冲	≥	放置大于等于号
	放置低态触发输入符号		放置具有提高阻抗的开集性输出符号
	放置模拟信号输入符号		放置开射极输出符号
	放置无逻辑性连接符号		放置具有电阻接地的开射极输出符号
	放置具有暂缓性输出的符号	#	放置数字输入符号
	放置具有开集性输出的符号		放置反相器符号
	放置高阻抗状态符号		放置双向信号
	放置高输出电流符号		放置数据左移符号
	放置脉冲符号	≤	放置小于等于号
	放置延时符号	Σ	放置∑符号
]	放置多条 I/O 线组合符号		放置施密特触发输入特性的符号
}	放置二进制组合的符号		放置数据右移符号

2. 制作一个元件

现在利用前面介绍的制作工具来绘制一个触发器元件，并将它保存在“Flop.lib”元件库中。具体操作如下。

(1) 单击菜单 File→New 命令，从编辑器选择框中选中原理图元件编辑器，然后双击元件库图标，默认名为“schlib1.lib”,可以重新修改保存为“Flop.lib”，或者重命名为“Flop.lib”，再进入原理图元件编辑工作界面。

(2) 使用菜单命令 View→Zoom In 或按“Page Up”键将元件绘图页的四个象限相交点处放大到足够程度。因为一般元件均是放置在第四象限，而象限交点即为元件基准点。

(3) 使用菜单命令 Place→Rectangle 或者单击一般绘图工具栏上的按钮来绘制一个

直角矩形，将编辑状态切换到绘制直角矩形模式。此时鼠标指针旁边会多出一个大“十”字符号，将大“十”字指针中心移到坐标轴原点处(X:0，Y:0)，单击鼠标左键，把它定为直角矩形的左上角；移动鼠标指针到矩形的右下角，再单击鼠标左键，结束这个矩形的绘制过程。直角矩形的大小为 6 格 × 6 格，如图 4-42 所示。

(4) 绘制元件的引脚。执行菜单命令 Place→Pins 或单击一般绘图工具栏上的按钮，可将编辑模式切换到放置引脚模式，此时鼠标指针旁边会多出一个大“十”字符号及一条短线，此时按 Tab 键进入“引脚编辑”对话框，如图 4-43 所示。将引脚长度(Pin Length)修改为 20。

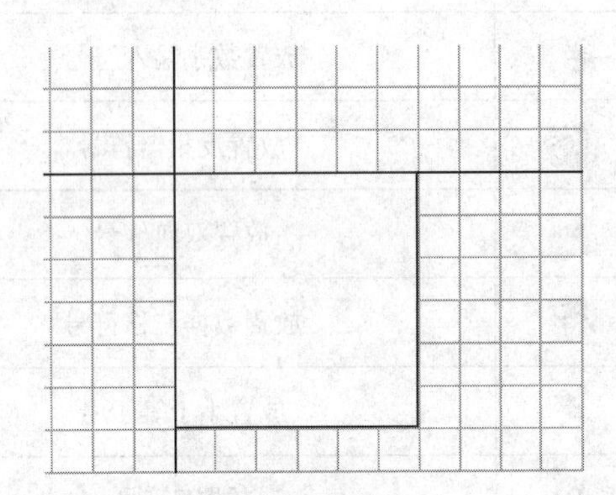

图 4-42　绘制矩形

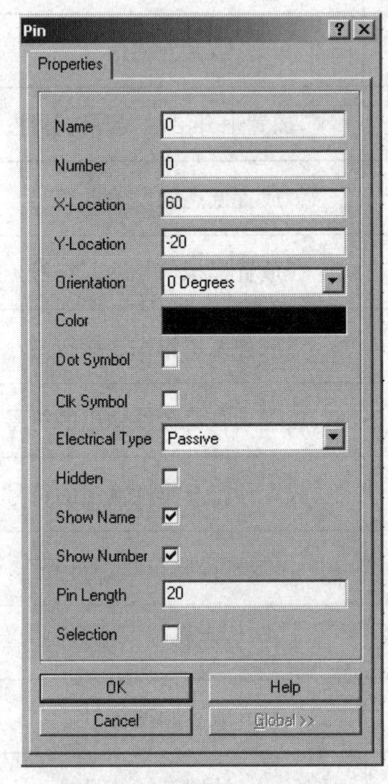

图 4-43　引脚编辑对话框

引脚属性编辑框各操作框的含义介绍如下。

① Name：编辑框中为引脚名，是引脚左边的一个符号，用户可以进行修改。

② Number：编辑框中为引脚号，是引脚右边的一个符号，用户可以进行修改。

③ X-Location：编辑框中为引脚 X 向位置。

④ Y-Location：编辑框中为引脚 Y 向位置。

⑤ Orientation：是一个下拉列表选择框，为引脚方向选择，有 0°、90°、180° 和 270° 四种旋转角度。

⑥ Color：操作框为引脚颜色设定。

⑦ Dot Symbol：复选框为是否在引脚上加一圆点。

⑧ Clk Symbol：复选框为是否在引脚上加一时钟符号。

⑨ Electrical Type：下拉列表选项为用来设定该引脚的电气性质。

⑩ Hidden：复选框为是否隐藏该引脚。

⑪ Show Name：复选框为是否显示引脚名。选中为显示，否则为不显示。

⑫ Show Number：复选框为是否显示引脚号。选中为显示，否则为不显示。

⑬ Pin Length：编辑框用来设置引脚的长度。

⑭ Selection：复选框用来确定是否选中该引脚。

(5) 分别绘制 6 根引脚，放置引脚时可以按空格键使引脚旋转 90°，使大“十”字处于矩形边框上。

(6) 编辑各引脚，双击需要编辑的引脚，或者先选中引脚；然后单击鼠标右键，从快捷菜单中选取 Properties 命令，进入引脚属性对话框(见图 4-43)，在对话框对引脚进行属性修改。具体修改方式如下。

① 引脚 1：名称 Name 修改为 C\L\R\，并选中 Dot 复选框，Show Name 复选框不选中(因为引脚名一般是水平布置的，而旋转后名称也旋转了)，旋转角度是 270°，引脚的电气类型为 Input。

② 引脚 2：名称 Name 修改为 D，旋转角度是 180°，引脚的电气类型为 Input。

③ 引脚 3：名称 Name 修改为 CLK，选中 CLK 复选框，旋转角度为 180°，引脚的电气类型为 Input。

④ 引脚 4：名称 Name 修改为 P\R\E\，并选中 Dot 复选框，旋转角度为 90°，Show Name 复选框不选中，引脚的电气类型为 Input。

⑤ 引脚 5：名称 Name 修改为 Q，旋转角度为 0°，引脚的电气类型为 Output。

⑥ 引脚 6：名称 Name 修改为 $\overline{\text{Q}}$，用户需要字母上加一横的字符时，可以使用“Q\”来实现。旋转角度为 0°，引脚的电气类型为 Output。管脚属性修改后的图形如图 4-44 所示。

(7) 绘制隐藏的引脚，通常在电路图中会把电源引脚隐藏起来。所以绘制电源引脚时需要将其属性设置为 Hidden。电源引脚的电气类型均为 Power。在图 4-44 中，VCC、GND 两个电源引脚已隐藏。

(8) 在图 4-44 中，1 和 4 脚的名称因为没有显示出来，所以有必要分别向这两个引脚添加注释文字。分别在 1 脚和 4 脚的名称端放置 CLR 和 PRE，如图 4-45 所示。

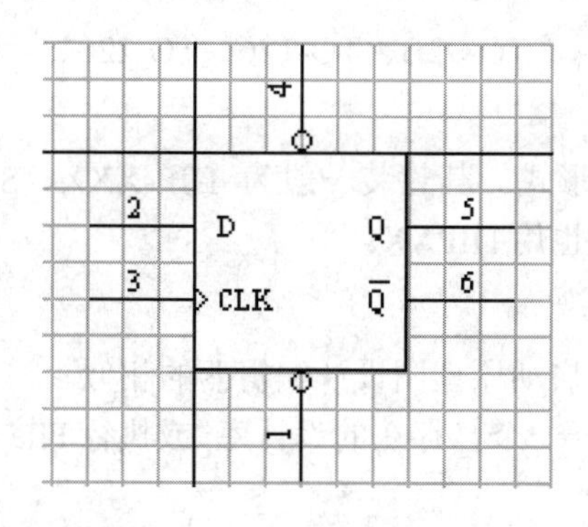

图 4-44　修改引脚属性后的图形

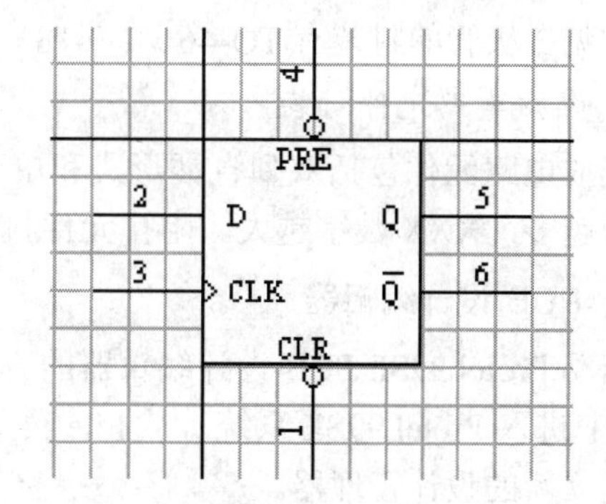

图 4-45　最终元件图

(9) 保存已绘制好的元件。执行菜单命令 Tools→Rename Component，打开“New Component Name”对话框，将元件名称改为 74LS74；然后执行菜单命令 File→Save 将元件保存到当前元件库文件中。

4.2.8 PCB 印刷电路板的制作

1. 常用元件的封装

元件封装是指元件焊接到电路板时所指的外观和焊盘位置。元件封装的设置直接影响到元件焊接，因此在制作印刷电路板时必须对电路原理图中的每一个元件指定封装形式。

由于元件封装只是元件的外观和焊盘位置，因此不同元件可以共用同一个元件封装；另一方面，同一种元件也可以有不同的封装。所以说，认识元件的封装是很有必要的。

元件封装可以在设计电路图时指定，也可以在引进网络表时指定。

1) 电阻的封装

(1/8)W 普通电阻封装为 AXIAL0.3(焊盘间的距离为 0.3 英寸，即为 7.62 mm)；1/4W 普通电阻封装为 AXIAL0.4，(1/2)W 普通电阻封装为 AXIAL0.5；功率电阻封装为 AXIAL0.6、AXIAL0.7、AXIAL0.8、AXIAL0.9、AXIAL1.0，功率电阻视其功率大小不同，其封装的大小也随之有差异，功率越大，其外形尺寸越大；顶调式可调电位器封装为 VR4、VR5；侧调式可调电位器封装为 VR2、VR3；电阻桥的封装为 Res Bridge；阻排的封装为 HDR1X9、HDR1X5，焊盘间距为 100 mil，即 2.54 mm，其中序号为 1 的焊盘为电阻排的公共端；普通电阻的表贴封装为 R2012-0805。

2) 电容的封装

普通电容的封装为 RAD-0.1、RAD-0.2、RAD-0.3、RAD-0.4，其焊盘间距分别为 2.54 mm、5.08 mm、7.62 mm、10.16 mm，即以 2.54 mm 逐次递加。

极性电容的封装为 RB.2/.4，RB.5/1.0。

3) 二极管的封装

常见二极管的封装有 DIODE-0.4、DIODE-0.7 和 TO-220。

4) 三极管的封装

常见三极管的封装有 TO-46、TO-18、TO-92A、TO-92B、TO-126、TO-220。

5) 集成电路元件封装

集成电路元件包括双列直插形式和单列直插形式。其封装一般为 DIP-XXX、SIPXX，管脚数越多，XXX 数字越大。阻排元件封装有时也用 DIPXX。

2. PCB 设计编辑器

启动 Protel 99SE PCB 设计编辑器的方法，与启动原理图设计编辑器的相似。

(1) 进入 Protel 99SE 系统，从 File 菜单中打开一个已存在的设计库，或执行 File→New 命令建立新的设计管理器。

(2) 进入设计管理器后，接着在设计管理器环境下执行 File→New 命令，系统将弹出 New Document 对话框，如图 4-40 所示。选取 PCB Document 图标，单击“OK”按钮。

(3) 新建立的文件将包含在当前的设计库中，可以在设计管理器中更改文件的文件名。单击此文件，系统将进入印刷电路板编辑器，如图 4-46 所示。

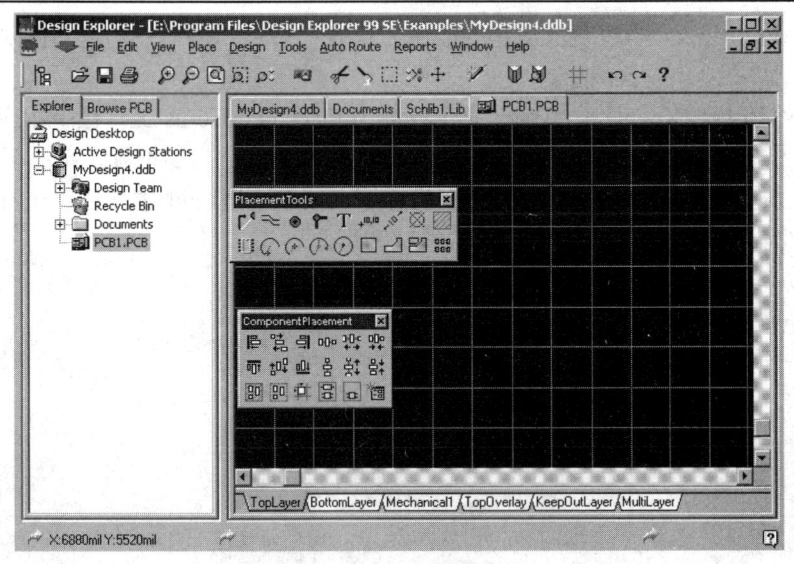

图 4-46　印刷电路板编辑器界面

3. 工具栏的使用

Protel 99SE 为 PCB 设计提供了 4 个工具栏，包括 Main Toolbar(主工具栏)、Placement Tools(放置工具栏)、Component Placement(元件位置调整工具栏)和 Find Selections(查找选择集工具栏)。

(1) 主工具栏。Protel 99SE 主工具栏如图 4-47 所示。该工具栏为用户提供了缩放、选取对象等命令按钮。

图 4-47　Protel 99SE 主工具栏

(2) 放置工具栏。(Placement Tools)。Protel 99SE 放置工具栏如图 4-48 所示。

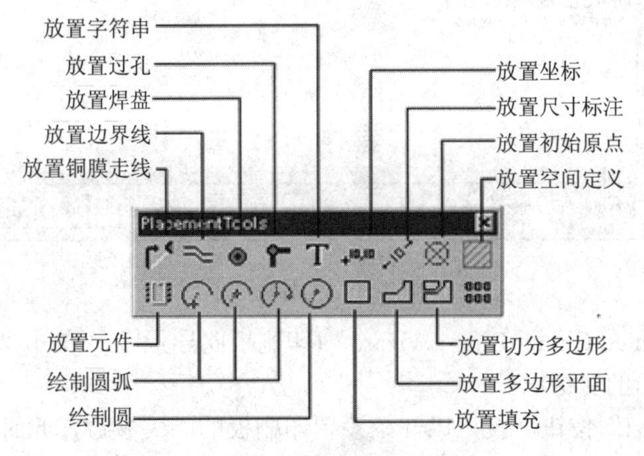

图 4-48　放置工具栏

4. 规划电路板

电路板规划并定义电气边界的一般步骤如下：

(1) 用鼠标单击编辑区下方的标签 KeepOut Layer，即可将当前的工作层设置为

KeepOut Layer。该层为禁止布线层，一般用于设置电路板的板边界，将元件限制在这个范围之内。

(2) 执行 Place→KeepOut→Track 命令或单击 Placement Tools 工具栏中相应的按钮，可确定第一条板边的起点；然后拖动鼠标，将光标移动到适当的位置，单击鼠标左键，即可确定第一条板边的终点。用户在该命令状态下，按 Tab 键，可进入 Line Constrains 属性对话框(见图 4-49)，此时可以设置板边的线宽和层面。

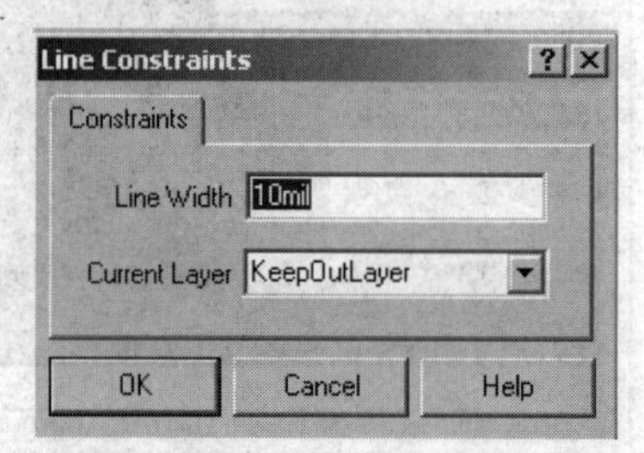

图 4-49　Line Constrains 属性对话框

(3) 用同样的方法绘制其他三条板边，并对各边进行精确编辑，使之首尾相连。

(4) 单击鼠标右键，退出该命令状态。

5. 使用向导生成电路板

使用向导生成电路板的具体操作过程如下：

(1) 执行 File→New 命令，在弹出的对话框中选择 Wizards 选项卡，如图 4-50 所示。

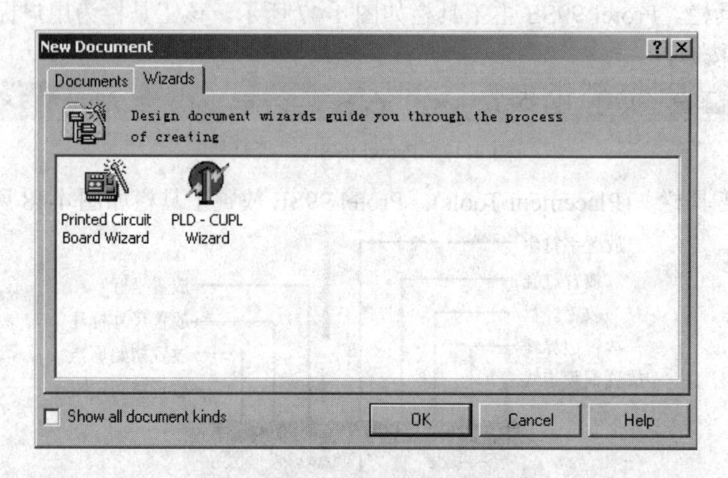

图 4-50　向导选项卡

(2) 选择“Printed Circuit Board Wizard”(印刷板向导)图标，单击“OK”按钮，系统将弹出如图 4-51 所示的对话框。

(3) 单击“Next”按钮，就可以开始设置印刷板的相关参数，此时系统弹出如图 4-52 所示的选择预定义标准板对话框。在该对话框的 Units 框中可以选择印制板的单位，Imperial 为英制(mil)、Metric 为公制(mm)；然后可以在板卡的类型选择下拉列表中选择板卡的类型。如果选择了“Custom Made Board”，则需要自己定义板卡的尺寸、边界和图形标志等参数，而选择其他选项则直接采用系统已经定义的参数。

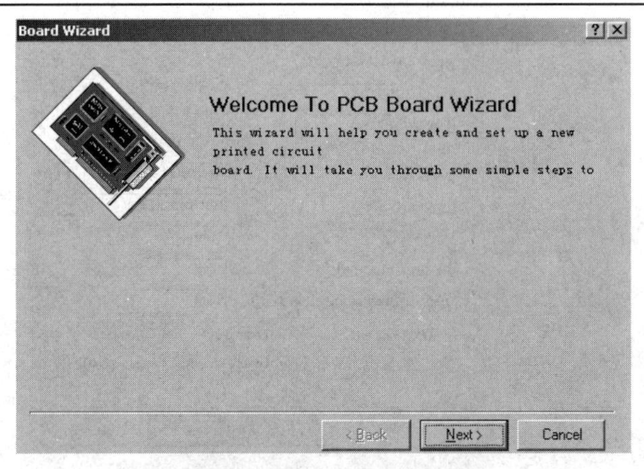

图 4-51　生成印刷板向导

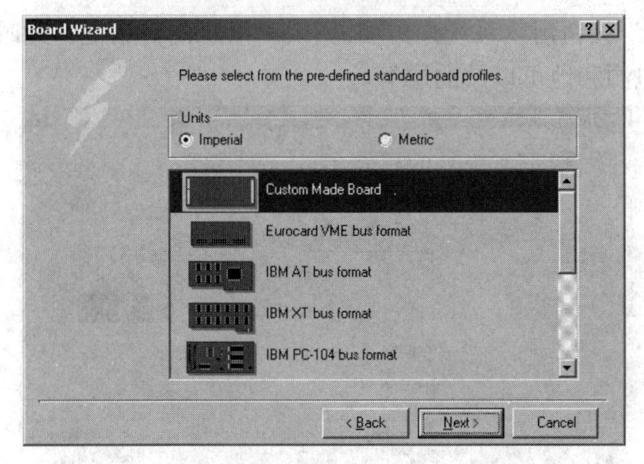

图 4-52　选择预定义标准板对话框

(4) 如果选择了“Custom Made Board”，则单击“Next”按钮，系统将弹出如图 4-53 所示的对话框。在该对话框中可以设定板卡的相关属性，其具体含义介绍如下。

① Width：设定板卡的宽度。

② Height：设定板卡的高度。

③ Rectangular：设定板卡为矩形。

④ Circular：设定板卡为圆形。

⑤ Custom：自定义板卡形状。

⑥ Boundary Layer：设定板卡边界所在的层，一般为 KeepOut Layer。

⑦ Dimension Layer：设定板卡的尺寸所在的层，一般选择机械层(Mechanical Layer)。

⑧ Track Width：设定导线宽度。

⑨ Dimension Line Width：设定尺寸线宽。

⑩ Title Block and Scale：设定是否生成标题块和比例。

⑪ Legend String：是否生成图例和字符。

⑫ Dimension Lines：是否生成尺寸线。

⑬ Corner Cutoff：是否角位置开口。

⑭ Inner Cutoff：内部是否开一个口。

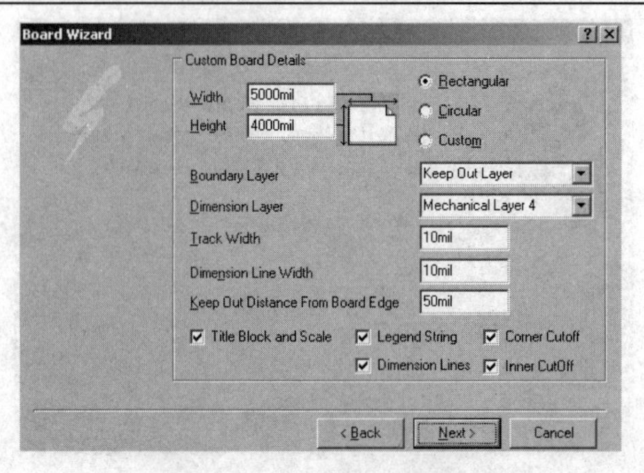

图 4-53　自定义板卡的参数设置

(5) 单击“Next”按钮后，系统弹出如图 4-54 所示的对话框。此时可以设置信号层的数量和类型，以及电源和地可以放的层等。

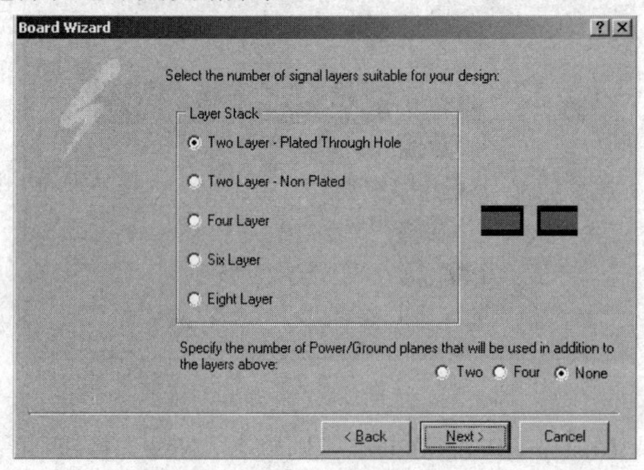

图 4-54　设置信号层的数量和类型

(6) 单击“Next”按钮，系统将弹出如图 4-55 所示的对话框。此时可以设置过孔类型，可以设置为通孔、盲孔或埋孔。

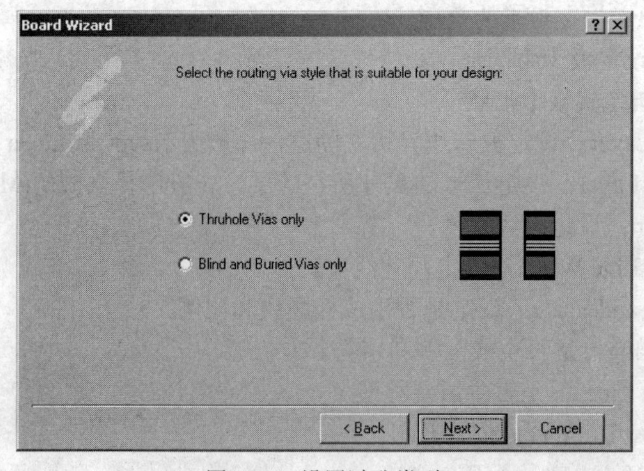

图 4-55　设置过孔类型

(7) 单击“Next”按钮，系统将弹出如图 4-56 所示的对话框。此时可以设置将要使用的布线技术，用户可以选择放置表贴元件多还是插孔式元件多，以及元件是否放置在板的两面。

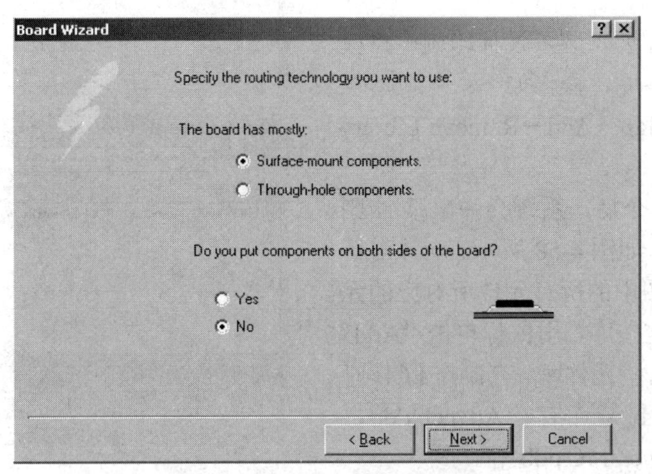

图 4-56　设置使用的布线技术

(8) 单击“Next”按钮，系统将弹出如图 4-57 所示的对话框。此时可以设置最小的导线尺寸、过孔尺寸和导线间的距离。对话框中各选项的含义介绍如下。

① Minimum Track Size：设置最小的导线尺寸。

② Minimum Via Width：设置最小的过孔宽度。

③ Minimum Via HoleSize：设置过孔的孔尺寸。

④ Minimum Clearance：设置最小的线间距。

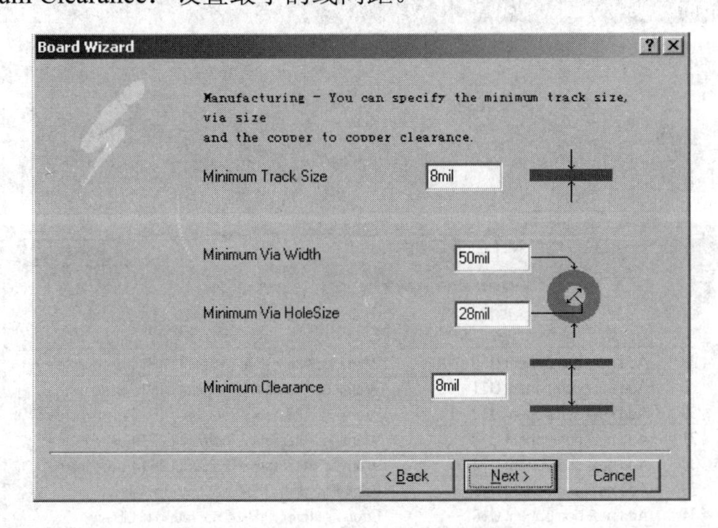

图 4-57　设置最小的尺寸限制

(9) 单击“Next”按钮，将弹出完成对话框，此时单击“Finish”按钮，完成生成印制板的过程。

也可以采用手工定义印制板大小。在 PCB 设计环境下，首先鼠标点击 KeepOut Layer；然后点击按钮，按住鼠标左键，根据实际需要，拖动鼠标定义上下、左右边界。如果不

满足要求，则还可以进一步修改。

6. 加载网络表与元件库

1) 装入元件库

根据设计的需要，装入设计印刷电路板所需要的几个元件库，操作如下：

(1) 执行 Design→Add→Remove Library 命令。

(2) 执行该命令后，系统会弹出添加/删除元件库对话框，如图 4-58 所示。在该对话框中，找出原理图中的所有元件所对应的元件封装库。选中这些库，用鼠标单击“Add”按钮，即可添加这些元件库。在制作 PCB 时比较常用的元件封装库有：Advpcb.ddb、DCtoDC.ddb、General IC.ddb 等。

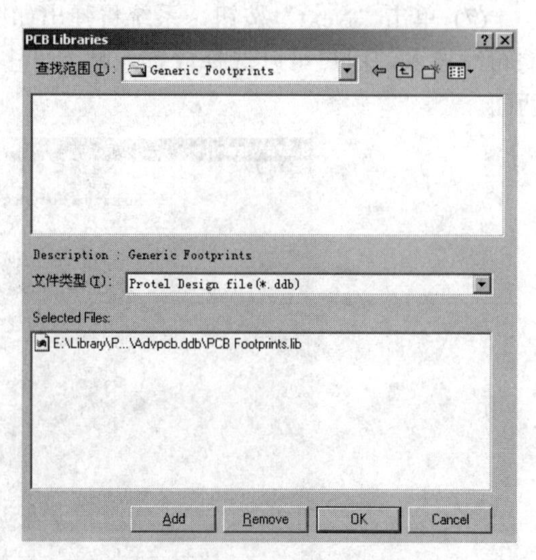

图 4-58　添加/删除元件库对话框

(3) 添加所有需要的元件封装库，然后单击“OK”按钮完成该操作，即可将所选中的元件库装入。

2) 加载网络表

(1) 打开已经创建的 PCB 文件。

(2) 执行 Design→Load Nets 命令。

(3) 执行该命令后，系统会弹出如图 4-59 所示的对话框。

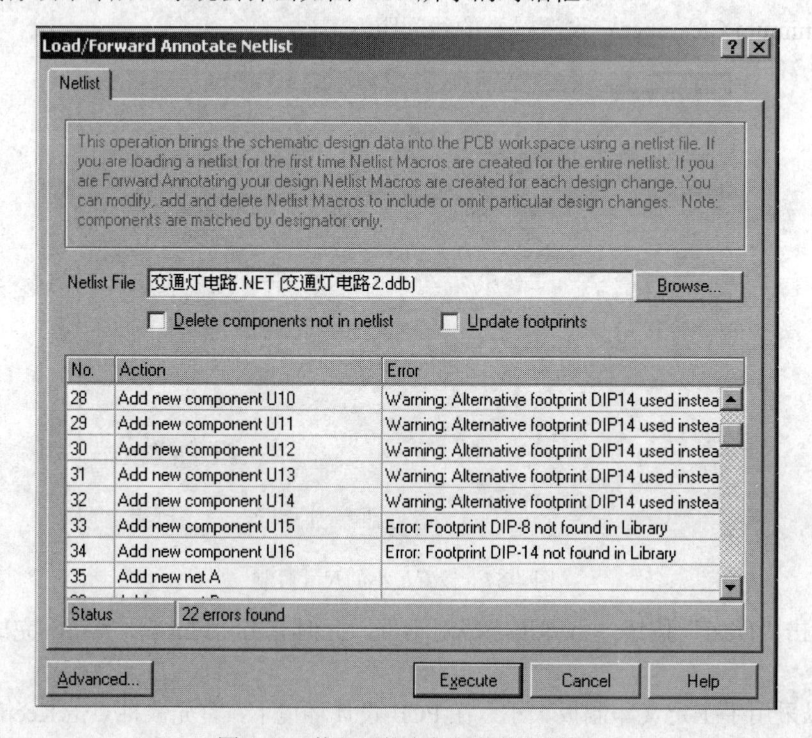

图 4-59　装入网络表与元件的对话框

装入网络表后，如果元件没有设定封装形式，或者封装形式不匹配，则在装入网络表时，会在列表框中显示某些宏是错误的，如图4-59中所示。一般有这样几种情况：Component not found，Node Not found，Footprint××not found in Library。出现这些情况将不能正确加载该元件，应该返回到电路原理图，修改该元件的属性或电路连接以及正确添加元件封装库。

(4) 单击"Execute"按钮，即可实现装入网络表与元件。

3) 元件的自动布局

装入网络表和元件封装后，要把元件封装放入工作区。元件自动布局的操作如下：

(1) 执行Tools→Auto Placement命令。

(2) 执行该命令后，会出现如图4-60所示的对话框。用户可以在该对话框中设置有关的自动布局参数。一般情况下，可以直接利用系统的默认值。

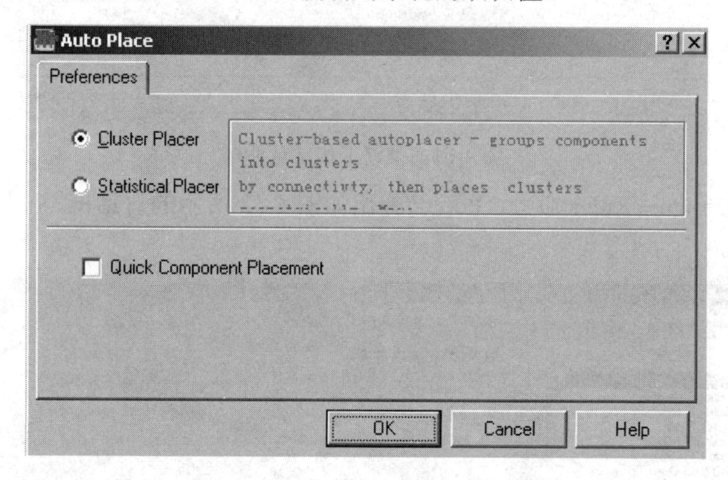

图4-60　设置元件自动布局的对话框

Protel 99SE PCB编辑器提供了两个自动布线方式，分别是Cluster Placer和Statistical Placer。Cluster Placer是自动布局器，这种布局方式将元件按它们的连通属性分为不同的元件束，并且将这些元件按照一定几何位置布局。这种布局方式适合元件数量较少的PCB板制作。

Statistical Placer是统计布局器。它使用一种统计算法来放置元件，以便使连接长度最优化。

程序对元件的自动布局一般以寻找最短线路为目标，因此元件的自动布局往往不太理想，需要用户手工调整。比如对元件进行排列、移动和旋转等操作。移动元件时，将鼠标直接点到需要移动的元件上，拖动鼠标即可；旋转元件时，将鼠标直接点到需要旋转的元件上，按键盘上的空格键、X、Y键进行相应的旋转操作。

4) 自动布线前设置

自动布线前，要设置布线规则和工作层设置。

(1) 执行Design→Options命令，系统将弹出设置工作层对话框，如图4-61所示。

该对话框中，Top Layer为顶层信号层；Bottom Layer 为底层信号层。Top Solder为设置顶层助焊膜；Bottom Solder为设置底层助焊膜；Top Paste为设置顶层阻焊膜；Bottom Paste为设置底层阻焊膜。Top Overlay为顶层丝印层；Bottom Overlay为底层丝印层。Mechanical

Layers 为机械层。

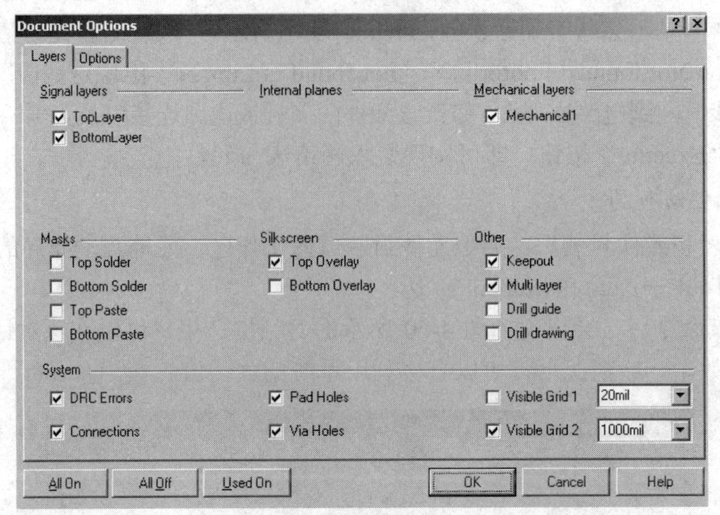

图 4-61　设置工作层对话框

(2) 执行 Design→Rules 命令，系统会弹出如图 4-62 所示的对话框，在此对话框中可以设置布线参数。

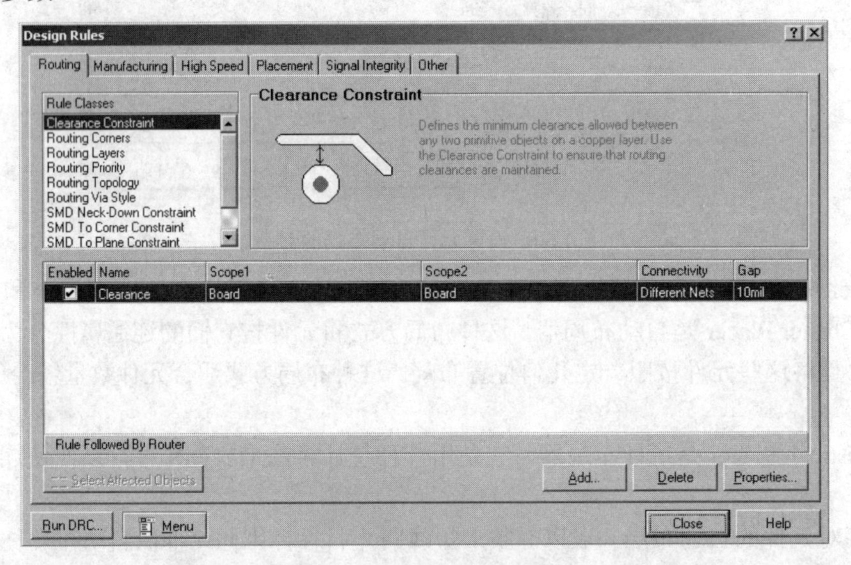

图 4-62　设置布线参数对话框

(3) 使用鼠标左键单击图 4-62 中的“Routing”选项卡，即可进入布线参数的设定。布线规则一般都集中在规则类(Rule Classes)中。在该选项中可以设置：走线间距约束(Clearance Constraint)、布线拐角模式(Routing Corners)、布线工作层(Routing Layers)、布线优先级(Routing Priority)、布线拓扑结构(Routing Topology)、过孔的类型(Routing Via Style)、走线拐弯处与磁敏二极管的距离(SMD To Corner Constraint)和走线宽度(Width Constraint)等。

① 设置布线工作层(Routing Layers)。该选项用来设置在自动布线过程中哪些信号层可以使用。使用鼠标双击“Routing Layers”选项，系统将会弹出如图 4-63 所示的布线工作层对话框。

该对话框中字母“T”代表顶层(Top Layer)、数字 1～14 代表中间层、字母“B”代表底层(Bottom Layer)；单层板选 Bottom Layer，双层板则 Top Layer、Bottom Layer 都要选中。图 4-25 所示的交通灯控制电路设置为双面板。

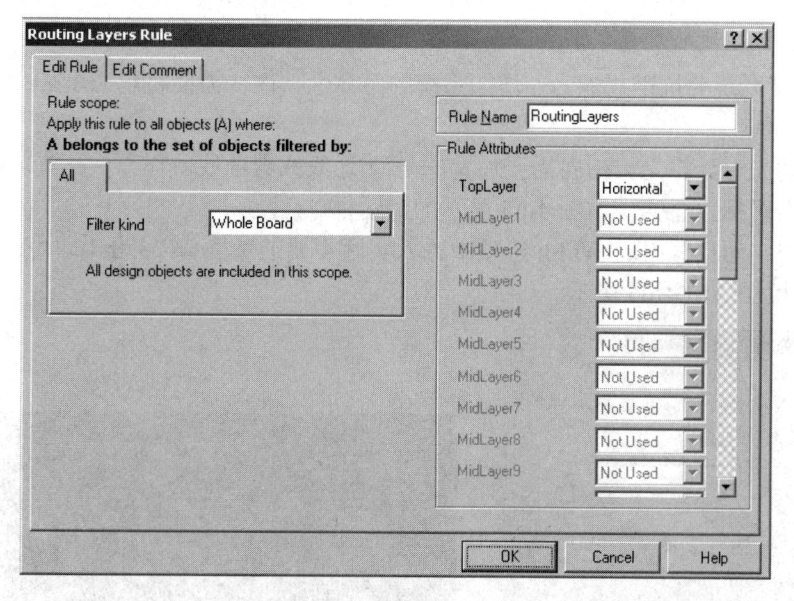

图 4-63　布线工作层对话框

② 设置走线宽度(Width Constraint)。该选项可以设置走线的最大和最小宽度。使用鼠标双击该选项，系统会弹出如图 4-64 所示的对话框。

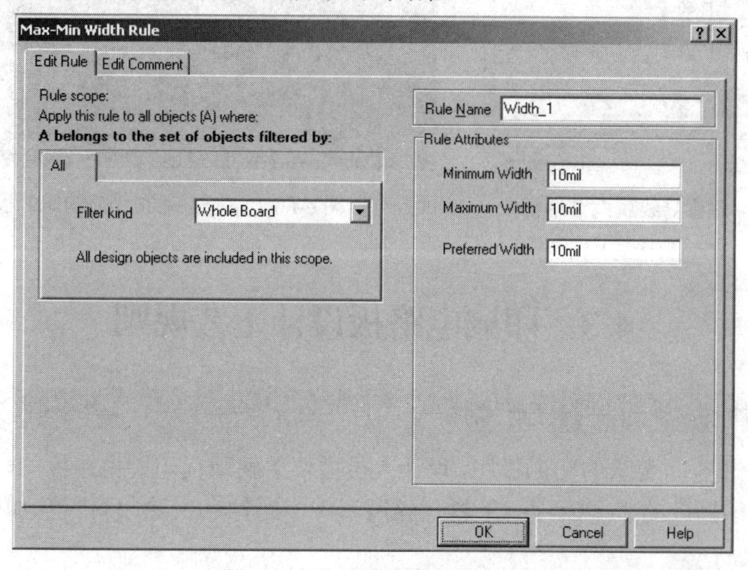

图 4-64　走线宽度设置对话框

根据实际情况可以设置最小走线宽度和最大走线宽度为 10 mil 和 20 mil。

5) 自动布线

执行 Auto Route→All 命令，对整个电路板进行布线。还可以对选定网络进行布线、对

两连接点进行布线、对指定元件布线、对指定区域进行布线。

6) 手工调整布线

内容略。

7) 电源/接地线的加宽

为了提高系统的抗干扰能力，增加系统的可靠性，往往需要将电源/地线和一些通过电流较大的线加宽。

(1) 移动光标，将光标指向需要加宽的电源/地线或其他线。

(2) 双击鼠标，会弹出如图 4-65 所示的对话框。

(3) 用户在对话框中的 Width 选项中输入实际需要的宽度值(25 mil)即可。完成自动布线后的印刷板图如图 4-66 所示。

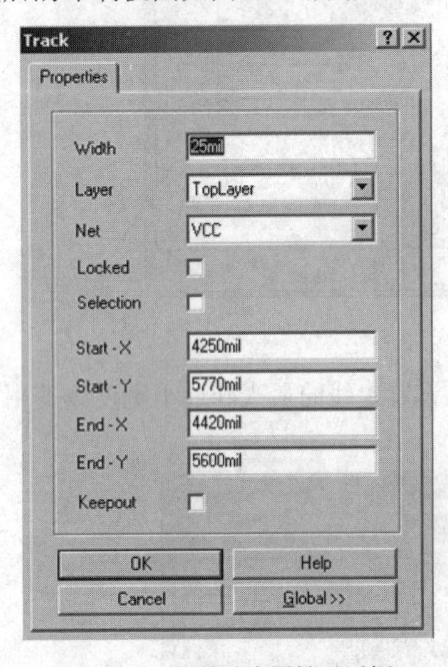

图 4-65　设置导线属性对话框

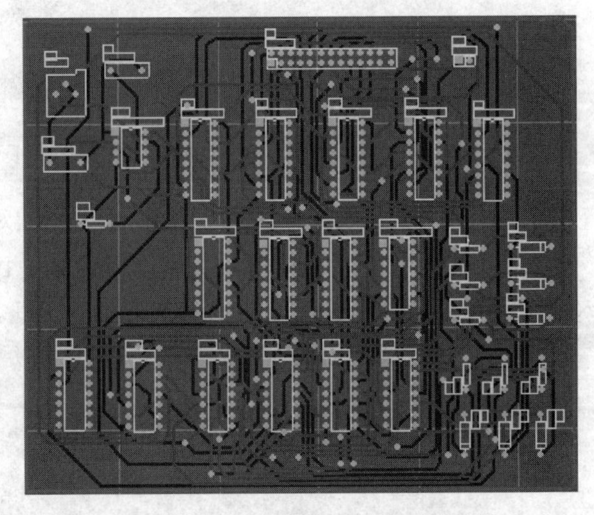

图 4-66　完成自动布线后的印刷板图

4.3　印刷电路板设计工艺规则

4.3.1　印刷电路板的制作工艺流程

要想设计出合乎要求的印制板图，设计人员需要了解现代印刷电路板的一般工艺流程。

(1) 单面印刷板的工艺流程：下料—丝网漏印—腐蚀—去除印料—孔加工—印标记—涂助焊剂—成品。

(2) 多层印刷板的工艺流程：内层材料处理—定位孔加工—表面清洁处理—制内层走线及图形—腐蚀—层压前处理—外内层材料层压—孔加工—孔金属花—制外层图形—镀耐腐蚀可焊金属—去除感光胶—腐蚀—插头镀金—外形加工—热熔—涂助焊剂—成品。

双面板的工艺复杂情况介于两者之间。

4.3.2　元件布局及布线要求

1. 布局过程

对于一个元件数目多、连线复杂的印刷板来说，全依靠手工方式完成元件布局耗时多，效果还不一定好；而采用自动布局方式，连线可能最短，但又未必满足电磁兼容的要求。因此，一般先按印刷板元件布局规则，用手工方式放置好核心元件、输入/输出信号处理芯片、对干扰敏感元件以及发热量大的功率元件；然后使用自动布局方式，放置剩余元件；最后再用手工方式对印刷板上个别元件的位置做进一步调整。

2. 元件布局原则

尽管印刷板种类很多、功能各异，元件数目、类型也各不相同，但印刷板元件的布局还是有章可循的。

1) 元件位置安排的一般原则

在PCB设计中，如果电路系统同时存在数字电路、模拟电路以及大电流电路，则必须分开布局，使各系统之间耦合达到最小。

在同一类型中，按信号流向及功能，分块、分区放置元件。即同类元件尽可能按相同的方向排列，以便元件的贴装、焊接和检测。

输入信号处理元件、输出信号驱动元件应尽量靠近印刷板边框，使输入/输出信号线尽可能短，以减少输入/输出信号可能受到的干扰。

PCB板上元件需均匀排放，避免轻重不均。

2) 最小距离原则

元件离印刷板边框的最小距离必须大于2 mm，如果印刷板安装空间允许，则最好保留5～10 mm。

3) 元件放置方向原则

在印刷板上，元件只能沿水平和垂直两个方向排列，否则不利于插件。对于竖直安装的印刷电路板，当采用自然对流冷却方式时，集成电路芯片最好竖直放置，发热量大的元件，要放在印刷板的最上方；当有散热风扇强制冷却时，集成电路芯片最好水平放置，发热量大的元件，要放在风扇直接吹到的位置。

4) 元件间距原则

对于中等密度印刷板、小元件(如小功率电阻、电容、三极管等分立元件)，彼此的间距与插件、焊接工艺有关。当采用自动插件和波峰焊接工艺时，元件之间的最小距离可以取50～100 mil(1.27～2.54 mm)；而当采用手工插件或手工焊接操作时，元件间距要大一些，可以取100 mil(2.54 mm)或以上，否则会因元件排列过于紧密，给插件、焊接操作带来不便。大尺寸元件(如集成电路芯片)，元件间距一般为100～150 mil(2.54～3.81 mm)。对于高密度印刷板，可适当减少元件间距。

当采用波峰焊时，尽量保证元件的两端焊点同时接触焊料波峰。

当尺寸相差较大的片状元件相邻排列且间距很小时，较小的元件在波峰焊时应排列在前面，先进入焊料波，避免尺寸较大的元件遮蔽其后尺寸较小的元件，从而造成漏焊。

总之，元件间距要适当。如果间距太小，除了插件、焊接操作不便外，也不利于散热。

对于发热量大的功率元件，元件间距要足够大，以利于大功率元件散热。同时，也避免了大功率元件间通过辐射相互加热，以保证电路系统的热稳定性。

当元件间电位差较大时，元件间距应足够大，以免出现放电现象，造成电路无法工作或损坏器件；带高压元件应尽量远离整机调试时手容易触及的部位，避免发生触电事故。

但元件间距也不能太大，否则印刷板面积会迅速增大，这样除了增加成本外，还会使连线长度变长，造成印制导线寄生电容、电阻、电感等增大，使系统抗干扰能力变差。

5) *元件布局的原则*

热敏元件要尽量远离大功率元件。

电路板上重量较大的元件应尽量靠近印刷板支撑点，使印刷电路板翘曲度降值至最小。如果电路板不能承受，可把这类元件移出印刷板，安装到机箱内特制的固定支架上。

对于需要调节的元件，如电位器、微调电阻、可调电感等的安装位置应充分考虑整机结构要求。对于需要机外调节的元件，其安装位置与调节旋钮在机箱面板上的位置要一致；对于机内调节的元件，其放置位置以打开机盖后即可方便调节为原则。

在布局时，IC去耦电容要尽量靠近IC 芯片的电源和地线引脚，否则滤波效果会变差。在数字电路中，为保证数字电路系统可靠工作，在每一数字集成电路芯片(包括门电路和抗干扰能力较差的CPU、RAM、ROM芯片)的电源和地之间均设置了IC去耦电容。一方面，IC去耦电容是该数字 IC 芯片的蓄能电容，吸收了该集成块内有关门电路开、关瞬间引起电源波动而产生的尖峰脉冲，避免了尖峰脉冲影响系统中的其他元件；另一方面，去耦电容也滤除了叠加在电源上的干扰信号，避免通过电源线干扰 IC 内部单元电路。去耦电容一般采用瓷片电容或多层瓷片电容，容量为0.01～0.1 μF，对于容量为0.1 μF的瓷片电容，寄生电感为5 nH，共振频率为7 MHz，即可以滤除10 MHz以下的高频信号。原则上在每一数字IC芯片的电源和地线间都要加接一个0.01 μF的瓷片电容。在中高密度印刷板上，没有条件给每一块数字 IC 增加去耦电容时，也要保证每4块芯片加一个去耦电容。此外，在电路板电源入口处的电源和地线间，加接一个10 μF左右的钽电解电容以及一个0.01 μF的瓷片电容。

时钟电路元件应尽量靠近CPU时钟引脚。数字电路，尤其是单片机控制系统中的时钟电路，最容易产生电磁辐射，干扰系统其他元件。因此，在布局时，时钟电路元件应尽可能地靠在一起，且尽可能地靠近单片机芯片时钟的信号引脚，以减少时钟电路的连线长度。如果时钟信号需要接到电路板外，则时钟电路应尽可能地靠近电路板边缘，使时钟信号引出线最短；如果不需要引出，则可将时钟电路放在印刷板中心。

6) *焊盘与印制导线及阻焊膜的关系原则*

减少印制导线连通焊盘处的宽度，最大宽度应为0.4 mm或焊盘宽度的一半。焊盘与较大面积的导电区(如地、电源等)平面相连时，应通过一条长度较细的导电线路进行热隔离。印制导线应避免呈一定角度与焊盘相连，且应尽可能地让印制导线从焊盘长边的中心处与之相连。

印制板上相应于各焊盘的阻焊膜的开口尺寸，其宽度和长度分别应比焊盘尺寸大0.05～0.25 mm。具体情况应视焊盘的间距而定，目的是既要防止阻焊剂污染焊盘，又要避免焊膏印刷、焊接时的连印和连焊；再有阻焊膜的厚度不得大于焊盘的厚度。

7) 导通孔布局原则

避免在焊盘以内，或在距表面安装焊盘 0.635 mm 以内设置导通孔。对测试支撑导通孔，在设计布局时，需充分考虑不同直径的探针在进行自动的在线测试时的最小间距。

4.3.3　布线规律

在布线过程中必须遵循以下规律：

(1) 印制导线转折点的内角不小于 90°，一般选择 135° 或圆角；导线与焊盘、过孔的连接处要圆滑，避免出现尖角。

(2) 导线与焊盘、过孔必须以 45° 或 90° 相连。

(3) 在双面、多面印刷板中，上下两层信号线的走线方向要相互垂直或斜交叉，尽量避免平行走线；对于数字、模拟混合系统来说，模拟信号走线和数字信号走线应分别位于不同平面内，且走线方向垂直，以减少相互间的信号耦合。

(4) 在数据总线间，可以加信号地线来实现彼此的隔离；为了提高抗干扰能力，小信号线和模拟信号线应尽量靠近地线，远离大电流和电源线；数字信号既容易干扰小信号，又容易受大电流信号的干扰，因此布线时必须认真处理好总线的走线，必要时可加电磁屏蔽罩或屏蔽板。时钟信号引脚最容易产生电磁辐射，因此走线时，应尽量靠近地线，并设法减小回路长度。

(5) 连线应尽量短，尤其是在电子管与场效应管栅极、晶体管基极以及高频回路中。

(6) 高压或大功率元件与低压小功率元件分开布线，即彼此电源线、地线分开走线，以避免高压大功率元件通过电源线、地线的寄生电阻(电感)干扰小信号。

(7) 数字电路、模拟电路以及大电流电路的电源线、地线必须先分开走线，再接到系统的电源线、地线上，形成单点接地形式。

(8) 在高频电路中必须严格限制平行走线的最大长度。

(9) 在双面电路板中，由于没有地线层屏蔽，因此应尽量避免在时钟电路下方走线。

(10) 选择合理的连线方式。

4.4　印刷电路板制作技术简介

4.4.1　印刷板用基材

1．刚性印刷板用覆铜箔基材

(1) 酚醛纸质层压板。酚醛纸质层压板可分为不同的等级。大多数等级能够在高达 70～105℃的温度下使用。而如果长期在高于这种范围的温度下工作，可能会导致一些性能的降低，且过热会引起炭化，在受影响的区域内，绝缘电阻可能会降至很低值。这样的热源是发热元件在高于 105℃温度下使用，基材可能会发生严重的变黑现象。在高湿度环境下放置会使基材的绝缘电阻大幅度减少，然而当湿度降低时，绝缘电阻又会增加。

(2) 环氧纸质层压板。与酚醛纸质层压板相比，环氧纸质层压板在电气性能和非电气性能方面都有较大的提高，包括较好的机械加工性能和机械性能。根据材料的厚度，它的使用温度可达 90～110℃。

(3) 聚酯玻璃毡层压板。聚酯玻璃毡层压板的机械性能低于玻璃布基材料。然而它具有很好的抗冲击性，并有好的电气性能，能够在很宽的频率范围内应用，即使在高湿度环境下，也能保持好的绝缘性能。它的使用温度可达到 100～105℃。

(4) 环氧玻璃布层压板。环氧玻璃布层压板的机械性能高于纸基材料，特别是弯曲强度，耐冲击性，X、Y、Z 轴的尺寸稳定性，翘曲度和耐焊接热冲击都比纸基材料好。这种材料的电气性能也很好，使用温度可达 130℃，而且受恶劣环境(湿度)的影响小。

2. 挠性印刷板用覆铜箔基材

(1) 聚酯薄膜。聚酯薄膜最常用的特性是可挠性，它的特点是加热时能够形成可收缩式线圈。假若使用了合适的黏合剂，这种材料可以在 80～130℃的范围内使用。焊接时应特别注意，这种材料在焊接温度下容易软化和变形。它具有优良的电气性能，当被暴露在高湿度环境下时，依然能保持其良好的电气性能。

(2) 聚酰亚胺薄膜。聚酰亚胺薄膜具有良好的可挠性，而且能够通过预热处理去除所吸收的潮气，保证安全焊接。一般黏结型聚酰亚胺薄膜能够在高达 150℃的温度下连续工作；用氟化乙丙烯作为中间胶膜的特殊熔接型聚酰亚胺薄膜可在 250℃下使用；作为特殊用途的没有黏合剂的聚酰亚胺薄膜能够在更高的温度下使用。聚酰亚胺薄膜具有优良的电气性能，但可能会吸收潮气而影响性能。

(3) 氟化乙丙烯薄膜。氟化乙丙烯薄膜通常和聚酰亚胺薄膜或玻璃布结合在一起制成层压板，在不超过 250℃的焊接温度下，具有良好的可挠性和稳定性。它也可以作为非支撑材料使用。氟化乙丙烯薄膜是热塑性材料，其熔化温度为 290℃左右。它具有优良的耐潮性、耐酸性、耐碱性和耐有机溶剂性，其主要的缺点是层压时在层压温度下导电图形易发生移动。

多层印制板是两层以上的导电图形和绝缘材料交错组成的，且它是单块薄的印制板(单面板或双面板)与绝缘黏结片黏结在一起。这些黏结片是由片材组成的，如浸渍半固化树脂的玻璃布，经多层印制板层压后固化，直到最终成型。

覆铜箔环氧玻璃布，作为单块薄印制板用的覆铜箔基材，与单面和双面印制板用的基材基本相同，通常比单面和双面印制板使用的材料薄，而且它的厚度是标准化的，而不是固定的。

浸渍环氧树脂的玻璃布黏结片，在多层印制板生产层工艺中，层压固化是在最终阶段，所以只有在层压后才表现出它的最终性能。

3. 刚挠结合印制板

如果同一块印制板中既包括挠性部分又包括刚性部分，即刚性印制板使用的材料，挠性印制板使用的材料和多层印制板使用的材料可以结合在同一个结构中，那么其某些性能可能会因为所使用的黏合剂的不同而发生显著改变。

刚挠结合印制板一般有以下五种类型。

(1) 1 型板：有增强层的挠性单面板。

(2) 2 型板：增强层的挠性双面板，有过孔。

(3) 3 型板：有增强层的挠性双面板，有过孔。

(4) 4 型板：刚挠结合多层板，有过孔。

(5) 5 型板：组合刚挠印制板，刚性印制板与挠性印制黏层数多于 1 层。

4.4.2 过孔

板厚和孔径比最好应不大于 3∶1，是因为大的比值会使生产困难、成本增加。当过孔只用做贯穿接或内层连接时，孔径公差(特别是最小孔径公差)一般是不重要的，所以不用规定。由于导通孔内不插元件，所以它的孔径可以比元件孔的孔径小。

当过孔作为元件孔时，过孔的最小孔径要适应元件或组装件的引脚尺寸。设计者要采用给出的标称孔径和最小孔径作为过孔的推荐值。过孔的最大孔径取决于镀层厚度和孔径的公差。规定孔的最小镀层度一般允许偏差(孔到孔)10%。推荐孔壁镀铜层的平均厚度不小于 25 μm(0.001 in)，其最小厚度为 15 μm(0.0006 in)。

4.4.3 导线尺寸

1. 导线宽度

对于专门的设计或导电图形的布局，通常导线宽度应尽可能选择宽一些，至少应宽到足以承受所期望的电流负荷。

印制板上可得到的导线宽度的精度取决于生产因素。例如生产底板的精度、生产工艺(印制法、加成或减成工艺的使用、镀覆法、蚀刻质量)和导线厚度的均匀性等。规定的导线宽度，既包括设计宽度和允许的偏差，也包括所规定的最小线宽。缺口、针孔或边缘缺陷所造成的偏差，虽然不包括在这些偏差里，但也会出现。当此缺陷引起的导线宽度减小不超过有关的规范的一定值时，通常可以接受，这个值一般为 20%或 35%。如果所要求的载流量很高，则此缺陷就必须考虑进去。

2. 导线间距

相邻导线之间的间距必须足够宽，以满足电气安全的要求，而且为了便于操作和生产，间距应尽量宽一些。选择的最小间距应适合所施加的电压。这个电压包括正常工作电压、附加的波动电压、过电压和在正常操作或发生故障时重复或偶尔产生的过电电压或峰值电压。因此，导线间距应符合所要采用的或规定的安全要求。

如果有关规范允许导线之间存在金属颗粒，则可能会减少有效的导线间距。在考虑电压问题时，任何由于导线之间存在金属粒而导致间距的减少都应予以考虑。

如果导线间距超过某一值(如 0.5 mm)，则将有利于操作和生产。例如偏差和缺陷的影响较小，就会减少焊接桥接的危险。注意：这个值不是一个限制，通常不能给出一个实际限制值，因此这个值的确定在很大程度上取决于所使用的工艺和生产设备。

在某些情况下，只规定最低限制就能很容易的满足实际要求。注意：如果规定了导线宽度的最低限制，则还要规定导线间距的最低限制。

如导线间的金属颗粒缺陷存在，应增大规定的最小导线间距，所设计的内层导线或焊盘应距离板子边缘 2 mm 以上。

4.4.4 焊盘尺寸(外层)

所有元件孔通过焊盘实现电气连接。为了便于维修，应确保与基板之间的牢固黏结，孔周围的焊盘应该尽可能大，并符合焊接要求。通常非过孔所要求的焊盘大。在有过孔的

双面印制板上，每个导线端子的过孔应具有双面焊盘。当导通孔位于导线上时，在整体焊接过程中导通孔被焊料填充，因此不需要焊盘。设计工程师有责任既确保孔周围的导线符合设计电流的要求，又要保证符合与生产前的位置公差的工艺要求。当过孔位于导线上而无焊盘时，应向印制板生产方提供识别孔中心的方法。

为了便于进行整体焊接操作，应避免大面积的铜箔存在。双面印制板的焊盘尺寸应遵循以下最小尺寸原则。

(1) 非过孔最小焊盘尺寸：D−d = 1.0 mm。

(2) 过孔最小焊盘尺寸：D−d = 0.5 mm。

焊盘元件面和焊接面的比值 D/d 应优先选择以下数值。

(1) 酚醛纸质印制板非过孔：D/d = 2.5～3.0 mm。

(2) 环氧玻璃布印制板非过孔：D/d = 2.5～3.0 mm。

(3) 过孔：D/d = 1.5～2.0 mm。

其中，D 为焊盘直径，d 为孔直径。

元件面和焊接面焊盘最好对称式放置(相对于孔)，但非对称式焊盘(或一面焊盘大于另一面)也是可以接受的。

4.4.5　金属镀(涂)覆层

金属镀(涂)覆层用以保护金属(铜)表面，保证其可焊性，还可以在一些加工过程中作为蚀刻液的抗蚀层(如在过孔的加工过程中)。金属镀(涂)覆层还可以作为连接器与印制板的接触面，或表面安装器件与印制板的接合层。

应根据印制板的用途选择一种适合导电图形使用的镀覆层。表面镀覆层的类型直接影响生产工艺、生产成本及印制板的性能，例如寿命、可焊性、接触性。

以下所列出的是广泛采用的表面镀覆层的材料。

(1) 铜(无附加镀层)：所有无镀覆层的印制板都使用铜。铜通常用做暂时性的保护涂层。

(2) 锡：用于保护可焊性。厚度通常为 5～15 μm。

(3) 锡铅(电镀层或焊料)：用于保护可焊性，其厚度取决于所使用的工艺。当用电镀工艺时，锡铅的厚度通常在 5～25 μm。经过热熔的电镀锡铅和由焊料槽或热滚涂覆的锡铅的局部地方厚度可能会小于 1 μm。这些区域主要位于焊盘和孔壁之间的过渡区。过渡区的可焊性会低于其他区。

锡铅焊料中含锡 63%，剩下部分为锡铅共熔混合物，具有最低的熔点。实际上可接受的锡含量为 55%～75%，剩下部分为铅。锡铅的可焊性随着储存时间的延长而降低。

多余的电镀锡铅和焊料可以通过喷射风或热油去除。

然而值得注意的是，印制板的尺寸特性(如翘曲度)可能会由于板子被置于热源(如熔融焊料)中而受到影响。

(4) 金：金一般在阻挡层(如镍)上，通常用于与开关和印制插头接触。作为接触表面的金所必须考虑的特性，包括厚度、硬度、耐磨性、接触性能等，这些均取决于许多因素。

有时非接触导电图形上也需要镀金。当这些图形用于焊接时要特别注意，因为金和锡铅会发生合金化，所以焊点和焊料槽可能会产生严重问题。

(5) 其他镀覆层：例如镍上镀钯、镀铑和锡镍上镀金也用做印制接触片。

4.4.6　印制接触片

在使用印制接触片时，应注意选用一种镀层，使其与匹配的对应触点上的镀层适应。合适的镀层的选择与下面的一些因素有关，但没有一般规律可循。印制金属片的接触表面应平滑，而且没有能够引起电气性能和机械性能等下降的缺陷。设计印制接触片时，应考虑以下因素：

(1) 与之相对应的镀层类型。

(2) 与之相对应的触点设计(形状，接触压力等)。

(3) 耐久性，所期望的使用次数。

(4) 电气性能要求(如接触电阻)。

(5) 机械加工性能要求(如插/拔力)。

(6) 使用的环境条件。

4.4.7　非金属涂覆层与暂时性保护涂覆层和暂时性阻焊剂

1. 非金属涂覆层

非金属涂覆材料用来保护印制板。另外，阻焊剂用来防止非焊接区导体的焊料润湿。

当涂覆过的组装件暴露在高湿度条件下时，不正确的清洗可能导致附着力降低。由于附着力的降低，涂覆层与基体的界面下开始出现分离点或碎屑，并且剥落(“侵蚀”)。

在使用任何涂覆层之前，最重要的是正确清洗印制板。如果印制板带有有机或无机污染，则其绝缘电阻不能通过涂覆层得到提高。

如果不正确地选择和使用涂覆层，则可能导致在高频下使用的印制板的阻燃性、绝缘电阻、电气性能等参数降低。

2. 暂时性保护涂覆层

暂时性保护涂覆层可以用来保护导电图形的可焊性。通常，在那些不具有良好焊性的金属表面涂覆盖的导电图形上使用暂时性保护涂覆层，使其在必要的时间内保持良好的可焊性。例如裸铜。

根据所使用的材料，暂时性保护涂覆层可以在焊接前去除，也可以作为焊剂。作为焊剂的暂时性保护涂覆层是树脂型，它可溶于焊剂溶剂。

过分地干燥和(或)长期存放，或过分加热(例如，在印制板进行气相焊时)，可能会导致某些树脂型涂覆层在某点发生固化，这时在涂覆焊剂和进行焊接之间的短暂时间里涂层不再充分溶解，从而降低了焊接效果。

通常孔壁和焊盘交接处的树脂型涂覆层最薄。随着时间的延长，过孔在此处的可焊性可能比其他区域下降得快。

基于这些原因，涂覆层应与所实施的工艺相适应。例如对于干燥、涂焊剂、焊接和热熔方法，必须认真考虑。

3. 暂时性阻焊剂

使用暂时性阻焊剂的涂覆层通常在焊接之前用网印涂覆，覆盖印制板的规定区域，以防止该区域导电图形的焊料润湿。例如：暂时性阻焊剂涂覆在有贵重金属的电路区，作为

表面涂覆层。另外，这种涂覆层还可以保护涂覆区域在生产过程和存放过程中不受破坏。去除暂时性阻焊剂，可以根据所使用的阻焊剂的类型，用剥离或用合适的溶剂浸泡。应该注意的是，必须彻底去除暂时性覆层。

4.4.8　永久性保护涂覆层

永久性保护涂覆层可以提高或保持印制板的电气性能。例如，印制板表面导线间的绝缘电阻和击穿电压。它们通常包含坚固的耐刻画材料，从面上来保护版面不受损坏，在正常的使用中永久地保留在印制板上。

永久性保护涂覆层可以通过以下方式提高或保持印制板的电气性能：

(1) 阻止潮气进入基材。

(2) 防止导线间沉积污物(例如吸潮的污物)。

(3) 作为导线间的绝缘材料。

(4) 作为不需要焊接的过孔(导通孔)的孔内或表面的保护层。

这种涂层在焊接操作之前涂覆，用于覆盖印制板的规定区域，防止该区域的导电图形的焊料润湿。它与剥离型或冲洗型暂时性涂覆层的不同是，焊接操作后永久阻焊剂不能被去除，而是作为一种永久性保护涂层。当作为一种阻焊剂使用时，它应该具有除上述电气性能以外的充分的保护性能。

阻焊剂作为一种永久性保护涂层也可以应用在元件面，在这种情况下，它只起永久性保护涂层的作用。

阻焊剂的作用如下：

(1) 防止规定区域的焊料润湿。

(2) 防止相邻导电图形之间发生桥接。

(3) 使焊料集中在没有被阻焊剂覆盖的导电图形部分，促进并提高焊接性能。

(4) 减少焊料消耗和焊料槽污物。

(5) 在加工过程中保护印制板。

(6) 提高或保持印制板的电气性能。

(7) 作为元件体和其下面导电图形之间的绝缘层。

如果覆盖导电图形的金属(如焊料)在焊接过程中易熔化，则当阻焊剂涂覆在其上时，焊接后可能会出现起皱、起泡或脱落等现象。这是不能被接受的，应该提出解决的方案。

常用的阻焊剂有两种基本类型：

(1) 印刷型。一般使用网印，它是把阻焊剂印刷在规定的印制板图形上。

(2) 光成像阻焊剂。它是在印制板上涂覆一层专用的湿膜或干膜，经过曝光(通常为紫外光)和显影产生相应的图形。

通常网印的成本较低，但使用光成像阻焊剂可以获得较小的公差。阻焊层余隙窗口和焊盘之间的错位，以及焊盘和阻焊余隙窗口的直径偏差，可能会使焊盘局部被覆盖，减小了焊接区域。必要时，有关规范应规定适当的尺寸和重合度的要求。

4.4.9　敷形涂层

敷形涂层是涂覆在印制板上或印制板组装件上的一种电绝缘材料，用于保护阻挡层阻

拦环境中有害物质对其的影响。如果选择正确，使用恰当，敷形涂层将帮助保护组装件免受以下危害：潮气、灰尘和污物、空气中的杂质(如烟、化学气体)、导电颗粒(如金属片、金属屑)、跌落的工具、紧固件造成的偶然短路、磨损破坏、指纹、震动和冲击(达到某种程度)、霉菌增长以及当大气压下降时所产生的低闪络电压。

在一些情况下，某些漆用做永久性保护涂覆。这种漆在焊接后涂覆，且通常只涂覆在焊接面上。

敷形涂层除具有保护性能外，还具有其他特殊的性能。例如，它们具有荧光性，有利于对覆盖范围进行目检。

使用敷形涂层树脂的一些局限性如下：

(1) 敷形涂层膜对水蒸气具有可渗透性，不含防蚀填料(如铬酸盐)的配方将不能防止腐蚀。这种腐蚀是由于在涂覆过程中，零件上涂覆了起电解作用的盐或零件表面俘获了盐面所引起的。

(2) 敷形涂层膜对水具有可渗透性，随着膜的厚度的增加，绝缘电阻将减少。

(3) 有机敷形涂层树脂用以填充导线间的间隙，将导致线间电容的显著改变。

(4) 透明而具有可挠性的敷形涂层树脂具有高的热膨胀系数，所以对某些元件可能产生虚焊，导致焊点失效。

(5) 用来提高电气性能的敷形涂层树脂不含提高黏结力的黏结配方(如磷酸盐)，所以它们不能提供额外的与金属的黏结力，特别是与焊料的黏结力。

除了二甲苯涂层外，大多数敷形涂层树脂与有机涂料相似。在尖锐点上，元件边缘和导线边缘会出现针孔和薄点。

实际中，使用以下材料作为敷形涂层：

(1) 油漆。通常在无任何要求的条件下使用。它使用简便，可以很方便地用适当的溶剂去除；容易修补，具有好的外观。

(2) 丙烯酸漆。通常作为对电气性能要求很高的敷形涂层。它可以用溶剂去除，易于修补，具有好的光亮外观。

(3) 环氧树脂涂层。通常作为对电气性能要求很高的敷形涂层，可以用焊接方法使薄的涂层透锡，否则涂层必须用机械方法去除。它能够修补，具有好的外观，但涂覆工艺较差。

(4) 聚氨酯漆。这种敷形涂层具有良好的防潮性和耐磨性，通常用于军用产品。它可以用焊接的方法使薄的涂层透锡，否则涂层必须用机械的方法去除。其能够修补，外观比较暗淡，涂覆工艺较差。

(5) 硅树脂漆。这种敷形涂层具有良好的介电性能和耐电弧性，可以在较高的温度下使用。其能够修补，具有好的外观，涂覆工艺较好。

(6) 硅橡胶涂层。它可以在高温下使用，具有良好的耐磨损性，能够满足最佳黏结力的要求。其具有挠性，透明，不易修补，必须使用机械的方法去除，具有好的外观，涂覆工艺较差。

(7) 对二甲苯。此为真空沉积聚合物，能提供较好的防潮和防磨损性能。由于它是从气化物中沉积而成的，所以是真正的敷形涂层，可以浸透到所有的裂缝中，以恒定的厚度涂覆到所有表面上。它可以沉积非常薄的敷形涂层膜，不能被常规的技术所取代。

(8) 聚苯乙烯。它适合应用在具有低介电损耗要求的条件下。

对于在扁平元件下的敷形涂层，由于涂层的膨胀，促使元件焊点开裂。基于这个原因，扁平元件应离开印制板安装，而且应避免用敷形涂层填充间缝。

应该检查所使用的敷形涂层、印制板组装中的元件和任何清洗液和阻焊剂之间的相溶性；还应该检查固化循环温度，使其不会损坏任何组装中的元件。

在使用敷形涂层前用溶剂清洗印制板时，或使用溶剂去除敷形涂层时，应遵循所提供的安全预防措施。这些预防措施包括(但不局限于)存储条件、溶剂的处理方法、使用溶剂环境的正确通风、避免溶剂接触皮肤、废液处理等。

4.4.10 印刷电路板基板的选择

基板的作用，除了提供组装所需的架构外，也提供电源和电信号所需的引线和散热的功能。所以对于一个好的基板，要有以下功能：

(1) 足够的机械强度(防扭曲、振动和撞击等)。

(2) 能够承受组装工艺中的热处理和冲击。

(3) 足够的平整度以适合自动化的组装工艺。

(4) 能承受多次的返修(焊接)工作。

(5) 适合 PCB 的制造工艺。

(6) 良好的电气性能(如阻抗、介质常数等)。

在基板材料的选择工作上，设计部门可以将所有产品的性能参数(如耐湿性、布线密度、信号频率或速度等)和材料性能参数(如表面电阻、热导、温度膨胀系数等)的关系列出，供设计人员参考。

目前较常用的基板材料有 XXXPC、FR2、FR3、FR4、FR5、G10 和 G11 数种。XXXPC 是低成本的酚醛树脂，其他的为环氧树脂；FR2 的特性和 XXXPC 接近；FR3 在 FR2 的基础上提高了其机械性能；G10 较 FR3 的各方面特性都强，尤其是防潮、机械性能和电介质方面；G11 和 G10 接近，不过有较好的温度稳定性；FR4 最为常用，性能也接近于 G10，可以说是在 G10 的基础上加了阻燃性；FR5 则是在 G11 的基础上加了阻燃性；目前在成本和性能质量方面，FR4 可以说是最适合一般电子产品的批量生产应用；对于有大的间距和微间距的元件，由于采用了双面回流工艺，可以选择 FR5。

为了解决基板和元件之间温度膨胀系数匹配的问题，目前可采用一种金属层夹板技术。在基板的内层(中间层)夹有铜和另一种金属(常用的为钢，也有的用 42 号合金或钼)，这种中间层可用做电源和接地板。通过这种技术，基板的机械性能、热导性能和温度稳定性都可以得到改善。最有用的是，通过对铜和钢金属比例的控制，基板的温度膨胀系数可以得到控制，使其和采用的元件有较好的匹配，从而增加了产品的寿命。

在整个 SMT 技术的应用中，基板技术是比较落后的。从目前的用户要求和基板发展商来看，今后基板技术的发展方向如下：

(1) 更细的引线和间距工艺(层加工技术已开始成熟)。

(2) 更大和更厚(用于更多层基板)。

(3) 减少温度膨胀系数(新的材料或夹板技术)。

(4) 更好的热传导性能(目前也有在研究通过辐射散热的)。

(5) 更好的尺寸和温度稳定性。

(6) 可控基板阻抗。

4.5　PCB 设计的一般方法

4.5.1　设计流程

PCB 的设计流程分为设计准备、网表输入、规则设置、元器件布局、布线、检查、复查、设计输出八个步骤。

1. 设计准备

1) 标准元件的建立

物理元件可看成是电子器件的封装尺寸在 PCB 上的一个平面映像，设计前要考虑布线及生产工艺的可行性。由于布线时需要在两引脚之间走线，这要求焊接元件引脚的焊盘有一个合适的尺寸。焊盘过小，金属化孔的孔径就小。如果元件是表面安装的话，金属化孔作为导通孔，孔径小则问题不大；但若元件是通孔安装(THM)的，如 DIP 双列直插封装的元件，孔径过小，在装配时，器件引脚的插入就有困难，也可能导致器件的焊接困难，这必将影响整个 PCB 的可靠性。但焊盘过大布线时将降低布通率。因此，给焊盘设计一个合理的尺寸是十分重要的。

2) 特殊元件的建立

对于特殊元件尺寸即非标准物理元件上的尺寸，必须查阅有关资料或对电子器件进行实际测量。它包括外形尺寸、焊盘的大小、引脚序号排列等。有时为了需要，可以把一个定型的电路建成一个库元件，也可以把相同电路模块建成一个库元件来使用。这样，在 PCB 设计中能省时省事，达到事半功倍的效果。

3) 具体印制板设计文件的建立

有了逻辑图(或网络表)、物理元件库和 PCB 板形的描述，就可对某一块 PCB 板进行具体设计。主要包括以下事项：

(1) 门分配，将门电路分配到具体的元件上，同时也初步确定元件的数量与空间的位置。

(2) 可交换封装形式的信息的建立。

(3) 网络表的建立。

(4) 检查各种描述的数据。

这一过程往往出错较多，在种种描述之中有互相的矛盾冲突发生，需根据反馈信息进行修正，再重复建立设计文件，直至完全正确为止。

2. 网表输入

网表输入有两种方法，一种是使用 PowerPoint 的 OLE PowerPCB Connection 功能，选择 Send Netlist；应用 OLE 功能，可以随时保持原理图和 PCB 图的一致，尽量减少出错的可能。另一种方法是直接在 PowerPCB 中装载网表，选择 File→Import，将原理图生成的网表输入进来。

3．规则设置

如果在原理图设计阶段就已经把 PCB 的设计规则设置好，则不用再设置这些规则，因为输入网表时，设计规则已随网表输入到 PowerPCB 中了。如果修改了设计规则，则必须保证原理图和 PCB 的一致。除了设计规则和层定义外，还有一些规则需要设置，比如 Pad Stacks，需要修改标准过孔的大小。如果设计者新建了一个焊盘或过孔，则一定要加上 Layer25。

注意：PCB 设计规则、层定义、过孔设置、CAM 输出设置已成为默认启动文件，名称为 Default. stp。网表输入进来以后，按照设计的实际情况，把电源网络和地分配给电源层和地层，并设置其他高级规则。在所有的规则都设置好以后，在 PowerLogic 中，使用 OLE PowerPCB Connection 的 Rules From Pcb 功能，更新原理图中的规则设置，以保证原理图和 PCB 图的规则一致。

4．元件布局

网表输入以后，所有的元件都会在工作区的零点重叠在一起；下一步的工作就是把这些元件分开，按照一些规则摆放整齐，即元件布局。PowerPCB 提供了两种布局方法：手工布局和自动布局。

1) 手工布局

(1) 根据工具印制板的结构尺寸画出板边(Board Outline)。

(2) 在板边的周围放置元件。

(3) 把元件一个一个地移动、旋转，放到板边以内，按照一定的规则摆放整齐。

2) 自动布局

PowerPCB 提供了自动布局，但对大多数的设计来说，效果并不理想，不推荐使用。

3) 注意事项

(1) 布局的首要原则是保证布线的布通率，移动器件时注意飞线的连接，把有连线关系的器件放在一起。

(2) 数字器件和模拟器件要分开，尽量远离。

(3) 去耦电容尽量靠近器件的 VCC。

(4) 放置器件时要考虑以后的焊接，不要太密集。

(5) 多使用软件提供的 Array 和 Union 功能，以提高布局的效率。

5．布线

布线的方式有两种，手工布线和自动布线。PowerPCB 提供的手工布线功能十分强大，包括自动推挤、在线设计规则检查(DRC)。自动布线由布线引擎进行，通常这两种方法配合使用，常用的步骤是：手工－自动－手工。

1) 手工布线

自动布线前，首先用手工布一些重要的网络。比如高频时钟、主电源等。这些网络往往对走线距离、线宽、线间距、屏蔽等有特殊的要求。其次是做一些特殊封装，如 BGA。

2) 自动布线

手工布线结束以后，剩下的网络就交给自动布线器来自动布线。选择 Tools→Specctra，

启动 Specctra 布线器的接口，设置好 DO 文件后，按 Continue 就启动了 Specctra 布线器的自动布线。结束后如果布通率为 100%，那么就可以进行手工调整布线；如果布通率不到 100%，则说明布局或手工布线有问题，需要调整布局或手工布线，直至全部布通为止。自动布线很难布得有规则，还要用手工布线对 PCB 的走线进行调整。

3) 注意事项

(1) 电源线和地线尽量加粗。

(2) 去耦电容尽量与 VCC 直接连接。

(3) 设置 Specctra 的 DO 文件时，首先添加 Protect all wires 命令，保护手工布的线不被自动布线器重布。

(4) 如果有混合电源层，则应该将该层定义为 Split/mixed Plane，在布线之前将其分割，布完线之后，使用 Pour Manager 的 Plane Connect 进行覆铜。

(5) 将所有的器件管脚设置为热焊盘方式，做法是将 Filter 设为 Pins，选中所有的管脚，修改属性，在 Thermal 选项前打钩。

(6) 手动布线时把 DRC 选项打开，使用态布线(Dynamic Route)。

6. 检查

检查的项目有间距(Clearance)、连接性(Connectivity)、高速规则(High Speed)和电源层(Plane)，这些项目可以选择 Tools→Verify Design 进行。如果设置了高速规则，则必须检查，否则可以跳过这一项。若检查出错误，则必须修改布局和布线。

注意：有些错误可以忽略。例如，有些接插件的 Outline 的一部分放在了板框外，检查间距时会出错；另外，每次修改过走线和过孔之后，都要重新覆铜一次。

7. 复查

根据 PCB 检查表进行复查，内容包括设计规则、层定义、线宽、间距、焊盘、过孔设置；还要重点复查器件布局的合理性、电源、地线网络的走线、高速时钟网络的走线与屏蔽、去耦电容的摆放和连接等。复查不合格，设计者需要修改布局和布线；合格之后，复查者和设计者需分别签字。

8. 设计输出

PCB 设计可以输出到打印机或输出光绘文件。打印机可以把 PCB 分层打印，便于设计者和复查者检查；光绘文件交给制板厂家。光绘文件的输出十分重要，关系到这次设计的成败。下面将着重说明输出光绘文件的注意事项：

(1) 需要输出的层有布线层(包括顶层、底层、中间布线层)、电源层(包括 VCC 层和 GND 层)、丝印层(包括顶丝印、底丝印)、阻焊层(包括顶层阻焊和底层阻焊)，另外还要生成钻孔文件(NC Drill)。

(2) 如果电源层设置为 Split/Mixed，那么在 Add Document 窗口的 Document 项选择 Routing，并且每次输出光绘文件之前，都要对 PCB 使用 Pour Manager 的 Plane Connect 进行覆铜；如果设置为 CAM Plane，则选择 Plane。在设置 Layer 项时，要把 Layer25 加上，在 Layer25 层中选择 Pads 和 Vias。

(3) 在设备设置窗口(按 Device Setup)将 Aperture 的值改为 199。

(4) 在设置每层的 Layer 时，将 Board Outline 选上。

(5) 设置丝印层的 Layer 时，不要选择 Part Type，选择顶层(底层)和丝印层的 Outline、Text、Line。

(6) 设置阻焊层的 Layer 时，选择过孔上不加阻焊(不选地孔表示加阻焊)，视具体情况确定。

(7) 生成钻孔文件时，使用 PowerPCB 的默认设置，不要进行任何改动。

(8) 所有光绘文件输出以后，用 CAM350 打开并打印，由设计者和复查者根据 PCB 检查表进行检查。

4.5.2　PCB 布局

在设计中，布局是一个重要的环节。布局结果的好坏将直接影响布线的效果，因此可以这样认为，合理的布局是 PCB 设计成功的第一步。

布局的方式分两种，一种是交互式布局，另一种是自动布局。布局一般是在自动布局的基础上用交互式布局进行调整的。在布局时还可根据走线的情况对门电路进行再分配，将两个门电路进行交换，使其成为便于布线的最佳布局。在布局完成后，还可对设计文件及有关信息进行返回并标注于原理图，使得 PCB 板中的有关信息与原理图相一致，以便同今后的建档、更改设计能同步起来，同时对模拟的有关信息进行更新，以便对电路的电气性能及功能进行板级验证。

1．考虑整体美观

一个产品的成功与否，一是要注重内在质量，二是兼顾整体的美观，两者都较完美才能认为该产品是成功的。

在一个 PCB 板上，元件的布局要均衡，疏密有序，不能头重脚轻或一头沉。

2．布局的检查

(1) 印制板尺寸是否与加工图纸尺寸相符，是否符合 PCB 制造工艺要求，有无定位标记。

(2) 元件在二维、三维空间上有无冲突。

(3) 元件布局是否疏密有序、排列整齐，是否全部布完。

(4) 需经常更换的元件能否方便的更换，插件插入设备是否方便。

(5) 热敏元件与发热元件之间是否有适当的距离。

(6) 调整可调元件是否方便。

(7) 在需要散热的地方是否装有散热器，空气流是否通畅。

(8) 信号流程是否顺畅且互连最短。

(9) 插头、插座等与机械设计是否矛盾。

(10) 线路的干扰问题是否有所考虑。

3．元件布局规则

(1) 元件布置的有效范围：PCB 板 X、Y 方向均要留出传送边，每边 3.5 mm，如不够，需另加工艺传送边。

(2) PCB 板上元件需均匀排放，避免轻重不均。

(3) 元件在 PCB 板上的排向，原则上就随元件类型的改变而变化，即同类元件尽可能按相同的方向排列，以便元件的贴装、焊接和检测。

(4) 当采用波峰焊时，尽量保证元件的两端焊点同时接触焊料波峰(SOIC 必须保证，片状、柱状元件尽量保证)。

(5) 当尺寸相差较大的片状元件相邻排列且间距很小时，较小的元件在波峰焊时应排在前面，先进入焊料波，避免尺寸较大的元件遮蔽其后尺寸较小的元件，从而造成漏焊。

(6) 板上不同组件相邻焊盘图形之间的最小间距应在 1 mm 以上。

4. 基准标志

为了精密地贴装元件，可根据需要设计用于整块 PCB 的光学定位的一组图形(基准标志)，用于引脚间距小的各个器件的光学定位图形(局部基准标志)。

基准标志常用的图形有：■●▲◆，其大小在 0.5～2.0 mm 范围内，置于 PCB 或单个器件的对角线对称方向的位置。

基准标志要考虑 PCB 材料颜色与环境的反差，通常设置成焊盘样，即覆铜或镀铅锡合金。

对于拼板，由于模板冲压偏差，可能形成与板之间间距不一致。最好在每块拼板上都设基准标志，让机器将每块拼板当作单板来看待。

5. 焊盘图形设计

焊盘设计，一般按所用元件外形在 CAD 标准库中选取相应标准的焊盘尺寸，不能以大代小或以小代大。

6. 焊盘与印制导线

减少印制导线连通焊盘处的宽度(除非受电荷容量、印制板加工极限等因素的限制)，最大宽度应为 0.4 mm 或焊盘宽度的一半(以较小焊盘为准)。

焊盘与较大面积的导电区(如地、电源等)平面相连时，应通过一条长度较短、细的导电线路进行热隔离。

印制导线应避免呈一定角度与焊盘相连，且应尽可能地让印制导线从焊盘长边的中心处与之相连。

7. 焊盘与阻焊膜

印制板上相应于各焊盘的阻焊膜的开口尺寸，其宽度和长度分别应比焊盘尺寸大 0.05～0.25 mm。具体情况应视焊盘的间距而定，目的是既要防止阻焊剂污染焊盘，又要避免焊膏印刷、焊接时的连印和连焊；再有阻焊膜的厚度不得大于焊盘的厚度。

8. 导通孔布局

避免在焊盘以内或在距表面安装焊盘 0.635 mm 以内设置导通孔。如无法避免，需用阻焊剂将焊料流失通道阻断。对测试支撑导通孔，在设计布局时，需充分考虑不同直径的探针在进行自动的在线测试(ATE)时的最小间距。

9. 焊接方式与 PCB 整体设计

回流焊几乎适用于所有贴片元件的焊接，波峰焊则只适用于焊接矩形片状元件、圆柱形元件、SOT 和较小的 SOP(管脚数小于 28、脚间距 1 mm 以上)等。当采用波峰焊接 SOP

等多脚元件时，应于锡流方向最后两个(每边各 1)焊脚处设置窃锡焊盘，防止连焊。

鉴于生产的可操作性，PCB 整体设计尽可能按以下顺序优化：

(1) 单面贴装或混装。即在 PCB 单面布放贴片元件或插装元件。

(2) 双面贴装。PCB 的 A 面布放贴片元件和插装元件，B 面布放适合于波峰焊的贴片元件。

(3) 双面混装。PCB 的 A 面放贴片元件和插装元件，B 面布放需再流焊的贴片元件。

总之，表面贴装 PCB 设计的内容很广。不仅要考虑电路基本设计、元件产品设计、基板设计等方面的内容，而且还要考虑制造工艺性设计、测试图形设计等多方面的内容。若设计不当，SMT 根本无法实施或生产效率很低。另外，随着 SMT 设备的发展，SMT 工艺也在不断发展，现有的一些制约因素也许在不久的将来就会消失，所以设计人员需不断跟踪新设备、新工艺的发展。

4.5.3　热处理设计

热处理在 SMT 的应用中是很重要的。原因之一是 SMT 技术在组装密度方面不断增加，而在元件体形方面不断缩小，造成单位体积内的热量不断提高。另一原因是 SMT 的元件和结构会因尺寸的变化而引起应力的变化造成故障。常见的故障是经过一定时间的热循环后(环境温度和内部电功率温度)，焊点会发生断裂。

在设计时需考虑的热处理方面的问题有两个，一个是半导体本身界面的温度，另一个是焊点界面的温度。在分析热性能的时候要注意两个方面的问题，一个是温度的变化幅度和速度，另一个是处在高温和低温下的时间。前者关系到和温差有关的故障，如热应力断裂等；而后者关系到与时间长短有关的故障，如蠕变等。所以说它们的影响是不同的，故障分析时都应个别测试和考虑。

热冲击是指产品因受热而受到的危害。产品在其寿命期间，尤其是在组装过程中受到的热冲击(来自焊接和老化)，如果处理不当，将会大大影响其质量和寿命。这种热冲击，由于来得较快，即使材料在温度系数上完全配合也会因温差而造成问题。除了制造上的热冲击，产品在服务期间也会经历程度不一的热冲击，比如汽车在冷天气下启动而升温的问题。所以，一件产品在其寿命期间，将会面对制造、使用环境(包括库存和运输)和本身的电功率耗损三方面的热损耗。

以延长产品寿命为目的的热处理工作，与半导体或元件供应商、设计和组装工厂、元件产品的用户各方面都有关系。元件供应商的责任在于确保良好的封装设计、使用优良的封装材料和工艺，并提供完整有用的设计数据。产品设计和组装工厂的责任则在于设计时的热处理考虑，采用正确和足够的散热，以及正确的组装工艺。至于产品用户，则应根据供应商建议的使用方法、工作环境和保养规则来使用产品。

在确保产品有较长的寿命后，有效的散热处理和热平衡设计就成了重要的工作。散热的方式，一般还是热的传导、对流和辐射。从避免噪声(机械和电气噪声)和降低成本出发，采用自然空气对流的方法来散热较好。但从防腐上考虑，又希望将产品和空气隔开。产品组装起来的外形(元件高矮距离的布局)对空气的流动造成的影响，以及基本的结构对各不同热源(元件)散热的分担等都是需要解决的问题。目前还没有能较准确地进行整体热分析的软件工具，很多时候还得凭经验和尝试。传统的热阻公式估计法依然通用，只是对多元

件合成的整体产品的分析准确度不高(个别估计还可以)。但因为没有更可靠的方法，目前的软件还是建立在此基础上的。

从 THT(插件技术)到 SMT(表贴装技术)的转变中，可以发现元件的体形缩小了，产品的组装密度增加了，元件底部和基本间距缩小了……这些都导致了对流和辐射散热功效的降低。因此，通过基板的传导来散热就显得重要了(虽然基板因密度增加也会造成传导散热效率的不良)。在元件的封装技术上，SMDIC 方面的设计通过不同引脚材料的选用和内部引脚底盘的尺寸设计而大为改善(较插件 DIP 的效果好)，但是这些改进很多时候还应付不了组装密度的增加、元件的微型化和信号速度快速增加等方面发展而引发的散热问题。

温度膨胀系数失配的问题，除了材料外也和元件和基板的大小有关。比如 2220 的矩形件在这方面的寿命较 1206 来得短，而 LCCC156 也会较 LCCC16 的寿命短许多。一份试验报告显示，LC-CC156 的热循环测试寿命为 183 周，比相同测试条件下 LCCC16 的 722 周寿命小了许多，只有其 25%左右。

解决这类问题或延长寿命的方法有以下几种：最基本的做法是尽量选择有引脚的元件，尤其是体形较大的元件。其中翼形引脚在这方面的可靠性算是较好的。第二种做法是采用的金属夹层(如以上提到的铜-殷钢内夹板)的基本设计，这是一种相当理想的做法，但价格昂贵而且供应商少。第三种做法是采用在环氧树脂和铜焊盘间加入一层弹胶物的基板设计，这种弹胶层的柔性可以大大吸收因温度变化产生的应力。还有一种做法是采用一种特制的锡膏，在锡膏中加入含有某些成分的陶瓷或金属细球体，使焊点在回流后被托高起来，较高的焊点有更强的吸收应力的能力。

很多情况下，单靠正确的材料选择，在设计中还是不足以完全解决散热问题的，因此必须使用额外的散热设计。在散热处理中，通过辐射的方法以往不被采用(这方面有新发展，稍后提到)，原因是辐射散热需要有较大的温差才有效，同时散热的途径不易被控制(辐射是往各方向进行的)，会造成对周边元件的加热现象。对流散热常被使用，其中有自然对流和强制对流两种方法，自然对流较经济简单，但有一定的限制。如热源不应超过 1.2×10^4 W/m^3、空气和热源的温差应超过 30℃以上等条件。强制对流，即采用风扇吹风或排风的做法，是相当常用和有效的方法，可以用在整机或单一元件(如电脑中的处理器 IC)上；一般它的散热效率可达自然对流的 4 至 8 倍，缺点是成本、重量、耗能等都高。传导散热技术，在产品上不断微型化下逐渐被重视和采用，一般配合基板材的选用和设计(如金属内夹板)，使热能通过基板的传导扩散到基板外去，有时传到板边缘的金属支架或机壳上，散热能力可以达到 25×10^4 W/m^3(约为自然对流的 20 倍)。另外还有很少被使用的液体散热技术，散热能力可达到自然对流的 80 倍；由于产品的基板必须被浸在冷却液体中，液体材料的选择要很谨慎，以确保不会影响电气的性能和起化学变化；这方面系统的设计也较困难，成本很高，所以只用在特大功率如特大型的电脑上；采用黏性较大的冷却液体还能同时起着避震的作用；液体散热也有自然对流和强制对流两种做法。

目前，有工厂在开发新的散热技术时采用辐射原理。借助于类似无线电天线的发射原理把热能当做是一种波，使其发射离开热源。根据已发表的研究报告，其辐射散热的效果可以达到一般散热器的两倍多。目前这项研究仍在进行中，是要找出铜分布图形和散热能力的精确关系。

以下是供参考的散热原则：

(1) 在空气流动的方向上，对热较敏感的元件应分布在上游的位置。

(2) 发热较高的元件分散开来，使单位面积的热量较小。

(3) 将热源尽量靠近冷却面(如传导散热的板边等)。

(4) 在使用强制空气对流的情况下，较高的元件应分布在热源的下游地方。

(5) 在使用强制空气对流的情况下，下游高的元件应和热源有一定的距离。

(6) 在使用强制空气对流的情况下，高长形的元件应和空气流动方向平行。

4.5.4　焊盘设计

焊盘的尺寸，对 SMT 产品的可制造性和寿命有很大的影响。影响焊盘尺寸的因素众多，必须全面地配合才能做得好。要在众多因素条件中找到完全一样的机会很小，所以 SMT 用户应该开发适合自己的一套尺寸规范，而且必须有良好的档案记录，详细记载重要的设计考虑和条件，以方便将来的优化和更改。由于目前在一些因素和条件上还不能找出具体和有效的综合数学公式，所以用户还必须配合计算和试验来优化本身的规范，而不能单靠采用他人的规范或计算得出的结果。

1．良好焊盘和影响它的因素

一个良好的焊盘设计，应该拥有工艺容易组装、便于检查和测试以及组装后的焊点有很长的使用寿命等条件。设计焊盘的定义，包括焊盘本身的尺寸、阻焊剂或阻焊层边框的尺寸、元件占地范围、元件下的布线点和胶(在波峰焊工艺中)用的虚设焊盘或布线的所有定义。

决定焊盘的尺寸有五方面的主要因素，即元件的外形和尺寸、基板种类和质量、组装设备能力、所采用的工艺种类和能力以及要求的品质水平或标准。在考虑焊盘的设计时必须配合以上五个因素整体考虑。计算尺寸公差时，如果采用最差情况的方法(即将各公差加起来做总公差考虑的方法)，则虽然是最保险的做法，但对微型化不利而且很难照顾到目前统一不足的巨大公差范围。因此，工业界中较常用的是统计学中所接受的有效值或均方根的方法，这种方法在各方面可达到较好的平衡。

2．设计必须配合多方面的资料

在进行焊盘设计前有以下的准备工作先得做好：

(1) 收集元件封装和热特性的资料。注意，国际上对元件封装虽然有规范，但东西方规范在某些方面相差很大。用户必须在元件范围上做出选择或把设计规范分成等级。

(2) 整理基板的规范。对于基板的质量(如尺寸和温度稳定性)、材料、油印的工艺能力和相对的供应商都必须有清楚详细的记录。

(3) 制定厂内的工艺和设备能力规范。例如，基板处理的尺寸范围、贴征精度、丝印精度、回流原理和点胶工艺采用的是什么注射泵等。这方面知识的了解对焊盘的设计也很有帮助。

(4) 对各制造工艺的问题和知识有足够的了解，有助于在设计焊盘时做出考虑和取舍。有些时候设计无法面面俱到，这方面的知识和能力可以使设计人员做出较好的决策。

(5) 制定厂内或某一产品上的品质标准。只有在了解到具体的产品品质标准后，焊盘设计才可以推算出来。品质标准是指如焊点的大小、需要什么样的外形等。

3. 波峰焊工艺中的一些考虑

波峰焊接工艺中，较常见的工艺问题有阴影效应、缺焊、桥接(短路)和元件脱落。

(1) 阴影效应是由于元件封装的不润湿性和熔锡的强大表面张力造成的，为了避免这种问题的产生，焊盘的长度必须能延伸出元件体外，越高的元件，其封装延伸也应越长；而元件之间的距离不能太近，应保留有足够的间隙让熔锡渗透。注意这些尺寸都和生产厂的设备和调制能力有一定的关系，所以设计时必须了解到生产厂在这方面的特性。

(2) 桥接问题常发生在IC引脚和距离太近的元件上。解决的方法是给予足够的元件间距。对于IC引脚(一般发生在离开锡炉的最后引脚上)可以在焊盘设计上加入吸锡或盗锡虚焊盘，此焊盘的尺寸和位置视IC的引脚间距和类型而定。对于较细间距的翼形引脚和J形引脚，吸锡焊盘应该往外侧布置，较细间距的引脚应采用较长的吸锡焊盘。此外，对于四边都有引肢的QFP应采用45°角置放，以减少桥接的机会。对于J形引脚和间距较宽的PLCC则无此需要。

(3) 元件脱落问题一般是因为黏胶工艺做得不好造成的。最常见的原因是胶点的高度不够，而很多时候为工艺(泵技术)和材料(黏胶、元件)的选择不当，以及在基板上焊盘高度将元件托起而引起的。设计时除了要具体和严格地规定元件的封装尺寸以及工艺规范中规定的技术和材料外，在基板的设计上可以采用所谓的“垫盘”(在胶点处的一种虚盘)来协助增加胶点的高度。这种“垫盘”也可以用信号布线来代替。

4. 焊点质量的考虑

决定焊盘的尺寸大小，首先要从焊点的质量来考虑。什么样的焊点(大小、外形)才算是优良的焊点呢？科学性的确认是通过不同焊点大小和外形进行寿命测试而得来的。这类测度费用高、技术难、所需的时间也长。不过工业界中有许多经验是可以被参考和借用的。比如说对矩形元件的焊点，则要求底部端点最少有一半的面积必须和焊盘焊接(家电和消费产品)，端点两侧要有0.3 mm以上或元件高度的1/3的润湿面等的最低要求。

对于设计工作，重要的是应该了解到焊点各组成部分的功能和作用。比如先了解了以矩形元件两端延伸方向处是影响焊点的机械力，还是提供工艺效果有用的检查点；这样在设计时就能很好地取舍尺寸。例如了解到矩形元件各端点两侧只提供未必需要的额外机械强度，而它又决定回流时的浮动效应(引起立碑的成因之一)，这时可以在小元件上放弃这两侧的焊盘面积来换取较高的工艺直通率。

5. 焊盘尺寸的推算

焊盘尺寸的初步推算，应该考虑元件尺寸的范围和公差、焊点大小的需要、基板的精度、稳定性和工艺能力(如定位和贴片精度等)，推算的公式内应该包含对这些因素的考虑。

在焊盘尺寸X的考虑上，为了确保端点底部有足够的焊接面，采用了元件范围中最后的L值加上质量标准中所需的端点时点(0.3 mm或元件端点高度的1/3)，再加上贴片精度的误差(注：有些人认为回流时元件会自动对中而不考虑误差，这种做法不当。因为不是在任何情况下都会自动对中，而且即使能自动对中，在对中前会产生因贴偏而影响工艺的其他问题)。此外，因基板尺寸而引起的误差在制造时是以只允许大而不可小的指标来控制的，所以基板的误差可以不加在公式内。因此，X的推算总结如下：

$$X\text{最小值}=L\text{最大值}+2\times\text{优良焊点所需的延伸}+2\times\text{贴片精度}$$

X 最大值 =L 最大值 +1.5 × 元件端点高度 – 2 × 贴片精度

注：焊盘延伸长度超过元件高度的 1.5 倍时容易引起浮动立碑问题。

对于 D 的考虑，为确保有足够的端点底部焊接面，采用了元件 S 的最低值，减去品质标准中所需的焊点大小。公式为

D 最大值 =S 最小值 – 2 × 优良点所需的延伸

从质量观点来看元件底下的内部焊点不是很重要，此处的贴片精度和焊点保留区可以同时考虑(包括在一起)。用户也可以采用以下公式：

D 最大值 =S 最小值 – 2 × 贴片精度

一般的选择是看哪一个公差较大而定。D 最小值的考虑重点是焊球问题，但可以提供丝印钢网的设计来补偿。一般在设计 D 尺寸时用以上的公式而不找其最小值。

Y 值的考虑和 X 值类似。但无须考虑最大值，因为延伸以下的焊盘没有什么意义。

Y 最小值 =W 最大值 +2 × 优良焊点所需的延伸 +2 × 贴片精度

由于从 W 值再向外延伸的焊盘尺寸、元件的寿命和可制造性没有什么更有益的作用，而缩小这方面的尺寸对元件回流时的浮动效应有制止的作用，许多设计人员因此将焊盘的 Y 值方面不加入这方面的值，甚至还有为了更强的工艺管制而使用稍小于 W 值的。对于小的矩形件(0603 或更小)则可以考虑此做法。

通过以上矩形件的例，用户该做到的是了解焊点的作用细节，了解尺寸和工艺方面可能发生的误差，那么不管是什么引脚，什么封装的元件焊盘都能较科学地推算出来了。

6. 阻焊剂(阻焊层)的考虑

对于阻焊剂无覆盖框的尺寸考虑，主要看基板制造商在阻剂工艺上的能力(印刷定位精度和分辨率)而定。只要保留足够的间隙，确保阻焊剂不会覆盖盘和不会因太细而断裂便可以了。一般采用液态丝印阻焊剂涂布技术的，约需保留 0.4 mm 的间隙；而采用光绘阻焊剂涂布技术的，则只需约 0.15 mm 的间隙。最细的阻焊剂部分，丝印技术应有 0.3 mm 的间隙，而光绘技术应有 0.2 mm 的间隙。

7. 占用面积

占用面积指的是不能有其他物件的范围。这方面的考虑是要确保检查(光学或目视)和返修工具和工作所需的空间。设计人员应先了解生产厂所采用的返修和检查方法及工具后，再制定此规范。

4.5.5 布线

在 PCB 设计中，布线是完成产品设计的重要步骤之一，可以说前面的准备工作都是为它而做的。在整个 PCB 设计中，以布线的设计过程限定最高、技巧最细、工作量最大。PCB 布线有单面布线、双面布线以及多层布线。布线的方式也有两种：自动布线及交互式布线。在自动布线之前，可用交互式预先对要求比较严格的线进行布线，输入端与输出端的边线应避免相邻平行，以免产生反射干扰。必要时应加地线隔离，两相邻层的布线要互相垂直，平行容易产生寄生耦合。

自动布线的布通率依赖于良好的布局，布线规则可以预先设定，包括走线的弯曲次数、导通孔的数目、步进的数目等。一般先进行探索式布线，快速地把短线连通；然后进行迷

宫式布线，把要布的连线进行全局的布线路径优化，可以根据需要断开已布的线，并试着重新再布线，以改进总体效果。

对高密度的 PCB 设计已感觉到贯通孔不合适了，它浪费了许多宝贵的布线通道。为解决这一矛盾，出现了盲孔和埋孔技术。它不仅完成了导通孔的作用，还节省了许多布线通道，从而使布线过程完成得更加方便、更加流畅、更加完善。PCB 板的设计过程是一个复杂而又简单的过程，要想很好地掌握它，还需广大电子工程设计人员去自己体会，才能得到其中的真谛。

1．电源、地线的处理

即使在整个 PCB 板中的布线完成得都很好，但由于电源、地线的考虑不周到而引起的干扰，也会使产品的性能下降，有时甚至影响到产品的成功率。因此，对电源、地线的布线要认真对待，把电源、地线所产生的噪声干扰降到最低限度，以保证产品的质量。

地线与电源线之间是噪声所产生的原因。以下介绍降低、抑制噪声方法。

众所周知的去噪方法是在电源、地线之间加上去耦电容。尽量加宽电源、地线宽度，最好是地线比电源线宽，它们的关系是：地线宽 > 电源线宽 > 信号线宽。通常信号线宽为 0.2～0.3 mm，最精细宽度可达 0.05～0.07 mm，电源线为 1.2～2.5 mm。

对数字电路的 PCB，可用宽的地导线组成一个回路，即构成一个地网来使用(模拟电路的地不能这样使用)。用大面积铜层做地线用，在印制板上把没被用上的地方都与地相连作为地线用；或是做成多层板，电源和地线各占用一层。

2．数字电路与模拟电路的共地处理

现在有许多 PCB 不再是单一功能的电路(数字或模拟电路)，而是由数字电路和模拟电路混合构成的。因此在布线时就需要考虑它们之间互相干扰的问题，特别是地线上的噪声干扰。

数字电路的频率高，模拟电路的敏感度强。对信号线来说，高频的信号线尽可能远离敏感的模拟电路器件；对地线来说，整个 PCB 对外界只有一个结点。因此，必须在 PCB 内部处理数、模共地的问题，而在板内部，数字地和模拟地实际上是分开的，它们之间互不相连，只是在 PCB 与外界连接的接口处(如插头等)数字地与模拟地有一点短接，且只有一个连接点。而在 PCB 上是不共地的，这由系统设计来决定。

3．信号线布在电(地)层上

在多层印制板布线时，由于在信号线层没有布完的线剩下的已经不多，再多加层数会造成浪费也会给生产增加一定的工作量，成本也相应增加了，为解决这个矛盾，可以考虑在电(地)层上进行布线。首先应考虑用电源层，其次才是地层，这是因为最好保留地层的完整性。

4．大面积导体中连接引脚的处理

在大面积的接地(电)中，常用元件的引脚与其连接，对连接引脚的处理需要进行综合考虑。就电气性能而言，元件引脚的焊盘与铜面满接为好，但对元件的焊装配就会存在一些不良隐患。如。① 焊接需要大功率加热器。②容易造成虚焊点。因此要兼顾电气性能与工艺需要，做成十字花焊盘，称之为热隔离(heat shield)，俗称热焊盘(Thermal)，这样可使

在焊接时因截面过分散热而产生虚焊点的可能性大大减少。多层板的接电(地)层引脚的处理与之相同。

5. 布线中网格系统的作用

在许多 CAD 系统中，布线是依据系统决定的。网格过密，通路虽然有所增加，但步进太小，图像的数据量过大，这必然对设备的存储空间有更高的要求，同时也对计算机类电子产品的运算速度有极大的影响。而有些通路是无效的，如被元件引脚的焊盘占用的通路或被安装孔、定位孔所占用的通路等。网格过疏、通路太少，对布通率的影响也极大，所以要有一个疏密合理的网格系统来支持布线。

标准元件两引脚之间的距离为 0.1 in(2.54 mm)，所以网格系统的基础一般就定为 0.1 in 或小于 0.1 in 的整倍数，如 0.05 in、0.025 in、0.02 in 等。

6. 印制板的布线

(1) 走线方式。尽量走短线，特别是对小信号电路，线越短，电阻越小，干扰越小，同时耦合线长度尽量减短。

(2) 走线形状。同一层上的信号线改变方向时应该走斜线，且曲率半径大些的好，应避免直角拐角。

(3) 走线宽度和中心距。印制板线条的宽度要求尽量一致，这样有利于阻抗匹配。从印制板的制作工艺来讲，宽度可以做到 0.3 mm、0.2 mm 甚至 0.1 mm。中心距也可以做到 0.3 mm、0.2 mm、0.1 mm。但是，随着线条变细、间距变小，在生产过程中质量将更加难以控制，废品率将上升。综合考虑，选用 0.3 mm 线宽和 0.3 mm 线间距的布线原则是比较适宜的，这样既能有效地控制质量，又能满足用户的要求。

(4) 电源线、地线的设计。对于电源线和地线而言，走线面积越大越好，以利于减少干扰；对于高频信号线最好是用地线屏蔽。

(5) 多层板走线方向。多层板走线要按电源层、地线层和信号层分开，减少电源、地、信号之间的干扰。多层板走线要求相邻两层印制板的线条应尽量相互垂直，或走斜线、曲线；不能平行走线，以利于减少基板层间的耦合和干扰。大面积的电源层和大面积的地线层要相邻，实际上在电源和地之间形成了一个电容，能够起到滤波作用。

(6) 焊盘设计控制。因目前的表面贴装元件还没有统一的标准，不同的国家、不同的厂商所生产的元器件外形封装都有差异，所以在选择焊盘尺寸时，把所选用的元件的封外形、引脚等与焊接相关的尺寸进行比较。

① 焊盘长度。焊盘长度在焊点可靠性中所起的作用比焊盘宽度更为重要，焊点可靠性主要取决于长度而不是宽度。其中长、宽尺寸的选择，要有利于焊料熔入时能形成良好的弯月形轮廓，还要避免焊料产生桥连现象，以及兼顾元件的贴片偏差(偏差在允许范围内)，以利于增加焊点的附着力，提高焊接的可靠性。一般长取 0.5 mm，宽取 0.5～1.5 mm 之间。

② 焊盘宽度。对于 0805 以上的阻容元件，或引脚间距在 1.27 mm 以上的 SO、SOJ 等 IC 芯片而言，焊盘宽度一般是在元件引脚宽度的基础上加一个数值，数值的范围在 0.1～0.25 mm 之间；而对于 0.65 mm(包括 0.65 mm)间距以下的 IC 芯片，焊盘宽度应等于引脚的宽度。对于细间距的 OFP，有的时候焊盘宽度相对于引脚来说，还要适当减少(如在两焊盘之间有引线穿过时)。

③ 过孔的处理。焊盘内不允许有过孔，以避免因焊料流失所引起的焊接不良，如过孔确需与焊盘相连，应尽可能用细线条加以互连，且过孔与焊盘边缘之间的距离大于 1 mm。

④ 字符、图形的要求。字符、图形等标志符号不得印在焊盘上，以避免引起焊接不良。

⑤ 焊盘间线条的要求。应尽可能避免在细间距元件焊之间穿越连线，确需在焊盘之间穿越连线的，应用阻焊膜对其加以可靠遮蔽。

⑥ 焊盘对称性的要求。对于同一个元件，凡是对称使用的焊盘(如 QFP，SIC 等)，设计时应严格保证其全面的对称，即焊盘图形的形状、尺寸完全一致，以保证焊料熔融时，作用于元件上所有焊点的表面张力保持平衡，以利于形成理想的优质焊点，保证不产生位移。

7. PC 基准标志设计要求

(1) 在 PCB 上必须设置基准标志，作为贴片机进行贴片操作时的参考基准点。一般是在 PCB 对角线上设置两至三个 1.5 mm 的裸铜实心圆基准标志(具体尺寸、形状根据不同型号贴片机的要求而定)。

(2) 对于多引脚的元件，尤其是引脚间距在 0.65 mm 以下的细间距贴装 IC，应在其焊盘图形附近增设基准标志。一般以在焊盘图形对角线上设置两个对称的裸铜实心圆标志，作为贴片机的光学定位和校准之用。

4.5.6 PCB 生产工艺对设计的要求

1. PCB 的外形及定位

(1) PCB 外形必须经过数控铣削加工，四周垂直平行精度不低于±0.02 mm。

(2) 对于外形尺寸小于 50 mm × 50 mm 的 PCB，宜采用拼板形式。具体拼成多大尺寸合适，需根据 SMT 的设备性能及具体要求而定。

(3) 表面贴装印制板漏印过程中需要定位，必须设置定位孔。以英国产的 DEK 丝印机为例，该机器配有一对 Ø3 mm 的定位销，相应地在 PCB 上相对的两边或对角线上设置两个 Ø3 +0.1 mm 的定位孔，依靠这两个定位孔并在印制板底部均匀安置数个底部带磁铁的顶针，即可充分保证印制板定位的牢固、平整。

(4) 表面贴装印制板的四周应设计宽度一般为 5 +0.1 mm 的工艺夹持边，在工艺夹持边内不应有任何焊盘图形和器件。如若确实因面板尺寸受限制，不能满足以上要求，或采用的是拼板组装方式时，可采取四周加边框的 PCB 制作方法，留出工艺夹持边，待焊接完成后，手工掰开，去除边框。

2. 加工工艺对板上元件布局的要求

(1) 印制线路板上元件放置的顺序。首先放置与结构有紧密配合的固定位置的元件，如电源插座、指示灯、开关、连接件之类，这些器件放置好后用软件的 LOCK 功能将其锁定，使之以后不会被误移动；然后放置线路上的特殊元件和大的元件，如发热元件、变压器、IC 等。

(2) 元件离板边缘的距离。所有的元件最好放置在离板的边缘 3 mm 以内或至少大于板厚，这是由于在大批量生产的流水线插件和进行波峰焊时，要提供给导轨槽使用，同时也是为了防止由于外形加工引起边缘部分的缺损。如果印制线路板上元件过多，不得已要超

出 3 mm 范围，则可以在板的边缘加工 3 mm 的辅边，辅边开 V 形槽，在生产时用手掰断即可。

(3) 高低压之间的隔离。在许多印制线路板上同时有高压电路和低压电路，高压电路部分的元件与低压部分的元件要分开放置。隔离距离与要承受的耐压有关，通常情况下在 2000 V 时板上要距离 2 mm，在此之上，以比例算还要加大。例如，若要承受 3000 V 的耐压测试，则高低压线路之间的距离应在 3.5 mm 以上，许多情况下为避免爬电，还在印制线路板上的高低压之间开槽。

3. 加工工艺对布线的要求

印制导线的布线应尽可能地短，在高频回路中更应如此：印制导线的拐弯应成圆角，而直角或尖角在高频电路和布线密度高的情况下会影响电气性能；当两面板布线时，两面的导线宜相互垂直、斜交或弯曲走线，避免相互平行以减小寄生耦合；作为电路的输入及输出用的印制导线应尽量避免相邻平行，以免发生寄生振荡，在这些导线之间最好加接地线。

(1) 印制导线的宽度。导线宽度应以能满足电气性能要求而又便于生产为宜。它的最小值以承受的电流大小而定，但最小不宜小于 0.2 mm。在高密度、高精度的印制线路中，导线宽度和间距一般可取 0.3 mm；导线宽度在大电流情况下还要考虑其温升。单面板实验表明，当铜箔厚度为 50 μm、导线宽度为 1～1.5 mm、通过电流 2 A 时，温升很小，因此，一般选用 1～1.5 mm 宽度的导线就可能满足设计要求而不致引起温升；印制导线的公共地线应尽可能地粗，可能的话，使用大于 2～3 mm 的线条，这点在带有微处理器的电路中尤为重要。当地线过细时，由于流过电流的变化、地电位变动、微处理器定时信号的电平不稳，会使噪声容限劣化；在 DIP 封装的 IC 脚间走线，可应用 10 mil-10 mil 与 12 mil-12 mil 的原则，即当两脚间通过 2 根线时，焊盘直径可设为 50 mil，线宽与线距都为 10 mil；当两脚间只通过 1 根线时，焊盘直径可设为 62 mil，线宽与线距都为 12 mil。

(2) 印制导线的间距。相邻导线的间距必须能满足电气的安全要求，而且为了便于操作和生产，间距也应尽量宽些。最小间距至少要能适合承受的电压，这个电压一般包括工作电压、附加波动电压以及其他原因引起的峰值电压。如果有关技术条件允许导线之间存在某种程度的金属残粒，则其间距就会减小。因此设计者在考虑电压时应把这种因素考虑进去。在布线密度较低时，信号线的间距可适当地加大，对高、低电平悬殊的信号线应尽可能地短且加大间距。

(3) 印制导线的屏蔽与接地。印制导线的公共地线应尽量布置在印制线路板的边缘部分。在印制线路板上应尽可能多地保留铜箔做地线，这样得到的屏蔽效果比一条长地线要好，传输线特性和屏蔽作用将得到改善，另外起到了减小分布电容的作用。印制导线的公共地线最好形成环路或网状，这是因为当在同一块板上有许多集成电路，特别是有耗电多的元件时，由于图形上的限制产生了接地电位差，从而引起噪声容限的降低，当做成回路时，则接地电位差减小。另外，接地和电源的走线尽可能要与数据的流动方向平行，这是抑制噪声的技巧。多层印制线路板可采取其中若干层作为屏蔽层，电源层、地线层均可视为屏蔽层。一般地线层和电源层设计在多层印制线路板的内层，信号线设计在内层和外层。

4．加工工艺对 PCB 设计的其他要求

1) 焊盘的直径和内孔尺寸

焊盘的内孔尺寸必须从元件引线直径和公差尺寸以及镀锡层厚度、孔径公差、孔金属化电镀层厚度等方面考虑。焊盘的内孔一般不小于 0.6 mm，因为小于 0.6 mm 的孔开模冲孔时不易加工。通常情况下以金属引脚直径值加上 0.2 mm 作为焊盘内孔直径，如电阻的金属引脚直径为 0.5 mm 时，其焊盘内孔直径对应为 0.7 mm，焊盘直径取决于内孔直径。下列数据是一组孔和焊盘的参数。

孔直径/mm：	0.4	0.5	0.6	0.8	1.0	1.2	1.6
焊盘直径/mm：	1.5	1.5	2.0	2.5	3.0	3.5	4.0

当焊盘直径为 1.5 mm 时，为了增加焊盘抗剥强度，可采用长不小于 1.5 mm、宽为 1.5 mm 的长圆形焊盘。此种焊盘在集成电路引脚焊盘中最常见。

对于超出以上焊盘直径范围的焊盘直径可用下列公式选取：

直径小于 0.4 mm 的孔：$D/d = 0.5 \sim 3$。

直径大于 2.0 mm 的孔：$D/d = 1.5 \sim 2$。

式中，D 为焊盘直径，d 为内孔直径。

2) 有关焊盘的其他注意事项

(1) 焊盘内孔边缘到印制板的距离要大于 1 mm，这样可以避免加工时导致焊盘缺损。

(2) 焊盘开一小口。有些器件是在经过波峰焊后补焊的，但由于经过波峰焊后焊盘内孔被锡封住，使器件无法插下去。解决的办法是在印制板加工时对该焊盘开一个小口，这样波峰焊时内孔就不会被封住，而且也不会影响正常的焊接。

(3) 焊盘补泪滴。当与焊盘连接的走线较细时，要将焊盘与走线之间的连接设计成水滴状，这样的好处是焊盘不容易起皮，而且走线与焊盘不易断开。

(4) 相邻的焊盘要避免成锐角或大面积的铜箔。成锐角会造成波峰焊困难，而且有桥接的危险，大面积铜箔因散热过快会导致不易焊接。

5．大面积敷铜

印制线路板上的大面积敷铜有两种作用，一种是散热，一种用于屏蔽来减小干扰。初学者设计印制线路板时，常犯的一个错误是大面积敷铜上没有开窗口，而由于印制线路板板材的基板与铜箔间的黏合剂在浸焊或长时间受热时，会产生挥发性气体无法排除，热量不易散发，以致产生铜箔膨胀、脱落现象。因此，在使用大面积敷铜时，应将其开窗口设计成网状。

6．跨接线的使用

在单面的印制线路板设计中，有些线路无法连接时，常会用到跨接线。初学者设计的跨接线往往是随意的，有长有短，这会给生产上带来不便。放置跨接线时，其种类越少越好，通常情况下只设 6 mm、8 mm、10 mm 三种，超出此范围，会给生产带来不便。

7．板材与板厚

印制线路板一般用覆箔层压板制成，常用的是覆铜箔层压板。板材选用时要从电气性能、可靠性、加工工艺要求、经济指标等方面考虑。常用的覆铜箔层压板有覆铜箔酚醛纸

质层压板、覆铜箔环氧纸质层压板、覆铜箔环氧玻璃布层压板、覆铜箔环氧酚醛玻璃布层压板、覆铜箔聚四氟乙烯玻璃布层压板和多层印制线路板用环氧玻璃布等。由于环氧树脂与铜箔有极好的黏合力，因此铜箔的附着强度和工作温度较高，可以在 260℃的熔锡中浸焊而无起泡。环氧树脂浸渍的玻璃布层压板受潮湿的影响较小。超高频印制线路最优良的材料是覆铜箔聚四氟乙烯玻璃布层压板。在有阻燃要求的电子设备上，还要使用阻燃性覆铜箔层压板，其原理是有绝缘纸和玻璃布浸渍了不燃或难燃性的树脂，使制得的覆铜箔酚醛纸质层压板、覆铜箔环氧纸质层压板、覆铜箔环氧玻璃布层压板、覆铜箔环氧酚醛玻璃布层压板，除了具有同类覆铜箔层压板的相似性能外，还有阻燃性。

印制线路板的厚度应根据印制板的功能及所装元件的重量、印制板插座规格、印制板的外形尺寸和所承受的机械负荷来决定。多层印制板总厚度及各层间厚度的分配应根据电气和结构性能的需要以及覆箔板的标准规格来选取。常见的印制线路板厚度有 0.5 mm、1 mm、1.5 mm、2.0 mm 等。

思　考　题

4.1　制作电子印刷板的流程有哪些?

4.2　怎样设计元件库?

第 5 章　VHDL 编程基础

5.1　VHDL 概 述

5.1.1　VHDL 简介

硬件描述语言是 EDA 技术的重要组成部分，VHDL 是电子设计的主流硬件描述语言。

VHDL 的英文全名是 Very-High-Speed Integrated Circuit Hardware Description Language，诞生于 1982 年。1987 年底，VHDL 被 IEEE(The Institute of Electrical and Electronics Engineers)和美国国防部确认为标准硬件描述语言。自 IEEE 公布了 VHDL 的标准版本(IEEE 1076)之后，各 EDA 公司相继推出了自己的 VHDL 设计环境，或宣布自己的设计工具可以和 VHDL 接口。此后 VHDL 在电子设计领域得到了广泛的应用，并逐步取代了原有的非标准硬件描述语言。1993 年，IEEE 对 VHDL 进行了修订，从更高的抽象层次和系统描述能力上扩展了 VHDL 的内容，公布了新版本的 VHDL，即 IEEE 标准的 1076 1993 版本。现在，VHDL 作为 IEEE 的工业标准硬件描述语言，又得到众多 EDA 公司的支持，在电子工程领域，已成为事实上的通用硬件描述语言。

5.1.2　VHDL 的优点

VHDL 主要用于描述数字系统的结构、行为、功能和接口。除了含有许多具有硬件特征的语句外，VHDL 的语言形式和描述风格与句法十分类似于一般的计算机高级语言。VHDL 的程序结构特点是将一项设计实体(可以是一个元件、一个电路模块或一个系统)分成外部和内部两个基本部分。其中外部为可见部分，即系统的端口；而内部则是不可视部分，即设计实体的内部功能和算法完成部分。在对一个设计实体定义外部界面后，一旦其内部开发完成后，其他的设计就可以直接调用这个实体。这种将设计实体分成内外部分的概念是 VHDL 系统设计的基本点。应用 VHDL 进行工程设计的优点是多方面的，具体介绍如下：

(1)　设计技术齐全、方法灵活、支持广泛。VHDL 语言可以支持自上而下和基于库的设计法，而且还支持同步电路、异步电路及其他随机电路的设计。目前大多数的 EDA 工具都支持 VHDL 语言。

(2)　VHDL 具有更强的系统硬件描述能力和多层次描述系统硬件功能的能力，其描述的对象从系统的数学模型直到门级电路。

(3)　VHDL 语言可以与工艺无关进行编程。在用 VHDL 语言设计系统硬件时，没有嵌入与工艺有关的信息，当门级或门级以上层次的描述通过仿真检验以后，再用相应的工具将设计映射成不同的工艺。这样，在工艺更新时，就无须修改原设计程序，只要改变相应

的映射工具即可。

(4) VHDL 语言标准、规范，易于共享和复用。

5.1.3　VHDL 程序设计约定

为了便于程序的阅读和调试，本书对 VHDL 程序设计作如下约定：

(1) 语句结构描述中方括号“[ ]”内的内容为可选内容。

(2) VHDL 的编译器和综合器对程序文字的大小写是不加区分的。本书一般使用大写。

(3) 程序中的注释使用双横线“- -”。在 VHDL 程序的任何一行中，双横线“- -”后的文字都不参加编译和综合。

(4) 为了便于程序的阅读和调试，书写和输入程序时使用层次缩进格式，同一层次的对齐，低层次的较高层次的缩进两个字符。

(5) 考虑到 MAX + PlusⅡ要求源程序文件的名字与实体名必须一致，因此为了使同一个 VHDL 源程序文件能适应各个 EDA 开发软件上的使用要求，建议各个源程序文件的命名均与实体名一致。

5.2　VHDL 程序基本结构

5.2.1　VHDL 程序的基本结构

一个相对完整的 VHDL 程序(或称为设计实体)具有比较固定的结构。至少应包括三个基本组成部分：库、程序包使用说明、实体说明和实体对应的结构体说明。其中，库、程序包使用说明用于打开本设计实体将要用到的库、程序包；实体说明用于描述该设计实体与外界的接口信号说明，是可视部分；结构体说明用于描述该设计实体内部工作的逻辑关系，是不可视部分。根据需要，实体还可以有配置说明语句。配置说明语句主要用于以层次化的方式对特定的设计实体进行元件例化，或是为实体选定某个特定的结构体。

5.2.2　VHDL 程序设计举例

下面通过一个 1 位二进制全加器的 VHDL 程序设计过程来具体说明 VHDL 程序的结构。

1. 设计思路

根据数字电子技术的知识，1 位二进制全加器可以由两个 1 位的半加器构成，而 1 位半加器可以由如图 5-1 所示的门电路构成。由两个 1 位的半加器构成的全加器如图 5-2 所示。

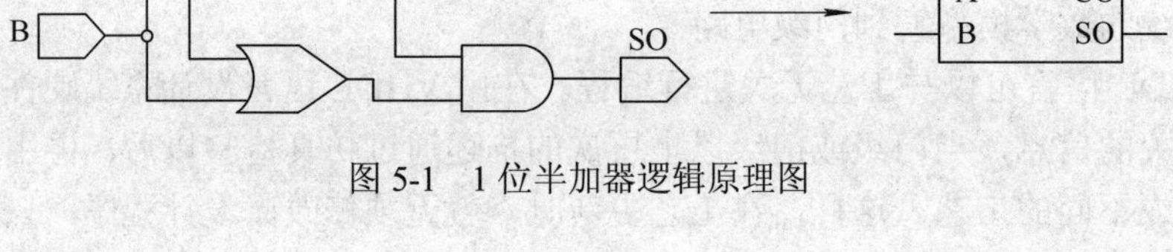

图 5-1　1 位半加器逻辑原理图

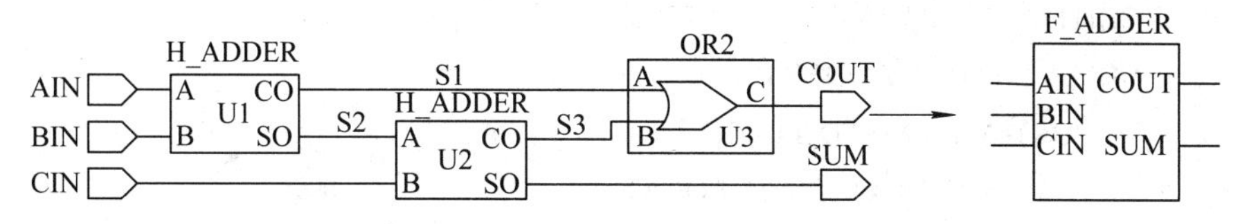

图 5-2　1 位全加器逻辑原理图

2．VHDL 源程序

```
-- 或门的逻辑描述
LIBRARY IEEE;
USE IEEE.STD_LOGIC-1165.ALL;
  ENTITY OR2 IS
      PORT(A, B: IN STD_LOGIC
            C: OUT STD_LOGIC);
   END ENTITY OR2
   ARCHITECTURE ART1 OF OR2 IS
       BEGIN
       C<=A OR B;
   END ARCHITECTURE ART1;

    -- 半加器的逻辑描述
   LIBRARY IEEE;
   USE IEEE.STD_LOGIC_1165.ALL;
   ENTITY H_ADDER IS
      PORT(A, B: IN STD_LOGIC;
            SO, CO: OUT STD_LOGIC);
  END ENTITY H_ADDER;
  ARCHITECTURE ART2 OF H_ADDER IS
           BEGIN
           SO<=(A OR B) AND (A NAND B);
           CO<=NOT (A NAND B);
        END ARCHITECTURE ART2;

   -- 全加器的逻辑描述
   LIBRARY IEEE;
   USE IEEE.STD_LOGIC_1165.ALL;
   ENTITY F_ADDER IS
      PORT(AIN, BIN, CIN: IN STD_LOGIC;
            SUM, COUT: OUT STDLOGIC);
    END ENTITY F_ADDER;
```

```
ARCHITECTURE ART3 OF F_ADDER IS
   COMPONENT H_ADDER IS
      PORT(A, B: IN STD_LOGIC;
            SO, CO: OUT STD_LOGIC);
    END COMPONENT H_ADDER;
   COMPONENT OR2 IS
     PORT(A, B: IN STD_LOGIC;
        C: OUT STD_LOGIC);
  END COMPONENT OR2;
 SIGNAL S1, S2, S3: STD_LOGIC;
 BEGIN
 U1: H_ADDER PORT MAP(A=>AIN, B=>BIN, CO=>S1, SO=>S2);
 U2: H_ADDER PORT MAP(A=>S2, B=>CIN, SO=>SUM, CO=>S3);
 U3: OR2 PORT MAP(A=>S1, B=>S3, C=>COUT);
END ARCHITECTURE ART3;
```

3. 说明及分析

(1) 整个设计包括三个设计实体，分别为 OR2、H_ADDER 和 F_ADDER，其中实体 FADDER 为顶层实体。三个设计实体均包括三个组成部分：库、程序包使用说明、实体说明和结构体说明。这三个设计实体既可以作为一个整体进行编译、综合和存档，也可以各自进行独立编译、独立综合和存档，或被其他的电路系统所调用。

(2) 实体 OR2 定义了或门 OR2 的引脚信号 A、B(输入)和 C(输出)，其对应的结构体 ARTI 描述了输入与输出信号间的逻辑关系，即将输入信号 A、B 相或后传给输出信号端 C。由此实体和结构体描述了一个完整的或门元件。

(3) 实体 H_ADDER 及对应的结构体 ART2 描述了一个如图 5-1 所示的半加器。由其结构体的描述可以看到，它是一个与非门、一个非门、一个或门和一个与门连接而成的，其逻辑关系来自于半加器真值表。在 VHDL 中，逻辑运算符“NAND”、“NOT”、“OR”和“AND”分别代表“与非”、“非”、“或”和“与”四种逻辑运算关系。

(4) 在全加器接口逻辑 VHDL 描述中，根据图 5-2 右侧的 1 位二进制全加器 F_ADDER 的原理图，实体 F_ADDER 定义了引脚的端口信号属性和数据类型。其中，AIN 和 BIN 分别为两个输入的相加位，CIN 为低位进位输入，COUT 为进位输出，SUM 为 1 位和输出。其对应的结构体 ART3 的功能是利用 COMPONENT 声明语句与 COMPONENT 例化语句，将上面两个实体 OR2 和 H_ADDER 描述的独立器件，按照图 5-2 全加器内部逻辑原理图中的接线方式连接起来的。

(5) 在 VHDL 源程序的结构体 ART3 中，COMPONENT→END　COMPONENT 语句结构对所要调用的或门和半加器这两个元件做了声明(COMPONENT　DECLARATION)，并由 SIGNAL 语句定义了三个信号 S1、S2 和 S3，作为中间信号转存点，以利于几个器件间的信号连接。接下去的“PORT MAP( )”语句称为元件例化语句(COMPNENNT INSTATIATION)。所谓例化，在电路板上，相当于往上装配元件；在逻辑原理图上，相当

于从元件库中取了一个元件符号放在电路原理图上，并对此符号的各引脚进行连线。例化也可理解为元件映射或元件连接，MAP 是映射的意思。例如，语句“U2：H_ADDER PORT MAP(A=>S2, B=>CIN, SO=>SUM, CO=>S3);”表示将实体 H_ADDER 描述的元件 U2 的引脚信号 A、B、SO 和 CO 分别连向外部信号 S2、CIN、SUM 和 S3。符号“=>”表示信号连接。

(6) 实体 F_ADDER 引导的逻辑描述也是由三个主要部分构成的，即库、实体和结构体。从表面上看，库的部分仅包含一个 IEEE 标准库和打开的 IEEE.STD_LOGIC_1165.ALL 程序包。从结构体的描述中可以看出，其对外部的逻辑有调用的操作，这类似于对库或程序包中的内容做了调用。因此，库结构部分还应将上面的或门和半加器的 VHDL 描述包括进去，作为工作库中的两个待调用的元件。由此可见，库结构也是 VHDL 程序的重要组成部分。

5.2.3 实体(ENTITY)

实体类似于原理图中的模块符号。作为一个设计实体的组成部分，其功能是对这个设计实体与外部电路进行接口描述。实体是设计实体的表层设计单元，实体说明部分规定了设计单元的输入/输出接口信号或引脚，它是设计实体对外的一个通信界面。

1. 实体语句结构

实体说明单元的常用语句结构如下：

```
ENTITY 实体名 IS
  [GENERIC(类属表);]
  [PORT(端口表);]
END  ENTITY 实体名;
```

实体说明单元必须以语句“ENTITY 实体名 IS”开始，以语句“END ENTITY 实体名；”结束。其中的实体名是设计者对设计实体的命名，可在其他设计实体对该设计实体进行调用时使用。中间在方括号内的语句描述，在特定的情况下并非是必需的。例如，构建一个 VHDL 仿真测试基准等情况，可以省去方括号中的语句。

2. 类属(GENERIC)说明语句

类属(GENERIC)参量是一种端口界面常数，常放在实体或块结构体前的说明部分。类属为所说明的环境提供了一种静态信息通道，类属的值可以由设计实体外部提供。因此，设计者可以从外面通过类属参量的重新设定而轻易地改变一个设计实体或一个元件的内部电路结构和规模。

类属说明的一般书写格式如下：

```
GENERIC([常数名: 数据类型[: 设定值]
            {; 常数名: 数据类型[: 设定值]});
```

类属参量以关键词 GENERIC 引导一个类属参量表，在表中提供时间参数或总线宽度等静态信息。类属表说明用于确定设计实体和其外部环境通信的参数，传递静态的信息。类属说明在所定义的环境中的地位十分接近常数，但却能从环境外部动态地接受赋值，类似于端口 PORT，常将类属说明放在其中，且在端口说明语句前面。

【例 5.1】

```
ENTITY MCK IS
        GENERIC(WIDTH:INTEGER=8);
      PORT(ADD_BUS:OUT STD_LOGIC_VECTOR((WIDTH-1) DOWNTO 0));
…
```

在这里，GENERIC 语句对实体 MCK 作为地址总线的端口 ADD_BUS 的数据类型和宽度作了定义，即定义 ADD_BUS 为一个 8 位的位矢量。

从本例可见，对于类属 WIDTH 的改变将对结构体中所有相关的总线的定义同时作了改变，由此将改变整个设计实体的硬件结构。

3．PORT 端口说明

PORT 说明语句是对一个设计实体界面的说明，也是对设计实体与外部电路的接口通道的说明，其中包括对每一接口的输入/输出模式和数据类型的定义。其格式如下：

```
PORT(端口名: 端口模式      数据类型:
     {端口名: 端口模式      数据类型});
```

其中，端口名是设计者为实体的每一个对外通道所取的名字；端口模式是指这些通道上的数据流动方式，如输入/输出等；数据类型指端口上流动的数据的表达格式。

IEEE 1076 标准包中定义了四种常用的端口模式，各端口模式的功能及符号分别如表 5-1 和图 5-3 所示。在实际的数字集成电路中，IN 相当于只可输入的引脚，OUT 相当于只可输出的引脚，BUFFER 相当于带输出缓冲器并可以回读的引脚(与 TRI 引脚不同)，而 INOUT 相当于双向引脚(即 BIDIR 引脚)。由图 5-3 的 INOUT 电路可见，此模式的端口是普通输出端口(OUT)加入三态输出缓冲器和输入缓冲器构成的。

表 5-1　端口模式说明

端 口 模 式	端口模式说明(以设计实体为主体)
IN	输入，只读模式，将变量或信号信息通过该端口读入
OUT	输出，单向赋值模式，将信号通过该端口输出
BUFFER	具有读功能的输出模式，可以读或写，只能有一个驱动源
INOUT	双向，可以通过该端口读入或写出信息

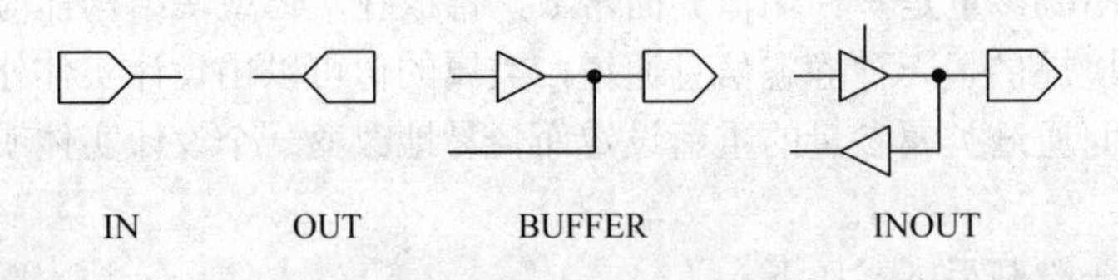

图 5-3　端口模式符号图

5.2.4　结构体(ARCHITECTURE)

结构体是对实体功能的具体描述，必须跟在实体后面。它用于描述设计实体的内部结构以及实体端口间的逻辑关系。一般结构体由两个基本层次组成：① 对数据类型、常数、信号、子程序和元件等元素的说明部分。② 描述实体逻辑行为的，以各种不同描述风格表达的功能描述语句。

结构体将具体实现一个实体。每个实体可以有多个结构体，每个结构体对应着实体不同结构和算法实现方案，其间的各个结构体的地位是同等的。

1．结构体的一般语句格式

结构体的语句格式如下：

```
ARCHITECTURE  结构体名   OF   实体名 IS
  [说明语句;]
BEGIN
  [功能描述语句;]
END  ARCHITECTURE 结构体名;
```

其中，实体名必须是所在设计实体的名字，而结构体名可以由设计者自己选择。但当一个实体具有多个结构体时，结构体的取名不可重复。

2．结构体说明语句

结构体中的说明语句是对结构体的功能描述语句中将要用到的信号(SIGNAL)、数据类型(TYPE)、常数(CONSTANT)、元件(COMPONENT)、函数(FUNCTION)和过程(PROCEDURE)等加以说明的语句。但在一个结构体中说明和定义的数据类型、常数、元件、函数和过程只能用于这个结构体中，若希望其能用于其他的实体或结构体中，则需要将其作为程序包来处理。

3．功能描述语句结构

功能描述语句结构可以含有五种不同的类型，以并行方式工作的语句结构；而在每一语句结构的内部可能含有并行运行的逻辑描述语句或顺序运行的逻辑描述语句。各语句结构的基本组成和功能分别是：

(1) 块语句是由一系列并行执行语句构成的组合体。它的功能是将结构体中的并行语句组成一个或多个模块。

(2) 进程语句定义顺序语句模块，用以将从外部获得的信号值，或内部的运算数据向其他的信号进行赋值。

(3) 信号赋值语句将设计实体内的处理结果向定义的信号或界面端口进行赋值。

(4) 子程序调用语句用于调用一个设计好的子程序。

(5) 元件例化语句对其他的设计实体作元件调用说明，并将此元件的端口与其他的元件、信号或高层次实体的界面端口进行连接。

5.3　VHDL 语言要素

VHDL 的语言要素作为硬件描述语言的基本结构元素，主要有数据对象(Data Object，简称 Object)、数据类型(Data Type，简称 Type)、各类操作数(Operands)以及运算操作符(Operator)。其中的数据对象又包括变量(VARIABLE)、信号(SIGNAL)和常数(CONSTANT)三种。

5.3.1　VHDL 文字规则

VHDL 文字(Literal)主要包括数值和标识符。数值型文字主要有数字型、字符串型、位串型。

1．数字型文字

数字型文字的值有多种表达方式，现列举如下：

(1) 整数文字：整数文字都是十进制的数。如：4、578、0、156E2(=15600)、45_234_287(=45234287)。数字间的下划线仅仅是为了提高文字的可读性，相当于一个空的间隔符。

(2) 实数文字：实数文字也都是一种十进制的数，但必须带有小数点。如：18.993、1.0、0.0)。

(3) 以数制基数表示的文字：用这种方法表示的数由五个部分组成。第一部分，用十进制数标明数制进位的基数；第二部分，数制隔离符号“#”；第三部分，表达的文字；第四部分，指数隔离符号“#”；第五部分，用十进制表示的指数部分，这一部分的数如果是 0 可以省去不写。如：10#170#(十进制数表示，等于 170)；2#1111-1110#(二进制数表示，等于 254)；16#E01#E+2 (十六进制数表示，等于 3841.00)。

(4) 物理量文字。VHDL 综合器不接受此类文字。如：50 s、200 m、177 A。

2．字符及字符串型文字

字符是用单引号引起来的 ASCII 字符，可以是数值，也可以是符号或字母。如：‘R’、‘A’、‘*’、‘Z’。而字符串则是一维的字符数组，须放在双引号中。VHDL 中有两种类型的字符串：文字字符串和数位字符串。

(1) 文字字符串：它是用双引号引起来的一串文字。如：“BB$CC”、“ERROR”、“BOTH S AND Q EQUAL TO L”、“X”。

(2) 数位字符串：数位字符串也称位矢量，是预定义的数据类型 BIT 的一位数组。它们所代表的是二进制、八进制或十六进制的数组，其位矢量的长度即为等值的二进制数的位数。数位字符串的表示首先要有计算基数，然后将该基数表示的值放在双引号中。基数符以“B”、“O”和“X”表示，并放在字符串的前面，它们的含义分别介绍如下。

(1) B：二进制基数符号，表示二进制数位 0 或 1，在字符串中每一个位表示一个 BIT。

(2) O：八进制基数符号，在字符串中的第一个数代表一个八进制数，即代表一个 3 位的二进制数。

(3) X：十六进制基数符号(0、1)，代表一个十六进制数，即代表一个 4 位的二进制数。

例如：B“1_1101_1110” - - 二进制数数组，位矢数组长度是 9；X“AD0” --十六进制数数组，位矢数组长度是 12。

3．标识符

标识符用来定义常数、变量、信号、端口、子程序或参数的名字。VHDL 的基本标识符是以英文字母开头，不连续使用下划线“_”，不以下划线“_”结尾的，由 26 个大小写英文字母、数字 0～9 以及下划线“_”组成的字符串。VHDL93 标准还支持扩展标识符，但是目前仍有许多的 VHDL 工具不支持扩展标识符。标识符中的英语字母不分大小写。

VHDL 的保留字不能用于标识符使用。如：DECODER_1、FFT、Sig_N、NOT_ACK、State0、Idle 是合法的标识符；而_DECOER_1、2FFT、SIG_#N、NOT—ACK、RYY_RST_、data_ _BUS，RETURN 则是非法的标识符。

4. 下标名及下标段名

下标段名用于指示数组型变量或信号的某一段元素，而下标名则用于指示数组型变量或信号的某一元素。其语句格式如下：

数组类型符号名或变量名(表达式 1 TO/DOWNTO 表达式 2);

表达式的数值必须在数组元素下标号的范围以内，并且是可计算的。TO 表示是数组下标序列由低到高，如“3 TO 8”; DOWNTO 表示数组下标序列由高到低，如“9 DOWNTO 2”。

如果表达式是一个可计算的值，则此操作可以很容易地进行综合。如果是不可计算的，则只能在特定的情况下综合，且耗费资源较大。

以下是下标名及下标段名的使用示例：

```
SIGNAL    A, B, C:  BIT_VECTOR(0 TO 5);
SIGNAL    M; INTEGER   RANGE 0 TO 5;
SIGNAL    Y, Z: BIT;
Y<=A(M):                    --M 是不可计算型下标表示
Z<=B(3):                    --3 是可计算型下标表示
C(0 TO 3)<=A(4 TO 7):       --以段的方式进行赋值
C(4 TO 7)<=A(0 TO 3):       --以段的方式进行赋值
```

5.3.2 VHDL 数据对象

在 VHDL 中，数据对象(Data Objects)类似于一种容器，接受不同数据类型的赋值。数据对象有三种，即常量(CONSTANT)、变量(VARIABLE)和信号(SIGNAL)。前两种可以从传统的计算机高级语言中找到对应的数据类型，其语言行为与高级语言中的变量和常量十分相似。但信号是具有更多的硬件特征的特殊数据对象，是 VHDL 中最有特色的语言要素之一。

1. 常量(CONSTANT)

常量的定义和设置主要是为了使程序更容易阅读和修改。例如，将位矢的宽度定义为一个常量，只要修改这个常量就能很容易地改变宽度，从而改变硬件结构。在程序中，常量是一个恒定不变的值，一旦做了数据类型的赋值定义后，在程序中不能再改变，因而具有全局意义。常量的定义形式如下：

```
CONSTANT 常量名: 数据类型: =表达式;
```

例如：

```
CONSTANT   FBUS: BIT_VECTOR : = "010115";
CONSTANT   VCC : REAL:=5.0 ;
CONSTANT   DELY : =25 ns;
```

VHDL 要求所定义的常量数据类型必须与表达式的数据类型一致。常量的数据类型可以是标量类型或复合类型，但不能是文件类型(File)或存取类型(Access)。

常量定义语句所允许的设计单元有实体、结构体、程序包、块、进程和子程序。在程序中定义的常量可以暂不设具体数值，而可以在程序包体中设定。

常量的可视性，即常量的使用范围取决于它被定义的位置。在程序包中定义的常量具有最大全局化特征，可以用在调用此程序包的所有设计实体中；定义在设计实体中的常量，其有效范围为这个实体定义的所有的结构体；定义在设计实体的某一结构体中的常量，则只能用于此结构体；定义在结构体的某一单元的常量，如一个进程中，则这个常量只能用在这一进程中。

2. 变量(VARIABLE)

在 VHDL 语法规则中，变量是一个局部量，只能在进程和子程序中使用。变量不能将信息带出对它作出定义的当前设计单元。变量的赋值是一种理想化的数据传输，是立即发生，不存在任何延时的行为。变量常用在进程中做临时数据存储单元。

定义变量的语法格式如下：

```
VARIABLE   变量名: 数据类型: =初始值;
```

例如：

```
VARABLE     A: INTEGER;                    --定义 A 为整数型变量
VARIABLE     B, C: INTEGER: =3;            --定义 B 和 C 为整型变量，初始值为 3
```

变量作为局部量，其适用范围仅限于定义了变量的进程或子程序中。仿真过程中唯一的例外是共享变量。变量的值将随变量赋值语句的运算而改变。变量定义语句中的初始值可以是一个与变量具有相同数据类型的常数值；也可以是一个全局静态表达式，这个表达式的数据类型必须与所赋值的变量一致。此初始值不是必需的，在综合过程中综合器将略去所有的初始值。

变量赋值语句的语法格式如下：

目标变量名: =表达式;

赋值语句的用法见 5.4 节。

3. 信号(SIGNAL)

信号是描述硬件系统的基本数据对象，类似于连接线。信号可以作为设计实体中并行语句模块间的信息交流通道。在 VHDL 中，信号及其相关的信号赋值语句、决断函数、延时语句等，很好的描述了硬件系统的许多基本特征。如硬件系统运行的并行性；信号传输过程中的惯性延时特性；多驱动源的总线行为等。

信号作为一种数值容器，不但可以容纳当前值，也可以保持历史值。这一属性与触发器的记忆功能有很好的对应关系。信号的定义格式如下：

```
SIGNAL 信号名: 数据类型: =初始值;
```

信号初始值的设置不是必需的，而且初始值仅在 VHDL 的行为仿真中有效。与变量相比，信号的硬件特征更为明显，具有全局性特性。例如，在实体中定义的信号，在其对应的结构体中都是可见的。

事实上，除了没有方向说明以外，信号与实体的端口(PORT)概念是一致的。相对于端口来说，其区别只是输出端口不能读入数据，输入端口不能被赋值。信号可以看成是实体内部的端口。反之，实体的端口只是一种隐形的信号，端口的定义实际上是做了隐式的信号定义，并附加了数据流动的方向。信号本身的定义是一种显式的定义，因此在实体中定义的端口，在其结构体中都可以看成一个信号，并加以使用而不必另做定义。以下是信号的定义示例：

```
SIGNAL S1: STD_LOGIG: =0      --定义了一个标准位的单值信号 S1，初始值为低电平
SIGNAL S2, S3: BIT:           --定义了两个位 BIT 的信号 S2 和 S3
```

以下示例定义的信号数据类型是设计者自行定义的，这是被 VHDL 所允许的。

```
TYPE   FOUR IS('X', '0', 'I', 'Z');
SIGNAL S1: FOUR;
SIGNAL S2: FOUR: ='X';
SIGNAL S3: FOUR: ='L';
```

其中，信号 S1 的初始值取默认值，VHDL 规定初始值以取 LEFTMOST 项(即数组中的最左项)为默认值。在此例中是 X(任意状态)。

信号的使用和定义范围是实体、结构体和程序包。在进程和子程序中不允许定义信号。信号可以有多个驱动源，或者说赋值信号源，但必须将此信号的数据类型定义为决断性数据类型。

在进程中，只能将信号列入敏感表，而不能将变量列入敏感表。可见进程只对信号敏感，而对变量不敏感。

当信号定义了数据类型和表达方式后，在 VHDL 设计中就能对信号进行赋值了。信号的赋值语句表达式如下：

目标信号名，<=表达式；

4. 三者的使用比较

(1) 从硬件电路系统来看，常量相当于电路中的恒定电平，如 GND 或 V_{CC} 接口；而变量和信号则相当于组合电路系统中门与门间的连接及其连线上的信号值。

(2) 从行为仿真和 VHDL 语句功能上看，变量和信号的区别主要表现在接收和保持信号的方式、信息保持与传递的区域大小上。例如，信号可以设置延时量，而变量则不能；变量只能作为局部的信息载体，而信号则可作为模块间的信息载体。变量的设置有时只是一种过渡，最后的信息传输和界面间的通信都是靠信号来完成的。

(3) 从综合后所对应的硬件电路结构来看，信号一般将对应更多的硬件结构，但在许多情况下，信号和变量并没有什么区别。例如在满足一定条件的进程中，综合后它们都能引入寄存器。这时它们都具有能够接受赋值这一重要的共性，而 VHDL 综合器并不理会它们在接受赋值时存在的延时特性。

(4) 虽然 VHDL 仿真器允许变量和信号设置初始值，但在实际应用中，VHDL 综合器并不会把这些信息综合进去。这是因为实际的 FPGA/CPLD 芯片在上电后，并不能确保其初始状态的取向。因此，对于时序仿真来说，设置的初始值在综合时是没有实际意义的。

5.3.3　VHDL 数据类型

VHDL 是一种强类型语言，要求设计实体中的每一个常数、信号、变量、函数及设定的各种参量都必须具有确定的数据类型，这样相同数据类型的量才能互相传递和作用。VHDL 作为强类型语言的好处是，使 VHDL 编译或综合工具很容易地找出设计中的各种常

见错误。VHDL 中的数据类型可以分成以下四大类：

(1) 标量型(SCALAR TYPE)。标量型属于单元素的最基本的数据类型，通常用于描述一个单值数据对象。它包括实数类型、整数类型、枚举类型和时间类型。

(2) 复合类型(COMPOSITE TYPE)。复合类型可以由细小的数据类型复合而成，如可由标量复合而成。复合类型主要有数组型(ARRAY)和记录型(RECORD)。

(3) 存取类型(ACCESS TYPE)。存取类型为给定的数据类型的数据对象提供存取方式。

(4) 文件类型(FILES TYPE)。文件类型用于提供多值存取类型。

这四大数据类型又可分成在已有程序包中可以随时获得的预定义数据类型和用户自定义数据类型两个类别。预定义的 VHDL 数据类型是 VHDL 最常用的、最基本的数据类型。这些数据类型都已在 VHDL 的标准程序包 STANDARD 和 STD_LOGIC_1164 及其他的标准程序包做了定义，可在设计中随时调用。

用户自定义的数据类型以及子类型，其基本元素一般属 VHDL 的预定义数据类型。尽管 VHDL 仿真器支持所有的数据类型，但 VHDL 综合器并不支持所有的预定义数据类型和用户自定义数据类型。如 REAL、TIME、FILE、ACCES 等数据类型。

1. VHDL 的预定义数据类型

VHDL 的预定义数据类型都是在 VHDL 标准程序包 STANDARD 中定义的。在实际使用中，已自动包含进 VHDL 的源文件中，因而不必通过 USE 语句来显式调用。

1) 布尔(BOOLEAN)数据类型

程序包 STANDARD 中定义布尔数据类型的源代码如下：

```
TYPE BOOLEAN IS(FALES, TRUE);
```

布尔数据类型实际上是一个二值枚举型数据类型，它的取值有 FALSE 和 TRUE 两种。综合器将用一个二进制位表示 BOOLEAN 型变量或信号。

例如，当 A 大于 B 时，在 IF 语句中的关系运算表达式(A>B)的结果是布尔量 TRUE；反之为 FALSE。综合器将其变为 1 或 0 的信号值，对应于硬件系统中的一根线。

2) 位(BIT)数据类型

位数据类型也属于枚举型，取值只能是 1 或 0。位数据类型的数据对象，如变量、信号等，可以参与逻辑运算，运算结果仍是位的数据类型。VHDL 综合器用一个二进制位表示 BIT。在程序包 STANDARD 中定义的源代码是：

```
TYPE BIT IS("0" "1");
```

3) 位矢量(BIT_VECTOR)数据类型

位矢量只是基于 BIT 数据类型的数组，在程序包 STANDARD 中定义的源代码是：

```
TYPE BIT_VETOR IS ARRAY(NATURAL RANGE<>)OF BIT;
```

使用位矢量必须注明位宽，即数组中的元素个数和排列，例如：

```
SIGNAL A: BIT_VECTOR(7 TO 0);
```

信号 A 被定义为一个具有 8 位位宽的矢量，它的最左位是 A(7)，最右位是 A(0)。

4) 字符(CHARACTER)数据类型

字符数据类型通常用单引号引起来，如‘A’。字符类型区分大小写，如‘B’不同于

‘b’。字符型已在 STANDARD 程序包中做了定义。

5) 整数(INTEGER)数据类型

整数数据类型的数代表正整数、负整数和零。在 VHDL 中，整数的取值范围是 –2 147 483 647～+2 147 483 647，即可用 32 位有符号的二进制数表示。在实际应用中，VHDL 仿真器通常将 INTEGER 类型作为有符号数处理，而 VHDL 综合器将 INTEGER 作为无符号数处理。在使用整数时，VHDL 综合器要求用 RANGE 子句为所定义的数限定范围，然后根据所限定的范围来决定表示此信号或变量的二进制的位数，因此 VHDL 综合器无法综合未限定的整数类型的信号或变量。

如语句“SIGNAL　TYPEI：INTEGER　RANGE　0 TO 15;”规定整数 TYPEI 的取值范围是 0～5 共 16 个值，可用 4 位二进制数来表示。因此，TYPEI 将被综合成由四条信号线构成的信号。

整数常量的书写方式示例如下：

```
3                      --十进制整数
10E4                   --十进制整数
16#D2#                   --十六进制整数
2#11011010#            -- 二进制整数
```

6) 自然数(NATURAL)和正整数(POSITIVE)数据类型

自然数是整数的一个子类型，非负的整数，即零和正整数；正整数也是一个子类型，它包括整数中非零和非负的数值。它们在 STANDARD 程序包中定义的源代码如下：

```
SUBTYPE NATURAL   IS   INTEGER   RANGE0   TO   NTEGER'HIGH;
SUBTYPE POSITIVE   IS   INTEGER   RANGE1   TO   INTEGER'HIGH;
```

7) 实数(REAL)数据类型

VHDL 的实数类型类似于数学上的实数，或称浮点数。实数的取值范围为 –1.0E38～+1.0E38。通常情况下，实数类型仅能在 VHDL 仿真器中使用。VHDL 综合器不支持实数，因为实数类型的实现相当复杂，目前在电路规模上难以承受。

实数常量的书写方式举例如下：

```
65971.333333          -- 十进制浮点数
8#45.6#E+4            -- 八进制浮点数
45.6E-4               -- 十进制浮点数
```

8) 字符串(STRING)数据类型

字符串数据类型是字符数据类型的一个约束型数组，或称为字符串数组。字符串必须用双引号标明。如：

```
VARIABLE STRING_VAR: STRING(1   TO   7);
…
STRING_VAR: "A   B   C   D";
```

9) 时间(TIME)数据类型

VHDL 中唯一的预定义物理类型是时间。完整的时间类型包括整数和物理量单位两部分，整数和单位之间至少留一个空格。如 50 ms、30 ns。

STANDARD 程序包中也定义了时间。定义如下：

```
TYPE TIME IS RANGE    -2 147 483 647 TO +2 147 483 647
units
    fs:                         --飞秒，VHDL 中的最小时间单位
    ps=1000fs:                  --皮秒
    ns=1000ps:                  --纳秒
    us=1000ns:                  --微秒
    ms=1000us:                  --毫秒
    sec=1000ms:                 --秒
    min=60sec:                  --分
    hr=60min:                   --时
end   untis:
```

10) 错误等级(SEVERITY_LEVEL)

在 VHDL 仿真器中，错误等级用来指示设计系统的工作状态，共有四种可能的状态值：NOTE(注意)、WARNING(警告)、ERROR(出错)、FAILURE(失败)。在仿真过程中，可输出这四种值来提示被仿真系统当前的工作情况。其定义如下：

```
TYPE SEVERITY _LEVEI   IS(NOTE, WARNING, ERROR, FAILURE);
```

2. IEEE 预定义标准逻辑位与矢量

在 IEEE 库的程序包 STD_LOGIC_1164 中，定义了两个非常重要的数据类型，即标准逻辑位 STD_LOGIC 和标准逻辑矢量 STD_LOGIC_VECTOR。

1) 标准逻辑位 STD _ LOGIC 数据类型

数据类型 STD_LOGIC 的定义如下所示：

```
TYPE STD_LOGIC IS('U', 'X', '0', '1', 'Z', 'W', 'L', 'H', '_');
```

各值的含义是：

U——未初始化，X——强未知的，0——强 0，1——强 1，Z——高阻态，W——弱未知的，L——弱 0，H——弱 1，_——忽略。

在程序中使用此数据类型前，需加入下面的语句：

```
LIBRARY   IEEE:
USE IEEE.STD_LOGIC_1165.ALL:
```

由定义可见，STD_LOGIC 是标准的 BIT 数据类型的扩展，共定义了 9 种值。这意味着，对于定义的数据类型是标准逻辑位 STD_LOGIC 的数据对象，其可能的取值已非传统的 BIT 那样，只有 0 和 1 两种取值。目前在设计中一般只使用 IEEE 的 STD_LOGIC 标准逻辑的位数据类型，BIT 型则很少使用。

由于标准逻辑位数据类型的多值性，在编辑时应特别注意。因为在条件语句中，如果未考虑到 STD_LOGI 的所有可能的取值情况，综合器可能会插入不希望的锁存器。

程序包 STD_LOGIC_1164 中还定义了 STD_LOGIC 型的逻辑运算符 AND、NAND、OR、NOR、XOR 和 NOT 的重载函数，以及两个转换函数，用于 BIT 与 STD_LOGIC 的相互转换。

在仿真和综合中，STD_LOGIC 值是非常重要的，它可以使设计者精确模拟一些未知和高阻态的线路情况。对于综合器，高阻态和忽略态可用于三态的描述。但就综合而言，STD_LOGIC 型数据能够在数字器件中实现的只有其中 4 种值，即“_”、“0”、“1”和“Z”。当然，这并不表明其余的 5 种值不存在。这 9 种值对于 VHDL 的行为仿真都有重要的意义。

2) 标准逻辑矢量(STD _ LOGIC _ VECTOR)数据类型

STD_LOGIC_VECTOR 类型定义如下：

```
TPYE STD_LOGIC_VECTOR IS ARRAY(NATURAL   RANGE<>)OF  STD_LOGIC:
```

显然，STD_LOGIC_VECTOR 是定义在 STD_LOGIC_1164 程序包中的标准一维数组，数组中的每一个元素的数据都是以上定义的标准逻辑位 STD_LOGIC。

STD_LOGIC_VECTOR 数据类型的数据对象赋值的原则是：同位宽、同数据类型的矢量间才能进行赋值。下例描述的是 CPU 中数据总线上位矢赋值的操作示意情况。注意例中信号数据类型定义和赋值操作中信号的数组位宽。

【例 5.2】

```
…
TPYE_DATE IS ARRAY(7 DOWNTO 0)OF STD_LOGIC:          --自定义数组类型
SIGNAL   DATABUS，MEMORY; T_DATA:                    --定义信号 DATABUS，MEMORY
CPU：PROCESS IS                                       --CPU 工作进程开始
   VAR1ABLE REG1: T_DATA                              --定义寄存器变量 REG1
   BEGIN
  …
     DATABUS<=REG1:                                   --向 8 位数据总线赋值
END   PROCESS   CPU                                   --CPU 工作进程结束
 MEM：PROCESS   IS                                    --RAM 工作进程开始
   BEGIN
   …
  DATABUS<=MEMORY:
END   PROCESS   MEM:
…
```

描述总线信号，使用 STD_LOGIC_VECTOR 是方便的，但需注意的是总线中的每一根信号都必须定义为同一种数据类型 STD_LOGIC。

3. 其他预定义标准数据类型

VHDL 综合工具配备的扩展程序包中，定义了一些有用的类型。如 Synopsys 公司在 IEEE 库中加入的程序包 STD_LOGIC_ARITH 中定义了的数据类型有：无符号型(UNSIGNED)、有符号型(SIGNED)、小整型(SMALL_INT)。

在程序包 STD_LOGIC_ARITH 中的类型定义如下：

```
TYPE   UNSIGNED   IS   ARRAY(NATURAL   RANGE <> )OF   STD__LOGIC;
TYPE   SIGNED   IS   ARRAY(NATURAL   RANGE<> = 0F   STD__LOGIC;
SUBTYPE   SMAIL_INT   IS   INTEGER   RANGE   0 TO 1;
```

如果将信号或变量定义为这几个数据类型，就可以使用本程序包中定义的运算符。在使用之前，请注意必须加入下面的语句：

```
LIBRARY IEEE;
USE IEEE.STD_LOGIC_ARITH.ALL
```

UNSIGNED 类型和 SIGNED 类型是用来设计可综合的数学运算程序的重要类型，UNSIGNED 用于无符号数的运算。在实际运用中，多数运算都需要用到它们。

在 IEEE 程序包中，UNMERIC_STD 和 NUMERIC_BIT 程序包中也定义了 UNSIGNED 型及 SIGNED 型。NUMERIC_STD 是针对于 STD_LOGIC 型定义的，而 NUMERIC_BIT 是针对于 BIT 型定义的。在程序包中还定义了相应的运算符重载函数。有些综合器没有附带 STD_LOGIC_ARITH 程序包，此时只能使用 NUMERIC_STD 和 NUMERIC_BIT 程序包。

在 STANDARD 程序包中没有定义 STD_LOGIC_VECTOR 的运算符，而整数类型一般只在仿真的时候用来描述算法或做数组下运算，因此USIGED和SIGNED的使用率是很高的。

1) *无符号数据类型*(UNSIGNED TYPE)

UNSIGNED 数据类型代表一个无符号的数值，在综合器中这个数值被解释为一个二进制数。这个二进制数最左位是其最高位。例如，十进制的 8 可以作如下表示：

```
UNSIGNED ("1000")
```

如果要定义一个变量或信号的数据类型为 UNSIGNED，则其位矢量长度越长，所能代表的数值就越大。不能用 UNSIGNED 定义负数。以下是两个无符号数据定义的示例：

```
VARIABLE  VAR: UNSIGNED(0 TO 10);
SIGNAL  SIG: UNSIGNED(5 TO 0);
```

其中，变量 VAR 有 11 位数值，最高位是 VAR(0)，而非 VAR(10)；信号 SIG 有 6 位数值，最高位是 SIG(5)。

2) *有符号数据类型*(SIGNED TYPE)

SIGNED 数据类型代表一个有符号的数值，综合器将其解释为补码，此数的最高位是符号位。例如：SIGNED ("0101")代表+5；SIGNED ("1101")代表 –5。

若将无符号数据类型示例中的 VAR 定义为 SIGNED 数据类型，则数值意义就不同了，如：

```
VARIABLE    VAR: SIGNED(0 TO 10);
```

其中，变量 VAR 有 11 位，最左位 VAR(0)是符号位。

4．用户自定义数据类型方式

VHDL 允许用户自定义新的数据类型。它们可以有多种，如枚举类型(ENUMERATION TYPE)、整数类型(INTEGER　TYPE)、数组类型(ARRAY　TYPE)、记录类型(RECORD TYPE)、时间类型(TIME　TYPE)、实数类型(REAL TYPE)等。用户自定义数据是用类型定义语句 TYPE 和子类型定义语句 SUBTYPE 实现的。以下将介绍这两种语句的使用方法。

1) *TYPE 语句用法*

TYPE 语句语法结构如下：

```
TYPE   数据类型名   IS   数据类型定义[ OF   基本数据类型  ];
```

其中，数据类型名由设计者自定；数据类型定义部分用来描述定义数据类型的表达方式和表达内容；关键词 OF 后的基本数据类型是指数据类型定义的元素的基本数据类型，一般都是取已有的预定义数据类型，如 BIT、STD_LOGIC 或 INTEGER 等。

以下列出了两种不同的定义方式：

```
TYPE   ST1   IS   ARRAY(0 TO 15)OF   STD_LOGIC;
TYPE   WEEK   IS(SUN, MON, WED, THU, FRI, SAT);
```

第一句定义的数据 ST1 是一个具有 16 个元素的数组型数据类型，数组中的每一个元素的数据类型都是 STD_LOGIC 型；第二句所定义的数据类型是由一组文字表示的，而其中的每一个文字都代表具体的数值，如可令 SUN ="1010"。

在 VHDL 中，任一数据对象(SIGNAL，VARIABLE，CONSTANT)都必须归属某一数据类型，只有同数据类型的数据对象才能进行相互作用。利用 TYPE 语句可以完成各种形式的自定义数据类型以供不同类型的数据对象间的相互作用和计算。

2) SUBTYPE *语句用法*

子类型 SUBTYPE 只是由 TYPE 所定义的原数据类型的一个子集，满足原始数据类型的所有约束条件。原数据类型称为基本数据类型。子类型 SUPTYPE 的语句格式如下：

```
SUBTYPE   子类型名 IS   基本数据   RANGE   约束范围:
```

子类型的定义只在基本数据类型上做一些约束，并没有定义新的数据类型。子类型定义中的基本数据类型必须在前面已通过 TYPE 定义的类型。如下例：

```
SUBTYPE   DIGITS   INTEGER   RANGE   0   TO   9;
```

此例中，INTEGER 是标准程序包中已定义过的数据类型，子类型 DIGITS 只是把 INTEGER 约束到只含 10 个值的数据类型。

由于子类型与其基本数据类型属同一数据类型，因此属于子类型的和属于基本数据类型的数据对象间的赋值和被赋值可以直接进行，不必进行数据类型的转换。

利用子类型定义数据对象，除了使程序提高可读性和易处理外，其实质性的好处在于有利于提高综合的优化效率。这是因为综合器可以根据子类型所设的约束范围，有效地推知参与综合寄存器最合适的数目。

5．枚举类型

VHDL 中的枚举数据类型是用文字符号来表示一组实际的二进制的类型(若直接用数值来定义，则必须使用单引号)。例如状态机的每一状态在实际电路虽是以一组触发器的当前二进制数位的组合来表示的，但设计者在状态机的设计中为了便于阅读、编辑和编译，往往将表示每一状态的二进制数组用文字符号来代表。

【例 5.3】

```
TYPE   M_STATE   IS(STATE1, STATE2, STATE3, STATE4, STATE5);
SIGNAL   CURRENT_STATE, NEXT_STATE: M_STATE;
```

在这里，信号 CURRENT_STATE 和 NEXT_STATE 的数据类型定义为 M_STATE。它们的取值范围是可枚举的，即从 STATE1～STATE5 共 5 种，而这些状态代表 5 组唯一的二进制数值。

在综合过程中，枚举类型文字元素的编码通常是自动的，编码顺序是默认的。一般将第一个枚举量(最左边的量)编码为 0，以后的依次加 1。综合器在编码过程中自动将第一枚举元素转变成位矢量，位矢的长度将取所需表达所有枚举元素的最小值。如例 5.3 中用于

表达 5 个状态的矢位长度应该为 3，编码默认值为如下方式：

STATE1 = '000'；STATE2 = '001'；STATE3 = '010'；STATE4 = '011'；STATE5='100';

于是它们的数值顺序便成为 STATE1＜STATE2＜STATE3＜STATE4＜STATE5。一般而言，编码方法因综合器的不同而不同。

为了某些特殊的需要，编码顺序也可以人为设置。

6. 整数类型和实数类型

整数和实数的数据类型在标准的程序包中已做定义。但在实际应用中，特别在综合中，由于这两种非枚举型的数据类型的取值定义范围太大，综合器无法进行综合。因此，定义为整数或实数的数据对象的具体的数据类型必须由用户根据实际的需要重新定义，并限定其取值范围，以便能为综合器所接受，从而提高芯片资源的利用率。

实际应用中，VHDL 仿真器通常将整数或实数类型作为有用符号数处理，VHDL 综合器对整数或实数的编码方法是：① 对用户已定义的数据和子类型中的负数，编码为二进制补码；② 对用户已定义的数据和子类型中的正数，编码为二进制原码。

编码的位数，即综合后信号线的数目只取决于用户定义的数值的最大值。在综合中，以浮点数表示的实数将首先转换成相应数值大小的整数。因此在使用整数时，VHDL 综合器要求使用数值限定关键词 RANGE，对整数的使用范围做明确的限制。

【例 5.4】

```
数据类型定义                                    综合结果
TYPE  N1  IS  RANGE  0 TO 100                  --7 位二进制原码
TYPE  N2  IS  RANGE  10 TO 100                 --7 位二进制原码
TYPE  N3  IS  RANGE  -100 TO 100               --8 位二进制补码
SUBTYPE  N4  IS  N3  RANGE  0 TO 6             --3 位二进制原码
```

7. 数组类型

数组类型属复合型类型，是将一组具有相同数据类型的元素集合在一起，作为一个数据对象来处理的类型。数组可以是一维数组(每个元素只有一个下标)或多维数组(每个元素有多个下标)。VHDL 仿真器支持多维数组，但综合器只支持一维数组。

数组的元素可以是任何一种数据类型。用以定义数组元素的下标范围子句决定了数组中元素的个数，以及元素的排序方向，即下标数是由高到低。如子句“0 TO 7”是由低到高排序的 8 个元素；“15 DOWNTO 0”是由高到低排序的 16 个元素。

VHDL 允许定义两种不同类型的数组，即限定性数组和非限定性数组。它们的区别是，限定性数组下标的取值范围在数组定义时就被确认了；而非限定性数组下标的取值范围需根据具体的数据对象再确定。

限定性数组定义的语句格式如下：

```
TYPE  数组名 IS  ARRAY(数组范围)OF 数据类型;
```

其中，数组名是新定义的限制性数组类型的名称，可以是任何标识符，其类型与数组元素相同；数组范围明确指出数组元素的定义数量和排序方式，以整数来表示其数组的下标；数据类型即指数组各元素的数据类型。

以下是限定性数组定义的示例。

【例 5.5】

```
TYPE   STB   IS   ARRAY(7 DOWNTO 0)OF   STD_LOGIC;
```

这个数组类型的名称是 STB。它是 8 个元素，下标排序是 7、6、5、4、3、2、1、0，各元素的排序是 STB(7)、STB(6)、…、STB(1)、STB(0)。

非限制性数组的定义语句格式如下：

```
TYPE  数组名  IS ARRAY(  数组下标名  RANCE<> ) OF  数据类型;
```

其中，数组名是定义的非限制性数组类型的取名；数组下标名是以整数类型设定的一个数组下标名称；符号“<>”是下标范围待定符号，用到该数组类型时，再填入具体的数值范围；数据类型是数组中每一元素的数据类型。

8．记录类型

由已定义的、数据类型不同的对象元素构成的数组称为记录类型的对象。定义记录类型的语句格式如下：

```
TYPE 记录类型名  IS RECORD
      元素名：元素数据类型;
      元素名：元素数据类型;
…
END     RECORD [记录类型名];
```

记录类型定义示例如下。

【例 5.6】

```
TYPE RECDATA IS RECORD              -- 将 RECDATA 定义为四元素记录类型
   ELEMENT1; TIME;                  -- 将元素 ELEMENT1 定义为时间类型
   ELEMENT2: TIME;                  -- 将元素 ELEMENT2 定义为时间类型
   ELEMENT3: STD_LOGIC;             -- 将元素 ELEMENT3 定义为标准位类型
END RECORD;
```

对于记录类型的数据对象赋值的方式，可以是整体赋值也可以是对其中的单个元素进行赋值。在使用整体赋值方式时，可以有位置关联方式或名字关联方式两种表达方式。如果使用位置关联，则默认为元素赋值的顺序与记录类型声明时的顺序相同。如果使用了 OTHERS 选项，则至少应有一个元素被赋值；如果有两个或更多的元素由 OTHERS 选项来赋值，则这些元素必须具有相同的类型。此外，如果有两个或两个以上的元素具有相同的元素、相同的子类型，就可以以记录类型的方式放在一起定义。

【例 5.7】利用记录类型定义的一个微处理器命令信息表。

```
TYPE    REGNAME (AX, BX, CX, DX);
TYPE    OPERATION    IS    RECORD
   OPSTR: STRING(ITO0);
   OPCODE: BIT_VECTOR(3 DOWNTO 0);
  OP1, OP2, RES: REGNAME;
END    RECORD OPERATION;
VARIABLE    INSTR1, INSTR2: OTERATION;
```

```
…
INSTR1:=("ADD AX, BX", "0001"， AX, BX， AX);
INSTR2:=("ADD    AX, BX", "0010",. OTHERS => BX);
VARIABLE    INSTR3：OPERATION;
…
INSTR3.MNEMONIC; = "MUL, AX, BX";
INSTR3.OP1: = AX;
```

此例中，定义的记录 OPERATION 共有五个元素，一个是加法指令码的字符串 OPSTR；另一个是 4 位操作码 OPCODE；其余三个是枚举型数据 OP1、OP2、RES(其中 OP1 和 OP2 是操作数，RES 是目标码)。例中定义的变量 INSTR1 的数据类型是记录型 OPERATION，它的第一个元素是加法指令字符串“ADD，AX　BX”；第二个元素是此指令的 4 位命令代码“0001”；第三、第四个元素为 AX 和 BX；AX 和 BX 相加后的结果送入第五个元素 AX，因此这里的 AX 是目标码。

语句“INSTR3, OPSTR: =“MUL　AX, BX”;”赋给 INSTR3 中的元素 OPSTR。一般地说，对于记取类型的数据对象进行单元素赋值时，就在记录类型对象名后加(“.”)，再加赋值元素的元素名。

记录类型中的每一个元素仅为标量型数据类型构成，称为线性记录类型；否则为非线性记录类型。线性记录类型的数据对象都是可综合的。

9. 数据类型转换

由于 VHDL 是一种强类型语言，这就意味着即使对于非常接近的数据类型的数据对象，在相互操作时，也需要进行数据类型转换。

1) *类型转换函数方式*

类型转换函数的作用就是将一种属于某种数据类型的数据对象转换成属于另一种数据类型的数据对象。

【例 5.8】

```
LIERARY    IEEE:
USE IEEE STD_LOGIC_1164, ALL;
ENTTTY CNT4 IS
  PORT(CLK:IN STD_LOGIC;
        P:INOUT STD_LOGIC_VECTOR(3 DOWNTO 0);
END ENTTTY CNT4;


LIBRAY DATAIO;
USE DATAIO.STD_LOGIC_OPS.ALL
ARCHITECTURE ART OF CNT4IS
  BEGIN
   PROCESS(CLK) IS
     BEGIN
```

```
        IF CLK="1" AND CLK'EVENT THEN
        P<=TO_VECTOR(2,TO_INTEGER(P)+1);
        END IF;
    END   PROCESS;
END ARCHITECTURE ART;
```

此例中利用了 DATAIO 库中的程序包 STD_LOGIC_OPS 中的两个数据类型转换函数 TO_VECTOR(将 INTEGER 转换成 STD_LOGIC_VECTOR)和 TO_INTEGER(将 STD_LOGIC_VECTOR 转换成 INTEGER)。通过这两个转换函数，就可以使用“+”运算符进行直接加 1 操作了，同时又能保证最后的加法结果是 STD_LOGIC_VECTORS 数据类型。

利用类型转换函数来进行类型的转换需定义一个函数，使其参数类型为被转换的类型，返回值为转换后的类型，这样就可以自由地进行类型转换。在实际运用中，类型转换函数是很常用的。VHDL 的标准程序包中提供了一些常用的转换函数。

2) *直接类型转换方式*

直接类型转换的一般语句格式是：

数据类型标识符(表达式)

一般情况下，直接类型转换仅限于非常关联(数据类型相互间的关联性非常大)的数据类型之间，且必须遵守以下规则：

(1) 所有的抽象数字类型是非常关联的类型(如整型、浮点型)，如果浮点数转换为整数，则转换结果是最近的一个整型数。

(2) 如果两个数组有相同的维数、两个数组的元素是同一类型，并且在各处的下标范围内索引是同一类型或非常接近的类型，那么这两个数组是非常关联类型。

(3) 枚举型不能被转换。

如果类型标识符所指的是非限定数组，则结果会将被转换的数组的下标范围去掉，即成为非限定数组。如果类型标识符所指的是限定性数组，则转换后的数组的下标范围与类型标识符所指的下标范围相同。转换结束后，数组中元素的值等价于原数组中的元素值。

【例 5.9】

```
VARIABLEDATAC<PARAMC;INTEGER;
…
DATAC:=INTEGER(75.94*REAL(PARAMC));
```

此类型与其子类型之间无需类型转换。即使两个数组的下标索引方向不同，这两个数组仍有可能是非常关联类型。

5.3.4 VHDL 操作符

VHDL 的各种表达式由操作符组成，其中操作数是各种运算的对象，而操作符则规定运算的方式。

1．操作符种类及对应的操作数类型

在 VHDL 中有三类操作符，即逻辑操作符(Logical Operator)、关系操作符(Relational Operator)和算术操作符(Arithmetic Operator)。它们是完成逻辑和算术运算的最基本的操作

符的单元。各种操作符所要求的操作数的类型详见表 5-2，操作符之间的优先级别见表 5-3。

表 5-2　VHDL 操作符列表

类型	操作符	功能	操作数数据类型
算术操作符	+	加	整数
	–	减	整数
	&	并置	一维数组
	*	乘	整数和实数(包括浮点数)
	/	除	整数和实数(包括浮点数)
	MOD	取模	整数
	REM	取余	整数
	SLL	逻辑左移	BIT 或布尔型一维数组
	SRL	逻辑右移	BIT 或布尔型一维数组
	SLA	算术左移	BIT 或布尔型一维数组
	SRA	算术右移	BIT 或布尔型一维数组
	ROL	逻辑循环左移	BIT 或布尔型一维数组
	ROR	逻辑循环右移	BIT 或布尔型一维数组
	**	乘方	整数
	ABS	取绝对值	整数
	+，–	正，负	整数
关系操作符	=	等于	任何数据类型
	/=	不等于	任何数据类型
	<	小于	枚举与整数类型，及对应的一维数组
	>	大于	枚举与整数类型，及对应的一维数组
	<=	小于等于	枚举与整数类型，及对应的一维数组
	>=	大于等于	枚举与整数类型，及对应的一维数组
逻辑操作符	AND	与	BIT，BOOLEAN，STD_LOGIC
	OR	或	BIT，BOOLEAN，STD_LOGIC
	NAND	与非	BIT，BOOLEAN，STD_LOGIC
	NOR	或非	BIT，BOOLEAN，STD_LOGIC
	XOR	异或	BIT，BOOLEAN，STD_LOGIC
	XNOR	异或非	BIT，BOOLEAN，STD_LOGIC
	NOT	非	BIT，BOOLEAN，STD_LOGIC

表 5-3　VHDL 操作符优先级

运　算　符	
NOT，ABS，**	最高优先级
*，/，MOD，REM	↑
+(正号)，–(负号)	
+，–，&	
SLL，SLA，SRL，SRA，ROL，ROR	
=，/=，<，<=，>，>=	
AND，OR，NAND，NOR，XOR，XNOR	最低优先级

为了方便各种不同数据类型间的运算，VHDL 还允许用户对原有的基本操作符重新定义，赋予新的含义和功能，从而建立一种新的操作符，即重载操作符(Overloading Operator)。定义这种重载操作符的函数称为重载函数。事实上，在程序包 STD_LOGIC_UNSIGNED 中已定义了多种可供不同数据类型间操作的算符重载函数。Synopsys 的程序包 STD_LOGIC_ARITH，STD_LOGIC_UNSIGNED 和 STD_LOGIC_SIGNED 中已经为许多类型的运算重载了算术运算符和关系运算符，因此只要引用这些程序包，SIGNED、UNSIGNED、STA_LOGIC 和 INTEGER 之间即可混合运算；INTEGER、STD_LOGIC 和 STD_LOGIC_VECTOR 之间也可以混合运算。

2．各种操作符的使用说明

(1) 严格遵循在基本操作符间操作数是同数据类型的规则；严格遵循操作数的数据类型必须与操作符所要求的数据类型完全一致的规则。

(2) 注意操作符之间的优先级别。当一个表达式中有两个以上的算术符时，可使用括号将这些运算分组。

(3) VHDL 共有 7 种基本逻辑操作符，对于数组型数据对象的相互作用是按位进行的。一般情况下，经综合器综合后，逻辑符将直接生成门电路。信号或变量在这些操作符的直接作用下，可构成组合电路。

(4) 关系操作符的作用将相同类型的数据对象进行数据比较(=，/=)或关系排序判断(<，<=，>，>=)，并将结果以布尔类型的数据表示出来。对于数组或记录类型的操作数，VHDL 编译器将逐位比较对应位置各位数值的大小，从而进行比较或关系排序。

就综合而言，简单的比较运算(=和/=)在实现硬件结构时，比排序操作符构成的电路芯片资源利用率要高。

(5) 在表 5-2 中所列的 17 种算术操作符可以分为求和操作符、求积操作符、符号操作符、混合操作符、移位操作符等五类操作符。

① 求和操作符包括加减操作符和并置操作符。加减操作符的运算规则与常规的加减法是一致的，VHDL 规定它们的操作数的数据类型是整数。对于位宽大于 4 的加法器和减法器，VHDL 综合器将调用库元件进行综合。

在综合后，由加减运算符(+，–)产生的组合逻辑门所耗费的硬件资源的规模都比较大。但加减运算符的其中一个操作数或两个操作数都为整型常数，则只需很少的电路资源。

并置运算符&的操作数的数据类型是一维数组，可以利用并置符将普通操作数或数组

组合起来形成新的数组。例如“VH” & “DL”的结果为“VHDL”；“0” & “1”的结果为“01”，连接操作常用于字符串，但在实际运算过程中，要注意并置操作前后的数组长度应一致。

② 求积操作符包括*(乘)、/(除)、MOD(取模)和 REM(取余)四种操作符。VHDL 规定，乘与除的数据类型是整数和实数(包括浮点数)。在一定条件下还可对物理类型的数据对象进行运算操作。

虽然在一定条件下，乘法和除法运算是可以综合的；但从优化综合，节省芯片资源的角度出发，最好不要轻易使用乘除操作符。对于乘除运算可以用其他变通的方法来实现。

操作符 MOD 和 REM 的本质与除法操作符是一样的，因此可综合的取模和取余的操作数必须是以 2 为底数的幂。MOD 和 REM 的操作数数据类型只能是整数，运算结果也是整数。

③ 符号操作符 + 和 – 的操作数只有一个，操作数的数据类型是整数。操作符“ + ”对操作数不做任何改变；操作符“ – ”作用于操作数的返回值是对原操作数取负。在实际使用中，取负操作数需加括号。如：Z=X*(–Y)。

④ 混合操作符包括乘方(**)操作符和取绝对值(ABS)操作符两种。VHDL 规定，它们的操作数数据类型一般为整数类型。乘方(**)运算的左边可以是整数或浮点数，但右边必须为整数，而且是在左边为浮点时，其右边才可以为负数。一般地，VHDL 综合器要求乘方操作符作用的操作数的底数必须是 2。

⑤ 六种移位操作符号 SLL，SRL，SLA，SRA，ROL 和 ROR 都是 VHDL'93 标准新增的运算符。VHDL'93 标准规定移位操作符作用的操作数的数据类型应是一组数组，并要求数组中的元素必须是 BIT 或 BOOLEAN 的数据类型，移位的位数则是整数。在 EDA 工具所附的程序包中重载了移位操作符以支持 STD_LOGIC_VECTOR 及 INTEGER 等类型。移位操作符左边可以是支持的类型，右边则必定是 INTEGER 型。如果操作符右边是 INTEGER 型常数，移位操作符实现起来比较节省硬件资源。

其中 SLL 是将矢向左移，右边跟进的位补零；SAL 的功能恰好与 SLL 相反；ROL 和 ROR 移位方式稍有不同，它们移出的位将依次填补移空的位，执行的是自循环式移位方式：SLA 和 SRA 是算术移位操作符，其移空位用最初的首位，即符号位来填补。

移位操作符的语句格式是：

```
标识符号　　移位操作符号　移位位数;
```

操作符可以用以产生电路。就提高综合效率而言，使用常量值或简单的一位数据类型能够生成较紧凑的电路，而表达式复杂的数据类型(如数组)将相应地生成更多的电路。如果组合表达式的一个操作数为常数，就能减少生成的电路。

5.4　VHDL 顺序语句

顺序语句(Sequential Statements)和并行语句(Concurrent Statements)是 VHDL 程序设计中的两大基本描述语句系列。在逻辑系统的设计中，这些语句从多侧面完整地描述数字系统的硬件结构和基本逻辑功能，包括通信的方式、信号的赋值、多层次的元件例化以及系统行为等。

顺序语句用以定义进程、过程和函数的行为。其特点是每一条顺序语句的执行(指仿真执行)顺序是与它们的书写顺序基本一致的，但相应的硬件逻辑工作方式未必如此，希望读者在理解过程中要注意区分 VHDL 语言的软件行为及描述综合后的硬件行为间的差异。

VHDL 有如下六类基本顺序语句：赋值语句；转向控制语句；等待语句；子程序调用语句；返回语句；空操作语句。

5.4.1　赋值语句

赋值语句的功能就是将一个值或一个表达式的运算结果传递给某一数据对象，如信号、变量，或由此组成的数组。VHDL 设计实体内的数据传递以及对端口界面外部数据的读写都必须通过赋值语句的运行来实现。

1. 信号和变量赋值

赋值语句有两种，即信号赋值语句和变量赋值语句。

变量赋值与信号赋值的区别在于，变量具有局部特征，它的有效性只局限于所定义的一个进程/子程序中，是一个局部的，暂时性数据对象(在某些情况下)。对于它的赋值是立即发生的(假设进程已启动)。信号则不同，信号具有全局性特征，它不但可以作为一个设计实体内部各单元之间数据传送的载体，而且可通过信号与其他的实体进行通信(端口本质上也是一种信号)。信号的赋值并不是立即发生的，它发生在一个进程结束时。赋值过程总是有某些延时的，它反映了硬件系统的重要特性，综合后可以找到与信号对应的硬件结构。

变量、信号赋值语句的语法格式如下：

```
变量赋值目标: =  赋值源;
信号赋值目标: <= 赋值源;
```

在信号赋值中，若在同一进程中，同一信号赋值目标有多个赋值源时，信号赋值目标获得的是最后一个赋值源的赋值，其前面相同的赋值目标不做任何变化。

读者可以从例 5.10 中看出信号与变量赋值的特点及它们的区别。当在同一赋值目标处于不同进程中时，其赋值结果就比较复杂了，这可以看成是多个信号驱动源连接在一起，可以发生线与、线或、三态等不同结果。

【例 5.10】

```
SIGNAL    SI,S2:STD_LOGIC;
SIGNAL    SVEC:   STD_LOGIC_VECTOR(0   TO   7);
```
```
PROCESS(S1, S2) IS
VARIABLE      V1,   V2: STD_LOGIC;
BEGIN
    V1<="1";            --立即将 V1 置位为 1
    V2<="1";            --立即将 V2 置位为 1
    S1<="1";            --S1 被赋值为 1
    S2<="1";            --因 S2 不是最后一个赋值语句，故不做任何赋值操作
    SVEC(0)<=V1;        --将 V1 在上面的赋值 1，赋给 SVEC(0)
```

```
        SVEC(1)<=V2;        - - 将 V2 在上面的赋值 1, 赋给 SVEC(1)
        SEVC(2)<=S1;        - - 将 S1 在上面的赋值 1, 赋给 SVEC(2)
        SVEC(3)<=S2;        - - 将最下面的赋与 S2 的值 0, 赋给 SVEC(2)
        V1:= "0";           --将 V1 置入新值 0
        V2:= "0";           -- 将 V2 置入新值 0
        S2<="0";            -- S2 最后一次将赋值的 0 将上面准备赋入的 1 覆盖掉
        SVEC(4)<=V1;        --将 V1 在上面的赋值 0, 赋给 SVEC(4)
        SVEC(5)<=V2;        --将 V2 在上面的赋值 0, 赋给 SVEC(5)
        SVEC(6)<=S1;        --将 S1 在上面的赋值 1, 赋给 SVEC(6)
        SVEC(7)<=S2;        --将 S2 在上面的赋值 0, 赋给 SVEC(7)
    END    PROCESS;
```

2．赋值目标

赋值语句中的赋值目标有四种类型。

1) 标识符赋值目标及数组单元素赋值目标

标识符赋值目标是以简单的标识符作为被赋值的信号或变量名的。

数组单元素赋值目标的表达形式为：数组类信号或变量名(下标名)。

下标名可以是一个具体的数字，也可以是一个文字表示的数字名，它的取值范围在该数组元素个数的范围内。下标名若是未明确表示取值的文字(不可计算值)，则在综合时，将耗用较多的硬件资源，且一般情况下不能被综合。

标识符赋值目标及数组单元素赋值目标的使用实例参见例 5.10。

2) 段下标元素赋值目标及集合块赋值目标

段下标元素赋值目标表示方式为：数组类信号或变量名(下标 1　TO/DOWNTO 下标 2)。

括号中的两个下标必须用具体的数值表示，并且其数值范围必须在所定义的数组下标范围内，两个下标的排序方向要符合方向关键词 TO 或 DOWNTO，具体用法如例 5.11 所示。

【例 5.11】

```
VARIABLE   A, B: STD_LOGIC_VECTOR(1 TO 4);
A(1 TO 2): = "10";              --等效于 A(1): = '1'，A(2): = '0'
A(4 DOWNTO 1): = "1011";
```

集合块赋值目标，是以一个集合的方式来赋值的。对目标中的每个元素进行赋值的方式有两种，即位置关联赋值方式和名字关联赋值方式。具体用法如例 5.12 所示。

【例 5.12】

```
SIGNAL A，B，C，D： STD_LOGIC；
SIGNAL S:   STD_LOGIC_VECTOR(1 TO 4)
...
VARIABLE E, F:STD_LOGIC；
VARIABLE G: STD_LOGIC_VECTOR(1 TO 2);
VARIABLE H: STD_LOGIC_VECTOR(1 TO 4);
```

```
S<=('0', '1', '0', '0');
(A, B, C, D)<=S;                              -- 位置关联方式赋值
        …                                     -- 其他语句
(3=>E, 4=>F, 2=>G(1), 1=>G(2):=H;             -- 名字关联方式赋值
```

示例中的信号赋值语句属位置关联赋值方式，其赋值结果等效于：

```
A<='0'; B<='1'; C<='0'; D<='0';
```

示例中的变量赋值语句属名字关联赋值方式，赋值结果等效于：

```
G(2): =H(1);   G(1): =H(2)l   E: =H(3);   F: =H(4);
```

5.4.2　转向控制语句

转向控制语句通过条件控制开关决定执行哪些语句。转向控制语句共有五种：IF 语句、CASE 语句、LOOP 语句、NEXT 语句和 EXIT 语句。

1. IF 语句

IF 语句是一种条件语句。它根据语句中所设置的一种或几种条件，有选择地执行指定的顺序语句。其语句结构如下：

```
IF  条件句  THEN
   顺序语句;
{ELSIF   条件句  THEN
   顺序语句;}
[ELSE
   顺序语句;]
END  IF;
```

IF 语句中至少应有一个条件句，条件句必须由布尔表达式构成。IF 语句根据条件句产生的判断结果 TRUE 或 FALSE，有条件地选择执行其后的顺序语句。

图 5-4 中由两个 2 选 1 多路选择器构成的电路，其逻辑描述如例 5-13 所示。其中 P1 和 P2 分别是两个多路选择器的通道选择开关，应当为高电平时下端的通道接通。

【例 5.13】

```
SIGNAL A, B, C, P1, P2, Z: BIT;
…
IF(P1='1')THEN
  Z<=A;                    --满足此语句的执行条件是(P1='1')
ELSIF(P2 = '0')THEN
  Z<=B;                    --满足此语句的执行条件是(P1='0')AND(P2='0')
ELSE
  Z<=C;                    --满足此语句的执行条件是(P1='0')AND(P2='1')
END IF;
```

从此例可以看出，IF-THEN-ELSIF 语句中顺序语句的执行条件具有向上相与的功能，而有的逻辑设计恰好需要这种功能。

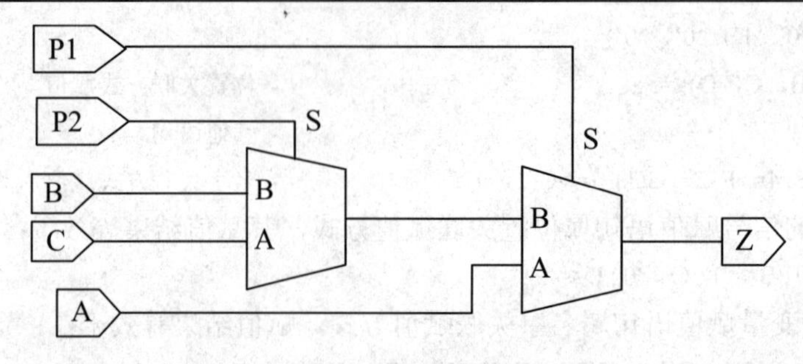

图 5-4　双 2 选 1 多路选择器电路

2. CASE 语句

CASE 语句根据满足的条件直接选择多项顺序语句中的一项执行。

CASE 语句的结构如下：

```
CASE   表达式   IS
WHEN     选择值   =>  顺序语句;
WHEN     选择值   =>  顺序语句;
[WHEN     OTHERS    =>  顺序语句;
 ...
END   CASE;
```

当执行到 CASE 语句时，首先计算表达式的值，然后根据条件句中与之相同的选择值，执行对应的顺序语句，最后结束 CASE 语句。表达式可以是一个整数类型或枚举类型的值，也可以是由这些数据类型的值构成的数组(请注意，条件句中的“=>”不是操作符，它只相当于“THEN”的作用)。

选择值可以有四种不同的表达方式：① 单个普通数值，如 4；② 数值选择范围，如(2 TO 4)，表示取值 2、3 或 4；③ 并列数值，如 3|5，表示取值为 3 或者 5；④ 混合方式，以上三种方式的混合。

使用 CASE 语句需注意以下几点：

(1) 条件句中的选择值必须在表达式的取值范围内。

(2) 除非所有条件句中的选择值能完整的覆盖 CASE 语句中表达式的取值，否则最末一个条件句中的选择必须用“OTHERS”表示。它代表已给的所有条件句中未能列出的其他可能的取值，这样可以避免综合器插入不必要的寄存器。这一点对于定义为 STD_LOGIC 和 STD_LOGIC_VECTOR 数据类型的值尤为重要，因为这些数据对象的取值除了 1 和 0 以外，还可能有其他的取值，如高阻态 Z、不定态 X 等。

(3) CASE 语句中每一条件句的选择只能出现一次，不能有相同选择值的条件句出现。

(4) CASE 语句执行中必须选中，且只能选中所列条件语句中的一条。这表明 CASE 语句中至少要包含一个条件语句。

【例 5.14】 3-8 译码器的行为描述。

```
LIBRARY   IEEE;
USE     IEEE.STD_LOGIC_1165.ALL;
ENTITY   DECODE_3TO8 IS
```

```
  PORT(A,B,C,G1,G2A,G2B: IN    STD_LOGIC;
        Y: OUT    STD_LOGIC_VECTOR(7 DOWNTO 0);
END    ENTITY    DECODE_3TO8;
ARCHITECTURE    ART    OF    DECODE_3TO8    IS
  SIGNAL    INDATA: STD_LOGIC_VECTOR(2    DOWNTO    0);
  BEGIN
  INDATA <= C & B & A;
  PROCESS(INDATA ,G1，G2A，G2B)
  BEGIN
    IF(G1='1' AND G2A='0'AND G2B='0') THEN
        CASE INDATA    IS
          WHEN    "000"=> Y<="11111110";
          WHEN    "001"=> Y<="11111101";
          WHEN    "010"=> Y<="11111011";
          WHEN    "011"=> Y<="11110111";
          WHEN    "100"=> Y<="11101111";
          WHEN    "101"=> Y<="11011111";
          WHEN    "110"=> Y<="10111111";
          WHEN    "111"=> Y<="01111111";
          WHEN      OTHERS => Y<="XXXXXXXX";
       END    CASE;
    ELSE
       Y<="11111111";
    END IF;
  END PROCESS
END ARCHITECTURE    ART;
```

与 IF 语句相比，CASE 语句组的程序可读性比较好，这是因为它把条件中所有可能出现的情况全部列出来了，可执行的条件一目了然。而且 CASE 语句的执行过程不像 IF 语句那样有一个逐项条件顺序比较的过程。CASE 语句中条件句的次序是不重要的，它的执行过程更接近于并行方式。一般地，综合后，对相同的逻辑功能，CASE 语句比 IF 语句的描述耗用更多的硬件资源，而且有的逻辑 CASE 语句无法描述，只能用 IF 语句来描述。这是因为 IF-THEN-ELSIF 语句具有条件相与的功能和自动将逻辑值“_”包括进去的功能(逻辑值“_”有利于逻辑化简)；而 CASE 语句只有条件相或的功能。

3．LOOP 语句

LOOP 语句就是循环语句。它可以使所包含的一组顺序语句被循环执行，其执行次数可由设定的循环参数决定，循环的方式由 NEXT 和 EXIT 语句来控制。其语句格式如下：

```
[LOOP    标号: ][重复模式]LOOP
顺序语句
```

```
END LOOP  [LOOP 标号];
```

重复模式有两种：WHILE 和 FOR，格式分别为：

```
[LOOP 标号：]FOR  循环变量  IN  循环次数范围  LOOP        --重复次数已知
[LOOP 标号：]WHILE  循环控制条件  LOOP                     --重复次数未知
```

【例 5.15】 WHILE-LOOP 语句的使用。

```
SHIFT1: PROCESS(INPUTX)
  VARIABLE N: POSITIVE:=1;
  BEGIN
  L1: WHILE N<=8 LOOP              --这里的“<=”是小于等于的意思
     OUTPUTX(N) <=INPUTX(N+8)
     N:=N+1;
  END LOOP L1;
END PROCESS SHIFT1;
```

在 WHILE-LOOP 语句的顺序语句中增加了一条循环次数的计算语句，用于循环语句的控制。在循环执行中，当 N 的值等于 9 时跳出循环。

VHDL 综合器支持 WHILE 语句的条件是：LOOP 的结束条件值必须是在综合时就可以决定。综合器不支持无法确定循环次数的 LOOP 语句。

4．NEXT 语句

NEXT 语句主要用在 LOOP 语句执行中有条件的或无条件的转向控制，跳出本次循环。它的语句格式如下：

```
NEXT  [LOOP  标号]  [WHEN  条件表达式];
```

当 LOOP 标号缺省时，则执行 NEXT 语句，即刻无条件终止当前的循环，跳回到本次循环 LOOP 语句的开始处，开始下一次循环；否则跳转到指定标号的 LOOP 语句开始处，重新开始执行循环操作。若 WHEN 子句出现并且条件表达式的值为 TRUE，则执行 NEXT 语句，进入跳转操作；否则继续向下执行。

在多重循环中，NEXT 语句必须如例 5.16 所示的那样，加上跳转标号。

【例 5.16】

```
  ...
L1: FOR  CNT_VALUE  IN  1 TO  8  LOOP
  S1: A(CNT_VALUE):='0';
  K:=0;
  L_Y: LOOP
    S2: B(K):= '0';
    NEXT  L_X  WHEN  (E>F):
    S3: B(K+8):= '0';
    K:=K+1;
  NEXT  LOOP  L_Y;
NEXT  LOOP  L_Y;
```

…

当 E>F 为 TRUE 时执行语句 NEXT　L_X 跳转到 L_X 使 CNT_VALUE 加 1，从 S1 处开始执行语句；若为 FALSE，则执行 S3 后面的语句使 K 加 1。

5．EXIT 语句

EXIT 语句也是 LOOP 语句的内部循环控制语句。其语句格式如下：

```
EXIT [LOOP 标号] [WHEN 条件表达式];
```

这里，每一种语句格式与前述的 NEXT 语句的格式和操作功能非常相似，唯一的区别是 NEXT 语句是跳向 LOOP 语句的起始点，而 EXIT 语句则是跳向 LOOP 语句的终点。

例 5.17 是一个两元素位矢量值的比较程序。在程序中，当发现比较值 A 和 B 不相同时，由 EXIT 语句跳出循环比较程序，并报告比较结果。

【例 5.17】

```
SIGNAL A, B: STD_LOGIC_VECTOR(1 DOWNTO 0);
SIGNAL A_LESS_THEN_B:BOOLEAN;
…
A_LESS_THEN_B<=FLASE;              - - 设初始值
FOR I IN 1 DOWNTO 0    LOOP
  IF(A(I) = '1' AND B(I) = '0')THEN
    A_LESS_THEN_B<=FLASE;
    EXIT;
  ELSIF(A(I)= '0' AND B(I)= '1')THEN
    A_LESS_THEN_B<=TRUE;          - - A<B
    EXIT;
  ELSE;
    NULL;
  END IF;
END LOOP;                        --当 I=1 时返回 LOOP 语句继续比较
```

NULL 为空操作语句，是为了满足 ELSE 的转换。此程序先比较 A 和 B 的高位，高位是 1 者为大，输出判断结果 TRUE 或 FALSE 后中断比较程序；当高位相等时，继续比较低位，这里假设 A 不等于 B。

5.4.3　WAIT 语句

在进程中(包括过程中)，当执行到 WAIT 等待语句时，运行程序将被挂起(Suspension)，直到满足此语句设置的结束挂起条件后，将重新开始执行进程或过程中的程序。但 VHDL 规定，已列出敏感量的进程中不能使用任何形式的 WAIT 语句。WAIT 语句的语句格式如下：

```
WAIT[ ON  信号表][ UNTIL 条件表达式][ FOR 时间表达式];
```

单独的 WAIT，未设置停止挂起条件的表达式，表示无限等待。

WAIT ON 信号表称为敏感信号等待语句，在信号表中列出的信号是等待语句的敏感信号。当处于等待状态时，敏感信号的任何变化(如从 0～1 或从 1～0 的变化)将结束挂起，

再次启动进程。

WAIT UNTIL 条件表达式称为条件等待语句。该语句将把进程挂起，直到条件表达式中所含的信号发生了改变，并且条件表达式为真时，进程才能脱离挂起状态，恢复执行 WAIT 语句之后的语句。

例 5.18 中的两种表达方式是等效的。

【例 5.18】

```
(a) WAIT_UNTIL   结构              (b) WAIT_ON  结构
    …                                  LOOP
    WAIT   UNTIL   ENABLE ='1';        WAIT   ON   ENABLE
    …                                  EXIT   WHEN   ENABLE ='1';
                                       END    LOOP;
```

由以上脱离挂起状态、重新启动进程的两个条件可知，例 5.18 结束挂起所需满足的条件，实际上是一个信号的上跳沿。因为当满足所有条件后 ENABLE 为 1，可推知 ENABLE 一定是由 0 变化来的。因此，此例中进程的启动条件是 ENABLE 出现一个上跳沿。

一般地，只有 WHIT_UNTIL 格式的等待语句可以被综合器接受(其余语句格式只能在 VHDL 仿真器中使用)。WAIT_UNTIL 语句有以下三种表达方式：

```
WAIT   UNTIL   信号=VALUE;                               --①
WAIT   UNTIL   信号'EVENT   AND   信号=VALUE;            --②
WAIT   UNTIL   NOT   信号'STABLE   AND   信号=VALUE      --③
```

如果设 CLOCK 为时钟信号输入端，以下四条 WAIT 语句所设的进程启动条件都是时钟上跳沿，所以它们对应的硬件结构是一样的。

```
WAIT   UNTIL   CLOCK='1';
WAIT   UNTIL   RISING_EDGE(CLOCK);
WAIT   UNTIL   NOT CLOCK'STABLE AND CLOCK='1';
WAIT   UNTIL   CLOCK='1' AND CLOCK'EVENT;
```

WAIT FOR 时间表达式为超时语句。在此语句中定义了一个时间段，从执行到当前 WAIT 语句开始，在此时间段内，进程处于挂起状态；当超过这一时间段后，进程自动恢复执行。由于此语句不可综合，在此不做讨论。

5.4.4　子程序调用语句

在进程中允许对子程序进行调用。子程序包括过程和函数，可以在 VHDL 的结构体或程序包中的任何位置对子程序进行调用。

从硬件角度讲，一个子程序的调用类似于一个元件模块的例化。也就是说，VHDL 综合器为子程序的每一次调用都生成一个电路逻辑块；所不同的是，元件的例化将产生一个新的设计层次，而子程序调用只对应于当前层次的一部分。

子程序的结构详见 5.6 节，它包括子程序首和子程序体。子程序分成子程序首和子程序体的好处是，在一个大系统的开发过程中，子程序的界面，即子程序首是在公共程序包中定义的。这样一来，一部分开发者可以开发子程序体，另一部分开发者可以使用对应的公共子程序，即可以对程序包中的子程序做修改，而不会影响对程序包说明部分的使用。

这是因为，对于子程序体的修改，并不会改变子程序首的界面参数和出入口方式的定义，从而对子程序体的改变不会改变调用子程序的源程序的结构。

1．过程调用

过程调用就是执行一个给定名字和参数的过程。调用过程的语句格式如下：

过程名[([形参名=>]实参表达式

{,[形参名=>] 实参表达式})];

其中，括号中的实参表达式称为实参。它可以是一个具体的数值，也可以是一个标识符，是当前调用程序中过程形参的接受体。在此调用格式中，形参名即为当前预调用的过程中已说明的参数名，即与实参表达式相联系的形参名。被调用中的形参名与调用语句中的实参表达式的对应关系有位置关联法和名字关联法两种，位置关联可以省去形参名。

一个过程的调用有三个步骤：首先将 IN 和 INOUT 模式的实参值赋给预调用的过程中与它们对应的形参；然后执行这个过程；最后将过程中 IN 和 INOUT 模式的形参值赋还给对应的实参。

实际上，一个过程对应的硬件结构中，其标识符形参的输入/输出是与其内部逻辑相连的。在例 5.19 中定义了一个名为 SWAP 的局部过程(没有放在程序包中的过程)，这个过程的功能是对一个数组中的两个元素进行比较，如果发现这两个元素的排列不符合要求，就进行交换，使得左边的元素值总是大于右边的元素值。连续调用三次 SWAP 后，就能将一个元素的数组元素从左至右按序排列好，最大值排在左边。

【例 5.19】

```
PACKAGE   DATA_TYPES   IS          --定义程序包
  TYPE   DATA_ELEMENT   IS   INTEGER   RANGE   0   TO   3;      --定义数据类型
  TYPE   DATA_ARRAY   IS   ARRAY(1   TO   3)OF   DATA_ELEMENT;
END   PACKAGE DATA_TYPES;
USE   WORK.DATA_TYPES.ALL;      --打开以上建立在当前工作库的程序包 DATA_TYPES
ENTITY   SORT   IS
  PORT(IN_ARRAY: IN   DATA_ARRAY;
        OUT_ARRAY: OUT   DATA_ARRAY);
END   ENTITY SORT
ARCHITECTURE   ART   OF   SORT IS
  BEGIN
  PROCESS(IN_ARRAY)          --进程开始，设 DATA_TYPES 为敏感信号
    PROCEDURE   SWAP(DATA: INOUT   DATA_ARRAY;
                          LOW, HIGH: IN INTEGER)IS   --SWAP 的形参名为 DATA、LOW、HIGH
    VARIABLE   TEMP:   DATA_ELEMENT;
    BEGIN                            --开始描述本过程的逻辑功能
      IF(DATA(LOW)>DATA(HIGH))THEN              --检测数据
        TEMP: =DATA(LOW);
```

```
            DATA(LOW)L: =DATA(HIGH);
            DATA(HIGH): =TEMP;
          END  IF;
    END  PROCEDURE SWAP;l                        --过程 SWAP 定义结束
    VARIABLE  MY_ARRAY: DATA_ARRAY;               --在本进程中定义变量 MY_ARRAY
    BEGIN                                         --进程开始
       MY_ARRAY:=IN_ARRAY;                        --将输入值读入变量
       SWAP(MY_ARRAY,1,2);               --MY_ARRAY、1、2 是对应于 DATA、HIGH 的实参
       SWAP(MY_ARRAY,2,3);               --位置关联法调用，第 2、第 3 元素交换
       SWAP(MY_ARRAY,1,2);               --位置关联法调用，第 1、第 2 元素再次交换
       OUT_ARRAY<=MY_ARRAY;
       END  PROCESS;
    END ARCHITECTURE ART;
```

2. 函数调用

函数调用与过程调用是十分相似的。不同之处是，调用函数将返还一个指定数据类型的值，函数的参量只能是输入值。

5.4.5 返回语句(RETURN)

返回语句只能用于子程序体中，用来结束当前子程序体的执行。其语句格式如下：

```
    RETURN    [表达式];
```

当表达式缺省时，只能用于过程，其只是结束过程，并不返回任何值；当有表达式时，只能用于函数，并且必须返回一个值。用于函数的语句中的表达式提供函数返回值。每一函数必须至少包含一个返回语句，并可以拥有多个返回语句，但是在函数调用时，只有其中一个返回语句可以将值带出。

例 5.20 是一个过程定义程序，将完成一个 RS 触发器的功能。注意其中的时间延迟语句和 REPORT 语句是不可综合的。

【例 5.20】

```
    PROCEDURE  RS(SIGNAL  S, R: IN STD_LOGIC; SIGNAL Q, NQ: INOUT STD_LOGIC)IS
    BEGIN
       IF(S ='1'AND R='1')THEN
         REPORT "FORBIDDEN STATE：S AND R ARE EQUAL TO '1' ";
         RETURN
       ELSE
         Q<=S  AND  NQ  AFTER  5 ns;
         NQ<=S  AND  Q  AFTER  5 ns;
       END  IF;
    END  PROCEDURE  RS;
```

当信号 S 和 R 同时为 1 时，在 IF 语句中，RETURN 语句将中断过程。

5.4.6 空操作语句(NULL)

空操作语句的语句格式如下：

```
NULL;
```

空操作语句不完成任何操作，它唯一的功能就是使逻辑运行流程跨入下一步语句的执行。NULL 常用于 CASE 语句中，为满足多种有可能的条件，利用 NULL 来表示所有的不用条件下的操作行为。

在例 5.21 的 CASE 语句中，NULL 用于排除一些不用的条件。

【例 5.21】

```
CASE   OPCODE   IS
  WHEN   "001" => TMP:= REGA AND REGB;
  WHEN   "101" => TMP:= REGA OR REGB;
  WHEN   "110" => TMP:= NOT   REGA;
  WHEN    OTHERS => NULL;
END CASE;
```

此例类似于一个 CPU 内部的指令译码器功能。“001”、“101”和“110”分别代表指令操作码，对于它们所对应在寄存器中的操作数的操作算法，CPU 只能对这三种指令码做反应；当出现其他码时，不做任何操作。

需要指出的是，与其他的 EDA 工具不同，MAX+Plus Ⅱ对 NULL 语句的执行会出现擅自加入锁存器的情况。因此，应避免使用 NULL 语句，而改用确定操作。如可改为：

```
WHEN   OTHERS   =>   TMP: =REGA;
```

5.4.7 其他语句和说明

1. 属性(ATTRIBUTE)描述与定义语句

VHDL 中预定义属性描述语句有许多实际的应用，可用于对信号或其他项目的多种属性检测或统计。VHDL 中可以具有属性的项目有：类型、子类型；过程、函数；信号、变量、常量；实体、结构体、配置、程序包；元件；语句标号。

属性是以上各类项目的特性，某一项目的特定属性或特征通常可以用一个值或一个表达式来表示，通过 VHDL 的预定义属性描述语句就可以加以访问。

属性的值与对象(信号、变量和常量)的值完全不同，在任一给定的时刻，一个对象只能具有一个值，但却可以具有多个属性。VHDL 还允许设计者自己定义属性(即用户定义的属性)。

表 5-4 是常用的预定义属性。其中综合器支持的属性有：LEFT、RIGHT、HIGH、LOW、RANGE、RVERS_RANGE、LENGTH、EVENT 和 STABLE 等。

预定义属性描述语句实际上是一个内部预定义函数，其语句格式是：

属性测试项目名'属性标识符

属性测试项目即属性对象，可由响应的标识符表示，属性标识符就是列于表 5-4 中的有关属性名。以下仅就可综合的属性项目使用方法做说明。

表 5-4　预定义的属性函数功能表

属性名	功能与含义	适用范围
LEFT[(N)]	返回类型或者子类型的左边界，用于数组时，N 表示二维数组行序号	类型、子类型
RIGHT[(N)]	返回类型或者子类型的右边界，用于数组时，N 表示二维数组行序号	类型、子类型
HIGH[(N)]	返回类型或者子类型的上限值，用于数组时，N 表示二维数组行序号	类型、子类型
LOW[(N)]	返回类型或者子类型的下限值，用于数组时，N 表示二维数组行序号	类型、子类型
LENGTH[(N)]	返回数组范围的总长度(范围个数)，用于数组时，N 表示二维数组行序号	数组
STRUCTURE[(N)]	如果块或结构体只含有元件具体装配语句或被动进程时，属性'STURCTURE 返回 TRUE	块、构造
BEHAVIOR	如果由块标志指定块或者由构造名指定结构体，又不含有元件具体装配语句，则'BEHAVIOR 返回 TRUE	块、构造
POS(VALUE)	参数 VALUE 的位置序号	枚举类型
VAL(VALUE)	参数 VALUE 的位置值	枚举类型
SUCC(VALUE)	比 VALUE 的位置序号大的一个相邻位置值	枚举类型
PRED(VALUE)	比 VALUE 的位置序号小的一个相邻位置值	枚举类型
LEFTOF(VALUE)	在 VALUE 左边位置的相邻值	枚举类型
RIGHTOF(VALUE)	在 VALUE 右边位置的相邻值	枚举类型
EVENT	如果当前的△期间内发生了事件，则返回 TURE，否则返回 FALSE	信号
ACTIVE	如果当前的△期间内信号有效，则返回 TURE，否则返回 FALSE	信号
LAST_EVENT	从信号最近一次的发生事件至今所经历的时间	信号
LAST_VALUE	最近一次事件发生之前信号的值	信号
LAST_ACTIVE	返回自信号前面一次事件处理至今所经历时间	信号
DELAYED[(TIME]	建立和参考信号同类型的信号，该信号紧跟着参考信号之后，并有一个可选的时间表达式指定延迟时间	信号
STABLE[(TIME)]	每当在可选的时间表达式指定的时间内信号无事件时，该属性建立一个值为 TRUE 的布尔型信号	信号
QUIET[(TIME)]	每当参考信号在可选的时间内无事项处理时，该属性建立一个值为 TRUE 的布尔型信号	信号
TRANSACTION	在此信号上有事件发生，或每个事项处理中它的值翻转时，该属性建立一个 BIT 型的信号(每次信号有效时，重复返回 0 和 1 的值)	信号
RANGE[(N)]	返回按指定排序范围，参数 N 指定二维数组的第 N 行	数组
REVERSE_RANGE[(N)]	返回按指定逆序范围，参数 N 指定二维数组的第 N 行	数组

说明：① 'LEFT、'RIGHT、'LENGTH 和'LOW 用来得到类型或者数组的边界。② 'POS、'VAL、'SUCC、'LEFTOF 和'RIGHTOF 用来管理枚举类型。③ 当 'ACTIVE、'EVENT、'LAST_ACTIVE、'LAST_EVENT 和'LAST_VALUE 事件发生时，用来返回有关信息。④ 'DELAYED、'STABLE、'QUIET 和'TRANSACTION 建立一个新信号，该新信号为有关的另一个信号返回信号。⑤ RANGE 和'REVERSE_RANGE 在该类型恰当的范围内用来控制语句。

1) 信号类属性

信号类属性中，最常用的当属 EVENT。例如，语句“CLOCK'EVENT”就是对以 CLOCK 为标识符信号，在当前的一个极小的时间段内发生事件的情况进行检测。所谓发生事件，就是电平发生变化，从一种电平方式转变到另一种电平方式。如果在此时间段内，CLOCK 由 0 变成 1 或由 1 变成 0 都认为发生了事件，于是这句测试事件发生与否的表达式将向测试语句，如 IF 语句，返回一个布尔值 TRUE，否则为 FALSE。

【例 5.22】

```
PROCESS(CLOCK)IS
        IF(CLOCK'EVENT   AND   CLOCK='1')THEN
           Q<=DATA;
        END   IF;
END   PROCESS;
```

属性 STABLE 的测试功能恰与 EVENT 相反，它是信号在△时间段内无事件发生，则返还 TRUE 值。以下两个语句的功能是一样的。

【例 5.23】

```
NOT(CLOCK'STABLE   AND   CLOCK='1')
(CLOCK'EVENT   AND   CLOCK='1')
```

请注意，语句“NOT(CLOCK'STABLE　AND　CLOCK='1')”表达方式是不可综合的。因为，对于 VHDL 综合器来说，括号中的语句已等效于一条时钟信号边沿测试专用语句，它已不是操作数，所以不能用操作数的方式来对待。

另外还应注意，对于普通 BIT 数据类型的 CLOCK，它只是有 1 和 0 两种取值，因而例 5.23 的表述作为对信号上升沿到来与否的测试是正确的。但如果 CLOCK 的数据类型已定义为 STD_LOGIC，则其可能的值有 9 种。这样一来，就不能从例 5.23 中的“(CLOCK='1')=TURE”来判断△时刻前 CLOCCK 一定是 0。因此，对于这种数据类型的时钟信号边沿检测，可用以下表达式来完成：

```
RISING_EDGE(CLOCK)
```

这条语句只能用于标准位数据类型的信号，其用法如下：

```
IF   RISING_EDGE(CLOCK) THEN 或   WAIT   UNTIL   RISING_EDGE(CLOCK)
```

在实际使用中，'EVENT 比'STABLE 更常用。对于目前常用的 VHDL 综合器来说，EVENT 只能用于 IF 和 WAIT 语句中。

2) 数据区间类属性

数据区间类属性有'RANGE[(N)]和'REVERSR_RANGE[(N)]。这类属性函数主要是对属性项目取值区间进行测试，返还的内容不是一个具体值，而是一个区间。它们的含义如表 5-4 所示。对于同一属性项目，'RANGE 和'REVERSR_RANGE 返回的区间次序相反，前者与原项目次序相同，后者相反，见例 5-24。

【例 5.24】

```
…
SIGNAL RANGE1: IN   STD_LOGIC_VECTOR(0 TO   7);
```

```
    …
    FOR  I  IN  RANGE1'RANGE  LOOP
    …
```

本例中的 FOR-LOOP 语句与语句“FOR I IN 0 TO 7 LOOP”的功能是一样的，这说明 RANGE1'RANGE 返回的区间即为位矢 RANGE1 定义的元素范围。如果用'REVERSERANGE，则返回的区间正好相反，是(7 DOWNTO 0)。

3) 数值类属性

在 VHDL 中的数值类属性测试函数主要有'LEFT、'RIGHT、'HIGH、'LOW，它们的功能如表 5-4 所示。这些属性函数主要用于对属性目标的一些数值的特性进行测试。例如：

【例 5.25】

```
...
PROCESS(CLOCK, A, B);
TYPE  OBJ  IS  ARRAY(0  TO  15)OF BIT;
SIGNAL  S1, S2, S3, S4: INTEGER;
BEGIN
  S1<=OBJ'RIGHT;
  S2<=OBJ'LEFT;
  S3<=OBJ'HIGH;
  S4<=OBJ'LOW;
...
```

信号 S1、S2、S3 和 S4 获得的赋值分别为 15、0、0 和 15。

4) 数组属性'LENGTH

'LENGTH 的用法同前，只是对数组的宽度或元素的个数进行测定的。例如：

【例 5.26】

```
...
TYPE  ARRAY1  ARRAY(0  TO  7) OF  BIT;
VARIABLE  WTH1: INTGER;
...
WTH1: =ARRAY1'LENGTH;          --WTH1=8
...
```

5) 用户定义属性

属性与属性值的定义格式如下：

```
ATTRIBUTE  属性名: 数据类型;
ATTRIBUTE  属性名  OF  对象名: 对象类型 IS 值;
```

VHDL 综合器和仿真器通常使用自定义的属性实现一些特殊的功能。综合器和仿真器的一些特殊的属性一般都包括在 EDA 工具厂商的程序包里。例如 Synplify 综合器支持的特殊属性都在 SYNPLIFY.ATTRIBUTES 程序包中，使用之前加入以下语句即可：

```
LIBRARY  SYNPLIFY;
```

```
USE    SYNPLICITY.ATTRIBUTES.ALL;
```

又如在 DATAIO 公司的 VHDL 综合器中，可以使用属性 PINNUM 为端口锁定芯片引脚。例如：

【例 5.27】

```
LIBRARY   IEEE;
USE   IEEE.STD_LOGIC_1165.ALL;
ENTITY   CNTBUF   IS
  PORT(DIR: IN STD_LOGIC;
        CLK, CLR, OE: IN STD_LOGIC;
        B: INOUT    STD_LOGIC_VECTOR(0    TO    1);
        Q: INOUT    STD_LOGIC_VECTOR(3    DOWNTO 0));
   ATTRIBUTE    PINNUM: STRING;
   ATTRIBUTE    PINNUM    OF    CLK: SIGNAL    IS "1";
   ATTRIBUTE    PINNUM    OF    CLR: SIGNAL    IS "2";
   ATTRIBUTE    PINNUM    OF    DIR: SIGNAL    IS "3";
   ATTRIBUTE    PINNUM    OF    OE: SIGNAL    IS "11";
   ATTRIBUTE    PINNUM    OF    A: SIGNAL    IS "13, 12";
   ATTRIBUTE    PINNUM    OF    B: SIGNAL    IS "19, 18";
   ATTRIBUTE    PINNUM    OF    Q: SIGNAL    IS "17, 16, 15, 14";
   END   CNTBUF;
```

Synplify FPGA Express 也在 SYNOPSYS.ATTRIBUTES 程序包中定义了一些属性，用以辅助综合器完成一些特殊功能。

定义一些 VHDL 综合器和仿真器所不支持的属性通常是没有意义的。

2．文本文件操作(TEXTIO)

文件操作只能用于 VHDL 仿真器中，因为在 IC 中并不存在磁盘和文件，所以 VHDL 综合器忽略程序中所有与文件操作有关的部分。

在完成较大的 VHDL 程序的仿真时，由于输入信号很多、输入数据复杂，这时可以采用文件操作的方式设置输入信号。将仿真时的输入信号所需要的数据用文本编辑器写到一个磁盘文件中，然后在 VHDL 程序的仿真驱动信号生成模块中调用 STD.TEXTIO 程序包中的子程序，读取文件中的数据，经过处理后或直接驱动输入信号端。

仿真的结果或中间数据也可以用 STD.TEXTIO 程序包中提供的子程序保存在文本文件中，这对复杂的 VHDL 设计的仿真尤为重要。

VHDL 仿真器 ModelSim 支持许多操作子程序，附带的 STD.TEXTIO 程序包源程序是很好的参考文件。

文本文件操作用到的一些预定义的数据类型及常量定义如下：

```
TYPE   LINE   IS   ACCESS   STRING;
TYPE   TEXT    IS   FILE   OF   STRING;
TYPE   SIDE   IS   (RIGHT，LEFT);
```

```
SUBTYPE  WIDTH  IS  NATURAL;
FILE  INPUT:  TEXT  OPEN  READ_MODE  IS  "STD_INPUT";
FILE  OUTPUT:  TEXT  OPEN  WRITE_MODE  IS  "STD_OUTPUT";
```

STD.TEXTIO 程序包中主要有四个过程用于文件操作，即 READ、READLINE、WRITE 和 WRITELINE。因为这些子程序都被多次重载以适应各种情况，故实用中请参考 VHDL 仿真器给出的 STD.TEXTIO 源程序获取详细的信息。

3．ASSERT 语句

ASSERT(断言)语句只能在 VHDL 仿真器中使用，综合器通常忽略此语句。ASSERT 语句判断指定的条件是否为 TRUE，如果为 FALSE 则报告错误。其语句格式是：

```
ASSERT  条件表达式
REPORT  字符串
SEVERITY  错误等级[SEVERITY_LEVEL];
```

【例 5.28】

```
ASSERT  NOT(S='1'  AND  R='1')
REPORT "BOTH VALUES OF DIGNALS S AND R ARE EQUAL TO '1'"
SEVERITY ERROR;
```

如果出现 SEVERITY 子句，则该子句一定要指定一个类型为 SEVERITY_LEVEL 的值。SEVERITY_LEVEL 共有如下四种可能的值：① NOTE：可以用在仿真时传递信息。② WARNING：用在非平常的情形，此时仿真过程仍可继续，但结果可能是不可预知的。③ ERROR：用在仿真过程已经不可能继续执行下去的情况。④ FAILURE：用在发生了致命错误，仿真过程必须立即停止的情况。

ASSERT 语句可以作为顺序语句使用，也可以作为并行语句使用。作为并行语句时，ASSERT 语句可看成为一个被动进程。

4．REPORT 语句

REPORT 语句类似于 ASSERT 语句，区别是它没有条件。其语句格式如下：

```
REPORT  字符串;
REPORT  字符串  SEVERITY  SEVERITY_LEVEL;
```

【例 5.29】

```
WHILE  COUNTER<=100  LOOP
IF COUNTER>50
THEN  REPORT "THE  COUNTER  IS  OVER  50";
END  IF;
...
END LOOP;
```

在 VHDL'93 标准中，REPORT 语句相当于前面省略了 ASSERT FALSE 的 ASSERT 语句，而在 1987 标准中不能单独使用 REPORT 语句。

5．决断函数

决断(Resolution)函数定义了当一个信号有多个驱动源时，以什么样的方式将这些驱动源的值决断为一个单一的值。决断函数用于声明一个决断信号。

【例 5.30】

```
PACKAGE   RES_PACK IS
  FUNCTION   RES_FUNC(DATA: IN BIT_VECTOR)RETURN BIT:
     SUBTYPE RESOLVED_BIT IS RES_FUNC BIT;
END PACKAGE   RES_PACK;
PACKAGE   BODY RES_PACK IS
  FUNCTION   RES_FUNC(DATA:IN   BIT_VECTOR)RETURN   BIT   IS
  BEGIN
   FOR   I   IN   DATA'RANGE   LOOP
     IF   DATA(I)='0'THEN
       RETURN   '0';
     END   IF;
   END   LOOP;
   RETURN   '1';
   END;
END PACKAGE   BODY RES_PACK;

USE   WORK.RES_PACK.ALL;
ENTITY   WAND_VHDL   IS
  PORT(X, Y: IN   BIT:   Z: OUT   RESOLVED_BIT);
END   ENTITY WAND_VHDL;
ARCHITECTURE   WAND_VHDL   OF   WAND_VHDL   IS
BEGIN
  Z<=X;
Z<=Y;
END   ARCHITECTURE WAND_VHDL;
```

通常决断函数只在 VHDL 仿真时使用，但许多综合器支持预定义的几种决断信号。

5.5　VHDL 并行语句

并行语句结构相对于传统的软件描述语言是最具有 VHDL 特色的。在 VHDL 中，并行语句有多种语句格式，各种并行语句在结构体中的执行是同步进行的，或者说是并行运行的，其执行方式与书写的顺序无关。在执行中，并行语句之间可以有信息往来，也可以是互为独立、互不相关、异步运行的(如多时钟情况)。每一行语句内部的语句运行方式可以有两种不同的运行方式，即并行执行方式(如块语句)和顺序执行方式(如进程语句)。

请注意，VHDL 中的并行方式有多层含义，即模块间的运行方式可以有同时运行、异步运行、非同步运行方式；电路的工作方式可以包括组合逻辑运行方式、同步逻辑运行方

式和异步逻辑运行方式等。

结构体中的并行语句主要有七种：并行信号赋值语句(CONCURRENT SIGNAL ASSIGNMENTS)；进程语句(PROCESS STATEMENTS)；块语句(BLOCK STATEMENTS)；条件信号赋值语句(SELECTED SIGNAL ASSIGNMENTS)；元件例化语句(COMPONENT INSTANTIATIONS)；生成语句(GENERATE STATEMENTS)；并行过程调用语句(CONCURRENT PROCEDURE CALLS)。

并行语句在结构体中的使用格式如下：

```
ARCHITECTURE 结构体名 OF 实体名 IS
说明语句;
BEGIN
   并行语句;
  END ARCHITECURE  结构体名;
```

并行语句并不是相互独立的语句，它们往往互相包含、互为依存，是一个矛盾的统一体。

5.5.1 进程语句

进程(PROCESS)语句是最具 VHDL 语言特色的语句。因为它提供了一种用算法(顺序语句)描述硬件行为的方法。进程用于描述顺序事件。PROCESS 语句结构包含了一个代表着设计实体中部分逻辑行为的、独立的顺序语句描述的进程。一个结构体中可以有多个并行运行的进程结构，而每一个进程的内部结构却是由一系列的顺序语句构成的。

需注意的是，PROCESS 结构中的顺序语句及其所谓的顺序执行过程，只是相对于计算机中的软件行为仿真的模拟过程而言的，这个过程与硬件结构中实现的对应的逻辑行为是不相同的。PROCESS 结构中既可以有时序逻辑的描述，也可以有组合逻辑的描述，它们都可以用顺序语句来表达。

1. PROCESS 语句格式

PROCESS 语句的表达格式如下：

```
[进程标号: ] PROCESS[(敏感信号参数表)][ IS ]
    [进程说明部分;]
    BEGIN
    顺序描述语句;
    END PROCESS [ 进程标号 ];
```

进程说明部分用于定义该进程所需的局部数据环境。

顺序描述语句部分是一段顺序执行的语句，描述该进程的行为。PROCESS 中规定了每个进程语句在它的某个敏感信号(由敏感信号参量表列出)的值改变时都必须立即完成某一功能行为。这个行为由进程顺序语句定义，行为的结果可以赋给信号，并通过信号被其他的 PROCESS 或 BLOCK 读取或赋值。当进程中定义的任一敏感信号发生更新时，由顺序语句定义的行为就要重复执行一次，当进程中最后一个语句执行完成后，执行过程将返回到第一个语句，以等待下一次敏感信号变化。

一个结构体中可含有多个 PROCESS 结构，每一个 PROCESS 进程由其敏感信号参数表中定义的任一敏感参量的变化而激活，每个 PROCESS 进程可以在任何时刻被激活或者称为启动；而所有被激活的 PROCESS 进程都是并行运行的。

2. PROCESS 组成

PROCESS 语句结构是由三个部分组成的，即进程说明部分、顺序描述语句部分和敏感信号参数表。

(1) 进程说明部分主要定义一些局部量，可包括数据类型、常数、属性、子程序等。但需注意，在进程说明部分中不允许定义信号和共享变量。

(2) 顺序描述语句部分可分为赋值语句、进程启动语句、子程序调用语句、顺序描述语句和进程跳出语句等。

① 信号赋值语句：即在进程中将计算或处理的结果向信号(SIGNAL)赋值。

② 变量赋值语句：即在进程中以变量(VARIABLE)的形式存储计算的中间值。

③ 进程启动语句：当 PROCESS 的敏感信号参数表中没有列出任何敏感量时，进程的启动只能通过进程启动语句 WAIT 语句。这时可以利用 WAIT 语句监视信号的变化情况，决定是否启动进程。WAIT 语句可以看成是一种隐式的敏感信号表。

④ 子程序调用语句：对已定义的过程和函数进行调用，并参与计算。

⑤ 顺序描述语句：包括 IF 语句、CASE 语句、LOOP 语句和 NULL 语句等。

⑥ 进程跳出语句：包括 NEXT 语句和 EXIT 语句。

(3) 敏感信号参数表需列出用于启动本进程可读入的信号名(当有 WAIT 语句时例外)。

【例 5.31】

```
ARCHITECTURE   ART   OF   STAT   IS
  BEGIN
  P1: PROCESS                    --该进程未列出敏感信号，进程需靠 WAIT 语句来启动
  BEGIN
  WAIT UNTIL CLOCK;              --等待 CLOCK 激活进程
  IF(DRIVER='1')THEN             --当 DRIVER 为高电平时进入 CASE 语句
  CASE   OUTPUT   IS
     WHEN   S1=> OUTPUT<=S2;
     WHEN   S2=> OUTPUT<=S3;
     WHEN   S3=> OUTPUT<=S4;
     WHEN   S4=> OUTPUT<=S1;
  END CASE;
 END PROCESS P1;
END ARCHITECTURE   ART;
```

3. 进程设计要点

进程的设计需要注意以下几方面的问题：

(1) 在进程中只能设置顺序语句，虽然同一结构体中的进程之间是并行运行的，但同一进程中的逻辑描述语句则是顺序运行的。因而，进程的顺序语句具有明显的顺序/并行运行双重性。

(2) 进程的激活必须由敏感信号表中定义的任一敏感信号的变化来启动，否则必须有

一个显式的 WAIT 语句来激活。这就是说，进程既可以由敏感信号的变化来启动，也可以由满足条件的 WAIT 语句来激活；反之，在遇到不满足条件的 WAIT 语句后，进程将被挂起。因此，进程中必须定义显式或隐式的敏感信号。如果一个进程对一个信号集合总是敏感的，那么，我们可以使用敏感表来指定进程的敏感信号。但是，在一个使用了敏感表的进程(或者由该进程所调用的子程序)中不能含有任何等待语句。

(3) 信号是多个进程间的通信线。结构体中多个进程之所以能并行同步运行，一个很重要的原因是进程之间的通信是通过传递信号和共享变量值来实现的。所以相对于结构体来说，信号具有全局特性，是进程间进行并行联系的重要途径。因此，在任一进程的进程说明部分不允许定义信号(共享变量是 VHDL'93 增加的内容)。

(4) 进程是重要的建模工具。进程结构不但为综合器所支持，而且进程的建模方式将直接影响仿真和综合结果。需要注意的是综合后对应于进程的硬件结构，对进程中的所有可读入信号都是敏感的；而在 VHDL 行为仿真中并非如此，除非将所有的读入信号列为敏感信号。

进程语句是 VHDL 程序中使用最频繁和最能体现 VHDL 语言特点的一种语句，其原因大概是由于它的并行和顺序行为的双重性，以及其行为描述风格的特殊性。为了使 VHDL 的软件仿真与综合后的硬件仿真对应起来，应当将进程中的所有输入信号都列入敏感表中。不难发现，在对应的硬件系统中，一个进程和一个并行赋值语句确实有十分相似的对应关系，并行赋值语句就相当于一个将所有输入信号隐性地列入结构体检测范围的(即敏感表的)进程语句。

综合后的进程语句所对应的硬件逻辑模块，其工作方式可以是组合逻辑方式的，也可以是时序逻辑方式的。例如在一个进程中，一般的 IF 语句，综合出的多为组合逻辑电路(一定条件下)；若出现 WAIT 语句，在一定条件下，综合器将引入时序元件，如触发器。

【例 5.32】

```
…
A_OUT <= A     WHEN (ENA) ELSE "Z";
B_OUT <= B     WHEN (ENA) ELSE "Z";
C_OUT <=C     WHEN (ENA) ELSE "Z"
PROCESS(A_OUT) IS
   BEGIN
   BUS_OUT<=A_OUT;
END   PROCESS:
PROCESS(B_OUT)
   BEGIN
   BUS_OUT<=B_OUT;
END   PROCESS;
PROCESS(C_OUT);
   BEGIN
  BUS_OUT<=C_OUT;
```

```
END    PROCESS;
…
```

本例中的程序用 3 个进程语句描述了 3 个并列的三态缓冲器电路，这个电路由 3 个完全相同的三态缓冲器构成，且输出是连接在一起的。这是一种总线结构，它的功能是可以在同一条线上的不同时刻内传输不同的信息。这是一个多驱动信号的实例，有许多实际的应用。

5.5.2　块语句

块(BLOCK)的应用类似于画电路原理图时，将一个总的原理图分成多个子模块，这个总的原理图成为一个由多个子模块原理图连接成的顶层模块图，每一个子模块是一个具体的电路原理图。块(BLOCK)语句是一种将结构体中的并行描述语句进行组合的方法，它的主要目的是改善并行语句及其结构的可读性，或是利用 BLOCK 的保护表达式关闭某些信号。

1．BLOCK 语句的格式

BLOCK 语句的表达式格式如下：

```
块标号: BLOCK[(块保护表达式)]
   接口说明;
   类属说明;
   BEGIN
   并行语句;
     END BLOCK[块标号];
```

接口说明部分有点类似于实体的定义部分，它可包含由关键词 PORT、GENERIC、PORT MAP 和 GENERIC MAP 引导的接口说明等语句，对 BLOCK 的接口设置以及与外界信号的连接状况加以说明。

块的类属说明部分和接口说明部分的适用范围仅限于当前的 BLOCK。块的说明部分可以定义的项目主要有：USE 语句、子程序、数据类型、子类型、常数、信号、元件。

块中的并行语句部分可包含结构体中的任何并行语句结构。BLOCK 语句本身属并行语句，BLOCK 语句中所包含的语句也是并行语句。这与传统软件语言不同。

2．BLOCK 的应用

BLOCK 的应用可使结构体层次鲜明、结构明确。利用 BLOCK 语句可以将结构体中的并行语句划分成多个并行方式的 BLOCK，每一个 BLOCK 都像一个独立的设计实体，具有自己的类属参数说明和界面端口，以及与外部环境的衔接描述。例 5.33 是使用 BLOCK 语句的实例，例 5.34 描述了一个具有块嵌套方式的 BLOCK 语句结构。

在较大的 VHDL 程序的编程中，恰当的块语句的应用对于技术交流、程序移植、排错和仿真都是十分有益的。

【例 5.33】

```
…
ENTITY GAT IS
```

```
    GENERIC(L_TIME: TIME; S_TIME: TIME);            --类属说明
    PORT(B1, B2, B3: INOUT BIT);                    --结构体全局端口定义
  END ENTITY GAT;
  ARCHITECTURE ART OF GAT IS
    SIGNAL A1: BIT;                                 --结构体全局信号 A1 定义
    BEGIN
      BLK1: BLOCK IS                                --块定义，块标号名是 BLK1
        GENERIC(GB1, GB2: TIME);                    --定义块中的局部类属参量
        GENERIC MAP(GB1=>L_TIME, GB2=>S_TIME);      --局部端口参量设定
        PORT(PB1: IN BIT; PB2: INOUT BIT);          --块结构中局部端口定义
        PORT MAP(PB1=>B1, PB2=>A1);                 --块结构端口连接说明
        CONSTANT DELAY: TIME: =1 MS;                --局部常数定义
        SIGNAL S1: BIT;                             --局部信号定义
      BEGIN
      S1<=PB1 AFTER DELAY;
      PB2<=S1 AFTER GB1, B1 AFTER GB2;
    END BLOCK BLK1;
  END ARCHITECTURE ART;
```

本例只是对 BLOCK 语句结构的一个说明，其中的一些赋值实际上是不需要的。

【例 5.34】

```
    …
    REG8: BLOCK IS
      SIGNAL ZBUS:TW1;
      BEGIN
      REG1: BLOCK IS
        SIGNAL QBUS:TW1;
        BEGIN
        _ REG1 行为描述语句;
      END BLOCK REG1;
        _ 其他 REG8 行为描述语句;
  END BLOCK REG8;
```

3. BLOCK 语句在综合中的地位

与大部分的 VHDL 语句不同，BLOCK 语句的应用，包括其中的类属说明和端口定义，都不会影响对原结构体的逻辑功能的仿真结果。

块语句的并行工作方式更为明显，块语句本身是并行语句结构，而且它的内部也都是由并行语句构成的(包括进程)。

需特别注意的是，块中定义的所有的数据类型、数据对象(信号、变量、常量)和子程序等都是局部的；对于多层嵌套的块结构，这些局部定义量只适用于当前块，以及嵌套于

本层块的所有层次的内部块，而对此块的外部来说是不可见的。

例 5.35 是一个含有三重嵌套块的程序，从此例能清晰地了解上述关于块中数据对象的可视性规则。

【例 5.35】

```
…
B1: BLOCK   IS                    --定义块 B1
  SIGNAL S: BIT;                  --在 B1 块中定义 S
  BEGIN
  S<=A   AND   B;                 --向 B1 中的 S 赋值
B2：BLOCK   IS                    --定义块 B2，套于 B1 块中
    SIGNAL S: BIT;                --定义 B2 块中的信号 S
    BEGIN
    S<=A   AND   B;               --向 B2 中的 S 赋值
B3：BLOCK IS
      BEGIN
      Z<=S;                       --此 S 来自 B2 块
    END   BLOCK B3;
  END BLOCK B2;
  Y<=S;                           --此 S 来自 B1 块
END BLOCK B1;
```

此例是对嵌套块的语法现象做一些说明，它实际描述的是如图 5-5 所示的两个相互独立的 2 输入与门。

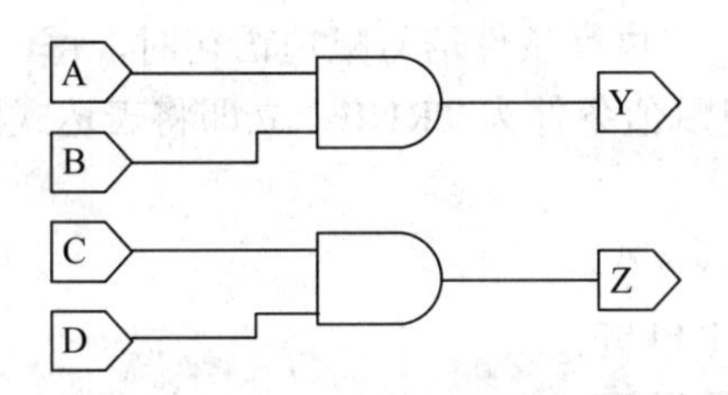

图 5-5　两个 2 输入与门

5.5.3　并行信号赋值语句

并行信号赋值语句有三种：简单信号赋值语句、条件信号赋值语句和选择信号赋值语句。这三种信号赋值语句共同的特点是：赋值目标必须都是信号。所以说，赋值语句与其他并行语句一样，在结构体内的执行是同时发生的，与它们的书写顺序和是否在块语句中没有关系。每一个信号赋值语句都相当于一条缩写的进程语句，而这条语句的所有输入(或读入)信号都被隐性地列入此过程的敏感信号表中。因此，任何信号的变化都将启动相关并行语句的赋值操作，而这种启动完全地独立于其他语句，它们都可以直接出现在结构体中。

1．简单信号赋值语句

并行简单信号赋值语句是VHDL并行语句结构最基本的单元。它的语句格式如下：

```
信号赋值目标<=表达式;
```

式中信号赋值目标的数据类型必须与赋值符号右边表达式的数据类型一致。

【例5.36】

```
ARCHITECTURE  ART OF  BC1  IS
   SIGAL  S1, E, F, G, H: STD_LOGIC;
   BEGIN
     OUTPUT1<=A AND B;
     OUTPUT2<=C+D;
     G<=E  OR F;
     H<=E  XOR F;
     S1<=G;
END ARCHITECTURE ART;
```

该例所示结构体中的五条信号赋值语句是并发执行的。

2．条件信号赋值语句

条件信号赋值语句的表达方式如下：

```
赋值目标 <= 表达式  WHEN  赋值条件  ELSE
            表达式  WHEN  赋值条件  ELSE
            …
           表达式;
```

在结构体中的条件信号赋值语句的功能与在进程中的IF语句相同(注意，条件信号赋值语句中的ELSE不可省)。在执行条件信号赋值语句时，每一个赋值条件是按书写的先后关系逐项测定的，一旦发现赋值条件为TRUE，立即将表达式的值赋给赋值目标。

【例5.37】

```
…
Z <=A  WHEN  P1='1' ELSE
    B  WHEN  P2='0' ELSE
    C;
…
```

请注意，由于条件测试的顺序性，第一句具有最高赋值优先级，第二句其次，第三句最后。这就是说，如果当P1和P2同时为1时，Z获得的赋值是A。

3．选择信号赋值语句

选择信号赋值语句的格式如下：

```
WITH 选择表达式 SELECT
赋值目标信号 <= 表达式 WHEN 选择值,
                 表达式 WHEN 选择值,
                  …
```

表达式 WHEN 选择值;

选择信号赋值语句本身不能在进程中应用，但其功能却与进程中的 CASE 语句的功能相似。CASE 语句的执行依赖于进程中敏感信号的改变而启动进程，而且要求 CASE 语句中各子句的条件不能有重叠，必须包容所有的条件。

选择信号赋值语句也有敏感量，即关键词 WITH 旁的选择表达式。每当选择表达式的值发生变化时，就将启动此语句对于各子句的选择值进行测试对比，当发现有满足条件的子句的选择值时，就将此子句表达式中的值赋给赋值目标信号。与 CASE 语句相类似，选择赋值语句对于子句条件选择值的测试具有同期性，不像以上的条件信号赋值语句那样是按照子句的书写顺序从上至下逐条测试的。因此，选择赋值语句不允许有条件重叠的现象，也不允许存在条件涵盖不全的情况。

【例 5.38】

```
LIBRARY IEEE;
USE IEEE.STD_LOGIC_1165.ALL;
ENTITY MUX IS
  PORT(I0, I1, I2, I3, A, B: IN STD_LOGIC;
        Q: OUT STD_LOGIC);
END ENTITY MUX;
ARCHITECTURE ART OF MUX   IS
    SIGNAL SEL: INTEGER;
    BEGIN
    WITH SEL SELECT
      Q<=I0 WHEN 0,
      Q<=I1 WHEN 1,
      Q<=I2 WHEN 2,
      Q<=I3 WHEN 3,
      'X' WHEN OTHERS;
      SEL <=0 WHEN A='0' AND B='0' ELSE,
       1 WHEN A='1'AND B='0' ELSE,
       2 WHEN A='0'AND B='1' ELSE,
       3 WHEN A='1'AND B='1' ELSE,
      4;
END ARCHITECTURE ART;
```

5.5.4　并行过程调用语句

并行过程调用语句可以作为一个并行语句直接出现在结构体或块语句中。并行过程调用语句的功能等效于包含了同一个过程调用语句的进程。并行过程调用语句的语句调用格式与前面讲的顺序过程调用语句是相同的，即过程名(关联参量名)。

并行过程调用语句应带有 IN、OUT 或者 INOUT 的参数，它们应列于过程名后跟的括

号内。并行过程调用可以有多个返回值，但这些返回值必须通过过程中所定义的输出参数带回。

例 5.39 是个说明性的例子。在这个例子中，首先定义了一个完成半加器功能的过程。此后在一条并行语句中调用了这个过程，而在接下去的一条进程中也调用了同一过程。事实上，这两条语句是并行语句，且完成的功能是一样的。

【例 5.39】

```
...
PROCEDURE   ADDER(SIGNAL A, B: IN STD_LOGIC; SIGNAL SUM: OUT STD_LOGIC);
...
ADDER(A1, B1, SUM1);            --并行过程调用
...
        --A1, B1, SUM1 分别对应于 A, B, SUM 的关联参量名
PROCESS(C1, C2)IS               --进程语句执行
  BEGIN
  ADDER(C1, C2, S1);            --顺序过程调用
                                --C1, C2, S1 分别对应于 A, B, SUM 的关联参量名
END PROCESS;
```

并行过程的调用，常用于获得被调用过程的并行工作的复制电路。例如，同时要检测出一系列有不同位宽位矢的信号，每一位矢信号中的位只能有一个位是 1，而其余的位都是 0，否则报告出错。完成这一功能的一种办法是先设计一个具有这种位矢信号检测功能的过程，然后对不同位宽的信号并行调用这一过程。

5.5.5　元件例化语句

元件例化就是将预先设计好的设计实体定义为一个元件，然后引用特定的语句将此元件与当前的设计实体中的指定端口相连接，从而为当前设计实体引入一个新的低一级的设计层次。在这里，当前设计实体相当于一个较大的电路系统，所定义的例化元件相当于一个要插在这个电路系统板上的芯片，而当前设计实体中指定的端口则相当于这块电路板上准备接受此芯片的一个插座。元件例化是使 VHDL 设计实体构成自上而下层次化设计的一种重要途径。

元件例化是可以多层次的，在一个设计实体中被调用安插的元件本身也可以是一个低层次的当前设计实体，因而可以调用其他的元件，以便构成更低层次的电路模块。因此，元件例化就意味着在当前结构体内定义一个新的设计层次，这个设计层次的总称叫元件，但它可以以不同的形式出现。如上所述，这个元件可以是已设计好的一个 VHDL 设计实体，可以是来自 FPGA 元件库中的元件，也可以是别的硬件描述语言(如 Verilog)设计实体。该元件还可以是软的 IP 核，或者是 FPGA 中的嵌入式硬 IP 核。

元件例化语句由两部分组成，第一部分是将一个现成的设计实体定义为一个元件的语句，第二部分则是此元件与当前设计实体中的连接说明。它们的语句格式如下：

```
--元件定义语句
COMPONENT  例化元件名  IS
```

```
GENERIC(类属表);
PORT(例化元件端口名表);
END COMPONENT   例化元件名;
-- 元件例化语句
元件例化名: 例化元件名   PORT MAP(
[例化元件端口名=>]   连接实体端口名, …);
```

以上两部分语句在元件例化中都必须存在。第一部分语句是元件定义语句，相当于对一个现成的设计实体进行封装，使其只留出外面的接口界面。就像一个集成芯片只留几个引脚在外一样，它的类属表可列出端口的数据类型和参数，例化元件端口名表可列出对外通信的各端口名。元件例化的第二部分语句即为元件例化语句，其中的元件例化名是必须存在的，它类似于标在当前系统(电路板)中的一个插座名，而例化元件名则是准备在此插座上插入的、已定义好的元件名。PORT MAP 是端口映射的意思，其中的例化元件端口名是在元件定义语句中的端口名表中已定义好的例化元件端口相连的通信端口，相当于插座上各插针的引脚名。

元件例化语句中所定义的例化元件的端口名与当前系统的连接实体端口名的接口表达有两种方式。一种是名字关联方式，在这种关联方式下，例化元件的端口名和关联(连接)符号“=>”两者都是必须存在的。这时，例化元件端口名与连接实体端口名的对应方式，在 PORT MAP 句中的位置可以是任意的。另一种是位置关联方式，若使用这种方式，端口名和关联连接符号都可省去。在 PORT MAP 子句中，只要列出当前系统中的连接实体端口名就行了，但要求连接实体端口名的排列方式与所需例化的元件端口定义中的端口名一一对应。

以下是一个元件例化的示例。

【例 5.40】 1 位二进制全加器顶层设计描述。

```
LIBRARY IEEE;
USE IEEE.STD_LOGIC_1165.ALL;
ENTITY   F_ADDER   IS
  PORT(AIN, BIN, CIN   IN STD_LOGIC;
        COUT, SUM: OUT STE_LOGIC);
END ENTITY F_ADDER;
ARCHITECTURE ART OF F_ADDER   IS
  COMPONENT H_ADDER IS
    PORT(A, B: IN STD_LOGIC;
          CO, SO: OUT STE_LOGIC);
END COMPONENT H_ADDER;
COMPONENT   OR2   IS
PORT(A, B: IN STD_LOGIC;
      C : OUT STE_LOGIC);
END COMPONENT OR2;
SIGNAL D, E, F: STD_LOGIC;
```

```
BEGIN
  U1: H_ADDER   PORT MAP(A=>AIN, B=>BIN, CO=>D, SO=>E);
  U2: H_ADDER   PORT MAP(A=>E, B=>CIN, CO=>F, SO=>SUM);
  U3: OR2A   PORT MAP(A=>D, B=>F, C=>COUT);
END ARCHITECTURE ART;
```

5.5.6　生成语句

生成语句可以简化为有规则设计结构的逻辑描述。生成语句有一种复制作用，在设计中，只要根据某些条件，设定好某一元件或设计单位，就可以利用生成语句复制一组完全相同的并行元件或设计单元电路结构。生成语句的语句格式有如下两种形式：

```
[标号:]FOR 循环变量 IN 取值范围 GENERATE
        说明;
        BEGIN
        并行语句;
        END GENERATE [标号];
[标号:]IF 条件 GENERATE
        说明;
        BEGIN
        并行语句;
        END GENERATE [标号];
```

这两种语句格式都是由以下四部分组成：

(1) 生成方式：有 FOR 语句结构或 IF 语句结构，用于规定并行语句的复制方式。

(2) 说明部分：这部分包括对元件数据类型、子程序和数据对象做一些局部说明。

(3) 并行语句：生成语句结构中的并行语句是用来“COPY”的基本单元，主要包括元件、进程语句、块语句、并行过程调用语句、并行信号赋值语句甚至生成语句。这表示生成语句允许存在嵌套结构，因而可用于生成元件的多维阵列结构。

(4) 标号：生成语句中的标号并不是必须的，但如果在嵌套生成语句结构中就是很重要的。

对于 FOR 语句结构，主要是用来描述设计中的一些有规律的单元结构，其生成参数及其取值范围的含义和运行方式与 LOOP 语句十分相似。但需注意，从软件运行的角度上看，FOR 语句格式中生成参数(循环变量)的递增方式具有顺序的性质，但是最后生成的设计结构却是完全并行的，这就是为什么必须用并行语句来作为生成设计单元的缘故。

生成参数(循环变量)是自动产生的，是一个局部变量，根据取值范围自动递增或递减。取值范围的语句格式与 LOOP 语句是相同的，有两种形式；

```
表达式   TO     表达式;          --递增方式，如 1 TO 5
表达式   DOWNTO 表达式;          --递减方式，如 5 DOWNTO 1
```

其中的表达式必须是整数。

例 5.41 是利用了 VHDL 数组属性语句 ATTRIBUTE'RANGE 作为生成语句的取值范围，进行重复元件例化过程，从而产生了一组并列的电路结构(如图 5-6 所示)。

【例 5.41】

```
…
COMPONENT COMP IS
  PORT(X: IN STD_LOGIC; Y: OUT STD_LOGIC);
END COMPONENT COMP;
SIGNAL A, B: STD_LOGIC_VECTOR(0 TO 7);
…
GEN: FOR I IN   A'RANGE   GENERATE
  U1: COMP PORT MAP(X=>A(I),Y=>B(I));
END GENERATE GEN;
…
```

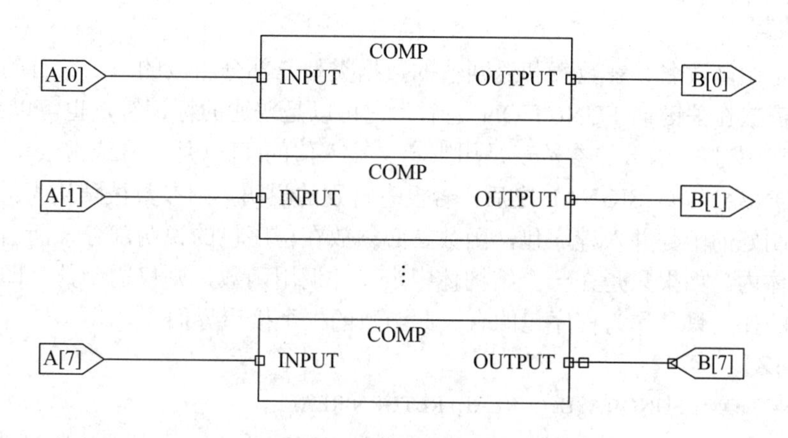

图 5-6　生成语句产生的 8 个相同电路模块

5.6　子　程　序

子程序是一个 VHDL 程序模块。它是利用顺序语句来定义和完成算法的，应用它能更有效地完成重复的设计工作。子程序不能从所在的结构体的其他块或进程结构中直接读取信号值或者向信号赋值，而只能通过子程序调用及与子程序的界面端口进行通用。

子程序有两种类型，即过程(PROCEDURE)和函数(FUNCTION)。过程的调用可以通过其界面获得多个返回值，而函数只能返回一个值。在函数入口中，所有参数都是输入参数，而过程有输入参数、输出参数和双向参数。过程一般被看作一种语句结构，而函数通常是表达式的一部分。过程可以单独存在，而函数通常作为语句的一部分被调用。

VHDL 子程序具有可重载的特性，即允许有许多重名的子程序，但这些子程序的参数类型及返回值的数据类型是不同的。

在实用中必须注意，综合后的子程序将映射于目标芯片中的一个相应的电路模块，且每一次调用又将在硬件结构中产生具有相同结构的不同模块，这一点与普通的软件中调用子程序有很大的不同。因此，在面向 VHDL 的实用中，要密切关注和严格控制子程序的调

用次数，每调用一次子程序都意味着增加了一个硬件电路模块。

5.6.1 函数(FUNCTION)

在 VHDL 中有多种函数形式。函数的表达格式如下：

```
FUNCTION  函数名(参数表) RETURN 数据类型;          --函数首
FUNCTION  函数名(参数表) RETURN 数据类型 IS         --函数体开始
  [说明部分];
  BEGIN
  顺序语句;
END FUNCTION  函数名;                               --函数体结束
```

一般地，函数定义由两部分组成，即函数首和函数体。

1. 函数首

函数首是由函数名、参数表和返回值的数据类型三部分组成的。函数首的名称即为函数的名称，需放在关键词 FUNCTION 之后。它可以是普通的标识符，也可以是运算符(这时必须加上双引号)。函数的参数表是用来定义输入值的(可以是信号或常数)，参数名需放在关键词 CONSANT 或 SIGNAL 之后，若没有特别的说明，则参数被默认为常数。如果要将一个已编制好的函数并入程序包，函数首必须放在程序包的说明部分，而函数体需放在程序包的包体内。如果只是在一个结构体中定义并调用函数，则仅需函数体即可。由此可见，函数首的作用只是作为程序包的有关此函数的一个接口界面。

【例 5.42】

```
FUNCTION  FUNC1(A, B, C: REAL) RETURN REAL;
FUNCTION  "*"(A, B: INTEGER) RETURN INTEGER;            --注意函数名*要用引号括住
FUNCTION  AS2(SIGNAL IN1，IN2：REAL) RETURN REAL;  --注意信号参量的写法
```

以上是三个不同的函数首，它们都放在某一程序包的说明部分。

2. 函数体

函数体包括对数据类型、常数、变量等的局部说明，以及用以完成规定算法或者转换的顺序语句，并以关键词 END FUNCTION 及函数名结尾。一旦函数被调用，就将执行这部分语句。

【例 5.43】

```
LIBRARY IEEE;
USE IEEE.STD_LOGIC_1165.ALL;
ENTITY FUNC IS
   PORT(A: IN BIT_VECTOR(0 TO 2);
        M: OUT BUT_VECTOR(0 TO 2));
END ENTITY FUNC;
ARCHITECTURE ART OF FUNC IS
   FUNCTION SAM(X, Y, Z: BIT) RETURN BIT IS   --定义函数 SAM，该函数无函数首
      BEGIN
```

```
    RETURN (X AND Y) OR Y;
  END FUNCTION SAM;
  BEGIN
  PROCESS(A) IS
  BEGIN
    M(0)<=SAM(A(0), A(1), A(2));
    -- 当 A 的 3 个位输入元素 A(0)、A(1)和 A(2)中时
    M(1)<=SAM(A(2), A(0), A(1));
    -- 任何一位有变化时，将启动对函数 SAM 的调用
   M(2)<=SAM(A(1), A(2), A(0));
     -- 并将函数的返回值赋给 M 输出
  END PROCESS;
END ARCHITECTURE ART;
```

5.6.2　重载函数(OVERLOADED FUNCTION)

VHDL 允许以相同的函数名定义函数，即重载函数。但这时要求函数中定义的操作数具有不同的数据类型，以便调用时用以分辨不同功能的同名函数。在具有不同数据类型操作数构成的同名函数中，以运算符重载式函数最为常有。这种函数为不同数据类型间的运算带来极大的方便，例 5.44 中以加号“+”为函数名的函数即为运算符重载函数。VHDL 中预定义的操作符如“+”、“AND”、“MOD”、“>”等运算符均可以被重载，以赋予新的数据类型操作功能。也就是说，通过重新定义运算符的方式，允许被重载的运算符能够对新的数据类型进行操作，或者允许不同的数据类型之间用此运算符进行运算。

例 5.44 给出了一个 Synopsys 公司的程序包 STD_LOGIC_UNSIGNED 中的部分函数结构。示例没有把全部内容列出，在程序包 STD_LOGIC_UNSIGNED 的说明部分只列出了四个函数的函数首，在程序包体部分只列出了对应的部分内容。程序包体部分的 UNSIGED() 函数是从 IEEE.STD_LOGIC_ARITH 库中调用的。在程序包体中的最大整型数检出函数 MAXIUM 只有函数体，没有函数首，这是因为它只在程序包体内调用。

【例 5.44】

```
LIBRARY IEEE;                              --程序包体
USE IEEE.STD_LOGIC_1165.ALL;
USE IEEE STD_LOGIC_ARITH.ALL;
PACKAGE STD_LOGIC_UNSIGNED IS
FUNCTION "+" (L: STD_LOGIC_VECTOR; R: INTEGER)
        RETURN STD_LOGIC_VECTOR;
FUNCTION "+" (L: INTEGER; R: STD_LOGIC_VECTOR)
        RETURN STD_LOGIC_VECTOR;
FUNCTION "+" (L: STD_LOGIC_VECTOR; R: STD_LOGIC)
              RETURN STD_LOGIC_VECTOR;
FUNCTION SHR(ARG: STD_LOGIC_VECTOR; COUNT: STD_LOGIC_VECTOR)
```

```
RETURN STD_LOGIC_VECTOR;
…
END PACKAGE STD_LOGIC_UNSIGNED;

LIBRARY IEEE;                --程序包体
USE IEEE.STD_LOGIC_1165.ALL;
USE IEEE.STD_LOGIC_ARITH.ALL;
PACKAGE BODY STD_LOGIC_UNSIGNED IS
  FUNCTION MAXIMUM(L, R: INTEGER)RETURN INTEGER IS
  BEGIN
 IF L>R THEN
    RETURN L;
 ELSE
    RETURN R;
 END IF;
  END FUNCTION MAXIMUM;
 FUNCTION "+" (L: STD_LOGIC_VECTOR; R: INTEGER)   RETURN STD_LOGIC_VECTOR IS
   VARIABLE RESULT: STD_LOGIC_VECTOR(L'RANGE);
   BEGIN
   RESULT: =UNSIGNED(L)+R;
   RETURN STD_LOGIC_VECTOR(RESULT);
  END FUNCTION "+";
…
END PACKAGE BODY STD_LOGIC_UNSIGNED;
```

通过此例，不但可以从中看到在程序包中完整的函数置位形式，而且还将注意到，在函数首的三个函数名都是同名的，即都是以加法运算符“+”作为函数名。以这种方式定义的函数即所谓的运算符重载。对运算符重载(即对运算符重新定义)的函数称为重载函数。

实用中，如果已用“USE”语句打开了程序包 STD_LOGIC_UNSIGNED，这时如果设计实体中有一个 STD_LOGIC_VECTOR 位矢和一个整数相加，程序就会自动调用第一个函数，并返回位矢类型的值。若是一个位矢与 STD_LOGIC 数据类型的数相加，则调用第三个函数，并以位矢类型的值返回。

5.6.3　过程(PROCEDURE)

过程的语句格式是：

```
PROCEDURE 过程名(参数表);                --过程首
PROCEDURE 过程表(参数表)IS               --过程体开始
  [说明部分];
  BEGIN
  顺序语句;
END PROCEDURE 过程名;                   --过程体结束
```

过程由过程首和过程体两部分组成，过程首是必需的，而过程体可以独立存在和使用。

1. 过程首

过程首由过程名和参数表组成。参数表用于对常数、变量和信号三类数据对象目标作出说明，并用关键词 IN、OUT 和 INOUT 定义这些参数的工作模式，即信息的流向。以下是三个过程首的定义示例。

【例 5.45】

```
PROCEDURE PRO1(VARIABLE A, B: INOUT REAL);
PROCEDURE PRO2(CONSTANT A1: IN INTEGER; VARIABLE B1: OUT INTEGER);
PROCEDURE PRO3(SIGNAL SIG: OUT BIT);
```

注意：一般地，可在参量表中定义三种流向模式，即 IN、OUT 和 INOUT。如果只定义了 IN 模式而未定义目标参量类型，则默认为常量；若只定义了 INOUT 或 OUT，则默认目标参量类型是变量。

2. 过程体

过程体是由顺序语句组成的，过程的调用即启动了对过程的顺序语句的执行。过程体中的说明部分只是局部的，其中的各种定义只能适用于过程体内部。过程体的顺序语句部分可以包含任何顺序执行的语句，包括 WAIT 语句。但如果一个过程是在进程中调用的，且这个进程已列出了敏感参量表，则不能在此过程中使用 WAIT 语句。

根据调用的环境不同，过程调用有两种方式，即顺序语句方式和并行语句方式。在一般的顺序语句自然执行过程中，一个过程被执行，则属于顺序语句方式；当某个过程处于并行语句环境中时，其过程体中定义的任意一个 IN 或 INOUT 的目标参量发生改变时，将启动过程的调用，这时的调用是属于并行语句的方式。过程与函数一样可以重复调用或嵌套式调用。综合器一般不支持含有 WAIT 语句的过程。以下是过程体的使用示例。

【例 5.46】

```
PROCEDURE   PRG1(VARIABLE VALUE: INOUT BIT_VECTOR(0 TO 7)) IS
   BEGIN
   CASE VALUE IS
       WHEN"0000"=>VALUE:= "0101";
       WHEN"0101"=>VALUE:= "0000";
       WHEN OTHERS =>VALUE:= "1111";
   END CASE;
END PROCEDURE PRG1;
```

这个过程对具有双向模式变量的值 VALUE 做了一个数据转换运算。

5.6.4 重载过程(OVERLOADED PROCEDURE)

两个或两个以上有相同的过程名和互不相同的参数数量及数据类型的过程称为重载过程。对于重载过程，也是靠参量类型来辨别究竟调用哪一个过程。

【例 5.47】

```
PROCEDURE CAL(V1, V2: IN REAL; SIGNAL OUT1: INOUTINTEGER);
```

```
PROCEDURE CAL(V1, V2: IN INTEGER; SIGNAL OUT1: INOUT REAL);
…
CAL(20.15, 1.42, SIGN1);      --调用第一个重载过程 CAL, SIGN1 为 INOUT 式的整数信号
CAL(23, 320, SIGN2);          --调用第二个重载过程 CAL, SIGN2 为 INOUT 式的实数信号
…
```

如前所述，在过程结构中的语句是顺序执行的，调用者在调用过程前应先将初始值传递给过程的输入参数。一旦调用，即启动过程语句，按顺序自上而下执行过程中的语句；执行结束后，将输出值返回到调用者的“OUT”和“INOUT”所定义的变量或信号中。

5.7 库和程序包

5.7.1 库(LIBRARY)

库是一种用来存储预先完成的程序包和数据集合体的仓库。在利用 VHDL 进行工程设计时，为了提高设计效率以及遵循某些统一的语言标准或数据格式，将一些有用的信息汇集在一个或几个库中以供调用。这些信息可以是预先定义好的数据类型、子程序等设计单元的集合体，或预先设计好的各种设计实体(元件库程序包)。

库的语句格式如下：

```
LIBRARY.库名;
```

这一语句即相当于为其后的设计实体打开了以此库名命名的库。如语句“LIBRARY IEEE;”表示打开 IEEE 库。

1．库的种类

VHDL 程序设计中常用的库有四种。

1) IEEE 库

IEEE 库是 VHDL 设计中最常见的库，包含 IEEE 标准和其他一些支持工业标准的程序包。其中 STD_LOGIC_1164 是最重要最常用的程序包，大部分基于数字系统设计的程序包都是以此程序包中设定的标准为基础的。此外，还有一些程序包虽非 IEEE 标准，但因其已成为事实工业标准，所以也都入库。需要注意的是，在此库中符合 IEEE 标准的程序包并非符合 VHDL 语言标准，如 STD_LOGIC_1164 程序包。因此在使用 VHDL 设计实体的前面必须以显式表达出来。

2) STD 库

VHDL 语言标准定义了两个标准程序包，即 STANDARD 和 TEXTIO 程序包，它们都入在 STD 库中。只要在 VHDL 应用环境中，可随时调用这两个程序包，即在编译和综合过程中，VHDL 的每一项设计都自动将其包含进去。STD 库符合 VHDL 语言标准，在应用中不必以显式表达。

3) WORK 库

WORK 库是用户用 VHDL 设计的现行工作库，用于存放用户设计和定义的一些设计单元和程序包，其自动满足 VHDL 语言标准，不必显式预先说明。

4) VITAL 库

使用 VITAL 库可以提高 VHDL 门级时序模拟的精度，其只在 VHDL 仿真器中使用。库中包含时序程序包 VITAL_TIMING 和 VITAL_PRIMITIVES。VITAL 程序包已经成为 IEEE 标准，在当前的 VHDL 仿真器库中，VITAL 库中的程序包都已经并到 IEEE 库中。实际上，由于各 FPGA/CPLD 生产厂商的适配工具都能为各自的芯片生成带时序信息的 VHDL 门级网表，用 VHDL 仿真器仿真该网表可以得到精确的时序仿真结果，因此 FPGA/CPLD 设计开发中，一般不需要 VITAL 库中的程序包。

此外，用户还可以自己定义一些库，将自己的设计内容或交流获得的程序包设计实体并入这些库中。

2．库的用法

在 VHDL 语言中，库的说明语句总是放在实体单元前面，库语言一般必须与 USE 语言同用。库语言关键词 LIBRARY 指明所使用的库名，USE 语句指明库中的程序包。一旦说明了库和程序包，整个设计实体都可以进入访问或调用，但其作用范围仅限于所说明的设计实体。 VHDL 要求每项含有多个设计实体的大系统、每个设计实体，都必须有自己完整的库的说明语句和 USE 语句。

USE 语句的使用将使所说明的程序包对本设计实体全部开放，即是可视的。USE 语句的使用有两种常用格式：

```
USE 库名.程序包名.项目名;
USE 库名.程序包名.ALL;
```

第一语句格式的作用是，向本设计实体开放指定库中的特定程序包内所选定的项目。第二语句格式的作用是，向本设计实体开放指定库中的特定程序包内所有的内容。

例如：

```
LIBRARY IEEE;                        --打开 IEEE 库
USE IEEE.STD_LOGIC_1165.ALL;         --打开 IEEE 库中的 STD_LOGIC_1164 程序包的所有内容
USE IEEE.STD_LOGIC_UNSIGNED.ALL;     --打开 IEEE 库中的 STD_LOGIC_UNSIGNED 的
                                     --所有内容
```

【例 5.48】

```
LIBRARY IEEE;
USE IEEE. STD_LOGIC_1165. STD_ULOGIC;
USE IEEE. STD_LOGIC_1165.RISING_EDGE;
```

例 5.48 中向当前设计实体开放了 STD_LOGIC_1164 程序包中的 RISING_EDGE 函数。但由于此函数须用到数据类型 STD_ULOGIC，所以在上一条 USE 语句中开放了同一程序包中的这一数据类型。

5.7.2　程序包(PACKAGE)

为了使已定义的常数、数据类型、元件调用说明以及子程序能被更多的 VHDL 设计实体方便地访问和共享，可将它们收集在一个 VHDL 程序包中。多个程序包并入一个 VHDL 库中，使之适用于更一般的访问和调用范围。

程序包的内容主要由以下四种基本结构组成，且一个程序包中至少应包含以下结构中的一种：① 常数说明。它主要用于预定义系统的宽度，如数据总线通道的宽度。② 数据类型说明。它主要用于说明在整个设计中通用的数据类型，如通用的地址总线数据类型定义等。③ 元件定义。它主要规定在 VHDL 设计中参与元件例化的文件对外的接口界面。④ 子程序说明。它用于说明在设计中任一处可调用的子程序。

1. 程序包的结构

定义程序包的一般语句结构如下：

```
--程序包首
PACKAGE  程序包名 IS                              --程序包首开始
  程序包首说明部分;
END [PACKAGE] [程序包名]:                         --程序包首结束
--程序包体
PACKAGE BODY 程序包名 IS                          --程序包体开始
  程序包体说明部分以及包体内容;
END [PACKAGE BODY] [程序包名];                    --程序包体结束
```

其中程序包首用于收集多个不同的 VHDL 设计所需的公共信息，其中包括数据类型说明、信号说明、子程序说明及元件说明。

程序包体用于定义在程序包首中已定义的子程序的子程序体。程序包体说明部分的组成可以是 USE 语句(允许对其他程序包的调用)、子程序定义、子程序体、数据类型说明、子类型说明和常数说明等。对于没有子程序说明的程序包体可省去。

程序包常用来封装属于多个设计单元分享的信息，程序包定义的信号、变量不能在设计实体之间共享。

2. 常用的预定义的程序包

1) STD_LOGIC_1164 程序包

STD_LOGIC_1164 程序包是 IEEE 库中最常用的程序包，是 IEEE 的标准程序包。其中包含一些数据类型、子类型和函数的定义，这些定义将 VHDL 扩展为一个能描述多值逻辑(即除有“0”和“1”以外还有其他的逻辑量，如高阻态“Z”、不定态“X”等)的硬件描述语言，满足了实际数字系统的设计需求。该程序包中用的最多、最广的是 STD_LOGIC 和 STD_LOGIC_VECTOR，它们非常适合于 FPGA/CPLD 器件中的多值逻辑设计结构。

2) STD_LOGIC_ARITH 程序包

STD_LOGIC_ARITH 程序包预先编译在 IEEE 库中。在 STD_LOGIC_1164 程序包的基础上扩展了三个数据类型 UNSIGNED、SIGED 和 SMALL_INT，并为其定义了相关的算术运算符和转换函数。

3) STD_LOGIC_UNSIGNED 和 STD_LOGIC_SIGNED 程序包

STD_LOGIC_UNSIGNED 和 STD_LOGIC_SIGNED 程序包都预先编译在 IEEE 库中。重载了可用于 INTEGER 型及 STD_LOGIC 和 STD_LOGIC_VECTOR 型混合运算的运算符，并定义了一个由 STD_LOGIC_VECTOR 型到 INTEGER 型的转换函数。这两个程序包的区别是，STD_LOGIC_SIGNED 中定义的运算符考虑符号，是有符号数的运算；而

STD_LOGIC_UNSIGNED 正好相反。

程序包 STD_LOGIC_UNSIGNED、STD_LOGIC_SIGNED 和 STD_LOGIC_ARITH 虽未成为 IEEE 标准，但已经成为事实上的工业标准，绝大多数的 VHDL 综合器和 VHDL 仿真器都支持它们。

4) STANDARD 和 TEXTIO 程序包

STANDARD 和 TEXTIO 程序包是 STD 库中的预编译程序包。STANDARD 程序包中定义了许多基本的数据类型、子类型和函数；它是 VHDL 标准程序包，实际应用中已隐性打开，不必用 USE 语句另作声明。TEXTIO 程序包定义了支持文本文件操作的许多类型和子程序；在使用它之前，需加 USE STD.TEXTIO.ALL。

TEXTIO 程序包主要供仿真器使用。可以用文本编辑器建立一个数据文件，文件中包含仿真时需要的数据，仿真时用其中的子程序存取这些数据。综合器中，此程序包被忽略。

5.8 VHDL 描述风格

在 VHDL 语言中，可以用三种不同风格的描述方式来描述硬件系统，即行为描述方式、数据流(寄存器传输)描述方式和结构描述方式。在实际应用中，为了兼顾整体设计的功能、资源和性能，通常混合使用三种不同的描述方式。

5.8.1 行为描述方式

行为描述方式是描述输入与输出的行为，不涉及具体电路的结构，大多数情况是用数学建模的手段描述设计实体的。

【例 5.49】 带异步复位功能的 8 位二进制加法计数器的行为描述。

```
LIBRARY IEEE;
USE IEEE.STD_LOGIC_1165.ALL;
USE IEEE.STD_UNSIGNED.ALL;
ENTIY CONTER IS
   PORT(RESET,CLOCK:IN STD_LOGIC;
        COUNT:IN STD_LOGIC_VECTOR(7 DOWNTO 0));
END ENTIY CONTER;
ARCHITECTURE ART OF CONTER IS
  SIGNAL CNT_FF: UNSIGED(7 DOWNTO 0);
  BEGIN
  PROCESS(CLOCK, RESET, CNT_FF)
    BEGIN
     IF RESET='1' THEN
        CNT_FF<=X"00";
     ELSIF (CLOCK='1' AND CLOCK'EVENT) THEN
        CNT_FF<= CNT_FF+1;
```

```
        END IF;
      END PROCESS;
      COUNT<= STD_LOGIC_VECTOR(CNT_FF);
    END ARCHITECTURE ART;
```

本例中无结构信息，只对电路系统的行为功能做描述。最典型的行为描述语句就是其中的“ELSIF(CLOCK= '1' AND CLOCK'EVENT) THEN”，它对加法器计数时钟时钟信号的触发做了描述，对时钟信号特定的行为方式所产生的信息后果做了定位。VHDL 的强大系统描述能力，正是基于这种强大的行为描述方式。

5.8.2　数据流描述方式

数据流描述方式也称为 RTL 描述方式，RTL 是寄存器转换层次的简称。数据流描述风格是建立在用并行语句描述的基础上的，针对信号到信号的数据流的路径形式进行描述。

【例 5.50】 一位全加器的数据流描述。

```
LIBRARY IEEE;
USE IEEE.STD_LOGIC_1165.ALL;
  ENTIY ADDER1B IS
    PORT(A,B,CIN: IN BIT
         SUM,COUT: OUT BIT);
  END ENTIY ADDER1B;
  ARCHITECTURE ART OF CONTER_UP IS
    SUM<=A XOR B XOR CIN;
    COUNT<=(A AND B) OR (A AND CIN) OR (B AND CIN);
END ARCHITECTURE ART;
```

5.8.3　结构描述方式

结构描述风格是基于元件例化语句和生成语句的应用。利用这两种语句可以完成多层次的设计，供高层次的设计模块调用下层的设计模块。元件间的连接只需通过定义端口界面来实现，其风格接近实际的硬件结构。利用结构描述方式，可以采用结构化、模块化的设计思想，将一个大的设计划分为许多小的模块，逐一设计调试完成。

【例 5.51】 用结构描述方式完成的一个结构体的示例。

```
ARCHITECTURE STRUCTURE OF COUNTER3 IS
 COMPONENT DFF
   PORT(CLK, DATA:IN BIT; Q: OUT BIT);
 END COMPONENT;
 COMPONENT AND2
   PORT(I1,I2:IN BIT;O: OUT BIT);
 END COMPONENT;
 COMPONENT OR2
   PORT(I1,I2:IN BIT;O: OUT BIT);
```

```
    END COMPONENT;
    COMPONENT NAND2
      PORT(I1,I2:IN BIT;O: OUT BIT);
    END COMPONENT;
    COMPONENT XNOR2
      PORT(I1,I2:IN BIT;O: OUT BIT);
    END COMPONENT;
    COMPONENT INV
      PORT(I1:IN BIT;O: OUT BIT);
    END COMPONENT;
      SIGNAL N1,N2,N3,N4,N5,N6,N7,N8,N9:BIT
       BEGIN
      U1:DFF PORT MAP(CLK,N1,N2);
      U2:DFF PORT MAP(CLK,N5,N3);
      U3:DFF PORT MAP(CLK,N9,N4);
      U4:INV PORT MAP(N1,N2);
      U5:OR2 PORT MAP(N3,N1,N6);
      U6:NAND2 PORT MAP(N1,N3,N7);
      U7:NAND2 PORT MAP(N6,N7,N5);
      U8:XNOR2 PORT MAP(N8,N4,N9);
      U9:NAND2 PORT MAP(N2,N3,N8);
      COUNT(0)<=N2; COUNT(1)<=N3; COUNT(2)<=N4;
  END ARCHITECTURE STRUCTURE;
```

显然，在三种描述风格中，行为描述的抽象程度最高，最能体现 VHDL 描述高层次结构和系统的能力。

思 考 题

5.1　VHDL 程序一般包括几个组成部分？每部分的作用是什么？

5.2　举例说明类属、类属映射语句有何用处。

5.3　VHDL语言中数据对象有几种？各种数据对象的作用范围如何？各种数据对象的实际物理含义是什么？

5.4　什么叫标识符？VHDL 的基本标识符是怎样规定的？

5.5　信号和变量在描述和使用时有哪些主要的区别？

5.6　VHDL 语言中的标准数据类型有哪几类，用户可以自己定义的数据类型有哪几类？并简单介绍一下各数据类型。

5.7　VHDL 程序设计中的基本语句系列有几种，它们的特点如何，它们各使用在什么场所，它们各自包括些什么基本语句？

5.8　用两种方法设计 8 位比较器，比较器的输入是待比较的 8 位数 A=[A7…A0]和 B=[B7…B0]，输出是 D、E、F。当 A=B 时 D=1；A>B 时 E=1；A<B 时 F=1。第一种方案是常规的比较器设计方法；第二种设计方案利用减法器完成。对两种方案的资源耗用情况进行比较，并给出解释。

5.9　用 CASE 语句描述 1 个四选一多路选择器。

5.10　比较 CASE 语句与 IF 语句，叙述它们的异同点。

5.11　给触发器复位的方法有哪两种？如果时钟进程中用了敏感信号表，哪种复位方法要求把复位信号放在敏感信号表中？

5.12　进程有哪几种主要类型？不完全组合进程是由什么原因引起的，其有什么特点，如何避免？

5.13　为什么说一条并行赋值语句可以等效为一个进程？如果是这样的话，怎样实现敏感信号的检测？

5.14　下述 VHDL 代码的综合结果会有几个触发器或锁存器？

程序 1：

```
ARCHITECTURE  RTL  OF  EX  IS
    SIGNAL  A, B: STD_LOQIC_VECTOR(3  DOWNTO  0);
    BEGIN
    PROCESS(CLK)
    BEGIN
        IF   CLK='1'AND  CLK'EVENT  THEN
             IF  Q(3)/= '1'THEN    Q<=A+B;
        END  IF;
    END  IF;
END  PROCESS;
END  RTL;
```

程序 2：

```
ARCHITECTURE  RTL  OF  EX  IS
    SIGNAL  A, B: STD_LOGIC_VECTOR(3  DOWNTO  0);
    BEGIN
    PROCESS(CLK)
       VARIABLE   INT: STD_LOGIC_VECTOR(3  DOWNTO  0);
       BEGIN
      IF  CLK='1'AND  CLK'EVENT   THEN
          IF   INT(3)/= '1'THEN  INT: =A+B;Q<=INT;
          END  IF;
    END  PROCESS;
  END  RTL;
```

程序 3：

```
ARCHITECTURE   RTL  OF  EX  IS
```

```
    SIGNAL   A, B, C, D, E:   STD_LOGIC_VECTOR(3   DOWNTO     0);
    BEGIN
   PROCESS(C, D, E, EN)
   BEGIN
       IF   EN = '1'   THEN    A<=C;    B<=D;
          ELSE     A<=E;
      END   IF;
   END    PROCESS;
 END   RTL;
```

5.15　将以下程序段转换为 WHEN-ELSE 语句：

```
PROCESS(A, B, C, D)
    BEGIN
    IF   A='0' AND B = '1' THEN   NEXTl<="1101";
          ELSIF    A='0'THEN   NEXTl<=D;
   ELSIF    B='1'THEN   NEXTl<=C;
         ELSE
         NEXTl<="1011";
   END   IF:
END    PROCESS;
```

5.16　说明以下程序有何不同，哪一电路更合理？试画出它们的电路。

程序 1：

```
LIBRARY    IEEE;
USE   IEEE, STD_LOGIC_1165.ALL;
ENTITY    EXAP   IS   PORT(CLK, A, B: IN   STD_LOGIC;
                         Y: OUT   STD_LOGIC);
END    EXAP;
ARCHITECTURE    BEHAV   OF   EXAP   IS
    SIGNAL      X: STD_LOGIC;
     BEGIN
    PROCESS
    BEGIN
      WAIT    UNTIL    CLK='1';
       X<='0';      Y<='0';
     IF    A=B   THEN      X<='1';
      END    IF;
      IF   X='1' THEN      Y<='1';
      END    IF;
   END    PROCESS;
END    BEHAV;
```

程序 2:

```
LIBRARY    IEEE;
USE    IEEE.STD_LOGIC_1165.ALL;
ENTITY   EXAP  IS   PORT(CLK,A,B:IN   STD_LOGIC;
                         Y:OUT       STD_LOGIC);
END     EXAP;
ARCHITECTURE   BEHAV   OF   EXAP   IS
  BEGIN
  PROCESS
     VARIABLE  X: STD_LOGIC;
    BEGIN
    WAIT     UNTIL   CLK='1';
    X: ='0';      Y<='0';
    IF   A=B    THEN    X='1';
    END     IF;
    IF    X='1' THEN       Y<='1';
    END    IF;
  END    PROCESS;
END    BEHAV;
```

5.17　什么是重载？重载函数有何用处？

5.18　函数与过程有什么区别？

5.19　什么叫重载操作符？使用重载操作符有什么好处？怎样使用重载操作符？含有重载操作符的运算怎样确定运算结果？

5.20　库由哪些部分组成？在 VHDL 语言中常见的有几种库？编程人员怎样使用现有的库？

5.21 一个包集合由哪两大部分组成？包集合体通常包含哪些内容？

第 6 章　基本单元电路的 VHDL 设计

6.1　计数器的设计

计数器是在数字系统中使用最多的时序电路。它不仅能用于对时钟脉冲计数，还可以用于分频、定时、产生节拍脉冲和脉冲序列以及进行数字运算等。计数器是一个典型的时序电路，分析计数器就能更好地了解时序电路的特性。计数器分同步计数器和异步计数器两种。

6.1.1　同步计数器的设计

所谓同步计数器，就是在时钟脉冲(计数脉冲)的控制下，构成计数器的各触发器状态同时发生变化的那一类计数器。

1．六十进制计数器

众所周知，用一个 4 位二进制计数器可构成 1 位十进制计数器，而 2 位十进制计数器连接起来可以构成一个六十进制的计数器。六十进制计数器常用于时钟计数。一个六十进制计数器的外部端口示意图如图 6-1 所示。在该六十进制计数器的电路中，BCD1WR 和 BCD10WR 与 DATAIN 配合，以实现对六十进制计数器的个位和十位值的预置操作。应注意，在对个位和十位进行预置操作时，DATAIN 输入端是公用的，因而个位和十位的预置操作必定要串行进行。利用 VHDL 语言描述六十进制计数器的程序如例 6.1 所示。

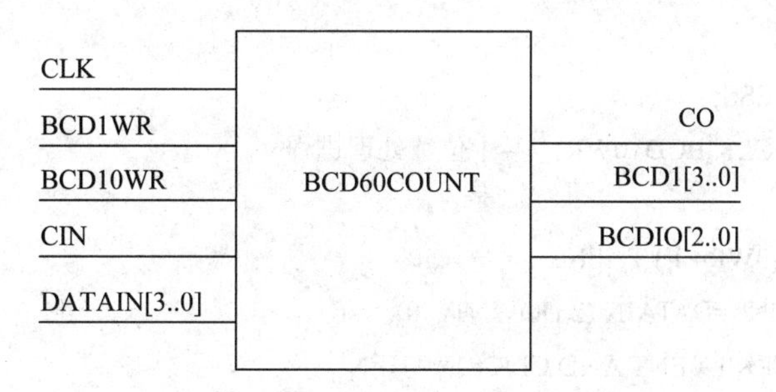

图 6-1　六十进制计数器外部端口示意图

【例 6.1】 用 VHDL 设计一个六十进制计数器(方法 1)。

```
--BCD60COUNT.VHD
LIBRARY IEEE;
USE IEEE.STD_LOGIC_1164.ALL;
USE IEEE.STD_LOGIC_UNSIGNED.ALL;
```

```
ENTITY BCD60COUNT IS
  PORT(CLK,BCD1WR,BCD10WR,CIN:STD_LOGIC;
       CO:OUT STD_LOGIC;
       DATAIN:IN STD_LOGIC_VECTOR (3 DOWNTO 0);
       BCD1:OUT STD_LOGIC_VECTOR (3 DOWNTO 0);
       BCDIO:OUT STD_LOGIC_VECTOR (2 DOWNTO 0));
END BCD60COUNT;
ARCHITECTURE RTL OF BCD60COUNT IS
  SIGNAL BCD1N:STD_LOGIC_VECTOR (3 DOWNTO 0);
  SIGNAL BCD10N:STD_LOGIC_VECTOR (2 DOWNTO 0);
  BEGIN
  BCD1<=BCD1N;
  BCDIO<=BCD10N;
  PROCESS (CLK,BCD1WR)   --个位数处理进程
    BEGIN
    IF (BCD1WR='1') THEN
      BCD1N<=DATAIN;
    ELSIF (CLK'EVENT AND CLK='1') THEN
      IF (CIN='1') THEN
        IF (BCD1N=9) THEN
          BCD1N<="0000";
        ELSE
          BCD1N<=BCD1N+1;
        END IF;
      END IF;
    END IF;
  END PROCESS;
  PROCESS (CLK,BCD10WR)   --十位数处理进程
    BEGIN
    IF (BCD10WR='1') THEN
      BCD10N<=DATAIN (2 DOWNTO 0);
    ELSIF (CLK'EVENT AND CLK='1') THEN
      IF (CIN='1' AND BCD1N=9) THEN
        IF (BCD10N=5) THEN
          BCD10N<="000";
        ELSE
          BCD10N<=BCD10N+1;
        END IF;
      END IF;
```

```
      END IF;
    END PROCESS;
    PROCESS (BCD10N,BCD1N,CIN)           --进位位处理进程
      BEGIN
      IF (CIN='1' AND BCD1N=9 AND BCD10N=5) THEN
        CO<='1';
      ELSE
        CO<='0';
      END IF;
    END   PROCESS;
  END RTL;
```

【例 6.2】 用 VHDL 设计一个六十进制计数器(方法 2)。

```
--COUNTER60.VHD
LIBRARY IEEE;
USE IEEE.STD_LOGIC_1164.ALL;
USE IEEE.STD_LOGIC_ARITH.ALL;
USE IEEE.STD_LOGIC_UNSIGNED.ALL;
ENTITY COUNTER60 IS
  PORT(CP: IN   STD_LOGIC; --时钟脉冲
        BIN: OUT STD_LOGIC_VECTOR (5 DOWNTO 0); --二进制
        S: IN   STD_LOGIC; --输出启动信号
        CLR: IN   STD_LOGIC; --清除信号
        EC: IN   STD_LOGIC; --使能计数信号
        CY60: OUT STD_LOGIC );--计数 60 进位信号
END COUNTER60;
ARCHITECTURE RTL OF COUNTER60 IS
  SIGNAL Q : STD_LOGIC_VECTOR (5 DOWNTO 0) ;
  SIGNAL RST, DLY : STD_LOGIC;
  BEGIN
  PROCESS (CP,RST) --计数 60
      BEGIN
      IF RST = '1' THEN
        Q <= "000000"; --复位计数器
      ELSIF CP'EVENT AND CP = '1' THEN
        DLY <= Q(5);
        IF EC = '1' THEN
          Q <= Q+1; --  计数值加 1
        END IF;
      END IF;
```

```
    END PROCESS;
    CY60 <= NOT Q(5) AND DLY;                       -- 进位信号微分
    RST <= '1' WHEN Q=60 OR CLR='1' ELSE            -- 复位信号设定
            '0';
    BIN <= Q WHEN S = '1' ELSE                      -- 计数输出
            "000000";
END RTL ;
```

2．可逆计数器

在时序应用电路中，计数器的应用十分普遍，如加法计数器、减法计数器、可逆计数器等。所谓可逆计数器，就是根据计数控制信号的不同，在时钟脉冲作用下，计数器可以进行加 1 或者减 1 操作的一种计数器。可逆计数器有一个特殊的控制端——UPDN 端。当 UPDN = 1 时，计数器进行加 1 操作；当 UPDN = 0 时，计数器进行减 1 操作。表 6-1 是一个 3 位可逆计数器的真值表。它的 VHDL 语言描述如例 6.3 所示。

表 6-1　可逆计数器真值表

输入端		输出端		
DIR	CP	Q2	Q1	Q0
X	X	0	0	0
1	↑	计数器加 1 操作		
0	↑	计数器减 1 操作		

【例 6.3】 用 VHDL 设计一个 3 位二进制的可逆计数器。

```
--COUNT3.VHD
LIBRARY IEEE;
USE IEEE.STD_LOGIC_1164.ALL;
USE IEEE.STD_LOGIC_ARITH.ALL;
USE IEEE.STD_LOGIC_UNSIGNED.ALL;
ENTITY COUNT3 IS
  PORT (CP,DIR:IN STD_LOGIC;
          Q: OUT STD_LOGIC_VECTOR(2 DOWNTO 0));
END;
ARCHITECTURE RTL OF COUNT3 IS
  SIGNAL QN:STD_LOGIC_VECTOR(2 DOWNTO 0);
  BEGIN
  PROCESS(CP)
    BEGIN
    IF CP'EVENT AND CP='1' THEN
      IF DIR='0' THEN
        QN<=QN +1;
      ELSE
```

```
            QN<=QN-1;
          END IF;
        END IF;
      END PROCESS;
      Q<=QN;
    END RTL;
```

编写可逆计数器的 VHDL 程序时，在语法上就是把加法和减法计数器合并，使用一个控制信号决定计数器做加法或减法的动作。在本例中，利用“控制信号 DIR”可以让计数器的计数动作加 1 或减 1。

6.1.2　异步计数器的设计

异步计数器又称行波计数器。它将低/高位计数器的输出作为高/低位计数器的时钟信号，再一级一级串行连接起来就构成了一个异步计数器。异步计数器与同步计数器的不同之处就在于时钟脉冲的提供方式。但是，由于异步计数器采用行波计数，从而使计数延迟增加，在要求延迟小的领域受到了很大限制。尽管如此，由于异步计数器的电路简单，因此仍有广泛的应用。

图 6-2 是用 VHDL 语言描述的一个由 8 个触发器构成的异步计数器。它的程序如例 6.4 所示，采用元件例化方式生成。与上述同步计数器的不同之处主要表现在对各级时钟脉冲的描述上，这一点请读者在阅读程序时多加注意。

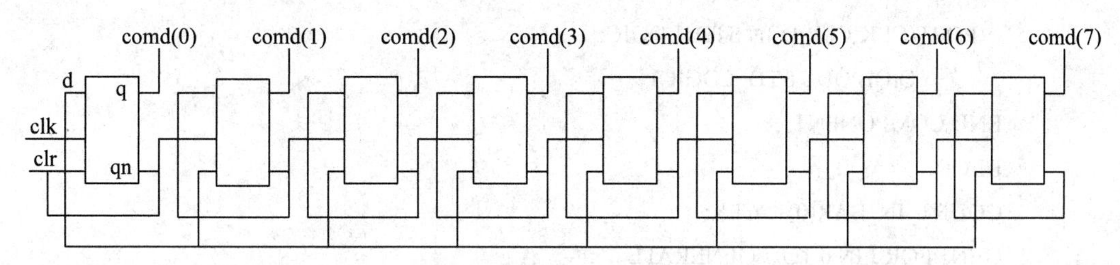

图 6-2　8 位异步计数器原理图

【例 6.4】 用 VHDL 设计一个由 8 个触发器构成的 8 位二进制异步计数器。

```
    --RPLCONT.VHD
    LIBRARY IEEE;
    USE IEEE.STD_LOGIC_1164.ALL;
    ENTITY DFFR IS
      PORT(CLK,CLR,D:IN STD_LOGIC;
           Q,QB:OUT STD_LOGIC);
    END ENTITY DFFR;
    ARCHITECTURE ART1 OF DFFR IS
      SIGNAL Q_IN:STD_LOGIC;
      BEGIN
      QB<=NOT Q_IN;
      Q<=Q_IN;
```

```
    PROCESS(CLK,CLR) IS
      BEGIN
      IF (CLR='1') THEN
        Q_IN<='0';
      ELSIF (CLK'EVENT AND CLK='1') THEN
        Q_IN<=D;
      END IF ;
    END PROCESS;
  END ARCHITECTURE ART1;

  LIBRARY IEEE;
  USE IEEE.STD_LOGIC_1164.ALL;
  ENTITY RPLCONT IS
    PORT(CLK,CLR:IN STD_LOGIC;
         COUNT:OUT STD_LOGIC_VECTOR(7 DOWNTO 0));
  END ENTITY RPLCONT;
  ARCHITECTURE ART2 OF RPLCONT IS
    SIGNAL COUNT_IN_BAR:STD_LOGIC_VECTOR(8 DOWNTO 0);
    COMPONENT DFFR IS
      PORT(CLK,CLR,D:IN STD_LOGIC;
           Q,QB:OUT STD_LOGIC);
    END COMPONENT;
    BEGIN
    COUNT_IN_BAR(0)<=CLK;
    GEN1:FOR I IN 0 TO 7 GENERATE
      U:DFFR PORT MAP (CLK=>COUNT_IN_BAR(I),CLR=>CLR,
        D=>COUNT_IN_BAR(I+1),Q=>COUNT(I),QB=>COUNT_IN_BAR(I+1));
    END GENERATE;
  END ARCHITECTURE ART2;
```

6.2 分频器的设计

一般来说，可以把加法计数器看成是一种分频电路，而且是除 2 的 N 次方的分频电路。但是也常常会有除 M(M 不是 2 的 N 次方)的分频电路需求。

下面就介绍一个除 6 的加法分频电路。先建立一个计数器，而这个计数器的大小必须是 3 位(计数默认范围是 0～2^3-1=7)，不过当计数值为 6 时，计数值在复位信号的控制下赋值为 0。其 VHDL 程序如例 6.5 所示。

【例 6.5】 用 VHDL 设计一个除 6 的加法分频电路。

```
--COUNT6.VHD
LIBRARY IEEE;
USE IEEE.STD_LOGIC_1164.ALL;
USE IEEE.STD_LOGIC_ARITH.ALL;
USE IEEE.STD_LOGIC_UNSIGNED.ALL;
ENTITY COUNT6 IS
  PORT(CP: IN  STD_LOGIC;
    RESULT: OUT     STD_LOGIC);
END COUNT6;
ARCHITECTURE A OF COUNT6 IS
  SIGNAL  RST:   STD_LOGIC;
  SIGNAL  QN: STD_LOGIC_VECTOR(2 DOWNTO 0);
  BEGIN
  PROCESS (CP,RST) -- *** COUNTER
    BEGIN
    IF RST = '1' THEN
      QN <= "000";   --RESET COUNTER
    ELSIF CP'event AND CP='1' THEN
      QN <= QN + 1;          --COUNTER + 1
    END IF;
  END PROCESS;
  RST <= '1' WHEN QN = 6 ELSE -- RESET COUNTER
          '0';
  Result <= QN(2);     -- RESULT OUTPUT
END A;
```

以后遇到需要分频是 N 的同步计数器，需将上述的 QN = 6 改成 QN=N，而且计数器 X 的 BIT 数需调整为符合条件 2X>=N 才可以。

6.3　选择器的设计

多路选择器可以从多组数据来源中选取一组送入目的地。它的应用范围相当广泛，从组合逻辑的执行到数据路径的选择，经常可以看到它的踪影。另外，在像时钟、计数定时器等的输出显示电路中，都可以看到利用多路选择器制作扫描电路来分别驱动的输出装置(通常为七段数码显示管，点矩阵或液晶面板)，以降低功率的消耗。有时也希望把两组没有必要同时观察的数据，共享一组显示电路以降低成本。

多路选择器的结构是 2N 个输入线，会有 N 个地址选择线及一个输出线配合。现在以一个四选一的多路选择器为例，其四选一电路的真值表如表 6-2 所示，其外部端口示意图如图 6-3 所示。

表 6-2　四选一电路真值表

选择输入		数据输入				数据输出
B	A	INPUT(0)	INPUT(1)	INPUT(2)	INPUT(3)	Y
0	0	0	X	X	X	0
0	0	1	X	X	X	1
0	1	X	0	X	X	0
0	1	X	1	X	X	1
1	0	X	X	0	X	0
1	0	X	X	1	X	1
1	1	X	X	X	0	0
1	1	X	X	X	1	1

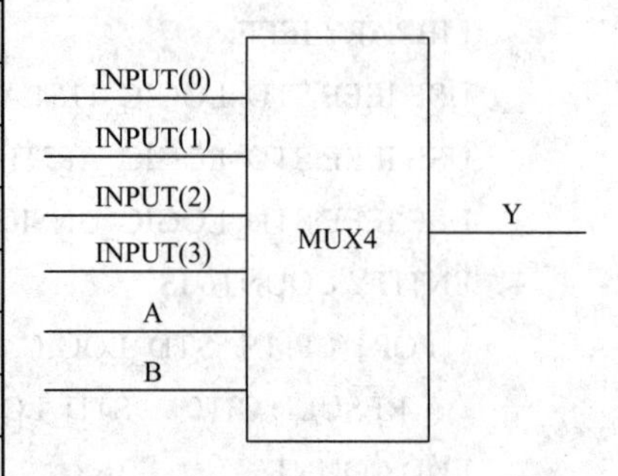

图 6-3　四选一电路外部端口示意图

描述四选一多路选择器的方法有多种。例如，可在一个进程中使用 IF-THEN-ELSE 语句；在一个进程中使用 CASE 语句；在一个进程中使用 WITH SELECT 构造或使用结构 VHDL。现用 IF-THEN-ELSE 语句对它进行描述，就可以得到如例 6.6 所示的程序。

【例 6.6】 设计一个四选一的多路选择器的 VHDL 程序(使用 IF-THEN-ELSE 语句)。

```
--MUX4.VHD
LIBRARY IEEE;
USE IEEE.STD_LOGIC_1164.ALL;
ENTITY MUX4 IS
  PORT(DATA0,DATA1,DATA2,DATA3:IN STD_LOGIC_VECTOR(3 DOWNTO 0);
       A,B:IN STD_LOGIC;
       Y:OUT STD_LOGIC_VECTOR(3 DOWNTO 0));
END ENTITY MUX4;
ARCHITECTURE ART OF MUX4 IS
  SIGNAL SEL:STD_LOGIC_VECTOR(1 DOWNTO 0);
BEGIN
 SEL<=B&A;
 PROCESS(SEL)
 BEGIN
     IF (SEL="00") THEN
       Y<=DATA0;
     ELSIF(SEL="01") THEN
       Y<=DATA1;
     ELSIF(SEL="10") THEN
       Y<=DATA2;
     ELSE
       Y<=DATA3;
     END IF;
 END PROCESS;
ARCHITECTURE ART;
```

例 6.6 中的四选一选择器是用 IF 语句描述的，程序中的 ELSE 项作为余下的条件将选择 INPUT(3)从 Y 端输出，这种描述比较安全。当然，不用 ELSE 项也可以，这时必须列出 SEL 的所有可能出现的情况，加以一一确认。在进程中使用 CASE 语句会更清晰易读。例 6.7 就是用 CASE 语句描述的四选一选择器。

【例 6.7】 设计一个四选一的多路选择器的 VHDL 程序(使用 CASE 语句)。

```
--MUX4.VHD
LIBRARY IEEE;
USE IEEE.STD_LOGIC_1164.ALL;
ENTITY MUX4 IS
  PORT(DATA0,DATA1,DATA2,DATA3:IN STD_LOGIC_VECTOR(3 DOWNTO 0);
       A,B:IN STD_LOGIC;
       Y:OUT STD_LOGIC_VECTOR(3 DOWNTO 0));
END ENTITY MUX4;
ARCHITECTURE ART OF MUX4 IS
  SIGNAL SEL:STD_LOGIC_VECTOR(1 DOWNTO 0);
  BEGIN
  SEL<=B&A;
  PROCESS(SEL)
    BEGIN
    CASE SEL IS
      WHEN "00"=>Y<=DATA0;
      WHEN "01"=>Y<=DATA1;
      WHEN "10"=>Y<=DATA2;
      WHEN "11"=>Y<=DATA3;
      WHEN OTHERS =>Y<=NULL;
    END CASE;
  END PROCESS;
END ARCHITECTURE ART;
```

【例 6.8】 设计一个四选一的多路选择器的 VHDL 程序(使用 WHEN-ELSE 并行条件赋值语句)。

```
--MUX4.VHD
LIBRARY IEEE;
USE IEEE.STD_LOGIC_1164.ALL;
ENTITY MUX4 IS
  PORT(DATA0,DATA1,DATA2,DATA3:IN STD_LOGIC_VECTOR(3 DOWNTO 0);
       A,B:IN STD_LOGIC;
       Y:OUT STD_LOGIC_VECTOR(3 DOWNTO 0));
END ENTITY MUX4;
ARCHITECTURE ART OF MUX4 IS
```

```
    SIGNAL SEL : STD_LOGIC_VECTOR(1 DOWNTO 0);
  BEGIN
      SEL<=B&A;
      Y<= DATA0   WHEN SEL="00"   ELSE
          DATA1   WHEN SEL="01"   ELSE
          DATA2   WHEN SEL="10"   ELSE
          DATA3   WHEN SEL="11"   ELSE
          '0' ;
  END ARCHITECTURE ART ;
```

6.4　译码器的设计

译码器是把输入的数码解出其对应的数码，如果有 N 个二进制选择线，则最多可以译码转换成 2N 个数据。译码器也经常被应用在地址总线或用做电路的控制线。像只读存储器(ROM)便利用了译码器来进行地址选址的工作。

3-8 译码器是最常用的一种小规模集成电路。3-8 译码器外部端口示意图如图 6-4 所示。它有 3 个二进制输入端 A、B、C 和 8 个译码输出端 Y0～Y7。对输入 A、B、C 的值进行译码，就可以确定输出端 Y0～Y7 的哪一个输出端变为有效(低电平)，从而达到译码的目的。另外为方便译码器的控制或便于将来扩充用，在设计时常常会增加一个 EN 使能输入脚。3-8 译码器的真值表如表 6-3 所示。有了真值表，就可以直接用查表法来设计了。

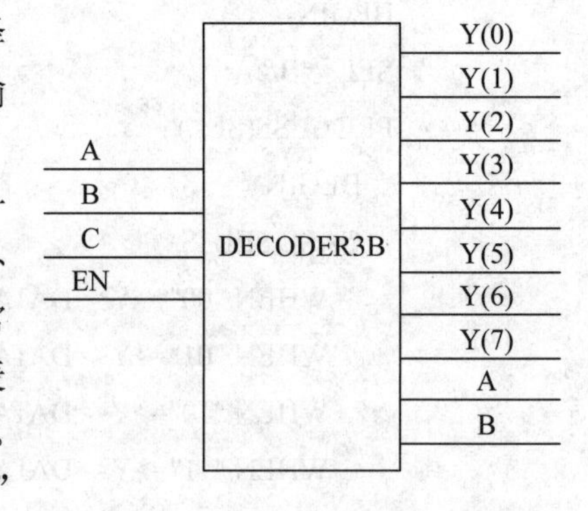

图 6-4　3-8 译码器外部端口示意图

在 VHDL 中，“WITH…SELECT”，“CASE…WHEN”及“WHEN…ELSE”这类指令都是执行查表或对应动作的能手。

表 6-3　3-8 译码器的真值表

使能	二进制输入端			译码输出端							
EN	C	B	A	Y0	Y1	Y2	Y3	Y4	Y5	Y6	Y7
0	x	x	x	1	1	1	1	1	1	1	1
1	0	0	0	0	1	1	1	1	1	1	1
1	0	0	1	1	0	1	1	1	1	1	1
1	0	1	0	1	1	0	1	1	1	1	1
1	0	1	1	1	1	1	0	1	1	1	1
1	1	0	0	1	1	1	1	0	1	1	1
1	1	0	1	1	1	1	1	1	0	1	1
1	1	1	0	1	1	1	1	1	1	0	1
1	1	1	1	1	1	1	1	1	1	1	0

【例 6.9】 用 VHDL 设计一个 3-8 译码器(用“CASE…WHEN”语句)。

```
--DECODER38.VHD
LIBRARY IEEE;
USE IEEE.STD_LOGIC_1164.ALL;
ENTITY DECODER38 IS
   PORT (A,B,C, EN : IN    STD_LOGIC;
          Y : OUT STD_LOGIC_VECTOR(7 DOWNTO 0));
END DECODER38 ;
ARCHITECTURE RTL OF DECODER38 IS
  SIGNAL INDATA :STD_LOGIC_VECTOR(2 DOWNTO 0);
  BEGIN
  INDATA<=C&B&A;
  PROCESS (INDATA,EN)
    BEGIN
    IF (EN='1')THEN
      CASE INDATA IS
        WHEN "000" =>Y<="11111110";
        WHEN "001" =>Y<="11111101";
        WHEN "010" =>Y<="11111011";
        WHEN "011" =>Y<="11110111";
        WHEN "100" =>Y<="11101111";
        WHEN "101" =>Y<="11011111";
        WHEN "110" =>Y<="10111111";
        WHEN "111" =>Y<="01111111";
        WHEN OTHERS=>Y<=NULL;
      END CASE;
     ELSE
      Y<="11111111";
    END IF;
  END PROCESS;
END RTL;
```

【例 6.10】 用 VHDL 设计一个 3-8 译码器(用“WITH…SELECT”语句)。

```
LIBRARY   IEEE;
USE IEEE.STD_LOGIC_1164.All;
ENTITY   DECODER38   IS
  PORT (A,B,C, EN : IN STD_LOGIC;
          Y : OUT STD_LOGIC_VECTOR(7 DOWNTO 0));
END DECODER38;
ARCHITECTURE RTL OF DECODER38   IS
```

```
        SIGNAL INDATA :STD_LOGIC_VECTOR(3 DOWNTO 0);
        BEGIN
        INDATA<=EN&C&B&A;     --将 EN,A,B,C 合并成序列的一种写法
        WITH   INDATA   SELECT
          Y<="11111110" WHEN "1000",
               "11111101" WHEN "1001",
               "11111011" WHEN "1010",
               "11110111" WHEN "1011",
               "11101111" WHEN "1100",
               "11011111" WHEN "1101",
               "10111111" WHEN "1110",
               "01111111" WHEN "1111",
               "11111111" WHEN OTHERS;
      END   RTL;
```

本节中用到的两种描述语句，“WITH…SELECT”是并行同时性语句，“CASE…WHEN”是与其功能相同的顺序性语句。读者在使用时一定要先确定需要的是顺序性语句还是并行性语句，否则程序在编译时会发生错误。

6.5 编码器的设计

编码器是将 2^N 个分离的信息代码以 N 个二进制码来表示。它的功能和译码器正好相反。编码器常常运用于影音压缩或通信方面，以达到精简传输量的目的。可以将编码器看成压缩电路，译码器看成解压缩电路。传送数据前先用编码器压缩数据后再传送出去；在接收端则由译码器将数据解压缩，还原其原来的数据。这样，在传送过程中，就可以以 N 个数码来代替 2^N 个数码的数据量，来提升传输效率。

6.5.1 一般编码器的设计

如果没有特别说明，各编码输入端无优先区别。图 6-5 是 8-3 编码器的外部端口图。有了外部端口图，就能够做 ENTITY 的定义；再根据编码器的真值表(见表 6-4)，使用查表法就可以轻松描述结构体了。

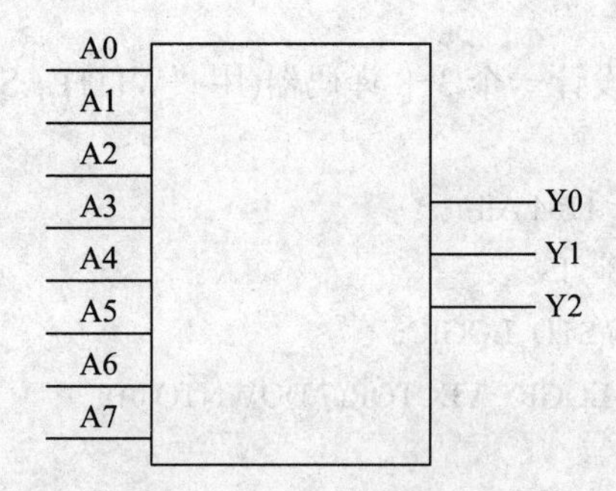

图 6-5 8-3 编码器外部端口图

表 6-4　8-3 编码器的真值表

输入								二进制编码输出		
A7	A6	A5	A4	A3	A2	A1	A0	Y2	Y1	Y0
1	1	1	1	1	1	1	0	1	1	1
1	1	1	1	1	1	0	1	1	1	0
1	1	1	1	1	0	1	1	1	0	1
1	1	1	1	0	1	1	1	1	0	0
1	1	1	0	1	1	1	1	0	1	1
1	1	0	1	1	1	1	1	0	1	0
1	0	1	1	1	1	1	1	0	0	1
0	1	1	1	1	1	1	1	0	0	0

【例 6.11】 用 VHDL 设计一个 8-3 编码器。

```
--CH_8_3.VHD
LIBRARY IEEE;
USE IEEE.STD_LOGIC_1164.ALL;
ENTITY CH_8_3 IS
  PORT (A: IN STD_LOGIC_VECTOR(7 DOWNTO 0);
        Y: OUT STD_LOGIC_VECTOR(2 DOWNTO 0));
END CH_8_3;
ARCHITECTURE RTL OF CH_8_3 IS
  BEGIN
  WITH A SELECT
    Y<="000" WHEN "11111110",
        "001" WHEN "11111101",
        "010" WHEN "11111011",
        "011" WHEN "11110111",
        "100" WHEN "11101111",
        "101" WHEN "11011111",
        "110" WHEN "10111111",
        "111" WHEN "01111111",
        "000" WHEN OTHERS;
END  RTL;
```

6.5.2 优先级编码器的设计

优先级编码器常用于中断的优先级控制。例如，74LS148 是一个 8 输入端，3 位二进制码输出的优先级编码器。当其某一个输入有效时，就可以输出一个对应的 3 位二进制编码。另外，当同时有几个输入有效时，将输入优先级最高的那个输入所对应的二进制编码。

该优先级编码器的真值表如表 6-5 所示。表中的“X”项表示任意项，它可以是 0，也

可以是 1。INPUT(0)的优先级最高，INPUT(7)的优先级最低。

表 6-5　优先级编码器真值表

输　入								二进制编码输出		
INPUT(7)	INPUT(6)	INPUT(5)	INPUT(4)	INPUT(3)	INPUT(2)	INPUT(1)	INPUT(0)	Y2	Y1	Y0
X	X	X	X	X	X	X	0	1	1	1
X	X	X	X	X	X	0	1	1	1	0
X	X	X	X	X	0	1	1	1	0	1
X	X	X	X	0	1	1	1	1	0	0
X	X	X	0	1	1	1	1	0	1	1
X	X	0	1	1	1	1	1	0	1	0
X	0	1	1	1	1	1	1	0	0	1
X	1	1	1	1	1	1	1	0	0	0

【例 6.12】 用 VHDL 设计一个 8-3 优先级编码器。

```
-- CH8_3.VHD
LIBRARY   IEEE;
USE IEEE.STD_LOGIC_1164.ALL;
ENTITY CH8_3 IS
  PORT (INPUT: IN STD_LOGIC_VECTOR(7 DOWNTO 0);
        Y: OUT STD_LOGIC_VECTOR(2 DOWNTO 0));
END CH8_3;
ARCHITECTURE RTL OF CH8_3 IS
  BEGIN
  PROCESS(INPUT)
    BEGIN
    IF (INPUT(0)='0') THEN
      Y<="111";
    ELSIF (INPUT(1)='0') THEN
      Y<="110";
    ELSIF (INPUT(2)='0') THEN
      Y<="101";
    ELSIF (INPUT(3)='0') THEN
      Y<="100";
    ELSIF (INPUT(4)='0') THEN
      Y<="011";
    ELSIF (INPUT(5)='0') THEN
      Y<="010";
    ELSIF (INPUT(6)='0') THEN
```

```
      Y<="001";
    ELSIF
      Y<="000";
    END IF;
  END PROCESS;
END RTL;
```

6.6　寄存器的设计

寄存(锁存)器是一种重要的数字电路部件，常用来暂时存放指令、参与运算的数据或运算结果等。它是数字测量和数字控制中常用的部件，是计算机的主要部件之一。寄存器的主要组成部分是具有记忆功能的双稳态触发器。一个触发器可以储存一位二进制代码，要储存 N 位二进制代码，就要有 N 个触发器。寄存器从功能上说，通常可分为数码寄存器和移位寄存器两种。

6.6.1　数码寄存器的设计

数码寄存器用于寄存一组二进制代码，广泛用于各类数字系统。下面给出一个 8 位寄存器的 VHDL 描述。

【例 6.13】 用 VHDL 设计一个 8 位的数码寄存器。

```
--REG.VHD
LIBRARY IEEE;
USE IEEE.STD_LOGIC_1164.ALL;
ENTITY REG IS
  PORT(D:IN STD_LOGIC_VECTOR(7 TO 0);
        CLK:IN STD_LOGIC;
        Q:OUT STD_LOGIC_VECTOR(7 TO 0));
END ENTITY REG;
ARCHITECTURE ART OF REG IS
  BEGIN
  PROCESS(CLK) IS
    BEGIN
    IF(CLK'EVENT AND CLK='1')THEN
      Q<=D;
    END IF;
  END PROCESS;
END ARCHITECTURE ART;
```

6.6.2　移位寄存器的设计

移位寄存器除了具有存储代码的功能以外，还具有移位功能。所谓移位功能，是指寄

存器里存储的代码能在移位脉冲的作用下依次左移或右移。因此，移位寄存器不但可以用来寄存代码，还可用来实现数据的串并转换、数值的运算以及数据处理等。下面给出一个 8 位的移位寄存器，其具有左移一位或右移一位、并行输入和同步复位的功能。

【例 6.14】 用 VHDL 设计一个 8 位的移位寄存器，使其具有左移一位或右移一位、并行输入和同步复位的功能。

```
--SHIFT_REG.VHD
LIBRARY IEEE;
USE IEEE.STD_LOGIC_1164.ALL;
ENTITY SHIFT_REG IS
  PORT(DATA:IN STD_LOGIC_VECTOR(7 DOWNTO 0);
       CLK:IN STD_LOGIC;
       SHIFT_LEFT,SHIFT_RIGHT:IN STD_LOGIC;
       RESET:IN STD_LOGIC;
       MODE:IN STD_LOGIC_VECTOR(1 DOWNTO 0);
       QOUT:BUFFER STD_LOGIC_VECTOR(7 DOWNTO 0));
END ENTITY SHIFT_REG;
ARCHITECTURE ART OF SHIFT_REG IS
  BEGIN
  PROCESS IS
    BEGIN
    WAIT UNTIL(RISING_EDGE(CLK));
    IF(RESET='1')THEN
      QOUT<="00000000";
    ELSE   --同步复位功能的实现
      CASE MODE IS
        WHEN "01"=>QOUT<=SHIFT_RIGHT&QOUT(7 DOWNTO 1);      --右移一位
        WHEN "10"=>QOUT<=QOUT(6 DOWNTO 0)&SHIFT_LEFT;       --左移一位
        WHEN "11"=>QOUT<=DATA;                              --并行输入
        WHEN OTHERS=>NULL;
      END CASE;
    END IF;
  END PROCESS;
END ARCHITECTURE ART;
```

6.6.3 并行加载移位寄存器的设计

在 TTL 手册中的 74LS166 是一个带清零端的 8 位并行加载的移位寄存器，其引脚图及逻辑图如图 6-6 所示。

图中各引脚的名称和功能如下：

A～H：8 位并行数据输入端。

SER：串行数据输入端。

QH：串行数据输出端。

CLK：时钟信号输入端。

CLK INH：时钟信号禁止(FE)端。

SH/LD：移位加载控制(SL)端。

CLR：清零端。

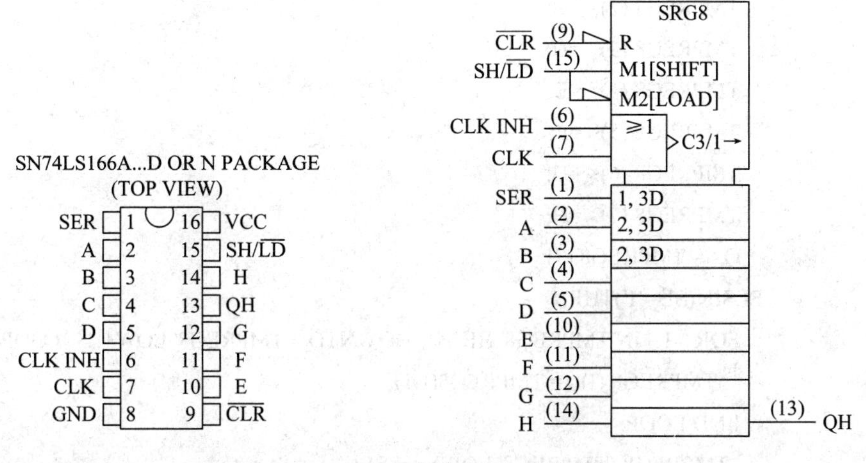

图 6-6　74LS166 的引脚图及逻辑图

当清零输入端 CLR 为 0 时，8 个触发器的输出均为 0，从而使输出 Q 为 0。CLK INH 是时钟禁止端，当它为 1 时将禁止时钟，即不管时钟信号如何变化，移位寄存器的状态不发生改变。另外，时钟信号只在上升沿时才有效，且 CLK INH 为 0。当控制端 SH/LD= 1 时是移位状态，在时钟脉冲上升沿的控制下右移；当 SH/LD = 0 时是加载状态，在时钟脉冲上升沿的作用下，数据输入端 A～H 的信号就是装载到移位寄存器的 QA～QH。根据上述描述，就可以用 VHDL 语言编写出描述 74166 功能的程序。

【例 6.15】 用 VHDL 设计的带清零端的 8 位并行加载的移位寄存器 74LS166。

```
-- SREG8PARLWCLR.VHD
LIBRARY   IEEE;
USE   IEEE.STD _LOGIC _ 1164. ALL;
ENTITY   SREG8PARLWCLR IS
  PORT(CLR, SL, FE, CLK, SER: IN STD_ LOGIC;
       A, B, C, D, E, F, G, H: IN STD_ LOGIC;
       Q: OUT STD_ LOGIC);
END   SREG8PARLWCLR;
ARCHITECTURE   BEHAV   OF   SREG8PARLWCLR   IS
  SIGNAL   TMPREG8: STD _ LOGIC _ VECTOR (7 DOWNTO O);
  BEGIN
  PROCESS (CLK, SL, FE, CLR)
    IF (CLR= '0') THEN
```

```
          TMPREG8<= "00000000";
          Q<= TMPREG8 (7);
      ELSIF (CLK'EVENT) AND (CLK= '1') AND (FE = '0')THEN
          IF (SL= '0') THEN
            TMPREG8 (0)<=A;
            TMPREG8 (1)<=B;
            TMPREG8 (2)<=C;
            TMPREG8 (3)<=D;
            TMPREG8 (4)<=E;
            TMPREG8 (5)<=F;
            TMPREG8 (6)<=G;
            TMPREG8 (7)<=H;
            Q<= TMPREG8 (7);
          ELSIF (SL ='1')THEN
            FOR  I  IN TMPREG8' HIGH   DOWNTO   TMPREG8' LOW+ 1   LOOP
               TMPREG8 (I)<= TMPREG8(I-1);
            END LOOP;
             TMPREG8 (TMPREG8' LOW) <= SE;
             Q<= TMPREG8 (7);
        END  IF;
      END  IF;
    END   PROCESS;
  END BEHAV;
```

6.7　存储器的设计

半导体存储器的种类很多，从功能上可以分为只读存储器(READ_ONLY MEMORY，简称 ROM)和随机存储器(RANDOM ACCESS MEMORY，简称 RAM)两大类。

6.7.1　只读存储器 ROM 的设计

只读存储器在正常工作时从中读取数据，不能快速地修改或重新写入数，适用于存储固定数据的场合。下面是一个容量为 256 × 4 的 ROM 存储的例子，该 ROM 有 8 位地址线 ADR(0)～ADR(7)，4 位数据输出线 DOUT(0)～DOUT(3)及使能 EN，如图 6-7 所示。

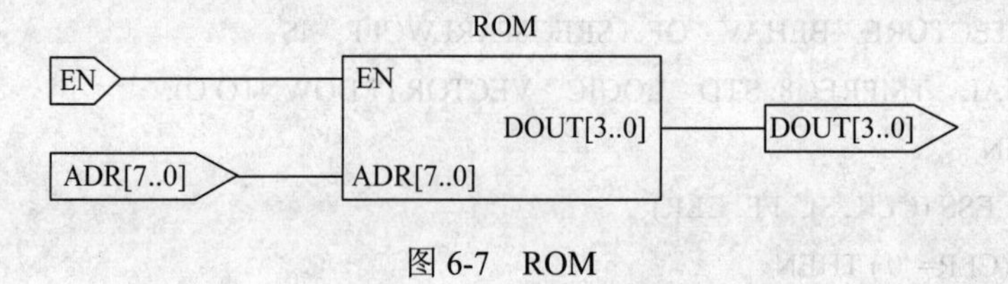

图 6-7　ROM

【例 6.16】 用 VHDL 设计一个容量为 256 × 4 的 ROM 存储的例子。该 ROM 有 8 位地址线 ADR(0)～ADR(7)，4 位数据输出线 DOUT(0)～DOUT(3)及使能 EN。

```
-- ROM.VHD
LIBRARY  IEEE;
USE  IEEE.STD_LOGIC_1164.ALL;
USE  IEEE.STD_LOGIC_UNSIGNED.ALL;
USE  STD.TEXTIO.ALL;
ENTITY ROM  IS
   PORT(EN : IN  STD_LOGIC ;
        ADR : IN  STD_LOGIC_VECTOR(7  DOWNTO  0) ;
        DOUT: OUT  STD_LOGIC_VECTOR(3  DOWNTO  0));
END ENTITY ROM;
ARCHITECTURE  ART  OF  ROM  IS
   SUBTYPE  WORD  IS  STD_LOGIC_VECTOR(3  DOWNTO  0);
   TYPE  MEMORY  IS  ARRAY(0  TO  255) OF WORD;
   SIGNAL  ADR_IN: INTEGER  RANGE  0  TO  255;
   VARIABLE  ROM: MEMORY;
   VARIABLE  START_UP: BOOLEAN: =TRUE;
   VARIABLE  L: LINE;
   VARIABLE  J: INTEGER;
    FILE  ROMIN: TEXT  IS  IN "ROMIN";
    BEGIN
    PROCESS(EN, ADR) IS
      BEGIN
      IF  START_UP  THEN                        --初始化开始
        FOR  J  IN  ROM'RANGE  LOOP
          READLINE(ROMIN, 1);
          READ(1, ROM(J));
        END  LOOP;
        START_UP: =FALSE;                       --初始化结束
      END  IF;
      ADR_IN<=CONV_INTEGER(ADR);                --将向量转化成整数
  IF(EN='1')THEN
    DOUT<=ROM(ADR_IN);
  ELSE
    DOUT<="ZZZZ";
  END  IF;
END  PROCESS;
END ARCHITECTURE ART;
```

6.7.2　读写存储器 SRAM 的设计

RAM 和 ROM 的主要区别在于 RAM 描述上有读和写两种操作，而且在读写上对时间有较严格的要求。下面给出一个 8 × 8 位的双口 SRAM 的 VHDL 描述实例，如图 6-8 所示。

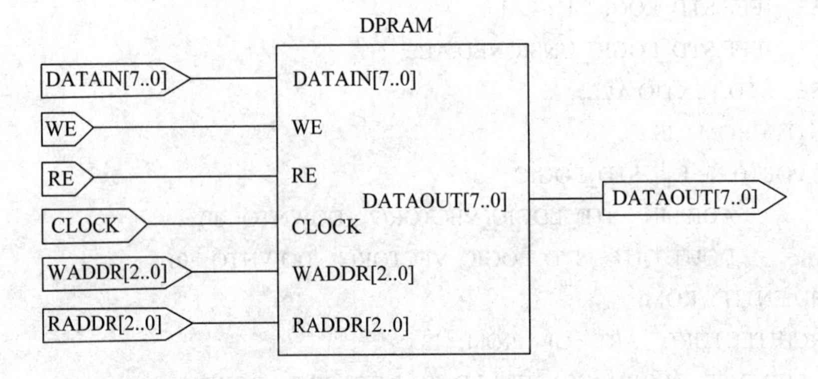

图 6-8　双口 SRAM

【例 6.17】 用 VHDL 设计一个 8 × 8 位的双口 SRAM。

```
--DPRAM.VHD
LIBRARY IEEE;
USE IEEE.STD_LOGIC_1164.ALL;
USE IEEE.STD_LOGIC_ARITH.ALL;
USE IEEE.STD_LOGIC_UNSIGNED.ALL;
ENTITY DPRAM IS
  GENERIC(WIDTH:INTEGER: =8;
          DEPTH:INTEGER: =8;
          ADDER:INTEGER: =3);
  PORT(DATAIN:IN STD_LOGIC_VECTOR(WIDTH-1 DOWNTO 0);
       DATAOUT:OUT STD_LOGIC_VECTOR(WIDTH-1 DOWNTO 0);
       CLOCK:IN STD_LOGIC;
       WE,RE:IN STD_LOGIC;
       WADD:IN STD_LOGIC_VECTOR(ADDER-1 DOWNTO 0);
       RADD:IN STD_LOGIC_VECTOR(ADDER-1 DOWNTO 0));
END ENTITY DPRAM;
ARCHITECTURE ART OF DPRAM IS
  TYPE MEM IS ARRAY(DEPTH-1 TO 0) OF
    STD_LOGIC_VECTOR(WIDTH-1 DOWNTO 0);
  SIGNAL RAMTMP:MEM;
  BEGIN
  --写进程
  PROCESS(CLOCK) IS
```

```
    BEGIN
    IF (CLOCK'EVENT AND CLOCK='1') THEN
      IF(WE='1')THEN
        RAMTMP(CONV_INTEGER(WADD))<=DATAIN;
      END IF;
    END IF;
  END PROCESS;
  --读进程
  PROCESS(CLOCK) IS
    BEGIN
    IF(CLOCK'EVENT AND CLOCK='1')THEN
      IF (RE='1') THEN
        DATAOUT<=RAMTMP(CONV_INTEGER(RADD));
      END IF;
    END IF;
  END PROCESS;
END ARCHITECTURE ART;
```

6.7.3 FIFO 的 VHDL 设计

```
-- REG_FIFO.VHD
LIBRARY IEEE;
USE IEEE.STD_LOGIC_1164.ALL;
USE IEEE.STD_LOGIC_ARITH.ALL;
USE IEEE.STD_LOGIC_UNSIGNED.ALL;
ENTITY REG_FIFO IS
   GENERIC(WIDTH:INTEGER:=8;
           DEPTH:INTEGER:=8;
            ADDR:INTEGER:=3);
   PORT(DATAIN:IN STD_LOGIC_VECTOR(WIDTH-1 DOWNTO 0);
     DATAOUT:OUT STD_LOGIC_VECTOR(WIDTH-1 DOWNTO 0);
     ACLR:IN STD_LOGIC;
     CLOCK:IN STD_LOGIC;
     WE:IN STD_LOGIC;
     RE:IN STD_LOGIC;
     FF:OUT STD_LOGIC;--满标志
     EF:OUT STD_LOGIC);--空标志
END ENTITY REG_FIFO;

ARCHITECTURE ART OF REG_FIFO IS
```

```
    TYPE MEM IS ARRAY(DEPTH-1 DOWNTO 0) OF STD_LOGIC_VECTOR(WIDTH-1
DOWNTO 0);
    SIGNAL RAMTMP:MEM;
    SIGNAL WADD:STD_LOGIC_VECTOR(ADDR-1 DOWNTO 0);
    SIGNAL RADD:STD_LOGIC_VECTOR(ADDR-1 DOWNTO 0);
    --SIGNAL WORDS:STD_LOGIC_VECTOR(ADDR-1 DOWNTO 0);
    SIGNAL W,W1,R,R1:INTEGER RANGE 0 TO 8;

    BEGIN
  --写指针修改进程
  WRITE_POINTER:PROCESS(ACLR,CLOCK) IS
  BEGIN
    IF (ACLR='0') THEN
      WADD<=(OTHERS=>'0');
    ELSIF (CLOCK'EVENT AND CLOCK='1') THEN
       IF (WE='1') THEN
          --IF (WADD=WORDS) THEN
          IF (WADD=7) THEN
             WADD<=(OTHERS=>'0');
          ELSE
              WADD<=WADD+'1';
          END IF;
       END IF;
    END IF;
    W<=CONV_INTEGER(WADD);
    W1<=W-1;
  END PROCESS WRITE_POINTER;
  --写操作进程
  WRITE_RAM:PROCESS(CLOCK) IS
  BEGIN
     IF (CLOCK'EVENT AND CLOCK='1') THEN
        IF (WE='1') THEN
              RAMTMP(CONV_INTEGER(WADD))<=DATAIN;
        END IF;
     END IF;
  END PROCESS WRITE_RAM;
  --读指针修改
  READ_POINIER:PROCESS(ACLR,CLOCK) IS
```

```
BEGIN
    IF (ACLR='0') THEN
        RADD<=(OTHERS=>'0');
    ELSIF (CLOCK'EVENT AND CLOCK='1') THEN
      IF (RE='1') THEN
        --IF (RADD=WORDS) THEN
        IF (RADD=7) THEN
             RADD<=(OTHERS=>'0');
        ELSE
             RADD<=RADD+'1';
        END IF;
      END IF;
    END IF;
    R<=CONV_INTEGER(RADD);
    R1<=R-1;
END PROCESS READ_POINIER;
--读操作进程
READ_RAM:PROCESS(CLOCK)
BEGIN
    IF (CLOCK'EVENT AND CLOCK='1') THEN
        IF (RE='1') THEN
            DATAOUT<=RAMTMP(CONV_INTEGER(RADD));
        END IF;
    END IF;
END PROCESS READ_RAM;
--产生满标志进程
FFLAG:PROCESS(ACLR,CLOCK)
BEGIN
    IF (ACLR='0') THEN
         FF<='0';
    ELSIF (CLOCK'EVENT AND CLOCK='1') THEN
      IF (WE='1' AND RE='0') THEN
         --IF ((WADD=RADD-1) OR ((WADD=DEPTH-1) AND (RADD=0))) THEN
         IF(W=R1)OR((WADD=CONV_STD_LOGIC_VECTOR(DEPTH-1,3))    AND   (RADD =
"000")) THEN
            FF<='1';
         END IF;
      ELSE
            FF<='0';
```

```
            END IF;
        END IF;
    END PROCESS FFLAG;
    --产生空标志进程
    EFLAG:PROCESS(ACLR,CLOCK)
     BEGIN
        IF (ACLR='0') THEN
             EF<='0';
        ELSIF (CLOCK'EVENT AND CLOCK='1') THEN
            IF (RE='1' AND WE='0') THEN
                --IF ((WADD=RADD+1) OR ((RADD=DEPTH-1)AND(WADD=0))) THEN
                IF(R=W1)OR((RADD=CONV_STD_LOGIC_VECTOR(DEPTH-1, 3))   AND  (WADD =
"000")) THEN
                    EF<='1';
                END IF;
            ELSE
                    EF<='0';
            END IF;
        END IF;
    END PROCESS EFLAG;
    END ARCHITECTURE ART;
```

6.8　输入电路的设计

6.8.1　键盘扫描电路的设计

计算机控制系统中，数据和控制信号的输入主要使用键盘。下面给出一个键盘扫描电路的 VHDL 描述。

【例 6.18】 用 VHDL 设计一个键盘扫描电路。

```
    -- KSCAN.VHD
    LIBRARY   IEEE;
    USE   IEEE.STD_LOGIC_1164.ALL;
    USE   IEEE.STD_LOGIC_UNSIGNED.ALL;
    USE   IEEE.STD_LOGIC_ARITH.ALL;
    ENTITY   KSCAN   IS
    PORT(CLK:   IN STD_LOGIC;
         KIN1,KIN2  :   IN STD_LOGIC;
         LEDA,LEDB,LEDC:   OUT STD_LOGIC;
         LEDD: OUT STD_LOGIC_VECTOR(7 DOWNTO 0));
```

```
END    KSCAN;
ARCHITECTURE    HAV    OF    KSCAN    IS
  SIGNAL    SEG: STD_LOGIC_VECTOR(7 DOWNTO 0);
  SIGNAL    SEL: STD_LOGIC_VECTOR(2 DOWNTO 0);
  SIGNAL KNUM: STD_LOGIC_VECTOR(3 DOWNTO 0);
  SIGNAL COUNT: STD_LOGIC_VECTOR(4 DOWNTO 0);
  SIGNAL COUNT0: STD_LOGIC;
  BEGIN
  LEDD<=SEG;
  PROCESS(CLK)
     BEGIN
      IF    CLK'EVENT AND CLK='1' THEN
         COUNT<=COUNT+1;
      END    IF;
  END    PROCESS;
  COUNT0<=COUNT(0);
  PROCESS(COUNT0, COUNT, KIN1, KIN2)
    BEGIN
    IF    COUNT0'EVENT    AND    COUNT0='1' THEN
       IF (KIN2='0')    AND    COUNT(1)= '0' THEN
             KNUM<='1' & COUNT(4 DOWNTO 2);
          ELSIF (KIN1='0')    AND    COUNT(1)= '0' THEN
            KNUM<='0'    &    COUNT (4 DOWNTO 2);
         END    IF;
    END    IF;
  END    PROCESS;
  SEL<=COUNT (4 DOWNTO 2);
  PROCESS(KNUM)
    BEGIN
    CASE    KNUM    IS
        WHEN "0000" => SEG<="00111111";
        WHEN "0001" => SEG<="00000110";
        WHEN "0010" => SEG<="01011011";
        WHEN "0011" => SEG<="01001111";
        WHEN "0100" => SEG<="01100110";
        WHEN "0101" => SEG<="01101101";
        WHEN "0110" => SEG<="01111101";
        WHEN "0111" => SEG<="00000111";
        WHEN "1000" => SEG<="01111111";
```

```
            WHEN "1001" => SEG<="01101111";
            WHEN "1010" => SEG<="01110111";
            WHEN "1011" => SEG<="01111100";
            WHEN "1100" => SEG<="00111001";
            WHEN "1101" => SEG<="01011110";
            WHEN "1110" => SEG<="01111001";
            WHEN "1111" => SEG<="01110001";
            WHEN OTHERS => SEG<="00000000";
        END   CASE;
    END PROCESS;
    LEDA<=SEL(0);
    LEDB<=SEL(1);
    LEDC<=SEL(2);
  END HAV;
```

6.8.2　键盘接口电路的设计

PS/2 键盘接口通常使用专用芯片实现。由于 PS/2 键盘或鼠标串行输出信号速度较高，普通单片机无法接收，因此利用 VHDL 在目标器件 FPGA/CPLD 上实现一个键码接收部分。PS/2 接口的键盘每按下一个键，该键的扫描码即以十六进制形式显示在数码管上。以下为接收 PS/2 键盘信号的 VHDL 逻辑描述。

【例 6.19】 用 VHDL 设计一个接收 PS/2 键盘信号的接口电路。

```
-- KB2PCL.VHD
LIBRARY   IEEE;
USE   IEEE.STD_LOG1C_1164.ALL;
ENTITY   KB2PCL   IS
PORT (SYSCLK: IN   STD_LOGIC; RESET: IN   STD_LOGIC;
           KBCLK: IN   STD_LOGIC; KBDATA: IN   STD_LOGIC;
           PDATA: OUT   STD_LOGIC_VECTOR(7   DOWNTO   0);
           PARITY: OUT   STD_LOGIC; DTOE: BUFFER   STD_LOGIC);
END   KB2PC1;
ARCHITECTURE   ONE   OF   KB2PC1   IS
  SIGNAL   COSTATE：STD_LOGIC_VECTOR(1   DOWNTO   0);
  SIGNAL   SPDATA：STD_LOGIC_VECTOR(8   DOWNTO   0);
  SIGNAL   START，SWTO02，RECVEN：STD_LOGIC;
  SIGNAL   CNT8：INTEGER   RANGE   0   TO   15;
  BEGIN
  SLRL: PROCESS(RESET, KBCLK, KBDATA, STAFF, COSTATE)
    BEGIN
    IF   RESET = '1'   THEN
```

```
      START <= '0';
    ELSIF  KBCLK' EVENT  AND  KBCLK = '0'  THEN
      IF  COSTATE = "00"  AND  KBDATA = '0'  THEN
        STAFF <= '1';
      END  IF;
    END  IF;
END  PROCESS;
STR2: PROCESS(RESET, KBCLK, KBDATA, STAFF, COSTATE)
    BEGIN
    IF  RESET ='1'  THEN
      SWTO02 <='0';
    ELSIF  KBCLK' EVENT  AND  KBCLK ='1'  THEN
      IF  COSTATE = "00"  AND  START = '1'  AND  KBDATA = '0'  THEN
         SWTO02 <='1';
      END  IF;
    END  IF;
END  PROCESS;
CHSTATE: PROCESS(RESET, SYSCLK, COSTATE, SWTO02)
    BEGIN
    IF  RESET ='1'  THEN
       COSTATE <="00";
    ELSIF  SYSCLK'EVENT  AND  SYSCLK ='1'  THEN
       IF  SWTO02 = '1'  THEN
           COSTATE <= "01";
        ELSIF  CNT8 = 9  THEN
           COSTATE <=  "10";
        END  IF;
    END  IF;
END  PROCESS;
RECV: PROCESS(RESET, KBCLK, KBDATA, COSTATE )
    BEGIN
    IF RESET='1'  THEN
       CNT8 <= 0; SPDATA <= "000000000";
    ELSIF  KBCLK' EVENT  AND  KBCLK = '0'  THEN
       IF  COSTATE= "01"  THEN
           IF  CNT8/=9  THEN
             SPDATA(7  DOWNTO  0 )<= SPDATA(8  DOWNTO 1);
             SPDATA(8)<= KBDATA;
             CNT8 <= CNT8 + 1;
```

```
            END  IF;
         END  IF;
      END  IF;
   END  PROCESS;
   RECVEND: PROCESS(RESET, KBCLK, RECVEN, COSTATE )
      BEGIN
      IF  RESET ='1'  THEN
         DTOE <= '0';
      ELSIF  KBCLK' EVENT  AND  KBCLK ='1'  THEN
         IF  CNT8 = 9  AND  COSTATE = "01"  THEN
            DTOE <='1';  END  IF;
      END  IF;
   END  PROCESS;
   PARITY <= SPDATA(8); PDATA <= SPDATA(7  DOWNTO  0);
END  ONE;
```

6.9 显示电路的设计

常用的显示器件有发光二极管、数码管、液晶显示器等，其中最常用的为数码管。数码管显示数据的方式有静态显示和动态显示之分。所谓静态显示，就是将被显示的数据的BCD码，通过各自的4-7/8显示译码器译码后，分别接到显示译码器的显示驱动段A～G(P)，而公共端COM则根据数码管的类型(共阴/共阳)分别接GND/VCC。动态显示，就是将被显示的数据的BCD码，按照一定的变化频率，在不同的时刻周期性地分别送到一个数据总线上，再通过一个公共的4-7/8显示译码器译码后，接到多个显示译码器的公共显示驱动段A～G(P)上，同时，在不同的时刻周期性地选通对应的数码管的公共端COM。

6.9.1 数码管静态显示电路的设计

七段数码显示器由7根显示码管组成，对每一根码管用一位二进制表示。若该数码管为共阴数码管，则该位为1时，表示此码管发光；如为0时，则表示此码管不发光；对7根码管编号。共阳数码管则正好相反。下面用一个7位二进制数表示一个七段显示器的编码，其VHDL程序段描述如下：

```
CASE  CNT4B  IS
         WHEN  0=> DOUT <= "0111111";
         WHEN  1=> DOUT <= "0000110";
    WHEN  2=> DOUT <= "1011011";
    WHEN  3=> DOUT <= "1001111";
    WHEN  4=> DOUT <= "1100110";
    WHEN  5=> DOUT <= "1101101";
    WHEN  6=> DOUT <= "1111101";
```

```
    WHEN   7=> DOUT <= "0000111";
    WHEN   8=> DOUT <= "1111111";
    WHEN   9=> DOUT <= "1101111";
    WHEN   OTHERS=> DOUT <= "0000000";
  END   CASE;
```

下面给出一个 4 位二进制加法计数器静态显示的 VHDL 程序。

【例 6.20】 用 VHDL 设计一个 4 位二进制加法计数器，并将计数结果用 7 段 LED 显示数码管进行静态显示。

```
--CNTDISPLAY.VHD
LIBRARY   IEEE;
USE   IEEE.STD_LOGIC_1164.ALL;
USE   IEEE.STD_LOGIC_UNSIGNED.ALL;
ENTITY   CNTDISPLAY   IS
  PORT (CLK：IN   STD_LOGIC;
        DOUT：OUT   STD_LOGIC_VECTOR(6   DOWNTO   0));
END   DECLED;
ARCHITECTURE   BEHAV   OF   CNTDISPLAY   IS
  SIGNAL   CNT4B：STD_LOGIC_VECTOR(3   DOWNTO   0);
  BEGIN
  PROCESS(CLK)
      BEGIN
      IF   CLK'EVENT   AND   CLK ='1' THEN
          CNT4B <= CNT4B +1;
      END   IF;
  END   PROCESS;
  PROCESS(CNT4B)
      BEGIN
      CASE   CNT4B   IS
        WHEN "0000"=> DOUT <= "0111111";
        WHEN "0001"=> DOUT <= "0000110";
        WHEN "0010"=> DOUT <= "1011011";
        WHEN "0011"=> DOUT <= "1001111";
        WHEN "0100"=> DOUT <= "1100110";
        WHEN "0101"=> DOUT <= "1101101";
        WHEN "0110"=> DOUT <= "1111101";
        WHEN "0111"=> DOUT <= "0000111";
        WHEN "1000"=> DOUT <= "1111111";
        WHEN "1001"=> DOUT <= "1101111";
        WHEN "1010"=> DOUT <= "1110111";
```

```
            WHEN "1011"=> DOUT <= "1111100";
            WHEN "1100"=> DOUT <= "0111001";
            WHEN "1101"=> DOUT <= "1011110";
            WHEN "1110"=> DOUT <= "1111001";
            WHEN "1111"=> DOUT <= "1110001";
            WHEN   OTHERS=> DOUT <= “0000000”;
        END   CASE;
    END   PROCESS;
END   BEHAV;
```

6.9.2　数码管动态显示电路的设计

下面通过一个例子来说明数据动态扫描的工作原理和 VHDL 程序的设计方法。

【例 6.21】用 VHDL 设计一个 8 位二进制并行半加器，要求将被加数、加数和加法运算的和用动态扫描的方式在共阴数码管上同时显示出来。该数据动态扫描显示电路的外围器件接线图如图 6-9 所示。动态扫描每显示完一轮的时间不超过 20 ms，每个数码管显示的时间一般控制在 1 ms。

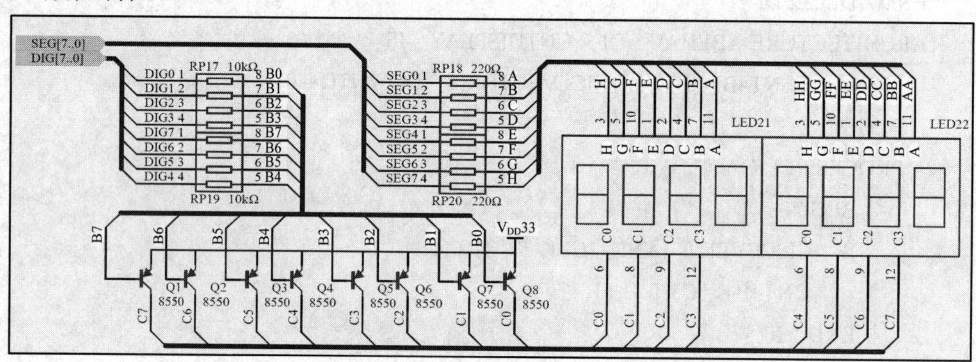

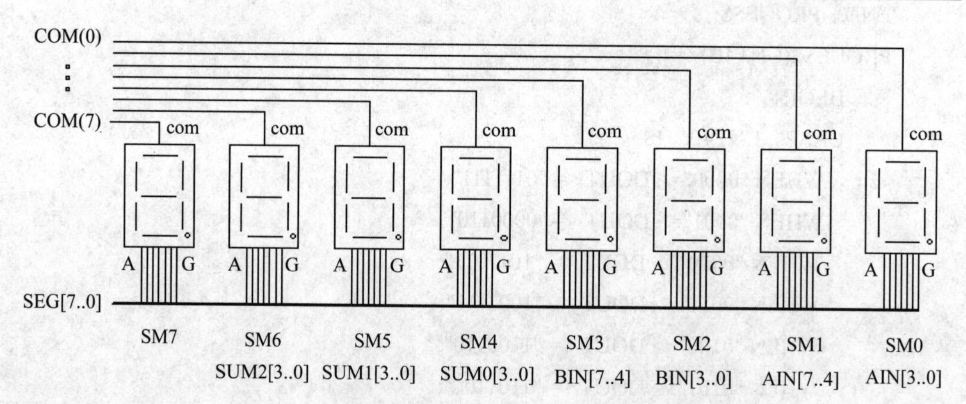

图 6-9　数据动态扫描显示电路外围器件接线图

```
--DISPLAY.VHD
LIBRARY IEEE;
USE IEEE.STD_LOGIC_1164.ALL;
USE IEEE.STD_LOGIC_UNSIGNED.ALL;
```

```
--实体说明
ENTITY DISPLAY IS
  PORT(CLK:IN STD_LOGIC;                                  --动态扫描显示时钟，24 Hz 以上
      AIN: IN STD_LOGIC_VECTOR(7 DOWNTO 0);       --8 位被加数
      BIN: IN STD_LOGIC_VECTOR(7 DOWNTO 0);       --8 位加数
      SUM0,SUM1,SUM2:OUT STD_LOGIC_VECTOR(3 DOWNTO 0);    --仿真观测输出
      COM:OUT STD_LOGIC_VECTOR(6 DOWNTO 0);   --数码管 COM 端的选择输出端
      SEG: OUT STD_LOGIC_VECTOR(7 DOWNTO 0)); --数码管 8 段显示驱动输出端
END ENTITY DISPLAY;
ARCHITECTURE ART OF DISPLAY IS
  SIGNAL AA, BB,SINT: STD_LOGIC_VECTOR(8 DOWNTO 0);
  SIGNAL CNT:STD_LOGIC_VECTOR(2 DOWNTO 0);
  SIGNAL BCD:STD_LOGIC_VECTOR(3 DOWNTO 0);
  BEGIN
    --进行运算前的准备及加法运算
    AA<='0'&AIN;
    BB<='0'&BIN;
    SINT<=AA+BB;
    SUM0<=SINT(3 DOWNTO 0);           --运算结果的仿真观测输出
    SUM1<=SINT(7 DOWNTO 4);           --运算结果的仿真观测输出
    SUM2<="000"&SINT(8);              --运算结果的仿真观测输出
    --产生动态扫描显示的控制信号
    PROCESS(CLK)
    BEGIN
    IF CLK'EVENT AND CLK='1' THEN
      IF CNT="111" THEN
         CNT<="000";
      ELSE
         CNT<=CNT+'1';
      END IF ;
   END IF;
   END PROCESS;
   PROCESS(CNT)
   BEGIN
    --显示数据的选择，对应显示数码管公共端的选通，低电平有效
    CASE CNT IS
      WHEN "000" =>BCD<=AIN(3 DOWNTO 0); COM<="1111110";
      WHEN "001" =>BCD<=AIN(7 DOWNTO 4); COM<="1111101";
      WHEN "010" =>BCD<=BIN(3 DOWNTO 0); COM<="1111011";
```

```
        WHEN "011" =>BCD<=BIN(7 DOWNTO 4); COM<="1110111";
        WHEN "100" =>BCD<=SINT(3 DOWNTO 0); COM<="1101111";
        WHEN "101" =>BCD<=SINT(7 DOWNTO 4); COM<="1011111";
        WHEN "110" =>BCD<="000"&SINT(8); COM<="0111111";
        WHEN OTHERS=>BCD<="0000"; COM<="1111111";
      END CASE;
      --将 BCD 码转换成数码管的 8 段驱动信息，高电平有效
      CASE BCD IS
        WHEN "0000" => SEG<="00111111";
        WHEN "0001" => SEG<="00000110";
        WHEN "0010" => SEG<="01011011";
        WHEN "0011" => SEG<="01001111";
        WHEN "0100" => SEG<="01100110";
        WHEN "0101" => SEG<="01101101";
        WHEN "0110" => SEG<="01111101";
        WHEN "0111" => SEG<="00000111";
        WHEN "1000" => SEG<="01111111";
        WHEN "1001" => SEG<="01101111";
        WHEN "1010" => SEG<="01110111";
        WHEN "1011" => SEG<="01111100";
        WHEN "1100" => SEG<="00111001";
        WHEN "1101" => SEG<="01011110";
        WHEN "1110" => SEG<="01111001";
        WHEN "1111" => SEG<="01110001";
        WHEN OTHERS => SEG<="00000000";
     END CASE ;
   END PROCESS;
 END ARCHITECTURE ART;
```

6.9.3　液晶显示控制电路的设计

液晶显示是一种将液晶显示器件、连接件、集成电路、PCB 线路板、背光源、结构件装配在一起的组件。下面给出一个液晶显示控制电路的 VHDL 描述。

【例 6.22】 用 VHDL 设计一个液晶显示控制电路。

```
LIBRARY   IEEE;
USE   IEEE.STD_LOGIC_1164.ALL;
ENTITY   LCD   IS
PORT(DP1, DP2, DP3: IN    STD_LOGIC;
     RS, CS1, CS2: OUT    STD_LOGIC;
     LCDE: OUT    STD_LOGIC;
```

```
        RW: OUT   STD_LOGIC);
  END  LCD;
  ARCHITECTURE  HAV  OF  LCD  IS
    BEGIN
    PROCESS(DP1, DP2, DP3)
      BEGIN
      IF(DP1="0" AND  DP2="0" AND  DP3="0") THEN
         LCDE<="1"; RS<="0"; RW<="1"; CS1<="1"; CS2<="0";
      ELSIF(DP1="0" AND  DP2="0" AND  DP3="1")THEN
         LCDE<="1"; RS<="0"; RW<="0"; CS1<="1"; CS2<="0";
      ELSIF(DP1="0" AND  DP2="1" AND  DP3="0")THEN
         LCDE<="0"; RS<="1"; RW<="1"; CS1<="1"; CS2<="0";
      ELSIF(DP1="0" AND  DP2="1" AND  DP3="1")THEN
         LCDE<="1"; RS<="1"; RW<="0"; CS1<="1"; CS2<="0";
      ELSIF(DP1="1" AND  DP2="0" AND  DP3="0")THEN
         LCDE<="1"; RS<="0"; RW<="1"; CS1<="0"; CS2<="1";
      ELSIF(DP1="1" AND  DP2="0" AND  DP3="1")THEN
         LCDE<="1"; RS<="0"; RW<="0"; CS1<="0"; CS2<="1";
      ELSIF(DP1="1" AND  DP2="1" AND  DP3="0")THEN
         LCDE<="0"; RS<="1"; RW<="1"; CS1<="0"; CS2<="1";
      ELSIF(DP1="1" AND  DP2="1" AND  DP3="1")THEN
         LCDE<="1"; RS<="1"; RW<="0"; CS1<="0"; CS2<="1";
      ELSE
         LCDE<="0"; RS<="1"; RW<="1"; CS1<="0"; CS2<="0";
      END IF;
    END  PROCESS;
  END  HAV;
```

6.10　VHDL 设计应用实例

6.10.1　状态机的 VHDL 设计

典型的状态机有摩尔(MOORE)状态机和米立(MEALY)状态机。

(1) 摩尔状态机：输出只是当前状态值的函数，并且仅在时钟边沿到来时才发生变化。

(2) 米立状态机：输出则是当前状态值、当前输出值和当前输入值的函数。

注意：对于这两类状态机，控制定序都取决于当前状态和输入信号。大多数实用的状态机都是同步的时序电路，由时钟信号触发状态转换。时钟信号同所有的边沿触发的状态寄存器和输出寄存器相连，这使得状态的改变发生在时钟的上升沿。

此外，还利用组合逻辑的传播延迟实现状态机存储功能的异步状态机，但是，这样的状态机难于设计并且容易发生故障，所以一般用同步时序状态机。

【例 6.23】 控制信号时钟 CLK 的频率取 1 Hz，而信号 TSTEN 的脉宽恰好为 1 s，可以用作闸门信号。此时，根据测频控制器时序要求，可得出信号 LOAD 和 CLR_CNT 的逻辑描述。由图 6-10 可见，在计数完成后，即计数使能信号 TSTEN 在 1 s 的高电平后，利用其反相值的上跳沿产生一个锁存信号 LOAD；0.5 s 后，CLR_CNT 产生一个清零信号上跳沿。

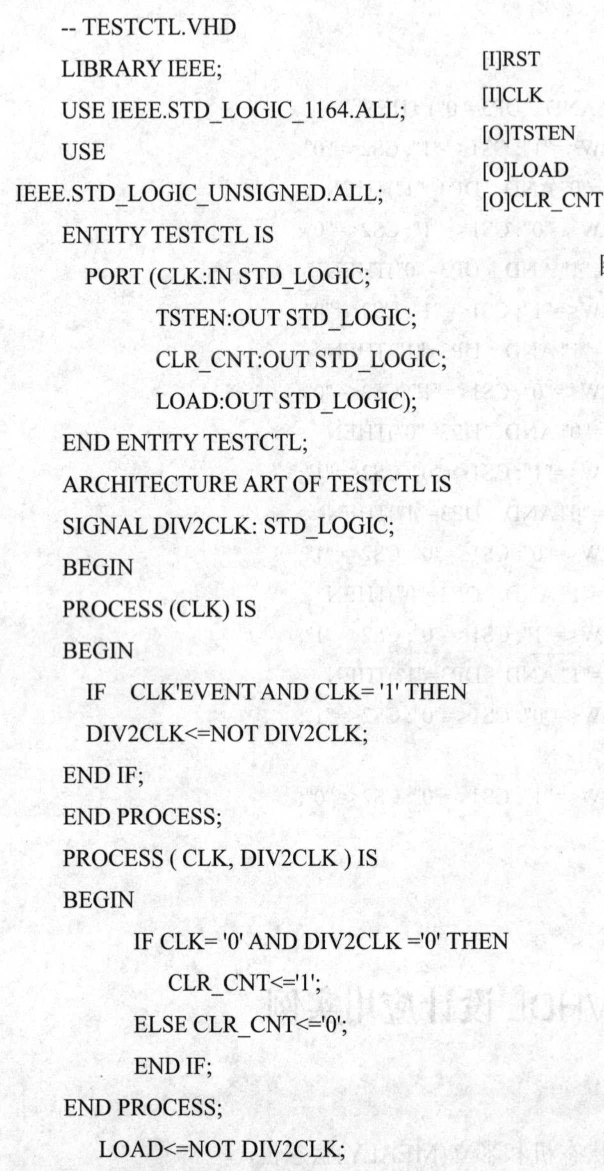

```
-- TESTCTL.VHD
LIBRARY IEEE;
USE IEEE.STD_LOGIC_1164.ALL;
USE
IEEE.STD_LOGIC_UNSIGNED.ALL;
ENTITY TESTCTL IS
  PORT (CLK:IN STD_LOGIC;
        TSTEN:OUT STD_LOGIC;
        CLR_CNT:OUT STD_LOGIC;
        LOAD:OUT STD_LOGIC);
END ENTITY TESTCTL;
ARCHITECTURE ART OF TESTCTL IS
SIGNAL DIV2CLK: STD_LOGIC;
BEGIN
PROCESS (CLK) IS
BEGIN
  IF   CLK'EVENT AND CLK= '1' THEN
  DIV2CLK<=NOT DIV2CLK;
END IF;
END PROCESS;
PROCESS ( CLK, DIV2CLK ) IS
BEGIN
      IF CLK= '0' AND DIV2CLK ='0' THEN
         CLR_CNT<='1';
      ELSE CLR_CNT<='0';
      END IF;
END PROCESS;
    LOAD<=NOT DIV2CLK;
    TSTEN<=DIV2CLK;
END ARCHITECTURE ART;
```

[I]RST
[I]CLK
[O]TSTEN
[O]LOAD
[O]CLR_CNT

图 6-10　测频控制器时序图

6.10.2　A/D 转换控制器设计

1. ADC 0809 芯片说明

ADC0809 是带有 8 位 A/D 转换器、8 路多路开关以及微处理机兼容的控制逻辑 CMOS 组件。它是逐次逼近式 A/D 转换器，可以和单片机直接接口。

1) ADC0809 的内部逻辑结构

由图 6-11 可知，ADC0809 由一个 8 路模拟开关、一个地址锁存与译码器、一个 8 路 A/D 转换器和一个三态输出锁存器组成。多路开关可选通 8 个模拟通道，允许 8 路模拟量分时输入，共用 A/D 转换器进行转换。三态输出锁存器用于锁存 A/D 转换完的数字量，当 OE 端为高电平时，才可以从三态输出锁存器取走转换完的数据。

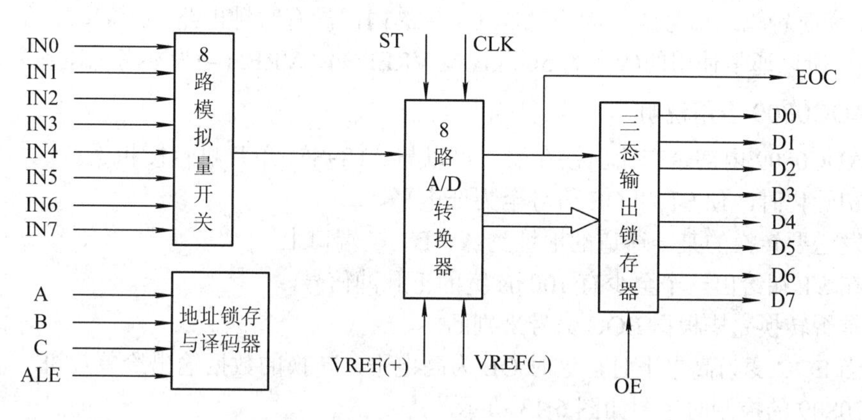

图 6-11　ADC0809 的内部逻辑结构图

2) 引脚结构

图 6-12 中，IN0～IN7 为 8 条模拟量输入通道；地址输入和控制线为 4 条；数字量输出及控制线为 11 条。

ADC0809 对输入模拟量的要求：信号单极性，电压范围是 0～5 V，若信号太小，必须进行放大；输入的模拟量在转换过程中应该保持不变，如若模拟量变化太快，则需在输入前增加采样保持电路。

ALE 为地址锁存允许输入线，高电平有效。当 ALE 线为高电平时，地址锁存与译码器将 A、B、C 三条地址线的地址信号进行锁存，经译码后被选中通道的模拟量进转换器进行转换。A、B 和 C 为地址输入线，用于选通 IN0～IN7 上的一路模拟量输入。通道的选择如表 6-6 所示。

引脚	名称	名称	引脚
1	IN3	IN2	28
2	IN4	IN1	27
3	IN5	IN0	26
4	IN6	A	25
5	IN7	B	24
6	ST	C	23
7	EOC	ALE	22
8	D3	D7	21
9	OE	D6	20
10	CLK	D5	19
11	VCC	D4	18
12	VREF(+)	D0	17
13	GND	VREF(−)	16
14	D1	D2	15

图 6-12　ADC0809 的外部引脚图

表 6-6　ADC0809 输入通道选择表

C	B	A	选择的通道
0	0	0	IN0
0	0	1	IN1
0	1	0	IN2
0	1	1	IN3
1	0	0	IN4
1	0	1	IN5
1	1	0	IN6
1	1	1	IN7

ST 为转换启动信号。当 ST 上跳沿时，所有内部寄存器清零；下跳沿时，开始进行 A/D 转换。在转换期间，ST 应保持低电平。EOC 为转换结束信号，当 EOC 为高电平时，表明转换结束；否则，表明正在进行 A/D 转换。OE 为输出允许信号，用于控制三条输出锁存器向单片机输出转换得到的数据。OE =1 时，输出转换得到的数据；OE =0 时，输出数据线呈高阻状态。D7～D0 为数字量输出线。

CLK 为时钟输入信号线。因为 ADC0809 的内部没有时钟电路，所需时钟信号必须由外界提供，所以通常使用的频率为 500 kHz，VREF(+)、VREF(−)为参考电压输入。

2．ADC0809 应用说明

(1) ADC0809 内部带有输出锁存器，可以与 AT89S51 单片机直接相连。

(2) 初始化时，使 ST 和 OE 信号全为低电平。

(3) 发送要转换的某一通道的地址到 A、B、C 端口上。

(4) 在 ST 端给出一个至少有 100 ns 宽的正脉冲信号。

(5) 是否转换完毕根据 EOC 信号来判断。

(6) 当 EOC 变为高电平时，这时 OE 为高电平，转换的数据输出给单片机。

ADC0809 的控制时序图如图 6-13 所示。

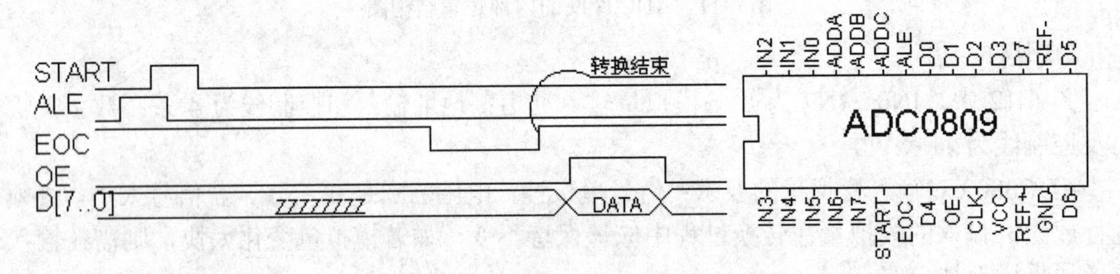

图 6-13　ADC0809 的控制器时序图

```
-- ADCINT.VHD
LIBRARY IEEE;
USE IEEE.STD_LOGIC_1164.ALL;
ENTITY ADCINT IS
PORT ( D:IN STD_LOGIC_VECTOR(7 DOWNTO 0);
                                        --0809 的 8 位转换数据输出
        CLK, EOC : IN STD_LOGIC;
                                        --CLK 是转换工作时钟, 可接"65536HZ"
        LOCK1,ALE,START,OE,ADDA:OUT STD_LOGIC;
            Q:OUT STD_LOGIC_VECTOR(7 DOWNTO 0));
END ADCINT;
ARCHITECTURE BEHAV OF ADCINT IS
   TYPE STATES IS (ST0, ST1, ST2, ST3,ST4,ST5,ST6) ;
                                        --定义各状态子类型
   SIGNAL CURRENT_STATE, NEXT_STATE: STATES :=ST0 ;
   SIGNAL REGL : STD_LOGIC_VECTOR(7 DOWNTO 0);
```

```
  SIGNAL LOCK : STD_LOGIC;                    --转换后数据输出锁存时钟信号
BEGIN
  ADDA <= '1'; LOCK1 <=LOCK;
PRO: PROCESS(CURRENT_STATE,EOC)
  BEGIN  --规定各状态转换方式
   CASE CURRENT_STATE IS
     WHEN ST0 =>
                     ALE<='0';START<='0';OE<='0';LOCK<='0' ;NEXT_STATE <= ST1;
     WHEN ST1 =>
                     ALE<='1';START<='0';OE<='0';LOCK<='0' ;NEXT_STATE <= ST2;
     WHEN ST2 =>
                     ALE<='0';START<='1';OE<='0';LOCK<='0' ;NEXT_STATE <= ST3;
     WHEN ST3 => ALE<='0';START<='0';OE<='0';LOCK<='0';
            IF (EOC='1') THEN
                NEXT_STATE <= ST3;    --测试 EOC 的下降沿
          ELSE
                NEXT_STATE <= ST4;
           END IF ;
     WHEN ST4=> ALE<='0';START<='0';OE<='0';LOCK<='0';
           IF (EOC='0') THEN
              NEXT_STATE <= ST4;
                                   --测试 EOC 的上升沿，=1 表明转换结束
         ELSE
              NEXT_STATE <= ST5;     --继续等待
           END IF ;
     WHEN ST5=>
                     ALE<='0';START<='0';OE<='1';LOCK<='0';NEXT_STATE <= ST6;
     WHEN ST6=>
                     ALE<='0';START<='0';OE<='1';LOCK<='1';NEXT_STATE <= ST0;
     WHEN OTHERS =>
                     ALE<='0';START<='0';OE<='0';LOCK<='0';NEXT_STATE <= ST0;
   END CASE ;
 END PROCESS PRO ;
PROCESS (CLK)
  BEGIN
     IF ( CLK'EVENT AND CLK='1')   THEN
        CURRENT_STATE <= NEXT_STATE;
                  --在时钟上升沿，转换至下一状态
     END IF;
```

```
END PROCESS;
                              --由信号 CURRENT_STATE 将当前状态值带出此进程，进入进程 PRO
PROCESS (LOCK)
                              --此进程中，在 LOCK 的上升沿，将转换好的数据锁入
  BEGIN
    IF LOCK='1' AND LOCK'EVENT THEN
       REGL <= D ;
    END IF;
END PROCESS ;
    Q <= REGL;
END BEHAV;
```

【例 6.24】 基于状态机的 ADC0809 与 SRAM6264 的通信控制器的设计。图 6-14 为 ADC0809 的控制器工作连接图。

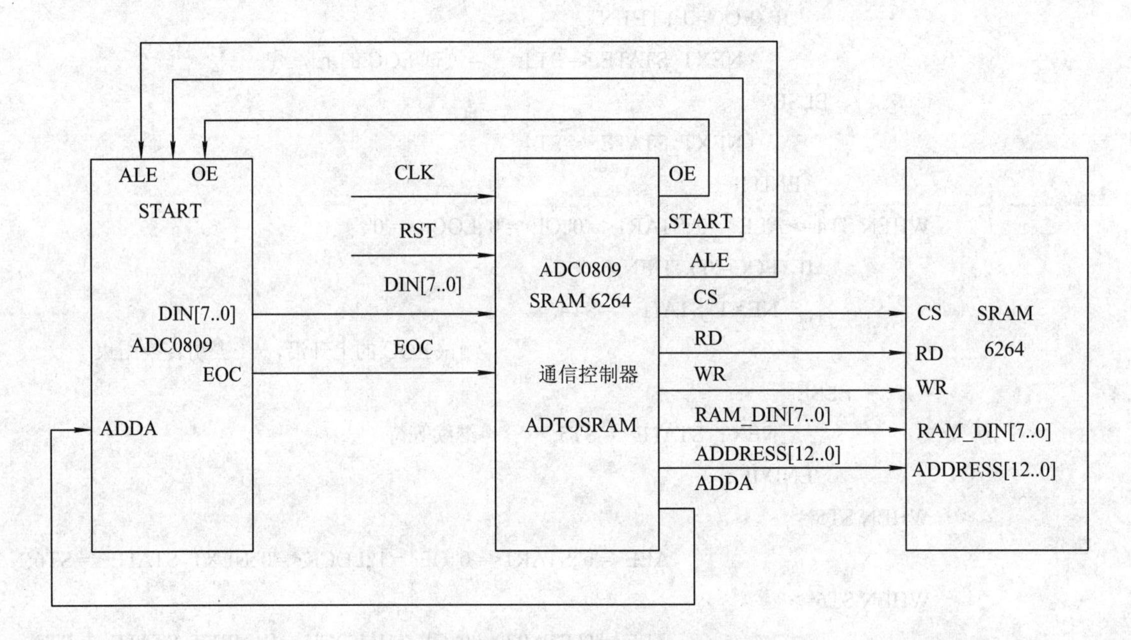

图 6-14　ADC0809 的控制器工作连接图

```
--VHDL 源程序 ADTOSRAM.VHD
LIBRARY IEEE;
USE IEEE.STD_LOGIC_1164.ALL;
USE IEEE.STD_LOGIC_UNSIGNED.ALL;
ENTITY ADTOSRAM IS PORT(          --ADC0809 接口信号
      DIN:IN    STD_LOGIC_VECTOR(7 DOWNTO 0);
                                  --0809 转换数据输入口
      CLK,EOC:IN STD_LOGIC;
                                  --CLK: 状态机工作时钟; EOC: 转换结束状态信号
```

```
    RST:IN STD_LOGIC;               --系统复位信号
    ALE:OUT STD_LOGIC;              --0809 采样通道选择地址锁存信号
    START:OUT STD_LOGIC;            --0809 采样启动信号，上升沿是否有
    OE:OUT STD_LOGIC;
                                    --转换数据输出使能，接 0809 的 ENABLE(PIN 9)
    ADDA:OUT STD_LOGIC;             --0809 采样通道地址最低位
  --SRAM 6264 接口信号
    CS:OUT STD_LOGIC;               --6264 片选控制信号，低电平是否有
    RD,WR:OUT STD_LOGIC;            --6264 读/写控制信号，低电平是否有
    RAM_DIN:OUT STD_LOGIC_VECTOR(7 DOWNTO 0);
                                    --6264 数据写入端口
    ADDRESS:OUT STD_LOGIC_VECTOR(12 DOWNTO 0));
                                    --地址输出端口
END   ENTITY   ADTOSRAM;
ARCHITECTURE ART OF ADTOSRAM IS
TYPE AD_STATES IS(ST0,ST1,ST2,ST3,ST4,ST5,ST6,ST7);
                                    --A/D 转换状态定义
TYPE WRIT_STATES IS (START_WRITE,WRITE1,WRITE2,WRITE3,WRITE_END);
                                    --SRAM 数据写入控制状态定义
SIGNAL RAM_CURRENT_STATE,RAM_NEXT_STATE:WRIT_STATES;
SIGNAL ADC_CURRENT_STATE,ADC_NEXT_STATE:AD_STATES;
SIGNAL ADC_END:STD_LOGIC;
                                    --0809 数据转换结束并锁存标志位，高电平是否有
SIGNAL LOCK:STD_LOGIC;              --转换后数据输出锁存信号
SIGNAL ENABLE:STD_LOGIC;            --A/D 转换允许信号，高电平是否有
SIGNAL   ADDRES_PLUS:STD_LOGIC;            --SRAM 地址加 1 时钟信号
SIGNAL    ADC_DATA:STD_LOGIC_VECTOR(7 DOWNTO 0);
                                    --转换数据读入锁存器
SIGNAL   ADDRES_CNT:STD_LOGIC_VECTOR(12 DOWNTO 0);
                                    --SRAM 地址锁存器
BEGIN
  ADDA<='1';--ADDA=1，ADDB=0，ADDC=0 选 A/D 采样通道为 IN1
  RD<='1';                                  --SRAM 读禁止
--ADC0809 采样控制状态机
 ADC:PROCESS(ADC_CURRENT_STATE,EOC,ENABLE)
                                            --A/D 转换状态机组合电路进程
BEGIN
  IF (RST='1') THEN ADC_NEXT_STATE<=ST0;         --状态机复位
   ELSE
```

```
    CASE ADC_CURRENT_STATE IS
    WHEN ST0=>ALE<='0';START<='0';OE<='0';LOCK<='0';ADC_END<='0';
                                                    --A/D 转换初始化
            IF (ENABLE='1') THEN ADC_NEXT_STATE<=ST1;
                                                    --允许转换，转下一状态
            ELSE ADC_NEXT_STATE<=ST0;
                                                    --禁止转换，仍停留在本状态
            END IF;
    WHEN ST1=>ALE<='1';START<='0';OE<='0';LOCK<='0';ADC_END<='0';
        ADC_NEXT_STATE<=ST2;                        --通道选择地址锁存，并转下一状态
    WHEN ST2=>ALE<='1';START<='1';OE<='0';LOCK<='0';ADC_END<='0';
        ADC_NEXT_STATE<=ST3;                        --启动 A/D 转换信号 START
    WHEN ST3=>ALE<='1';START<='1';OE<='0';LOCK<='0';ADC_END<='0';
                                                --延迟一个脉冲周期
        IF (EOC='0') THEN ADC_NEXT_STATE<=ST4;
        ELSE ADC_NEXT_STATE<=ST3;               --转换未结束，继续等待
        END IF;
    WHEN ST4=>ALE<='0';START<='0';OE<='0';LOCK<='0';ADC_END<='0';
        IF(EOC='0')THEN ADC_NEXT_STATE<=ST5;
                                                --转换结束，转下一状态
        ELSE ADC_NEXT_STATE<=ST4;
                                                --转换未结束，继续等待
        END IF;
    WHEN ST5=>ALE<='0';START<='0';OE<='1';LOCK<='1';ADC_END<='1';
        ADC_NEXT_STATE<=ST6;                    --开启数据输出使能信号 OE
    WHEN ST6=>ALE<='0';START<='0';OE<='1';LOCK<='1';ADC_END<='1';
        ADC_NEXT_STATE<=ST7;                    --开启数据锁存信号
    WHEN ST7=>ALE<='0';START<='0';OE<='1';LOCK<='1';ADC_END<='1';
        ADC_NEXT_STATE<=ST0;
                                    --为 SRAM6264 数据定入发出 A/D 转换周期结束信号
    WHEN OTHERS=>ADC_NEXT_STATE<=ST0;
                                    --所有闲置状态导入初始态
    END CASE;
  END IF;
END PROCESS ADC;

AD_STATE:PROCESS(CLK)               --A/D 转换状态机时序电路进程
BEGIN
  IF(CLK'EVENT AND CLK='1')THEN
```

```
        ADC_CURRENT_STATE<=ADC_NEXT_STATE;
                                          --在时钟上升沿，转至下一状态
    END IF;
END PROCESS AD_STATE;
                                          --由信号 CURRENT_STATE 将当前状态值带出此进程

DATA_LOCK:PROCESS(LOCK)
    BEGIN
                      --此进程中，在 LOCK 的上升沿，将转换好的数据锁入锁存器 ADC_DATA
      IF (LOCK='1'AND LOCK'EVENT) THEN
          ADC_DATA<=DIN;
      END IF;
END PROCESS DATA_LOCK;

--SRAM 数据写入控制状态机
WRIT_STATE:PROCESS(CLK,RST)
                                                    --SRAM 写入控制状态机时序电路进程
BEGIN
      IF RST='1' THEN RAM_CURRENT_STATE<=START_WRITE;
                                                    --系统复位
      ELSIF(CLK'EVENT AND CLK='1') THEN
      RAM_CURRENT_STATE<=RAM_NEXT_STATE;
                                                    --在时钟上升沿，转下一状态
      END IF;
END PROCESS WRIT_STATE;

RAM_WRITE:PROCESS(RAM_CURRENT_STATE,ADC_END)
                                                    --SRAM 控制时序电路进程
BEGIN
 CASE RAM_CURRENT_STATE IS
  WHEN START_WRITE=>CS<='1';WR<='1';ADDRES_PLUS<='0';
        IF (ADDRES_CNT="1111111111111") THEN      --数据写入初始化
           ENABLE<='0';    --SRAM 地址计数器已满，禁止 A/D 转换
           RAM_NEXT_STATE<=START_WRITE;
       ELSE ENABLE<='1';
                                                    --SRAM 地址计数器未满，允许 A/D 转换
             RAM_NEXT_STATE<=START_WRITE;
       END IF;
  WHEN WRITE1=>CS<='1';WR<='1';ADDRES_PLUS<='0';ENABLE<='1';
```

```
                                                        --判断 A/D 转换周期是否结束
        IF (ADC_END='1')THEN RAM_NEXT_STATE<=WRITE2;
                                                        --已结束
        ELSE RAM_NEXT_STATE<=WRITE1;
                                                        --A/D 转换周期未结束，等待
        END IF;
    WHEN WRITE2=>CS<='0';WR<='1';                       --打开 SRAM 片选信号
        ENABLE<='0';--禁止 A/D 转换
        ADDRES_PLUS<='0';ADDRESS<=ADDRES_CNT;
                                                        --输出 13 位地址
        RAM_DIN<=ADC_DATA;
                                                        --8 位已转换好的数据输向 SRAM 数据口
        RAM_NEXT_STATE<=WRITE3;                         --进入下一状态
    WHEN WRITE3=>CS<='0';WR<='0';                   --打开写允许信号
        ENABLE<='0';                                --仍然禁止 A/D 转换
        ADDRES_PLUS<='1';
                                                    --产生地址加 1 时钟上升沿，使地址计数器加 1
        RAM_NEXT_STATE<=WRITE_END;                  --进入结束状态
    WHEN   WRITE_END=>CS<='1';WR<='1';
        ENABLE<='1';                                --打开 A/D 转换允许开关
        ADDRES_PLUS<='0';                           --地址加 1 时钟脉冲结束
        RAM_NEXT_STATE<=START_WRITE;                --返回初始状态
    WHEN OTHERS=> RAM_NEXT_STATE<=START_WRITE;
    END CASE;
END PROCESS RAM_WRITE;

COUNTER:PROCESS(ADDRES_PLUS)                        --地址计数器加 1 进程
BEGIN
    IF(RST='1')THEN ADDRES_CNT<="0000000000000";            --计数器复位
    ELSIF(ADDRES_PLUS'EVENT AND ADDRES_PLUS='1')THEN
        ADDRES_CNT<=ADDRES_CNT+1;
    END IF;
END PROCESS COUNTER;
END ARCHITECTURE ART;
```

6.10.3 占空比可设置的脉宽发生器 VHDL 设计

1. 计数分频器设计

```
-- CLKGEN.VHD
LIBRARY IEEE;
```

```
USE IEEE.STD_LOGIC_1164.ALL;
USE IEEE.STD_LOGIC_UNSIGNED.ALL;
ENTITY CLKGEN IS
    PORT (CLK: IN STD_LOGIC;
          NEWCLK: OUT Std_LOGIC);
END CLKGEN;
ARCHITECTURE ART OF CLKGEN IS
SIGNAL CNTER:INTEGER RANGE 0 to 59999;
BEGIN
PROCESS(CLK)
BEGIN
     IF (CLK'EVENT AND CLK='1') THEN
         IF (CNTER=59999) THEN
         CNTER<=0;
         ELSE
         CNTER<=CNTER+1;
         END IF;
     END IF;
END PROCESS;
PROCESS(CNTER)
BEGIN
  IF (CNTER=59999) THEN
    NEWCLK<='1';
  ELSE
    NEWCLK<='0';
  END IF;
END PROCESS;
END ART;
```

2. 占空比设置为定值的分频器设计

```
-- CLKF1Hz.VHD
LIBRARY IEEE;
USE IEEE.STD_LOGIC_1164.ALL;
USE IEEE.STD_LOGIC_UNSIGNED.ALL;
ENTITY CLKF1Hz IS
    PORT(CLK4: IN STD_LOGIC;
         CLK: OUT Std_LOGIC);
END CLKF1Hz;
ARCHITECTURE ART OF CLKF1Hz IS
```

```
SIGNAL CNTER:INTEGER RANGE 1 to 6000000;
SIGNAL CLK1: STD_LOGIC;
BEGIN
PROCESS(CLK4)
BEGIN
     IF (CLK4'EVENT AND CLK4='1') THEN
         IF (CNTER=6000000) THEN
         CNTER<=0;
         ELSE
         CNTER<=CNTER+1;
         END IF;
     END IF;
END PROCESS;
PROCESS(CNTER)
BEGIN
  IF (CNTER<=3000000) THEN
                                             --改变 CNTER 赋值数字，可改变输出波形的占空比
    CLK1<='1';
  ELSIF (CNTER<=6000000) THEN
    CLK1<='0';
  END IF;
END PROCESS;
PROCESS(CLK4) IS
    BEGIN
    IF (CLK4'EVENT AND CLK4='1') THEN
        CLK<=CLK1;
    END IF;
  END PROCESS;
END ART;
```

3. 占空比可设置的脉宽发生器 VHDL 设计

```
--PWM_KB.VHD
LIBRARY IEEE;
USE IEEE.STD_LOGIC_1164.ALL;
USE IEEE.STD_LOGIC_UNSIGNED.ALL;
ENTITY PWM_KB IS
    PORT(CLK4: IN STD_LOGIC;
         PWM_MAXDATA: IN INTEGER;
         PWM_HDATA: IN INTEGER;
```

```
            CLK: OUT STD_LOGIC);
    END PWM_KB;
    ARCHITECTURE ART OF PWM_KB IS
    SIGNAL CNTER:INTEGER;
    SIGNAL CLK1: Std_LOGIC;
    BEGIN
    PROCESS(CLK4)
    BEGIN
        IF (CLK4'EVENT AND CLK4='1') THEN
            IF (CNTER=PWM_MAXDATA) THEN
            CNTER<=0;
            ELSE
            CNTER<=CNTER+1;
            END IF;
        END IF;
    END PROCESS;
    PROCESS(CNTER)
    BEGIN
      IF (CNTER<=PWM_HDATA) THEN
        CLK1<='1';
      ELSIF (CNTER<=PWM_MAXDATA) THEN
        CLK1<='0';
      END IF;
    END PROCESS;
    PROCESS(CLK4) IS
        BEGIN
        IF (CLK4'EVENT AND CLK4='1') THEN
            CLK<=CLK1;
        END IF;
      END PROCESS;
    END ART;
```

思 考 题

6.1　阅读并分析本章各基本单元电路的 VHDL 程序，完成如下练习：

(1) 画出系统原理框图，阐述系统工作原理，对主要语句做出注释；

(2) 对各基本单元电路的 VHDL 程序实际调试一遍，包括源程序的编译、时序仿真及仿真结果分析以及硬件验证。

第 7 章　Verilog HDL 编程基础

7.1　Verilog HDL 基础

7.1.1　Verilog HDL 模块的结构

Verilog HDL 模块的结构如下：

MODULE <模块名>(<端口列表>)
端口说明(INPUT，OUTPUT，INOUT)
参数定义(可选)
数据类型定义//WIRE、REG、TASK、FUNCTION
连续赋值语句(ASSIGN)//组合逻辑
过程块(ALWAYS 和 INITIAL)
行为描述语句
低层模块实例　　　　　//调用其他模块
任务和函数
延时说明块
ENDMODULE

7.1.2　格式及常量、变量

1．书写格式

Verilog HDL 区分大小写，其关键字(如：ALWAYS、AND、INPUT 等)都采用小写。Verilog HDL 的注释符有两种方式：单行注释符为“//”、多行注释符“/*… */”。

2．语法格式

Verilog HDL 的语法格式：<位宽> ' <进制> <数值>。下面将对其进行介绍。

(1) 位宽：对应二进制的宽度。

(2) 进制：共有四种进制表示方式，分别为二进制(b 或 B)、八进制(o 或 O)、十六进制(h 或 H)、十进制(d 或 D，十进制可缺省)，如表 7-1 所示。

表 7-1　不同数据类型表示

数制	进制符号	值	举　例
二进制	b 或 B	0，1，X(不定值)，Z(高阻)	8'B11000101, 8'B1010ZZZZ, 8'B0101XXXX, 7'B1010ZZZ
八进制	o 或 O	0～7，X，Z	8'O305, 7'O12Z
十进制	d 或 D	0～9	4'D61, 45
十六进制	h 或 H	0～F，X，Z	8'HC5, 8'HAZ, 8'HCX

注意：位宽小于相应数值的实际位数时，相应的高位部分被忽略。

3. 常量

常量语法：

PARAMETER　参数名 1=表达式, 参数名 2=表达式, …;

例如：

```
PARAMETER   COUNT_BITS=8;
PARAMETER   SEL=8, CODE=8'HA3;
PARAMETER   DATAWIDTH=8;ADDRWIDTH= DATAWIDTH*2;
```

4. 变量

(1) 网络型(NETS TYPE)变量：指硬件电路中的各种连接，输出始终根据输入的变化而更新其值的变化。表 7-2 所示为常用的网络变量的功能说明。

表 7-2　常用网络变量功能说明

类　型	功　能
WIRE，TRI	连线类型(MAXPLUS II 只支持数 wire ，tri)
WOR，TRIOR	多重驱动时，具有线或功能的连线型
WAND，TRIAND	多重驱动时，具有线与功能的连线型
TRI1/TRI0	上拉电阻/下拉电阻
SUPPLY1/SUPPLY0	电源(逻辑 1)/地(逻辑 0)

WIRE 型变量是最常用的 NETS 型变量，常用来表示用 ASSIGN 语句赋值的组合逻辑信号，取值为 0、1、X(不定值)、Z(高阻)。

注意：Verilog HDL 模块中的输入/输出信号类型缺省时，自动定义为 WIRE 型变量。

WIRE 型变量的语法：WIRE　数据 1, 数据 2, …, 数据 n;

例如：

```
WIRE    A, B, C              //定义了 3 个 WIRE 型变量 A，B，C
WIRE[7:0]    DATABUS         //定义了 8 位宽 WIRE 型向量数据总线
WIRE[20:1]   ADDRBUS         //定义了 20 位宽 WIRE 型向量地址总线
```

(2) 寄存器型(REGISTER　TYPE)变量：常指硬件电路中具有状态保持作用的器件，如触发器、寄存器等。其功能说明见表 7-3。

表 7-3　寄存器型变量功能说明

类　型	功能说明	备　注
REG	常用的寄存器型变量	如触发器、寄存器等 MAXPLUS II 支持 REG
INTEGER	32 位带符号整数型变量	纯数学的抽象描述，不对应任何硬件电路。MAXPLUS II 只在 FOR 语句支持 INTEGER；不支持数 REAL、TIME
REAL	64 位带符号实数型变量	
TIME	无符号时间变量	

REG 型变量的语法：

REG 数据 1, 数据 2, …, 数据 N;

例如：

```
REG A,B                        //定义了 2 个 REG 型变量 A，B
REG[8:1]   DATA                //定义了 8 位宽 REG 型向量
REG[7:0]   MYMEM[1023：0]      //定义 1 kB(8 bits)的存储器
```

(3) 二维向量称为存储器变量。MAXPLUS Ⅱ不支持存储器变量。

7.1.3 运算符

Verilog HDL 各运算符功能介绍如表 7-4～表 7-6 所示。

表 7-4　算术运算符功能

类别	运算符	操作数个数	例子或说明
算术运算符	+，－，*，/, %(求模)	双目	17/3=5 9%4=1
逻辑运算符	&&(与)，!(非)，||(或)	双目/单目	
位运算符	~(按位非) & (按位与) | (按位或) ^ (按位异或) ^~,~^ (按位同或)	单目 双目	A=5'B11001, B=5'B10101 ~A= 5'B00110 A&B= 5'B10001 A^B= 5'B01100
关系运算符	<, <=, >, >=	双目	
等式运算符	= =(相等) != (不等) = = = (全等) != = (非全等)	双目	= =与= = =的区别： 若A=5'B11X01，B= 5'B11X01，则 (A= =B)=X，(A= = =B)=1

表 7-5　逻辑运算符功能

类别	运算符	操作数个数	例子或说明
缩减运算符	& (缩减与) | (缩减或) ~& (缩减与非) ~| (缩减或非) ^ (缩减异或) ^~, ~^ (缩减同或)	单目	若 REG[3:0]　A; 则&A=A[0]&A[1]& A[2]&A[3]
移位运算符	>>(右移) <<(左移) 与数字电路定义不同。 (右移、左移互换)	单目	语法：A>>N 或 A<<N; 其中 N 为移位的位数，用 0 填补空位。 若 A = 5'B11001，则 A>>2 为 5'B00110
条件运算符	?:	三目	语法：SIGNAL=CONDITION ? TRUE_EXPRESSION:FALSE_EXPRESSION; 例如二选一的 MUX： OUT=SEL?IN1:IN0
连接运算符	{}		{COUT, SUM} {A,B,C,D,E,F,G}

表 7-6 运算符的优先级

<table>
<tr><th>运 算 符</th><th></th><th>优 先 级</th></tr>
<tr><td>!,~</td><td></td><td>高优先级</td></tr>
<tr><td>&, |, ~&，~|, ^, ^~, ~^(缩减)</td><td></td><td>↓</td></tr>
<tr><td>*, /, %</td><td rowspan="2">算术</td><td></td></tr>
<tr><td>+, −</td><td></td></tr>
<tr><td><<, >></td><td></td><td></td></tr>
<tr><td><, <=, >, >=</td><td></td><td></td></tr>
<tr><td>= =, !=, = = =, ! = =</td><td></td><td></td></tr>
<tr><td>&,</td><td rowspan="3">按位</td><td></td></tr>
<tr><td>^, ^~, ~^</td><td></td></tr>
<tr><td>|,</td><td></td></tr>
<tr><td>&&</td><td rowspan="2">逻辑</td><td></td></tr>
<tr><td>||</td><td></td></tr>
<tr><td>?:</td><td></td><td>低优先级</td></tr>
</table>

7.1.4 语句

Verilog HDL 的语句分为赋值语句、条件语句、循环语句、结构说明语句和编译预处理语句。其中各语句又可细分为如表 7-7 所示的语句。

表 7-7 常用语句的分类

赋值语句 (MAXPLUS Ⅱ支持)	连续赋值语句
	过程赋值语句
条件语句 (MAXPLUS Ⅱ支持)	IF-ELSE 语句
	CASE 语句
循环语句	FOREVER 语句
	REPEAT 语句
	WHILE 语句
	FOR 语句(MAXPLUS Ⅱ支持)
结构说明语句	INITIAL 语句
	ALWAYS 语句(MAXPLUS Ⅱ支持)
	TASK 语句
	FUNCTION 语句
编译预处理语句	'DEFINE 语句(MAXPLUS Ⅱ支持)
	'INCLUDE 语句(MAXPLUS Ⅱ支持)
	'TIMESCALE 语句

(1) ALWAYS 块语句的模板如下：

ALWAYS @(<敏感信号表达式>)

```
BEGIN
//过程赋值
//IF 语句
//CASE 语句
//WHILE，REPERT，FOR 语句
//TASK，FUNCTIONY 调用
END
```

(2) POSEDGE 与 NEGEDGE 关键字：

若同步时序电路的时钟为信号为 CLK，CLEAR 为异步清 0 信号；则敏感信号可写为：

```
//上升沿触发，高电平清 0 有效
ALWAYS   @(POSEDGE CLK OR POSEDGE CLEAR)
//上升沿触发，低电平清 0 有效
ALWAYS   @(POSEDGE CLK OR NEGEDGE CLEAR)
```

7.2　基本单元电路的 Verilog HDL 设计

7.2.1　组合逻辑电路设计

```
--编码器 ENCODER8_3.V
MODULE ENCODER8_3(NONE_ON, OUTCODE, A, B, C, D, E, F, G, H);
OUTPUT[2:0] OUTCODE;
OUTPUT         NONE_ON;
INPUT          A, B, C, D, E, F, G, H;
REG[3:0]       OUTTEMP;
ASSIGN {NONE_ON, OUTCODE} = OUTTEMP;
ALWAYS @(A OR B OR C OR D OR E OR F OR G OR H)
 BEGIN
   IF(H)              OUTTEMP = 4'B0_111;
   ELSE IF(G)         OUTTEMP = 4'B0_110;
   ELSE IF(F )        OUTTEMP = 4'B0_101;
   ELSE IF(E)         OUTTEMP = 4'B0_100;
   ELSE IF(D)         OUTTEMP = 4'B0_011;
   ELSE IF(C)         OUTTEMP = 4'B0_010;
   ELSE IF(B)         OUTTEMP = 4'B0_001;
   ELSE IF(A)         OUTTEMP = 4'B0_000;
   ELSE               OUTTEMP = 4'B1_000;
 END
 ENDMODULE
 -- 译码器 EDCODER_38.V
```

```
MODULE EDCODER_38(OUT, IN);
OUTPUT[7:0]    OUT;
INPUT[2:0]     IN;
REG[7:0]       OUT;
ALWAYS @(IN)
   BEGIN
    CASE(IN)
   3'D0: OUT = 8'B1111_1110;
   3'D1: OUT = 8'B1111_1101;
   3'D2: OUT = 8'B1111_1011;
   3'D3: OUT = 8'B1111_0111;
   3'D4: OUT = 8'B1110_1111;
   3'D5: OUT = 8'B1101_1111;
   3'D6: OUT = 8'B1011_1111;
   3'D7: OUT = 8'B0111_1111;
   ENDCASE
  END
ENDMODULE
--译码器 DECODE4_7.V
MODULE DECODE4_7(A,B,C,D,E,F,G,INDEC);
OUTPUT   A, B, C, D, E, F, G;
INPUT[3:0]   INDEC;
REG   A, B, C, D, E, F, G;
ALWAYS   @(INDEC)
   BEGIN
      CASE(INDEC)
         4'D0: {A,B,C,D,E,F,G}=7'B1111110;
         4'D1: {A,B,C,D,E,F,G}=7'B0110000;
         4'D2: {A,B,C,D,E,F,G}=7'B1101101;
         4'D3: {A,B,C,D,E,F,G}=7'B1111001;
         4'D4: {A,B,C,D,E,F,G}=7'B0110011;
         4'D5: {A,B,C,D,E,F,G}=7'B1011011;
         4'D6: {A,B,C,D,E,F,G}=7'B1011111;
         4'D7: {A,B,C,D,E,F,G}=7'B1110000;
         4'D8: {A,B,C,D,E,F,G}=7'B1111111;
         4'D9: {A,B,C,D,E,F,G}=7'B1111011;
     DEFAULT: {A,B,C,D,E,F,G}=7'BX;
   ENDCASE
END
```

```
ENDMODULE
-- 选择器 MUX4_1.V
MODULE MUX4_1(OUT , IN0 , IN1 , IN2 , IN3 , SEL);
OUTPUT OUT ;
INPUT[7:0] IN0 , IN1 , IN2 , IN3 ;
INPUT[1:0] SEL;
REG[7:0]   OUT ;
ALWAYS @(IN0 OR IN1 OR IN2 OR IN3 OR SEL)
  BEGIN
        IF(SEL== 2'B00)              OUT = IN0;
        ELSE IF(SEL == 2'B01)        OUT = IN1;
        ELSE IF(SEL == 2'B10)        OUT = IN2;
        ELSE                         OUT = IN3;
  END
ENDMODULE
-- 全加器 ADDER8.V
MODULE ADDER8 (COUT, SUM, INA,INB, CIN);
   OUTPUT[7:0]   SUM;
   OUTPUT   COUT;
   INPUT[7:0]     INA,INB;
   INPUT    CIN;
   ASSIGN   {COUT,SUM}=INA+INB+CIN;
ENDMODULE
```

7.2.2 时序逻辑电路设计

```
--D 触发器 DFF.v
module DFF(Q , D , CLK);
output Q;
input D , CLK;
reg Q;
always@(posedge CLK)
   begin
        Q =D;
   end
endmodule
-- D 触发器 DFF1.v
module DFF1(q,qn,d,clk,set,reset);
input d, clk, set, reset;
output q, qn;
```

```
reg q, qn;
always @(posedge clk or   negedge set or negedge reset)
//注意：set、reset 可同时有效，但 reset 信号有优先权
begin
   if (! reset)
        begin   q =0; qn = 1; end          //异步清 0，低电平有效
   else if (! set )
        begin   q=1; qn=0; end             //异步置 1，低电平有效
          else          begin      q =d;     qn = ~d;   end
end
endmodule
-- D 触发器 DFF2.v
module DFF2(q, qn, d, clk, set, reset);
input d, clk, set, reset;
output q, qn;
reg q, qn;
always @ (posedge clk)                     //注意：清 0 和置 1，同步与异步差别
 begin
  if(reset)
     begin    q =0; qn =1; end             //同步清 0，高电平有效
  else if (set)
     begin    q =1;qn =0; end              //同步置 1，高电平有效
         else
           begin q = d; qn = ~d; end
 end
endmodule
--计数器 counter8.v
module counter8 (out, cout, data, load, cin, clk);
   output    [3:0] out;
   output    cout;
   input     load, cin, clk;
   input   [3:0] data;
   reg        [3:0] out;
   always @(posedge clk)
      begin
           if (load) out= data;
           else
      out = out + cin;
      end
```

```
    assign cout=&out&cin;
endmodule
--数据锁存器：电平触发 latch_8.v
module latch_8(qout, data, clk);
output[7:0]     qout;
input[7:0]      data;
input           clk;
reg[7:0]        qout;
always @ (clk or data)
 begin
   if(clk)
   qout =data;
end
endmodule
--数据寄存器: 边沿触发 reg8.v
module reg8(out_data, in_data, clk, clr);
output[7:0]   out_data;
input         clk,clr;
input[7:0]    in_data;
reg[7:0]      out_data;
always @ (posedge clk or posedge clr)
  begin
   if(clr)     out_data =0;
   else        out_data = in_data;
 end
endmodule
-- 移位寄存器 shifter.v
module shifter(din, clk, clr, dout);
parameter n=8;
input din, clk, clr;
output[8:1] dout ;
reg[8:1] dout;
always @(posedge clk)
 begin
   if (clr) dout = 0;              //同步清 0，高电平有效
   else
    begin
       dout = dout <<   1;  //输出信号左移一位
       dout[1] = din;           //输入信号补充到输出信号的最低位
```

```
        end
    end
endmodule
```

7.3　直接数字频率合成器 DDS 的设计

7.3.1　DDS 的基本原理

DDS 技术是一种把一系列数字量形式的信号通过 DAC 转换成模拟量形式的信号的合成技术。它是将输出波形的一个完整的周期、幅度值都顺序地存放在波形存储器中，通过控制相位增量产生频率、相位可控制的波形。DDS 电路一般包括基准时钟、相位增量寄存器、相位累加器、波形存储器、D/A 转换器和低通滤波器(LPF)等模块，如图 7-1 所示。

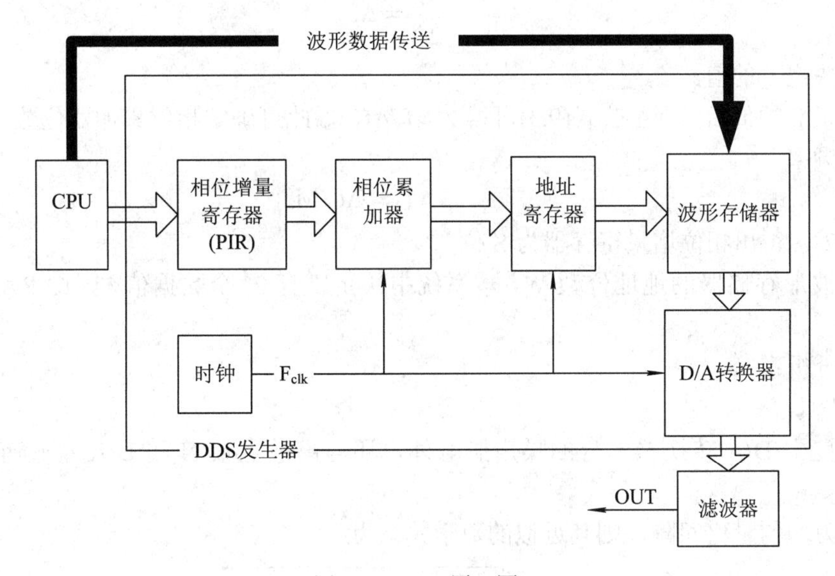

图 7-1　DDS 原理图

相位增量寄存器寄存频率控制数据；相位累加器完成相位累加的功能，波形存储器存储波形数据的单周期幅值数据；D/A 转换器将数字量形式的波形幅值数据转化为所要求合成频率的模拟量形式信号；低通滤波器滤除谐波分量。

整个系统在统一的时钟下工作，从而保证所合成信号的精确。每来一个时钟脉冲，相位增量寄存器频率控制数据与累加寄存器的累加相位数据相加，把相加后的结果送至累加寄存器的数据输出端。这样，相位累加器在参考时钟的作用下，进行线性相位累加。当相位累加器累加满量时就会产生一次溢出，完成一个周期性的动作；这个周期就是 DDS 合成信号的一个频率周期，累加器的溢出频率就是 DDS 输出的信号频率。

相位累加器输出的数据的高位地址作为波形存储器的地址，进行相位到幅值的转换，即可在给定的时间上确定输出的波形幅值。

波形存储器产生的所需波形的幅值的数字数据通过 D/A 转换器转换成模拟信号，经过

低通滤波器滤除不需要的分量以便输出频谱纯净的所需信号。信号发生器的输出频率 f_o 可表示为：

$$f_o = M \cdot \Delta f = \frac{M \cdot f_s}{2^N} \tag{7.1}$$

式中，f_s 为系统时钟，Δf 为系统分辨率、N 为相位累加器位数、M 为相位累加器的增量。

7.3.2　参数确定及误差分析

首先确定系统的分辨率 Δf、最高频率 f_{max} 及最高频率 f_{max} 下的最少采样点数 N_{min}。

根据需要产生的最高频率 f_{max} 以及该频率下的最少采样点数 N_{min}，由公式

$$f_s \geqslant f_{max} \cdot N_{min} \tag{7.2}$$

确定系统时钟 f_s 的下限值。同时又要满足分辨率计算公式

$$\frac{f_s}{2^N} = \Delta f \tag{7.3}$$

综合考虑决定 f_s 的值。

选定了 f_s 的值后，则由公式(9.3)可得 $2^N = f_s/\Delta f$，据此可确定相位累加器位数 N。然后由最高输出频率

$$f_o = \Delta f \cdot M \tag{7.4}$$

推出 $M = 2^S$，得出相位增量寄存器为 S 位。

确定波形存储器的地址位数 W，本系统中决定寄存 2^Z 个数据值，因此 RAM 地址为 Z 位。

误差分析：

(1) 失真度：

失真度由 D/A 转换器本身的噪声影响外，还与离散点数 N 和 D/A 字长有着密切的关系。

设 q 为均匀量化间隔，则其近似的数学关系为：

$$\text{THD} = \sqrt{\left[1+\frac{q^2}{6}\right]\left[\frac{\pi/N}{\sin(\pi/N)}\right]^2 - 1} \times 100\% \tag{7.5}$$

式中 N 为一周中输出的点数，$q = 2^{-(D-1)}$中的 D 为量化字长。

(2) 相位舍位引起的误差：

在 DDS 中，由于相位累加寄存器的位数 N 大于 RAM 的寻址位数 W，使得相位寄存器的输出寻址 RAM 时，其 N−W 个位须舍去，不可避免的会产生误差，该误差是 DDS 输出杂散的主要原因。总的信噪比是：

$$(\text{SNR})_{dB} = -10\lg\sqrt{\frac{0.44}{2^{4W}} + \frac{46.0}{2^{4N}}} \tag{7.6}$$

(3) 相位量化误差：

由于波形是经过一系列有限的离散采样点转化而来的，因此势必存在相位量化误差，

通过增加采样点可减小此误差。

7.3.3　实现器件的选择

一般选用 FPGA/CPLD 器件作为 DDS 的实现器件。对于 D/A 转换器的选择，首先要考虑到 D/A 转换器的转换速率。要实现所需的频率，D/A 的转换速度要大于 $f_{max} \cdot N_{min}$；然后根据 D/A 转换器字长所带来的误差，决定 D/A 的位数。由此选择 D/A 转换器的型号。

7.3.4　DDS 的 FPGA 实现设计

本设计要求 DDS 实现的性能指标为：分辨率 0.01 Hz，最高输出频率 5 MHz。

根据上面所列的公式可以算出：时钟频率为 85.9 MHz；累加器位数 N = 33；相位增量寄存器为 29 位。

如图 7-2 所示，DDS 系统包括相位增量寄存器、相位累加器、地址寄存器、波形存储器、时钟倍频器等几个模块。内部所有的模块均用 Verilog HDL 语言编写，其顶层设计用原理图的方式进行模块间的连接。

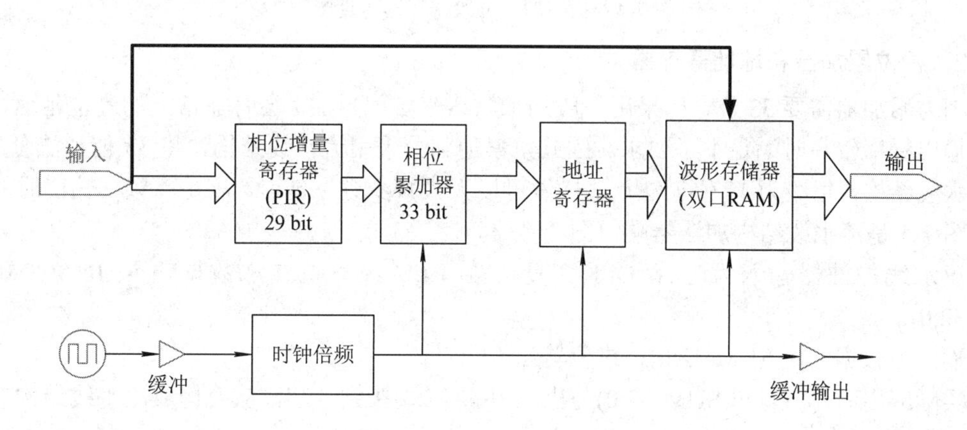

图 7-2　DDS 内部组成模块图

1. 相位增量寄存器

相位增量分段寄存器的端口如图 7-3 所示。根据前面的计算可知，相位增量寄存器需要 29 位。相位增量寄存器的端口包括复位端 RES、数据输入 PSI(28:0)、数据输出 PSO(32:0)。RES 高电平有效，复位后，PSO 输出为 0。PSO 输出高 4 位总为 0。其 Verilog HDL 程序如下：

```
MODULE PIR(PSI,PSO,RES);
    INPUT [28:0] PSI;
    OUTPUT [32:0] PSO;
    INPUT RES;
     REG[32:0] PSO;
ALWAYS@(PSI)
BEGIN
     IF(RES)
     BEGIN
          PSO=0;
```

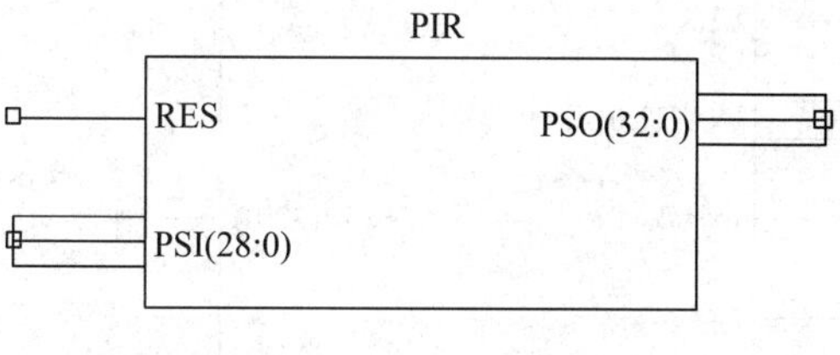

图 7-3　相位增量分段寄存器

```
        END
        ELSE
        BEGIN
            PSO={4'B0000,PSI};
        END
    END
    ENDMODULE
```

图 7-4 是相位增量分段寄存器仿真图，从图中可以看出，当 RES 为低电平，PSO 跟随 PSI 变化。

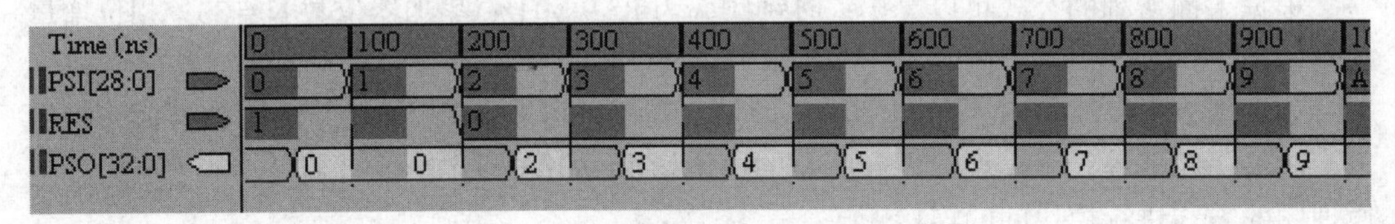

图 7-4 相位增量分段寄存器仿真图

2．相位累加器和地址寄存器

因为累加器需要 33 位，如果用一般的加法器来实现累加，会有非常大的进位延迟，当要求输出频率较高时满足不了要求。因此，累加部分采用流水线结构，将 33 位加法分为 3 级流水线结构，每级为 11 位加法，这样做可以大大减少进位延迟，满足高频率输出时的要求。图 7-5 是流水线结构加法器端口图。

流水线加法器输入为时钟 CLK、复位端 RES、33 位加法数据输入 INA(32:0)和 INB(32:0)。

输出为数据输出 SUM(32:0)、进位输出 COUT。

实际应用时，将输出 SUM(32:0)与出入 INB(32:0)接到一起，从而构成流水线结构的累加器。

地址寄存器(图 7-6)由时钟端 ADCLK、33 位输入端 ADAI(32:0)、8 位输出端 ADAO(7:0)组成。它的作用是寄存累加器计算出的值，并将累加得出的结果的高 8 位作为波形存储器的地址送出。

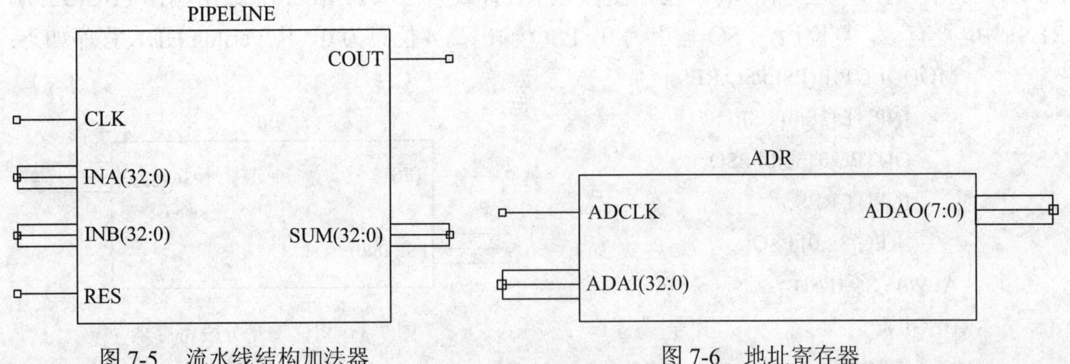

图 7-5 流水线结构加法器　　　　图 7-6 地址寄存器

累加器和地址寄存器的连接如图 7-7 所示。其中 INA(32:0)与相位增量缓冲寄存器的输出端 PSO(32:0)连接。

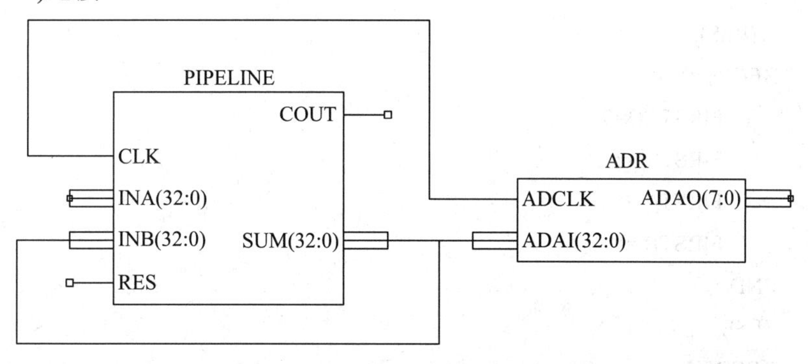

图 7-7　累加器和地址寄存器连接图

相位累加器在参考时钟的作用下，进行线性相位累加。当相位累加器累加满量时就会产生一次溢出，完成一个周期性的动作，这个周期就是 DDS 合成信号的一个频率周期，累加器的溢出频率就是 DDS 输出的信号频率。

流水线加法器程序：

```
MODULE PIPE(COUT,SUM,INA,INB,CLK,RES);
OUTPUT[32:0] SUM;
OUTPUT COUT;
INPUT[32:0] INA,INB;
INPUT CLK,RES;
REG[32:0] TEMPA,TEMPB,SUM;
REG FIRSTCO,SECONDCO,COUT;
REG[10:0] FIRSTS;
REG[10:0] SECONDA,SECONDB;
REG[21:0] FIRSTA,FIRSTB,SECONDS;
ALWAYS @(POSEDGE CLK)
BEGIN
IF(RES)
BEGIN
     TEMPA=0;
       TEMPB=0;
       END
     ELSE
     BEGIN
          TEMPA=INA;
          TEMPB=INB;
     END
END
ALWAYS @(POSEDGE CLK)
```

```
BEGIN
    IF(RES)
    BEGIN
        FIRSTCO=0;
        FIRSTS=0;
        FIRSTA=0;
        FIRSTB=0;
    END
    ELSE
    BEGIN
        {FIRSTCO, FIRSTS}=TEMPA[10:0]+TEMPB[10:0] ;
        FIRSTA=TEMPA[32:11];
        FIRSTB=TEMPB[32:11];
    END
END
ALWAYS @(POSEDGE CLK)
BEGIN
    IF(RES)
        BEGIN
        SECONDA=0;
        SECONDS=0;
        SECONDB=0;
        SECONDCO=0;
        END
    ELSE
        BEGIN
        {SECONDCO, SECONDS[21:11]}=FIRSTA[10:0]+FIRSTB[10:0]+FIRSTCO;
        SECONDS[10:0]=FIRSTS;
        SECONDA=FIRSTA[21:11];
        SECONDB=FIRSTB[21:11];
        END
END
ALWAYS @(POSEDGE CLK)
BEGIN
    IF(RES)
        SUM=0;
    ELSE
    BEGIN
        {COUT, SUM}={SECONDA[10:0]+SECONDB[10:0]+SECONDCO,SECONDS};
```

```
            END
        END
        ENDMODULE
```

地址寄存器程序：

```
        MODULE ADR(ADAI,ADAO,ADCLK);
            INPUT [32:0] ADAI;
            OUTPUT [7:0] ADAO;
            INPUT ADCLK;
        REG[7:0] ADAO;
        ALWAYS@(POSEDGE ADCLK)
        BEGIN
                ADAO=ADAI[32:25];
            END
        ENDMODULE
```

流水线结构加法器的仿真图如图 7-8 所示。

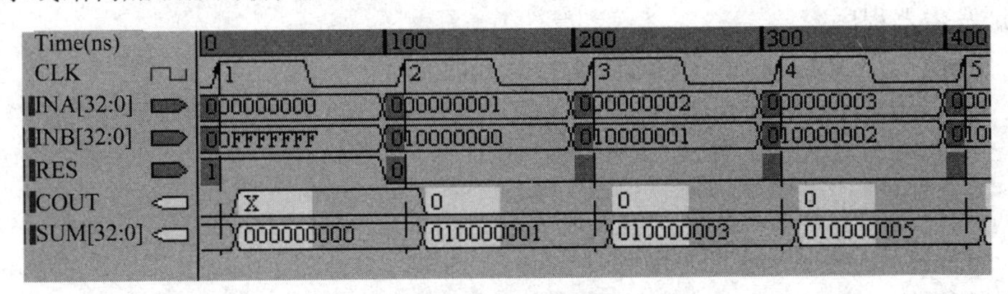

图 7-8　流水线结构加法器仿真图

3．波形存储器

波形存储器实际上就是一个双口 RAM，波形存储器存储的是所生成波形一周期采样 256 点的数据值，通过地址的改变所输出的值就会变化。因为地址不一定是连续变化的，所以所输出的值也不是连续的。在同样的时钟周期下，地址间隔的变化也就造成了生成波形的频率的变化。地址值每溢出一次，便完成了一个周期的输出。

当改变波形存储器中的波形数据时，也就改变了输出波形。

双口 RAM 模块(见图 7-9)的设计采用 IP 核生成，端口分别为：第一端口地址总线 ADDRA(7:0)、输出数据总线 DOUTA(7:0)、时钟 CLKA、第二端口地址总线 ADDRB(7:0)、输入数据总线 DINB(7:0)、时钟 CLKB、写使能 WEB。

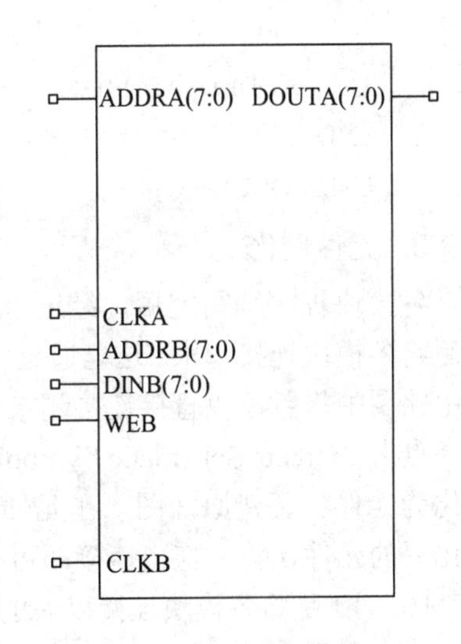

图 7-9　双口 RAM 模块

地址总线 ADDRA(7:0)与地址寄存器的输出

ADAO(7:0)连接，输出数据总线 DOUTA(7:0)连接输出缓冲器的输入端，再通过缓冲器的输出端连接到 FPGA 的 I/O 口输出，FPGA 的 I/O 口外部连接到 D/A 转换器的数据输入端。

当改变波形数据时，通过第二端口地址总线 ADDRB(7:0)和输入数据总线 DINB(7:0)将波形数据输入到 RAM 中去。

4. 地址发生器

地址发生器(见图 7-10)的作用是：接收状态机所发出的时钟信号，每来一个脉冲值加一；然后作为双口 RAM 输入端口的地址送到双口 RAM 的 ADDRB(7:0)，作为 RAM 的输入地址。

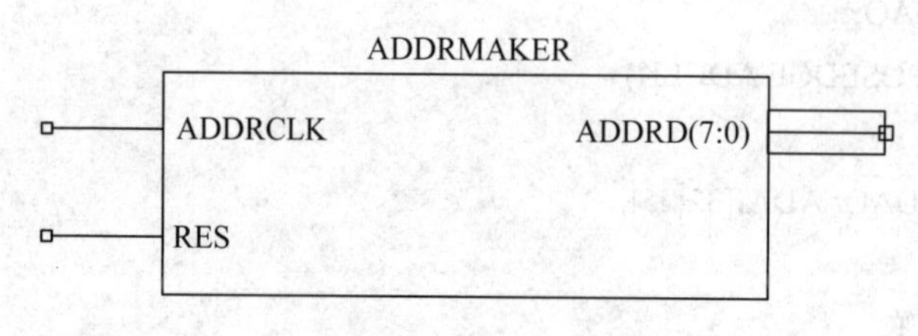

图 7-10　地址发生器

地址发生器程序：

```
MODULE ADDRMAKER(RES,ADDRD,ADDRCLK);
    OUTPUT [7:0] ADDRD;
    INPUT ADDRCLK, RES;
REG [7:0] ADDRD;
ALWAYS@(NEGEDGE ADDRCLK )
BEGIN
      IF(RES)
      ADDRD=0;
      ELSE
      ADDRD=ADDRD+1;
END
ENDMODULE
```

5. 元件例化

各模块程序编写完后，经过单元测试没有问题后将各模块连接起来。这里通过将各模块例化，在电路图中将各模块直接连接起来。如图 7-11 所示，点击“Create Schematic Symbol”就可将程序例化为元件。新建原理图，在元件库里可以找到例化后的元件，将之拖出连接即可。

图 7-12 是将各模块连接以后的原理图，用户可按自身所需自定义与外部的接口。

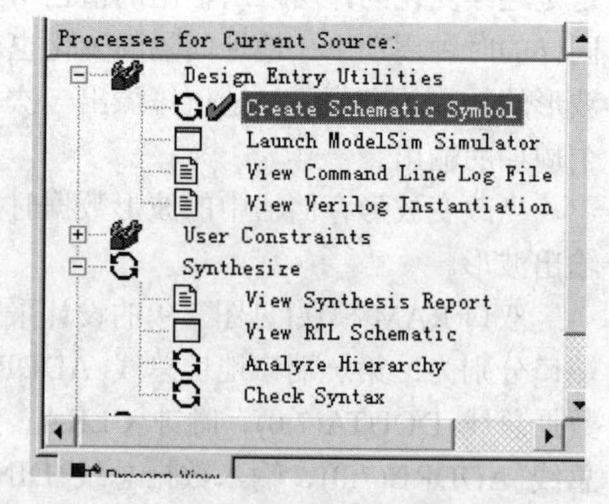

图 7-11　元件例化操作图

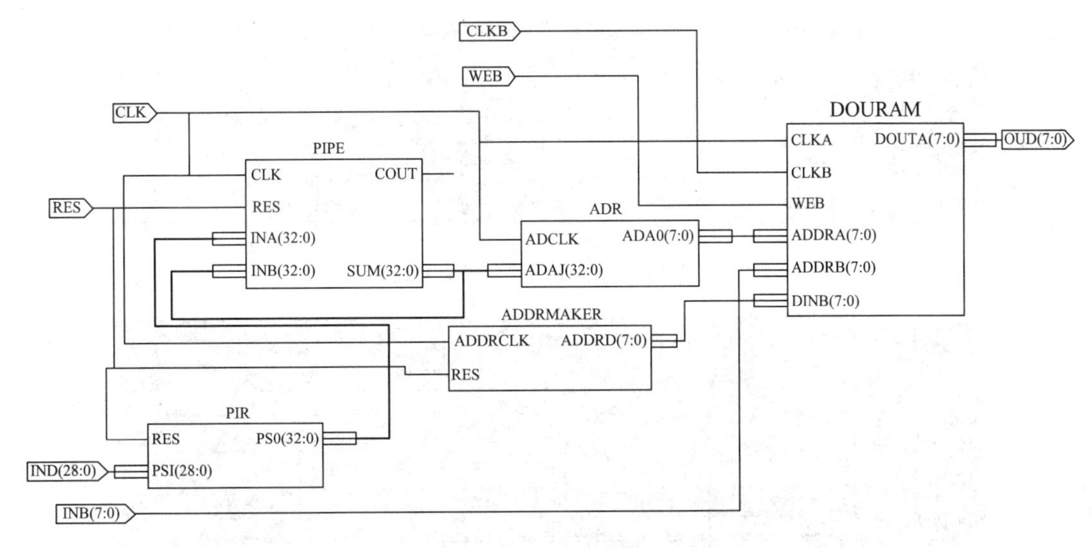

图 7-12　系统总体组成原理图

6. 数字系统仿真

为了检测系统是否按照理论设计生成精确的数字波形，则预先在 RAM 中存入 256 个数值，检测系统输出周期是否满足期望值。

系统时钟真实周期为 85.9 MHz 的倒数——11.6 ns，令仿真时钟周期为 12 ns，频率控制字为 16 进制 1DCD6500，即十进制的 500000000，则理论输出频率应为

$$f_o = 0.01\,\text{Hz} \cdot 500000000 = 5\,\text{MHz}$$

前面已经说过，地址溢出的周期即为生成数字波的周期。在图 7-13、图 7-14 中，OUD(7:0) 即地址寄存器的输出，它输出值的溢出周期即可反映波形周期，从而可以比较是否与理论值吻合。图 7-13 中当 OUD(7:0) = 0x04 时，Time(ns)为 3108 ns；图 7-14 中 OUD(7:0) = 0x01 时，Time(ns)为 3122 ns。因此，溢出周期为 3312−3108 = 204 ns，理论周期应为 5 MHz 的倒数——200 ns。

令频率控制字为 16 进制 0BEBC200，即十进制的 200000000，则理论输出频率应为

$$f_o = 0.01\,\text{Hz} \cdot 200000000 = 2\,\text{MHz}$$

在图 7-15 中，当 OUD(7:0) = 0x03 时，Time(ns)为 6204 ns；在图 7-16 中，当 OUD(7:0) = 0x03 时，即地址溢出，Time(ns)为 6720 ns。因此，溢出周期为 6720−6204 = 516 ns，理论周期应为 2 MHz 的倒数——500 ns。

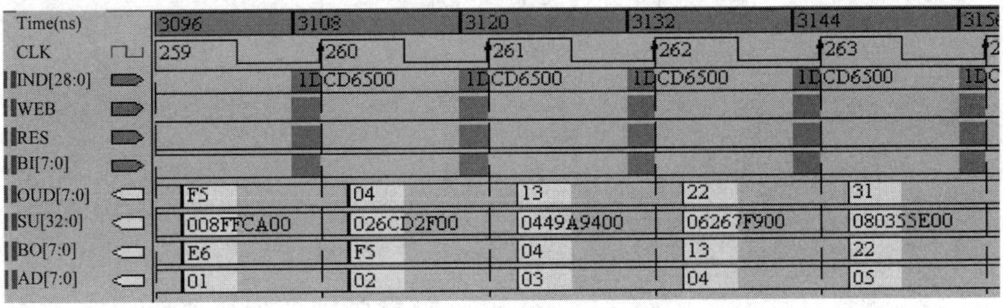

图 7-13　5 MHz 时系统仿真图(1)

图 7-14　5 MHz 时系统仿真图(2)

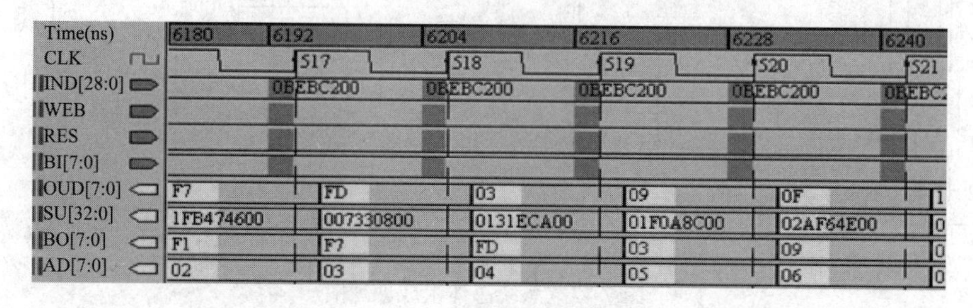

图 7-15　2 MHz 时系统仿真图(1)

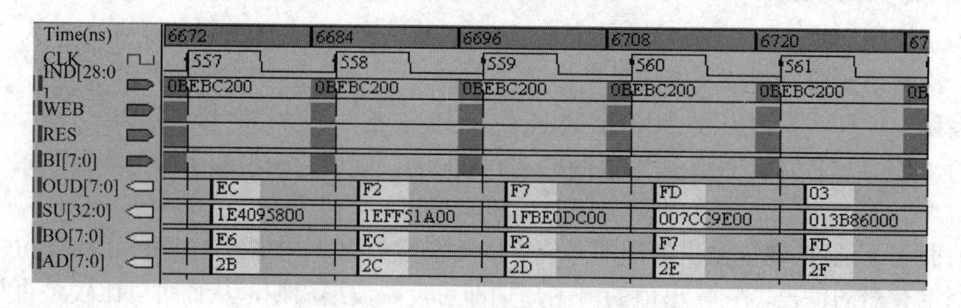

图 7-16　2 MHz 时系统仿真图(2)

由上面的两次仿真结果与理论值比较，考虑到系统时钟本身有些差异，因此可以得出仿真值与理论值非常吻合的结论。

思　考　题

7.1　怎样进行组合逻辑电路设计的 Verilog HDL 设计?

7.2　怎样进行时序逻辑电路的 Verilog HDL 设计?

第 8 章　可编程片上系统技术基础

8.1　Quartus Ⅱ IP 软核应用基础

8.1.1　源文件编辑输入基础

1．图形编辑输入

(1) 用 2 片 4 位二进制加/减计数器 74191 设计 8 位二进制加/减计数器，如图 8-1 所示。

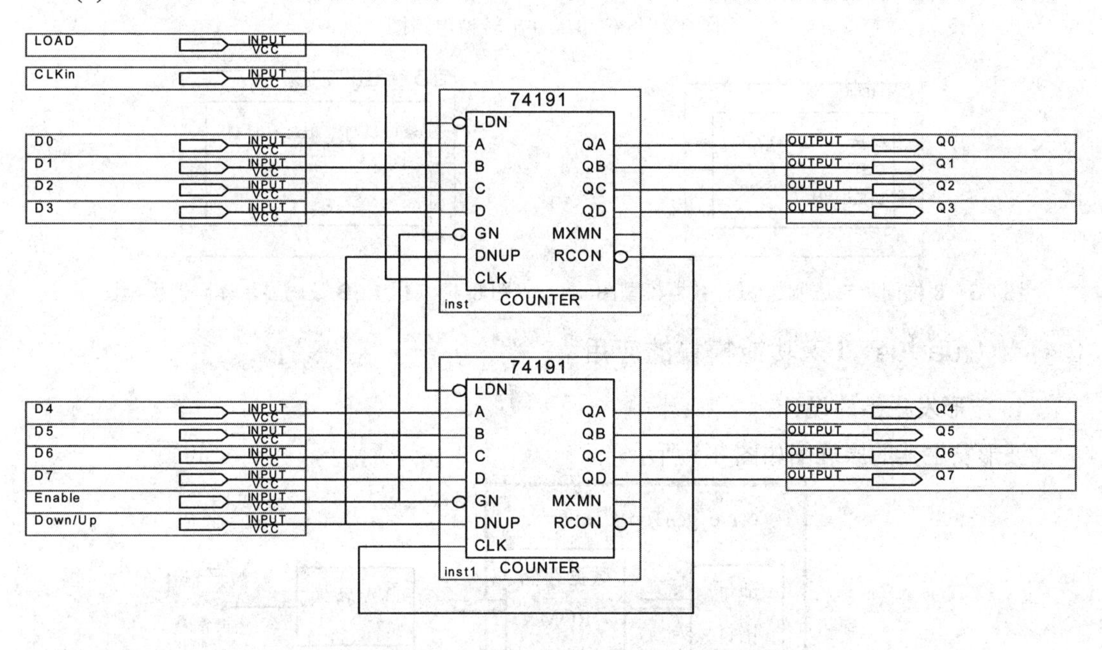

图 8-1　8 位二进制加/减计数器图

(2) 用 4 位移动寄存器 74194、8 位 D 锁存器 74273、D 触发器等器件构成 8 位串入并出转换电路，要求在转换过程中数据不变，只有当 8 位一组数据全部转换结束后，输出变化一次，如图 8-2 所示。

2．VHDL 文本编辑输入

(1) 用 VHDL 设计 8 位同步二进制加/减计数器(见图 8-3)，输入为时钟端 CLK 和异步清除端 CLR。UPDOWN 是加/减控制端，当 UPDOWN 为 1 时执行加法计数；为 0 执行减法计数。进位输出端为 C。

(2) 用 VHDL 设计 7 段 LED 数码显示器的十六进制译码器，要求该译码器有三态输出，如图 8-4 所示。

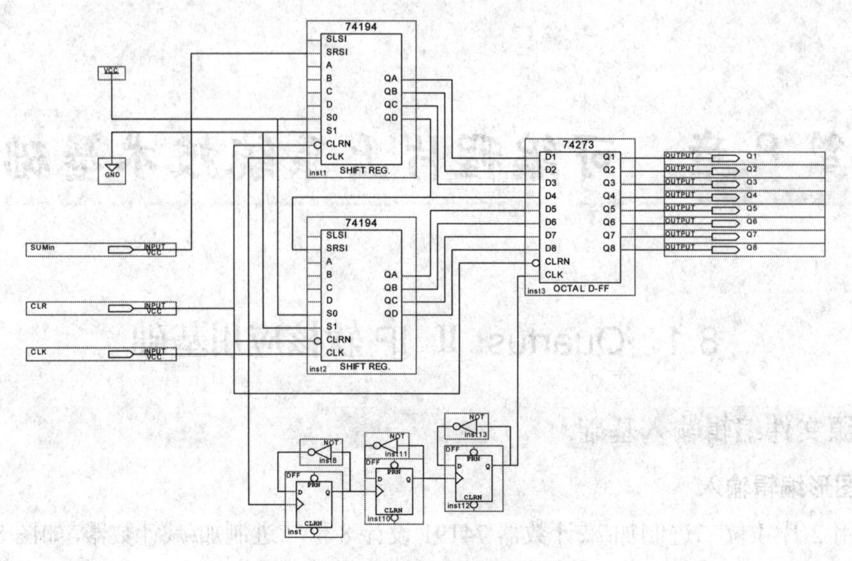

图 8-2　8 位串入并出转换电路图

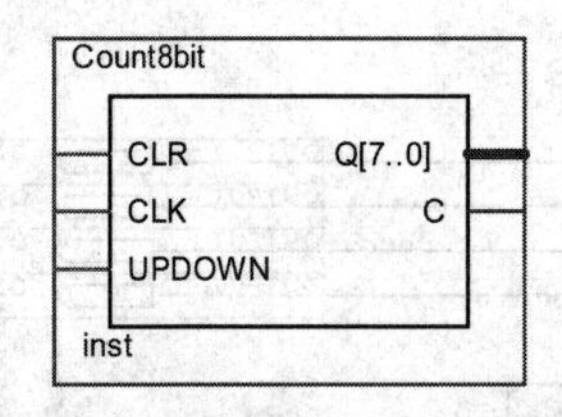

图 8-3　8 位同步二进制加/减计数器模型图　　　图 8-4　7 段 LED 数码显示译码器模型图

8.1.2　Quartus Ⅱ宏功能模块的应用

1. 波形发生器的设计

波形发生器的原理图如图 8-5 所示。

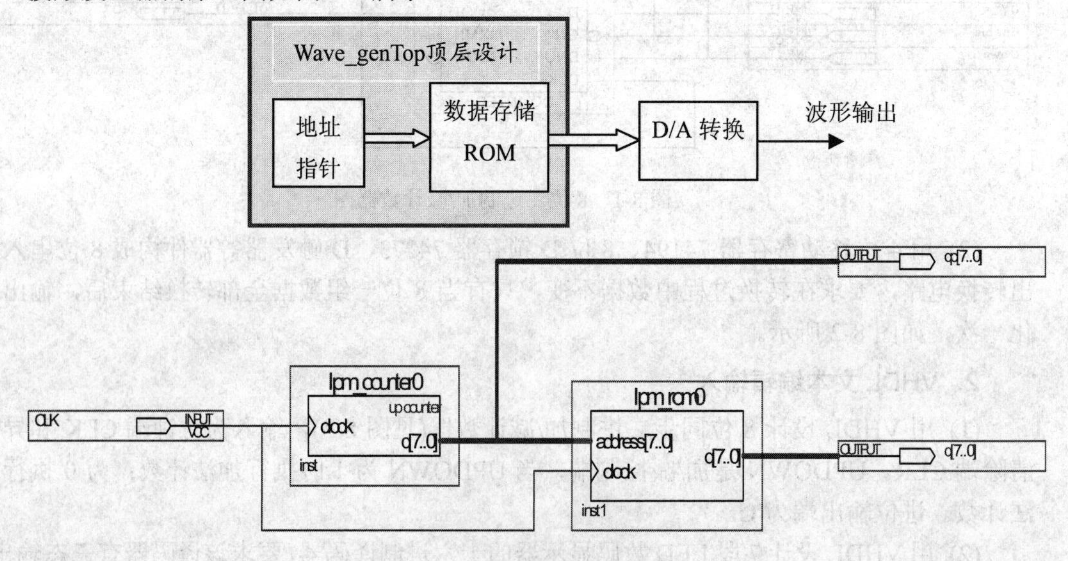

图 8-5　波形发生器原理图

1) 加入计数器元件

元件选择窗的“Libraries”栏中选择“arithmetic”的“lpm_counter”(计数器)LPM 元件。

2) 建立存储器初值设定文件(.mif)

通过选择 File->New->Memory Initialization File(存储器初值设定文件)，建立存储器初值设定文件。

用 Matlab 生成正弦波信号 mif 的数据方法如下：

```
%% 正弦波
clear all
clc
close all
N=256;
a(1:1:N)=0;                    %%存储 8 位的波形数据(0～255)
%% 正弦波
for b=1:256

a(b)=round(127*sin(2*pi*(b-1)/256))+127;

end
figure(1)
stem(1:256,a(1:256));

fid=fopen('sin_data.txt','w');  %%把数据写入 sin_data.txt 文件中，如果没有就创建该文件
fprintf(fid,'%d,',a);           %%把数组 A 的数据按指定格式写入其中
fclose(fid); %%关闭
```

3) 加入只读存储器 ROM 元件

元件选择窗的“Libraries”栏中选择“storage”的“lpm_rom”(只读存储器 ROM)LPM 元件。

2. 嵌入式锁相环的设计

嵌入式锁相环的模型图如图 8-6 所示。

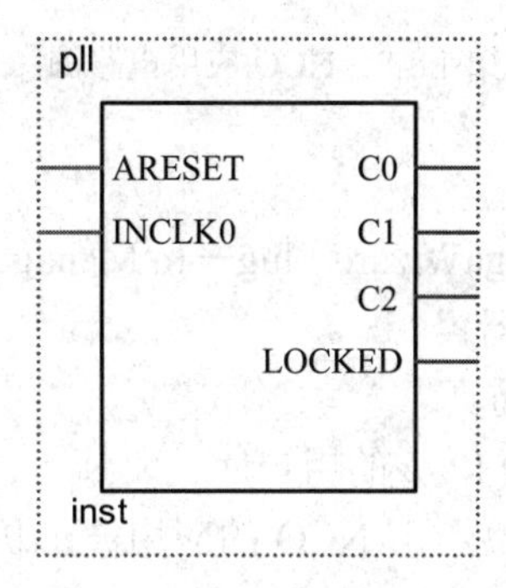

图 8-6　锁相环模型图

(1) 新建工程文件。Altera 器件只有在 Cyclone 和 Stratix 等系列的 FPGA 中才含有锁相环。

(2) 使用“Tools”菜单的“MegaWizard Plug-In Manager…”项。

锁相环的波形仿真图如图 8-7 所示。

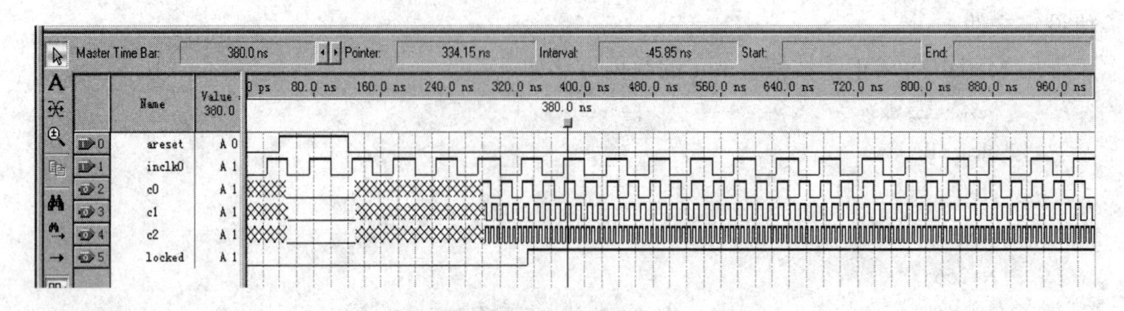

图 8-7　锁相环波形仿真图

3．NCO IP 核的使用

NCO 应用电路图如图 8-8 所示。

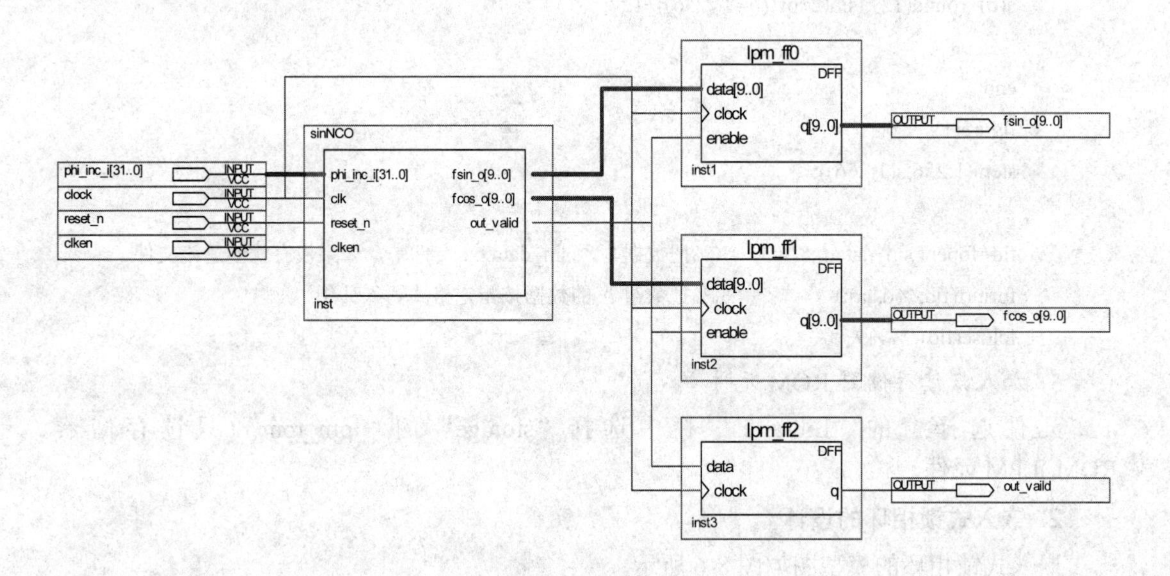

图 8-8　NCO 应用电路图

(1) 新建工程文件。

(2) 使用“Tools”菜单“MegaWizard Plug—In Manager…”项中的“DSP”→“Signal Generation”→“NCO(数控振荡器)”。

(3) 设置参数与连接电路及仿真。

注：进行编译时需添加 NCO IP 核的用户库。

NCO 的应用模型图如图 8-9 所示。NCO 的应用波形仿真图如图 8-10 所示。

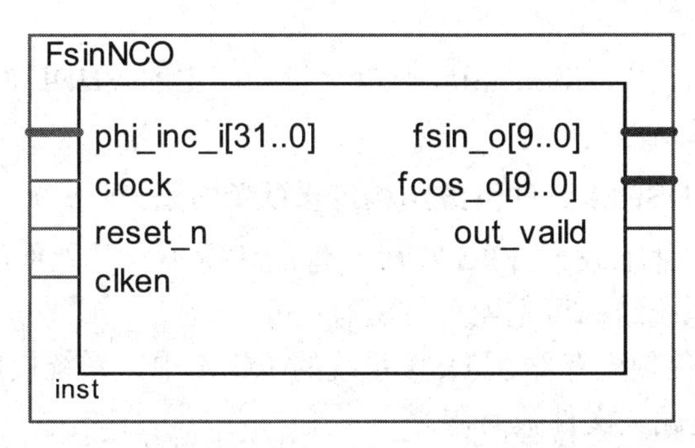

图 8-9　NCO 应用模型图

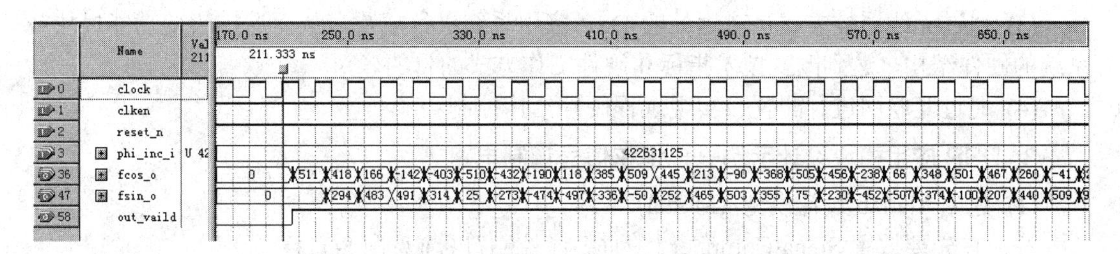

图 8-10　NCO 应用波形仿真图

说明：

(1) phi_inc_[31..0]为频率字输入端，fsin_o[9..0]为正弦波信号的数据输出端，fcos_o[9..0]为余弦波信号的数据输出端，out_vaild 为数据输出同步信号。

(2) 输出波形的频率分辨率为 $\Delta f = f_{min} = f_c/2N$($f_c$ 为输入时钟频率，N 为累加器的宽度(32 位)。

输出频率为 $f_o = f_c \times M/2N$(M 为 phi_inc_i 的输入值)；幅度精度为 10 位。

8.2　基于 FPGA 的 DSP 开发基础

8.2.1　Matlab/DSP Builder 的 DSP 模块设计方法

1. DSP Builder 及其设计流程

DSP Builder 是一个系统级(或算法级)设计工具，依赖于 MathWorks 公司的数学分析工具 Matlab/Simulink。在 Simulink 中进行图形化设计和仿真，通过 SignalCompiler 可以把 Matlab/Simulink 的设计文件(.mdl)转成相应的硬件描述语言 VHDL 设计文件(.vhd)，再由 FPGA/CPLD 开发工具 Quartus Ⅱ来完成。DSP Builder 设计流程如下：

第一步，在 Matlab/Simulink 中进行设计输入，即在 Matlab 的 Simulink 环境中建立一个 mdl 模型文件，用图形方式调用 Altera DSP Builder 和其他 Simulink 库中的图形模块(Block)，构成系统级或算法级的设计框图(或称 Simulink 设计模型)。

第二步，利用 Simulink 强大的图形化仿真、分析功能，分析此设计模型的正确性，完成模型仿真。

第三步，通过 SignalCompiler 把 Simulink 的模型文件(后缀为.mdl)转化成通用的硬件描

述语言 VHDL 文件(后缀为.vhd)。

第四步，用 Quartus Ⅱ、ModelSim 对以上设计产生的 VHDL 的 RTL 代码和仿真文件进行综合、编译适配以及仿真。

2. 基于 FPGA 的 DSP 系统的系统结构可重配置方法

由于不同的配置文件下载于 FPGA 后，将能获得不同的硬件结构和硬件功能。基于 FPGA 的 DSP 系统的系统结构可重配置方法有：

(1) 将多个配置文件预先存储在 DSP 系统的 ROM 中，系统根据实际需要自动选择下载的配置文件。缺点是配置文件数有限。

(2) 将配置文件全部预存在大存储器中或 PC 中，由外围系统选择下载配置文件。

(3) 通过无线遥控方式，对远处的 DSP 应用系统进行配置，从而遥控改变功能模块或系统的硬件结构，达到改变技术指标和硬件工作方式的目的。

(4) 通过互联网进行配置，实现远程硬件结构控制。

3. DSP 应用模块设计示例——正弦信号调制电路

(1) 建立 Matlab 设计模型 (Model)。

注：首先要放置 SignalCompiler 图标(编译控制符号)(见图 8-11)。

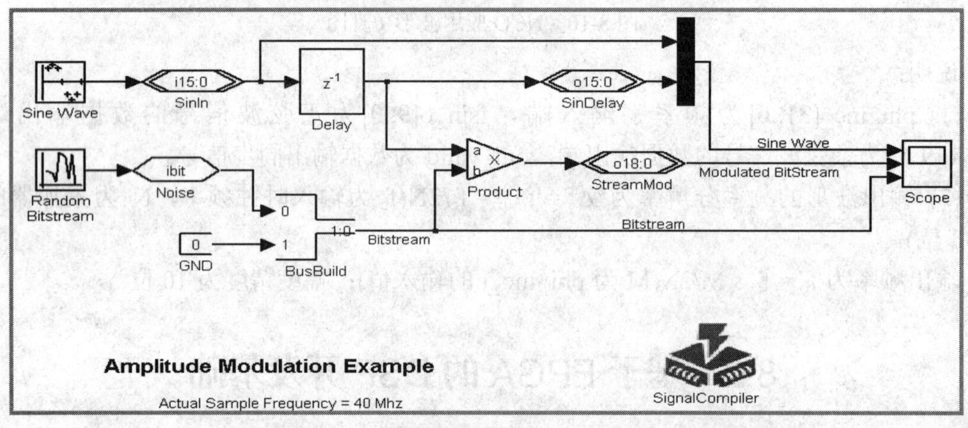

图 8-11　放置 SignalCompiler 图标

(2) Matlab 模型仿真(见图 8-12)。

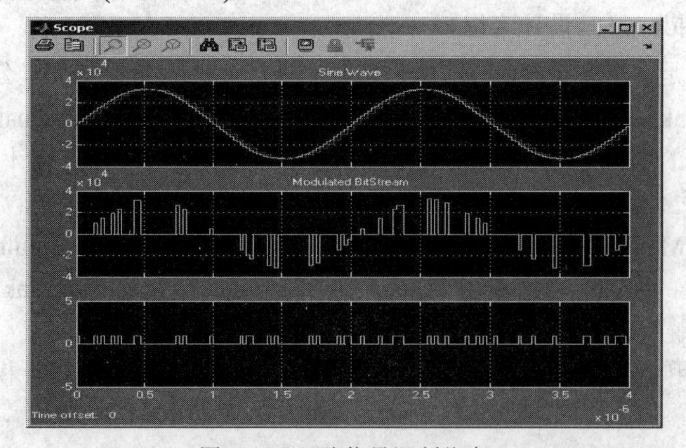

图 8-12　正弦信号调制仿真

(3) 使用 SignalCompiler 进行模型文件的转换(见图 8-13)。

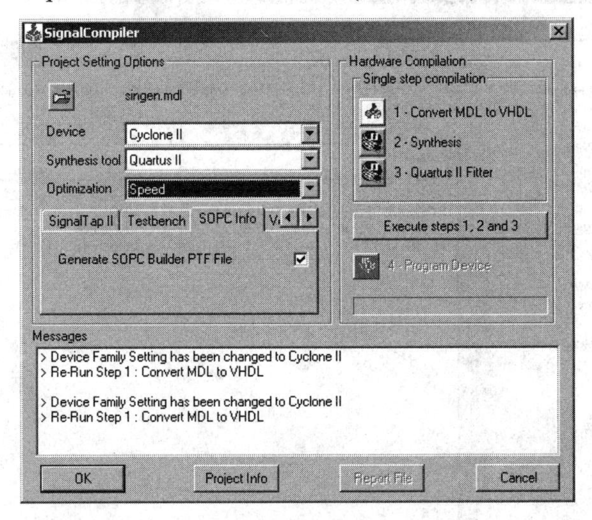

图 8-13　SignalCompiler 工具使用

8.2.2　基于 Quartus Ⅱ的 DSP 模块调试

1．基于硬件描述语言的数字系统设计步骤

(1) 创建工程和编辑设计文件：

① 新建一个文件夹；

② 输入源程序；

③ 文件存盘。

(2) 创建工程：

① 打开建立新工程管理窗；

② 将设计文件加入工程中；

③ 选择仿真器和综合器类型；

④ 选择目标芯片；

⑤ 结束设置。

(3) 编译前设置：

① 选择目标芯片；

② 选择目标器件编程配置方式；

③ 选择输出配置；

④ 选择目标器件闲置引脚的状态；

⑤ 编译模式的选择。

(4) 编译。

(5) 波形仿真。

(6) 引脚锁定、编译和下载。

2．调试

(1) 对 DSP Builder 生成的工程文件进行编译(见图 8-14)。

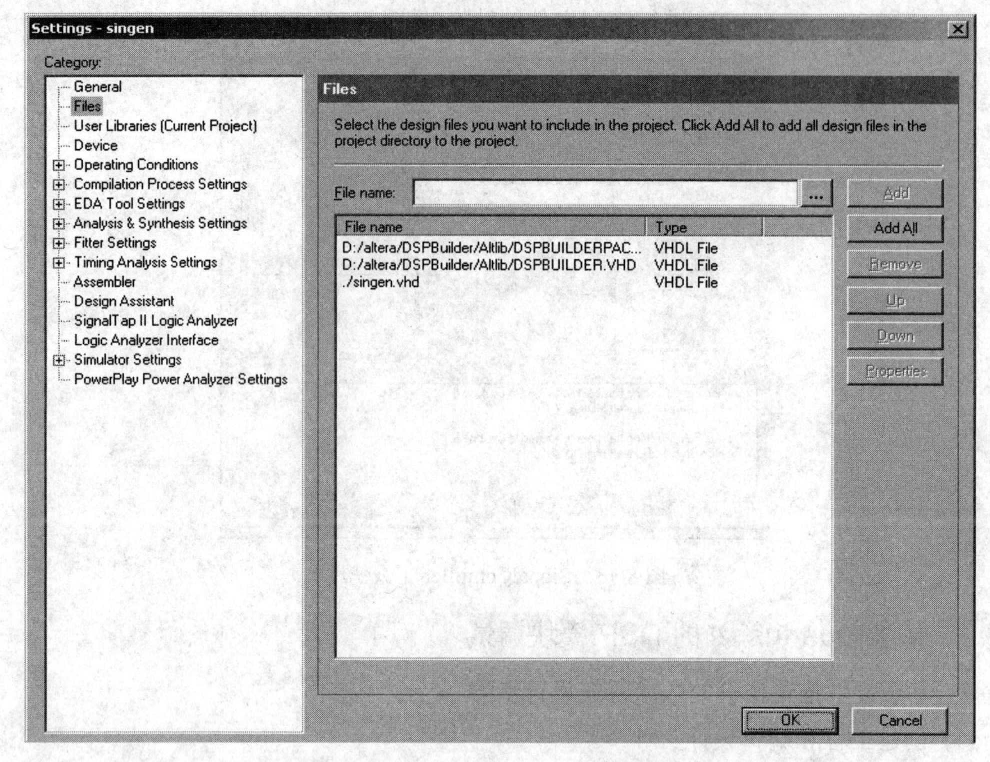

图 8-14　Quartus Ⅱ对 DSP Builder 生成的工程进行编辑

(2) 使用 Quartus Ⅱ实现时序仿真(见图 8-15)。

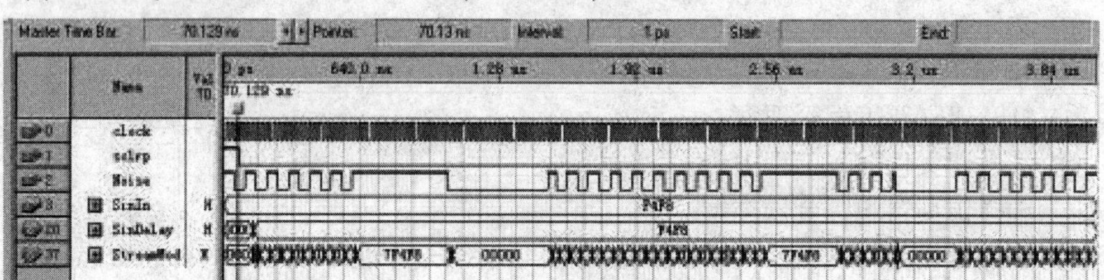

图 8-15　Quartus Ⅱ时序仿真

(3) 硬件实现与测试(见图 8-16)。

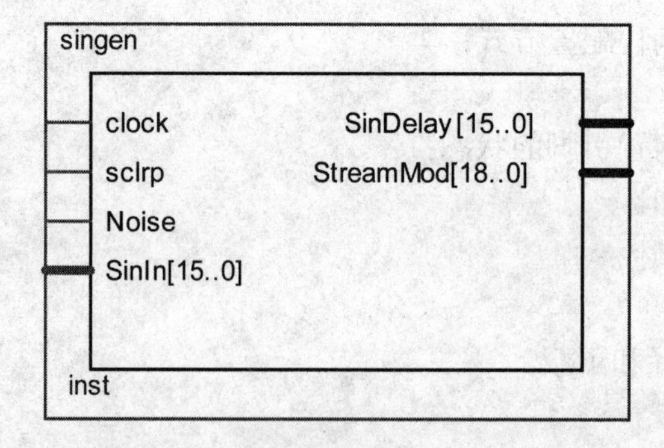

图 8-16　Quartus Ⅱ生成的设计模型

① 引脚锁定(与目标芯片的引脚连接关系表)；
② 下载设计文件；
③ 硬件验证设计电路。

注：输出需接并行 D/A 变换的数据输入端。

3．示例

正弦信号调制电路应用(输出接 DAC0832)。

第一步：基于 DSP Builder 设计模型与 Quartus 文件转换(见图 8-17～图 8-19)。

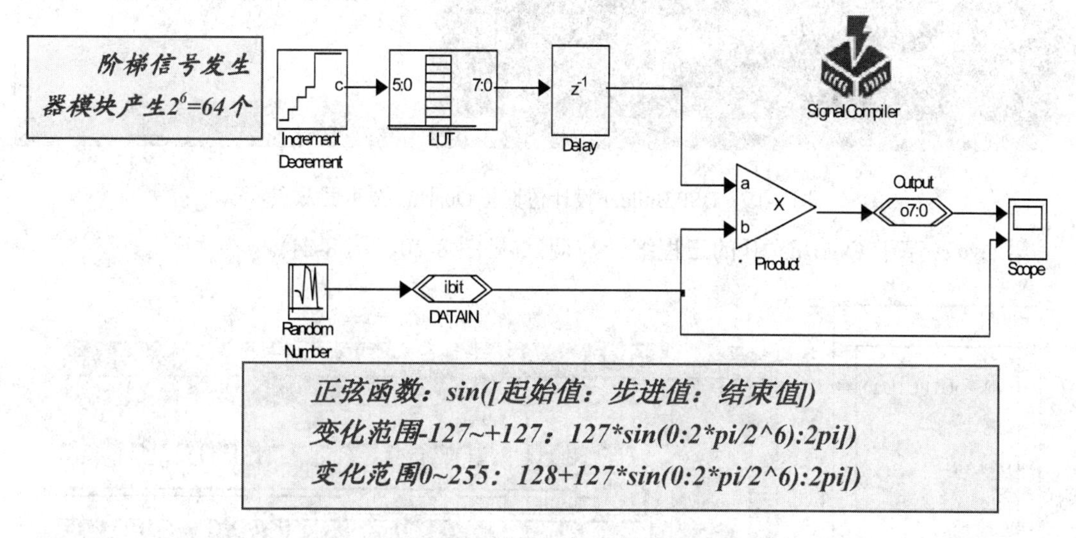

图 8-17　DSP Builder 设计模型

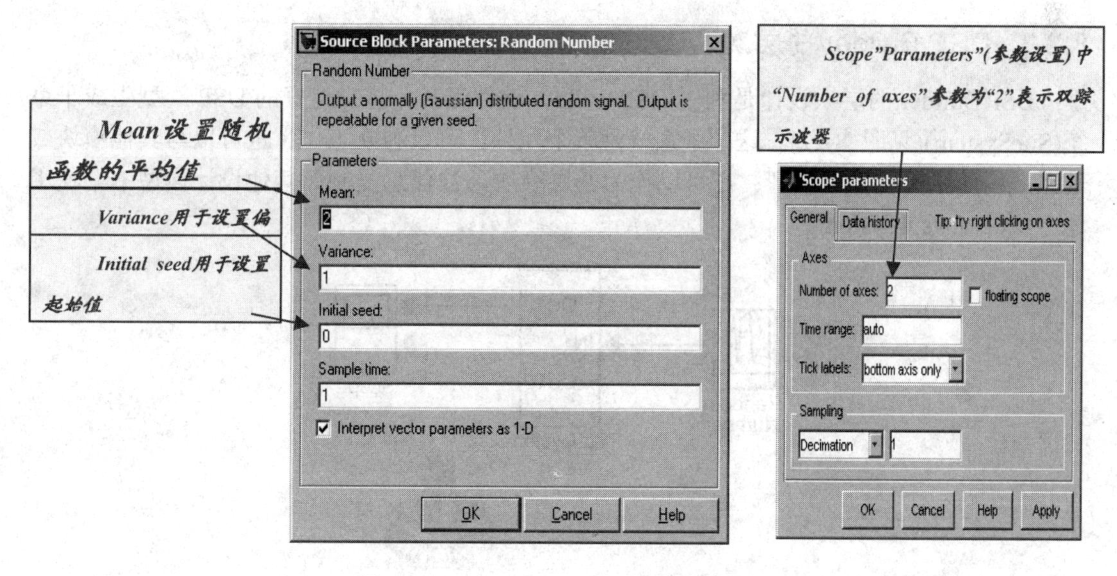

图 8-18　DSP Builder 设计模型参数设置

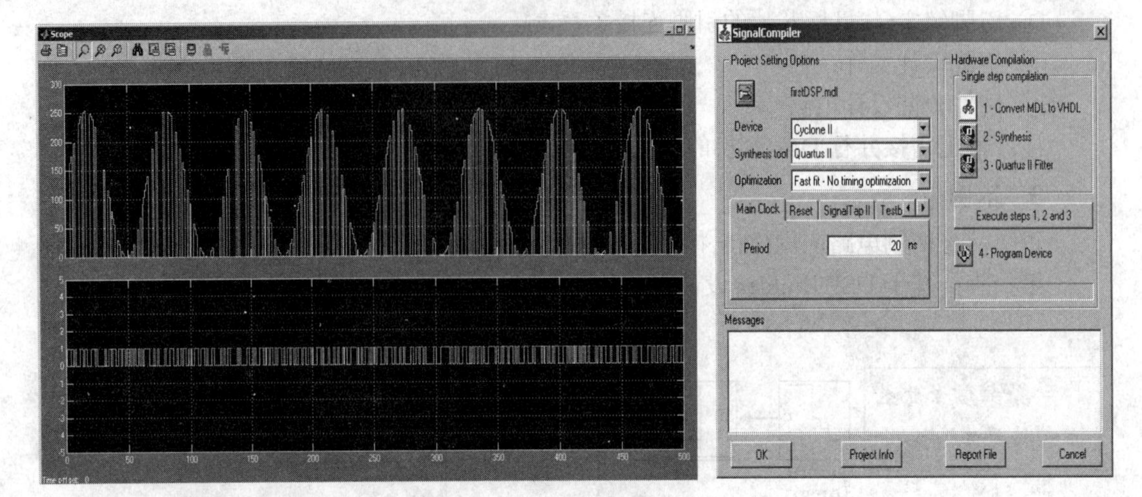

图 8-19　DSP Builder 设计仿真与 Quartus 文件生成

第二步：基于 Quartus Ⅱ的工程编译与调试(见图 8-20、图 8-21)。

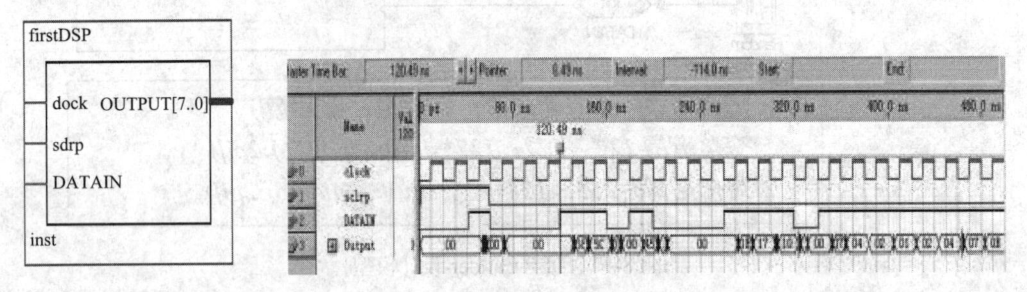

图 8-20　Quartus Ⅱ生成模型　　　　图 8-21　Quartus Ⅱ仿真

8.2.3　DSP Builder 的层次设计

DSP Builder 的层次设计是利用 DSP Builder 软件工具，将设计好的 DSP 模型生成子系统(SubSystem)(见图 8-22)。这个子系统是单个元件，可以独立工作；也可以与其他模块或子系统构成更大的设计模型；还可以作为基层模块，被任意复制到其他设计模型中。使用命令：Create subsystem。

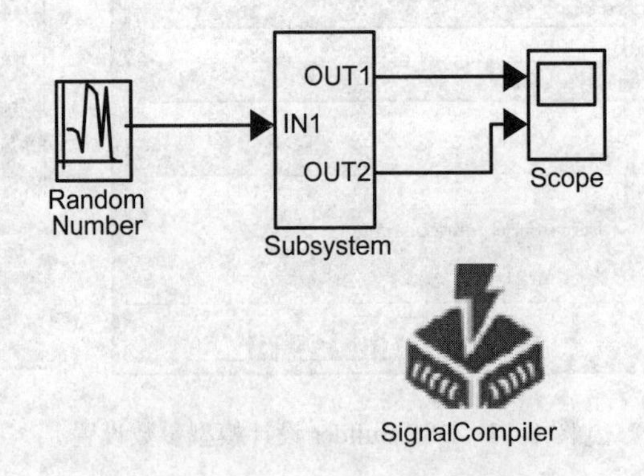

图 8-22　DSP Builder 生成子系统

8.2.4　数字频率合成器(DDS)设计

使用 DDS 的方法设计一个任意频率(0 Hz～7.5 MHz)的正弦信号发生器。

1. dds_test 接口模块

图 8-23 中所示的 KEY1～KEY8 输入的 DDS 频率字，由数码管 1～8 显示(8 位 16 进制数的频率字)，FWORD 输出频率控制字。

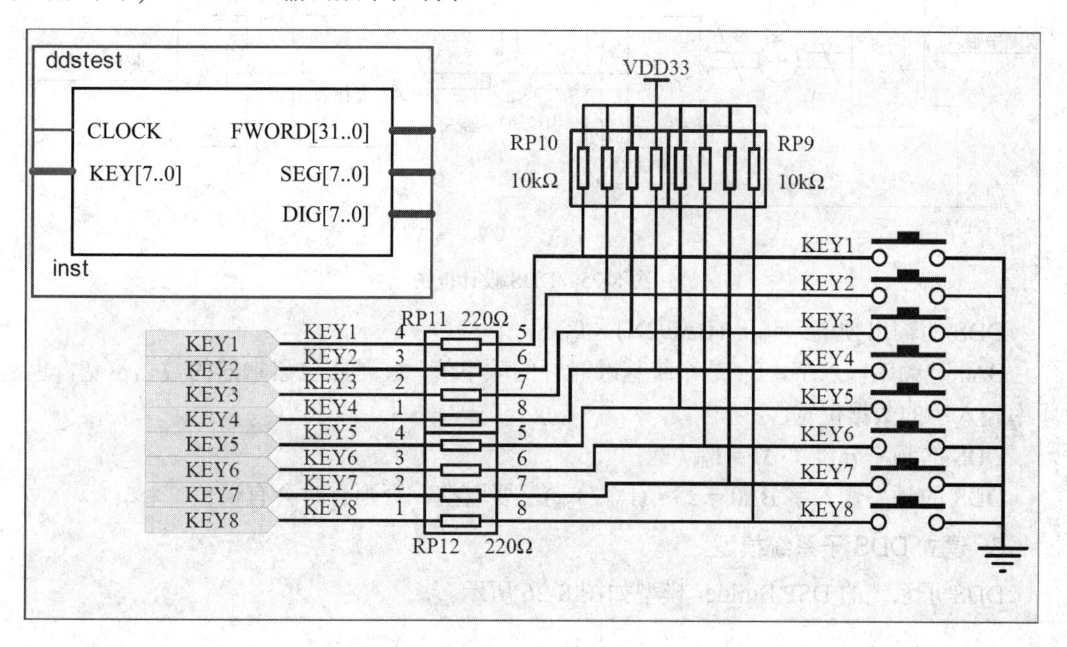

图 8-23　正弦信号发生器外部接口电路

D/A 转换器使用的是 TI 公司的 125MSPS 单路 10 b 器件 THS5651A(其有管脚兼容的 200MSPS 器件 DAC900)。正弦信号发生器外部 D/A 转换电路如图 8-24 所示。

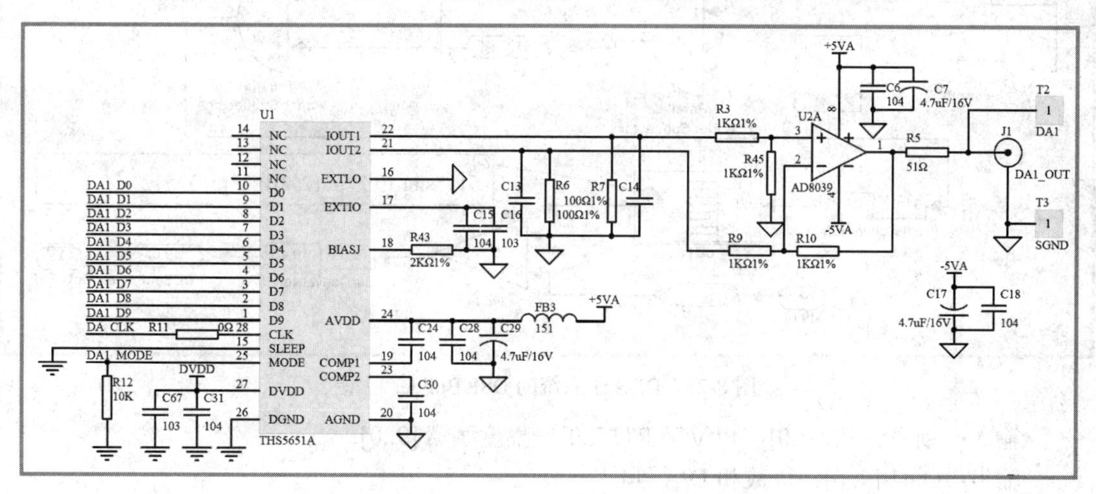

图 8-24　正弦信号发生器外部 D/A 转换电路

2. DDS 的基本结构

DDS 的设计框图如图 8-25 所示。

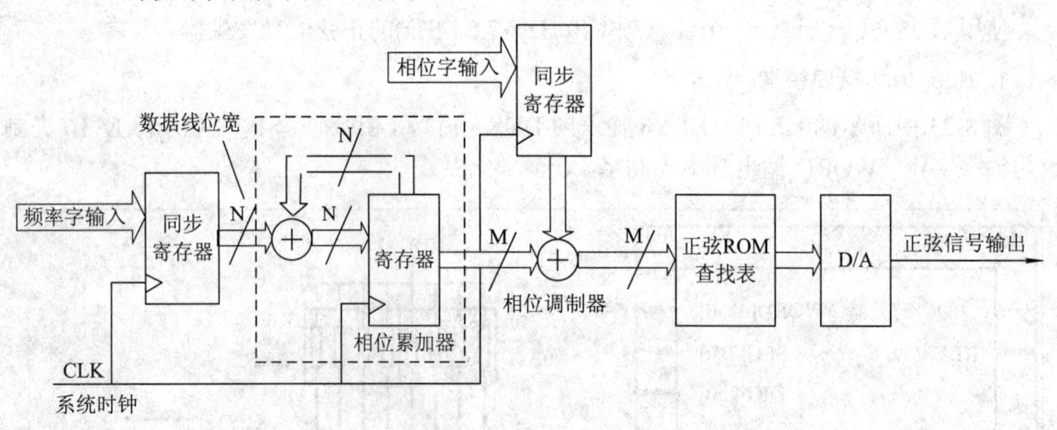

图 8-25　DDS 设计框图

DDS 的输出频率：$f_{out} = (B\Delta\theta/2N) \times f_{clk}$

$B\Delta\theta$ 是频率输入字，f_{clk} 是系统基准时钟的频率值，N 是相位累加器的数据位宽，也是频率输入字的数据位宽。

DDS 的频率分辨率 $\Delta f = f_{clk} / 2^N$；

DDS 的频率输入字 $B\Delta\theta = 2^N \times (f_{out} / f_{clk})$，要取整，否则有时会有误差。

3. 建立 DDS 子系统模型

DDS 子系统的 DSP Builder 模型如图 8-26 所示。

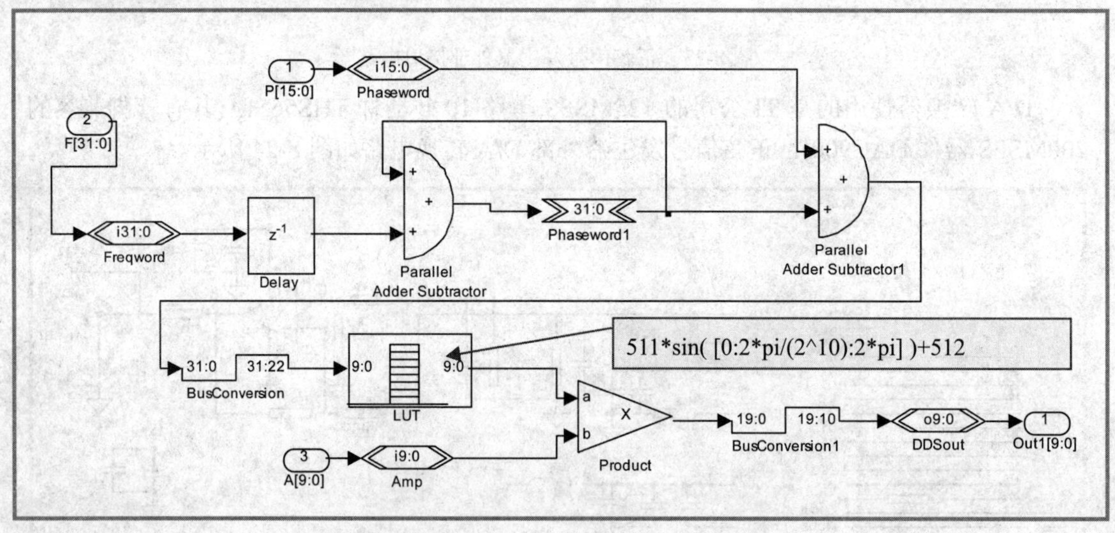

图 8-26　DDS 子系统的 DSP Builder 模型

输入：频率字 F[31..0]，相位字 P [15..0]，幅度字 A [9..0]；

输出：Out1 [9..0]，位数和 D/A 匹配。

使用“Mask Subsystem…”中的“Documentation”设置“Mask type”为“Subsystem AlterBlockSet”(子系统 Altera 模块集)就可以正常地生成 VHDL 代码。

4. Simulink 模型仿真

DDS 子系统的 DSP Builder 仿真图如图 8-27 所示。

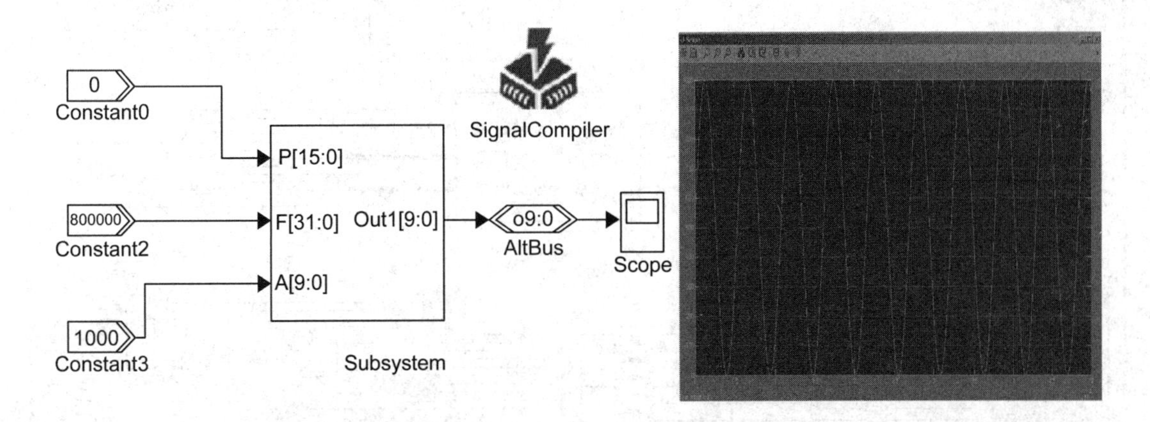

图 8-27　DDS 子系统的 DSP Builder 仿真

改变 Constant2 的值，仿真频率发生变化；改变 Constant3 的值，仿真幅度发生变化。

DDS 直接数字合成器具有较高的频率分辨率，可以实现快速的频率切换，并且在频率改变时能够保持相位的连续，很容易实现频率、相位和幅度的数控调制。

5. 在 DSP Builder 中使用外部的 VHDL 代码

在 DSP Builder 中使用外部的 VHDL 代码流程如图 8-28 所示。

(1) 将 ddstest.vhd 拷贝到工程目录；

(2) 在 Altera DSP Builder 库中，找到 SubSystem Builder 模块，拖放至此 DDS 模型窗口中。

(3) 打开 SubSystem Builder 选择 ddstest.vhd ，建立系统模块。构建完整模型，并转换为 Quartus 工程文件。

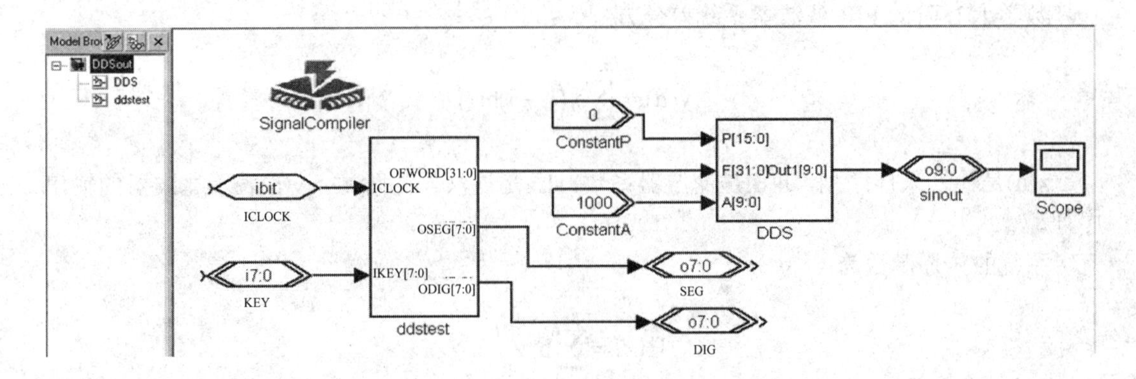

图 8-28　DSP Builder 中使用外部的 VHDL 代码流程图

6. DDS 的 Quartus 工程实现

DDS 的实现电路如图 8-29 所示。

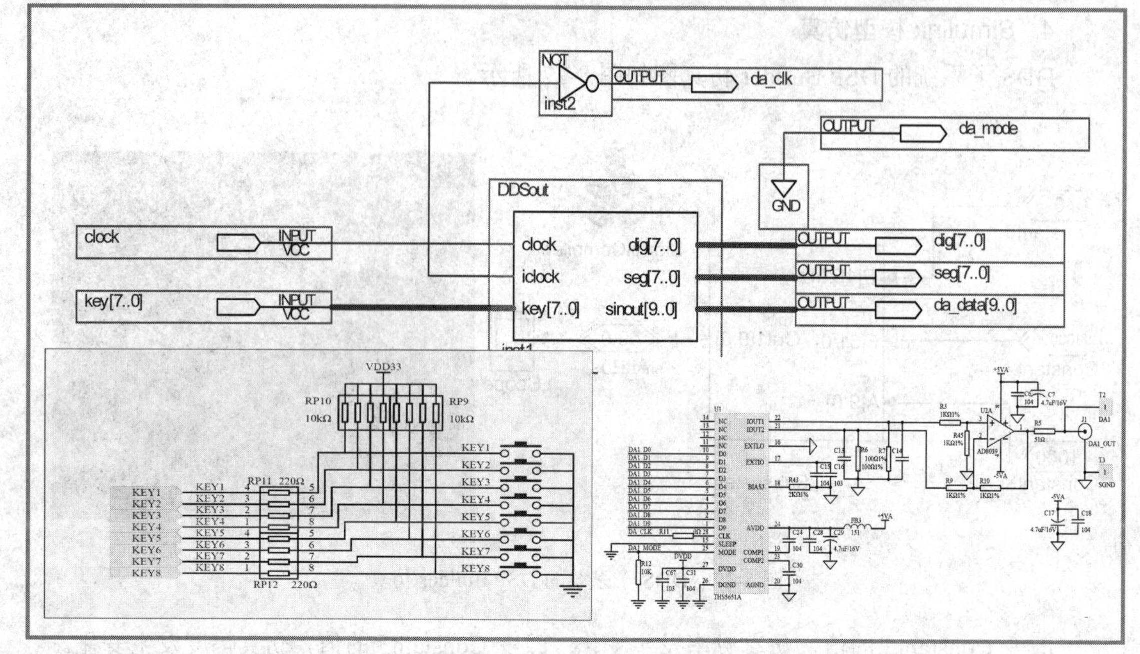

图 8-29　DDS 的实现电路

8.2.5　FIR 滤波器设计

信号滤波可以用滤波器改变信号的频率特性，让一些信号频率通过，而阻塞另一些信号频率。数字滤波器是由一系列滤波器系数定义的方程，可采取数字滤波程序来实现。在硬件不修改的情况下，只要改变滤波器的系统表即可完成滤波器特性的修改。通过接收原始数据，输出滤波后的数据，其性能的变化只需改变数字滤波器的系数表。

1. FIR 滤波器原理

有限冲激响应数字滤波器(FIR)具有精密的线性相位，同时又可以有任意的幅度特性。

数学上 L 阶的 FIR 滤波器系统差分方程为：

$$y(n)=\sum_{i=0}^{L-1}x(n-i)h(i)$$

x(n)是输入采样序列，h(n)是滤波器系数，L 是滤波器的阶数，y(n)表示滤波器的输出序列。

系统的传递函数为：

$$H(z)=\sum_{K=0}^{M}b_k z^{-k}$$

对于直接 I 型的 FIR 滤波器是可级联的，在滤波器系数可变的情况下，可以预先设计好一个 FIR 滤波器节。在实际应用中通过不断地调用 FIR 滤波器节，将其级联起来，完成多阶 FIR 滤波器的设计。I 型 FIR 滤波器的结构如图 8-30 所示。

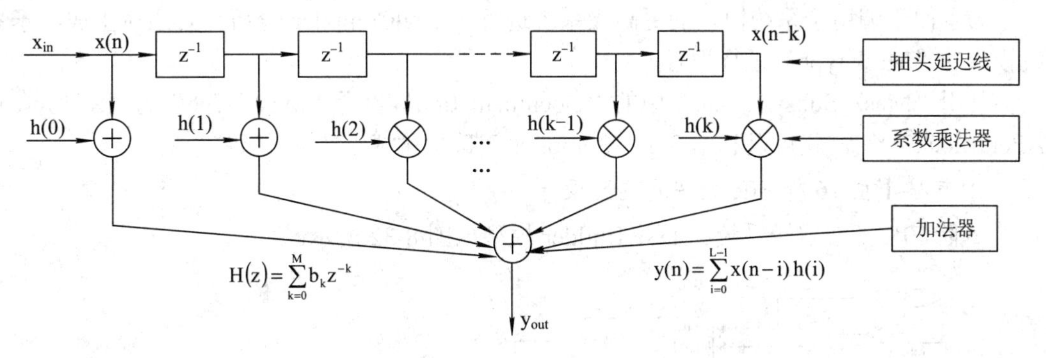

图 8-30　I 型 FIR 滤波器结构

直接 I 型 FIR 滤波器：可理解为一个分节的延时线，把每一节的输出加权累加，可得到滤波器的输出。但滤波器的阶数越高，占用的运算时间就越多，因此在满足指标要求的情况下应尽量减少滤波器的阶数。

2. 16 阶 FIR 滤波器设计

$$H(z)=\sum_{K=1}^{16} b_k z^{-k} = z^{-1}\sum_{K=0}^{15} b_k z^{-k}$$

设计一个 16 阶的低通 FIR 滤波器，对模拟信号的采样频率 f_s 为 48 kHz，要求信号的截止频率为 $f_c = 10.8$ kHz，输入序列的宽为 9 位(最高位为符号位)。

1) 4 阶 FIR 滤波器子系统设计

4 阶 FIR 滤波器子系统 DSP Builder 模型如图 8-31 所示。

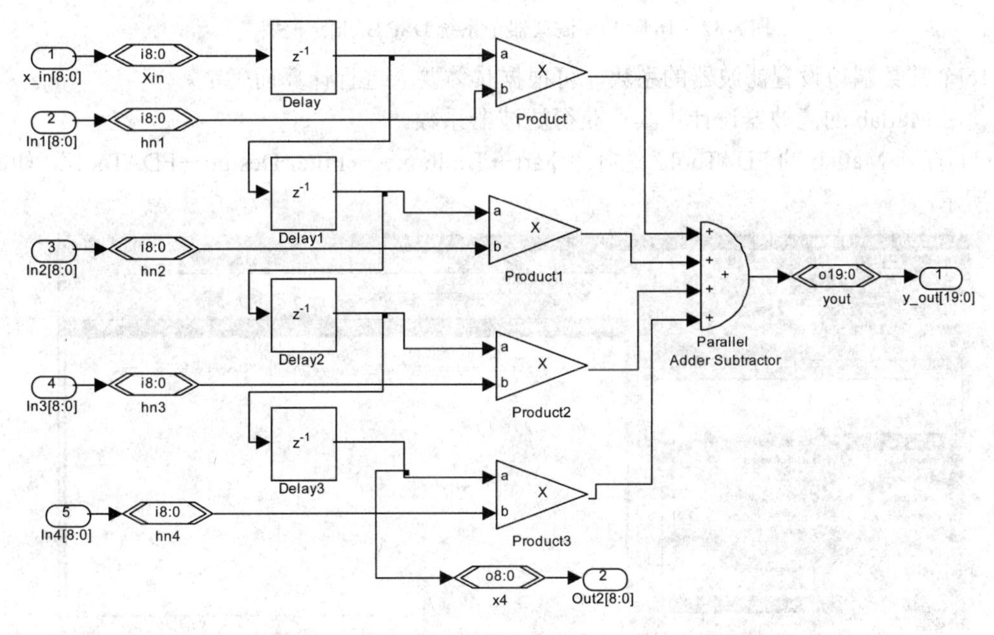

图 8-31　4 阶 FIR 滤波器子系统 DSP Builder 模型

为了便于调用子系统模块的更高级系统进行 SignalCompiler 分析，必须对生成的子系统模块的“Mask type”进行设置。

使用“Mask Subsystem...”中的“Documentation”设置“Mask type”为“SubSystem AlteraBlockSet”，就可以利用 SignalCompiler 正确地生成 VHDL 代码。

2) 直接Ⅰ型 16 阶 FIR 数字滤波器设计

16 阶 FIR 滤波器子系统的 DSP Builder 模型如图 8-32 所示。

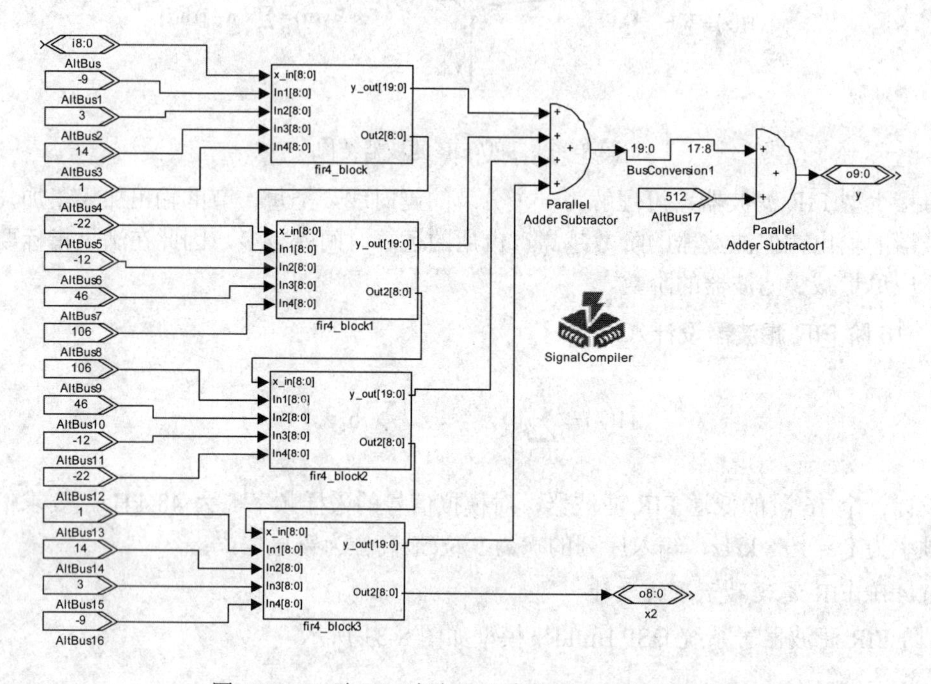

图 8-32　16 阶 FIR 滤波器子系统 DSP Builder 模型

16 个常数端口设置滤波器的系数，可根据具体要求进行计算而确定。

使用 Matlab 的滤波器设计工具，获得滤波器系数。

(1) 打开 Matlab 的 FDATool。选择“Start→Toolboxes→Filter Design→FDATool”，如图 8-33 所示。

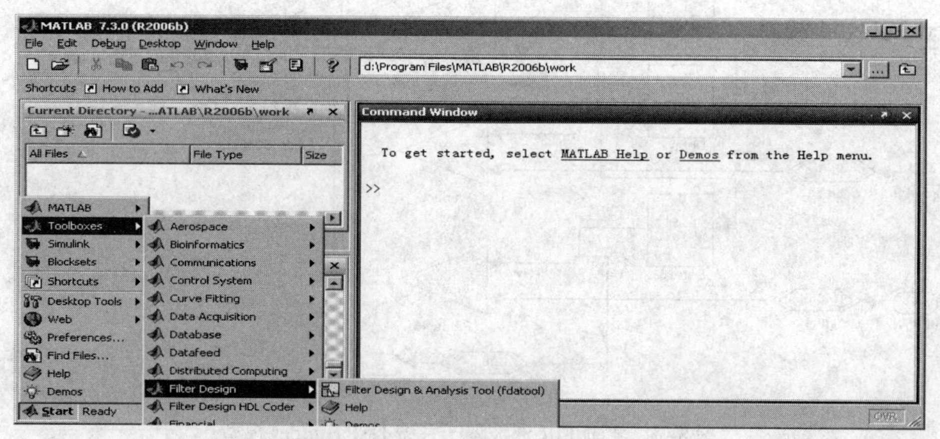

图 8-33　Matlab 的 FDATool 命令

(2) 选择 Design Filter。

系统的传递函数为

$$H(z)=\sum_{K=1}^{16} b_k z^{-k} = z^{-1}\sum_{K=0}^{15} b_k z^{-k}，\ h(0)=0$$

可看成一个 15 阶 FIR 滤波器的输出结果经过一个单位延时单元 Z-1。故在此按 15 阶 FIR 滤波器来计算参数。如图 8-34 所示为 FIR 滤波器的 Matlab 设计界面。

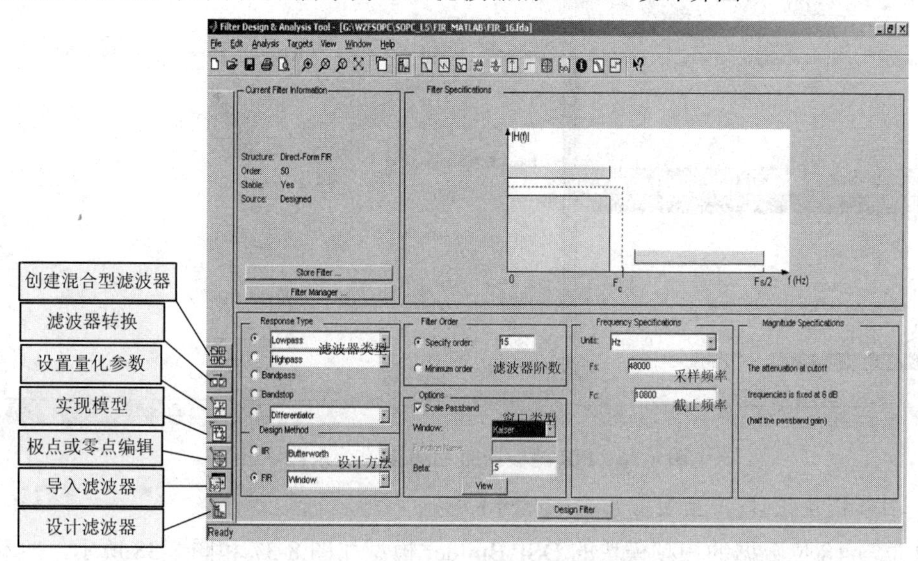

图 8-34　FIR 滤波器的 Matlab 设计界面

(3) 滤波器分析。

FIR 滤波器的 Matlab 参数设计如图 8-35 所示。

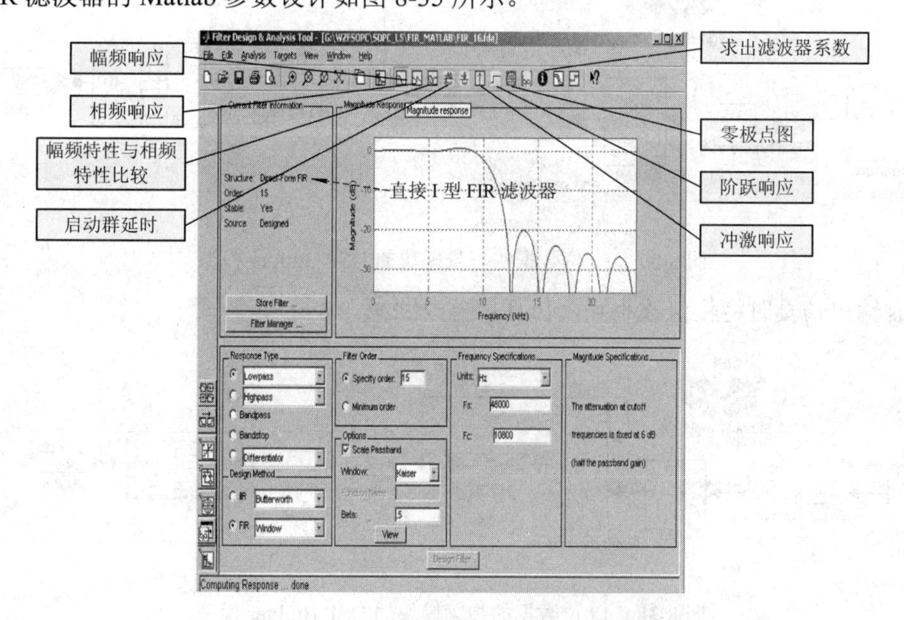

图 8-35　FIR 滤波器的 Matlab 参数设计

(4) 导出滤波器系数(File→Export…)。

FIR 滤波器的 Matlab 设计系数导出如图 8-36 所示。

注：在 Matlab 主窗口的命令窗口中键入变量名并乘量级数转换 fir16_data*(2^8)会显示数据，若 FIR 滤波器模型使用还需转为整数 round(fir16_data*(2^8))。

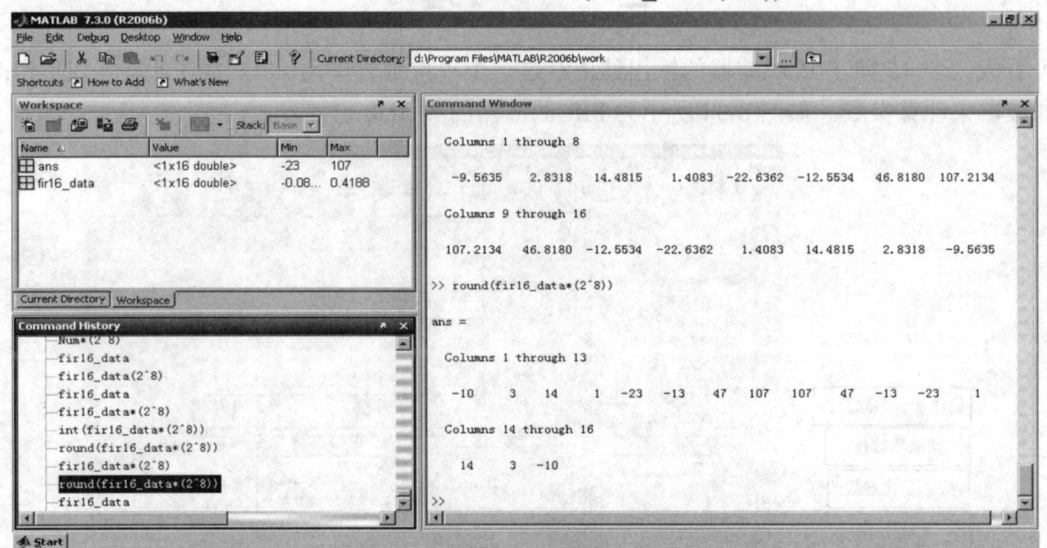

图 8-36　FIR 滤波器的 Matlab 设计系数导出

3) 扫频模块设计(产生实验用输入信号)

32 位与 18 位数据的扫频模块的 DSP Builder 模型如图 8-37 和图 8-38 所示，18 位数据的扫频模块的 DSP Builder 仿真如图 8-39 所示。

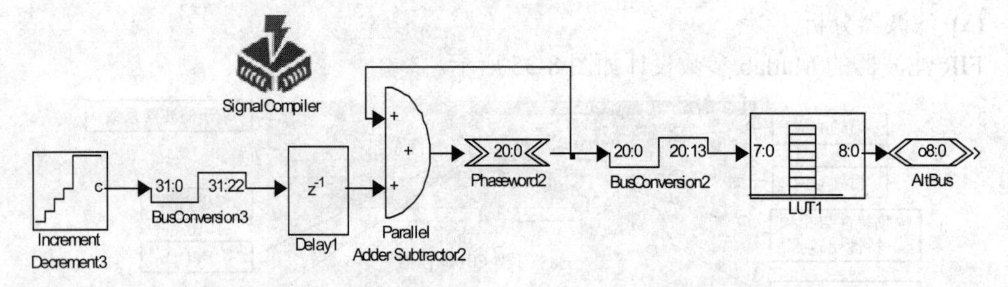

图 8-37　32 位数据的扫频模块的 DSP Builder 模型

Bus 输出仿真时将位值改小点，仿真后再改回来。

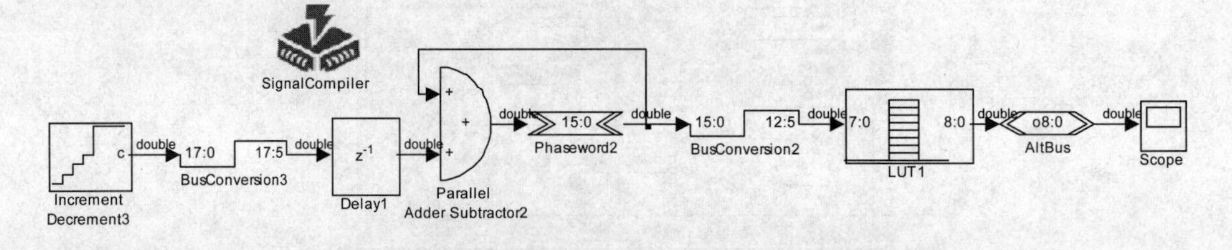

图 8-38　18 位数据的扫频模块的 DSP Builder 模型

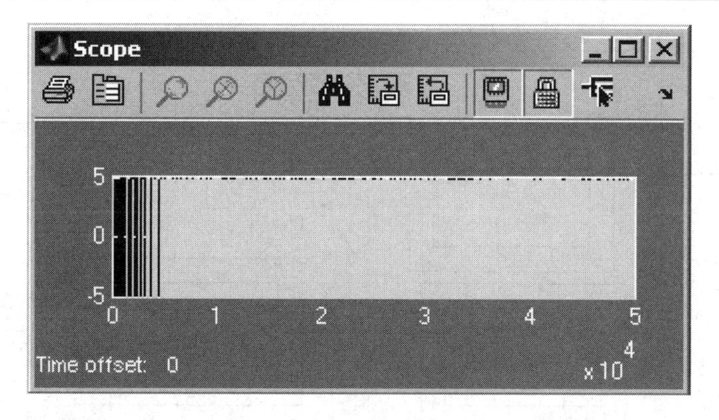

图 8-39　18 位数据的扫频模块的 DSP Builder 仿真

4) FIR 滤波器仿真

滤波器系数按要求改变，则滤波器性能发生变化。图 8-40 所示为 16 阶的低通 FIR 滤波器模块与 DSP Builder 仿真。

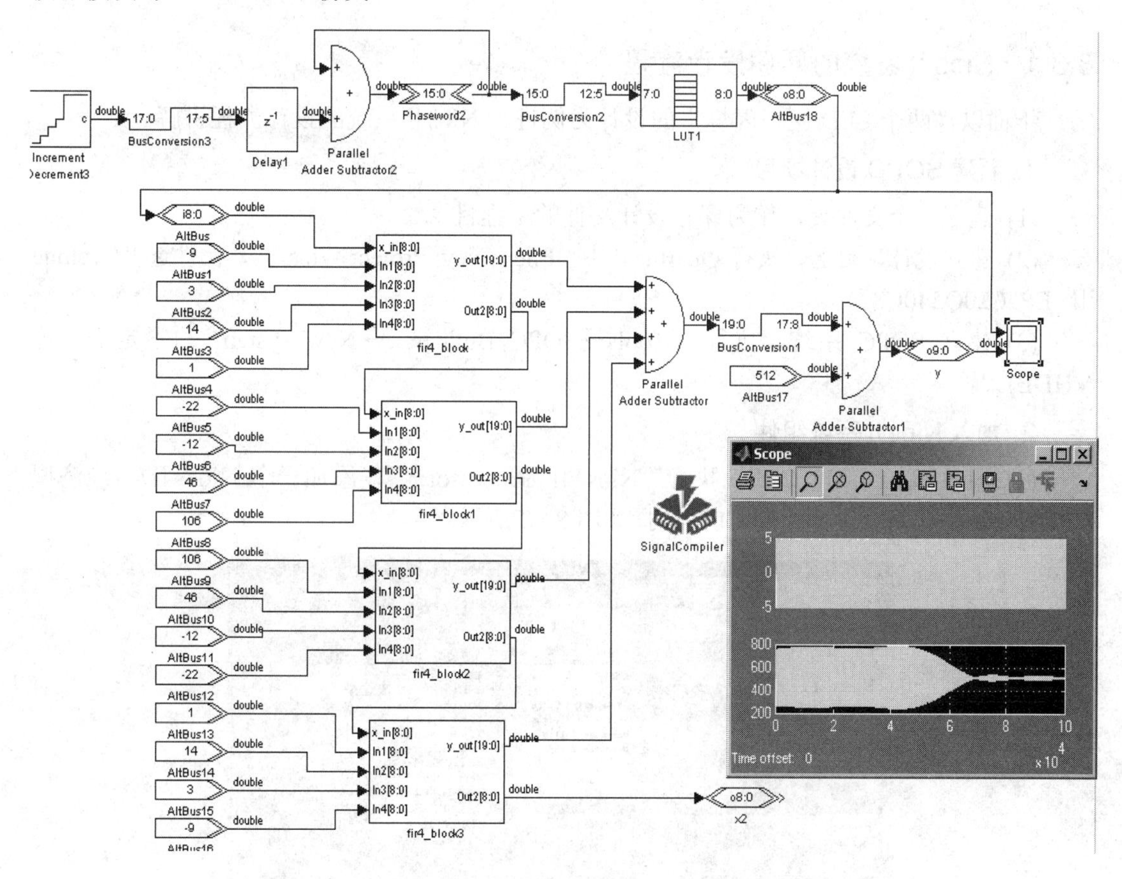

图 8-40　16 阶的低通 FIR 滤波器模块与 DSP Builder 仿真

5) Quartus 工程实现

16 阶的低通 FIR 滤波器的 Quartus 实现如图 8-41 所示。

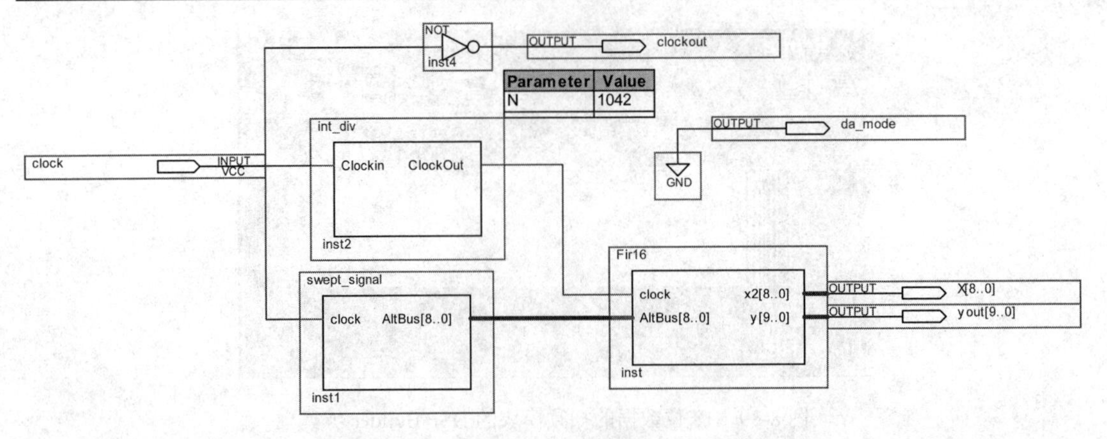

图 8-41　16 阶低通 FIR 滤波器 Quartus 实现

8.3　NiosⅡ嵌入式系统设计基础

8.3.1　NiosⅡ系统的硬件设计流程

下面以“两个 LED 交替闪烁”的设计为例进行 NiosⅡ系统的设计流程讲解。

1. 新建 SOPC 设计项目

(1) 建立一个文件夹，作为保存设计文件的工程目录。

(2) 建立设计项目名，执行 QuartusⅡ中“File→New Project Wizard”，元件选“Cyclone Ⅱ EP2C20Q240C8”。

(3) 建立 SOPC 系统，执行“Tools→SOPC Builder…→New system”(设定语言选 VHDL)。

2. 加入 NiosⅡ系统组件

(1) 加入 Nios CPU CORE.执行“Nios Ⅱ Processor…”，添加一个 Nios Ⅱ/e (经济型 CPU)。Nios Ⅱ系统设计中的 CPU 选择如图 8-42 所示。

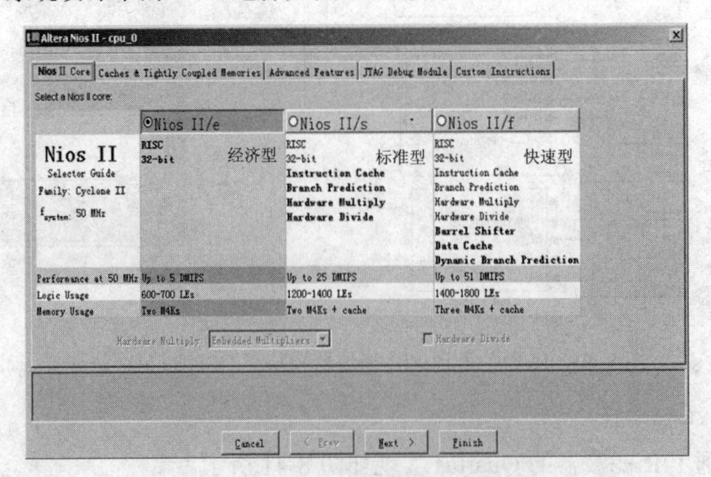

图 8-42　Nios Ⅱ系统设计中 CPU 选择

(2) 加入 RAM(32bit/8KB)、PIO(output)组件，如图 8-43 所示。

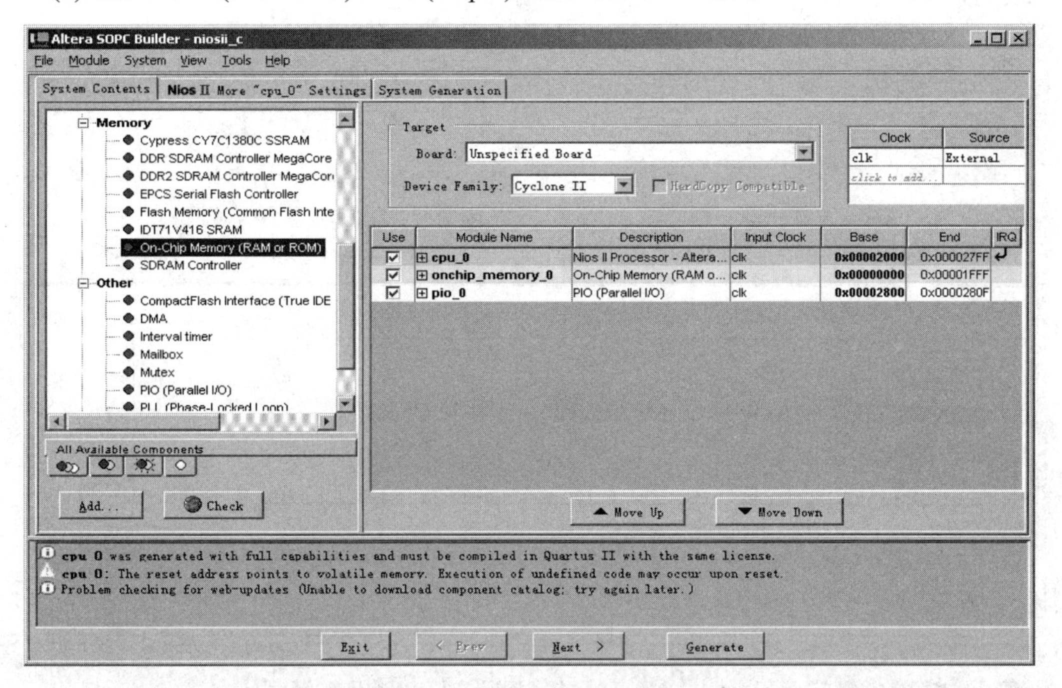

图 8-43　片上系统 CPU 加入组件

3. 生成 Nios Ⅱ系统

(1) 系统自动分配基地址、自动分配中断地址，如图 8-44 所示。

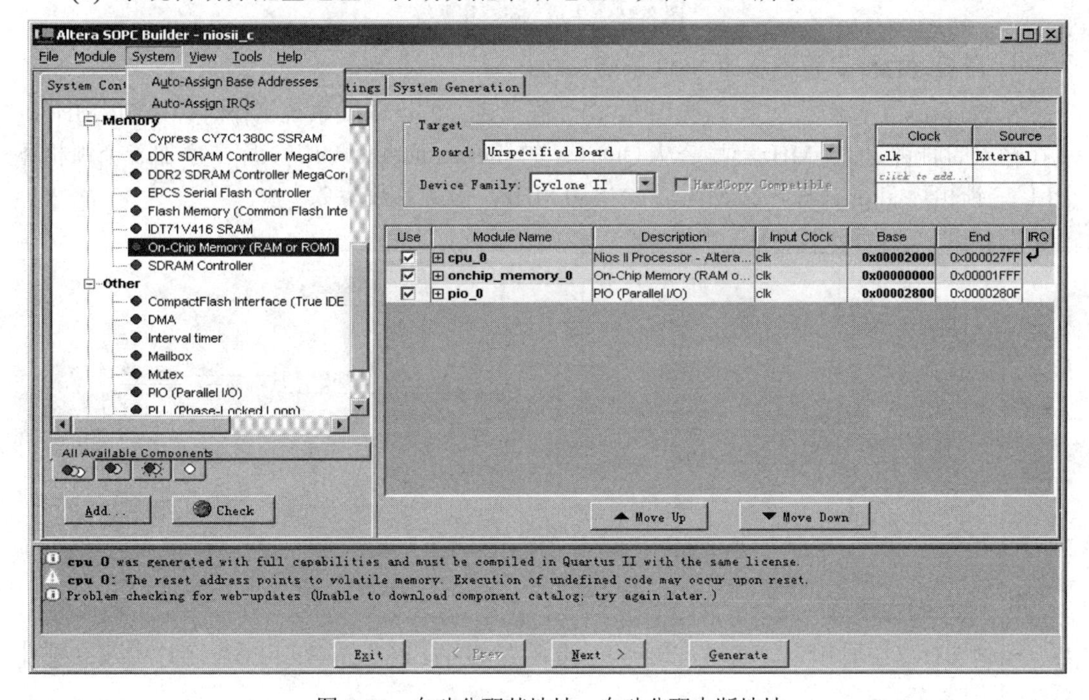

图 8-44　自动分配基地址、自动分配中断地址

(2) 系统生成设置与命令执行，生成如图 8-45 所示的 Nios Ⅱ系统。

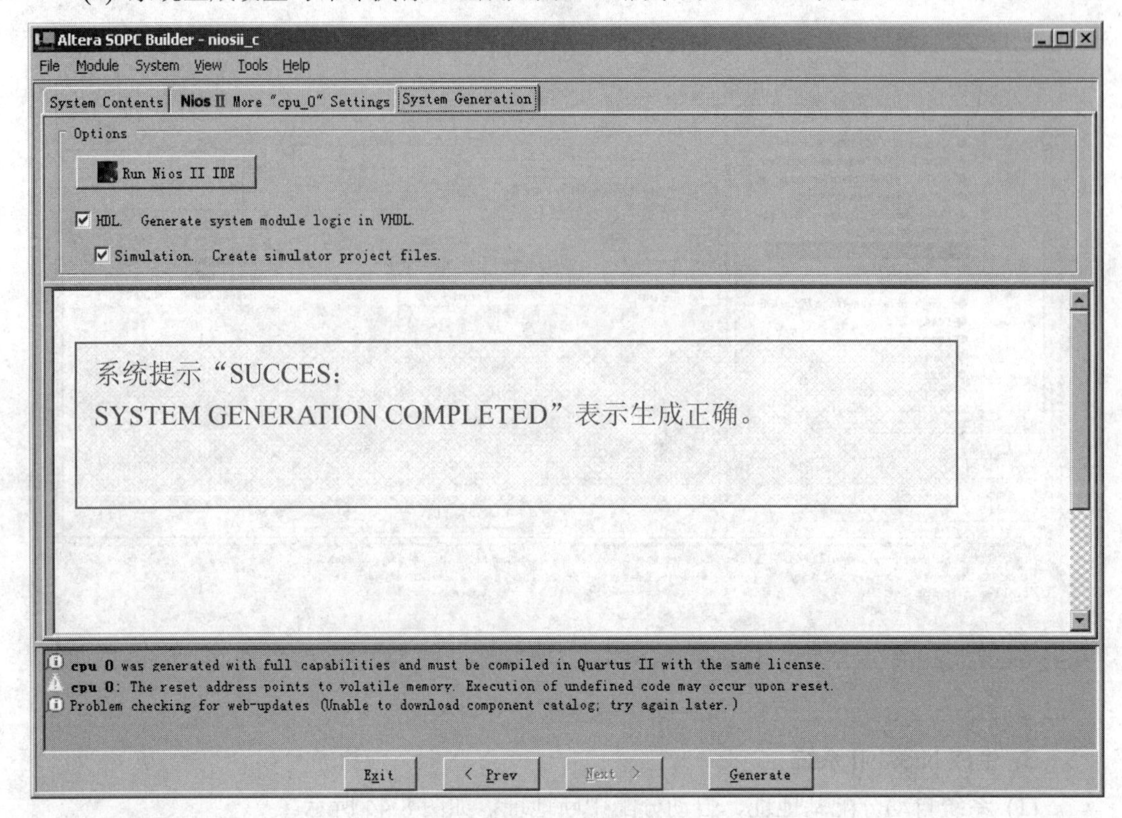

图 8-45　生成 Nois Ⅱ系统

4. 在 Quartus 工程中添加 Nios 系统

在 Quartus 工程中添加系统(见图 8-46)。假设设计的嵌入式系统工作时钟为 50 MHz，现在输入的时钟为 25 MHz。故需从 Quartus 的 megafunctions 的 I/O 库中添加一个锁相环(PLL)。锁相环 altpll：f_{in} = 25 MHz，f_{co} = 50 MHz，倍频系数为 2。

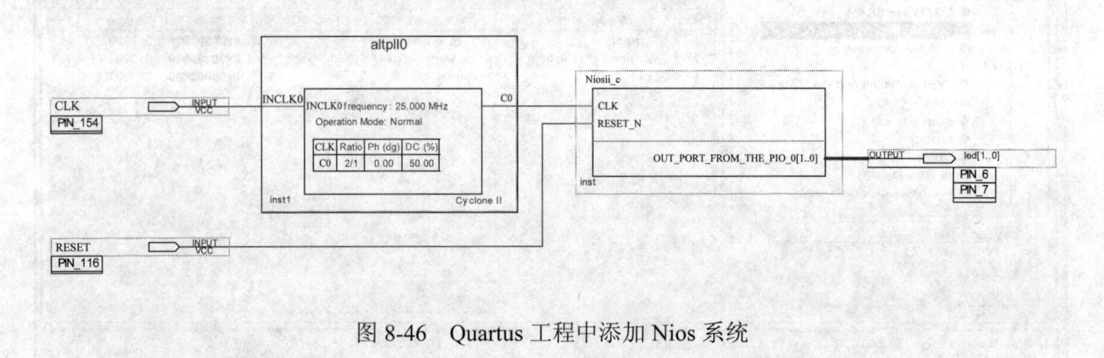

图 8-46　Quartus 工程中添加 Nios 系统

5. 建立硬件系统

器件选择、引脚锁定、编译下载至 Flash 配置芯片(EPCS1)，在 FPGA 芯片中建立硬件系统(见图 8-47)。

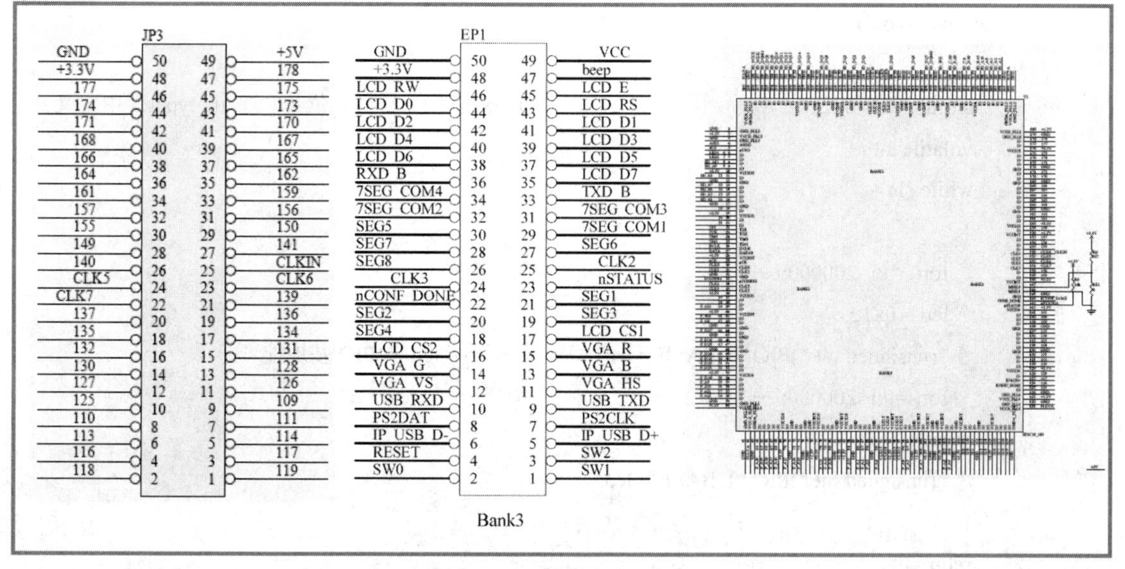

图 8-47　片上系统外部电路

8.3.2　Nios Ⅱ 系统的软件设计流程

以“两个 LED 交替闪烁”为例进行 Nios IDE 的软件设计。

1. 新建软件工程

(1) 运行 Nios IDE，执行 Nios IDE 中的“File→New→Project→Nios Ⅱ C/C++ Application”，如图 8-48 所示。

(2) 在新建对话框中设定工程文件名字，选择已建立的 Nios Ⅱ (CPU)系统文件 nios_c.ptf，并选择工程模板，如图 8-49 所示。

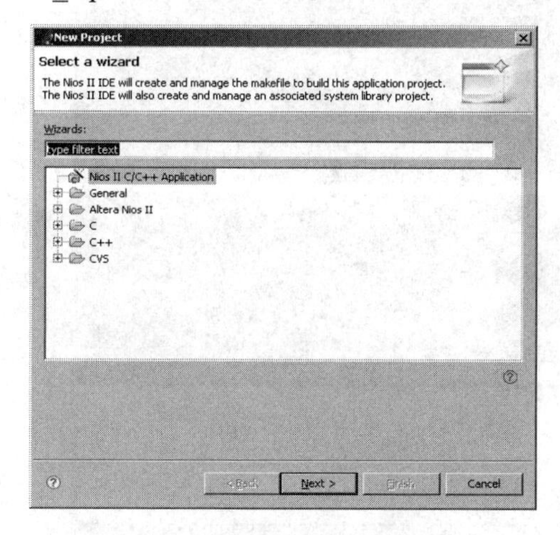

图 8-48　Nios Ⅱ IDE 软件工程新建

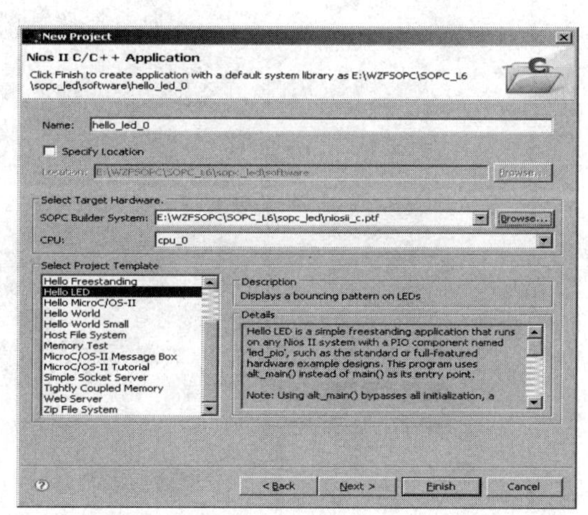

图 8-49　IDE 软件工程关联 Nios 硬件

2. 程序编写(或根据模板修改)

```
#include "system.h"
#include "alt_types.h"
```

```
int main (void)
{
  alt_u8 led = 0x2;                         //alt_u8 表示无符号 8 位数，在 alt_types.h 中定义
  volatile int i;
  while (1)
  {
    for(i=0;i<200000;i++) ;                 //循环延时
    led = 0x1;
    *(unsigned int *)PIO_0_BASE = led;      //表示控制 led 的 PIO 基地址
    for(i=0;i<200000;i++) ;
    led = 0x2;
    *(unsigned int *)PIO_0_BASE = led;
  }
  return 0;
}
```

3. 编译工程

1) 编译设置(使编译能编译出更高效、占用空间更小的代码)

(1) 工程属性设置：鼠标右击，选择快捷菜单的“Properties”，如图 8-50 所示。

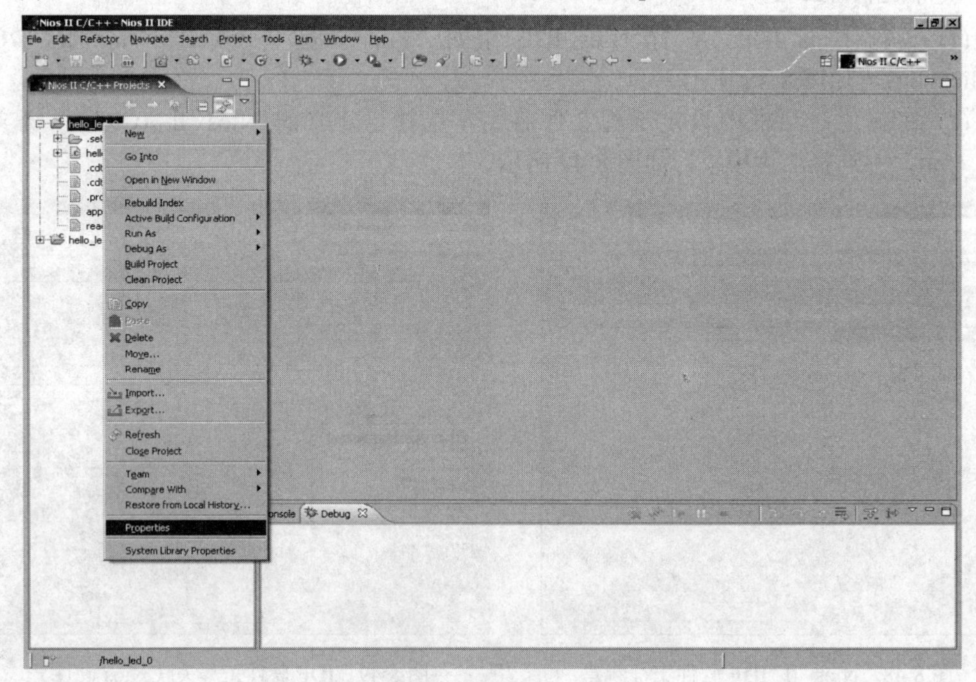

图 8-50　Nios IDE 工程编译菜单

(2) 工程系统库属性设置：鼠标右击，选择快捷菜单的“Properties”。在对话框中选“C/C++ Build→Tool Setting→Nios Ⅱ Compiler→General”，在“Optimization Level”中选择“Optimze size(-Os)”，如图 8-51 所示。

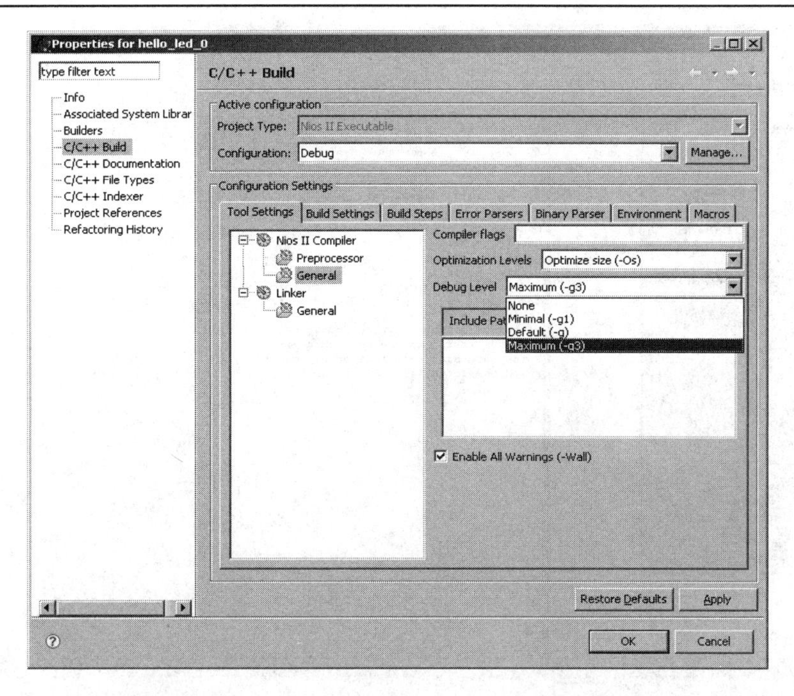

图 8-51　Nios IDE 工程编译选择

在如图 8-52 所示的对话框中选择“System Library”；将“Max file descriptors:”改为 4；清除(不选)“Clean exit”，“Link with profiling library”；复选“Reduced device drivers”、“Support C++”和“Small C library”。

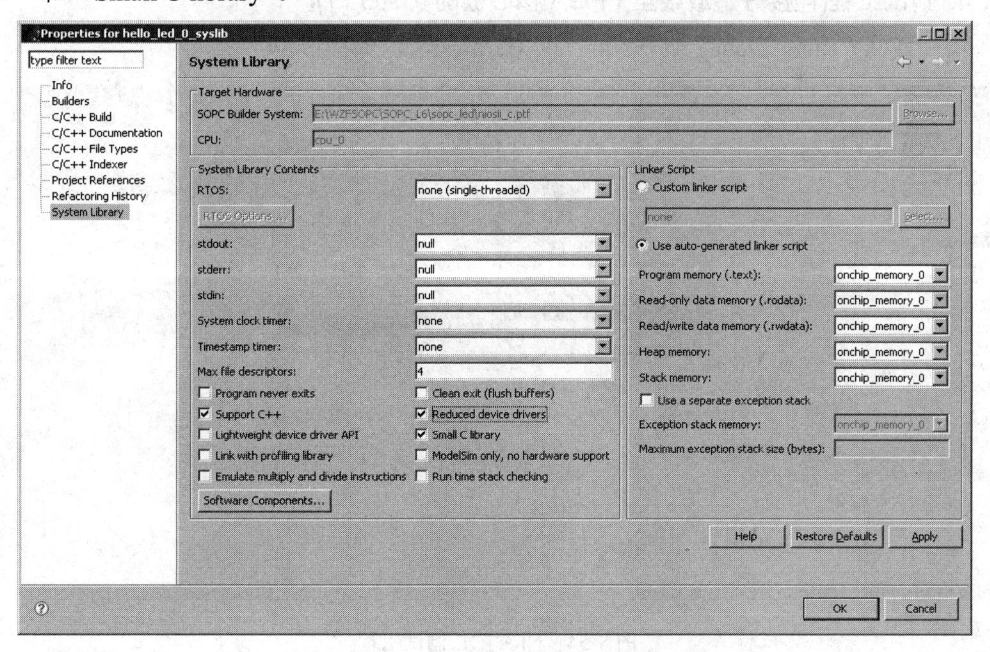

图 8-52　Nios IDE 工程编译设置

2) 编译

选择工程：鼠标右击，选择快捷菜单的“Build Project”，如图 8-53 所示。

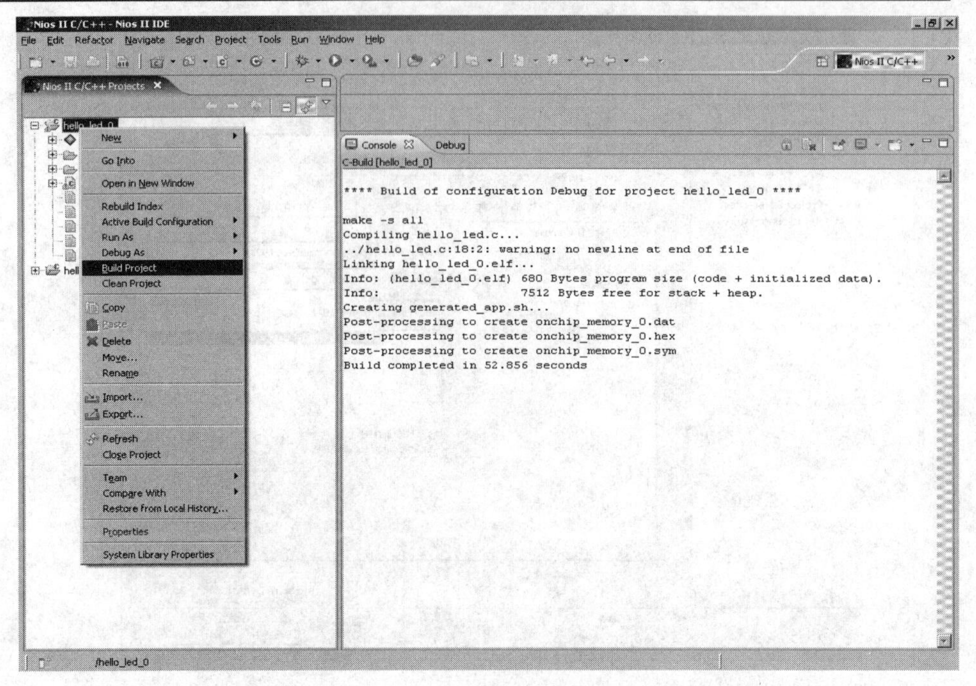

图 8-53　Nios IDE 工程编译

编译成功。占用内存空间 680 B，剩余的 7512 B 建立 Nios Ⅱ_c 系统时定义的是 8 KB 内存。

4. 调试工程(连接好下载线至 FPGA 核心板的 JTAG 口)

执行菜单“Run→Debug As→Nios Ⅱ Hardware”，如图 8-54 所示。

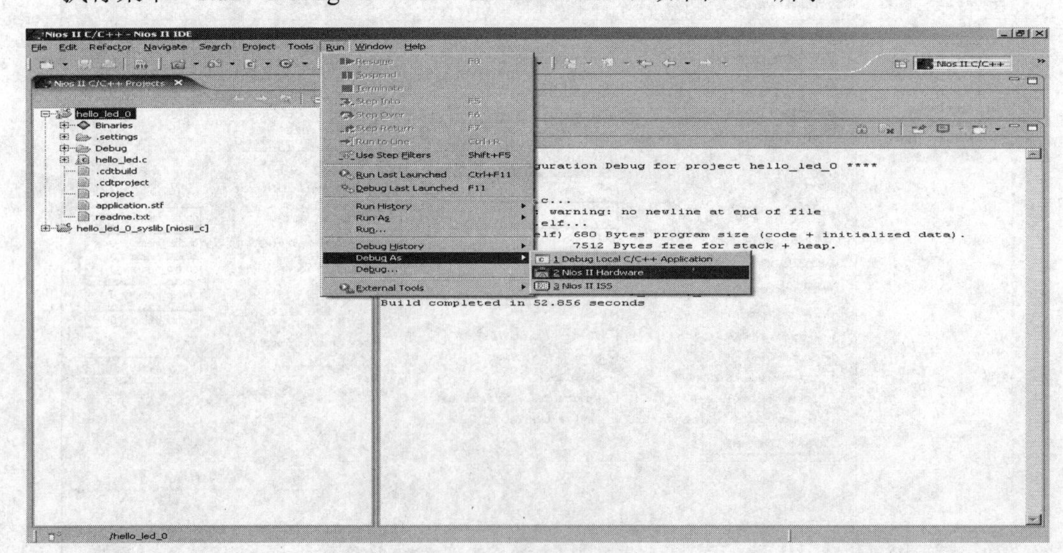

图 8-54　Nios IDE 调试工程

5. 运行工程(连接好下载线至 FPGA 核心板的 JTAG 口)

执行“Nios IDE 菜单 Tool→Quartus Ⅱ Programmer”。

软件设计完成并调试成功后，在 Quartus Ⅱ中将整个项目进行编译。将硬件配置信息与软件初始化信息编译在一起，并下载固化在配置芯片(EPCS4)中。最终使用 FPGA 实现设计者定制的处理器及控制器等于一体的 Nios Ⅱ嵌入式系统。

8.3.3　Nios Ⅱ系统中 IP 核的添加

1. 加入用户自定义 Nios Ⅱ系统的外部实体

方法一：将用户自定义的程序包复制到安装目录(altera\quartus\sopc_builder\components)或工程目录中，便可在用户模块下直接调用；

方法二：将实体(.vhd 或.v)文件复制到工程目录中采用如下方法设置可产生 User Logic 项。

(1) 用鼠标左键双击组件选择栏中“Legacy Components→Interface to User Logic→Add”，选择所需的实体(.vhd 或.v)文件；使用“Read port→list from files”显示实体的端口信息，在 Port Information 栏中对每个端口名后面的 Type(类型)进行设置。

(2) 在 Timing 页面中完成组件的时序设置；在 Publish 页面中的 Component Name 栏目中完成组件名称的命名。

(3) 完成组件加入。“Add to Library”加入工程目录中，或“Add to System”加入设计系统中。

2. 直接调用实例(sopc_de2s1)

(1) 将用户自定义的程序包(user_ip 文件夹中的 SEG7_LUT_8、SRAM_16Bit_512K、Binary_VGA_Controller)复制到安装目录(altera\quartus\sopc_builder\components)，如图 8-55 所示，便可在用户模块下直接调用。

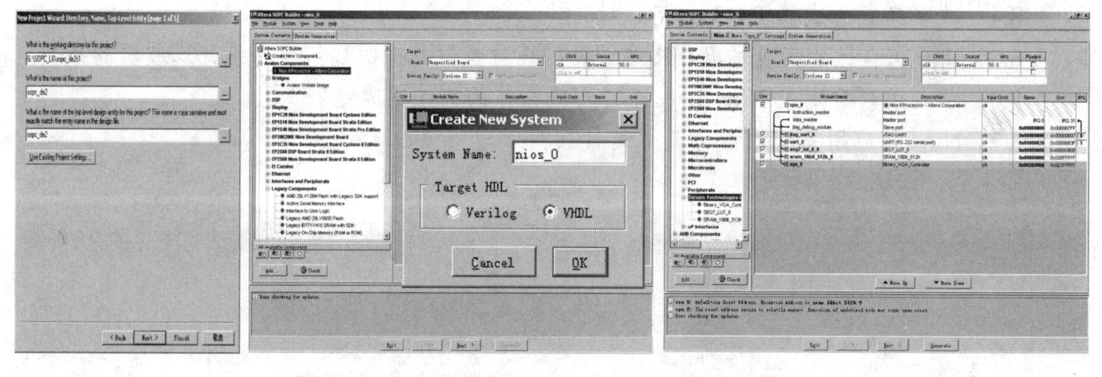

图 8-55　加入用户自定义 Nios Ⅱ系统的外部实体

(2) 将用户自定义的程序包(user_ip 文件夹中的 ISP1362)复制到工程目录中(见图 8-56)，便可在用户模块下直接调用。

3. 产生 User Logic 项后调用实例(sopc_de2s3)

将用户自定义的实体(user_ip 文件夹中的 ISP1362 中的 ISP1362_IF.v)文件复制到工程目录中后，进行“Legacy Components→Interface to User Logic→Add”设置加入，产生 User Logic 项的模块，便可在 User Logic 项下直接调用。

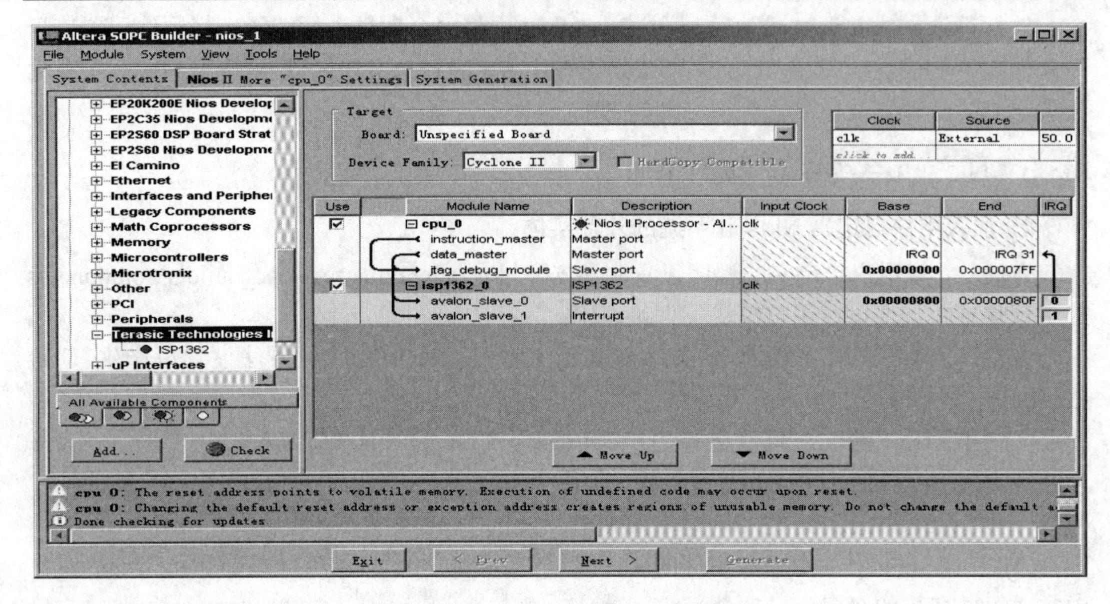

图 8-56　加入用户自定义的程序包

思　考　题

8.1　写出使用 Quartus II 宏功能模块设计波形发生器的步骤。

8.2　如何在 DSP Builder 中使用外部的 VHDL 代码?

8.3　Matlab/DSP Builder 的 DSP 模块设计方法是什么?

8.4　数字频率合成器(DDS)如何设计?

8.5　请根据自己的实践写出 FIR 滤波器的设计步骤并说明如何获得设计滤波器的系数。

8.6　加入用户自定义 Nios II 系统的外部实体的方法有哪些?

8.7　Nios II 应用系统的设计流程是什么?

第 9 章　EDA 技术实验

实验一：4 位二进制全加法器的设计

1. 实验目的

(1) 掌握 Quartus 软件的使用方法。

(2) 掌握全加器原理，能用原理图输入方式和 VHDL 方法进行多位加法器的设计。

2. 实验原理

加法器是数字系统中的基本逻辑器件，减法器和硬件乘法器都可由加法器来构成。多位加法器的构成有两种方式：并行进位和串行进位方式。并行进位加法器设有进位产生逻辑，运算速度较快；串行进位方式是将全加器级联构成多位加法器。并行进位加法器通常比串行级联加法器占用更多的资源。随着位数的增加，相同位数的并行加法器与串行加法器的资源占用差距也越来越大。因此，在工程中使用加法器时，要在速度和容量之间寻找平衡点。实践证明，4 位二进制并行加法器和串行级联加法器占用几乎相同的资源。这样，多位加法器由 4 位二进制并行加法器级联构成是较好的折中选择。

本设计中的 4 位二进制并行加法器即是由 4 个 1 位二进制并行加法器级联而成的，其电路原理图如图 9-1 所示。其中，A 和 B 分别为加数和被加数输入端；CIN 为加法器的低位进位输入端；S 为 4 位加法器和的输出端；COUT 为 4 位加法器的高位进位输出端。

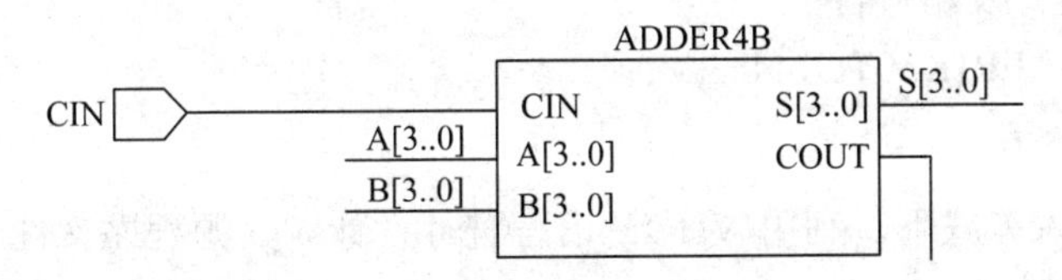

图 9-1　4 位加法器电路原理图

3. 实验内容

(1) 参考康华光编写的《电子技术基础：数字部分(第五版)》，用原理图输入方式设计并实现一个由 1 位二进制并行加法器级联而成的 4 位二进制并行加法器。

(2) 编写 1 位加法器的 VHDL 语言程序，顶层 4 位加法器的设计要求利用元件生成语句进行设计，并利用开发工具软件对其进行编译和仿真，最后通过实验开发系统对其进行硬件验证。

4. 实验步骤

(1) 利用原理图输入方式设计 4 位加法器，并对其进行编译和仿真，初步验证设计的正确性。

(2) 根据 4 位二进制加法器的原理，利用 VHDL 语言的基本描述语句编写出 4 位加法器的 VHDL 语言程序。

(3) 对所设计的 4 位二进制加法器的 VHDL 程序进行编译，然后利用波形编辑器对其进行仿真，初步验证程序设计的正确性。

(4) 利用开发工具软件选择所用的可编程逻辑器件，并对 4 位加法器进行管脚配置。

(5) 通过下载电缆将编译后的*.pof 文件下载到目标器件之中，并利用实验开发装置对其进行硬件验证。

(6) 利用文本输入方式采用元件生成语句设计 4 位加法器。重复上述过程，对其进行编译、仿真、适配、管脚配置、下载和硬件验证。

5. 实验组织运行要求

本实验利用 VHDL 语言设计一个 4 位加法器。为了提高学生独立设计的能力，应采用以学生自主训练为主的开放模式组织教学；然后在指导老师的监督和指导下，由学生自己分析实验要求，自己动手编写实验程序，按实验要求完成任务；最后由指导老师检查实验结果后方可离开。

(1) 画出系统的原理框图，说明系统中各主要组成部分的功能。

(2) 编写各个 VHDL 源程序。

(3) 根据选用的软件编好用于系统仿真的测试文件。

(4) 根据选用的软件及 EDA 实验开发装置进行硬件验证的管脚锁定。

(5) 记录系统仿真、硬件验证结果。

(6) 记录实验过程中出现的问题及解决办法。

6. 实验条件

(1) 计算机一台；

(2) Max+PlusⅡ和 QuartusⅡ开发工具软件；

(3) EDA 实验开发箱一台；

(4) 编程器件：EP1K30TC144-3。

7. 实验注意事项

(1) 在文本输入方式下，利用 VHDL 语言进行设计时，源程序文件名必须与实体名一致，否则编译会出错。

(2) 学生必须严格按实验操作规程进行实验。

(3) 利用实验开发箱进行硬件验证时，必须爱护实验开发装置。

8. 思考题

(1) 元件例化语句与子程序调用语句的区别是什么？利用元件例化语句是否会增加新的设计层次？

(2) 如何利用元件例化语句实现层次化设计？

9. 实验报告要求

实验结束后，学生应根据做实验的情况，认真完成实验报告的书写。实验报告应包括实验目的、实验内容、仪器设备、实验原理、实验电路、程序清单、实验步骤、实验结果

及分析和实验过程中出现的问题及解决方法等。

实验二：译码器的设计

1. 实验目的

(1) 掌握组合逻辑电路的设计方法。

(2) 掌握 VHDL 语言的基本结构及设计的输入方法。

(3) 掌握 VHDL 语言的基本描述语句的使用方法。

2. 实验原理

常用的译码器有：2-4 译码器、3-8 译码器、4-16 译码器。根据数字电子技术的知识，掌握 3-8 译码器的真值表(见表 9-1)。

表 9-1　3-8 译码器真值表

G1	G2AN	G2BN	A	B	C	Y0N	Y1N	Y2N	Y3N	Y4N	Y5N	Y6N	Y7N
1	0	0	0	0	0	0	1	1	1	1	1	1	1
1	0	0	0	0	1	1	0	1	1	1	1	1	1
1	0	0	0	1	0	1	1	0	1	1	1	1	1
1	0	0	0	1	1	1	1	1	0	1	1	1	1
1	0	0	1	0	0	1	1	1	1	0	1	1	1
1	0	0	1	0	1	1	1	1	1	1	0	1	1
1	0	0	1	1	0	1	1	1	1	1	1	0	1
1	0	0	1	1	1	1	1	1	1	1	1	1	0

根据 3-8 译码器的真值表，可得 3-8 译码器的逻辑符号如图 9-2 所示。其中 A、B、C 为 3 根输入线，Y0N～Y7N 为 8 根输出线，G1、G2AN、G2BN 为使能端口。当 G1 为高电平，G2AN 和 G2BN 为低电平时，译码器工作。

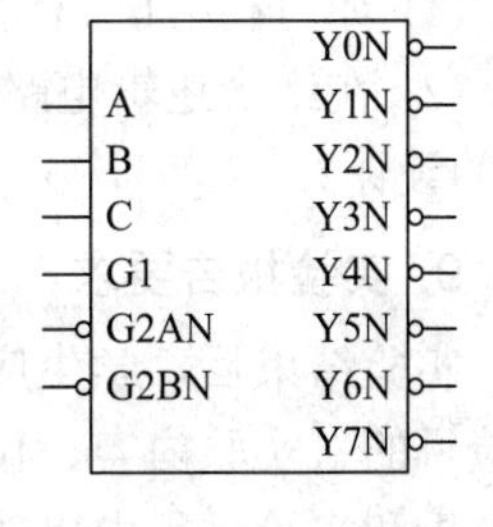

图 9-2　3-8 译码器

3. 实验内容

设计并实现一个 3-8 译码器。要求根据真值表编写出 3-8 译码器 VHDL 语言程序，并利用开发工具软件对其进行编译和仿真，最后通过实验开发系统对其进行硬件验证。

4. 实验步骤

(1) 根据 3-8 译码器的真值表和逻辑符号，利用 VHDL 的基本描述语句编写出 3-8 译码器的 VHDL 语言程序。

(2) 对所设计的 3-8 译码器的 VHDL 程序进行编译，然后利用波形编辑器对其进行仿真，初步验证程序设计的正确性。

(3) 利用开发工具软件，选择所用可编程逻辑器件，并对 3-8 译码器进行管脚配置。

(4) 通过下载电缆将编译后的*.pof 文件下载到目标器件之中，并利用实验开发装置对

其进行硬件验证。

5. 实验组织运行要求

本实验利用 VHDL 语言设计一个 3-8 译码器，实验程序并不是很复杂。为了提高学生独立设计的能力，应采用以学生自主训练为主的开放模式组织教学；然后在指导老师的监督下，由学生自己动手，按实验要求完成任务；最后由指导老师检查实验结果后方可离开。

(1) 画出系统的原理框图，说明系统中各主要组成部分的功能。

(2) 编写各个 VHDL 源程序。

(3) 根据选用的软件编好用于系统仿真的测试文件。

(4) 根据选用的软件及 EDA 实验开发装置进行硬件验证的管脚锁定。

(5) 记录系统仿真、硬件验证结果。

(6) 记录实验过程中出现的问题及解决办法。

6. 实验条件

(1) 计算机一台；

(2) Max+Plus Ⅱ和 Quartus Ⅱ开发工具软件；

(3) EDA 实验开发箱一台；

(4) 编程器件：EP1K30TC144-3。

7. 实验注意事项

(1) 在文本输入方式下，利用 VHDL 语言进行设计时，源程序文件名必须与实体名一致，否则编译会出错。

(2) 学生必须严格按实验操作规程进行实验。

(3) 利用实验开发箱进行硬件验证时，必须爱护实验开发装置。

8. 思考题

(1) 如何利用 IF 语句完成 3-8 译码器的设计？如果采用 CASE 语句来完成，则如何设计？

(2) 在组合逻辑电路设计中，能否利用 CASE 语句完成优先编码器(比如 8-3 优先编码器)的设计？

9. 实验报告要求

实验结束后，学生应根据做实验的情况，认真完成实验报告的书写。实验报告应包括实验目的、实验内容、仪器设备、实验原理、实验电路、程序清单、实验步骤、实验结果及分析和实验过程中出现的问题及解决方法等。

实验三：十进制计数器的设计

1. 实验目的

(1) 进一步掌握 VHDL 语言的基本结构及设计的输入方法。

(2) 掌握 VHDL 语言的时序逻辑电路的设计方法。

(3) 掌握 VHDL 语言的基本描述语句的使用方法。

2. 实验原理

利用 VHDL 语言设计一个带有异步复位和同步时钟使能的十进制加法计数器。十进制加法计数器的外围引脚图如图 9-3 所示。其中，CLK 为时钟输入端；CLR 为异步复位输入端，CLR = 1 时复位；ENA 为同步时钟使能输入端，ENA = 1 时使能有效，允许计数；CQ[3..0] 为十进制计数输出端；CARRY_OUT 为十进制计数进位输出端，即 CQ 输出为 1001 时输出为 1。

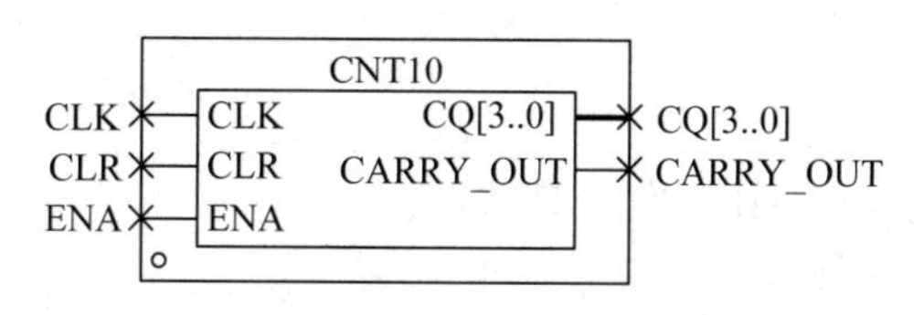

图 9-3　十进制计数器的外围引脚图

利用 VHDL 语言描述计数器时，如果使用了程序包 IEEE.STD_LOGIC_UNSIGNED，则在描述计数器时就可以使用其中的函数“+”(递增计数)和“−”(递减计数)。假定设计对象是增 1 计数器并且计数器被说明为向量，则当所有位均为 1 时，计数器的下一状态将自动变成 0。如果设计的是十进制计数器，那么当输出为 1001 时，下一时钟脉冲到来时，输出端应复位为初始状态 0000，从而构成十进制计数器。

3. 实验内容

设计并实现一个带有异步复位、同步时钟使能的十进制计数器。要求根据计数器的设计原理编写出十进制计数器的 VHDL 语言程序，并利用开发工具软件对其进行编译和仿真，最后通过实验开发系统对其进行硬件验证。

4. 实验步骤

(1) 根据十进制计数器的原理和特点，利用 VHDL 语言的基本描述语句编写出十进制计数器的 VHDL 语言程序。

(2) 对所设计的十进制计数器的 VHDL 程序进行编译，然后利用波形编辑器对其进行仿真，初步验证程序设计的正确性。

(3) 利用开发工具软件，选择所用的可编程逻辑器件，并对十进制计数器进行管脚配置。

(4) 通过下载电缆将编译后的*.pof 文件下载到目标器件之中，并利用实验开发装置对其进行硬件验证。

(5) 在以上设计的基础上，学生自行考虑设计一个带有方向控制的十进制可逆计数器，并对设计程序进行编译和仿真，且通过硬件验证。

(6) 进一步扩展此设计，学生自行考虑设计一个带有置数功能的十进制计数器，并对设计程序进行编译和仿真，且通过硬件验证。

5. 实验组织运行要求

本实验利用 VHDL 语言设计一个十进制计数器。为了提高学生独立设计的能力，应采用以学生自主训练为主的开放模式组织教学；然后在指导老师的监督和指导下，由学生自己分析实验要求，自己动手编写实验程序，按实验要求完成任务；最后由指导老师检查实验结果后方可离开。

(1) 画出系统的原理框图，说明系统中各主要组成部分的功能。

(2) 编写各个 VHDL 源程序。

(3) 根据选用的软件编好用于系统仿真的测试文件。

(4) 根据选用的软件及 EDA 实验开发装置进行硬件验证的管脚锁定。

(5) 记录系统仿真、硬件验证结果。

(6) 记录实验过程中出现的问题及解决办法。

6. 实验条件

(1) 计算机一台；

(2) Max+PlusⅡ和 QuartusⅡ开发工具软件；

(3) EDA 实验开发箱一台；

(4) 编程器件：EP1K30TC144-3。

7. 实验注意事项

(1) 在文本输入方式下，利用 VHDL 语言进行设计时，源程序文件名必须与实体名一致，否则编译会出错。

(2) 学生必须严格按实验操作规程进行实验。

(3) 利用实验开发箱进行硬件验证时，必须爱护实验开发装置。

8. 思考题

(1) 在时序逻辑电路设计过程中，同步复位和异步复位有何区别，在利用 VHDL 语言编程时该如何考虑？

(2) 根据本次实验，思考如何设计一个带有同步复位、同步使能、同步置数功能的十进制可逆计数器。

(3) 在利用 VHDL 硬件描述语言进行计数器设计时，为何程序中一般要使用程序包 IEEE.STD_LOGIC_UNSIGNED？

9. 实验报告要求

实验结束后，学生应根据做实验的情况，认真完成实验报告的书写。实验报告应包括实验目的、实验内容、仪器设备、实验原理、实验电路、程序清单、实验步骤、实验结果及分析和实验过程中出现的问题及解决方法等。

实验四：数字频率计的设计

1. 实验目的

(1) 掌握 VHDL 语言的基本结构。

(2) 掌握 VHDL 层次化的设计方法。

(3) 掌握 VHDL 基本逻辑电路的综合设计应用。

2. 实验原理

图 9-4 是 8 位十进制数字频率计的电路逻辑图。它由一个测频控制信号发生器 TESTCTL、8 个有时钟使能的十进制计数器 CNT10、一个 32 位锁存器 REG32B 组成。以

下分别叙述频率计各逻辑模块的功能与设计方法。

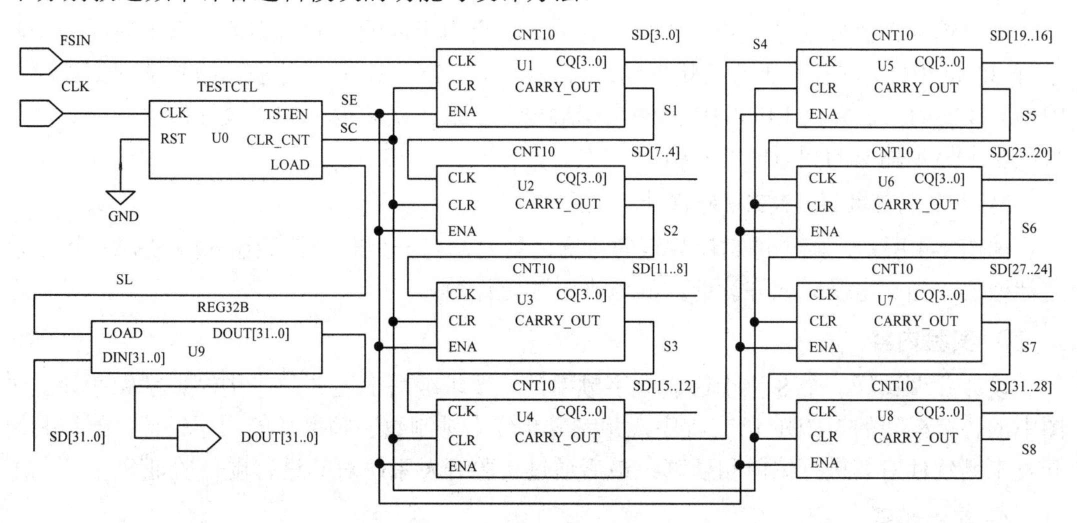

图 9-4　8 位十进制数字频率计逻辑图

1) 测频控制信号发生器设计

频率测量的基本原理是计算每秒钟内待测信号的脉冲个数。这就要求 TESTCTL 的计数使能信号 TSTEN 能产生一个 1 s 脉宽的周期信号，并对频率计的每一计数器 CNT10 的 ENA 使能端进行同步控制。当 TSTEN 高电平时，允许计数；低电平时，停止计数，并保持其所计的数。在停止计数期间，首先需要一个锁存信号 LOAD 的上跳沿将计数器在前一秒钟的计数值锁存进 32 位锁存器 REG32B 中，并由外部的 7 段译码器译出并稳定显示。锁存信号之后，必须有一个清零信号 CLR_CNT 对计数器进行清零，为下一秒钟的计数操作做准备。

测频控制信号发生器的工作时序如图 9-5 所示。为了产生这个时序图，需首先建立一个由 D 触发器构成的二分频器，在每次时钟 CLK 上沿到来时其值翻转。其中控制信号时钟 CLK 的频率取 1 Hz，而信号 TSTEN 的脉宽恰好为 1 s，可以用做闸门信号。此时，根据测频的时序要求，可得出信号 LOAD 和 CLR_CNT 的逻辑描述。由图 9-4 可见，在计数完成后，即计数使能信号 TSTEN 在 1 s 的高电平后，利用其反相值的上跳沿产生一个锁存信号 LOAD；0.5 s 后，CLR_CNT 产生一个清零信号上跳沿。高质量的测频控制信号发生器的设计十分重要，设计中要对其进行仔细的实时仿真(Timing Simulation)，防止可能产生的毛刺。

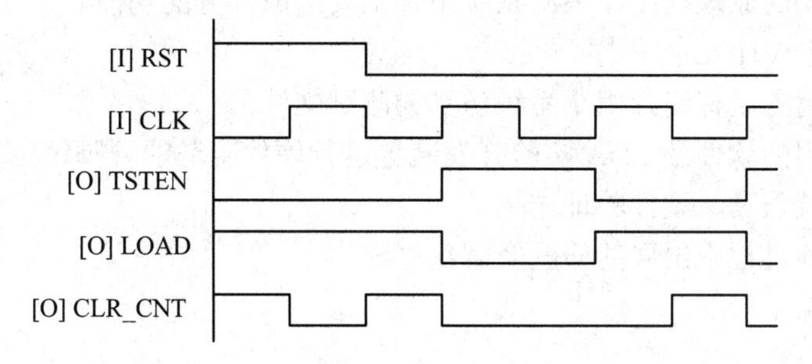

图 9-5　测频控制信号发生器工作时序

2) 寄存器 REG32B 设计

设置锁存器的好处是，显示的数据稳定，不会由于周期性的清零信号而不断闪烁。若已有 32 位 BCD 码存在于此模块的输入口，在信号 LOAD 的上升沿后即被锁存到寄存器 REG32B 的内部，并由 REG32B 的输出端输出；然后由实验板上的 7 段译码器，译成能在数码管上显示输出的相对应的数值。

3) 十进制计数器 CNT10 的设计

如图 9-4 所示，此十进制计数器的特殊之处是，有一个时钟使能输入端 ENA，用于锁定计数值。当高电平时允许计数，低电平时禁止计数。

3. 实验内容

设计并调试好一个 8 位十进制数字频率计。要求编写上述 8 位十进制数字频率计逻辑图中的各个模块的 VHDL 语言程序，并完成 8 位十进制数字频率计的顶层设计；然后利用开发工具软件对其进行编译和仿真；最后通过实验开发系统对其进行硬件验证。

4. 实验步骤

(1) 根据测频控制信号发生器的基本原理编写 TESTCTL 模块的 VHDL 程序，并对其进行编译和仿真，初步验证设计的正确性。

(2) 编写十进制计数器 CNT10 模块的 VHDL 程序，并对其进行编译和仿真，初步验证设计的正确性。

(3) 编写寄存器 REG32B 模块的 VHDL 程序，并对其进行编译和仿真，初步验证设计的正确性。

(4) 完成 8 位十进制数字频率计的顶层设计，并对其进行编译和仿真，初步验证设计的正确性。

(5) 利用开发工具软件，选择所用的可编程逻辑器件，并对 8 位十进制数字频率计进行管脚配置。

(6) 通过下载电缆将编译后的*.pof 文件下载到目标器件之中，并利用实验开发装置对其进行硬件验证。

5. 实验组织运行要求

本实验要求设计一个 8 位十进制数字频率计。应采用集中授课的方式，首先对 8 位十进制数字频率计的设计原理和设计思路进行讲授；然后在指导老师的监督和指导下，由学生自己动手，按实验要求完成任务；最后必须由指导老师检查实验结果后方可离开。

(1) 画出系统的原理框图，说明系统中各主要组成部分的功能。

(2) 编写各个 VHDL 源程序。

(3) 根据选用的软件编好用于系统仿真的测试文件。

(4) 根据选用的软件及 EDA 实验开发装置进行硬件验证的管脚锁定。

(5) 记录系统仿真、硬件验证结果。

(6) 记录实验过程中出现的问题及解决办法。

6. 实验条件

(1) 计算机一台；

(2) Max+Plus Ⅱ和 Quartus Ⅱ开发工具软件；

(3) EDA 实验开发箱一台；

(4) 编程器件：EP1K30TC144-3。

7. 实验注意事项

(1) 在文本输入方式下，利用 VHDL 语言进行设计时，源程序文件名必须与实体名一致，否则编译会出错。

(2) 学生必须严格按实验操作规程进行实验。

(3) 利用实验开发箱进行硬件验证时，必须爱护实验开发装置。

8. 思考题

(1) 如何利用 D 触发器设计一个二分频器？

(2) 如何防止设计过程中可能产生的毛刺？

9. 实验报告要求

实验结束后，学生应根据做实验的情况，认真完成实验报告的书写。实验报告应包括实验目的、实验内容、仪器设备、实验原理、实验电路、程序清单、实验步骤、实验结果及分析和实验过程中出现的问题及解决方法等。

10. 实验程序参考

1) 测频控制模块参考程序

```
-- TESTCTL.VHD
LIBRARY IEEE;
USE IEEE.STD_LOGIC_1164.ALL;
USE IEEE.STD_LOGIC_UNSIGNED.ALL;
ENTITY TESTCTL IS
  PORT (CLK:IN STD_LOGIC;
        TSTEN:OUT STD_LOGIC;
        CLR_CNT:OUT STD_LOGIC;
        LOAD:OUT STD_LOGIC);
END ENTITY TESTCTL;
ARCHITECTURE ART OF TESTCTL IS
SIGNAL DIV2CLK: STD_LOGIC;
BEGIN
PROCESS (CLK) IS
BEGIN
  IF  CLK'EVENT AND CLK= '1' THEN
  DIV2CLK<=NOT DIV2CLK;
END IF;
END PROCESS;
PROCESS ( CLK,DIV2CLK ) IS
```

```
BEGIN
        IF CLK= '0' AND DIV2CLK ='0' THEN
            CLR_CNT<='1';
        ELSE CLR_CNT<='0';
        END IF;
END PROCESS;
    LOAD<=NOT DIV2CLK;
    TSTEN<=DIV2CLK;
END ARCHITECTURE ART;
```

2) 十进制参考程序

```
LIBRARY IEEE;
USE IEEE.STD_LOGIC_1164.ALL;
USE IEEE.STD_LOGIC_UNSIGNED.ALL;
ENTITY CNT10 IS
     PORT (CLK: IN STD_LOGIC;
             CLR: IN STD_LOGIC;
             ENA: IN STD_LOGIC;
             CQ: OUT STD_LOGIC_VECTOR(3   DOWNTO   0);
             CARRY_OUT:   OUT STD_LOGIC);
END CNT10;
ARCHITECTURE ART OF CNT10 IS
SIGNAL CQI: STD_LOGIC_VECTOR(3   DOWNTO   0);
BEGIN
PROCESS(CLK, CLR, ENA)
BEGIN
    IF CLR='1' THEN CQI<="0000";
     ELSIF CLK'EVENT AND CLK='1' THEN
        IF ENA='1' THEN
           IF CQI="1001" THEN CQI<="0000";CARRY_OUT<='1';
               ELSE CQI<=CQI+'1';CARRY_OUT<='0';
           END IF;
        END IF;
    END IF;
END PROCESS;
CQ<=CQI;
END ART;
```

3) 寄存器设计

```
--REG24.VHD
```

```
LIBRARY IEEE;
USE IEEE.STD_LOGIC_1164.ALL;
ENTITY REG24 IS
  PORT(D:IN STD_LOGIC_VECTOR(23   DOWNTO   0);
       LOAD:IN STD_LOGIC;
       Q:OUT STD_LOGIC_VECTOR(23   DOWNTO   0));
END ENTITY REG24;
ARCHITECTURE ART OF REG24 IS
  BEGIN
  PROCESS(LOAD) IS
    BEGIN
    IF (LOAD'EVENT AND LOAD='1') THEN
       Q<=D;
    END IF;
  END PROCESS;
END ARCHITECTURE ART;
```

4) 基准时钟分频器设计

```
LIBRARY IEEE;
USE IEEE.STD_LOGIC_1164.ALL;
USE IEEE.STD_LOGIC_UNSIGNED.ALL;
ENTITY CLKF1Hz IS
    PORT(CLK4: IN STD_LOGIC;
         CLKOUT: OUT STD_LOGIC);
END CLKF1Hz;
ARCHITECTURE ART OF CLKF1Hz IS
SIGNAL CNTER:INTEGER RANGE 1 TO 6000000;
SIGNAL CLK STD_LOGIC;
BEGIN
PROCESS(CLK4)
BEGIN
     IF (CLK4'EVENT AND CLK4='1') THEN
        IF (CNTER=6000000) THEN
        CNTER<=1;
        ELSE
        CNTER<=CNTER+1;
        END IF;
     END IF;
END PROCESS;
PROCESS(CNTER)
```

```
BEGIN
  IF (CNTER<=3000000) THEN
    CLK<='1';
  ELSIF (CNTER<=6000000) THEN
    CLK<='0';
  END IF;
END PROCESS;
PROCESS(CLK4)
BEGIN
     IF (CLK4'EVENT AND CLK4='1') THEN
          CLKOUT<=CLK;

     END IF;
END PROCESS;

END ART;
```

5) 顶层模块设计

```
LIBRARY IEEE;
USE IEEE. STD_LOGIC_1164.ALL;
LIBRARY IEEE;
USE IEEE.STD_LOGIC_1164.ALL;
ENTITY PINLUJIDWHZ IS
   PORT(FSIN:IN STD_LOGIC;
        CLKJZ:IN STD_LOGIC;
        CO:OUT STD_LOGIC;
        DOUT:OUT STD_LOGIC_VECTOR(23   DOWNTO   0));
END PINLUJIDWHz;
ARCHITECTURE ART OF PINLUJIDWHZ IS
  COMPONENT CLKF1Hz
    PORT(CLK4: IN STD_LOGIC;
         CLK: OUT STD_LOGIC);
  END COMPONENT;
  COMPONENT TESTCTL PORT(CLK:IN STD_LOGIC;
       TSTEN:OUT STD_LOGIC;
       CLR_CNT:OUT STD_LOGIC;
       LOAD:OUT STD_LOGIC);
  END COMPONENT;
  COMPONENT CNT10     PORT (CLK: IN STD_LOGIC;
          CLR:IN STD_LOGIC;
```

```
            ENA:IN STD_LOGIC;
            CQ: OUT STD_LOGIC_VECTOR(3   DOWNTO   0);
            CARRY_OUT:OUT STD_LOGIC);
    END COMPONENT;
    COMPONENT REG24
     PORT (D:IN STD_LOGIC_VECTOR(23   DOWNTO   0);
           LOAD:IN STD_LOGIC;
           Q:OUT STD_LOGIC_VECTOR(23   DOWNTO   0));
    END COMPONENT;
  SIGNAL SE,SC,SL,CLK: STD_LOGIC;
  SIGNAL SD: STD_LOGIC_VECTOR(23   DOWNTO   0);
  SIGNAL S1,S2,S3,S4,S5: STD_LOGIC;
  BEGIN
  U0: CLKF1Hz PORT MAP(CLK4=>CLKJZ,CLK=>CLK);
  U1: TESTCTL PORT MAP(CLK=>CLK, TSTEN=>SE, CLR_CNT=>SC, LOAD=>SL);
  U2: CNT10 PORT MAP(CLK=>FSIN, CLR=>SC, ENA=>SE, CQ=>SD(3 DOWNTO 0), CARRY_
OUT=>S1);
  U3: CNT10 PORT MAP(CLK=>S1, CLR=>SC, ENA=>SE, CQ=>SD( 7 DOWNTO 4), CARRY_
OUT=>S2);
  U4: CNT10 PORT MAP(CLK=>S2, CLR=>SC, ENA=>SE, CQ=>SD(11 DOWNTO 8), CARRY_
OUT=>S3);
  U5: CNT10 PORT MAP(CLK=>S3, CLR=>SC, ENA=>SE, CQ=>SD(15 DOWNTO 12), CARRY_
OUT=>S4);
  U6: CNT10 PORT MAP(CLK=>S4, CLR=>SC, ENA=>SE, CQ=>SD(19 DOWNTO 16), CARRY_
OUT=>S5);
  U7: CNT10 PORT MAP(CLK=>S5, CLR=>SC, ENA=>SE, CQ=>SD(23 DOWNTO 20), CARRY_
OUT=>CO);
  U8: REG24 PORT MAP(LOAD=>SL, D=>SD, Q=>DOUT);
  END ART;
```

实验五：8 位二进制全加法器的设计

1. 实验目的

(1) 掌握 VHDL 语言的基本结构。

(2) 掌握全加器原理，能进行多位加法器的设计。

(3) 掌握 VHDL 语言的基本描述语句特别是元件例化语句的使用方法。

2. 实验原理

加法器是数字系统中的基本逻辑器件，减法器和硬件乘法器都可由加法器来构成。多

位加法器的构成有两种方式：并行进位和串行进位方式。并行进位加法器设有进位产生逻辑，运算速度较快；串行进位方式是将全加器级联构成多位加法器。并行进位加法器通常比串行级联加法器占用更多的资源。随着位数的增加，相同位数的并行加法器与串行加法器的资源占用差距也越来越大。因此，在工程中使用加法器时，要在速度和容量之间寻找平衡点。实践证明，4 位二进制并行加法器和串行级联加法器占用几乎相同的资源。这样，多位加法器由 4 位二进制并行加法器级联构成是较好的折中选择。

本设计中的 8 位二进制并行加法器即是由两个 4 位二进制并行加法器级联而成的，其电路原理图如图 9-6 所示。其中，A 和 B 分别为加数和被加数输入端；CIN 为加法器的低位进位输入端；S 为 8 位加法器和的输出端；COUT 为 8 位加法器的高位进位输出端。

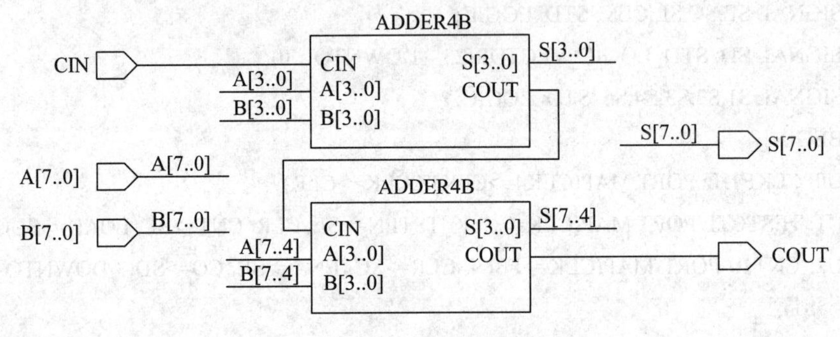

图 9-6　8 位加法器电路原理图

3. 实验内容

设计并实现一个由两个 4 位二进制并行加法器级联而成的 8 位二进制并行加法器。要求编写 4 位加法器的 VHDL 语言程序，顶层 8 位加法器的设计要求分别采用原理图输入方式和利用元件例化语句两种方法进行设计，并利用开发工具软件对其进行编译和仿真，最后通过实验开发系统对其进行硬件验证。

4. 实验步骤

(1) 根据 4 位二进制加法器的原理，利用 VHDL 语言的基本描述语句编写出 4 位加法器的 VHDL 语言程序。

(2) 对所设计的 4 位二进制加法器的 VHDL 程序进行编译，然后利用波形编辑器对其进行仿真，初步验证程序设计的正确性。

(3) 利用原理图输入方式设计 8 位加法器，并对其进行编译和仿真，初步验证设计的正确性。

(4) 利用开发工具软件，选择所用的可编程逻辑器件，并对 8 位加法器进行管脚配置。

(5) 通过下载电缆将编译后的*.pof 文件下载到目标器件之中，并利用实验开发装置对其进行硬件验证。

(6) 利用文本输入方式采用元件例化语句设计 8 位加法器。重复上述过程，对其进行编译、仿真、适配、管脚配置、下载和硬件验证。

5. 实验组织运行要求

本实验利用 VHDL 语言设计一个 8 位加法器。为了提高学生独立设计的能力，应采用以学生自主训练为主的开放模式组织教学；然后在指导老师的监督和指导下，由学生自己分析实验要求，自己动手编写实验程序，按实验要求完成任务；最后由指导老师检查实验结果后方可离开。

(1) 画出系统的原理框图，说明系统中各主要组成部分的功能。

(2) 编写各个 VHDL 源程序。

(3) 根据选用的软件编好用于系统仿真的测试文件。

(4) 根据选用的软件及 EDA 实验开发装置进行硬件验证的管脚锁定。

(5) 记录系统仿真、硬件验证结果。

(6) 记录实验过程中出现的问题及解决办法。

6. 实验条件

(1) 计算机一台；

(2) Max+PlusⅡ和 QuartusⅡ开发工具软件；

(3) EDA 实验开发箱一台；

(4) 编程器件：EP1K30TC144-3。

7. 实验注意事项

(1) 在文本输入方式下，利用 VHDL 语言进行设计时，源程序文件名必须与实体名一致，否则编译会出错。

(2) 学生必须严格按实验操作规程进行实验。

(3) 利用实验开发箱进行硬件验证时，必须爱护实验开发装置。

8. 思考题

(1) 元件例化语句与子程序调用语句的区别是什么？利用元件例化语句是否会增加新的设计层次？

(2) 如何利用元件例化语句实现层次化设计？

9. 实验报告要求

实验结束后，学生应根据做实验的情况，认真完成实验报告的书写。实验报告应包括实验目的、实验内容、仪器设备、实验原理、实验电路、程序清单、实验步骤、实验结果及分析和实验过程中出现的问题及解决方法等。

10. 实验程序参考

1) 一位全加器的 VHDL 程序：

```
LIBRARY IEEE;
USE IEEE.STD_LOGIC_1164.ALL;
ENTITY ADDER IS
        PORT(A:IN STD_LOGIC;
              B:IN STD_LOGIC;
              CIN:IN STD_LOGIC;
              CO:OUT STD_LOGIC;
              S:OUT STD_LOGIC);
END ADDER;
```

```
ARCHITECTURE HAV OF ADDER IS
    SIGNAL TMP1,TMP2: STD_LOGIC;
    BEGIN
      TMP1<=A XOR B;
      TMP2<=TMP1 AND CIN;
      S<=TMP1 XOR CIN ;
      CO<=TMP2 OR (A AND B);
END HAV;
```

2) 4 位加法器参考

```
LIBRARY IEEE;
USE IEEE.STD_LOGIC_1164.ALL;
ENTITY ADDER42 IS
  --GENERIC (N:INTEGER:=3);
      PORT(A4: IN STD_LOGIC_VECTOR(3   DOWNTO   0);
           B4: IN STD_LOGIC_VECTOR(3   DOWNTO   0);
           C4:IN STD_LOGIC;
           CO4: OUT STD_LOGIC;
           S4: OUT STD_LOGIC_VECTOR(3   DOWNTO   0));
END ADDER42 ;
ARCHITECTURE HAV OF ADDER42 IS
  COMPONENT ADDER
    PORT(A: IN STD_LOGIC;
         B: IN STD_LOGIC;
         CIN: IN STD_LOGIC;
         CO:OUT STD_LOGIC;
         S:OUT STD_LOGIC);
  END COMPONENT;
  SIGNAL CARR:STD_LOGIC_VECTOR(2   DOWNTO   0);
  BEGIN
   LABEL1:
          FOR I IN 0 TO 3 GENERATE
   LABEL2: IF (I=0) GENERATE
          ADDERX: ADDER PORT MAP (A4(I),B4(I),C4,CARR(I),S4(I));
          END GENERATE LABEL2;
   LABEL3: IF(I=3) GENERATE
          ADDERX: ADDER PORT MAP(A4(I),B4(I),CARR(I-1),CO4,S4(I));
          END GENERATE LABEL3;
   LABEL4: IF ((I/=0) AND (I/=3)) GENERATE
          ADDERX: ADDER PORT MAP(A4(I),B4(I),CARR(I-1),CARR(I),S4(I));
```

```
            END GENERATE    LABEL4;
            END GENERATE LABEL1;
    END HAV;
```

3) 8 位加法器参考

```
LIBRARY IEEE;
USE IEEE.STD_LOGIC_1164.ALL;
ENTITY ADDER8 IS
      PORT(A8: IN STD_LOGIC_VECTOR(7    DOWNTO    0);
            B8: IN STD_LOGIC_VECTOR(7    DOWNTO    0);
            C8:IN STD_LOGIC;
            CO8: OUT STD_LOGIC;
            S8: OUT STD_LOGIC_VECTOR(7    DOWNTO    0));
END ADDER8 ;
ARCHITECTURE HAV OF ADDER8 IS
   COMPONENT ADDER42
      PORT(A4: IN STD_LOGIC_VECTOR(3    DOWNTO    0);
            B4: IN STD_LOGIC_VECTOR(3    DOWNTO    0);
            C4:IN STD_LOGIC;
            CO4: OUT STD_LOGIC;
            S4: OUT STD_LOGIC_VECTOR(3    DOWNTO    0));
    END COMPONENT;
    SIGNAL CARR : STD_LOGIC;
    BEGIN
    U1:   ADDER42 PORT MAP (A4=>A8(3 DOWNTO 0), B4=>B8(3 DOWNTO 0), C4=>C8,
S4=>S8(3 DOWNTO 0), CO4=>CARR);
    U2:   ADDER42 PORT MAP (A4=>A8(7 DOWNTO 4), B4=>B8(7 DOWNTO 4), C4=>CARR,
S4=>S8(7 DOWNTO 4), CO4=>CO8);
  END HAV;
```

4) 2-4 译码器参考

```
LIBRARY    IEEE;
USE IEEE.STD_LOGIC_1164.ALL;
ENTITY    DECODER24    IS
PORT (A,B : IN STD_LOGIC;
      Y3,Y2,Y1,Y0 : OUT STD_LOGIC);
END DECODER24;
ARCHITECTURE RTL OF DECODER24    IS
 BEGIN
Y3<=A AND B;
```

```
Y2<=A AND (NOT B);
Y1<=(NOT A) AND B;
Y0<=(NOT A) AND (NOT B);
END    RTL;
```

5) 4 位寄存器参考

```
--REG4.VHD
LIBRARY IEEE;
USE IEEE.STD_LOGIC_1164.ALL;
ENTITY REG4 IS
  PORT(D:IN STD_LOGIC_VECTOR(3 TO 0);
        EN,CLK:IN STD_LOGIC;
          Q:OUT STD_LOGIC_VECTOR(3 TO 0));
END ENTITY REG4;
ARCHITECTURE ART OF REG4 IS
  BEGIN
  PROCESS(CLK) IS
    BEGIN
    IF (CLK'EVENT AND CLK='1') THEN
    IF EN='1' THEN
       Q<=D;
    END IF;
    END IF;
  END PROCESS;
END ARCHITECTURE ART;
```

6) 8 位加法器实验综合参考

```
LIBRARY IEEE;
USE IEEE.STD_LOGIC_1164.ALL;
ENTITY ADDER8S IS
      PORT(X1,X2,CIN,SC: IN STD_LOGIC;
            L:IN STD_LOGIC_VECTOR(3 DOWNTO 0);
            CO: OUT STD_LOGIC;
            S: OUT STD_LOGIC_VECTOR(7 DOWNTO 0));
END ADDER8S ;
ARCHITECTURE HAV OF ADDER8S IS
 COMPONENT DECODER24
     PORT (A,B: IN STD_LOGIC;
            Y3,Y2,Y1,Y0: OUT STD_LOGIC);
 END COMPONENT;
```

```
  COMPONENT REG4
    PORT(D:IN STD_LOGIC_VECTOR(3 DOWNTO 0);
         EN,CLK:IN STD_LOGIC;
         Q:OUT STD_LOGIC_VECTOR(3 DOWNTO 0));
  END COMPONENT;
  COMPONENT ADDER8
     PORT(A8: IN STD_LOGIC_VECTOR(7 DOWNTO 0);
          B8: IN STD_LOGIC_VECTOR(7 DOWNTO 0);
          C8:IN STD_LOGIC;
          CO8: OUT STD_LOGIC;
          S8: OUT STD_LOGIC_VECTOR(7 DOWNTO 0));
  END COMPONENT;
SIGNAL I,J: STD_LOGIC_VECTOR(7 DOWNTO 0);
SIGNAL K: STD_LOGIC_VECTOR(0 TO 3);
    BEGIN
    U1: DECODER24 PORT MAP (A=>X1,B=>X2,Y3=>K(3),Y2=>K(2),Y1=>K(1),Y0=>K(0));
    U2: REG4 PORT MAP (D=>L,EN=>K(0),CLK=>SC,Q=>I(3 DOWNTO 0));
    U3: REG4 PORT MAP (D=>L,EN=>K(1),CLK=>SC,Q=>I(7 DOWNTO 4));
    U4: REG4 PORT MAP (D=>L,EN=>K(2),CLK=>SC,Q=>J(3 DOWNTO 0));
    U5: REG4 PORT MAP (D=>L,EN=>K(3),CLK=>SC,Q=>J(7 DOWNTO 4));
    U6: ADDER8 PORT MAP (A8=>I,B8=>J,C8=>CIN,CO8=>CO,S8=>S);
END HAV;
```

实验六：数字秒表的设计

1. 实验目的

(1) 掌握 VHDL 语言的基本结构。

(2) 掌握 VHDL 层次化的设计方法。

(3) 掌握 VHDL 基本逻辑电路的综合设计应用。

2. 实验原理

要求设计一个计时范围为 0.01～3600 s 的秒表。首先需要获得一个比较精确的计时基准信号，这里是周期为 1/100 s 的计时脉冲；其次，除了对每一计数器需设置清零信号输入外，还需在 6 个计数器设置时钟使能信号，即计时允许信号，以便作为秒表的计时起停控制开关。

此秒表可由 1 个分频器、4 个十进制计数器(1/100 秒、1/10 秒、1 秒、1 分)以及 2 个六进制计数器(10 秒、10 分)组成，如图 9-7 所示。6 个计数器中的每一计数器的 4 位输出，通过外设的 BCD 译码器输出显示。图 9-7 中 6 个 4 位二进制计数输出的最小显示值分别为：DOUT[3..0]1/100 秒、DOUT[7..4]1/10 秒、DOUT[11..8]1 秒、DOUT[15..12]10 秒、DOUT[19..16]1

分、DOUT[23..20]10 分。

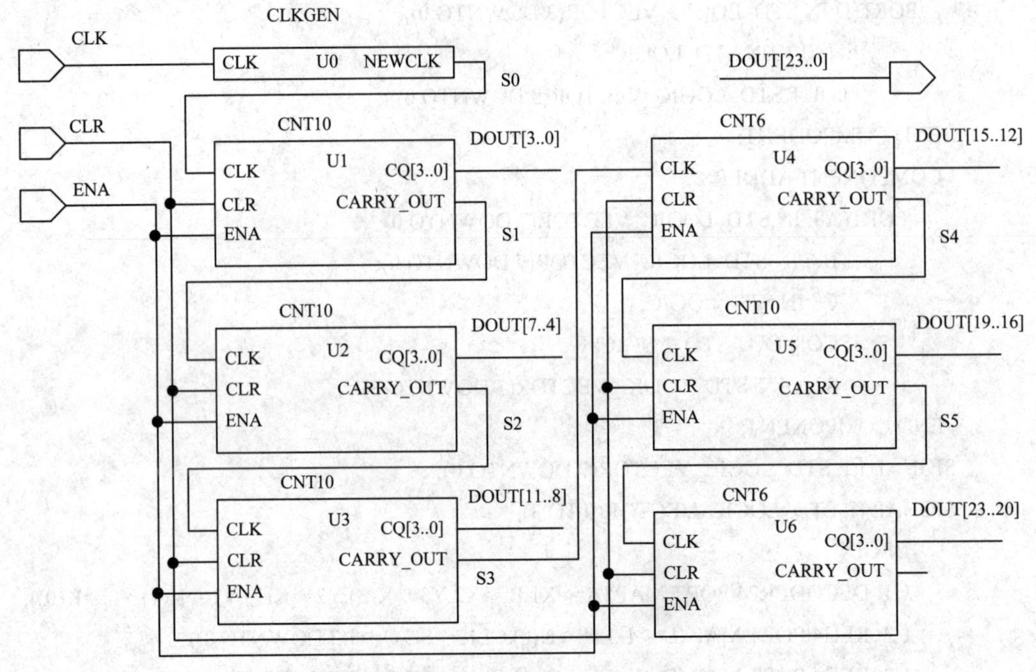

图 9-7　秒表电路逻辑图

3. 实验内容

设计并调试好一个计时范围为 0.01～3600 s 的数字秒表。要求编写上述数字秒表逻辑图中的各个模块的 VHDL 语言程序，并完成数字秒表的顶层设计；然后利用开发工具软件对其进行编译和仿真；最后要通过实验开发系统对其进行硬件验证。

4. 实验步骤

(1) 编写 CLKGEN 分频器模块的 VHDL 程序，并对其进行编译和仿真，初步验证设计的正确性。

(2) 编写十进制计数器 CNT10 模块的 VHDL 程序，并对其进行编译和仿真，初步验证设计的正确性。

(3) 编写六进制计数器 CNT6 模块的 VHDL 程序，并对其进行编译和仿真，初步验证设计的正确性。

(4) 利用前面所设计的模块，完成数字秒表的顶层设计，并对其进行编译和仿真，初步验证设计的正确性。

(5) 利用开发工具软件，选择所用的可编程逻辑器件，并对所设计的数字秒表进行管脚配置。

(6) 通过下载电缆将编译后的*.pof 文件下载到目标器件之中，并利用实验开发装置对其进行硬件验证。

5. 实验组织运行要求

本实验要求设计一个计时范围为 0.01～3600 s 的数字秒表。应采用集中授课的方式，

首先对数字秒表的设计原理和设计思路进行讲授；然后在指导老师的监督和指导下，由学生自己动手，按实验要求完成任务；最后必须由指导老师检查实验结果后方可离开。

(1) 画出系统的原理框图，说明系统中各主要组成部分的功能。

(2) 编写各个VHDL源程序。

(3) 根据选用的软件编好用于系统仿真的测试文件。

(4) 根据选用的软件及EDA实验开发装置进行硬件验证的管脚锁定。

(5) 记录系统仿真、硬件验证结果。

(6) 记录实验过程中出现的问题及解决办法。

6. 实验条件

(1) 计算机一台；

(2) Max + Plus Ⅱ和Quartus Ⅱ开发工具软件；

(3) EDA实验开发箱一台；

(4) 编程器件：EP1K30TC144-3。

7. 实验注意事项

(1) 在文本输入方式下，利用VHDL语言进行设计时，源程序文件名必须与实体名一致，否则编译会出错。

(2) 学生必须严格按实验操作规程进行实验。

(3) 利用实验开发箱进行硬件验证时，必须爱护实验开发装置。

8. 思考题

(1) 异步计数器和同步计数器的区别是什么？

(2) 如何设计一个100分频器？

9. 实验报告要求

实验结束后，学生应根据做实验的情况，认真完成实验报告的书写。实验报告应包括实验目的、实验内容、仪器设备、实验原理、实验电路、程序清单、实验步骤、实验结果及分析和实验过程中出现的问题及解决方法等。

10. 实验程序参考

1) 分频器设计(主频6 MHz，现要得到100 Hz)

```
LIBRARY IEEE;
USE IEEE.STD_LOGIC_1164.ALL;
USE IEEE.STD_LOGIC_UNSIGNED.ALL;
ENTITY CLKGEN IS
      PORT (CLK: IN STD_LOGIC;
               NEWCLK: OUT STD_LOGIC);
END CLKGEN;
ARCHITECTURE ART OF CLKGEN IS
SIGNAL CNTER:INTEGER RANGE 0 TO 59999;
BEGIN
```

```
PROCESS(CLK)
BEGIN
    IF (CLK'EVENT AND CLK='1') THEN
        IF (CNTER=59999) THEN
        CNTER<=0;
        ELSE
        CNTER<=CNTER+1;
        END IF;
    END IF;
END PROCESS;
PROCESS(CNTER)
BEGIN
  IF (CNTER=59999) THEN
    NEWCLK<='1';
  ELSE
    NEWCLK<='0';
  END IF;
END PROCESS;
END ART;
```

2) 十进制计数器设计

```
LIBRARY IEEE;
USE IEEE.STD_LOGIC_1164.ALL;
USE IEEE.STD_LOGIC_UNSIGNED.ALL;
ENTITY CNT10 IS
    PORT (CLK: IN STD_LOGIC;
          CLR: IN STD_LOGIC;
          ENA: IN STD_LOGIC;
          CQ: OUT STD_LOGIC_VECTOR(3 DOWNTO 0);
          CARRY_OUT:    OUT STD_LOGIC);
END CNT10;
ARCHITECTURE ART OF CNT10 IS
SIGNAL CQI: STD_LOGIC_VECTOR(3 DOWNTO 0);
BEGIN
PROCESS(CLK, CLR, ENA)
BEGIN
   IF CLR='1' THEN CQI<="0000";
    ELSIF CLK'EVENT AND CLK='1' THEN
      IF ENA='1' THEN
        IF CQI="1001" THEN CQI<="0000"; CARRY_OUT<='1';
```

```
              ELSE CQI<=CQI+'1'; CARRY_OUT<='0';
            END IF;
          END IF;
       END IF;
    END PROCESS;
    CQ<=CQI;
    END ART;
```

3) 六进制

```
LIBRARY IEEE;
USE IEEE.STD_LOGIC_1164.ALL;
USE IEEE.STD_LOGIC_UNSIGNED.ALL;
ENTITY CNT6 IS
     PORT (CLK: IN STD_LOGIC;
           CLR: IN STD_LOGIC;
           ENA: IN STD_LOGIC;
           CQ: OUT STD_LOGIC_VECTOR(3 DOWNTO 0);
           CARRY_OUT:    OUT STD_LOGIC);
END CNT6;
ARCHITECTURE ART OF CNT6 IS
SIGNAL CQI: STD_LOGIC_VECTOR(3 DOWNTO 0);
BEGIN
PROCESS(CLK, CLR, ENA)
BEGIN
   IF CLR='1' THEN CQI<="0000";
   ELSIF CLK'EVENT AND CLK='1' THEN
      IF ENA='1' THEN
         IF CQI="0101" THEN CQI<="0000" ;CARRY_OUT<='1';;
            ELSE CQI<=CQI+'1'; CARRY_OUT<='0';
         END IF;
      END IF;
   END IF;
END PROCESS;
CQ<=CQI;
END ART;
```

4) 系统元件组装(元件例化)设计

```
LIBRARY IEEE;
USE IEEE. STD_LOGIC_1164.ALL;
LIBRARY IEEE;
USE IEEE.STD_LOGIC_1164.ALL;
```

```
ENTITY TIMES IS
    PORT(CLR:IN STD_LOGIC;
         CLK:IN STD_LOGIC;
         ENA:IN STD_LOGIC;
         DOUT:OUT STD_LOGIC_VECTOR(23 DOWNTO 0));
END TIMES;
ARCHITECTURE ART OF TIMES IS
  COMPONENT CLKGEN PORT (CLK: IN STD_LOGIC;
       NEWCLK:OUT STD_LOGIC);
  END COMPONENT;
  COMPONENT CNT10    PORT (CLK: IN STD_LOGIC;
          CLR: IN STD_LOGIC;
          ENA: IN STD_LOGIC;
          CQ: OUT STD_LOGIC_VECTOR(3 DOWNTO 0);
          CARRY_OUT:   OUT STD_LOGIC);
  END COMPONENT;
  COMPONENT CNT6
   PORT (CLK: IN STD_LOGIC;
          CLR: IN STD_LOGIC;
          ENA: IN STD_LOGIC;
          CQ: OUT STD_LOGIC_VECTOR(3 DOWNTO 0);
          CARRY_OUT:   OUT STD_LOGIC);
  END COMPONENT;
 SIGNAL NEWCLK1: STD_LOGIC;
 SIGNAL CARRY1: STD_LOGIC;
 SIGNAL CARRY2: STD_LOGIC;
 SIGNAL CARRY3: STD_LOGIC;
 SIGNAL CARRY4: STD_LOGIC;
 SIGNAL CARRY5: STD_LOGIC;
 BEGIN
 U0: CLKGEN PORT MAP(CLK=>CLK,NEWCLK=>NEWCLK1);
 U1: CNT10 PORT MAP(CLK=>NEWCLK1, CLR=>CLR, ENA=>ENA,CQ=>DOUT(3 DOWNTO
0),CARRY_OUT=> CARRY1);
 U2: CNT10 PORT MAP(CLK=>CARRY1, CLR=>CLR, ENA=>ENA,CQ=>DOUT(7 DOWNTO
4),CARRY_OUT=> CARRY2);
 U3: CNT10 PORT MAP(CLK=>CARRY2, CLR=>CLR, ENA=>ENA,CQ=>DOUT(11 DOWNTO
8),CARRY_OUT=> CARRY3);
 U4: CNT6 PORT MAP(CLK=>CARRY3, CLR=>CLR, ENA=>ENA,CQ=>DOUT(15 DOWNTO
12),CARRY_OUT=> CARRY4);
```

```
U5: CNT10 PORT MAP(CLK=>CARRY4, CLR=>CLR, ENA=>ENA,CQ=>DOUT(19 DOWNTO 16),CARRY_OUT=> CARRY5);
U6: CNT6 PORT MAP(CLK=>CARRY5, CLR=>CLR, ENA=>ENA,CQ=>DOUT(23 DOWNTO 20));
END ART;
```

实验报告范例

实验 X (实验课题)

1．实验目的

(1) 学习 MAX PLUS Ⅱ等软件的基本使用方法；

(2) 学习现代 EDA 技术综合实验系统的基本使用方法；

(3) 了解 VHDL 程序的基本结构；

(4) 掌握基于 EDA 技术开发实体的方法。

2．实验内容

(……)

3．实验条件

(1) 开发软件：Max+Plus Ⅱ和 Quartus Ⅱ等。

(2) 实验设备：计算机、现代 EDA 技术综合实验系统 PH-IV 型等。

(3) 拟用芯片：Altera 公司的 EP1K30TC144-3。

4．实验设计

1) 设计原理

(设计思路、框图、工作原理……)

2) VHDL 设计实现

(各模块逻辑功能描述及编译后模型图等)

3) 器件选择及管脚锁定说明

器件选择及管脚锁定说明(见表 9-2)。

表 9-2　3-8 译码器 EP1K30TC144-3 器件管脚锁定说明表

3-8 译码器模块输入端口	EP1K30TC144-3 引脚连接实验箱外围器件端口	EP1K30TC144-3 外部引脚	3-8 译码器模块输出端口	EP1K30TC144-3 引脚连接实验箱外围器件端口	EP1K30TC144-3 外部引脚
G1	电平 5	42	Y[7]	LED8	18
G2A	琴键 8	62	Y[6]	LED7	14
G2B	琴键 9	63	Y[5]	LED6	17
C	电平 1	37	Y[4]	LED5	12
B	电平 2	38	Y[3]	LED4	119
A	电平 3	39	Y[2]	LED3	116
			Y[1]	LED2	117
			Y[0]	LED1	114

5．实验结果及总结

(1) 系统仿真情况。

(2) 硬件验证情况。

(3) 实验过程中出现的问题及解决办法。

主要参考文献

[1] 谭会生，等. EDA技术及应用[M]. 西安：西安电子科技大学出版社，2011.
[2] 徐光辉，等. CPLD/FPGA的开发和应用[M]. 北京：电子工业出版社，2001.
[3] 侯伯亨，等. VHDL硬件描述语言与数字逻辑电路设计[M]. 西安：西安电子科技大学出版社，2009.
[4] http://www.altera.com.
[5] 周立功，等. SOPC嵌入式系统基础教程[M]. 北京：北京航空航天大学出版社，2006.